Spring
par la pratique

CHEZ LE MÊME ÉDITEUR

Des mêmes auteurs

T. TEMPLIER, A. GOUGEON. – **JavaScript pour le Web 2.0.**
N°12009, 2007, 492 pages.

J.-P. RETAILLÉ. – **Refactoring des applications Java/J2EE.**
N°11577, 2005, 390 pages.

R. PAWLAK, J.-P. RETAILLÉ, L. SEINTURIER. – **Programmation orientée aspect pour Java/J2EE.**
N°11408, 2004, 462 pages.

Autres ouvrages sur Java/JEE

A. PATRICIO. – **Java Persistence et Hibernate.**
N°12259, 2008, 390 pages.

A. GONCALVES. – **Cahier du programmeur Java EE 5.**
N°12363, 2e édition 2008, 370 pages.

K. DJAAFAR. – **Développement JEE 5 avec Eclipse Europa.**
N°12061, 2008, 390 pages.

C. DELANNOY. – **Programmer en Java.** *Java 5 et 6.*
N°12232, 5e édition, 2007, 800 pages + CD-Rom.

E. PUYBARET. – **Cahier du programmeur Swing.**
N°12019, 2007, 500 pages.

E. PUYBARET. – **Cahier du programmeur Java 1.4 et 5.0.**
N°11916, 3e édition, 2006, 380 pages.

Autres ouvrages de développement Web

A. BOUCHER. – **Ergonomie Web**. *Pour des sites Web efficaces.*
N°12479, 2e édition 2009, 456 pages.

R. GOETTER. – **CSS 2 : pratique du design web.**
N°12461, 3e édition, 2009, 340 pages.

L. JAYR. – **Cahier du programmeur Flex 3.**
N°12409, 2009, 226 pages.

A. VANNIEUWENHUYZE. – **Flex 3.**
N°12387, 2009, 532 pages.

F. POTENCIER et H. HAMON. – **Cahier du programmeur Symfony.**
Mieux développer en PHP avec Symfony 1.2 et Doctrine.
N°12494, 2009, 510 pages.

G. PONÇON ET J. PAULI. – **Cahier du programmeur Zend Framework.**
N°12392, 2008, 460 pages.

P. ROQUES. – **Cahier du programmeur UML 2.** *Modéliser une application web.*
N°12389, 4e édition, 2008, 236 pages.

C. PORTENEUVE. – **Bien développer pour le Web 2.0.**
N°12391, 2e édition 2008, 674 pages.

E. DASPET et C. PIERRE DE GEYER. – **PHP 5 avancé.**
N°12369, 5e édition, 2008, 804 pages.

Spring
par la pratique

2e édition
Spring **2.5**
et **3.0**

Arnaud Cogoluègnes
Thierry Templier
Julien Dubois
Jean-Philippe Retaillé

avec la contribution
de Séverine Templier Roblou
et de Olivier Salvatori

EYROLLES

ÉDITIONS EYROLLES
61, bd Saint-Germain
75240 Paris Cedex 05
www.editions-eyrolles.com

© Groupe Eyrolles, 2006, 2009, ISBN : 978-2-212-12421-7

Préface
de la deuxième édition

You'd like to learn about modern best practices in Enterprise Java, with Spring as the unifying factor? This is the book to read! It is my pleasure to introduce one of the very first books that focus on the latest generations of the Spring Framework: version 2.5 and 3.0, introducing strong support for source-level metadata annotations that complement Spring's traditional XML-based approach. Whether Spring newbie or seasoned Spring developer, there is plenty for you to discover.

This book discusses Spring in a Java 5 and Java EE 5 world of annotation-based programming models. It paints a complete picture of Spring's philosophy with respect to annotation-based dependency injection and annotation-based metadata overall, while pointing out that traditional approaches using external metadata play a key role as well. The authors will be guiding you through the choices, pointing out the limits and trade-offs involved.

In this second edition, the authors did a fresh update to the latest mainstream trends in the Spring ecosystem: Spring 2.5's annotation-based MVC programming model is thoroughly covered, as is the annotation-based test context framework which was introduced in Spring 2.5 as well. This represents where the Spring community is going and puts much-deserved focus on the "hidden power" of the annotation-based model, such as flexible method signatures.

This book is not just up to date; it is even ahead of its time! The authors cover Spring 3.0 at the end of its milestone phase already. Key developments in the MVC space, such as Spring 3.0's comprehensive REST support, are covered next to Spring 2.5's feature set. It shows that Spring 2.5 was "half way to 3.0", since 3.0 is really all about completing the mission that 2.5 started! This book's side-by-side discussion indicates a smooth migration path as well.

Finally, Spring is more than just the Spring Framework nowadays. Spring is rather a whole portfolio of projects: including Spring Security, Spring Web Flow, Spring Web Services, Spring Batch, as well as Spring Dynamic Modules and SpringSource dm Server. Beyond covering the core Spring Framework itself, this book also discusses those key portfolio projects and demonstrates their practical use in application architectures.

Enjoy!

Jürgen HÖLLER,
Spring Framework project lead, VP & Distinguished Engineer, SpringSource

Vous souhaitez en savoir plus sur les meilleures pratiques pour le développement d'applications d'entreprise avec le framework Spring comme socle technique ? Voici le livre qu'il vous faut ! C'est avec plaisir que je vous présente un des tout premiers ouvrages sur les dernières générations du framework Spring, à savoir les versions 2.5 et 3.0, qui proposent notamment une utilisation avancée des annotations pour compléter la traditionnelle approche XML de Spring. Que vous soyez un développeur Spring novice ou aguerri, vous y apprendrez beaucoup.

Ce livre traite de Spring dans le monde de Java 5 et de Java EE 5, dont les modèles de programmation s'appuient fortement sur les annotations. Il dresse un portrait complet de la philosophie de Spring quant à l'injection de dépendances et à la gestion de métadonnées de manière générale *via* des annotations, sans négliger les approches traditionnelles fondées sur des métadonnées externes, qui jouent aussi un rôle primordial. Les auteurs expliquent les bons choix à faire, en mettant en évidence les avantages et les inconvénients de chacun d'eux.

Dans cette deuxième édition, l'effort des auteurs a porté sur la couverture exclusive des toutes dernières tendances de l'écosystème Spring, comme le modèle de programmation de Spring MVC ou le framework de tests unitaires, tous deux fondée sur les annotations et introduits dans Spring 2.5. Il s'agit là du chemin directeur suivi par la communauté Spring, qui met en avant la puissance cachée d'un modèle fondé sur les annotations du fait de la grande flexibilité qu'il offre pour la signature des méthodes.

Cet ouvrage n'est pas une simple mise à jour : il est même en avance sur son temps ! Les auteurs couvrent Spring 3.0, dans la phase finale de ses milestones successifs. Les dernières nouveautés de la partie MVC, telles que le support REST introduit dans Spring 3.0, sont aussi bien couvertes que les fonctionnalités spécifiques de Spring 2.5. Cela démontre que Spring 2.5 avait fait la moitié du chemin vers Spring 3.0 et que cette dernière version complète la mission commencée par la version 2.5.

Spring n'est désormais plus seulement un framework, mais un portfolio complet de projets, avec notamment Spring Security, Spring Web Flow, Spring Web Services, Spring Batch, mais aussi Spring Dynamic Modules et l'outil dm Server. Ce livre ne couvre pas le seul framework Spring, mais va plus loin en traitant de ces projets clés du portfolio et en montrant leur usage dans les applications d'entreprise.

Bonne lecture !

Jürgen HÖLLER
Cofondateur et responsable du développement de Spring Framework, SpringSource

Préface
de la première édition

French readers have had to wait longer than most for a book on Spring in their native language. However, the wait has not been in vain, and they are fortunate in this, the first book on Spring in French.

It is almost five years since I wrote the first code towards what would later become the Spring Framework. The open source project formally began in February 2003, soon making the product far more than any individual could achieve. Since that time, Spring has become widely used worldwide, powering applications as diverse as retail banking portals; airline reservation systems; the French online tax submission system; payment engines handling inter-bank transfers, salaries and utility bills; search engines; government agency portals including that of the European Patent Office; critical scientific research systems; logistics solutions; and football web sites. In that time, Spring also spawned a rich literature, in a variety of languages.

This book does an excellent job, not merely of describing what Spring does, and how, but the central issue of why. Excellent examples illustrate the motivation for important Spring concepts and capabilities, making it not merely a book about a particular product, but a valuable book about writing effective server-side Java applications.

While this book is ideal as an introduction to Spring and modern concepts such as Dependency Injection and Aspect Oriented Programming, it always respects the reader. The authors never write down to their readership. While their experience stands out, and they offer clear guidance as to best practice, the reader feels involved in their discussion of architectural choices and trade-offs.

The content is not only up to date, but broad in scope and highly readable. Enterprise Java is a dynamic area, and open source projects are particularly rapidly moving targets. Spring has progressed especially rapidly in the last six months, with work leading up to the final release of Spring 2.0. The authors of this book have done a remarkable job of writing about Spring 2.0 features as soon as they have stabilized. The coverage of AJAX is also welcome.

The writing style is clear and to the point, making the book a pleasure to read.

Finally, the authors' commitment to providing a realistic sample application (rather than the simplistic effort that mars many books), is shown by the fact that Tudu Lists has become a viable open source project in its own right.

I highly recommend this book to all those new to the Spring Framework or wishing to deepen their understanding of it, as well as those who wish to understand the current state of enterprise Java development.

Rod JOHNSON
Founder, Spring Framework, CEO, SpringSource

Si les lecteurs francophones ont dû patienter plus que d'autres pour avoir accès à un livre sur Spring écrit dans leur langue, leur attente n'aura pas été vaine, puisque ce premier ouvrage en français dédié à Spring est une grande réussite.

Voici bientôt cinq ans que j'ai écrit les premières lignes du code de ce qui allait devenir le framework Spring. Le projet Open Source lui-même n'a réellement débuté qu'en février 2003, pour aboutir rapidement à un produit outrepassant de beaucoup ce qu'une seule personne aurait pu réaliser. Aujourd'hui, Spring est largement utilisé à travers le monde, dans des applications aussi diverses que des portails bancaires publics, des systèmes de réservation de billets d'avion, le système français de déclaration de revenus en ligne, des moteurs de paiements assurant les transferts interbancaires ou la gestion de la paie et des factures, des moteurs de recherche, des portails de services gouvernementaux, dont celui de l'Office européen des brevets, des systèmes critiques de recherche scientifique, des solutions de logistique ou des sites… dédiés au football. Durant toute cette période, Spring a fait l'objet d'une abondante littérature, dans un grand nombre de langues.

Au-delà de la description de ce que fait Spring et de la façon dont il le fait, toute l'originalité de ce livre réside dans sa façon de répondre à la question centrale du *pourquoi*. Les très bons exemples qui illustrent les motivations ayant conduit à l'élaboration des concepts et des fonctionnalités fondamentales de Spring en font, bien plus qu'un simple manuel de prise en main, un ouvrage de référence pour quiconque souhaite réaliser efficacement des applications Java côté serveur.

Idéal pour une introduction à Spring et à des concepts aussi modernes que l'injection de dépendances ou la programmation orientée aspect, ce livre respecte en outre toujours le lecteur, les auteurs s'étant fait un point d'honneur de ne jamais le prendre de haut. Tout en profitant de leur vaste expérience et de leur clair exposé des meilleures pratiques, le lecteur se sent continuellement impliqué dans leur présentation critique des choix d'architecture et des compromis qui en découlent.

Le contenu de l'ouvrage est parfaitement à jour et couvre une large gamme de sujets. J2EE est un domaine très actif, dans lequel les projets Open Source évoluent de manière extrêmement rapide. Spring lui-même a fortement progressé au cours des six derniers mois, pour atteindre sa version finalisée Spring 2.0. Les auteurs de ce livre ont accompli une véritable prouesse pour traiter des fonctionnalités de cette version de Spring 2.0 dès qu'elles ont pu être stabilisées. La couverture de la technologie AJAX est en outre particulièrement bienvenue.

Pour finir, les auteurs ont fait l'effort d'adjoindre au livre une application exemple réaliste plutôt qu'une étude de cas simpliste, comme on en trouve dans trop d'ouvrages. Cette application, Tudu Lists, est même devenue un projet Open Source à part entière, avec déjà de nombreux utilisateurs.

Ajoutons que le style d'écriture est clair et pragmatique, rendant le parcours du lecteur très agréable.

Pour toutes ces raisons, je ne saurais trop recommander la lecture de cet ouvrage à ceux qui débutent dans l'utilisation du framework Spring ou qui souhaitent en approfondir la maîtrise comme à ceux qui ont à cœur de mieux comprendre l'état de l'art du développement Java d'entreprise.

Rod JOHNSON
Founder, Spring Framework, CEO, SpringSource

Remerciements

Nous remercions Éric Sulpice, directeur éditorial d'Eyrolles, et Olivier Salvatori pour leurs multiples relectures et conseils.

Nous remercions également les personnes suivantes de la communauté Spring, pour leur confiance, leur accessibilité et leur gentillesse : Jürgen Höller et Rod Johnson pour leurs préfaces, Gildas « Hikage » Cuisinier et Florent Ramière de Jaxio pour leurs relectures.

Arnaud Cogoluègnes :

Merci aux collègues de travail qui m'ont soutenu (Christophe Arnaud, Laurent Canet, Julie Laporte et Éric Rouchouse) et merci à Claire pour sa patience.

Julien Dubois :

Merci à ma famille et à mes proches pour leur soutien tout au long de cette aventure.

Jean-Philippe Retaillé :

Merci à Audrey et à ma famille pour m'avoir soutenu dans l'écriture de cet ouvrage.

Thierry Templier :

Un grand merci tout particulier à ma femme, Séverine, quant à son soutien tout au long de ce projet et pour son travail de relecture concernant mes chapitres. Merci également à toutes les personnes qui m'ont soutenu dans ce projet.

Table des matières

PARTIE **II**

Les frameworks de présentation 181

CHAPITRE 7

Spring MVC 183

Avant-propos

Spring est un framework Open Source rendant l'utilisation de Java EE à la fois plus simple et plus productive. Tout au long de cet ouvrage, nous nous efforçons de dégager les bonnes pratiques de développement d'applications Java/Java EE, dont une large part ne sont pas propres à Spring, mais dont la mise en œuvre est grandement simplifiée et rendue plus consistante grâce à son utilisation.

Spring s'appuie sur des concepts modernes, tels que l'inversion de contrôle ou la programmation orientée aspect, afin d'améliorer l'architecture des applications Java/Java EE en les rendant plus souples, plus agiles et plus facilement testables.

S'intégrant avec les grands frameworks Open Source tels qu'Hibernate, ainsi qu'avec les standards Java EE, Spring propose un modèle d'application cohérent, complet et simple d'emploi.

Recommandé par de nombreux architectes et développeurs expérimentés, Spring commence à se diffuser au sein des SSII et des entreprises françaises. Une bonne connaissance de ce produit est donc essentielle aujourd'hui, dans le monde très concurrentiel de l'informatique d'entreprise.

Objectifs de cet ouvrage

Cet ouvrage se veut un guide pratique autour de Spring et de l'écosystème technologique qui gravite autour. Spring ayant évolué et s'étant fortement étoffé ces dernières années, nous privilégions le cœur du modèle de programmation introduit dans Spring 2.5, puis perpétué avec Spring 3.0, ainsi que l'environnement d'exécution de SpringSource, qui s'appuie notamment sur OSGi.

Nous avons voulu rendre ce livre accessible au plus grand nombre afin de permettre aux développeurs Java/Java Java EE d'être plus productifs et de mieux réussir leurs projets à l'aide de Spring. C'est la raison pour laquelle nous n'entrons pas dans la description d'API complexes. Il s'agit avant tout d'un ouvrage didactique, destiné à rendre le lecteur directement opérationnel.

Cette volonté d'accessibilité ne signifie pas pour autant que l'ouvrage soit d'une lecture simple et peu technique. Lorsque c'est nécessaire, nous abordons des thèmes complexes, comme les transactions avec JTA ou l'intégration avec JCA.

Convaincus que l'on apprend mieux par la pratique, nous adjoignons à l'ouvrage une étude de cas complète, l'application Tudu Lists. Le lecteur a de la sorte sous les yeux, au fur et à mesure de sa progression, des exemples de mise en œuvre concrète, dans une application réelle, des sujets traités. Quand le sujet principal d'un chapitre s'y prête, une étude de cas fondée sur Tudu Lists est décrite avec précision.

Organisation de l'ouvrage

L'ouvrage commence par décrire des principes et des problèmes courants des applications Java/Java EE, puis aborde des concepts d'architecture logicielle tels que le développement en couches ou les conteneurs légers. Cette introduction permet notamment d'établir un vocabulaire qui sera utilisé tout au long des chapitres.

L'ouvrage comporte ensuite cinq grandes parties :

- La première partie présente de façon très détaillée le cœur de Spring, c'est-à-dire son conteneur léger et son framework de programmation orientée aspect. Les tests unitaires sont aussi abordés.

- La partie II concerne la couche de présentation d'une application Web. Nous y présentons le framework Web Spring MVC ainsi que son complément Spring Web Flow. Nous passons aussi en revue des technologies AJAX s'interfaçant avec Spring.

- La partie III est dédiée à la couche de persistance des données, essentiellement le mapping objet/relationnel, la gestion des transactions et les technologies JMS/JCA.

- Une application ayant souvent besoin d'interagir avec d'autres systèmes, la partie IV s'intéresse aux technologies d'intégration. L'intégration peut être réalisée en Java, avec les technologies JCA ou JMS, mais également en XML, en particulier *via* des services Web. Cette partie aborde aussi la sécurité avec Spring Security et les traitements batch avec Spring Batch.

- La partie V s'oriente vers les applications Spring lors de leur exécution, avec le support de Spring pour OSGi, le serveur d'applications dm Server et le support JMX de Spring.

À propos de l'application Tudu Lists

L'application Tudu Lists, qui nous sert d'étude de cas tout au long de l'ouvrage, est un exemple concret d'utilisation des technologies Spring. Il s'agit d'un projet Open Source réel, qui a été réalisé spécifiquement pour cet ouvrage, et qui permet d'illustrer par l'exemple les techniques décrites dans chacun des chapitres.

Loin de n'être qu'un simple exemple, cette application est utilisée en production dans plusieurs entreprises. Le principal serveur Tudu Lists possède ainsi plus de cinq mille utilisateurs.

Cette application étant Open Source, le lecteur est invité à participer à son développement. Elle est disponible sur le site de l'ouvrage, à l'adresse *http://www.springparlapratique.com.*

Le code source utilisé dans l'ouvrage n'est pas directement issu de l'application de production, notamment pour des raisons pédagogiques. Il est cependant disponible sur le site de l'ouvrage. Toutes les instructions nécessaires à l'installation des projets des différents chapitres y sont décrites. Un forum permettant de poser des questions aux auteurs y est en outre proposé.

À qui s'adresse l'ouvrage ?

Cet ouvrage s'adresse à tout développeur Java/Java EE souhaitant améliorer sa productivité et ses méthodes de développement et s'intéressant à l'architecture des applications.

Il n'est cependant nul besoin d'être expert dans les différentes technologies présentées. Chaque chapitre expose clairement chacune d'elles, puis montre comment elle est implémentée dans Spring avant d'en donner des exemples de mise en œuvre dans l'application Tudu Lists.

Pour toute question, vous pouvez contacter les auteurs sur la page dédiée à l'ouvrage du site Web des éditions Eyrolles, à l'adresse *www.editions-eyrolles.com.*

1

Introduction à Spring

Ce chapitre a pour vocation de préciser le contexte du développement d'applications d'entreprises dans le monde Java, cela notamment pour expliquer quelle place le projet Spring occupe dans cette sphère vaste et complexe. Nous présenterons donc l'édition entreprise de la plate-forme Java, à travers un bref historique et son mécanisme de standardisation. Cette présentation mettra en évidence les limites des outils standards de cette plateforme, nous verrons alors comment le projet Spring parvient à les combler. Un ensemble de notions essentielles au modèle de programmation de Spring seront ensuite abordées. Nous finirons par une mise en pratique de ces notions à travers la présentation de l'étude de cas Tudu Lists, utilisée comme fil conducteur dans cet ouvrage.

Brève histoire de Java EE

Java EE (Java Enterprise Edition) est une plate-forme fondée sur le langage Java et son environnement d'exécution, qui regroupe un ensemble de technologies destinées à développer des applications d'entreprise. Ces applications ont la plupart du temps une composante serveur et sont concurrentes, c'est-à-dire qu'elles sont susceptibles d'être accédées par plusieurs utilisateurs simultanément.

La partie serveur est hébergée par un composant logiciel appelé serveur d'applications, qui fournit une infrastructure d'exécution aux applications. Un exemple d'infrastructure d'exécution est le traitement de requêtes HTTP : le serveur d'applications gère les entrées/sorties réseau et passe la main aux applications pour les traitements purement fonctionnels. Ce mode de fonctionnement permet aux applications de s'affranchir d'un certain nombre de problématiques techniques et de se concentrer sur les parties métier, qui offrent une réelle plus-value pour l'utilisateur final.

La gestion des requêtes HTTP n'est qu'un exemple parmi un grand nombre de technologies prises en charge par les différentes briques de la plate-forme Java EE, qui propose un support pour l'accès aux bases de données, l'envoi et la réception d'e-mails, la production et la consommation de services Web, etc. Ces technologies d'interfaçage sont complétées par d'autres technologies correspondant à un modèle de programmation : génération dynamique de code HTML (JSP/servlet), gestion transactionnelle (JTA), gestion de la persistance (JPA), etc.

Java EE vise à fournir une infrastructure technique ainsi qu'un cadre de développement pour les applications d'entreprise.

Versions de Java EE

La version entreprise de Java a vu le jour en 1999 sous le nom de J2EE 1.2 (Java 2 Platform Enterprise Edition). Sans entrer dans le détail de la logique de numérotation des versions de J2EE, sachons simplement que les versions 1.3 et 1.4 sont sorties respectivement en 2001 et 2003.

Chacune de ces versions a apporté son lot de nouveautés technologiques, tout en amenant de nouvelles versions des technologies existantes. Les API Servlet et JSP sont certainement les plus connues de la pile J2EE, puisqu'elles constituent les solutions techniques de base pour les applications Web en Java. Les EJB (Enterprise JavaBeans), solution phare pour l'implémentation de composants dits métiers, sont aussi l'un de piliers de J2EE.

Si le modèle théorique d'une application fondée sur J2EE était des plus prometteurs, sa mise en pratique s'est avérée très difficile. Le modèle proposait en effet un grand nombre de solutions, souvent surdimensionnées pour la grande majorité des projets.

L'échec de projets fondés sur J2EE n'était pas forcément dû à la plate-forme elle-même, mais plutôt à la mauvaise utilisation des outils qu'elle fournissait. Cette mauvaise utilisation découlait généralement de la complexité de la plate-forme, dans laquelle se perdaient les équipes de développement.

Le symbole de la complexité de J2EE et de son inadéquation aux besoins des applications d'entreprise s'incarne dans les EJB. Ces derniers disposaient d'atouts intéressants, comme une gestion des transactions puissante et souple, mais qui s'accompagnaient invariablement d'inconvénients majeurs. Leur composante distribuée était, par exemple, un fardeau technologique, dont la plupart des applications pouvaient se passer.

J2EE ne laisse cependant pas un constat d'échec définitif. De nombreuses briques se sont révélées parfaitement adaptées pour constituer le socle d'applications d'entreprise opérationnelles. Parmi ces briques, citons notamment Servlet et JSP, JavaMail, JMS (fonctionnement asynchrone) ou JTA (gestion des transactions).

Ces briques n'ont pas été les seules impliquées dans le succès des applications J2EE. 2004 a été le témoin de l'émergence d'un ensemble de solutions Open Source dont le but était de pallier la complexité de J2EE et, surtout, de combler ses lacunes. Caractéristiques de ce courant, Hibernate et Spring ont fortement popularisé le modèle POJO (Plain Ordinary Java Object), qui rejetait le modèle trop technologique des EJB.

La nouvelle version de l'édition entreprise de Java, sortie en 2006, a su capturer l'essence du modèle POJO et, forte de l'apport de Java 5, a proposé un modèle de programmation beaucoup plus pertinent que J2EE. Cette version a été baptisée Java Enterprise Edition 5 (Java EE), afin de s'aligner sur la version 5 du langage. Java EE 5 se caractérise fortement par la simplification en absorbant des principes du modèle POJO, au profit notamment des EJB (version 3) et de JPA (une API pour gérer la persistance des données).

Java EE 6 continue le travail commencé par Java EE, en proposant des fonctionnalités à la fois plus puissantes et plus simples pour les composants phares. La spécification tend aussi à une modularité de la plate-forme, avec différents niveaux d'implémentation des standards, qui permet de choisir exactement les composants nécessaires selon ses besoins. Cette modularité concerne principalement les composants d'infrastructures, car les composants logiciels sont déjà modulaires.

Processus de standardisation de Java

Il existe un processus de standardisation de la plate-forme Java, appelé Java Community Process (JCP). Ce processus concerne toute la plate-forme Java, pas juste l'édition entreprise. L'élaboration de Java EE passe donc entièrement par ce processus. Le JCP implique la création de requêtes JSR (Java Specification Requests), qui constituent des propositions puis des réalisations de certaines briques jugées nécessaires à la plate-forme Java. Le processus de création d'une JSR est bien sûr très formalisé, avec notamment l'élaboration d'une spécification sous la forme d'un document, sa validation par un jury dédié et l'écriture d'une implémentation de référence (*reference implementation* ou RI), gratuite.

Une JSR constitue donc une spécification, c'est-à-dire un standard, dans le monde Java. Il s'agit bien d'une spécification, c'est-à-dire la description d'un besoin de la plate-forme et la proposition d'un modèle adressant le besoin. La proposition doit être très complète et très précise, car elle est susceptible d'être ensuite implémentée par différents produits. Un autre livrable d'une JSR est d'ailleurs un kit de validation, permettant de s'assurer qu'un produit implémente correctement la spécification.

Toute personne peut être partie prenante dans le JCP en proposant une JSR et même en participant à l'élaboration d'une spécification. Une JSR est élaborée par un groupe d'experts, qui comprend des experts reconnus dans le domaine concerné, indépendants ou affiliés à des entreprises.

Pour la plate-forme Java, la création de standards assure une concurrence généralement constructive entre les implémentations d'une JSR, basée en quelque sorte sur le principe de la sélection naturelle. Le standard évite normalement aussi de se retrouver pieds et poings liés à un produit (s'il s'avère par exemple une implémentation peu performante). C'est ce qu'on appelle le *vendor lock-in*. Cependant, dans les faits, le passage d'une implémentation à une autre pour des systèmes de grande taille se fait rarement sans douleur. Parmi les avantages des standards figure aussi l'interopérabilité, permettant à des systèmes différents de communiquer.

Si à travers la notion de standard, le JCP a des effets bénéfiques sur la plate-forme Java, il ne peut répondre à toutes les problématiques. Les groupes d'experts n'étant pas toujours indépendants, c'est-à-dire liés à des entreprises, des décisions d'ordre politique sont parfois prises au détriment de décisions d'ordre technique, plus judicieuses. Les groupes d'experts ou les comités impliqués dans le JCP ne sont d'ailleurs pas toujours représentatifs des communautés d'utilisateurs. Cela peut donner lieu à des solutions inadaptées ou à un effet « tour d'ivoire » à cause de décisions prises en petit comité.

De par sa nature, le JCP ne peut constituer un élément réellement moteur dans l'innovation de la plate-forme Java. Bien que la compétition entre implémentations puisse contribuer à l'innovation, il faut qu'elle soit correctement équilibrée, car l'abondance de solutions provoque de la dispersion et peut faire au final de l'ombre aux meilleures solutions. Le JCP basant généralement ses spécifications sur des solutions existantes, ayant innové dans un domaine, le caractère innovant est perdu à cause de l'inertie du processus de standardisation.

Si le JCP, à travers les standards, apporte beaucoup à la plate-forme Java, un ingrédient supplémentaire est nécessaire, afin d'apporter la créativité et l'expérimentation nécessaires à l'innovation. Cet ingrédient est généralement apporté par un ensemble d'acteurs, notamment l'Open Source, qui dispose d'une souplesse que le JCP n'a pas. On ne peut pas opposer l'Open Source et un processus de standardisation comme le JCP, car ils disposent chacun d'avantages et d'inconvénients, sont fortement liés et finalement complémentaires.

Problématiques des développements Java EE

Malgré une simplification progressive, la plate-forme Java reste complexe, demandant des connaissances techniques approfondies. En contrepartie, elle est d'une grande puissance et permet de répondre aux besoins des applications les plus ambitieuses. Développer des applications avec une approche 100 % Java EE révèle cependant quatre faiblesses récurrentes :

- Mauvaise séparation des préoccupations : des problématiques d'ordres différents (technique et métier) sont mal isolées. Cependant, c'est certainement dans ce domaine que Java EE a fait le plus de progrès depuis J2EE, notamment grâce à des concepts popularisés par des frameworks comme Spring.

- Complexité : Java EE reste complexe, notamment à cause de la pléthore de spécifications disponibles. Les équipes de développement n'ont pas d'angle d'attaque évident et se retrouvent parfois noyées sous l'offre. L'exemple typique est un serveur d'applications monolithique, implémentant la totalité de la spécification Java EE, dont à peine 20 % sont nécessaires pour développer la plupart des applications.

- Mauvaise interopérabilité : malgré la notion de standard, les technologies ne sont pas toujours interopérables et portables. Une implémentation JPA disposera toujours d'options différentes de ces consœurs et une application Web pourra rarement passer d'un serveur d'applications à un autre sans réglage supplémentaire.

- Mauvaise testabilité : les applications dépendant fortement de l'infrastructure d'exécution, elles sont plus difficilement testables. C'est aussi une des conséquences d'une mauvaise séparation des préoccupations.

En résumé

Ce bref historique de Java EE a mis en évidence les problématiques de cette plate-forme, notamment une certaine inadéquation avec les besoins des développements d'applications d'entreprise.

Cependant, Java EE a su évoluer et s'adapter à travers ses différentes versions, et ce depuis dix ans. Cette évolution a passé par une instance de standardisation, le Java Community Process (JCP). Les standards ne sont toutefois pas suffisants pour qu'une plate-forme telle que Java EE soit performante et surtout innovante. L'Open Source peut être un des acteurs de cette innovation en contribuant, grâce à un JCP attentif et à l'écoute, à l'amélioration de Java EE.

Spring

Nous allons voir comment Spring a su comprendre les problèmes liés à J2EE afin de proposer un modèle de programmation plus adapté et plus productif.

Java EE a su capter en partie l'apport de solutions telles que Spring et s'adapter dans une certaine mesure. Nous verrons les éléments qui constituent l'écosystème de Spring et qui s'assemblent en une solution de développement puissante et cohérente. Nous verrons aussi l'histoire de Spring, à travers ses différentes versions et aborderons la plate-forme Spring, qui consiste en un serveur d'applications modulaire fondé sur la technologie OSGi.

Les réponses de Spring

Pour remédier aux problèmes que nous venons d'évoquer, un ensemble de solutions a émergé. Nous allons explorer les réponses apportées par Spring aux problématiques du développement d'applications d'entreprise dans le cadre d'une solution 100 % Java EE.

La notion de conteneur léger

Dans le monde Java, un conteneur léger est souvent opposé à un conteneur EJB, jugé lourd technologiquement et surtout peu adaptatif par rapport aux différents types de problématiques courantes dans le monde des applications d'entreprise.

Le conteneur léger fournit un support simple mais puissant pour gérer une application *via* un ensemble de composants, c'est-à-dire des objets présentant une interface, dont le fonctionnement interne n'a pas à être connu des autres composants. Le conteneur léger gère le cycle de vie des composants (création, destruction), mais aussi leurs interdépendances (tel composant s'appuie sur tel autre pour fonctionner).

Le conteneur léger permet d'avoir des applications plus portables, c'est-à-dire parfaitement indépendantes du serveur d'applications, car l'application vient avec son propre conteneur, qui lui fournit l'infrastructure dont elle a besoin.

À travers son approche par composants, le conteneur léger encourage les bonnes pratiques de programmation : par interface, et à faible couplage. Cela assure une meilleure évolutivité des applications, mais aussi améliore grandement leur testabilité.

Le cœur de Spring est un conteneur léger, qui est aujourd'hui considéré comme le plus complet sur le marché.

La programmation orientée aspect

La programmation orientée aspect (POA) est un paradigme de programmation qui consiste à modulariser des éléments logiciels en complément d'approches telles que la programmation orientée objet.

La POA se concentre sur les éléments transversaux, c'est-à-dire ceux qui se trouvent dupliqués ou utilisés dans de nombreuses parties d'une application, sans pouvoir être centralisés avec les concepts de programmation « classiques ». Des exemples d'éléments transversaux sont la gestion des transactions, la journalisation ou la sécurité. La POA améliore donc nettement la séparation des préoccupations dans une application.

Spring propose depuis sa première version un excellent support pour la POA et a finalement contribué à sa popularisation. En effet, dans la mesure où le conteneur léger de Spring contrôle le cycle de vie des composants d'une application, il peut leur ajouter du comportement (on parle aussi de décoration), et ce de façon complètement transparente.

Le support de la POA par Spring n'impose aucune contrainte et permet d'ajouter très facilement du comportement à n'importe quel type d'objet.

L'intégration de frameworks tiers

Spring propose une intégration pour un grand nombre de frameworks et de standards Java EE. L'intégration passe généralement par un support pour la configuration dans le conteneur léger, mais aussi par des classes d'abstraction.

Spring offrant une grande cohérence, les frameworks sont généralement intégrés de manière similaire, ce qui facilite l'assimilation et le passage de l'un à l'autre. Spring laisse aussi toujours la possibilité d'utiliser l'API native des frameworks, car il se veut « non intrusif ». Il est important de noter que Spring ne limite jamais les possibilités d'un framework en raison de l'intégration qu'il propose.

Un exemple caractéristique de cette intégration est le support d'Hibernate proposé par Spring. Une partie de la configuration d'Hibernate est automatiquement prise en charge, et la gestion des ressources (connexion à la base de données, transactions), contraignante et propice à des erreurs de programmation, est faite par les classes de support de Spring.

L'écosystème Spring

Spring est maintenant plus qu'un conteneur léger, utilisé pour le développement d'applications d'entreprise. Il constitue le socle de nombreux projets (le portfolio Spring) et la base technique d'un serveur d'applications.

La figure 1-1 illustre les différentes briques du projet Spring, avec notamment l'intégration proposée pour certains frameworks.

Figure 1-1

Architecture de Spring

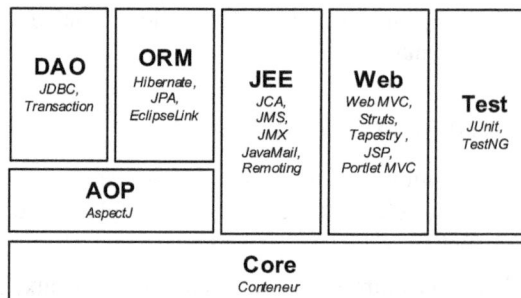

DAO JDBC, Transaction	ORM Hibernate, JPA, EclipseLink	JEE JCA, JMS, JMX JavaMail, Remoting	Web Web MVC, Struts, Tapestry, JSP, Portlet MVC	Test JUnit, TestNG
AOP AspectJ				
Core Conteneur				

Le projet Spring est constitué des modules suivants :

- Core, le noyau, qui contient à la fois un ensemble de classes utilisées par toutes les briques du framework et le conteneur léger.

- AOP, le module de programmation orientée aspect, qui s'intègre fortement avec AspectJ, un framework de POA à part entière.

- DAO, qui constitue le socle de l'accès aux dépôts de données, avec notamment une implémentation pour JDBC. D'autres modules fournissent des abstractions pour l'accès aux données (solutions de mapping objet-relationnel, LDAP) qui suivent les mêmes principes que le support JDBC. La solution de gestion des transactions de Spring fait aussi partie de ce module.

- ORM, qui propose une intégration avec des outils populaires de mapping objet-relationnel, tels que Hibernate, JPA, EclipseLink ou iBatis. Chaque outil peut bénéficier de la gestion des transactions fournie par le module DAO.

- Java EE, un module d'intégration d'un ensemble de solutions populaires dans le monde de l'entreprise.

- Web, le module comprenant le support de Spring pour les applications Web. Il contient notamment Spring Web MVC, la solution de Spring pour les applications Web, et propose une intégration avec de nombreux frameworks Web et des technologies de vue.

- Test, qui permet d'appliquer certaines techniques du conteneur léger Spring aux tests unitaires *via* une intégration avec JUnit et TestNG.

Les aspects clés de ces modules sont abordés dans les différents chapitres de cet ouvrage.

Les projets du portfolio

Un ensemble de projets gravitent autour de Spring, utilisant le conteneur léger et ses modules comme bases techniques et conceptuelles :

- **Spring Web Flow.** Propose un support pour gérer des enchaînements de pages complexes dans une application.

- **Spring Web Services.** Apporte un support pour les services Web, avec une approche *contract-first*.

- **Spring Security.** Permet de gérer l'authentification et l'autorisation dans une application Web, en promouvant une approche transverse et déclarative.

- **Spring Dynamic Modules.** Facilite l'intégration des applications d'entreprise sur la plate-forme OSGi, afin de pousser le modèle de composant jusque dans l'environnement d'exécution.

- **Spring Batch.** Propose un support pour les traitements de type batch, manipulant de grands volumes de données.

- **Spring Integration.** Implémentation des Enterprise Integration Patterns, qui apportent une dimension événementielle à une application Spring et lui permettent d'interagir avec des systèmes externes grâce à des connecteurs.

- **Spring LDAP.** Implémente l'approche de gestion des accès aux données de Spring pour les annuaires LDAP.
- **Spring IDE.** Ensemble de plug-ins Eclipse facilitant l'édition de configurations Spring.
- **Spring Modules.** Propose une intégration dans Spring de différents outils et frameworks.
- **Spring JavaConfig.** Implémente une approche Java pour la configuration de contextes Spring.

L'ensemble de ces projets font de Spring une solution pertinente pour tout type de développement sur la plate-forme Java.

Traiter de l'ensemble de ces projets nécessiterait beaucoup plus qu'un simple ouvrage. Nous nous contenterons donc de couvrir les aspects fondamentaux de ceux parmi ceux les plus utilisés dans le monde de l'entreprise.

Versions de Spring

Quand la première version de Spring est sortie, en 2004, elle contenait déjà toutes les briques de base de Spring, notamment son conteneur léger. Cependant la configuration XML était très générique et ne laissait que peu de place à l'extensibilité.

La version 2.0, sortie en octobre 2006, a revu de fond en comble le système de configuration XML, avec la notion de schéma. Cette nouveauté rendait la configuration beaucoup moins verbeuse, et surtout plus explicite. Elle ouvrait aussi des possibilités d'extensibilité, puisque n'importe quel système pouvait définir son propre schéma de configuration et bénéficier de la puissance du conteneur léger.

Cette version proposait en outre les premières annotations, destinées à compléter la configuration XML. Spring 2.0 voyait enfin son système de POA s'intégrer très étroitement avec le framework AspectJ.

Spring 2.5, sorti en novembre 2007, a poussé encore plus loin la configuration par annotations, aussi bien pour l'injection de dépendances que pour la déclaration de composants. Les annotations ont aussi été introduites dans Spring Web MVC, afin de faciliter la configuration des contrôleurs.

Spring 3.0 apporte son lot de nouveautés, avec notamment un support de REST (Representational State Transfer), un langage d'expression destiné à faciliter la configuration, et un modèle déclaratif de validation.

Spring 3.0 consiste surtout en une refonte complète du noyau, qui se conformait auparavant à Java 1.4, afin d'utiliser pleinement Java 5. Depuis Spring 2.0, des fonctionnalités nécessitant Java 5 avaient été ajoutées, mais le noyau de Spring était toujours fondé exclusivement sur Java 1.4, principalement pour des besoins de compatibilité.

Spring 3.0 effectue également un nettoyage de parties dépréciées, mais jusque-là toujours présentes. Enfin, la documentation de référence est allégée et se concentre sur les fonctionnalités introduites depuis Spring 2.5.

Pour le développeur, la différence entre les versions 2.5 et 3.0 est mineure, puisque le modèle de programmation reste complètement compatible. La migration n'est cependant pas inutile, car des classes au cœur de Spring profitent pleinement des possibilités de Java 5, comme les génériques, rendant ainsi la programmation plus simple et plus fiable.

Du développement à l'exécution

Le projet Spring, à travers son conteneur léger et un ensemble de pratiques, comme la programmation par interface, a toujours prôné un modèle de composants.

Voici les critères communément admis pour définir un composant :

• Existence d'un contrat (interface) : pour pouvoir communiquer avec le composant.

• Dépendances explicites : les autres composants, sur lesquels s'appuie un composant pour fonctionner, doivent être connus et identifiés.

• Déploiement indépendant : un composant doit pouvoir être déployé de façon autonome, sans faire partie d'un système monolithique.

• Composition avec d'autres composants possibles : un ensemble de composants doivent pouvoir être combinés pour fournir des services complexes, et pas seulement unitaires.

Un des apports de l'approche par composant est sa forte réutilisabilité. Si Spring facilite une telle approche par son modèle de programmation, il est cependant limité pour pousser ce modèle jusqu'à l'environnement d'exécution.

En effet, à travers son système de packaging (war, ear), Java EE propose un modèle de composants d'assez forte granularité, dans lequel l'unité est l'application, plutôt que le composant. Le critère de déploiement indépendant n'étant pas satisfait, les composants restent des entités conceptuelles, grâce notamment aux possibilités objet du langage Java, mais ne peuvent prétendre à cette souplesse en pleine exécution.

La communauté Spring, à travers la société SpringSource, a décidé de pousser le modèle de composants jusque dans l'exécution des applications d'entreprise Java. Elle s'est appuyée pour cela sur la technologie OSGi, qui propose un modèle de composants dynamiques, permettant notamment de déployer et même de mettre à jour des composants dynamiquement.

La technologie OSGi était au départ dédiée au monde de l'embarqué, mais elle a connu un renouveau en se retrouvant introduite dans le monde de l'application d'entreprise. Si elle commence à être populaire (au point servir de base d'infrastructures logicielles telles que les serveurs d'applications), le pari de SpringSource est de l'amener jusque dans les applications elles-mêmes.

C'est pour relever ce défi que les projets Spring Dynamic Modules et dm Server ont vu le jour. Spring Dynamic Modules est un des pivots du serveur d'applications modulaire dm Server. Si celui-ci est fondé sur un ensemble de technologies existantes (OSGi, Tomcat, AspectJ, Spring), la difficulté n'en est pas moindre, tant leur cohabitation est des plus complexes, certaines de ces technologies n'étant pas prévues pour fonctionner dans le monde des applications d'entreprise.

Les premières applications modulaires tournant sous dm Server ont vu le jour en 2008, révolutionnant le déploiement d'applications d'entreprise du monde Java. Les applications peuvent en effet dès lors être décomposées en un ensemble de modules totalement indépendants du point de vue du déploiement et pouvant faire l'objet de mises à jour dynamiques, sans provoquer l'arrêt de l'application.

Les projets Spring Dynamic Modules et dm Server sont abordés en détail respectivement aux chapitres 16 et 17.

En résumé

Grâce à son conteneur léger, à son approche pragmatique de la programmation orientée aspect et à l'intégration de nombreux frameworks tiers, a su combler certaines lacunes de Java EE et contribuer à son amélioration.

Spring répond particulièrement bien aux besoins des applications d'entreprise de par son approche modulaire, son support de nombreuses technologies et son côté peu intrusif (le code applicatif ne dépend pas des API Spring). De plus, le portfolio Spring contient des projets complétant le framework de base, destinés à adresser les différentes problématiques qu'on retrouve dans les applications d'entreprise.

Depuis peu, le modèle de composants prôné par Spring peut être appliqué jusque dans l'environnement d'exécution, grâce à dm Server, ce qui augure de perspectives intéressantes pour la plate-forme Java.

Notions d'architecture logicielle

Cette section introduit des motifs de conception fréquemment utilisés dans les applications d'entreprise, telles l'inversion de contrôle et l'injection de dépendances. Forts de la connaissance de ces motifs, nous pourrons aborder l'utilité d'un conteneur léger dans une application.

Ces notions constituent les bases conceptuelles de l'étude de cas Tudu Lists. Leur bonne maîtrise aidera donc aussi à la compréhension des exemples de cet ouvrage, tirés de Tudu Lists pour la plupart.

Couches logicielles

Dans le développement logiciel, la division en couches est une technique répandue pour décomposer logiquement un système complexe. Il ne s'agit d'ailleurs pas d'une technique propre au développement informatique, puisqu'on la retrouve dans l'architecture des ordinateurs et dans les réseaux (couches OSI).

La décomposition en couches revient à modéliser un système en un arrangement vertical de couches. Chaque couche constitue l'une des parties du système : en tant que telle, elle a des responsabilités et s'appuie sur la couche immédiatement inférieure.

La communication entre couches suit des règles très strictes : une couche ne connaît que la couche inférieure et ne doit jamais faire référence à la couche supérieure (elle ignore d'ailleurs complètement son existence). En Java (ou en termes de langage objet), la communication entre couches s'effectue en établissant des contrats *via* des interfaces. La notion de dépendance, quant à elle, se caractérise par des instructions d'import de packages.

Décomposer un système en couches présente de nombreux avantages, notamment les suivants :

- possibilité d'isoler une couche, afin de faciliter sa compréhension et son développement ;
- très bonne gestion des dépendances ;
- possibilité de substituer les implémentations de couches ;
- réutilisation facilitée ;
- testabilité favorisée (grâce à l'isolement et à la possibilité de substituer les implémentations).

Ces avantages expliquent pourquoi la décomposition en couches est abondamment utilisée dans le développement logiciel.

Elle ne va toutefois pas sans quelques inconvénients, notamment les suivants :

- L'indépendance totale des couches est souvent difficile à atteindre. Modifier une couche peut donc nécessiter des modifications en cascade.
- Un système trop décomposé peut s'avérer difficile à appréhender conceptuellement.
- Une succession de couches peut avoir un effet négatif sur les performances, par rapport à un traitement direct.

La difficulté d'une décomposition en couches est d'identifier les couches du système, c'est-à-dire d'établir leurs responsabilités respectives et leur façon de communiquer.

Dans les systèmes client-serveur populaires dans les années 1990, les couches étaient au nombre de deux : l'une de présentation, contenant aussi des traitements métier, l'autre de données, généralement une base de données. Avec l'avènement du Web et des clients légers, les systèmes ont été décomposés en trois couches : présentation (client léger), traitements (serveur) et données (base de données).

Le modèle à trois couches est suffisamment explicite pour comprendre les concepts d'un découpage logique, mais aussi physique. Nous lui préférons cependant un modèle à cinq couches, centré sur le développement logiciel, que nous utiliserons tout le long de cet ouvrage. Ce modèle est illustré à la figure 1-2, avec, à titre d'exemple, des technologies ou frameworks associés aux différentes couches.

Figure 1-2

Modèle à cinq couches et technologies associées

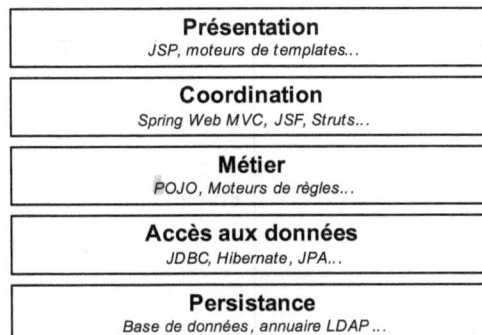

Présentation
JSP, moteurs de templates...

Coordination
Spring Web MVC, JSF, Struts...

Métier
POJO, Moteurs de règles...

Accès aux données
JDBC, Hibernate, JPA...

Persistance
Base de données, annuaire LDAP...

Le tableau 1-1 recense les fonctions de ces différentes couches, ainsi que les noms communément adoptés pour les composants qui les constituent.

Tableau 1-1. Fonction des couches

Nom	Fonction	Composant
Présentation	Gestion du code de présentation de l'interface utilisateur	Vue
Coordination	Analyse des requêtes utilisateur, orchestration des appels métier, gestion de la cinématique	Contrôleur
Métier	Implémentation des règles fonctionnelles d'une application	Service
Accès aux données	Interaction avec l'entrepôt de données (récupération, mise à jour, etc.)	Data Access Object (DAO)
Persistance	Stockage des données	Entrepôt de données

Ce modèle en couches soulève deux questions. La première concerne la gestion des transactions et la sécurité. Ces dernières peuvent en fait être gérées directement par certaines couches (la base de données, par exemple, est capable de gérer des transactions, pour peu qu'une des couches se charge de les démarrer) ou par le biais de la programmation orientée aspect — puisqu'il s'agit là de problématiques transverses.

La seconde difficulté concerne l'utilité de Spring dans un tel modèle. Spring est en réalité capable d'intervenir au niveau de chacune des couches, grâce notamment au support qu'il propose pour de nombreux frameworks ou technologies utilisés dans les diverses couches ou *via* la programmation orientée aspect. Spring propose, par exemple, un système de gestion des transactions à la fois puissant, portable et particulièrement intéressant, car déclaratif.

Comme indiqué précédemment, dans un langage orienté objet tel que Java, le contrat de communication entre les couches s'effectue grâce à la notion d'interface. Les couches métier et d'accès aux données ne sont connues que par les interfaces qu'elles exposent, comme le montre la figure 1-3.

Figure 1-3

Communication intercouche par le biais des interfaces

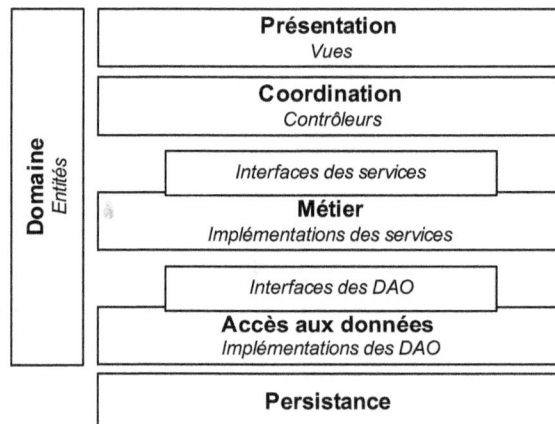

Cette figure illustre une couche qui ne suit pas les règles énoncées jusqu'ici : la couche domaine, qui contient les classes représentant les entités métier manipulées dans l'application. Pour une application telle que Tudu Lists, il s'agit des Todos et des listes de Todos. Pour une application gérant une boutique en ligne, il s'agit d'articles, de commandes, de factures, etc.

Les entités sont stockées en base de données, avec généralement une correspondance classe-table et propriété-colonne. Les objets de la couche domaine transitent à travers les couches — ce qui est tout à fait normal, puisqu'ils représentent des notions communes à toute une application. En effet, chacune des couches est amenée à manipuler ces classes.

Dans une application Spring, l'ensemble des composants (contrôleurs, services et DAO) sont gérés par le conteneur léger. Celui-ci se charge de leur cycle de vie, ainsi que de leurs inter-dépendances. Nous verrons ci-après les concepts sous-jacents à la gestion des dépendances.

Grâce à la POA, ces composants peuvent aussi être décorés, c'est-à-dire que des opérations telles que la gestion des transactions peuvent leur être ajoutées, et ce de façon transparente.

La programmation par interface

La programmation par interface est une notion relativement simple de la programmation orientée objet. Nous en rappelons dans cette section les principes et bénéfices.

Dans le modèle à cinq couches que nous avons présenté, les services métier se fondent sur des DAO pour communiquer avec l'entrepôt de données, généralement une base de données.

Chaque service métier contient des références vers des objets d'accès aux données.

La figure 1-4 illustre les dépendances d'un service métier de Tudu Lists, `UserManagerImpl`, à l'égard d'un DAO.

Figure 1-4

Dépendances entre un
service métier et un DAO
(couplage fort)

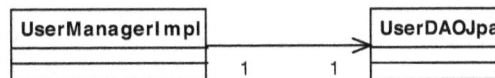

Le service métier dépend fortement de l'implémentation du DAO, d'où un couplage fort. Pour réduire ce couplage, il est non seulement nécessaire de définir une interface pour le DAO, mais que le service se repose sur celle-ci. C'est ce qu'illustre la figure 1-5.

Figure 1-5

Ajout d'une interface entre
le service et le DAO
(couplage lâche)

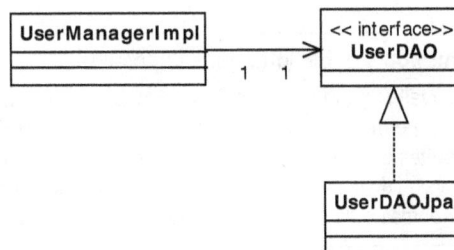

L'introduction d'une interface pour le DAO permet de découpler le service de l'implémenta-tion du DAO. L'interface définit le contrat de communication, tandis que l'implémentation du

DAO le remplit : le service pourra donc l'utiliser, que la technologie de persistance sous-jacente soit JPA ou Hibernate.

La programmation par interface est un principe à suivre dans toute application, et pas simplement pour les couches d'une application d'entreprise. Si nous prenons l'exemple des structures de données en Java, sachant que la classe `java.util.ArrayList` implémente l'interface `java.util.List`, le listing suivant illustre les deux modélisations vues précédemment :

```
ArrayList l1 = new ArrayList(); // couplage fort
List l2 = new ArrayList(); // couplage lâche
```

La variable `l2` peut utiliser n'importe quelle implémentation de `List`, alors que `l1` est liée par sa déclaration à `ArrayList`. Si, pour une variable locale, ce découplage n'est pas primordial, il l'est en revanche dans les signatures de méthodes, dont les types de retours et les paramètres doivent être des interfaces (dans la mesure du possible).

L'inversion de contrôle

Les conteneurs légers sont souvent appelés conteneurs d'inversion de contrôle, ou IoC (Inversion of Control). Nous allons voir l'origine de ce concept et dans quelle mesure il se rapproche de la notion de conteneur léger.

Contrôle du flot d'exécution

Dans l'inversion de contrôle, le contrôle fait référence au flot d'exécution d'une application. Dans un style de programmation procédural, nous contrôlons totalement le flot d'exécution du programme, *via* des instructions, des conditions et des boucles.

Si nous considérons une application utilisant Swing (l'API graphique standard de Java), par exemple, nous ne pouvons pas dire que le flot d'exécution est maîtrisé de bout en bout par l'application. En effet, Swing utilise un modèle événementiel qui déclenche les traitements de l'application en fonction des interactions de l'utilisateur avec l'IHM (clic sur un bouton, etc.).

En nous reposant sur Swing pour déclencher les traitements de l'application, nous opérons une inversion du contrôle du flot d'exécution, puisque ce n'est plus notre programme qui se charge de le contrôler de bout en bout. Au contraire, le programme s'insère dans le cadre de fonctionnement de Swing (son modèle événementiel) en « attachant » ses différents traitements aux événements générés par Swing suite aux actions de l'utilisateur.

IoC, frameworks et bibliothèques logicielles

Comme l'a fait remarquer Martin Fowler dans un article sur les conteneurs, l'inversion de contrôle est un principe qui permet de distinguer les frameworks des bibliothèques logicielles. Les bibliothèques sont de simples boîtes à outils, dont les fonctions s'insèrent dans le flot d'exécution du programme. Il n'y a donc pas d'inversion de contrôle. À l'inverse, les frameworks prennent à leur charge l'essentiel du flot d'exécution dans leur domaine de spécialité, le programme devant s'insérer dans le cadre qu'ils déterminent.

Le concept d'inversion de contrôle est au moins aussi ancien que celui de programmation événementielle. Il relève d'un principe générique utilisé par de nombreux frameworks apparus bien avant la notion de conteneur léger. L'inversion de contrôle est aussi appelée « principe Hollywood » en référence à la phrase mythique « ne nous appelez pas, nous vous appellerons ».

Les frameworks Web tels que Spring Web MVC ou Struts implémentent une inversion de contrôle puisqu'ils se chargent d'appeler eux-mêmes les contrôleurs de l'application en fonction des requêtes envoyées par les navigateurs Web.

L'inversion de contrôle dans les conteneurs légers

Les conteneurs légers proposent une version spécialisée de l'inversion de contrôle. Ils visent à résoudre les problématiques d'instanciation et de dépendances entre les composants d'une application.

Dans notre exemple de service métier de Tudu Lists, celui-ci a une dépendance vers un DAO. À l'aide d'un raisonnement par interface, nous avons réussi à réduire le couplage, mais l'initialisation des deux composants (le service et le DAO) peut s'avérer complexe. Le service pourrait s'occuper de l'instanciation du DAO, mais il serait alors lié à son implémentation. Nous perdrions le bénéfice du raisonnement par interface. De plus, l'initialisation du DAO peut s'avérer complexe, puisqu'elle implique la connexion à une base de données.

Une autre solution consisterait à utiliser une fabrique, c'est-à-dire un objet qui serait capable de fournir au service le DAO. Cette fabrique s'occuperait de l'initialisation du DAO pour fournir une instance prête à l'emploi. Le service demanderait explicitement le DAO à la fabrique.

Dans les deux cas (instanciation par le service ou utilisation d'une fabrique), le service joue un rôle actif dans la récupération de sa dépendance. Les conteneurs légers proposent un mode de fonctionnement inversé, dans lequel le service n'a rien à faire pour récupérer sa dépendance. Le conteneur léger gère aussi la création du service et du DAO, ainsi que l'injection du DAO dans le service.

L'injection de dépendances

Dans son principe, l'injection de dépendances s'appuie sur un objet assembleur — le conteneur léger —, capable de gérer le cycle de vie des composants d'une application, ainsi que leurs dépendances, en les injectant de manière appropriée.

Dans notre exemple, le service et l'implémentation correcte du DAO se voient instanciés, et le DAO est injecté dans le service. De cette manière, le service n'effectue aucune action ou requête explicite pour récupérer sa dépendance

Il existe différents moyens d'effectuer de l'injection de dépendances. Spring utilise l'injection *par constructeur* (un objet se voit injecter ses dépendances au moment où il est créé, c'est-à-dire *via* les arguments de son constructeur) et l'injection *par modificateurs* (un objet est créé, puis ses dépendances lui sont injectées par les modificateurs correspondants). Les deux formes ne sont pas exclusives, et il est possible de les combiner.

Grâce à l'injection de dépendances, les composants sont plus indépendants de leur environnement d'exécution. Ils n'ont pas à se soucier de l'instanciation de leurs dépendances et peuvent se concentrer sur leur tâche principale. De plus, l'injection de dépendances mettant en jeu le conteneur léger, c'est lui qui gère toutes les problématiques de configuration, facilitant, par exemple, l'externalisation de paramètres.

Vers une standardisation de l'injection de dépendances ?

La JSR-299 (Java Contexts and Dependency Injection, autrefois nommée Web Beans) propose un modèle de composants utilisant notamment l'injection de dépendances. Elle peut donc être vue comme une standardisation de cette notion dans le monde Java. Cette JSR a une longue histoire (elle a débuté en 2006) et a fait l'objet de sérieux changements. Elle devait être incluse dans Java EE 6, mais, à l'heure où ces lignes sont écrites, sa place a été remise en cause, et seul l'avenir nous dira si elle en fera véritablement partie. Il n'est pas prévu pour l'instant que Spring implémente un jour cette spécification. Si les deux projets ont certains points communs, voire s'inspirent l'un l'autre, ils suivront vraisemblablement des chemins différents.

L'injection de dépendances met en jeu un référentiel de description des dépendances. Avec Spring, sa forme la plus connue est XML, mais il est possible d'utiliser d'autres formes, comme de simples fichiers texte ou même du Java. L'essentiel est de disposer au final d'un objet contenant tous les composants d'une application correctement initialisés.

Le conteneur léger dans une application

Nous avons vu que l'injection de dépendances était fortement liée à la notion de conteneur. Une application doit donc se reposer sur les mécanismes d'un conteneur léger pour la gestion de ses composants.

La figure 1-6 illustre une application organisée sous forme de composants gérés par un conteneur léger.

Figure 1-6

*Composants
d'une application au sein
d'un conteneur léger*

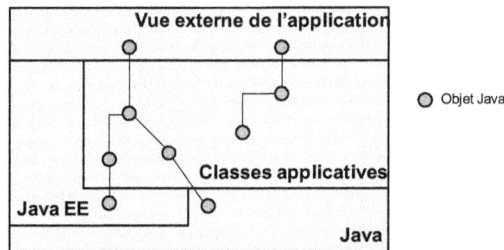

Les composants de la figure 1-6 (représentés par les petits ronds) peuvent avoir plusieurs origines : Java EE, Java ou les classes de l'application. Ils sont gérés par le conteneur léger (représenté par le rectangle englobant) et forment ensemble un système cohérent, l'application. Les traits représentent les dépendances entre composants.

Dans le cas d'une approche orientée service, l'application peut exposer certains de ses composants (partie supérieure) à destination de consommateurs intéressés par ces services. Cette exposition peut se faire grâce notamment à des services techniques offerts par le conteneur léger.

La figure 1-7 correspond à un zoom de la précédente : elle illustre les composants au sein des couches métier et d'accès aux données.

Figure 1-7

Composants de la couche métier d'accès aux données

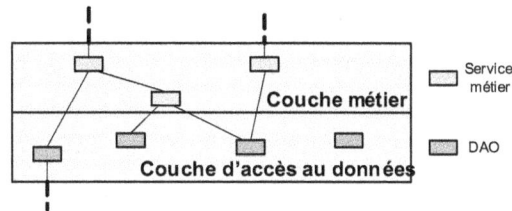

Le conteneur léger a donc un contrôle total sur les composants de l'application. Voici les différents niveaux selon lesquels peut se décomposer ce contrôle :

- **Cycle de vie.** Les composants étant créés par le conteneur, ce dernier peut contrôler les paramètres de configuration ainsi que toute séquence d'initialisation. Ce contrôle s'étend jusqu'à la destruction du composant, pour, par exemple, libérer des ressources.

- **Nature.** La nature du composant peut être vue comme le contexte dans lequel il est utilisé. Il peut, par exemple, être global à l'application (on parle de singleton) ou spécifique à la requête en cours. Dans le vocabulaire des conteneurs légers, on parle aussi de portée.

- **Décoration.** Il est possible de demander au conteneur de *décorer* un composant, c'est-à-dire de lui ajouter du comportement. Un composant tout à fait ordinaire lors de son écriture peut ainsi devenir transactionnel lors de l'exécution, et ce de façon transparente.

- **Publication d'événements.** Les composants faisant partie d'un système, ils peuvent être prévenus d'événements survenant en son sein. Il s'agit d'un premier pas vers une programmation événementielle, favorisant le découplage entre composants.

- **Infrastructure.** Le conteneur, comme un serveur d'applications, peut fournir une infrastructure, généralement grâce à des composants purement techniques. Ces services peuvent être, par exemple, un pool de connexions ou même un gestionnaire de transactions.

En résumé

Nous avons abordé dans cette partie des motifs de conception fréquemment utilisés dans les applications d'entreprise. Le découpage en couches, notamment, permet une meilleure séparation des préoccupations dans une application. Il s'appuie sur la programmation par interface, qui est essentielle pour découpler les couches entre elles.

L'inversion de contrôle, souvent associée aux conteneurs légers, est en fait un concept assez ancien. Dans notre cas, il consiste à inverser la manière dont les composants d'une application récupèrent leurs dépendances.

L'injection de dépendances est le véritable motif de conception implémenté par le conteneur léger de Spring. Son principe est simple, mais il doit pour fonctionner s'appuyer sur des mécanismes fournis par un assembleur, le conteneur léger, qui gère les composants de leur création à leur destruction.

L'étude de cas Tudu Lists

Tout au long de cet ouvrage, nous illustrons notre propos au moyen d'une application, Tudu Lists, faisant office d'étude de cas.

Cette application n'est pas réalisée pas à pas, car cela limiterait invariablement la couverture des fonctionnalités de Spring. Elle n'est là qu'à titre de fil conducteur le plus réaliste possible.

Comme indiqué dans l'avant-propos, l'ensemble du code source de Tudu Lists, ainsi que les instructions d'installation sous Eclipse, sont accessibles à partir du site Web du livre.

Présentation de Tudu Lists

Tudu Lists est un projet Open Source créé par Julien Dubois et hébergé chez SourceForge. Ce projet consiste en un système de gestion de listes de choses à faire (*todo lists*) sur le Web. Il permet de partager des listes entre plusieurs utilisateurs et supporte le protocole RSS (Really Simple Syndication).

Les listes de choses à faire sont des outils de gestion de projet simples, mais efficaces. La version de Tudu Lists utilisée dans le contexte de cet ouvrage n'est qu'une branche de la version de production, conçue à des fins principalement pédagogiques. Le code source applicatif est cependant exactement le même. Les modifications les plus importantes touchent surtout le packaging et l'organisation du projet et de ses modules.

L'utilisation de Tudu Lists est d'une grande simplicité. La page d'accueil se présente de la manière illustrée à la figure 1-8.

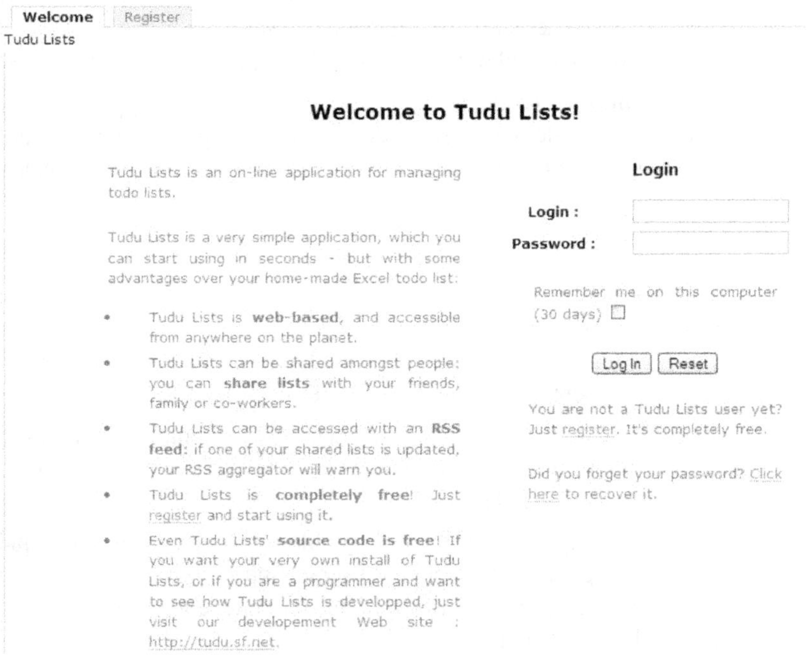

Figure 1-8

Page d'accueil de Tudu Lists

Pour créer un nouvel utilisateur, il suffit de cliquer sur le lien « register » et de remplir le formulaire. Une fois authentifié, l'utilisateur peut gérer ses listes de todos.

Par commodité, nous utiliserons à partir de maintenant le terme « Todo » pour désigner une chose à faire *(voir figure 1-9).*

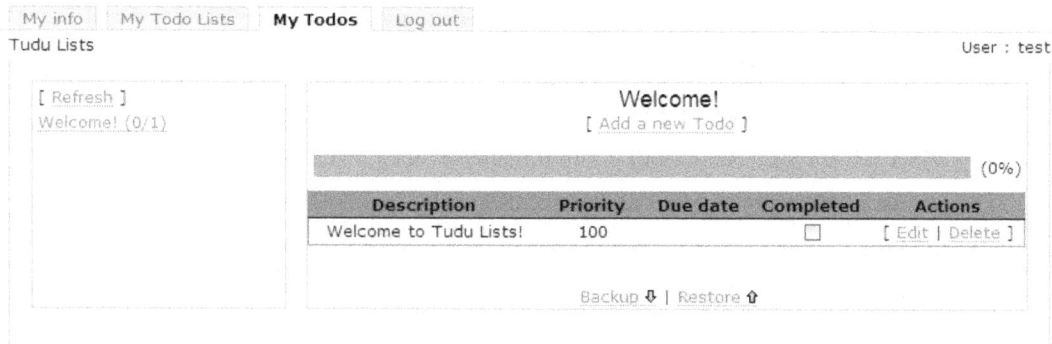

Figure 1-9

Liste de Todos

Par le biais des onglets disposés en haut de la page, nous pouvons gérer notre compte (My info), nos listes de Todos (My Todo Lists), nos Todos (My Todos) ou nous déloguer (Log out).

La création d'une liste est on ne peut plus simple. Il suffit de cliquer sur l'onglet My Todo Lists puis sur le lien Add a new Todo List et de remplir le formulaire et cliquer sur le lien Submit, comme illustré à la figure 1-10.

Figure 1-10

Création d'une liste de Todos

La création d'un Todo suit le même principe. Dans l'onglet My Todos, il suffit de cliquer sur la liste dans laquelle nous souhaitons ajouter un Todo (les listes sont affichées dans la partie gauche de la page) puis de cliquer sur Add a new Todo.

Nous pouvons sauvegarder le contenu d'une liste en cliquant sur le lien Backup. De même, nous pouvons restaurer le contenu d'une liste en cliquant sur le lien Restore.

Architecture de Tudu Lists

Tudu Lists est une application Web conçue pour démontrer que l'utilisation de Spring et de frameworks spécialisés permet d'obtenir, sans développement lourd, une application correspondant à l'état de l'art en termes de technologie.

Dans cette section, nous décrivons de manière synthétique les principes architecturaux de Tudu Lists. Ces informations seront utiles pour manipuler l'étude de cas tout au long de l'ouvrage.

Les technologies utilisées

Outre Spring, Tudu Lists utilise les technologies suivantes :

- JPA pour la persistance des données, avec comme implémentation Hibernate.
- Spring MVC pour la partie Web.
- DWR (Direct Web Remoting) pour implémenter les fonctionnalités Ajax.
- Spring Security pour gérer l'authentification et les autorisations.
- JAMon (Java Application Monitor), pour surveiller les performances.
- Log4j pour les traces applicatives.
- Rome pour gérer les flux RSS.

Concernant le stockage des données, Tudu Lists est portable d'une base de données à une autre, grâce à l'utilisation de JPA. Cependant, pour le développement, la base de données HSQLDB est privilégiée.

Modélisation

Tudu Lists est modélisée selon une architecture en couches. La figure 1-11 illustre le modèle de domaine de Tudu Lists, dont les classes sont persistées *via* JPA.

Figure 1-11

Modèle de domaine de Tudu Lists

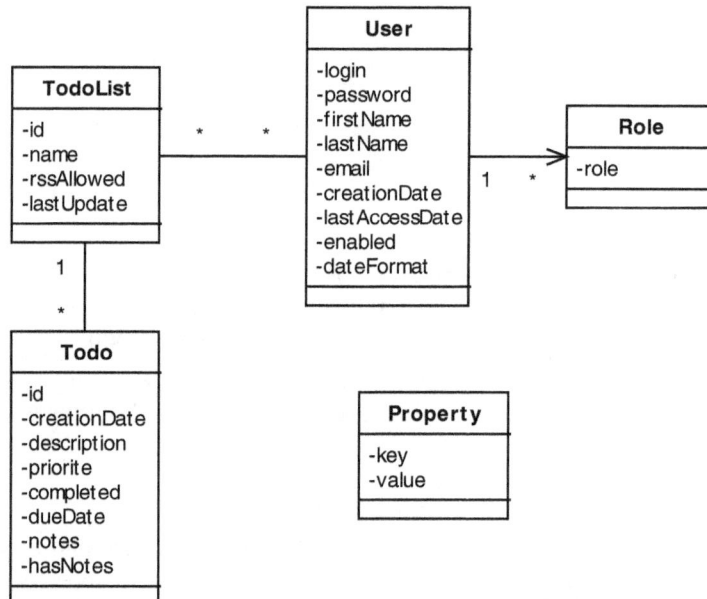

Remarquons que la classe Property sert à stocker les paramètres internes de Tudu Lists, notamment l'adresse du serveur SMTP nécessaire à l'envoi d'e-mail. Par ailleurs, la classe Role ne contient que deux lignes en base de données, chacune représentant les deux rôles gérés par Tudu Lists : administrateur et utilisateur.

La figure 1-12 illustre les services fonctionnels principaux de Tudu Lists (ceux qui permettent de gérer les Todos et les listes de Todos), avec la couche de persistance, laissant apparaître clairement la décomposition en couches.

Figure 1-12

Services fonctionnels de Tudu Lists

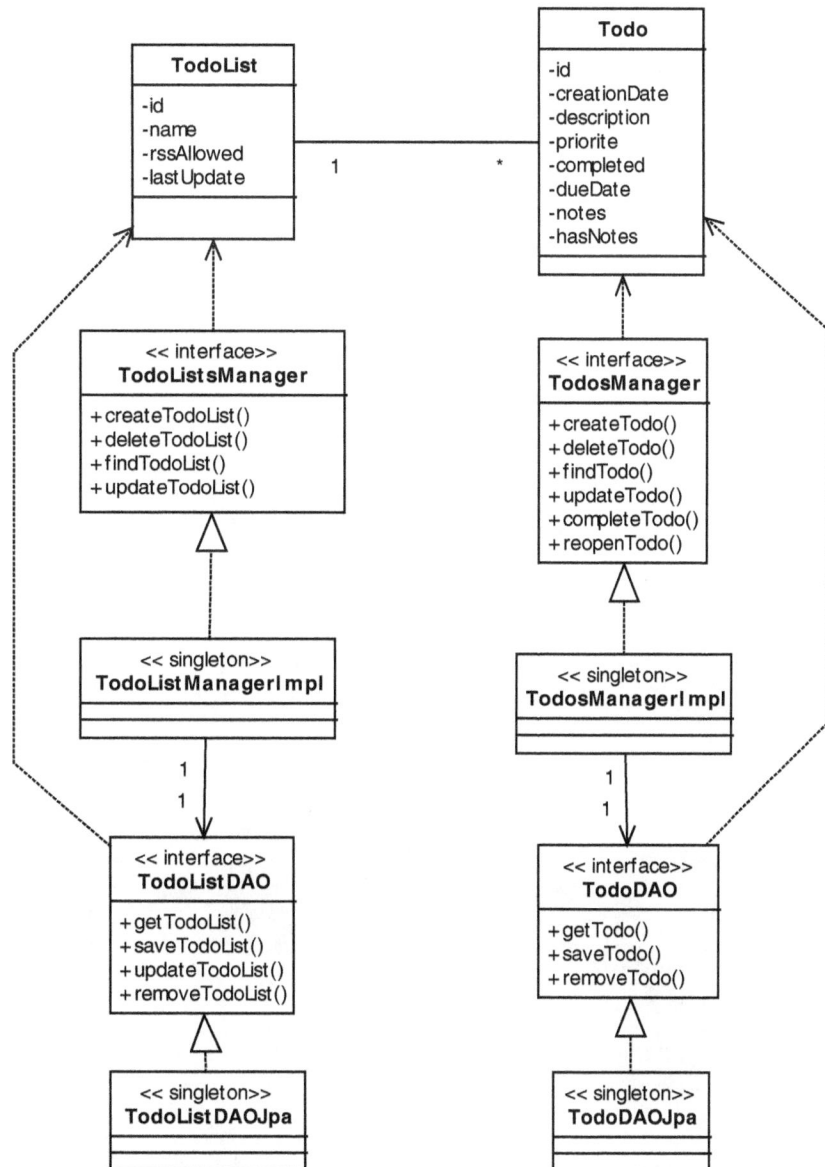

Conclusion

Nous avons vu la place occupée par Spring au sein de la plate-forme Java. Avec d'autres projets Open Source, Spring contribue à combler certaines limites de Java EE tout en apportant des solutions innovantes.

Cette contribution, d'abord matérialisée dans le modèle de programmation, prend désormais la forme d'une plate-forme d'exécution ambitieuse, fondée sur un modèle de composants dynamiques.

Nous avons abordé un ensemble de concepts qu'il est essentiel de connaître pour utiliser Spring au mieux et bénéficier pleinement de sa puissance. Ces concepts sont la programmation par interface, l'injection de dépendances, la notion de conteneur léger et la décomposition en couches pour les applications d'entreprise.

L'étude de cas Tudu Lists est bâtie autour de ces concepts essentiels.

Partie I

Les fondations de Spring

Spring est bâti sur deux piliers : son conteneur léger et son framework de POA. Pour utiliser Spring de manière efficace dans nos développements et bénéficier pleinement de sa puissance, il est fondamental de bien comprendre les concepts liés à ces deux piliers et de modéliser nos applications en conséquence.

Les chapitres 2 et 3 couvrent le conteneur léger de Spring. Nous verrons dans un premier temps ses fonctionnalités élémentaires puis des concepts et techniques plus avancés.

Le chapitre 4 aborde les principes de la POA à travers une fonctionnalité transverse de l'application Tudu Lists. L'objectif de ce chapitre n'est pas d'être exhaustif sur le sujet, mais de présenter les notions essentielles de la POA.

Le chapitre 5 traite des différentes façons de faire de la POA dans Spring.

Le chapitre 6 est consacré aux tests unitaires, une pratique essentielle du développement logiciel. Nous verrons comment tester les différentes couches d'une application et comment Spring facilite les tests unitaires grâce aux bonnes pratiques qu'il préconise et à son framework dédié aux tests.

2

Le conteneur léger de Spring

Le chapitre précédent a introduit la notion de conteneur léger et montré qu'elle améliorait de manière significative la qualité d'une application. C'est à partir de ces bases conceptuelles que nous abordons ici le conteneur léger de Spring.

Spring propose une multitude de façons d'utiliser son conteneur léger, ce qui est souvent déroutant pour le développeur découvrant cet outil. Afin de permettre au lecteur d'utiliser efficacement le framework, nous nous concentrons dans le présent chapitre sur les fonctionnalités utilisées par la grande majorité des projets.

Nous commençons par un exemple introductif permettant de comprendre la syntaxe et le fonctionnement de Spring. Nous enchaînons ensuite avec les différentes techniques dont nous disposons pour définir nos objets, ainsi que leurs dépendances au sein du conteneur léger. Il s'agit là du cœur de l'implémentation par Spring du principe d'injection de dépendances. Nous voyons ensuite comment définir des Beans à partir d'annotations, car Spring n'est pas forcément synonyme de configuration XML.

Nous continuons par des considérations sur le fonctionnement interne du conteneur, car il est parfois nécessaire qu'une application s'intègre étroitement avec celui-ci. Nous finissons par le support pour l'internationalisation que propose Spring.

Premiers pas avec Spring

Le conteneur léger de Spring peut être vu comme une simple fabrique d'objets Java. Son fonctionnement de base consiste à définir des objets dans un fichier XML. Ce fichier est ensuite chargé par Spring, qui gère alors l'instanciation des objets.

On appelle généralement « contexte » l'objet Spring contenant les objets décrits dans le fichier XML. Le contexte propose un ensemble de méthodes pour récupérer les objets qu'il contient. Nous allons détailler l'ensemble de ces étapes afin d'introduire progressivement les principes du conteneur léger de Spring et l'API correspondante.

Instanciation du conteneur léger de Spring

Commençons par définir un utilisateur de Tudu Lists dans le conteneur léger de Spring. Voici le fichier de configuration XML correspondant :

```xml
<?xml version="1.0" encoding="UTF-8"?>
<beans xmlns="http://www.springframework.org/schema/beans"
  xmlns:xsi="http://www.w3.org/2001/XMLSchema-instance"
  xsi:schemaLocation="http://www.springframework.org/schema/beans
http://www.springframework.org/schema/beans/spring-beans.xsd">←❶

  <bean id="user" class="tudu.domain.model.User">←❷
    <property name="firstName" value="Frédéric" />←❸
    <property name="lastName" value="Chopin" />←❹
  </bean>

</beans>
```

Le fichier XML commence par la déclaration du schéma utilisé (❶), qui définit les balises utilisables. Nous verrons par la suite les différents schémas XML disponibles dans Spring. Nous utilisons ici le schéma beans, qui permet de définir des objets Java ainsi que leurs propriétés, avec des définitions explicites (comme le nom complet de la classe à instancier).

Nous définissons au repère ❷ notre Bean (balise bean) en lui donnant un identifiant (attribut id) au sein du contexte Spring et en précisant sa classe (attribut class). Nous assignons ensuite deux propriétés (❸ et ❹) avec la balise property et les attributs name (pour le nom de la propriété) et value (pour la valeur correspondante).

Qu'est-ce qu'un Bean ?

Dans le monde Java, un Bean est un objet, c'est-à-dire une instance d'une classe Java. Ce terme de Bean fait référence à la spécification JavaBeans de Sun, qui définit un ensemble de règles que doivent respecter des objets (existence d'accesseurs et de modificateurs pour les propriétés et support d'un mécanisme d'observation). Le mot *Bean* signifie notamment « grain de café » en anglais. De même, Java renvoie non seulement à une île de l'archipel indonésien (grand producteur de café), mais à un mot d'argot américain signifiant café.

On utilise souvent les termes Bean Java et POJO de façon interchangeable. Un POJO (Plain Old Java Object) est en fait un simple objet Java, ne faisant référence à aucune classe ou interface technique. Ce terme est apparu pour s'opposer aux premières versions des EJB, dont la composante technique déteignait invariablement sur les classes du domaine métier. Nous employons dans ce livre le terme Bean principalement pour désigner des objets gérés par le conteneur léger de Spring.

Le fichier de configuration XML peut ensuite être chargé en faisant appel aux différentes classes disponibles dans Spring, comme dans l'exemple suivant :

```
import org.springframework.context.ApplicationContext;
import org.springframework.context.support.
  FileSystemXmlApplicationContext;

import tudu.domain.model.User;

public class StartSpring {

  public static void main(String[] args) {

    ApplicationContext context = new
        FileSystemXmlApplicationContext(
          "applicationContext.xml"
    );←❶

    User user = (User) context.getBean("user");←❷

    System.out.println(
     "Utilisateur : "+user.getFirstName()+" "+user.getLastName()←❸
    );

  }

}
```

Nous déclarons une variable `context` de type `ApplicationContext` et utilisons l'implémentation `FileSystemXmlApplicationContext` en lui passant le nom de notre fichier (❶). Cette implémentation localise le fichier sur le système de fichiers (et pas dans le classpath).

Nous pouvons récupérer notre utilisateur de Tudu Lists à partir du contexte, en utilisant la méthode `getBean`, avec l'identifiant en paramètre (❷). Un transtypage est nécessaire, car la méthode `getBean` ne connaît pas par avance la classe de l'objet. Enfin, nous affichons le fruit de notre labeur dans la console (❸).

L'exécution de ce programme donne la sortie suivante :

```
Utilisateur : Frédéric Chopin
```

Un `ApplicationContext` peut aussi être chargé avec la classe `ClassPathXmlApplication-Context`, qui récupère le fichier de définition à partir du classpath.

Spring permet aussi la définition d'un contexte à partir de plusieurs fichiers. Notre exemple ne définit qu'un seul Bean, mais une application d'envergure peut nécessiter des dizaines, voire des centaines de Beans. On découpe alors généralement le contexte en plusieurs fichiers. Cela facilite leur définition, mais aussi leur réutilisabilité.

Cet exemple très simple a introduit les principes de base du conteneur léger de Spring. Nous allons maintenant expliciter les différents mécanismes mis en jeu dans notre exemple.

Le contexte d'application de Spring

Le contexte d'application de Spring correspond à l'interface ApplicationContext. Il s'agit du point d'entrée pour une application qui souhaite utiliser des Beans gérés par Spring. Le contexte d'application, à travers une interface relativement simple, dissimule des mécanismes complexes pour la gestion des Beans.

Voici quelques méthodes de l'interface ApplicationContext :

```
Object getBean(String name) throws BeansException;
Object getBean(String name, Class requiredType)
throws BeansException;
boolean containsBean(String name);
boolean isSingleton(String name)
throws NoSuchBeanDefinitionException;
Class getType(String name) throws NoSuchBeanDefinitionException;
String[] getAliases(String name)
throws NoSuchBeanDefinitionException;
```

La méthode containsBean vérifie, pour un nom donné, qu'un objet correspondant est bien géré dans le conteneur léger.

Les méthodes getBean permettent de récupérer l'instance d'un objet à partir de son nom. L'une d'elles prend un paramètre supplémentaire, requiredType, afin de contraindre le type d'objet renvoyé par getBean pour plus de sécurité. Si le nom fourni ne correspond pas à un objet dont le type est celui attendu, une exception est générée. Par ailleurs, la méthode getType permet de connaître le type d'un objet à partir de son nom.

Un Bean renvoyé par la fabrique peut être un singleton ou non. Nous parlons dans ce dernier cas de prototype dans la terminologie Spring. La méthode isSingleton permet de savoir, à partir du nom d'un objet, s'il s'agit ou non d'un singleton.

Tout objet dans Spring peut avoir des noms multiples, ou alias. La méthode getAlias fournit l'ensemble des alias associés à un objet dont nous connaissons le nom.

Ces méthodes sont en fait issues de l'interface BeanFactory de Spring, dont hérite ApplicationContext. C'est la BeanFactory qui correspond véritablement à la notion de fabrique de Beans.

Le contexte d'application de Spring s'appuie sur une BeanFactory pour la création des objets, mais ajoute les fonctionnalités suivantes :

- support des messages et de leur internationalisation ;
- support avancé du chargement de fichiers (appelés ressources), que ce soit dans le système de fichiers ou dans le classpath de l'application ;
- support de la publication d'événements permettant à des objets de l'application de réagir en fonction d'eux ;
- possibilité de définir une hiérarchie de contextes, une fonctionnalité très utile pour isoler les différentes couches de l'application (les Beans de la couche présentation ne sont pas visibles de la couche service, par exemple).

Ces fonctionnalités additionnelles seront présentées plus en détail par la suite, car elles ne concernent pas à proprement parler le conteneur léger.

Les applications d'entreprise utilisant pratiquement systématiquement un contexte d'application, nous couvrons donc en priorité cette notion. Cependant, il est possible de manipuler directement une BeanFactory, mais l'on ne bénéficie pas alors des services cités précédemment.

Le contexte d'application offrant des services de gestion des Beans très puissants, il devient pour une application un élément essentiel, susceptible de gérer l'ensemble de ses composants (services métier et technique, DAO, etc.).

Étapes de construction d'un Bean

Un Bean géré par le contexte d'application de Spring suit un chemin complexe, depuis sa définition XML jusqu'à sa mise à disposition pour une application. Spring commence par analyser les métadonnées de définition des Beans (généralement sous forme XML) pour construire un registre de définitions de Beans. L'interface correspondante est BeanDefinition ; elle contient toutes les informations permettant de créer un Bean (identifiant, classe, valeurs des différentes propriétés, etc.). Le contexte d'application délègue la création des Beans à une BeanFactory, qui se fonde sur les définitions. Le contexte d'application gère aussi un ensemble de services pour les Beans (publication de messages, gestion de ressources, etc.). La notion de définition de Bean est importante, car elle encapsule le chargement des métadonnées d'un Bean. Il existe donc différents moyens de définition de ces métadonnées, la forme XML n'étant que la plus connue.

En résumé

Nous venons de voir un exemple simple de chargement de contexte Spring. Nous avons défini un simple objet dans un fichier XML puis fait appel à l'API Spring pour charger et récupérer cet objet. Il y a évidemment peu d'intérêt à utiliser le conteneur léger de Spring pour ce genre de manipulation, mais cela nous a permis d'introduire des concepts essentiels.

Nous avons directement utilisé la notion d'ApplicationContext, le type de conteneur léger de Spring le plus puissant. Il existe aussi la BeanFactory, mais les applications d'entreprise utilisent systématiquement un ApplicationContext, car il propose des fonctionnalités plus puissantes pour la gestion des Beans.

Le conteneur léger de Spring prend toute son envergure pour la construction d'ensembles complexes de Beans, car il permet de gérer non seulement l'initialisation des Beans, mais aussi leurs dépendances et des mécanismes tels que l'ajout transparent de comportement (décoration).

Définition d'un Bean

Nous avons abordé la définition d'un Bean. Nous allons voir maintenant chacun des aspects de cette définition : principe de configuration XML, nommage, définition des propriétés (de types primitifs, mais aussi complexes, c'est-à-dire avec injection de dépendances) et la notion de portée.

Les schémas XML

La version 2 de Spring a introduit les schémas XML, qui dictent les balises utilisables dans un fichier de configuration de Spring. Spring 1 utilisait une DTD pour imposer la syntaxe des fichiers XML.

Pour résumer, cette DTD se limitait à deux balises : bean et property, pour définir respectivement un Bean et ses propriétés. Malgré cette relative simplicité, Spring était déjà un conteneur performant, mais sa configuration pouvait s'avérer fastidieuse, notamment quand les classes des Beans étaient très longues. La syntaxe générique permettait de répondre à tous les besoins, mais pas forcément de la façon la mieux adaptée.

Les schémas XML ont permis de donner plus de sens aux différentes balises, parce que leur nom est explicite et que leur utilisation masque les mécanismes complexes d'instanciation de Beans.

Les schémas XML apportent en outre une modularité à Spring : on utilise seulement ceux dont on a besoin dans un fichier. Enfin, ils apportent une très bonne extensibilité. Il est ainsi possible de définir son propre schéma, qui, lorsqu'il sera utilisé dans un fichier de contexte Spring, s'interfacera avec le conteneur léger et créera des Beans.

Spring peut donc être utilisé potentiellement pour tout type de projet nécessitant une configuration déclarative et l'injection de dépendances, et pas uniquement des applications. Bref, les schémas XML apportent simplicité et expressivité à la configuration de Spring.

L'exemple suivant (issu de la documentation de référence de Spring) montre, pour la définition d'une liste d'e-mails la différence entre la syntaxe fondée sur la DTD Spring 1 et les schémas XML de Spring 2 :

```
<!-- Spring 1 et DTD -->
<bean id="emails"
 class="org.springframework.beans.factory.config.ListFactoryBean">
  <property name="sourceList">
    <list>
      <value>pechorin@hero.org</value>
      <value>raskolnikov@slums.org</value>
      <value>stavrogin@gov.org</value>
      <value>porfiry@gov.org</value>
    </list>
  </property>
</bean>

<!--schéma XML -->
<util:list id="emails">
    <value>pechorin@hero.org</value>
    <value>raskolnikov@slums.org</value>
    <value>stavrogin@gov.org</value>
    <value>porfiry@gov.org</value>
</util:list>
```

Le tableau 2-1 récapitule les schémas XML disponibles dans Spring 2.5.

Tableau 2-1. Schémas XML de Spring 2.5

Nom	Description
beans	Définition des Beans et de leurs dépendances
aop	Gestion de la programmation orientée aspect
context	Activation des annotations et positionnement de post-processeurs
util	Déclaration de constantes et de structures de données
jee	Fonctions pour s'interfacer avec JNDI et les EJB
jms	Configuration de Beans JMS
lang	Déclaration de Beans définis avec des langages de script, tels que JRuby ou Groovy
p	Définition des propriétés de Beans
tx	Déclarations des transactions sur des Beans

Voici un fichier déclarant l'ensemble des schémas XML disponibles :

```
<?xml version="1.0" encoding="UTF-8"?>
<beans xmlns="http://www.springframework.org/schema/beans"
  xmlns:xsi="http://www.w3.org/2001/XMLSchema-instance"
  xmlns:aop="http://www.springframework.org/schema/aop"
  xmlns:context="http://www.springframework.org/schema/context"
  xmlns:jee="http://www.springframework.org/schema/jee"
  xmlns:jms="http://www.springframework.org/schema/jms"
  xmlns:lang="http://www.springframework.org/schema/lang"
  xmlns:p="http://www.springframework.org/schema/p"
  xmlns:tx="http://www.springframework.org/schema/tx"
  xmlns:util="http://www.springframework.org/schema/util"
  xsi:schemaLocation="http://www.springframework.org/schema/beans
http://www.springframework.org/schema/beans/spring-beans.xsd
http://www.springframework.org/schema/aop
http://www.springframework.org/schema/aop/spring-aop.xsd
  http://www.springframework.org/schema/context
http://www.springframework.org/schema/context/spring-context.xsd
  http://www.springframework.org/schema/jee
http://www.springframework.org/schema/jee/spring-jee.xsd
  http://www.springframework.org/schema/jms
http://www.springframework.org/schema/jms/spring-jms.xsd
  http://www.springframework.org/schema/lang
http://www.springframework.org/schema/lang/spring-lang.xsd
  http://www.springframework.org/schema/tx
http://www.springframework.org/schema/tx/spring-tx.xsd
  http://www.springframework.org/schema/util
http://www.springframework.org/schema/util/spring-util.xsd">

</beans>
```

Dans les chapitres consacrés au conteneur léger, nous utiliserons principalement les schémas `beans`, `util` et `context`.

Nommage des Beans

Un Bean doit généralement avoir un identifiant dans le contexte Spring, afin qu'il puisse être référencé par la suite. L'identifiant est fixé avec l'attribut `id` de la balise `bean` :

```
<bean id="user" class="tudu.domain.model.User">
```

L'identifiant doit bien sûr être unique. Il s'agit d'un identifiant au sens XML du terme. Cela présente des avantages, comme le fait qu'un éditeur approprié vous signalera les doublons, mais aussi des inconvénients, car la syntaxe d'un identifiant XML est imposée (il ne peut pas commencer par un chiffre, par exemple).

Pour remédier à ce problème, Spring propose l'attribut `name`, qui permet de définir des alias :

```
<bean id="user" class="tudu.domain.model.User"
name="tuduListsUser,pianist">
```

Les méthodes d'injection

L'essentiel de la puissance de Spring réside dans l'injection de dépendances, c'est-à-dire dans l'initialisation des propriétés d'un Bean, qu'elles soient simples (entier, réel, chaîne de caractères, etc.) ou qu'elles fassent référence à d'autres Beans gérés par le conteneur. Nous parlons dans ce dernier cas de *collaborateurs*.

Pour initialiser les propriétés d'un Bean, Spring propose deux méthodes d'injection : soit en utilisant les modificateurs du Bean, s'il en a, soit en utilisant l'un de ses constructeurs.

L'injection par modificateur

L'injection par modificateur se paramètre au sein d'une définition de Bean en utilisant le tag `property`. Ce tag possède un paramètre `name` spécifiant le nom de la propriété à initialiser.

Rappelons qu'un modificateur ne correspond pas forcément à un attribut de l'objet à initialiser et qu'il peut s'agir d'un traitement d'initialisation plus complexe.

Définition du modificateur

La présence d'un modificateur est essentielle à l'injection par modificateur. Cela peut paraître évident, mais oublier de définir le modificateur pour une propriété est une erreur fréquente qui fait échouer le démarrage du contexte Spring.

Le tag `property` s'utilise en combinaison avec le tag `value`, qui sert à spécifier la valeur à affecter à la propriété lorsqu'il s'agit d'une propriété canonique, ou avec le tag `ref`, s'il s'agit d'un collaborateur.

Nous avons déjà vu la définition par modificateur dans notre premier exemple :

```
<bean id="user" class="tudu.domain.model.User">
  <property name="firstName" value="Frédéric" />
  <property name="lastName" value="Chopin" />
</bean>
```

Il est possible d'utiliser une balise `value` imbriquée, mais la syntaxe devient plus verbeuse :

```
<bean id="user" class="tudu.domain.model.User">
  <property name="firstName"><value>Frédéric</value></property>
  <property name="lastName"><value>Chopin</value></property>
</bean>
```

L'injection par constructeur

L'injection par constructeur se paramètre au sein d'une définition de Bean en spécifiant les paramètres du constructeur par le biais du tag `constructor-arg`.

Supposons que nous ayons une classe `UnBean` codée de la manière suivante :

```
public class UnBean {

  private String chaine;
  private Integer entier;

  public UnBean(String chaine, Integer entier) {
    super();
    this.chaine = chaine;
    this.entier = entier;
  }
}
```

La configuration de ce Bean s'effectue ainsi :

```
<bean id="monBean" class="UnBean">
  <constructor-arg value="chaine " />
  <constructor-arg value="10" />
</bean>
```

Il est possible de changer l'ordre de définition des paramètres du constructeur en utilisant le paramètre `index` du tag `constructor-arg`. L'indexation se fait à partir de 0.

La configuration suivante est équivalente à la précédente, bien que nous ayons inversé l'ordre de définition des paramètres du constructeur :

```
<bean id="monBean" class="UnBean">
  <constructor-arg value="10" index="1" />
  <constructor-arg value="chaine" index="0" />
</bean>
```

Dans certains cas, il peut y avoir ambiguïté dans la définition du constructeur, empêchant Spring de choisir correctement ce dernier. Pour illustrer ce problème, ajoutons les deux constructeurs à la classe `UnBean` :

```
public UnBean(String chaine) {
  this.chaine = chaine;
}

public UnBean(Integer entier) {
  this.entier = entier;
}
```

Si nous écrivons la définition de Bean suivante, une ambiguïté apparaît, puisque les deux constructeurs peuvent être utilisés à partir de ce paramétrage :

```
<bean id="monBean" class=" UnBean">
  <constructor-arg value="10" />
</bean>
```

Par défaut, Spring sélectionne le premier constructeur supportant cette configuration, en l'occurrence celui qui initialise l'attribut chaine. Pour lever l'ambiguïté, il est possible d'utiliser le paramètre type du tag constructor-arg :

```
<bean id="monBean" class=" UnBean">
  <constructor-arg value="10" type="java.lang.Integer" />
</bean>
```

Grâce à ce paramètre, nous sélectionnons le constructeur qui initialise entier. Pour sélectionner l'autre constructeur explicitement, nous pouvons écrire :

```
<bean id="monBean" class="UnBean">
  <constructor-arg value="chaine" type="java.lang.String" />
</bean>
```

Injection par modificateur ou par constructeur ?

Dans le cadre de Spring, l'injection par modificateur est généralement préférée. L'injection par constructeur peut devenir malcommode si les dépendances sont nombreuses et si certaines sont optionnelles. L'injection par modificateur laisse quant à elle toute la souplesse nécessaire pour les dépendances optionnelles. Elle permet aussi un changement à chaud des dépendances, par exemple dans le cas d'une gestion de l'objet *via* JMX. L'injection par constructeur permet de définir un contrat fort : un objet doit être initialisé avec toutes ses dépendances ou ne pas exister. Elle est généralement préférée (à juste titre) par les puristes de la programmation orientée objet. Il n'y a donc pas de réponse unique à la question, même si l'injection par modificateur est la plus utilisée avec Spring.

Injection des propriétés

Nous allons voir dans cette section comment Spring gère l'injection de valeurs simples (notamment les types primitifs) et les structures de données.

Injection de valeurs simples

Spring supporte l'injection de valeurs simples en convertissant les chaînes de caractères fournies à l'attribut value dans le type de la propriété à initialiser.

Outre les chaînes de caractères et les nombres, les types de propriétés supportés par Spring sont les suivants :

- booléens
- type `char` et `java.lang.Character` ;
- type `java.util.Properties` ;
- type `java.util.Locale` ;
- type `java.net.URL` ;
- type `java.io.File` ;
- type `java.lang.Class` ;
- tableaux de `bytes` (chaîne de caractères transformée *via* la méthode `getBytes` de `String`) ;
- tableaux de chaînes de caractères (chaînes séparées par une virgule, selon le format CSV).

Afin d'illustrer l'utilisation de ces différentes valeurs, nous modifions notre classe `UnBean` en conséquence :

```
public class UnBean {
    private String chaine;
    private int entier;
    private float reel;
    private boolean booleen;
    private char caractere;
    private java.util.Properties proprietes;
    private java.util.Locale localisation;
    private java.net.URL url;
    private java.io.File fichier;
    private java.lang.Class classe;
    private byte[] tab2bytes;
    private String[] tab2chaines;

    // définition des accesseurs et modificateurs de chaque attribut
(...)
}
```

Si nous utilisons l'injection par modificateur, plus explicite, la définition du Bean est la suivante :

```
<bean id="monBean" class="UnBean">
  <property name="chaine" value="valeur" />
  <property name="entier" value="10" />
  <property name="reel" value="10.5" />
  <property name="booleen" value="true" />
  <property name="caractere" value="a" />
  <property name="proprietes">
    <value>
      log4j.rootLogger=DEBUG,CONSOLE
      log4j.logger.tudu=WARN
    </value>
```

```
    </property>
    <property name="localisation" value="fr_FR" />
    <property name="url" value="http://tudu.sf.net" />
    <property name="fichier" value="file:c:\\temp\\test.txt" />
    <property name="classe" value="java.lang.String" />
    <property name="tab2bytes" value="valeur" />
    <property name="tab2chaines" value="valeur1,valeur2" />
</bean>
```

Spring supporte les types les plus utilisés, mais, pour des besoins spécifiques, il peut être nécessaire de supporter de nouveaux types. Nous étudions cette possibilité au chapitre 3.

Injection de la valeur *null*

Dans certaines situations, il est nécessaire d'initialiser explicitement une propriété à `null`. Pour cela, Spring propose le tag `null`.

La configuration suivante passe une valeur nulle au premier paramètre du constructeur de `UnBean` :

```
<bean id="monBean" class="UnBean">
  <constructor-arg><null /></constructor-arg>
  <constructor-arg value="10" />
</bean>
```

Injection de structures de données

Outre les valeurs simples, Spring supporte l'injection de structures de données. Ces dernières peuvent stocker soit des ensembles de valeurs simples (balise `value`), soit des objets gérés par le conteneur (balise `ref`), dont nous verrons la définition un peu plus loin.

Les structures de données peuvent être définies afin d'être injectées dans un autre Bean. Elles n'ont alors pas d'identifiant, et l'on peut les qualifier de Beans anonymes. Pour ce genre de définition, le schéma `beans` propose des balises utilisables seulement au sein d'une balise `property`.

Si les structures de données doivent avoir une identité à part entière, il est possible de les déclarer avec des balises du schéma `util`. On peut alors leur attribuer un identifiant et les réutiliser ailleurs dans le conteneur.

Les structures de données supportées sont `java.util.Map`, `java.util.Set` et `java.util.List`. Outre ces trois types, Spring fournit des balises spécifiques pour initialiser les propriétés du type `java.util.Properties`. Ces balises sont plus lisibles que la configuration que nous avons utilisée précédemment (lors de l'injection de valeurs simples).

Notons que, contrairement aux structures de données précédentes, la classe `Properties` n'accepte que les chaînes de caractères, puisqu'il s'agit du seul type qu'elle est capable de manipuler.

Le type java.util.Map

L'interface `java.util.Map` représente un objet qui fait correspondre des clés à des valeurs. Une `Map` ne peut contenir de clés dupliquées (elles sont uniques), et une clé ne peut correspondre qu'à une seule valeur.

Voici comment assigner une `Map` à la propriété d'un Bean (balises `map` et `entry`) :

```
<property name="map">
<map>
  <entry key="cle1" value="valeur1"/>
  <entry key="cle2" value="valeur2"/>
</map>
</property>
```

Voici comment définir explicitement une `Map` en tant que Bean :

```
<util:map id="mapBean">
  <entry key="cle1" value="valeur1"/>
  <entry key="cle2" value="valeur2"/>
</util:map>
```

Spring gère alors la classe d'implémentation. Nous pouvons préciser celle-ci avec l'attribut map-class :

```
<util:map id="mapBean" map-class="java.util.HashMap">
```

Le type java.util.Set

L'interface `java.util.Set` est une collection d'éléments qui ne contient aucun dupliqua et au maximum une fois la valeur `null`. Ce type correspond à la notion mathématique d'ensemble.

Voici comment assigner un `Set` à la propriété d'un Bean (balises `set` et `value`) :

```
<property name="set">
  <set>
    <value>valeur1</value>
    <value>valeur2</value>
  </set>
</property>
```

Voici comment définir explicitement un `Set` en tant que Bean :

```
<util:set id="setBean">
  <value>valeur1</value>
  <value>valeur2</value>
</util:set>
```

Spring masque alors la classe d'implémentation. Il est possible de préciser celle-ci avec l'attribut set-class :

```
<util:set id="setBean" set-class="java.util.HashSet">
  <value>valeur1</value>
  <value>valeur2</value>
</util:set>
```

Le type java.util.List

L'interface `java.util.List` est une collection ordonnée d'éléments. À ce titre, ce type permet un contrôle précis de la façon dont chaque élément est inséré dans la liste. L'ordre de définition des valeurs est donc pris en compte.

Voici comment assigner une `List` à la propriété d'un Bean (balises `list` et `value`) :

```
<property name="list">
  <list>
    <value>valeur1</value>
    <value>valeur2</value>
  </list>
</property>
```

Voici comment définir explicitement une `List` en tant que Bean :

```
<util:list id="listBean">
  <value>valeur1</value>
  <value>valeur2</value>
</util:list>
```

Spring gère alors la classe d'implémentation. Il est possible de préciser celle-ci avec l'attribut `list-class` :

```
<util:list id="listBean" list-class="java.util.ArrayList">
```

Le type java.util.Properties

Comme nous l'avons vu précédemment, il est possible d'initialiser une propriété de type `java.util.Properties` directement à partir d'une chaîne de caractères. Spring propose cependant une autre méthode, plus lisible, à l'aide de balises.

Voici comment assigner des `Properties` à la propriété d'un Bean :

```
<property name="props">
  <props>
    <prop key="cle1">valeur1</prop>
    <prop key="cle2">valeur2</prop>
  </props>
</property>
```

Voici comment définir explicitement des `Properties` en tant que Bean :

```
<util:properties id="propsBean">
  <prop key="cle1">valeur1</prop>
  <prop key="cle2">valeur2</prop>
</util:properties>
```

Injection des collaborateurs

Nous venons de voir comment initialiser les valeurs simples ainsi que les structures de données au sein d'un objet géré par le conteneur léger. Spring supporte en standard les types les plus fréquemment rencontrés pour les attributs d'une classe. Il fournit en outre les transformateurs nécessaires pour convertir la configuration effectuée sous forme de chaînes de caractères en une valeur ayant le type convenable.

Nous allons nous intéresser à présent à l'injection des propriétés particulières que sont les collaborateurs.

Comme nous l'avons déjà indiqué, la terminologie de Spring désigne par le terme *collaborateur* une propriété d'un Bean étant elle-même un Bean géré par le conteneur léger.

Pour réaliser l'injection des collaborateurs, Spring propose deux méthodes, l'une explicite, chaque collaborateur étant défini dans le fichier de configuration, l'autre automatique, le conteneur léger décidant lui-même des injections à effectuer (*autowiring*) par introspection des Beans.

Une fois l'injection effectuée, il est possible de procéder à une vérification des dépendances afin de s'assurer que les Beans ont été correctement initialisés.

Injection explicite des collaborateurs

L'injection explicite des collaborateurs est la manière la plus sûre de gérer les dépendances entre les Beans gérés par le conteneur léger, car toute la mécanique d'injection est sous contrôle du développeur (contrairement à l'injection automatique, où Spring prend des décisions).

Comme indiqué précédemment, les collaborateurs sont des propriétés. À ce titre, ils se configurent à l'aide du tag `property`. Cependant, la balise ou l'attribut `value` sont ici remplacés par `ref`, signifiant référence.

Dans Tudu Lists, l'injection de collaborateurs est utilisée pour les services métier, qui ont besoin d'objets d'accès aux données, auxquels ils délèguent les interactions avec la base de données. Le service `tudu.service.impl.UserManagerImpl` a, par exemple, une propriété `userDAO`, qui doit recevoir un Bean implémentant l'interface `tudu.domain.dao.UserDAO`.

Voici comment injecter une implémentation JPA de ce DAO dans le service :

```
<bean id="userDAO" class="tudu.domain.dao.jpa.UserDAOJpa" />←❶

<bean id="userManager"
    class="tudu.service.impl.UserManagerImpl">←❷
  <property name="userDAO" ref="userDAO" />←❸
</bean>
```

Nous déclarons dans un premier temps le DAO (❶), puis seulement le service (❷). Le DAO est injecté *via* la balise `property`, dont nous utilisons l'attribut `ref` pour faire référence à notre DAO (❸).

Pour injecter un Bean, il n'est pas nécessaire qu'il soit défini séparément auprès du conteneur léger. Il est possible de le déclarer pour une injection unique à l'intérieur de la balise `property`. Voici l'injection du DAO dans notre service métier, sans que le Bean DAO soit déclaré explicitement dans le conteneur léger :

```
<bean id="userManager" class="tudu.service.impl.UserManagerImpl">
  <property name="userDAO">
    <bean class="tudu.domain.dao.jpa.UserDAOJpa" />
  </property>
</bean>
```

Une balise `bean` est directement utilisée au sein de la balise `property`. Il serait aussi possible d'utiliser des balises `property` pour configurer des propriétés du DAO.

Il n'est pas utile de nommer un Bean interne, puisqu'il n'est pas visible en dehors de la définition dans laquelle il s'inscrit. L'intérêt d'un Bean interne est son côté invisible : il ne peut être récupéré à partir du contexte. On peut le voir comme un composant anonyme d'un contexte d'application. En revanche, il ne peut être réutilisé pour être injecté dans plusieurs Beans.

Injection automatique des collaborateurs

Nous avons vu que l'injection explicite impliquait l'écriture de plusieurs lignes de configuration. Sur des projets de grande taille, les configurations peuvent rapidement devenir imposantes.

Pour réduire de manière drastique le nombre de lignes de configuration, Spring propose un mécanisme d'injection automatique, appelé *autowiring*. Ce mécanisme utilise des algorithmes de décision pour savoir quelles injections réaliser.

Le tableau 2-2 récapitule les différents modes d'autowiring proposés par Spring.

Tableau 2-2. Modes d'autowiring de Spring

Mode	Description
no	Aucun autowiring n'est effectué, et les dépendances sont assignées explicitement. Il s'agit du mode par défaut.
byName	Spring recherche un Bean ayant le même nom que la propriété pour réaliser l'injection.
byType	Spring recherche un Bean ayant le même type que la propriété pour réaliser l'injection. Si plusieurs Beans peuvent convenir, une exception est lancée. Si aucun Bean ne convient, la propriété est initialisée à `null`.
constructor	Similaire à `byType`, mais fondé sur les types des paramètres du ou des constructeurs
autodetect	Choisit d'abord l'injection par constructeur. Si un constructeur par défaut est trouvé (c'est-à-dire un constructeur sans argument), passe à l'injection automatique par type.

L'autowiring est un mécanisme puissant permettant de fortement alléger les fichiers de configuration de Spring. Il ne doit cependant être utilisé que pour des applications dans lesquelles les dépendances restent relativement simples.

Tudu Lists utilise de l'autowiring, car les dépendances découlent d'une architecture en couches et sont donc claires. L'autowiring est à proscrire pour les applications où les liaisons entre composants doivent apparaître explicitement et clairement, surtout si elles sont complexes.

Il existe deux moyens d'activer l'autowiring dans Spring : soit avec la configuration XML, soit avec des annotations. Les modes que nous avons présentés sont utilisés dans la configuration XML, mais leurs principes sont identiques dans la configuration par annotations.

Injection automatique en XML

Pour la configuration XML, l'autowiring peut-être activé Bean par Bean par le biais de l'attribut `autowire` de la balise `bean`, ce qui permet d'utiliser ce mode d'injection de manière ciblée.

Voici, par exemple, comment injecter automatiquement le DAO dans le service métier de gestion des utilisateurs de Tudu Lists :

```
<bean id="userManager" class="tudu.service.impl.UserManagerImpl"
    autowire="byType" />


<bean id="userDAO" class="tudu.domain.dao.jpa.UserDAOJpa" />
```

Comme la propriété se nomme userDAO, remarquons que l'autowiring par nom fonctionnerait aussi dans le cas suivant :

```
<bean id="userManager" class="tudu.service.impl.UserManagerImpl"
    autowire="byName" />


<bean id="userDAO" class="tudu.domain.dao.jpa.UserDAOJpa" />
```

Par défaut, aucun autowiring n'est effectué dans une configuration XML. Il est possible de positionner l'attribut default-autowiring de l'attribut racine beans afin de définir globalement le mode d'autowiring :

```
<beans (...)   default-autowire="byType">
```

Injection automatique par annotation

L'autowiring *via* XML a des limites, puisqu'il agit globalement sur les propriétés d'un objet. Il est possible de paramétrer plus finement l'autowiring avec des annotations.

Les annotations supportées sont @Autowired (issue de Spring) et @Resource (issue de la JSR 250 Commons Annotations, qui est normalement utilisée pour injecter des ressources JNDI).

Ces annotations peuvent être apposées sur des propriétés, des constructeurs ou des modificateurs (nous nous contenterons d'exemples sur les propriétés, mais les principes sont identiques dans les deux autres cas). Nous allons illustrer nos exemples avec @Autowired, le fonctionnement de @Resource étant pratiquement équivalent.

Par défaut, la détection des annotations n'est pas activée. Il existe deux façons de l'activer. La première consiste à utiliser la balise annotation-config du schéma context, qui active la détection d'un ensemble d'annotations dans Spring :

```
<?xml version="1.0" encoding="UTF-8"?>
<beans xmlns="http://www.springframework.org/schema/beans"
xmlns:xsi="http://www.w3.org/2001/XMLSchema-instance"
xmlns:context="http://www.springframework.org/schema/context"
xsi:schemaLocation="http://www.springframework.org/schema/beans
http://www.springframework.org/schema/beans/spring-beans.xsd
http://www.springframework.org/schema/context
http://www.springframework.org/schema/context/spring-context.xsd">

  <context:annotation-config />

</beans>
```

La seconde façon d'activer la détection des annotations consiste à déclarer dans le contexte un Bean spécifique, appelé `BeanPostProcesseur`, qui effectuera l'injection automatiquement lors du chargement du contexte :

```
<bean class="org.springframework.beans.factory.annotation.➥
  AutowiredAnnotationBeanPostProcessor" />
```

Si nous reprenons l'exemple du service utilisateur de Tudu Lists, dans lequel un DAO est injecté, en supposant que la détection des annotations est activée, la déclaration des deux Beans est la suivante :

```
<bean id="userManager" class="tudu.service.impl.UserManagerImpl" />

<bean id="userDAO" class="tudu.domain.dao.jpa.UserDAOJpa" />
```

Pour que l'autowiring ait lieu, nous utilisons l'annotation `@Autowired` sur la propriété `userDAO` du service :

```
(...)
import org.springframework.beans.factory.annotation.Autowired;
(...)
public class UserManagerImpl implements UserManager {

  @Autowired
  private UserDAO userDAO;

  (...)

}
```

L'utilisation de `@Autowired` n'impose pas l'existence du modificateur de la propriété injectée, Spring pouvant effectuer l'injection par introspection. Si cette pratique ne respecte pas rigoureusement le paradigme objet, elle économise du code, ce qui est commode sur des Beans ayant de nombreuses propriétés.

Par défaut, l'annotation `@Autowired` impose une dépendance obligatoire. Si Spring n'arrive pas à résoudre la dépendance, une exception est générée. Il est possible de rendre une dépendance optionnelle avec le paramètre `required` :

```
@Autowired(required=false)
private UserDAO userDAO;
```

Avec les annotations, Spring effectue un autowiring par type. Dans le cas où plusieurs Beans correspondent au type d'une dépendance, il faut indiquer à Spring comment lever les ambiguïtés. Cela se fait au moyen de l'annotation `@Qualifier`, qui permet d'aiguiller Spring dans l'autowiring.

Prenons l'exemple d'un service métier envoyant des messages d'information aux clients d'un système informatique. La forme de l'envoi varie selon l'abonnement du client : e-mail pour les clients avec l'abonnement « standard » et SMS pour les clients avec l'abonnement « gold ».

D'un point de vue objet, nous avons une interface `MessageSender` et deux implémentations, `SmsMessageSender` et `EmailMessageSender`. Notre service métier a une propriété pour chacun des types d'envois :

```
public class AlerteClientManager {

  private MessageSender senderPourAbonnementGold;

  private MessageSender senderPourAbonnementStandard;

  (...)

}
```

Notons, d'une part, que nous raisonnons par interface (les propriétés sont de type `MessageSender`) et, d'autre part, que les noms des propriétés ont une connotation sémantique plutôt que technique. Nous ne faisons donc pas référence aux technologies sous-jacentes (SMS et email).

Le fichier de configuration XML déclare le service et les deux implémentations de `MessageSender` :

```
<bean id="alerteClientManager" class="AlerteClientManager" />

<bean id="goldMessageSender" class="SmsMessageSender" />
<bean id="standardMessageSender" class="EmailMessageSender" />
```

Il faut annoter les deux propriétés du service métier, afin d'effectuer automatiquement l'injection. Cependant, une annotation `@Autowired` sur chaque propriété n'est pas suffisante, car Spring détecte un conflit (deux Beans implémentant `MessageSender` sont déclarés dans le contexte). L'annotation `@Qualifier` permet de lever l'ambiguïté :

```
import org.springframework.beans.factory.annotation.Autowired;
import org.springframework.beans.factory.annotation.Qualifier;

public class AlerteClientManager {

  @Autowired
  @Qualifier("goldMessageSender")
  private MessageSender senderPourAbonnementGold;

  @Autowired
  @Qualifier("standardMessageSender")
  private MessageSender senderPourAbonnementStandard;

  (...)

}
```

Le paramètre passé à @Qualifier fait référence au nom du Bean que Spring doit injecter. Il s'agit du comportement par défaut : le qualificateur d'un Bean prend comme valeur l'identifiant dudit Bean si rien n'est précisé.

On peut qualifier explicitement un Bean en imbriquant la balise qualifier dans la balise bean :

```
<bean class="SmsMessageSender">
  <qualifier value="goldMessageSender" />
</bean>

<bean class="EmailMessageSender">
  <qualifier value="standardMessageSender" />
</bean>
```

Nous avons supprimé l'identifiant des deux Beans, mais ils auraient très bien pu cohabiter avec la balise qualifier.

La notion de *qualificateur* permet d'aller beaucoup plus loin que dans notre exemple. Nous invitons le lecteur à consulter la documentation de référence de Spring pour voir notamment comment créer ses propres annotations de qualification.

L'injection automatique par annotations permet aussi de récupérer tous les Beans d'un certain type. Il suffit pour cela de déclarer une collection typée dans un Bean :

```
public class MessageSenderConfiguration {
(...)
  @Autowired
  private Collection<MessageSender> messageSenders;
  (...)
}
```

Voici un fichier de configuration :

```
<bean id="messageSenderConfiguration"
    class="MessageSenderConfiguration" />

<bean class="SmsMessageSender" />

<bean class="EmailMessageSender" />
```

Le Bean messageSenderConfiguration se verra injecter une collection contenant les deux MessageSender déclarés. La propriété destinée à l'injection peut être tout type de Collection (Set, List) ou un tableau d'éléments du type attendu. Elle peut aussi être une Map, dont les clés sont des String et les valeurs du type attendu. Voici la déclaration de cette Map pour l'exemple précédent :

```
@Autowired
private Map<String, MessageSender> messageSenders;
```

Spring utilisera dès lors le nom des Beans pour la clé et les Beans proprement dits pour les valeurs correspondantes.

L'injection automatique de Beans d'un même type est particulièrement utile quand l'ensemble de ces Beans n'est pas connu *a priori*. Ils peuvent être en effet disséminés à travers plusieurs fichiers de configuration ou amenés à être créés *via* de la détection automatique de composant. Ce mécanisme est intéressant pour l'extensibilité qu'il offre, car les Beans peuvent être des contributions à un point d'extension de l'application, comme les `messageSenders` de notre exemple, qui correspondent aux différents types de messages que l'application supporte.

Quand utiliser l'injection automatique ?

Comme nous l'avons déjà expliqué, l'injection automatique économise des lignes dans un fichier de configuration mais ne contribue pas à la clarté des dépendances entre différents Beans. Elle est donc à utiliser quand l'injection de dépendances est simple et répétitive.

L'utilisation d'annotations pour effectuer l'injection automatique est à limiter aux mêmes cas que l'injection automatique en général. Elle constitue un moyen très commode de configuration, malgré son côté intrusif (la classe annotée dépend de l'API de l'annotation).

Nous verrons au chapitre 6, consacré aux tests unitaires, que cette forme d'injection est particulièrement adaptée.

Il ne faut donc pas proscrire systématiquement l'injection automatique, mais plutôt essayer d'imaginer la solution la mieux adaptée à une application en particulier. Le compromis doit se faire en ayant à l'esprit la verbosité de la configuration, la clarté et la complexité des dépendances.

Injection avec le schéma p

Spring propose un schéma XML permettant l'injection des propriétés (simples et collaborateurs) *via* des attributs dans la balise `bean`.

Pour utiliser ce schéma, l'en-tête du fichier XML doit être le suivant :

```
<?xml version="1.0" encoding="UTF-8"?>
<beans xmlns="http://www.springframework.org/schema/beans"
xmlns:xsi="http://www.w3.org/2001/XMLSchema-instance"
xmlns:p="http://www.springframework.org/schema/p"
xsi:schemaLocation="http://www.springframework.org/schema/beans
http://www.springframework.org/schema/beans/spring-beans.xsd">


</beans>
```

Les propriétés peuvent ensuite être assignées en utilisant un attribut avec la syntaxe `p:${nom-propriété}` dans la balise `bean`.

Voici notre exemple introductif utilisant le schéma `p` :

```
<bean id="user" class="tudu.domain.model.User"
    p:firstName="Frédéric" p:lastName="Chopin" />
```

Pour effectuer l'injection d'un collaborateur, il suffit d'ajouter -ref après le nom de la propriété :

```
<bean id="userManager" class="tudu.service.impl.UserManagerImpl"
    p:userDAO-ref="userDAO" />

<bean id="userDAO" class="tudu.domain.dao.jpa.UserDAOJpa" />
```

L'utilisation du schéma XML p permet d'obtenir une syntaxe très concise pour l'injection de dépendances. SpringIDE supporte bien ce schéma et propose une complétion de code qui en facilite et fiabilise grandement la saisie.

Sélection du mode d'instanciation, ou portée

Avec Spring, la déclaration XML d'un Bean correspond à une définition, et pas directement à une instance d'une classe Java. Quand un Bean est récupéré avec la méthode getBean ou est référencé pour être injecté, Spring décide à partir de cette définition comment l'objet doit être créé.

Par défaut, pour une définition donnée, Spring retourne toujours le même Bean, c'est-à-dire que les Beans Spring sont par défaut des singletons. Le modèle singleton est la plupart du temps celui voulu, d'où le choix de ce mode d'instanciation par défaut.

Dans la terminologie des conteneurs légers, on parle de *portée* pour qualifier le mode d'instanciation.

Les portées proposées par Spring sont récapitulées au tableau 2-3.

Tableau 2-3. Portées proposées par Spring

Portée	Description
singleton	Un seul Bean est créé pour la définition.
prototype	Une nouvelle instance est créée chaque fois que le Bean est référencé.
request	Une instance est créée pour une requête HTTP, c'est-à-dire que chaque requête HTTP dispose de sa propre instance de Bean, pour toute sa durée de vie. Portée valable seulement dans le contexte d'une application Web.
session	Une instance est créée pour une session HTTP, c'est-à-dire que la session HTTP dispose de sa propre instance de Bean, pour toute sa durée de vie. Portée valable seulement dans le contexte d'une application Web.
globalSession	Une instance est créée pour une session HTTP globale, c'est-à-dire que la session HTTP globale dispose de sa propre instance de Bean, pour toute sa durée de vie. Portée valable seulement dans un contexte de portlet.

La portée d'un Bean se règle avec l'attribut scope de la balise bean :

```
<bean id="user" class="tudu.domain.model.User" scope="prototype" />
```

Portées singleton et prototype

Les portées les plus fréquemment utilisées sont singleton et prototype.

Dans le cas d'une application d'entreprise, la portée singleton est adaptée pour les objets pouvant être accédés de façon concurrente (une application d'entreprise est la plupart du temps transactionnelle et concurrente, c'est-à-dire accédée par plusieurs utilisateurs simultanément). C'est le cas généralement des services métiers et des DAO.

La portée prototype est utilisée pour des objets à usage unique ou ne pouvant être accédés de façon concurrente (on crée donc un objet pour chaque utilisation). Les actions (contrôleurs) des frameworks Web WebWork et Struts 2 sont des exemples de tels Beans.

Pour un Bean prototype, une nouvelle instance est créée à chaque référence. Une référence correspond à un appel direct de la méthode `getBean`, mais aussi à une référence d'injection de collaborateurs. Cela signifie que si un Bean prototype est injecté trois fois, trois instances différentes seront créées.

Portées de type Web

Les portées de type Web, comme leur nom l'indique, ne sont utilisables que dans le contexte d'une application Web. Elles ne sont de surcroît valables que pour les implémentations d'`ApplicationContext` supportant le mode Web.

Nous verrons au chapitre 3 comment initialiser un tel contexte d'application.

Le support des portées de type Web nécessite une activation. Dans une application Spring Web MVC, l'activation est automatique. L'activation explicite peut être faite de deux façons différentes.

La première consiste à positionner un écouteur dans le fichier **web.xml** d'une application Web (conteneur de Servlet 2.4 ou plus) :

```
<web-app>
  (...)
  <listener>
    <listener-class>
    org.springframework.web.context.request.RequestContextListener
    </listener-class>
  </listener>
  (...)
</web-app>
```

La seconde consiste à positionner un filtre pour les conteneurs de Servlet 2.3 :

```
<web-app>
  (...)
  <filter>
    <filter-name>requestContextFilter</filter-name>
      <filter-class>
        org.springframework.web.filter.RequestContextFilter
      </filter-class>
  </filter>
  <filter-mapping>
    <filter-name>requestContextFilter</filter-name>
    <url-pattern>/*</url-pattern>
  </filter-mapping>
  (...)
</web-app>
```

L'intérêt des portées de type Web est de disposer de Beans pleinement dédiés à une requête, une session ou une session globale HTTP. Ces Beans peuvent être manipulés sans risque d'interférences avec d'autres requêtes ou sessions simultanées.

L'avantage d'un Bean de portée Web est sa capacité à être manipulé et surtout injecté comme un Bean de n'importe quelle portée. Nous mettons en pratique ce mécanisme au chapitre suivant, avec un exemple d'injection de Beans de portées différentes.

En résumé

Nous avons vu les concepts de base de définitions et d'injection de dépendances de Spring. Bien que relativement simples, ils donnent une autre dimension à la configuration d'une application ou plus exactement à la définition d'un système applicatif cohérent, constitué d'un ensemble de composants collaborant entre eux.

L'utilisation de Spring offre de nombreuses possibilités, notamment des choix entre une configuration 100 % XML ou complétée par des annotations. Il n'existe pas de règle absolue, mais plutôt des styles de configuration, fondés sur le bon sens, la cohérence et l'uniformité.

La section suivante aborde une nouvelle façon de déclarer des Beans, selon une approche 100 % annotation.

Détection automatique de composants

La déclaration dans un fichier XML est le moyen le plus courant de définir les Beans d'un contexte Spring. Cependant, depuis sa version 2.0, Spring est capable de détecter automatiquement des Beans.

La détection passe par l'apposition d'annotations sur les classes des Beans. Il suffit de préciser à Spring un package dans lequel il est susceptible de trouver de telles classes, et les Beans seront alors instanciés.

Cette méthode évite une déclaration systématique sous forme XML : pour ajouter un Bean au contexte Spring, il suffit de créer sa classe et de l'annoter.

Les différents types de composants

Spring définit un ensemble d'annotations provoquant l'instanciation d'un Bean.

Le tableau 2-4 récapitule ces annotations.

Tableau 2-4. Annotations pour la détection de composants

Annotation	Description
@Component	Annotation générique des composants
@Repository	Annotation dénotant un Bean effectuant des accès de données (par exemple DAO)
@Service	Annotation dénotant un Bean effectuant des traitements métier
@Controller	Annotation dénotant un contrôleur de l'interface graphique (généralement un contrôleur Web)

Spring prône le modèle composant, c'est-à-dire des objets de type boîte noire effectuant des traitements, sans qu'une connaissance de leur fonctionnement interne ne soit nécessaire.

L'annotation @Component permet de qualifier un tel type d'objet. Cependant, une annotation peut contenir des informations supplémentaires pour, par exemple, qualifier le type du composant. Il s'agit là du rôle des annotations @Repository, @Service et @Controller, qui permettent non seulement de définir un composant (et donc faire que Spring le détectera automatiquement), mais aussi de renseigner le conteneur sur l'utilité du Bean.

Une fois que Spring est capable de différencier les Beans qu'il contient, il peut leur ajouter du comportement, notamment *via* des post-processeurs. Il est, par exemple, possible de décorer tous les Beans de type @Repository afin que toute exception technique propre au système de persistance (JDBC, JPA, Hibernate, etc.) soit encapsulée sous la forme d'une exception générique, afin de ne pas lier les couches supérieures avec l'implémentation de persistance.

Il est important de noter que les annotations de composants peuvent aussi être utilisées pour des Beans configurés *via* XML. Elles servent seulement à caractériser la nature des Beans, pour bénéficier, par exemple, de décorations potentielles.

Paramétrages pour la détection automatique

La détection automatique de composants s'effectue en deux temps. Il faut d'abord définir les classes des composants et les annoter. Il faut ensuite préciser dans le fichier XML de configuration de Spring le package dans lequel les composants doivent être recherchés.

Prenons l'exemple de la définition des objets d'accès aux données (DAO) de Tudu Lists. Voici comment définir le DAO gérant les utilisateurs :

```
package tudu.domain.dao.jpa;

import org.springframework.stereotype.Repository;
import tudu.domain.dao.UserDAO;

@Repository
public class UserDAOJpa implements UserDAO {
(...)
}
```

Nous utilisons dans ce cas l'annotation @Repository, afin de préciser à Spring qu'il s'agit d'objets gérant des accès aux données. L'annotation @Component aurait suffi pour provoquer la détection, mais elle n'aurait pas eu cet apport sémantique.

La détection automatique se configure avec la balise component-scan du schéma XML context :

```
<?xml version="1.0" encoding="UTF-8"?>
<beans xmlns="http://www.springframework.org/schema/beans"
  xmlns:xsi="http://www.w3.org/2001/XMLSchema-instance"
  xmlns:context="http://www.springframework.org/schema/context"
  xsi:schemaLocation="http://www.springframework.org/schema/beans
  http://www.springframework.org/schema/beans/spring-beans.xsd
  http://www.springframework.org/schema/context
```

```
http://www.springframework.org/schema/context/spring-context.xsd">

  <context:component-scan base-package="tudu.domain.dao.jpa" />

</beans>
```

Le package à analyser est précisé avec l'attribut `base-package`. L'analyse est récursive, c'est-à-dire que tous les sous-packages seront aussi analysés. Cette balise active aussi un ensemble de fonctionnalités liées aux annotations (équivalent de la balise `annotation-config`).

Dans notre exemple, nous n'avons rien précisé concernant le nom du Bean dans le contexte Spring. Par défaut, le nom de la classe, commençant par une minuscule, est utilisé comme nom pour le Bean. Notre Bean s'appelle donc par défaut `userDAOJpa`. Ce nom par défaut n'est pas très adapté, car il identifie immédiatement l'implémentation de persistance sous-jacente. Nous pouvons préciser un nom en passant une valeur à l'annotation :

```
@Repository("userDAO")
public class UserDAOJpa implements UserDAO {
(...)
}
```

Concernant le mode d'instanciation, la détection automatique crée des singletons par défaut. Il est possible de préciser le mode d'instanciation _via_ l'annotation `@Scope`, avec en paramètre la portée. Si nous voulons préciser explicitement que notre DAO doit être un singleton :

```
import org.springframework.context.annotation.Scope;
import org.springframework.stereotype.Repository;

@Repository("userDAO")
@Scope("prototype")
public class UserDAOJpaExplicitName implements UserDAO {
(...)
}
```

Filtrer les composants à détecter

Spring détecte par défaut toutes les classes annotées avec `@Component` ou toute annotation en héritant. Il est possible de modifier ce comportement en paramétrant des filtres dans la balise `component-scan`.

Spring fournit plusieurs types de filtres, récapitulés au tableau 2-5.

Tableau 2-5. Types de filtre pour la détection de composants

Type de filtre	Description
annotation	L'annotation précisée est apposée sur la classe du composant.
assignable	La classe du composant peut être transtypée en la classe/interface précisée.
aspectj	La classe du composant correspond à la coupe AspectJ précisée.
regex	La classe du composant correspond à l'expression régulière précisée.

Les filtres peuvent être ajoutés sous forme d'inclusion ou d'exclusion.

Nous pouvons, par exemple, à partir du package de base de Tudu Lists, vouloir détecter tous les DAO, mais pas les services, et ce *via* une expression AspectJ *(voir les chapitres 4 et 5, consacrés à la programmation orientée aspect pour plus d'informations sur cette syntaxe)* :

```
<context:component-scan base-package="tudu">
  <context:include-filter type="aspectj"
                          expression="tudu..*DAO*" />
  <context:exclude-filter type="aspectj"
                          expression="tudu..*Service*" />
</context:component-scan>
```

Créer sa propre annotation de composant

Pour définir son propre type de composant, il suffit de créer une annotation héritant de @Component.

Pour une version Swing de Tudu Lists, les interfaces graphiques seraient des classes Java, gérées par Spring. Elles pourraient utiliser l'annotation suivante :

```
package tudu.stereotype;

import java.lang.annotation.Documented;
import java.lang.annotation.ElementType;
import java.lang.annotation.Retention;
import java.lang.annotation.RetentionPolicy;
import java.lang.annotation.Target;

import org.springframework.stereotype.Component;

@Target({ElementType.TYPE})
@Retention(RetentionPolicy.RUNTIME)
@Documented
@Component
public @interface View {

        String value() default "";

}
```

Cette annotation a exactement le même comportement que les autres annotations de composants issues de Spring. L'écran de gestion des Todos pourrait être déclaré de la manière suivante :

```
package tudu.swing.stereotype;

import tudu.stereotype.View;

@View
public class TodoView {
(...)
}
```

Apposer cette annotation permet non seulement la détection automatique des vues, mais renseigne sur l'utilité du Bean.

Quand utiliser la détection automatique ?

La détection automatique de composants permet d'économiser beaucoup de code XML. Elle impose aussi l'utilisation des annotations pour l'injection de dépendances, par exemple avec `@Autowired`.

Une configuration Spring peut donc être totalement faite avec des annotations. Cependant la détection automatique présente l'inconvénient de figer la configuration, en précisant, par exemple, le nom du Bean directement dans la classe.

L'approche XML a l'avantage d'être centralisée : on a ainsi facilement une image de notre système. Son côté déclaratif permet en outre une meilleure réutilisabilité des classes.

On évite généralement la configuration complète d'une application avec la détection automatique. Ses principaux avantages sont vite rattrapés par des filtres et des qualifications d'autowiring fastidieuses dès que les dépendances deviennent un tant soit peu complexes.

Une bonne pratique consiste à déclarer les services et DAO avec une ligne XML et d'effectuer l'injection de dépendances *via* de l'autowiring. Les contrôleurs Web peuvent quant à eux faire l'objet de détection automatique. Il ne s'agit toutefois là que d'une indication, pas d'une règle absolue.

Accès au contexte d'application

Tout Bean déclaré dans un contexte d'application Spring peut se voir injecter des ressources liées au conteneur s'il implémente certaines interfaces. Un composant bien conçu ne devrait normalement pas avoir besoin de ce genre d'artifice, mais cela s'avère parfois nécessaire pour une intégration poussée avec le conteneur ou pour profiter de services qu'il fournit.

Spring propose un ensemble d'interfaces qui peuvent être implémentées par tout Bean et dont l'implémentation provoque le cas échéant l'injection automatique d'une ressource du conteneur.

Chaque interface définit un modificateur permettant d'effectuer l'injection. Ce modificateur est appelé après l'initialisation des propriétés du Bean, mais avant les méthodes d'initialisation.

Le tableau 2-6 recense ces interfaces.

Tableau 2-6. Interfaces pour l'accès aux ressources du conteneur

Interface	Ressource correspondante
`BeanNameAware`	Le nom du Bean tel qu'il est configuré dans le contexte.
`BeanFactoryAware`	La `BeanFactory` du conteneur
`ApplicationContextAware`	Le contexte d'application lui-même
`MessageSourceAware`	Une source de messages, à partir de laquelle des messages peuvent être récupérés *via* une clé.
`ApplicationEventPublisher-Aware`	Un éditeur d'événements, à partir duquel le Bean peut publier des événements dans le contexte.
`ResourceLoaderAware`	Un chargeur de ressources externes, pour, par exemple, récupérer des fichiers

Certaines de ces interfaces (`MessageSourceAware` et `ApplicationEventPublisherAware`) feront l'objet d'une étude dans des sections dédiées de ce chapitre et au chapitre 3, consacré aux concepts avancés du conteneur.

Notons que puisqu'un `ApplicationContext` implémente les interfaces `MessageSource`, `ApplicationEventPublisher` et `ResourceLoader`, le fait d'implémenter seulement l'interface `ApplicationContextAware` permet d'avoir accès à l'ensemble de ces services. Il est toutefois préférable de limiter les possibilités d'un Bean en se contentant du minimum et donc d'implémenter juste l'interface nécessaire.

Afin d'illustrer notre propos, nous allons implémenter l'interface `BeanNameAware`, permettant à un Bean de connaître son nom dans le contexte Spring. Voici une classe désireuse de connaître son nom :

```
import org.springframework.beans.factory.BeanNameAware;

public class HarryAngel implements BeanNameAware {

  private String beanName;

  (...)

  public void setBeanName(String name) {
    this.beanName = name;
  }

}
```

Nous pouvons déclarer notre Bean en XML :

```
<bean id="harryAngel" class="splp.aware.HarryAngel" />
```

La valeur `harryAngel` sera donc passée en paramètre de `setBeanName`, permettant au Bean de connaître son identité.

Les interfaces d'accès aux ressources du contexte sont généralement implémentées par des Beans très proches de l'infrastructure technique du conteneur léger. Étant donné que l'implémentation de ces interfaces lie le Bean à l'API Spring, voire même au fonctionnement du conteneur léger, elle doit être évitée pour les classes purement applicatives.

Les post-processeurs

Un post-processeur est un Bean spécifique capable d'influer sur le mode de création des Beans. Le principe de post-processeur constitue donc un point d'extension du conteneur léger de Spring qui permet d'en modifier facilement les logiques de création, de configuration et d'injection.

Il existe deux types de post-processeurs dans Spring :

- `BeanPostProcessor` : agit directement sur les Beans. Un `BeanPostProcessor` est donc capable de modifier un Bean ou de faire des vérifications sur un Bean déjà initialisé.

- `BeanFactoryPostProcessor` : agit sur les définitions des Beans. Un `BeanFactoryPost-Processor` ne travaille donc pas sur un Bean, mais sur les métadonnées qui le définissent avant sa création.

Les post-processeurs servent principalement à effectuer des vérifications sur la bonne configuration des Beans ou à effectuer des modifications de façon transverse. Une simple déclaration dans un contexte Spring permet de les activer (ils sont détectés automatiquement).

Le post-processeur de Bean

Un post-processeur de Bean est appelé pendant le processus de création de tout Bean. L'interface `BeanPostProcessor` contient deux méthodes, appelées respectivement avant et après les méthodes d'initialisation des Beans. Les méthodes d'initialisation correspondent à des méthodes paramétrées par l'utilisateur et appelées après l'injection des propriétés des Beans.

Voici une implémentation très simple de `BeanPostProcessor` :

```
import java.util.Date;
import org.springframework.beans.BeansException;
import org.springframework.beans.factory.config.BeanPostProcessor;
import tudu.domain.model.User;

public class SimpleBeanPostProcessor
            implements BeanPostProcessor {

  public Object postProcessBeforeInitialization(
      Object bean, String beanName) throws BeansException {
    if(bean instanceof User) {←❶
      ((User) bean).setCreationDate(new Date());←❷
    }
    return bean;
  }

  public Object postProcessAfterInitialization(
      Object bean, String beanName) throws BeansException {
    return bean;←❸
  }

}
```

Cette implémentation ne modifie que les utilisateurs de Tudu Lists (❶) et positionne leur date de création à la date du jour (❷). Cela s'effectue avant l'appel potentiel par Spring d'une méthode d'initialisation. Aucune opération n'est effectuée après la création du Bean (❸).

Chacune des méthodes doit retourner une valeur, en général le Bean qui a été passé en paramètre, mais il est possible de retourner une autre instance ou la même instance, mais décorée.

Il suffit de déclarer le post-processeur dans le contexte d'application pour qu'il prenne effet et modifie, par exemple, le Bean user :

```
<bean class="splp.postproc.SimpleBeanPostProcessor" />
<bean id="user" class="tudu.domain.model.User" />
```

Si l'on utilise une BeanFactory, tout BeanPostProcessor doit être enregistré de façon programmatique.

L'ordre d'exécution des BeanPostProcessor peut être paramétré. Spring se fonde sur l'implémentation de l'interface Ordered ou de l'utilisation de l'annotation @Order. Cette méthode consiste à préciser une valeur donnant une indication à Spring pour trier la pile de post-processeurs.

Les BeanPostProcessor fournis dans Spring implémentent Ordered, et il est possible de paramétrer la propriété order.

Voici les post-processeurs les plus couramment utilisés dans Spring :

- CommonAnnotationBeanPostProcessor : active la détection des annotations de la JSR 250, utilisées notamment pour les méthodes d'initialisation, de destruction et l'autowiring.

- RequiredAnnotationBeanPostProcessor : active la détection de l'annotation @Required, qui précise les propriétés obligatoires dans un Bean.

Le post-processeur de fabrique de Bean

Le post-processeur de fabrique de Bean est utilisé pour modifier la configuration de la fabrique de Bean suite à sa création. Ce type de post-processeur est donc capable d'agir sur la définition des Beans, c'est-à-dire avant leur création, par exemple, pour modifier des paramètres de configuration.

Voici une implémentation de BeanFactoryPostProcessor qui affiche dans la console le nombre de Beans définis dans le contexte :

```
import org.springframework.beans.BeansException;
import org.springframework.beans.factory.config.➡
    BeanFactoryPostProcessor;
import org.springframework.beans.factory.config.➡
    ConfigurableListableBeanFactory;

public class SimpleBeanFactoryPostProcessor
            implements BeanFactoryPostProcessor {

  public void postProcessBeanFactory(
        ConfigurableListableBeanFactory beanFactory)
        throws BeansException {
    System.out.println(
      beanFactory.getBeanDefinitionCount()+" bean(s) défini(s)"
    );
  }
}
```

Dans un `ApplicationContext`, il suffit de déclarer en tant que Bean un `BeanFactory-PostProcessor` pour qu'il soit activé. Pour une `BeanFactory`, il faut l'ajouter de façon programmatique.

L'ordre d'exécution des `BeanFactoryPostProcessors` dans un contexte Spring suit les mêmes règles que celui des `BeanPostProcessor`.

En pratique, il est rare d'implémenter son propre `BeanFactoryPostProcessor`. Spring propose des implémentations prêtes à l'emploi. L'une d'elles (détaillée au chapitre 3) permet, par exemple, d'externaliser des éléments de configuration dans des fichiers de propriétés.

Support de l'internationalisation

L'internationalisation (ou *i18n*, puisqu'il y a dix-huit lettres en le premier caractère et le dernier) des applications Java est assurée *via* des fichiers de propriétés (un par langue) associant une clé et un message. En fonction de la localisation de l'application, la JVM sélectionne le fichier de propriétés adéquat, qui doit se trouver dans le classpath.

Elle se fonde pour cela sur le nom du fichier, qui doit être suffixé par le code ISO du pays (par exemple **messages_FR.properties** pour les messages en français). Si le fichier de propriétés ne spécifie pas de code ISO, il est considéré comme le fichier par défaut qui sera utilisé si l'application n'est pas en mesure d'identifier la langue dans laquelle elle doit fonctionner.

Pour en savoir plus sur le format de ces fichiers, nous invitons le lecteur à lire la javadoc concernant la classe `java.util.ResourceBundle`, utilisée pour accéder aux messages.

Spring propose un support pour l'internationalisation d'une application. Ce système simple mais efficace est utilisé par différents projets du portfolio Spring (Spring MVC et Spring Web Flow), mais il peut tout aussi bien être utilisé pour internationaliser les messages (généralement d'erreur) d'une couche métier.

Dans Spring, la notion équivalente d'un `ResourceBundle` est `MessageSource`. Spring en propose un ensemble d'implémentations, dont la plus courante est `ResourceBundleMessageSource`. Celle-ci permet notamment d'agréger plusieurs fichiers.

Un contexte d'application implémenter l'interface `MessageSource`, il peut aussi permettre de récupérer des messages. Par défaut, le contexte d'application ne contient aucun message. S'il contient un Bean de type `MessageSource` s'appelant `messageSource`, ce dernier est utilisé pour résoudre les messages qui sont demandés au contexte.

Voici comment déclarer un `MessageSource` se fondant sur deux fichiers pour récupérer ses messages :

```
<bean id="messageSource"
      class="org.springframework.context.support.
                 ResourceBundleMessageSource">
  <property name="basenames">←❶
    <list>
      <value>splp.i18n.messages</value>←❷
```

```
        <value>splp.i18n.exceptions</value>
      </list>
   </property>
</bean>
```

Nous utilisons la propriété `basenames` (❶), à laquelle nous passons une liste de chaînes de caractères. Si nous n'avions utilisé qu'un fichier de propriétés, nous aurions pu utiliser la propriété `basename` et lui passer une valeur simple (attribut `value`). Les chaînes de caractères définissant les fichiers de propriétés suivent les mêmes règles que pour les `ResourcesBundles`. La valeur du repère ❷ fait donc référence au fichier **messages.properties** se trouvant dans le package `splp.i18n`.

Voici le contenu du fichier **messages.properties** :

```
welcome.to.tudu.lists=Welcome to Tudu Lists!
```

Nous pouvons utiliser directement le contexte d'application pour récupérer un message :

```
String welcome = context.getMessage(
  "welcome.to.tudu.lists", null,locale
);
```

Le paramètre `locale` (de type `java.util.Locale`) spécifie la localisation à utiliser pour sélectionner la langue du message. S'il vaut `null`, le choix de la langue est réalisé par la JVM.

Comment connaître la localisation dans un service métier ?

Dans une application internationalisée, il est important de remonter des messages dans la langue de l'utilisateur. Pour une application Web, la langue est généralement connue à partir d'en-têtes se trouvant dans la requête HTTP (et correspondant donc aux réglages du navigateur de l'utilisateur). Ces en-têtes ne sont accessibles que par les couches supérieures de l'application. Celles-ci doivent d'une manière ou une autre rendre la localisation de l'utilisateur accessible aux couches inférieures (métier et parfois persistance). Il ne faut en aucun cas se fonder sur la méthode statique `Locale.getDefault`, qui retourne la localisation du serveur ! Une solution élégante consiste à stocker la localisation dans un Bean de portée session HTTP qui pourra être injecté dans les Beans nécessitant d'interagir avec le contexte utilisateur. (Ce mécanisme est illustré au chapitre 3.)

Dans l'appel précédent, si le `MessageSource` n'est pas en mesure de résoudre le message qu'on lui demande, il lance une `NoSuchMessageException`. Ce comportement peut être évité en passant une valeur par défaut pour le message :

```
String msg = context.getMessage(
  "unknown.message",null,"An unknown message!",locale
);
```

Dans les deux appels présentés, la valeur `null` est passée au second paramètre. Celui-ci correspond à un tableau de paramètres qui peut être passé au message. Encore une fois, le comportement correspond à celui des `ResourceBundles`. Prenons le message suivant dans **exceptions.properties** :

```
register.user.already.exists=User login "{0}" already exists.
```

La valeur {0} correspond au premier élément du tableau de paramètres. Nous pouvons donc inclure dynamiquement le nom de l'utilisateur déjà existant :

```
String message = context.getMessage(
  "register.user.already.exists",
  new Object[]{user.getLogin()},
  locale
);
```

Jusqu'ici, afin d'illustrer le mécanisme de résolution des messages, nous avons utilisé le contexte d'application en tant que MessageSource. Cependant, dans une application, le contexte d'application n'est pas (et ne doit pas !) être directement référencé depuis un Bean applicatif (un service métier, un contrôleur). Il est préférable de disposer d'une propriété MessageSource dans les Beans nécessitant la résolution de messages. Cette propriété est alors injectée lors de la création du Bean.

Deux solutions s'offrent à nous pour injecter le MessageSource dans un Bean. La première consiste à implémenter l'interface MessageSourceAware, afin que le MessageSource soit automatiquement injecté :

```
import org.springframework.context.MessageSource;
import org.springframework.context.MessageSourceAware;

public class UserManagerImpl implements MessageSourceAware {

  private MessageSource messageSource;

  public void setMessageSource(MessageSource messageSource) {
    this.messageSource = messageSource;
  }

  public void createUser(User user)
      throws UserAlreadyExistsException {
    (...)
    if(userAlreadyExists) {
      throw new UserAlreadyExistsException(
        messageSource.getMessage(
          "register.user.already.exists",
          new Object[]{user.getLogin()},
          locale
        ));
    }
  }
  (...)
}
```

Le Bean peut alors être déclaré sans préciser l'injection du MessageSource :

```
<bean id="userManager" class="tudu.service.impl.UserManagerImpl"/>
```

La seconde solution consiste à déclarer une propriété `MessageSource` et à faire une injection explicite. Le service métier n'implémente plus `MessageSourceAware` :

```
public class UserManagerImpl {

  private MessageSource messageSource;

  public void setMessageSource(MessageSource messageSource) {
    this.messageSource = messageSource;
  }
  (...)
}
```

Le Bean est alors configuré de la manière suivante :

```
<bean id="userManager" class=" tudu.service.impl.UserManagerImpl">
  <property name="messageSource" ref="messageSource" />
</bean>
```

Les deux solutions sont relativement équivalentes. La première est plus intrusive, à cause de l'implémentation d'une interface Spring, mais l'injection est automatique. La seconde solution n'impose pas l'implémentation de l'interface et représente donc une forme plus radicale du modèle d'injection de dépendances.

Il existe en fait une troisième solution qui consiste à utiliser l'autowiring. Même si cette solution fera bondir certains puristes, elle fonctionne très bien s'il n'existe qu'un seul `MessageSource` dans le contexte d'application. Il suffit pour cela d'annoter la propriété dans la classe :

```
public class UserManagerImpl {

  @Autowired
  private MessageSource messageSource;

  (...)
}
```

Le Bean peut ensuite être déclaré sans préciser explicitement d'injection, mais sans oublier d'activer la détection de l'annotation d'autowiring.

Conclusion

Ce chapitre a introduit les principes de base du conteneur léger de Spring. Vous êtes maintenant capable de configurer un système de Beans complexe aussi bien en XML qu'avec des annotations.

Nous avons abordé les notions d'infrastructure du conteneur, notamment les post-processeurs, qui permettent d'effectuer des traitements systématiques sur les Beans et dont Spring fournit de nombreuses implémentations à des fins multiples.

Le support de l'internationalisation a aussi été détaillé. Il permet d'internationaliser la partie métier d'une application et est fortement utilisé dans des frameworks afférents à Spring (Spring MVC, Spring Web Flow, etc.).

Les concepts traités dans ce chapitre permettent d'adresser un grand nombre des problématiques de configuration d'une application d'entreprise. Cependant, pour tirer pleinement parti de la puissance du conteneur léger de Spring et, surtout, rendre la configuration d'une application aussi souple que possible, il peut s'avérer nécessaire de connaître des techniques supplémentaires.

C'est le propos du chapitre 3, qui traite de concepts avancés et constitue une plongée approfondie dans les mécanismes du conteneur léger de Spring.

3

Concepts avancés
du conteneur Spring

Nous avons introduit au chapitre précédent les concepts essentiels pour l'utilisation du conteneur léger de Spring. Nous abordons ici des concepts avancés, afin de faire bénéficier nos applications du meilleur du conteneur léger.

Ce chapitre approfondit les notions d'injection et de définition des Beans, avec notamment l'injection de Beans de portées différentes, la vérification des dépendances ou la définition abstraites de Beans. Nous verrons aussi comment le conteneur peut agir sur les Beans lors de leur création ou de leur destruction.

Nous détaillerons aussi l'infrastructure que le conteneur met à la disposition des applications pour la gestion de ressources externes et la publication d'événements. Nous finirons par le pont que propose Spring entre Java et les langages dynamiques tels que Groovy, afin d'utiliser les outils les plus adaptés pour les différentes problématiques d'une application d'entreprise.

Ce chapitre contient enfin conseils et bonnes pratiques d'utilisation du conteneur Spring, qui apporteront beaucoup à la souplesse et à la modularité de vos applications.

Techniques avancées d'injection

Spring permet de répondre à des besoins complexes en termes d'injection de dépendances. Il offre la possibilité de faire cohabiter des Beans de portées différentes pour, par exemple, faciliter la propagation d'un contexte au travers des couches d'une application. Il permet aussi de vérifier que les dépendances des Beans sont assignées, afin que ceux-ci soient correctement initialisés et pleinement fonctionnels.

Injection de Beans de portées différentes

La notion de portée a été introduite au chapitre précédent. Elle permet d'adapter le cycle de vie d'un objet contrôlé par Spring à l'utilisation qui en est faite.

Ainsi, un service métier ou un DAO sont des singletons, parce que leur état n'est pas modifié après leur initialisation et qu'ils peuvent dès lors être utilisés de façon concurrente sans aucun risque. En revanche, les objets à usage unique ou ne supportant pas les accès concurrents ont la portée « prototype » : chaque fois qu'ils sont référencés, le conteneur crée une nouvelle instance.

Spring introduit aussi les portées Web, qui, grâce à l'injection de dépendances, permettent d'utiliser des objets de façon complètement transparente et sûre dans un contexte bien délimité (la requête ou la session HTTP).

Cependant, l'intérêt de certaines portées, notamment les portées Web, serait limité si nous ne pouvions bénéficier de l'injection de dépendances entre des Beans de portées différentes.

Prenons le problème récurrent de propagation du contexte utilisateur à travers les couches métier et d'accès aux données. Généralement, dans une application Web, le contexte utilisateur (identifiant, droits, informations diverses, etc.) est contenu dans une variable de la session HTTP. Ce contexte doit être transmis aux couches inférieures pour, par exemple, vérifier des droits.

Une solution élémentaire consiste à passer le contexte utilisateur en paramètre de chacune des méthodes en ayant besoin. Cette solution pollue malheureusement fortement et parfois systématiquement les signatures des méthodes.

Voici un exemple de méthode dans un service métier ayant besoin de faire une vérification sur le profil de l'utilisateur courant :

```
public class BusinessService {
  public void updateImportantData(
        InfoUtilisateur infoUtilisateur) {
    if(canDoImportantThings(infoUtilisateur)) {
      // mise à jour de données importantes
    }
  }
  (...)
}
```

Les informations concernant l'utilisateur sont explicitement passées en tant que paramètres de la méthode, et cela s'avérera nécessaire pour toute méthode nécessitant une telle vérification. Cette solution est particulièrement intrusive, car elle modifie fortement l'interface du service métier.

Une solution plus avancée pour la transmission du contexte utilisateur consiste à le mettre dans une variable locale au fil d'exécution (_thread-locale_, technique adoptée par Spring pour propager les transactions ou les sessions des outils de mapping objet-relationnel). Le contexte utilisateur est alors accessible, par exemple, _via_ une méthode du service qui encapsule la mécanique de récupération :

```
public class BusinessService {
  public void updateImportantData() {
    if(canDoImportantThings(getInfoUtilisateur()) {
```

```
        // mise à jour de données importantes
    }
  }
  (...)
}
```

La méthode getInfoUtilisateur n'est pas détaillée mais elle correspondrait à la récupération d'une variable *thread-locale* qui aurait été positionnée par exemple dans la couche présentation. Cette solution peut toutefois s'avérer complexe à mettre en place, et une mauvaise implémentation peut entraîner des problèmes techniques, comme des fuites de mémoire. De plus, la testabilité du service métier est rendue difficile, car la variable *thread-locale* doit être positionnée pour qu'il soit opérationnel, même dans un contexte de test.

Il est possible d'adresser ce problème de propagation du contexte utilisateur de façon très élégante avec Spring, tout en gardant la souplesse de l'injection de dépendances. Spring est capable d'injecter des Beans de portée de type Web dans des singletons. Dans notre exemple, nous aurions donc un service métier (de portée singleton) se voyant injecter le contexte utilisateur, qui, lui, serait de portée session.

Le service métier peut être déclaré avec une propriété infoUtilisateur :

```
public class BusinessService {

    private InfoUtilisateur infoUtilisateur;

  public void updateImportantData() {
    if(canDoImportantThings(infoUtilisateur)) {
      // mise à jour de données importantes
    }
  }
  (...)
}
```

Le service métier utilise les informations utilisateur pour vérifier si l'utilisateur a les droits de mettre à jour des données importantes. Du point de vue de la classe Java, le fonctionnement est simple et naturel : le service métier suppose que sa propriété infoUtilisateur correspond bien à l'utilisateur en cours.

Voici la configuration XML correspondante pour une application Web :

```
<bean id="businessService" class="splp.sample.BusinessService">
  <property name="infoUtilisateur" ref="infoUtilisateur" />
</bean>

<bean id="infoUtilisateur" class="splp.sample.InfoUtilisateur"
    scope="session">
  <aop:scoped-proxy />
</bean>
```

Le service métier est, par défaut, déclaré en tant que singleton et se voit injecter le Bean `infoUtilisateur`. Celui-ci est déclaré avec la portée session. Nous avons ici un exemple d'injection de dépendances entre Beans de portées différentes. Il n'y a qu'une seule instance du service métier pour toute l'application ; en revanche, il existera autant d'instances d'informations utilisateur qu'il y a d'utilisateurs connectés (avec une session HTTP valide).

Chacun des utilisateurs va appeler le même service métier, mais, au sein de celui-ci, il faut que l'instance des informations utilisateur corresponde au contexte Web de cet utilisateur. C'est là que Spring intervient en ayant injecté plus qu'une simple instance d'`InfoUtilisateur`.

En effet, la balise `bean` d'`infoUtilisateur` contient la balise `scoped-proxy` du schéma `aop`. Cette balise indique à Spring que le Bean `infoUtilisateur` doit être instancié puis « décoré », c'est-à-dire que Spring va ajouter du comportement à ce Bean. Le comportement consiste en un « aiguillage » vers une instance d'`InfoUtilisateur` correspondant à la session HTTP courante, et ce chaque fois qu'une méthode du Bean est appelée.

Cette mécanique est totalement prise en charge par Spring ; elle est donc transparente pour le service métier. Si nous avons la curiosité de faire afficher le nom de la classe de la propriété `infoUtilisateur` du service métier, nous obtenons la sortie suivante :

```
splp.sample.InfoUtilisateur$$EnhancerByCGLIB$$82fb3d63
```

Cette sortie signifie que Spring a utilisé la bibliothèque CGLIB pour enrichir notre instance d'`InfoUtilisateur`.

Décoration et utilisation d'interfaces

La décoration (ou ajout de comportement) de Beans dans Spring passe par l'utilisation d'un objet proxy se substituant à l'objet cible. C'est ce proxy qui implémente le nouveau comportement. Java propose en natif le mécanisme de proxy, mais il faut alors que l'objet cible implémente une interface. Il est possible d'utiliser des proxy pour des objets n'implémentant aucune interface (comme dans notre exemple de Bean de portée session), mais Spring a recours alors à la bibliothèque CGLIB pour générer le proxy et décorer l'objet cible. Il faut donc veiller à ajouter le JAR de CGLIB au classpath d'une application si des Beans à décorer n'implémentent pas d'interfaces.

Un des avantages de cette solution est qu'elle rend le service métier totalement indépendant du contexte dans lequel il est utilisé (Web ou autre). Si l'on souhaite effectuer des tests unitaires sur ce service, il suffit de lui injecter manuellement une simple instance d'`InfoUtilisateur` : cela sera suffisant pour lui créer un contexte pleinement fonctionnel.

Vérification des dépendances

Spring offre la possibilité de s'assurer que les propriétés des Beans ont été initialisées. Comme pour l'autowiring, la vérification des dépendances se règle au niveau du tag `bean`, grâce au paramètre `dependency-check`, permettant ainsi de cibler l'utilisation de cette fonctionnalité.

La vérification des dépendances peut prendre l'une des trois formes suivantes :

• `simple` : seules les propriétés simples (int, float, etc.) et les structures de données sont vérifiées. Les collaborateurs ne le sont pas.

- objects : seuls les collaborateurs sont vérifiés.

- all : combinaison des deux formes précédentes.

Si nous reprenons le Bean userManager, nous pouvons enclencher la vérification des dépendances de la manière suivante :

```
<bean id="userManager" class="tudu.service.impl.UserManagerImpl"
    dependency-check="objects">
  <property name="userDAO" ref="userDAO" />
</bean>
```

La vérification des dépendances avec l'attribut dependency-check agit sur l'ensemble des propriétés. Il est parfois utile de n'agir que sur certaines propriétés : on utilise alors l'annotation @Required, qui, apposée sur une propriété, indique à Spring qu'elle est obligatoire.

Comme pour l'annotation @Autowired, il est nécessaire d'activer la détection des annotations sur les Beans Spring. On peut le faire de deux façons différentes. La première revient à utiliser la balise annotation-config du schéma context :

```
<?xml version="1.0" encoding="UTF-8"?>
<beans xmlns="http://www.springframework.org/schema/beans"
  xmlns:xsi="http://www.w3.org/2001/XMLSchema-instance"
  xmlns:context="http://www.springframework.org/schema/context"
  xsi:schemaLocation="http://www.springframework.org/schema/beans
  http://www.springframework.org/schema/beans/spring-beans.xsd
  http://www.springframework.org/schema/context
  http://www.springframework.org/schema/context/spring-context.xsd">

  <context:annotation-config />

</beans>
```

La seconde consiste à positionner un BeanPostProcessor :

```
<bean class="org.springframework.beans.factory.annotation.
  RequiredAnnotationBeanPostProcessor"/>
```

Les modificateurs des propriétés d'une classe peuvent ensuite être annotés avec @Required pour préciser à Spring qu'ils sont obligatoires :

```
(...)
import org.springframework.beans.factory.annotation.Required;
(...)
public class UserManagerImpl implements UserManager {

  private UserDAO userDAO;

  @Required
  public void setUserDAO(UserDAO userDAO) {
    this.userDAO = userDAO;
```

```
    }

    (...)

}
```

La vérification des dépendances par Spring ne doit pas être vue comme une solution unique à l'initialisation incorrecte d'un Bean. Elle n'exclut pas une vérification programmatique de la cohérence de l'état, par exemple dans une méthode d'initialisation (nous verrons par la suite comment appeler de telles méthodes).

Techniques avancées de définition

Les façons les plus classiques de définir des Beans dans le conteneur léger de Spring consistent à les déclarer en XML ou en utilisant la détection automatique, grâce aux annotations.

Il est possible de compléter ces approches pour, par exemple, réutiliser des éléments de configuration avec la définition abstraite de Beans ou créer des Beans avec des méthodes personnalisées d'instanciation.

Définitions abstraites de Beans

Pour remédier au problème de duplication de lignes de configuration d'un Bean à un autre, Spring propose un mécanisme d'héritage de configuration. Ce dernier permet de définir des Beans abstraits, c'est-à-dire qui ne sont pas instanciés par le conteneur, de façon à concentrer les lignes de configuration réutilisables.

Les définitions abstraites sont particulièrement utiles pour les Beans ayant un ensemble de propriétés communes, typiquement des services métier ou des DAO.

Prenons, par exemple, la définition abstraite d'un DAO fondé sur Hibernate :

```
<bean id="abstractDAO" abstract="true">
  <property namemini site="hibernateTemplate" ref="hibernateTemplate" />
</bean>
```

Il n'est pas utile de préciser un type de Bean puisque celui-ci n'est pas destiné à être instancié par le conteneur. Nous pouvons ensuite définir un DAO s'appuyant sur cette définition :

```
<bean id="propertyDAO" parent="abstractDAO"
  class="tudu.domain.dao.hibernate.PropertyDAOHibernate" />
```

Dans ce cas, l'utilisation d'une définition abstraite permet de s'affranchir de la configuration de la propriété hibernateTemplate. Il faut bien sûr que tout Bean héritant de cette définition dispose de cette propriété.

Notons que l'héritage de configuration ne nécessite pas de structure d'héritage au niveau objet (nos DAO sont indépendants les uns des autres). Ce mécanisme est strictement interne à la configuration des Beans.

Support de nouveaux types pour les valeurs simples

Les classes utilisées comme des types de propriétés n'ont pas forcément toutes vocation à être gérées sous forme de Beans par le conteneur léger. Il peut être plus intéressant de les traiter comme des valeurs simples, initialisées *via* une chaîne de caractères.

Inconnus de Spring, ces types doivent être accompagnés d'un transcodeur, à même de faire la conversion entre la chaîne de caractères et les attributs du type.

Nous devons donc créer un éditeur de propriétés, un concept issu du standard JavaBeans, correspondant à notre transcodeur. C'est ce concept qu'utilise Spring pour supporter les différents types de valeurs simples que nous avons vus précédemment.

Imaginons que nous voulions pouvoir assigner directement des dates dans les fichiers XML de Spring :

```
<bean id="user" class="tudu.domain.model.User">
  <property name="creationDate" value="2008-10-28" />
</bean>
```

Malheureusement, cela n'est pas possible par défaut. Spring n'est pas capable de faire la conversion chaîne vers date, car il ne dispose pas d'un PropertyEditor pour la classe java.util.Date.

Pour rendre cela possible, nous devons dans un premier temps définir cet éditeur :

```java
package splp.propertyeditors;

import java.beans.PropertyEditorSupport;
import java.text.ParseException;
import java.text.SimpleDateFormat;
import java.util.Date;

public class DatePropertyEditor extends PropertyEditorSupport {

  private String pattern = "yyyy-MM-dd";

  public void setAsText(String text)
      throws IllegalArgumentException {
    try {
      Date date = new SimpleDateFormat(pattern).parse(text);
      setValue(date);
    } catch (ParseException e) {
      throw new IllegalArgumentException(e);
    }
  }

  public void setPattern(String pattern) {
    this.pattern = pattern;
  }
}
```

Dériver de la classe java.beans.PropertyEditorSupport permet de s'affranchir d'un certain nombre de traitements. La méthode qui nous intéresse est setAsText, qui effectue la conversion de la chaîne de caractères (correspondant à la valeur de l'attribut value dans la définition XML) en l'objet voulu : dans notre cas, une date. Le résultat de la conversion doit être enregistré avec la méthode setValue.

Pour que Spring sache où trouver nos éditeurs de propriétés spécifiques, il existe deux possibilités : soit l'éditeur se trouve dans le même package que le type, et son nom est alors de la forme TypeEditor (où Type correspond au nom du type : dans notre exemple, DateEditor), soit en ajoutant ces quelques lignes dans le fichier de configuration :

```
<bean class="org.springframework.beans.factory.config.
    CustomEditorConfigurer">
  <property name="customEditors">
    <map>
      <entry key="java.util.Date"
        value=" splp.propertyeditors.DatePropertyEditor" />
    </map>
  </property>
</bean>
```

Support de fabriques de Beans spécifiques

Les exemples que nous avons donnés jusqu'à présent laissent au conteneur léger la charge d'instancier et d'initialiser directement les Beans de notre application. Dans certains cas, il peut être nécessaire de ne pas déléguer cette création, afin de réaliser des traitements spécifiques, non exprimables *via* le langage XML de configuration, par exemple.

Ce support est souvent utilisé pour intégrer des applications existantes non fondées sur Spring et l'injection de dépendances.

Afin de répondre à ce besoin, Spring propose plusieurs méthodes pour implémenter des fabriques de Beans spécifiques.

Utilisation d'une fabrique sous forme de Bean classique

La méthode la plus simple consiste à créer une classe fabrique disposant d'une méthode sans paramètre renvoyant une instance du Bean attendu.

Voici, par exemple, une fabrique d'utilisateurs de Tudu Lists :

```
public class TuduUserFabrique {
  public User createUser() {
    User user = new User();
    // initialisation complexe...
    (...)
    return user;
  }

}
```

Il suffit ensuite d'indiquer la classe préalablement définie sous forme de Bean et la méthode de fabrication dans la configuration du Bean cible grâce aux paramètres `factory-bean` et `factory-method` :

```
<bean id="userFabrique" class="splp.factory.TuduUserFabrique" />

<bean id="user" class="tudu.domain.model.User"
    factory-bean="userFabrique" factory-method="createUser">
  (...)
</bean>
```

Utilisation de l'interface *FactoryBean*

Une méthode plus complexe consiste à implémenter l'interface `FactoryBean` du package `org.springframework.beans.factory`. Cette interface est très utilisée par Spring en interne pour définir des fabriques spécialisées pour certains types complexes.

Par convention, le nom des implémentations de cette interface est suffixé par `FactoryBean`. Cette technique s'avère pratique pour récupérer des instances qui ne peuvent être créées directement avec un `new`.

Pour initialiser une `SessionFactory` Hibernate avec Spring, nous pouvons utiliser une `LocalSessionFactoryBean` :

```
<bean id="sessionFactory"
class="org.springframework.orm.hibernate3.LocalSessionFactoryBean">
  <property name="dataSource" ref="dataSource" />
  (...)
</bean>
```

La fabrique se déclare sous la forme d'un Bean, comme avec la méthode précédente, la seule différence étant qu'il n'est pas nécessaire de spécifier la fonction de création des instances du Bean. En fait, la fabrique se substitue au type du Bean.

En effet, les références à ce Bean correspondent non pas à l'instance de la fabrique, mais aux instances qu'elle crée. C'est la raison pour laquelle `sessionFactory` est utilisé comme un Bean classique pour l'injection de dépendances :

```
<bean id="hibernateTemplate"
    class="org.springframework.orm.hibernate3.HibernateTemplate">
  <property name="sessionFactory" ref="sessionFactory" />
</bean>
```

Si nous reprenons notre exemple précédent, la fabrique prend la forme suivante :

```
import org.springframework.beans.factory.FactoryBean;

public class TuduUserFactoryBean implements FactoryBean {

  public Object getObject() throws Exception {
    User user = new User();
    // initialisation complexe...
```

```
    (...)
    return user;
  }

  public Class getObjectType() {
    return User.class;
  }

  public boolean isSingleton() {
    return false;
  }
}
```

La méthode getObject renvoie l'instance demandée à la fabrique, tandis que la méthode getObjectType renvoie le type de Bean créé par la fabrique. La fonction isSingleton indique pour sa part si la fabrique crée des singletons ou des prototypes.

Nous pouvons maintenant utiliser cette nouvelle fabrique pour créer notre utilisateur de Tudu Lists :

```
<bean id="user" class="splp.factory.TuduUserFactoryBean" />
```

Notons la disparition de l'initialisation des propriétés de User. L'initialisation qui doit figurer à la place est celle de la fabrique du Bean, et non du Bean en lui-même. TuduUserFactoryBean n'ayant pas de propriété, il n'y a pas d'initialisation dans cette définition.

En conclusion, par rapport à la méthode précédente, la fabrique de Bean a ici l'entière responsabilité de la création de l'instance du Bean ainsi que de son initialisation. Remarquons que nous pouvons récupérer l'instance de la FactoryBean elle-même en préfixant le nom du Bean avec &.

Cycle de vie des Beans

Le cycle de vie de chaque Bean comporte une naissance et une mort. Dans le cadre du conteneur léger de Spring, la naissance de l'ensemble des Beans singletons s'effectue au démarrage de celui-ci par défaut. Cela induit un temps de chargement plus long de l'application, mais présente l'avantage de s'assurer dès le démarrage que la création des Beans ne posera pas de problème.

Une fois le Bean créé et ses propriétés (ou collaborateurs) configurées, Spring peut appeler une méthode d'initialisation paramétrée par le développeur. Cette méthode sera particulièrement utile pour vérifier la cohérence de l'état du Bean (s'il lui manque des dépendances, par exemple) ou effectuer une initialisation complexe.

La mort des Beans dépend de leur nature. S'il s'agit de prototypes, ceux-ci disparaissent dès lors que plus aucun objet ne les référence et que le ramasse-miettes a fait son œuvre. Spring ne conservant pas de référence en interne pour les prototypes, il n'a pas « conscience » de leur mort.

Par contre, il conserve une référence pour chaque singleton dont il a la charge. Il a donc « conscience » de leur mort, ce qui permet de réaliser des traitements lorsque celle-ci survient, par exemple libérer des ressources.

Le lancement (par Spring) d'une méthode avant la destruction d'un Bean n'est donc garanti que pour les singletons.

L'exemple caractéristique d'un Bean devant réagir à son cycle de vie est un pool de connexions, qui va créer les connexions à son démarrage, une fois qu'il connaîtra les paramètres, et fermer ces connexions lors de sa destruction.

Spring propose trois moyens pour appeler des méthodes à la création et à la destruction d'un Bean :

• paramétrage des méthodes dans la configuration XML ;
• implémentation d'interfaces ;
• utilisation d'annotations.

Nous allons étudier chacune de ces solutions. Bien que nos exemples illustrent le lancement de traitements à la fois à la création et à la destruction d'un Bean, il est possible de les configurer de façon indépendante.

Lancement des traitements via XML

Le lancement de traitements *via* la configuration XML se fait en indiquant les méthodes à exécuter dans la définition du Bean. Par exemple, pour le Bean suivant :

```
public class BusinessService {

  public void init() {
    // initialisation
  }

  public void close() {
    // destruction
  }
}
```

Lors de la définition du Bean, nous utilisons les attributs init-method et destroy-method pour faire référence à nos méthodes :

```
<bean id="businessService" class="splp.lifecycle.BusinessService"
    init-method="init" destroy-method="close" />
```

Cette solution est intéressante, car elle est totalement déclarative et ne lie pas le Bean à une quelconque API. En revanche, elle n'est pas complètement sûre : on peut oublier de configurer le lancement des méthodes. De plus, la configuration Spring ne peut bénéficier d'un refactoring automatique (si le nom des méthodes change).

Lancement des traitements via des interfaces

Spring propose l'interface `InitializingBean`, correspondant à la création du Bean, et l'interface `DisposableBean`, correspondant à sa destruction. Il est possible d'implémenter l'une ou l'autre de ces interfaces ou les deux.

Voici un Bean implémentant ces deux interfaces :

```
import org.springframework.beans.factory.DisposableBean;
import org.springframework.beans.factory.InitializingBean;

public class BusinessService
    implements InitializingBean, DisposableBean {

  public void afterPropertiesSet() throws Exception {
    // initialisation (méthode de InitializingBean)
  }

  public void destroy() throws Exception {
    // destruction (méthode de DisposableBean)
  }

}
```

La configuration XML ne diffère pas de celle d'un Bean normal :

```
<bean id="businessService" class="splp.lifecycle.BusinessService"/>
```

Spring détecte automatiquement si le Bean implémente `InitializingBean` ou `DisposableBean` et appelle alors les méthodes correspondantes.

L'avantage de cette solution est sa parfaite intégration avec Spring et son côté systématique (l'appel est automatique). En revanche, elle est intrusive, puisqu'elle lie le Bean à l'API Spring. Cette solution est souvent adoptée par les classes internes à Spring et les classes destinées à être utilisées _via_ Spring.

Lancement des traitements via des annotations

Cette solution consiste à annoter des méthodes avec les annotations de la JSR 250 (Common Annotations). Ces deux annotations sont `@PostConstruct` et `@PreDestroy`, utilisées respectivement pour la création et la destruction d'un Bean.

Dans le contexte de Spring, le nom de l'annotation `@PostConstruct` peut induire en erreur : en réalité une méthode portant cette annotation sera appelée par Spring une fois le Bean créé et ses dépendances injectées et non juste après sa création.

Voici comment annoter une classe :

```
import javax.annotation.PostConstruct;
import javax.annotation.PreDestroy;

public class BusinessService {
```

```
@PostConstruct
public void init() {
   // initialisation
}

@PreDestroy
public void close() {
   // destruction
}
}
```

Il faut activer la détection de ces annotations, afin que Spring les prennent en compte et lance les méthodes au moment approprié. L'activation peut se faire de deux manières. La première consiste à déclarer un `BeanPostProcessor` (un type de Bean spécifique, capable d'agir sur un Bean lors du démarrage du contexte) :

```
<bean class="org.springframework.context.annotation.
   CommonAnnotationBeanPostProcessor" />
```

La seconde revient à activer le support d'un ensemble d'annotations, avec la balise `annotation-config` du schéma `context` :

```
<context:annotation-config/>
```

Le Bean peut alors être configuré normalement :

```
<bean id="businessService" class="splp.lifecycle.BusinessService"/>
```

Cette solution est un bon compromis, puisqu'elle est peu intrusive (les annotations sont considérées comme des métadonnées) et très facile à mettre en œuvre. En revanche, il faut bien activer la détection des annotations dans Spring pour qu'elle fonctionne correctement.

Abstraction des accès aux ressources

Les ressources (fichiers) utilisées par une application peuvent avoir de multiples supports. Il peut s'agir de ressources disponibles sur un serveur Web *via* le protocole HTTP, sur le système de fichiers de la machine, dans le classpath, etc.

Java ne propose malheureusement pas de mécanisme d'accès unique à ces ressources en faisant abstraction du support qu'elles utilisent. Par exemple, pour accéder à un fichier sur un serveur Web, nous disposons de la classe `java.net.URL`, mais celle-ci n'est pas utilisable pour les ressources accessibles depuis le classpath.

Pour combler ce manque, Spring définit deux notions : la ressource et le chargeur de ressources. Comme d'habitude, ces deux notions sont matérialisées sous forme d'interfaces.

L'interface `Resource` représente une ressource extérieure. Il en existe plusieurs implémentations, selon le type de ressource (fichier récupéré depuis une URL, le système de fichiers, le classpath, etc.). L'interface `ResourceLoader` définit la méthode `getResource` pour récupérer une ressource à partir d'un chemin, dont la syntaxe suit certaines règles.

L'interface Resource propose un ensemble de méthodes permettant de manipuler différents types de ressources de façon uniforme.

Le tableau 3-1 récapitule les méthodes les plus utilisées de cette interface.

Tableau 3-1. Principales méthodes de l'interface *Resource*

Méthode	Description
exists	Permet de savoir si la ressource existe, c'est-à-dire si elle a une représentation « physique ».
getInputStream	Ouvre un flux pour lire le contenu de la ressource. Le code appelant doit ensuite gérer la fermeture de ce flux.
getDescription	Retourne une représentation textuelle de la ressource (le nom complet du fichier, l'URL complète) pour, par exemple, afficher un message d'erreur concernant la ressource.
getURL	Retourne l'URL de la ressource.
getFile	Retourne un fichier représentant la ressource.

La récupération d'une ressource se fait en précisant son chemin, et ce dans une syntaxe propre à Spring.

Le tableau 3-2 présente des exemples de chemins pour différents types de ressources.

Tableau 3-2. Exemples de chemins de ressources

Préfixe	Exemple	Description
classpath:	classpath:/tudu/conf/dao.xml	Chargement à partir du classpath
file:	file:c:/data/conf.xml	Chargement à partir du système de fichiers
http:	http://someserver/conf.xml	Chargement à partir d'une URL

Si une ressource est un fichier texte, son contenu peut-être exploité de la manière suivante :

```
import java.io.BufferedReader;
import java.io.InputStreamReader;
import org.springframework.core.io.Resource;
(...)
Resource resource = ... // chargement de la ressource
BufferedReader reader = new BufferedReader(new InputStreamReader(
  resource.getInputStream()
));
String line = null;
while((line = reader.readLine()) != null) {
  System.out.println(line);
}
reader.close();
```

L'intérêt de l'utilisation d'une ressource est sa parfaite indépendance par rapport à sa provenance : nous exploitons le contenu sans savoir s'il provient du système de fichiers ou d'un serveur Web.

Voyons maintenant comment charger une ressource.

Accès programmatique à une ressource

L'accès programmatique à une ressource se fait en utilisant un `ResourceLoader`. L'interface `ApplicationContext` héritant de `ResourceLoader`, un contexte d'application peut être utilisé pour charger des ressources.

Voici comment charger une ressource à partir d'un contexte d'application :

```
Resource resource = context.getResource(
  "classpath:/splp/resource/someText.txt"
);
```

La ressource est récupérée à partir du classpath. Comme pour l'internationalisation, il est préférable de ne pas utiliser directement le contexte d'application pour récupérer des ressources, mais plutôt de passer par l'interface `ResourceLoader`. Un Bean nécessitant d'accéder à des ressources peut implémenter l'interface `ResourceLoaderAware`. Il se verra alors injecter un `ResourceLoader` juste après l'initialisation de ses propriétés.

Le service métier suivant implémente `ResourceLoaderAware` pour récupérer un fichier depuis le classpath à partir du chargeur de ressources injecté :

```
import org.springframework.context.ResourceLoaderAware;
import org.springframework.core.io.Resource;
import org.springframework.core.io.ResourceLoader;

public class BusinessService implements ResourceLoaderAware {

  private ResourceLoader resourceLoader;

  public void setResourceLoader(ResourceLoader resourceLoader) {
    this.resourceLoader = resourceLoader;
  }

  public void init() {
    Resource resource = resourceLoader.getResource(
      "classpath:/splp/resource/welcome.txt"
    );
    // exploitation de la ressource
    (...)
  }
}
```

Le Bean est configuré de la manière suivante, en précisant une méthode d'initialisation :

```
<bean id="businessService" class="splp.resource.BusinessService"
  init-method="init"/>
```

Injection de ressources

Spring utilise de manière intensive la notion de ressources. En effet, de nombreuses classes internes à Spring possèdent des propriétés de type `Resource`. Cela permet de gérer de façon uniforme et surtout efficace toutes les ressources externes, car Spring permet de faire facilement l'injection de ressources, *via* un `PropertyEditor` dédié aux ressources.

Prenons le Bean suivant, qui dispose d'une propriété de type `Resource` :

```
import org.springframework.core.io.Resource;

public class BusinessServiceResourceInjected {

  private Resource resource;

  public void setResource(Resource resource) {
    this.resource = resource;
  }
  (...)
}
```

Il est possible d'injecter une `Resource` en précisant simplement son chemin dans l'attribut `value` de la balise `bean`, Spring se chargeant alors de la conversion :

```
<bean id="businessService" class="splp.resource.BusinessService">
  <property name="resource"
    value="classpath:/splp/resource/welcome.txt " />
</bean>
```

Spring dans une application Web

Spring est le plus souvent utilisé dans le cadre d'une application Web, où il permet de définir, par exemple, les parties métier et persistance. Il peut aussi s'intégrer avec un framework de présentation autre que Spring MVC (Struts, JSF, GWT, etc.). Ces frameworks proposent généralement un support facilitant l'interfaçage avec Spring.

Le chargement du contexte Spring dans une application Web peut être pris en charge par des mécanismes fournis nativement. Spring propose ensuite une API pour récupérer les Beans, par exemple, à partir des servlets de l'application. Le chargement du contexte Spring passe par la déclaration d'un écouteur de contexte de servlet, qui doit être déclaré dans le fichier **web.xml** de l'application :

```
<web-app (...)>

  <context-param>
    <param-name>contextConfigLocation</param-name>←❶
    <param-value>/WEB-INF/application-context.xml</param-value>←❷
  </context-param>

  <listener>
    <listener-class>
    org.springframework.web.context.ContextLoaderListener←❸
    </listener-class>
  </listener>
  (...)
</web-app>
```

Le paramètre contextConfigLocation (❶) précise la localisation du fichier de configuration (❷). Un seul fichier figure dans l'exemple, mais il est possible de préciser une liste de fichiers, séparés par des virgules. Il est aussi possible d'utiliser la syntaxe de l'abstraction d'accès aux ressources de Spring pour préciser le chemin des fichiers. La classe d'écouteur utilisée est ContextLoaderListener (❸), fournie par Spring.

Dans une application Spring MVC ou avec un framework Web intégrant Spring, la récupération des Beans se fait généralement avec de l'injection de dépendances. Le besoin typique est l'injection de services métier dans les contrôleurs de l'application. Généralement, les contrôleurs sont aussi des Beans Spring. L'injection de dépendances est dès lors très aisée.

Si les contrôleurs de l'application ne sont pas gérés par Spring, par exemple dans le cas de contrôleurs sous forme de servlets, il est possible de récupérer le contexte Spring avec un appel statique :

```
WebApplicationContext ctx = WebApplicationContextUtils.➡
                    getWebApplicationContext(servletContext);
```

L'accès au contexte permet ensuite de récupérer les Beans Spring. Il s'agit d'une récupération active (l'équivalent d'un *look-up* JNDI), ce qui ne suit pas le principe d'injection de dépendances. Cependant, c'est le prix à payer quand les contrôleurs ne sont pas gérés par Spring.

Le contexte que nous venons de définir est le contexte dit de l'application Web. Il peut avoir un ensemble de contextes fils correspondant chacun à des modules d'une application Web.

La notion de hiérarchie de contextes met en jeu des règles de visibilité entre Beans (seuls les Beans des contextes parents sont visibles aux contextes fils, pas l'inverse). Cette notion sera abordée plus en détail au chapitre 7, qui traite de Spring MVC.

Externalisation de la configuration

Il n'est pas rare que des Beans nécessitent des paramètres de configuration qui changent selon les environnements (comme des paramètres de connexion à une base de données, un chemin sur le système de fichiers, l'adresse d'un serveur SMTP, etc.).

Il est utile de pouvoir regrouper ces paramètres, généralement disséminés à travers des définitions de Beans, dans un même fichier de propriétés, beaucoup plus concis et court qu'un fichier XML. Cela permet aussi de réutiliser les fichiers de configuration XML d'un environnement à un autre, en changeant seulement le fichier de propriétés.

Prenons l'exemple de la configuration d'une connexion à une base de données (*via* une DataSource). Voici le fichier de configuration **config.properties** :

```
database.driver=org.hsqldb.jdbcDriver
database.url=jdbc:hsqldb:mem:tudu-test
database.user=sa
database.password=
```

Voici la configuration XML correspondante :

```
<bean class="org.springframework.beans.factory.config.
        PropertyPlaceholderConfigurer">
  <property name="location" value="config.properties" />
</bean>

<bean id="dataSource" class="org.springframework.jdbc.datasource.
        SingleConnectionDataSource">
  <property name="driverClassName" value="${database.driver}" />
  <property name="url" value="${database.url}" />
  <property name="username" value="${database.user}" />
  <property name="password" value="${database.password}" />
</bean>
```

Nous configurons un `PropertyPlaceholderConfigurer`, qui est un post-processeur de fabrique. Il va utiliser le fichier **config.properties** pour modifier les propriétés des Beans du contexte. Il est maintenant possible d'utiliser la syntaxe `${nomPropriete}` dans le fichier XML pour faire référence aux propriétés du fichier. C'est ce que nous faisons pour la définition de la `DataSource`.

Il est aussi possible de positionner un `PropertyPlaceholderConfigurer` avec la balise `property-placeholder` du schéma `context` :

```
<context:property-placeholder location="config.properties" />
```

Dans les deux modes de configuration, la propriété `location` peut utiliser la syntaxe d'abstraction des ressources et donc faire référence à un fichier *via* une URL, le système de fichiers, le classpath, etc.

Enfin, une fonctionnalité intéressante du `PropertyPlaceholderConfigurer` est de reconnaître, dans le fichier de configuration, les propriétés système et les propriétés déjà définies :

```
# propriété système
data.root.dir=${user.dir}/data
# référence à la propriété précédente
data.tudu.dir=${data.root.dir}/tudu
```

Langage d'expression

Spring 3.0 a introduit la possibilité d'utiliser un langage d'expression, ou EL (Expression Language), pour la définition des Beans, que ce soit dans la configuration XML ou dans celle par annotation. L'utilisation d'un langage d'expression permet de rendre la définition des Beans plus dynamiques, car il est alors possible de faire référence à des propriétés système ou à d'autres Beans du contexte lors de la configuration d'un Bean.

Le langage d'expression utilisé dans Spring est très proche dans sa syntaxe de langages tels que Java Unified EL ou OGNL. Pour la configuration XML, il est possible d'utiliser le langage d'expression pour tout attribut, l'expression étant alors évaluée au chargement du contexte.

Voici un exemple d'utilisation du langage d'expression pour qu'un Bean se configure à partir d'un autre Bean :

```
<bean id="user1" class="tudu.domain.model.User">←❶
  <property name="login" value="acogoluegnes" />
  <property name="firstName" value="Arnaud" />
  <property name="lastName" value="Cogoluegnes" />
</bean>

<bean id="user2" class="tudu.domain.model.User">←❷
  <property name="login" value="#{user1.login}" />
  <property name="firstName" value="#{user1.firstName}" />
  <property name="lastName" value="#{user1.lastName}" />
</bean>
```

Un premier Bean est défini de façon classique au repère ❶ ; ses propriétés sont assignées directement. Le second Bean (❷) utilise les propriétés du premier pour sa configuration. En effet, les attributs value des balises property utilisent le langage d'expression, car leur valeur est de la forme #{…}, ce qui correspond à une expression. Ces expressions font référence au premier Bean, user1, et à ses propriétés, *via* la syntaxe classique d'accès aux propriétés d'un JavaBean.

Chaque expression est évaluée au sein d'un contexte, et Spring positionne dans ce contexte un ensemble de variables dites implicites. Il est possible de faire référence à ces variables implicites dans toute expression.

La variable systemProperties permet, par exemple, d'accéder aux propriétés système :

```
<bean id="dataSource" class="org.springframework.jdbc.datasource.⇒
    SingleConnectionDataSource">
 <property name="driverClassName"
    value="#{systemProperties.databaseDriver}" />
 <property name="url" value="#{systemProperties.databaseUrl}" />
 <property name="username"
    value="#{systemProperties.databaseUser}" />
 <property name="password"
    value="#{systemProperties.databasePassword}" />
</bean>
```

Les propriétés système peuvent être positionnées de façon programmatique :

```
System.setProperty("databaseDriver", "org.hsqldb.jdbcDriver");
System.setProperty("databaseUrl", "jdbc:hsqldb:mem:tudu-el");
System.setProperty("databaseUser", "sa");
System.setProperty("databasePassword", "");
```

Mais aussi lors du lancement d'un processus Java :

```
java -DdatabaseDriver=org.hsqldb.jdbcDriver
  -DdatabaseUrl=jdbc:hsqldb:mem:tudu-el -D=databaseUser=sa
  -DdatabasePassword=      splp.MainClass
```

Le côté facilement paramétrable des propriétés système est particulièrement utile, combiné à l'évaluation dynamique des expressions.

L'utilisation d'expressions n'est pas limitée à la configuration XML, l'annotation @Value, appliquée sur des propriétés, acceptant aussi les expressions :

```
import org.springframework.beans.factory.annotation.Value;

public class User {

  @Value("#{systemProperties.todouserLogin}")
  private String login;

  @Value("#{systemProperties.todouserFirstName}")
  private String firstName;

  @Value("#{systemProperties.todouserLastName}")
  private String lastName;

  (...)

}
```

Le Bean peut alors être déclaré *via* XML, en activant bien le support pour les annotations :

```
<bean id="user1" class="tudu.domain.model.User" />
<context:annotation-config />
```

Les expressions sont aussi utilisables avec une configuration 100 % annotation, c'est-à-dire que le Bean est automatiquement découvert par Spring, grâce à l'apposition d'une annotation de type @Component sur sa classe.

Publication d'événements

Le modèle de communication le plus courant entre composants est le modèle direct, dans lequel le composant émetteur communique directement avec le composant destinataire. Ce modèle est simple et adapté à la plupart des situations. Cependant, il impose un fort couplage entre l'émetteur et le destinataire (appelé aussi le « consommateur »), même si un raisonnement par interface permet un premier niveau de découplage, en ne liant pas l'émetteur à l'implémentation du consommateur.

La situation se complique si l'émetteur veut communiquer avec plusieurs composants. Il peut alors les appeler successivement, mais il s'agit là d'une solution rigide et peu extensible. Il est préférable d'utiliser une communication événementielle, c'est-à-dire que l'émetteur publie un message qui est communiqué à des objets écouteurs. L'émetteur n'a pas connaissance de ces objets et se contente de publier ses messages. On obtient alors un très bon découplage entre les objets émetteurs et destinataires et surtout une solution fortement extensible. Cette extensibilité peut passer par l'ajout de nouveaux écouteurs, mais aussi par la variété des types de messages publiés.

Le contexte d'application de Spring propose un tel modèle de communication événementiel. Nous allons voir comment un Bean peut écouter les événements publiés au sein d'un contexte Spring puis comment publier ses propres événements.

Écouter des événements

Pour être notifié des événements publiés au sein d'un contexte Spring, un Bean doit implémenter l'interface ApplicationListener :

```
import org.springframework.context.ApplicationEvent;
import org.springframework.context.ApplicationListener;

public class UnObservateur implements  ApplicationListener  {

  public void onApplicationEvent(ApplicationEvent event) {
    // gestion de l'événement
    (...)
  }

}
```

Cette interface définit une seule méthode, onApplicationEvent, qui accepte un ApplicationEvent en paramètre. ApplicationEvent est une classe de base, que l'on peut spécialiser selon le besoin.

Un contexte d'application publie automatiquement des événements qui héritent de ApplicationEvent.

Le tableau 3-3 récapitule certains de ces événements.

Tableau 3-3. Événements publiés par un contexte Spring

Événement	Description
ContextRefreshedEvent	Publié quand le contexte est initialisé ou rafraîchi (appel de la méthode refresh). Cet événement peut être publié plusieurs fois pendant le cycle de vie d'un contexte.
ContextStartedEvent	Publié quand le contexte est démarré. Cet événement peut être publié après un arrêt explicite du contexte. Des Beans peuvent aussi recevoir ce signal quand ils sont initialisés de manière tardive.
ContextStoppedEvent	Publié quand le contexte est arrêté, avec la méthode stop. Un contexte arrêté peut être redémarré.
ContextClosedEvent	Publié quand le contexte est fermé. Un contexte fermé arrive en fin de vie et ne peut plus être rafraîchi ou redémarré.

Ces événements sont généralement utilisés par des Beans fortement liés au contexte. Un Bean applicatif peut les utiliser pour journaliser le cycle de vie du contexte, à titre informatif. Un Bean intéressé par un certain type d'événement doit effectuer une vérification sur la classe de l'événement qui lui est passée et effectuer un transtypage le cas échéant :

```
import org.springframework.context.ApplicationEvent;
import org.springframework.context.ApplicationListener;
```

```
import org.springframework.context.event.ContextRefreshedEvent;

public class UnObservateur implements ApplicationListener {

  public void onApplicationEvent(ApplicationEvent event) {
    if(event instanceof ContextRefreshedEvent) {
      ContextRefreshedEvent refreshEvent =
          (ContextRefreshedEvent) event;
      (...)
    }
  }

}
```

Publier des événements

Une application peut être amenée à publier ses propres événements, afin de profiter du découplage qu'offre le modèle événementiel. Cela se fait en deux temps : il faut d'abord définir la classe de l'événement puis rendre le Bean émetteur capable de publier des événements.

Supposons que nous souhaitions publier un événement quand un utilisateur est créé dans Tudu Lists. Un consommateur de cet événement pourrait, par exemple, être un Bean chargé d'envoyer une notification par e-mail à un administrateur.

Pour cela, nous définissons un UserCreatedEvent qui hérite de ApplicationEvent :

```
import org.springframework.context.ApplicationEvent;
import tudu.domain.model.User;

public class UserCreatedEvent extends ApplicationEvent {

  private User user;

  public UserCreatedEvent(Object source,User userCreated) {
    super(source);←❶
    this.user = userCreated;←❷
  }

  public User getUser() {←❸
    return user;
  }

}
```

Un ApplicationEvent doit être créé en lui passant la source de l'événement, c'est-à-dire l'objet émetteur (❶). Nous passons également l'utilisateur fraîchement créé et le stockons dans l'événement (❷). Un accesseur est défini afin que les consommateurs puissent y accéder (❸).

Dans notre exemple, l'objet émetteur est le UserManager de Tudu Lists. Il doit publier un événement lors de l'exécution de la méthode createUser et doit avoir pour cela accès à un

Bean du contexte Spring permettant de publier des messages, un `Application-EventPublisher`.

Le contexte Spring étant un `ApplicationEventPublisher`, il est possible de publier des événements en implémentant l'interface `ApplicationContextAware` et en utilisant le contexte. Cependant, il est préférable de limiter l'accès au contexte et donc d'implémenter seulement l'interface `ApplicationEventPublisherAware` :

```
import org.springframework.context.ApplicationEventPublisher;
import org.springframework.context.ApplicationEventPublisherAware;

import tudu.domain.model.User;
import tudu.service.UserAlreadyExistsException;
import tudu.service.UserManager;

public class UserManagerImpl implements
        UserManager, ApplicationEventPublisherAware {

  private ApplicationEventPublisher applicationEventPublisher;←❶

  public void createUser(User user)
     throws UserAlreadyExistsException {
    (...)
    UserCreatedEvent event = new UserCreatedEvent(this,user);←❷
    applicationEventPublisher.publishEvent(event);←❸
  }

  public void setApplicationEventPublisher(←❹
       ApplicationEventPublisher applicationEventPublisher) {
    this.applicationEventPublisher = applicationEventPublisher;
  }
  (...)
}
```

L'interface `ApplicationEventPublisherAware` définit un accesseur pour avoir accès à l'émetteur d'événements (❹). Nous le stockons donc dans une propriété (❶). Suite à la création d'un utilisateur, l'événement est créé (❷) puis publié (❸).

Quand utiliser le modèle événementiel de Spring ?

Le modèle événementiel fourni dans Spring a l'avantage d'être facilement exploitable. Il est cependant limité techniquement et ne doit être utilisé que pour les cas simples.

Voici les limitations de ce modèle événementiel :

- Il est par défaut synchrone. Un écouteur peut donc bloquer l'exécution du thread courant si son traitement est long. On peut cependant modifier ce comportement en paramétrant l'`ApplicationEventMulticaster` du contexte (par défaut un `SimpleApplicationEventMulticaster`). Cependant, si les traitements des écouteurs sont appelés dans des threads différents de celui de l'émetteur, ils ne pourront pas s'insérer dans son contexte transactionnel.

- Il n'est pas transactionnel. Si un événement est publié puis qu'une erreur survient après les traitements des écouteurs, ceux-ci ne pourront être annulés. Il n'existe pas de moyen de rappel d'un message publié. En revanche, ces traitements, s'ils sont exécutés dans le même thread, peuvent participer à la même transaction que celle de l'émetteur. Cela signifie que si les traitements des écouteurs ne sont que des opérations de base de données, ils seront eux aussi transactionnels.

Le modèle événementiel de Spring ne doit donc pas être utilisé pour des mécanismes critiques s'il les rend non transactionnels. Il ne doit pas non plus être utilisé si les traitements des écouteurs sont longs et peuvent bloquer le déroulement de l'objet émetteur.

Pour ce genre de problématiques, une solution telle que JMS est plus adaptée, car elle est multithreadée et transactionnelle (sous-réserve d'utiliser un gestionnaire de transactions JTA, comme les implémentations Open Source Atomikos ou Bitronix Transaction Manager).

Scinder les fichiers de configuration

Un contexte d'application Spring peut être chargé à partir de plusieurs fichiers. Cela se révèle particulièrement utile pour un ensemble de raisons, notamment les suivantes :

- Taille des fichiers : pour des applications de grande taille, les fichiers peuvent devenir rapidement très gros et difficilement maintenables.

- Réutilisation : un même fichier peut être utilisé pour différents environnements (tests unitaires, préproduction, production, etc.).

Le découpage se fait généralement techniquement, c'est-à-dire que les couches de l'application (DAO, services, contrôleurs) auront chacune leur fichier de configuration. Il est aussi possible d'effectuer un découpage fonctionnel (un fichier d'une couche technique par module fonctionnel) si l'application comporte un grand nombre de Beans.

Si le découpage par couche est relativement évident, il est généralement préférable de mettre des réglages fortement changeants dans un fichier dédié. Dans Tudu Lists Core, les DAO doivent être définis dans au moins un fichier. L'application fournit la partie la plus complexe dans le fichier **/src/main/resources/core/tudu/conf/jpa-dao-context.xml**.

Ce fichier contient la déclaration des DAO et la structure de la configuration JPA :

```
<bean id="entityManagerFactory"
        class="org.springframework.orm.jpa.
                LocalContainerEntityManagerFactoryBean">
  <property name="dataSource" ref="dataSource" />
  <property name="jpaVendorAdapter" ref="jpaVendorAdapter" />
  <property name="persistenceXmlLocation"
        value="classpath:/tudu/conf/persistence.xml"/>
  <property name="jpaProperties" ref="jpaProperties" />
</bean>

<bean id="userDAO" class="tudu.domain.dao.jpa.UserDAOJpa"/>
(...)
```

Trois Beans ne sont pas définis dans ce fichier, car ils sont susceptibles de changer selon l'environnement :

- dataSource : il s'agit de la connexion à la base de données. Elle peut varier fortement d'un environnement à l'autre (ex. : pool de connexions embarqué dans l'application ou défini par le serveur d'applications).

- jpaVendorAdapter : définit l'implémentation JPA utilisée (Hibernate, TopLink, etc.).

- jpaProperties : définit des propriétés pour l'implémentation JPA (comme l'utilisation d'un cache).

Le fichier **jpa-dao-context.xml** contient les éléments nécessitant une connaissance poussée de Tudu Lists. Il laisse la possibilité de paramétrer les éléments les plus courants dans un ou plusieurs autres fichiers *via* ces trois Beans.

Un fichier de configuration utilisé pour les tests unitaires sur la couche de DAO complète ce fichier avec la définition (notamment) des trois Beans manquants :

```xml
<bean id="dataSource"
      class="org.springframework.jdbc.datasource.
          SingleConnectionDataSource">
  <property name="driverClassName" value="org.hsqldb.jdbcDriver" />
  <property name="url" value="jdbc:hsqldb:mem:tudu-test" />
  <property name="username" value="sa" />
  <property name="password" value="" />
  <property name="suppressClose" value="true" />
</bean>

<bean id="jpaVendorAdapter"
      class="org.springframework.orm.jpa.vendor.➥
          HibernateJpaVendorAdapter">
  <property name="showSql" value="false" />
  <property name="generateDdl" value="true" />
  <property name="database" value="HSQL" />
</bean>

<util:properties id="jpaProperties">
  <prop key="hibernate.cache.provider_class">
     org.hibernate.cache.NoCacheProvider
  </prop>
  <prop key="hibernate.cache.use_query_cache">false</prop>
  <prop key="hibernate.cache.use_second_level_cache">false</prop>
</util:properties>
```

On peut aussi mettre dans un fichier dédié la configuration des problématiques transverses, implémentées généralement avec de la programmation orientée aspect. L'exemple typique est la gestion des transactions, qu'il vaut mieux isoler de la déclaration des services métier.

Enfin, la scission des fichiers peut être combinée avec l'externalisation de la configuration, *via* un PropertyPlaceholderConfigurer, qui permet de placer des paramètres dans des fichiers de propriétés.

Les implémentations d'ApplicationContext acceptent un tableau de chaînes de caractères, permettant de préciser les différents fichiers de configuration :

```
ApplicationContext context = new FileSystemXmlApplicationContext(
   new String[]{"context-dao.xml","context-service.xml"}
);
```

Il est aussi possible d'utiliser la balise import du schéma beans. Cette balise permet d'inclure des fichiers de configuration, en utilisant la syntaxe de l'abstraction des ressources de Spring :

```
<import resource="classpath:/tudu/conf/jpa-dao-context.xml"/>
<import resource="classpath:/tudu/conf/service-context.xml"/>
<import resource="classpath:/tudu/conf/transaction-context.xml"/>
<import resource="classpath:/tudu/conf/security-context.xml"/>
```

Les fichiers de configuration peuvent aussi être précisés avec des caractères de remplacement (*wildcards*) répondant à la syntaxe Ant.

L'exemple précédent pourrait aussi s'écrire de la façon suivante :

```
<import resource="classpath:tudu/conf/*-context.xml" />
```

Spring utilise en ce cas tous les fichiers du classpath dont le nom se termine par -context. L'utilisation de caractères de remplacement se décline aussi pour la création d'un ApplicationContext :

```
ApplicationContext context = new ClassPathXmlApplicationContext(
   new String[]{"classpath:tudu/conf/*-context.xml"}
);
```

Spring reconnaît aussi les caractères ** pour effectuer une recherche récursive dans les répertoires du classpath.

L'utilisation de caractères de remplacement apporte une extensibilité intéressante : le chargement du contexte peut être défini avec une expression Ant définissant une convention de localisation des fichiers de configuration Spring. Ajouter un JAR contenant un fichier de contexte Spring suivant cette convention fera que ce contexte sera chargé automatiquement et viendra enrichir le contexte de l'application. En combinant ces caractères de remplacement avec les possibilités d'autowiring du conteneur (sur les collaborateurs ou sur les collections), il est possible d'obtenir très facilement un système de plug-ins.

Spring permet de scinder ses fichiers de contexte. Le fait de les organiser correctement favorise la souplesse de la configuration d'une application. Cela permet de réutiliser au maximum les fichiers de configuration complexes dans différents environnements. La scission permet aussi de mettre en évidence les problèmes de conception, car une application mal conçue est généralement difficile à configurer.

Langages dynamiques

Spring propose un support pour les langages dynamiques, appelés aussi langages de script. Il est donc possible de définir des Beans Spring sous la forme de scripts, dans un langage différent que Java. Spring gère la compilation de ces scripts avec le compilateur adapté.

Pour chaque langage dynamique, il faut bien évidemment qu'un interpréteur écrit en Java soit disponible. L'interpréteur doit être fourni sous la forme d'un fichier JAR et ajouté au classpath de l'application.

Spring propose un support natif pour les langages dynamiques suivants :

- beanShell (*http://www.beanshell.org/*), un langage de script très proche de Java. Le code source beanShell peut d'ailleurs contenir du Java, tout en laissant la possibilité d'utiliser des fonctionnalités propres à tout langage de script (par exemple, les variables n'ont pas l'obligation d'être typées).

- Groovy (*http://groovy.codehaus.org/*), un langage dynamique fortement intégré à la plate-forme Java. Son code source peut être compilé en bytecode Java ou interprété dynamiquement. Groovy inclut des concepts de programmation tels que les closures, tout en acceptant du code Java dans ses scripts.

- JRuby (*http://jruby.codehaus.org/*), une implémentation Java du langage Ruby. JRuby permet d'exécuter des scripts Ruby, mais aussi d'inclure du code Java. JRuby permet de combiner la puissance de Ruby et la robustesse de la machine virtuelle Java pour l'exécution.

Pour que l'interaction entre Spring et les langages dynamiques se fasse correctement, il est obligatoire d'établir un contrat entre les deux mondes, sous la forme d'une interface. Nous allons donc définir une interface très simple, qui va nous permettre d'illustrer l'utilisation des langages dynamiques.

Cette interface correspond à l'opération d'addition :

```
package splp.scripts;

public interface Adder {

  public int add(int x,int y);

}
```

Spring fournit un schéma XML pour configurer les Beans des langages dynamiques. Ce schéma s'appelle lang, et voici sa déclaration :

```
<?xml version="1.0" encoding="UTF-8"?>
<beans xmlns="http://www.springframework.org/schema/beans"
  xmlns:xsi="http://www.w3.org/2001/XMLSchema-instance"
  xmlns:lang="http://www.springframework.org/schema/lang"
  xsi:schemaLocation="http://www.springframework.org/schema/beans
  http://www.springframework.org/schema/beans/spring-beans.xsd
  http://www.springframework.org/schema/lang
  http://www.springframework.org/schema/lang/spring-lang.xsd">

</beans>
```

Nous allons maintenant voir comment définir des Beans sous la forme de scripts dédiés, mais aussi directement dans le fichier XML de Spring. Nous effectuerons aussi de l'injection de dépendances entre Beans Java et Beans dynamiques. Nous verrons ensuite comment les Beans fondés sur les langages de scripts peuvent être modifiés dynamiquement. Nous terminerons sur des considérations concernant l'utilisation de ces langages.

Déclaration de Beans dans des fichiers dédiés

Nous allons définir une implémentation de Adder dans chacun des langages de scripts supportés par Spring.

Commençons par Groovy, qui est le plus proche de Java :

```
import splp.scripts.Adder;

class GroovyAdder implements Adder {

    public int add(int x,int y) { x + y }

}
```

La syntaxe est très proche de celle de Java, et seule l'implémentation de la méthode diffère (pas de mot-clé return et pas de point-virgule de fin d'instruction).

La déclaration de cette implémentation Groovy se fait de la manière suivante :

```
<lang:groovy id="groovyAdder"
  script-source="classpath:/splp/scripts/Adder.groovy" />
```

La balise groovy du schéma lang permet de définir un Bean sous forme de script Groovy. Le script est localisé avec l'attribut script-source. Il peut se trouver aussi bien dans le class-path que sur le système de fichiers.

Groovy supportant l'import et l'implémentation de classe Java, le Bean peut être utilisé comme un Bean Java, sans fournir d'information supplémentaire :

```
Adder groovyAdder = (Adder) context.getBean("groovyAdder");
Assert.assertEquals(7, groovyAdder.add(3, 4)); // assertion JUnit
```

L'implémentation beanShell de notre Bean est beaucoup plus simple :

```
int add(int x,int y) {
    return x+y;
}
```

En effet, beanShell n'étant pas à proprement parler un langage orienté objet, la déclaration du Bean doit contenir l'interface implémentée :

```
<lang:bsh id="bshAdder"
  script-source="classpath:/splp/scripts/Adder.bsh"
  script-interfaces="splp.scripts.Adder" />
```

L'attribut `script-interfaces` contient la ou les interfaces (séparées par des virgules) que le Bean est censé implémenter. Préciser cela permet d'utiliser le Bean comme un Bean Java :

```
Adder bshAdder = (Adder) context.getBean("bshAdder");
Assert.assertEquals(7, bshAdder.add(3, 4)); // assert JUnit
```

Enfin, voyons l'implémentation JRuby de notre Bean :

```
class RubyAdder

    def add(x,y)
        x+y
    end


end
```

La configuration XML est la suivante :

```
<lang:jruby id="rubyAdder"
  script-source="classpath:/splp/scripts/Adder.rb"
  script-interfaces="splp.scripts.Adder " />
```

Comme pour le beanShell, il est nécessaire de préciser l'interface implémentée par le Bean. L'utilisation reste la même que pour un Bean Java :

```
Adder rubyAdder = (Adder) context.getBean("rubyAdder");
Assert.assertEquals(7, rubyAdder.add(3, 4));
```

Rafraîchissement des Beans

Quand un Bean est défini à partir d'un script qui se trouve sur le système de fichiers, Spring est capable de prendre en compte toute modification du script. Cette fonctionnalité est certainement la plus intéressante dans le support des langages dynamiques. En effet, le rafraîchissement des Beans permet de changer le comportement d'une application sans nécessiter son rechargement ou son redéploiement.

Chacune des balises d'utilisation des langages de scripts propose un attribut `refresh-check-delay` qui permet de préciser, en millisecondes, une période de rafraîchissement :

```
<lang:groovy id="groovyAdder"
  script-source="classpath:/splp/scripts/Adder.groovy"
  refresh-check-delay="5000" />
```

Quand une méthode est appelée sur le Bean, Spring vérifie si la période de rafraîchissement s'est écoulée et recompile le script du Bean si nécessaire. Par défaut, cette fonctionnalité est désactivée. Elle ne fonctionne pas pour les Beans définis en ligne (directement dans le contexte Spring).

Déclaration de Beans en ligne

Spring permet la définition de Beans directement dans le fichier de configuration du contexte. Cette méthode constitue une bonne solution de rechange pour les scripts simples et ne nécessitant pas de rafraîchissement.

Pour chacun des langages dynamiques supportés, une balise `inline-script` est disponible. C'est dans cette balise que peut être défini le script.

Reprenons l'exemple qui consiste à implémenter une addition. Voici la définition en ligne avec Groovy :

```
<lang:groovy id="groovyAdder">
  <lang:inline-script>
  import splp.scripts.Adder;
  class GroovyAdder implements Adder {
    public int add(int x,int y) { x + y }
  }
  </lang:inline-script>
</lang:groovy>
```

Voici une définition en ligne avec beanShell :

```
<lang:bsh id="bshAdder"
    script-interfaces="splp.scripts.Adder">
  <lang:inline-script>
  int add(int x,int y) {
    return x+y;
  }
  </lang:inline-script>
</lang:bsh>
```

Et voici la définition en ligne en JRuby :

```
<lang:jruby id="rubyAdder"
    script-interfaces="splp.scripts.Adder">
  <lang:inline-script>
  class RubyAdder
    def add(x,y)
      x+y
    end
  end
  </lang:inline-script>
</lang:jruby>
```

Injection de dépendances

Tout Bean défini dans un langage dynamique peut se voir injecter des données (simples ou des collaborateurs) avec la balise `lang:property`. Cette balise a la même sémantique que `beans:property`.

Nous pouvons reprendre notre exemple de Bean effectuant des additions (nous allons privilégier Groovy pour cet exemple). Le Bean Groovy peut déléguer l'opération à un autre Bean, implémentant aussi l'interface `Adder` :

```
import splp.scripts.Adder;

class GroovyAdder implements Adder {

    Adder adder;

    public int add(int x,int y) { adder.add(x,y) }

}
```

Notons qu'aucun modificateur pour la propriété `adder` n'est défini explicitement dans le Bean Groovy. En effet, en Groovy, les modificateurs et les accesseurs sont générés automatiquement.

Voyons maintenant une implémentation Java de `Adder` qui va être utilisée dans le Bean Groovy :

```
public class AdderImpl implements Adder {
  public int add(int x, int y) {
    return x+y;
  }
}
```

Il est possible d'injecter cette implémentation Java dans le Bean Groovy *via* Spring :

```
<bean id="javaAdder" class="splp.scripts.AdderImpl" />

<lang:groovy id="groovyAdder"
  script-source="classpath:/splp/scripts/LazyAdder.groovy">
  <lang:property name="adder" ref="javaAdder" />
</lang:groovy>
```

Ce mode de fonctionnement n'a pas de réel intérêt (une addition en Groovy est aussi rapide qu'en Java), mais il a le mérite de nous montrer la possibilité d'injecter un Bean Java dans un Bean Groovy.

L'opération inverse, c'est-à-dire l'injection dans un Bean Java d'un Bean défini dans un langage dynamique, est possible. Prenons la classe Java suivante, définissant un ensemble d'opérations et déléguant l'addition à un `Adder` :

```
public class PowerfulCalculator {

  private Adder adder;

  public int add(int x,int y) {
    return adder.add(x, y);
  }
```

```
(...)
public void setAdder(Adder adder) {
  this.adder = adder;
}

}
```

Nous pouvons déclarer les deux Beans et effectuer l'injection du `Adder` Groovy dans le calculateur Java :

```
<lang:groovy id="groovyAdder"
  script-source="classpath:/splp/scripts/Adder.groovy" />

<bean id="calculator" class="splp.scripts.PowerfulCalculator">
    <property name="adder" ref="groovyAdder" />
</bean>
```

Les injections que nous avons vues sont rendues possibles grâce à l'établissement d'un contrat entre les Beans. Utiliser une interface facilite donc fortement la collaboration entre Beans de nature différente.

Considérations sur les langages dynamiques

Deux raisons principales peuvent justifier l'utilisation de Beans fondés sur des langages dynamiques dans une application Spring. La première est la capacité inhérente des langages de scripts à faciliter certaines tâches de programmation.

Groovy dispose, par exemple, d'un très bon support pour XML, beaucoup plus simple et productif que celui de Java. La deuxième raison est la possibilité de rafraîchir les Beans fondés sur des langages dynamiques. Il s'agit là d'une grande plus-value dans les applications Java, qui ne peuvent être modifiées sans redémarrage ou redéploiement.

Les langages dynamiques peuvent donc être utilisés pour définir des Beans mis en œuvre dans des parties particulièrement mouvantes d'une application (validation, règles de calcul, etc.). Ils peuvent aussi être utilisés pour proposer des interfaces d'administration, par exemple sous la forme d'une pseudo-ligne de commandes. Il faut cependant être extrêmement prudent avec ce genre de fonctionnalités, principalement à cause de la puissance des langages dynamiques et donc des problèmes de sécurité qui en découlent.

Les langages dynamiques doivent en revanche être évités pour les tâches où la rapidité et la tenue à la charge sont primordiales, car ils sont plus lents, voire beaucoup plus lents que du Java natif. Enfin, leur utilisation doit faire l'objet de la même rigueur qu'en Java, et ce malgré leurs possibilités syntaxiques. Une utilisation trop laxiste de ce genre de langage peut mettre en péril la maintenabilité d'une application.

Conclusion

Nous avons approfondi dans ce chapitre nos connaissances du conteneur léger de Spring. Bien que les techniques que nous avons vues soient variées, elles peuvent être combinées dans une même application afin de répondre aux problématiques parfois complexes de configuration.

Les notions introduites dans ces deux chapitres sur le conteneur léger de Spring laissent bien apparaître sa puissance et ses nombreuses possibilités. Nous avons constaté qu'il existe généralement plusieurs façons d'accomplir la même chose. Il s'agit là à la fois d'un avantage et d'un inconvénient. Avec de la pratique, chacun trouvera, parmi l'éventail proposé par Spring, la solution la mieux adaptée à ses goûts et aux contraintes de son application.

Nous abordons dans les deux chapitres suivants le support offert par Spring pour la programmation orientée aspect. Il s'agit là encore de découvrir un nouveau paradigme, améliorant fortement la modularité, la robustesse et la souplesse de nos applications.

4

Les concepts de la POA

La POA (programmation orientée aspect), ou AOP (Aspect-Oriented Programming), est un paradigme dont les fondations ont été définies au centre de recherche Xerox, à Palo Alto, au milieu des années 1990. Par paradigme, nous entendons un ensemble de principes qui structurent la manière de modéliser les applications informatiques et, en conséquence, la façon de les développer.

La POA a émergé à la suite de différents travaux de recherche, dont l'objectif était d'améliorer la modularité des logiciels afin de faciliter la réutilisation et la maintenance. Elle ne remet pas en cause les autres paradigmes de programmation, comme l'approche procédurale ou l'approche objet, mais les étend en offrant des mécanismes complémentaires pour mieux modulariser les différentes préoccupations d'une application et améliorer ainsi leur séparation.

Le conteneur léger de Spring étant de conception orientée objet, il ne peut aller au-delà des limites fondamentales de ce paradigme. C'est la raison pour laquelle Spring dispose de son propre framework de POA, qui lui permet d'aller plus loin dans la séparation des préoccupations.

Pour les lecteurs qui ne connaîtraient pas ce paradigme de programmation, ce chapitre donne une vision synthétique des notions clés de la POA disponibles avec Spring. Nous invitons ceux qui désireraient en savoir plus sur la POA à lire l'ouvrage *Programmation orientée aspect pour Java/J2EE,* publié en 2004 aux éditions Eyrolles.

Comme nous l'avons fait au chapitre 1 pour les concepts des conteneurs légers, nous commençons par décrire les problématiques rencontrées par les approches classiques de modélisation puis montrons en quoi la POA propose une solution plus élégante, avec ses notions d'aspect, de point de jonction, de coupe, de greffon et d'introduction.

Limites de l'approche orientée objet

Une bonne conception est une conception qui minimise la rigidité, la fragilité, l'immobilité et l'invérifiabilité d'une application.

L'idéal pour une modélisation logicielle est d'aboutir à une séparation totale entre les différentes préoccupations d'une application afin que chacune d'elles puisse évoluer sans impacter les autres, pérennisant ainsi au maximum le code de l'application.

Typiquement, une application recèle deux sortes de préoccupations : les préoccupations d'ordre fonctionnel et les préoccupations d'ordre technique. Une séparation claire entre ces deux types de préoccupations est souhaitable à plus d'un titre : le code métier est ainsi pérennisé par rapport aux évolutions de la technique, les équipes de développement peuvent être spécialisées (équipe pour le fonctionnel distincte de l'équipe s'occupant des préoccupations techniques), etc.

Grâce à l'inversion de contrôle, les conteneurs légers apportent une solution élégante à la gestion des dépendances et à la création des objets. Ils encouragent la séparation claire des différentes couches de l'application, aidant ainsi à la séparation des préoccupations, comme nous avons pu le voir au chapitre 1.

Figure 4-1

Modélisation avec une inversion de contrôle sur la gestion des dépendances des objets

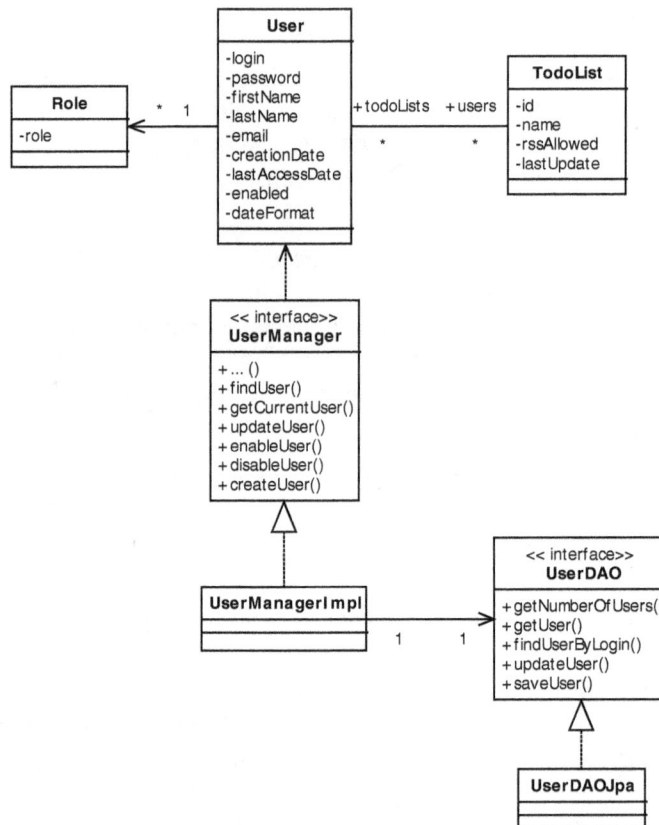

La modélisation illustrée à la figure 4-1 montre clairement que les préoccupations d'ordre technique, en l'occurrence la persistance des données centralisée dans les DAO, sont clairement isolées des préoccupations fonctionnelles, représentées par les classes métier Role, User et TodoList ainsi que la classe UserManagerImpl.

Cependant, les conteneurs légers restent de conception orientée objet et souffrent des insuffisances de cette approche. Ainsi, la séparation des préoccupations techniques et fonctionnelles n'est pas toujours étanche. Nous allons montrer que l'approche orientée objet ne fournit pas toujours de solution satisfaisante pour aboutir à des programmes clairs et élégants. C'est notamment le cas de l'intégration des fonctionnalités transversales, problématique directement adressée par la POA.

Intégration de fonctionnalités transversales

Nous qualifions de transversales les fonctionnalités devant être offertes de manière similaire par plusieurs classes d'une application. Parmi les fonctionnalités transversales que nous rencontrons souvent dans les applications, citons notamment les suivantes :

- **Sécurité.** L'objet doit s'assurer que l'utilisateur a les droits suffisants pour utiliser ses services ou manipuler certaines données.

- **Intégrité référentielle.** L'objet doit s'assurer que ses relations avec les autres sont cohérentes par rapport aux spécifications du modèle métier.

- **Gestion des transactions.** L'objet doit interagir avec le contexte transactionnel en fonction de son état (valide : la transaction continue ; invalide : la transaction est invalidée, et les effets des différentes opérations sont annulés).

Avec l'approche orientée objet, ces fonctionnalités sont implémentées dans chaque classe concernée, au moins sous forme d'appels à une bibliothèque ou un framework spécialisés. Une évolution de ces fonctionnalités transversales implique la modification de plusieurs classes. Par ailleurs, nous pouvons constater que ces fonctionnalités transversales sont des préoccupations en elles-mêmes. Le fait qu'elles soient prises en charge par des classes destinées à répondre à d'autres préoccupations n'est donc pas satisfaisant.

Exemple de fonctionnalité transversale dans Tudu Lists

Pour mieux appréhender ce problème, imaginons que nous désirions faire évoluer Tudu Lists de telle sorte que l'application supporte le déclenchement de traitements en fonction d'événements techniques ou fonctionnels. L'idée est de permettre à des objets de s'inscrire auprès d'un DAO ou d'un service afin de réagir en fonction des appels à ses méthodes.

Le traitement transversal que nous allons effectuer est une notification, que nous allons ajouter au service gérant les utilisateurs de TuduLists, UserManagerImpl. Il peut être intéressant que la création d'un utilisateur provoque une notification, par exemple l'envoi d'un e-mail à l'administrateur. Cette notification pourrait avoir plusieurs buts : prévenir l'administrateur qu'il doit valider la création du compte, lui permettre de suivre facilement l'adoption de Tudu Lists dans son entreprise...

L'implémentation de cette fonctionnalité passe par la création de deux interfaces très simples, `Notifier` et `Message`. La figure 4-2 présente sous forme de schéma UML ces deux interfaces et quelques implémentations possibles.

Figure 4-2

Utilisation du design
pattern observateur en Java

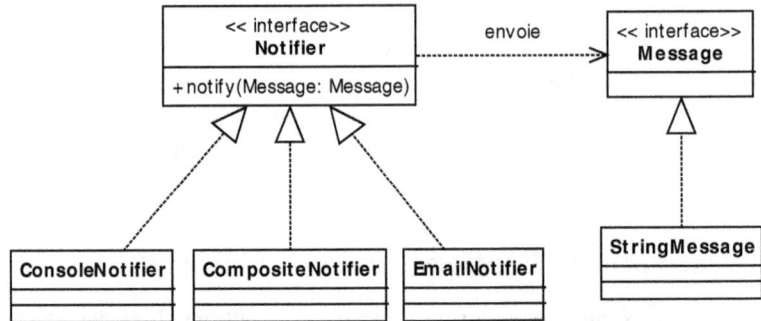

Le `Notifier` effectue une action quand sa méthode `notify` est appelée, avec un `Message` en paramètre. Ces interfaces sont très simples et très génériques (`Message` ne définit pas de méthode). Le `Message` est un simple objet de transport de données. L'implémentation la plus simple consiste au transport d'une `String` :

```
package tudu.service.notify.impl;

import tudu.service.notify.Message;

public class StringMessage implements Message {

    private String message;

    public StringMessage(String message) {
        this.message = message;
    }

    public String getMessage() {
        return message;
    }

    public String toString() {
        return message;
    }
}
```

Le `ConsoleNotifier` affiche les `Messages` dans la console :

```
package tudu.service.notify.impl;

import tudu.service.notify.Message;
import tudu.service.notify.Notifier;
```

```
public class ConsoleNotifier implements Notifier {

   public void notify(Message message) {
      System.out.println(message.toString());
   }
}
```

Cette implémentation est utile pour vérifier manuellement que les notifications ont bien lieu. Une implémentation comme CountNotifier, qui compte le nombre de notification, nous permettrait, par exemple, de faire des tests automatisés, afin de vérifier que les notifications sont effectives :

```
package tudu.service.notify.impl;

import java.util.concurrent.atomic.AtomicInteger;
import tudu.service.notify.Message;
import tudu.service.notify.Notifier;

public class CountNotifier implements Notifier {

   private AtomicInteger count = new AtomicInteger();

   public void notify(Message message) {
      count.incrementAndGet();
   }

   public int getCount() {
      return count.get();
   }
}
```

D'autres Notifiers plus réalistes sont, par exemple, un Notifier envoyant un e-mail ou un Notifier envoyant un message sur une pile JMS. Si plusieurs notifications sont nécessaires, il est possible d'implémenter un Notifier composite, qui contient un ensemble de Notifiers et leur délègue le traitement des messages :

```
package tudu.service.notify.impl;

import java.util.LinkedHashSet;
import java.util.Set;
import tudu.service.notify.Message;
import tudu.service.notify.Notifier;

public class CompositeNotifier implements Notifier {

   private Set<Notifier> notifiers = new LinkedHashSet<Notifier>();

   public void notify(Message message) {
      for(Notifier notifier : notifiers) {
         notifier.notify(message);
      }
```

```
    }

    public void addNotifier(Notifier notifier) {
        notifiers.add(notifier);
    }

    public void setNotifiers(Set<Notifier> notifiers) {
        this.notifiers = notifiers;
    }
}
```

L'interface Message étant très générique, il faut que le créateur du Message et les Notifiers s'entendent sur la teneur de ce message, afin de pouvoir l'exploiter correctement. C'est une des limites de ce système.

Il est aussi possible d'utiliser la publication d'événements proposée par le contexte d'application de Spring, mais cette publication est davantage adaptée aux événements impactant l'ensemble de l'application (rafraîchissement de contexte, par exemple) qu'aux événements dont la granularité est fine.

Les principes de la notification étant définis, nous allons les appliquer pour développer notre fonctionnalité transversale et analyser ses effets sur la qualité de conception de Tudu Lists.

Implémentation objet de la notification dans Tudu Lists

La notification doit avoir lieu lors de la création d'un utilisateur. Cette création est effectuée à l'appel de la méthode createUser de la classe UserManagerImpl. Le diagramme UML de la figure 4-3 montre comment le système de notification peut être branché sur UserManagerImpl.

Figure 4-3

Implémentation de la notification dans Tudu Lists

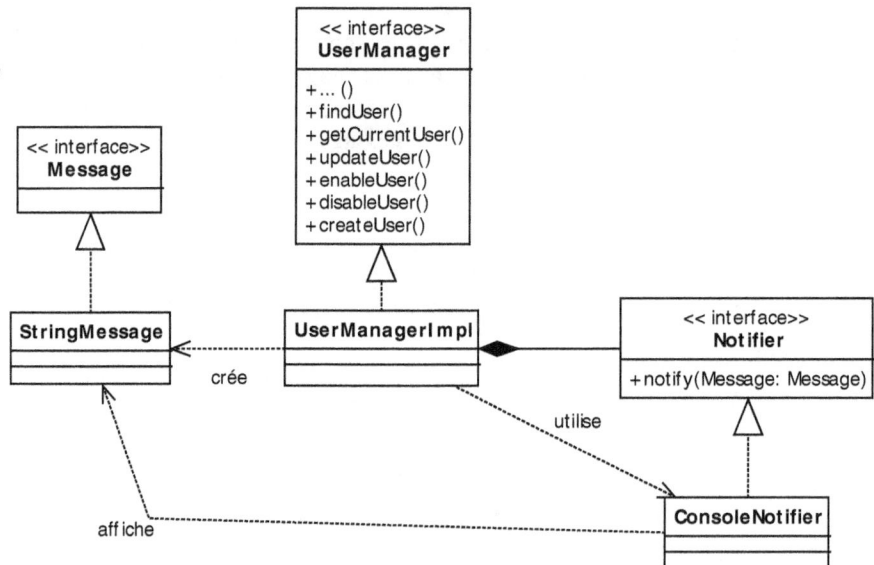

Pour améliorer la lisibilité de cette figure, nous n'avons pas mentionné l'ensemble des méthodes de UserManagerImpl.

UserManagerImpl doit subir quelques modifications pour pouvoir effectuer la notification. Il lui faut notamment une propriété Notifier et le modificateur correspondant :

```
package tudu.service.impl;

(...)
import tudu.service.notify.Message;
import tudu.service.notify.Notifier;

public class UserManagerImpl implements UserManager {

   private Notifier notifier;

   public void setNotifier(Notifier notifier) {
     this.notifier = notifier;
   }
}
```

Ensuite, la notification doit être directement effectuée au sein du code de la méthode createUser (à la fin de celle-ci) :

```
public void createUser(User user)
           throws UserAlreadyExistsException {
   User testUser = userDAO.getUser(user.getLogin());
   if (testUser != null) {
      throw new UserAlreadyExistsException("User already exists.");
   }
   user.setEnabled(true);
   (...)
   userDAO.saveUser(user);

   // création de données de base
   TodoList todoList = new TodoList();
   todoList.setName("Welcome!");
   (...)
   todoListDAO.saveTodoList(todoList);
   (...)
   Todo welcomeTodo = new Todo();
   welcomeTodo.setDescription("Welcome to Tudu Lists!");
   (...)
   todoListDAO.updateTodoList(todoList);

   // notification
   Message message = new StringMessage(
      "Création de l'utilisateur"+user.getLogin()
   );
   notifier.notify(message);

}
```

Dans le contexte Spring, il faut déclarer le `Notifier` et l'assigner au `UserManagerImpl` (il aurait aussi été possible d'utiliser de l'*autowiring*) :

```
<bean id="notifier"
   class="tudu.service.notify.impl.ConsoleNotifier"/>

<bean id="userManager" class="tudu.service.impl.UserManagerImpl">
   <property name="notifier" ref="notifier" />
   <!-- injection des DAO -->
   (...)
</bean>
```

Le `UserManagerImpl` est maintenant capable d'envoyer des notifications lorsqu'un utilisateur est créé. Cette approche événementielle est intéressante, car elle découple l'émetteur de messages et les objets en attente de notification. Le raisonnement par interface et l'utilisation de Spring pour l'injection de dépendances appuie plus encore ce découplage, rendant l'approche objet aussi souple que possible.

Critique de l'implémentation orientée objet

L'implémentation de la notification n'est guère compliquée, quoiqu'un peu fastidieuse, puisqu'elle demande des modifications de code et de configuration. Si nous nous intéressons à la qualité de la conception, nous nous apercevons que celle-ci n'est pas totalement satisfaisante, bien qu'elle respecte l'état de l'art en termes de conception orientée objet.

Le problème conceptuel réside dans la modélisation de l'objet émetteur de la notification. Idéalement, la notification devrait être transparente pour la classe émettrice. Mais, d'une part, la notification est une problématique transversale, et, d'autre part, d'autres classes sont susceptibles d'émettre des notifications. Or, comme nous pouvons le constater en analysant l'implémentation orientée objet précédente, toute nouvelle classe émettant des notifications nécessite des modifications de structure, de code et de configuration.

Par ailleurs, le moment où la notification est émise est défini en dur dans le code de la classe émettrice. Si nous désirons changer ce moment, par exemple en notifiant avant un traitement plutôt qu'après, il est nécessaire de modifier directement la classe.

Enfin, l'implémentation de `Message` utilisée est fixée dans le code. Si la construction du message s'avère complexe, une partie du code de la classe émettrice risque d'être dédiée à cette construction.

Si nous faisons une rapide analyse de cette modification de notre conception, nous constatons une dégradation de la qualité de la modélisation :

- Le modèle est devenu plus rigide et fragile, car la génération de la notification est étroitement liée au code de chaque méthode émettrice. Il faut donc veiller qu'une modification de ce code n'entraîne pas de dysfonctionnement de la génération des messages (suppression malencontreuse de l'appel à la méthode `notify`, par exemple).

- L'immobilité du modèle est augmentée puisque la notification devient partie intégrante du service. Si nous désirons faire une version de Tudu Lists sans notification, nous sommes contraints de conserver la mécanique d'observation, sauf à la supprimer directement dans le code ou à passer par une implémentation de `Notifier` complètement passive.

- La vérification du fonctionnement du service est rendue plus difficile, augmentant d'autant l'invérifiabilité du modèle, dans la mesure où il est nécessaire de prendre en compte dans les tests le `Notifier`, en fournissant, par exemple, un simulacre (*voir le chapitre 6 consacré aux tests*).

Alors que la séparation des interfaces et des implémentations couplée avec l'injection de dépendances ont pour objectif de rendre les classes les plus indépendantes possible, nous constatons qu'un principe de notification n'est pas correctement modularisé et génère un phénomène de dispersion du code au fur et à mesure de son utilisation pour différentes classes de Tudu Lists.

Analyse du phénomène de dispersion

Partant d'un tel constat, il est légitime de se demander si une meilleure conception et un autre découpage des classes de l'application ne permettraient pas de faire disparaître cette dispersion du code. La réponse est malheureusement le plus souvent négative.

La raison qui tend à prouver que la dispersion du code est inéluctable est liée à la différence entre service offert et service utilisé. Une classe fournit, *via* ses méthodes, un ou plusieurs services. Il est aisé de rassembler tous les services fournis dans un même endroit, c'est-à-dire dans une même classe. Cependant, rien dans l'approche objet ne permet de rassembler les utilisations de ce service. Il n'est donc pas surprenant qu'un service général et d'utilisation courante soit utilisé partout.

La dispersion d'une fonctionnalité dans une application est un frein à son développement, à sa maintenance et à son évolutivité. Lorsque plusieurs fonctionnalités sont dispersées, la situation empire. Le code ressemble alors à un plat de spaghettis, avec de multiples appels à diverses API. Il devient embrouillé (en anglais *tangled*). Ce phénomène se manifeste dans de nombreuses applications.

Il devient donc évident qu'une nouvelle dimension de modularisation doit être créée afin de capturer les fonctionnalités transversales au sein d'entités spécifiques préservant la flexibilité de la conception de l'application.

En résumé

L'approche orientée objet a apporté un niveau de modularisation important grâce à la notion d'objet et aux mécanismes associés (héritage, polymorphisme, etc.). Cependant, cette approche est grevée de limitations fondamentales, qui apparaissent dès qu'il s'agit de modulariser les préoccupations transversales d'une application. Celles-ci sont généralement dispersées au sein du code, rendant leur maintenance et leur évolution délicates.

La POA introduit de nouvelles notions offrant une dimension supplémentaire de modularisation adaptée à ces problématiques.

Notions de base de la POA

Pour répondre au besoin de modularisation des fonctionnalités transversales, la POA a introduit de nouvelles notions, qui viennent en complément de celles de l'approche objet.

Dans cette section, nous présentons ces nouvelles notions en montrant comment elles interviennent pour améliorer l'intégration de fonctionnalités transversales, comme l'exemple de notification.

Outre la notion d'aspect, équivalent de la notion de classe en POO, nous détaillons les notions de point de jonction, de coupe, de greffon, aussi appelé *code advice*, et d'introduction, qui sont au cœur de la notion d'aspect, au même titre que les attributs ou les méthodes le sont à celle de classe.

La notion d'aspect

Pour appréhender la complexité d'un programme, nous cherchons généralement à le découper en sous-programmes de taille moins importante. Les critères à appliquer pour arriver à cette séparation ont fait l'objet de nombreuses études, visant à faciliter la conception, le développement, la maintenance et l'évolutivité des programmes.

La programmation procédurale induit un découpage en fonction des traitements à implémenter, tandis que la programmation objet induit un découpage en fonction des données qui seront encapsulées dans les classes avec les traitements associés. Comme nous l'avons vu, certaines fonctionnalités s'accommodent mal de ce découpage, et les instructions correspondant à leur utilisation se retrouvent dispersées dans l'ensemble de l'application. Tout changement dans l'utilisation de ces fonctionnalités implique de devoir consulter et modifier un grand nombre de fichiers.

L'apport essentiel de la POA est de fournir un moyen de rassembler dans une nouvelle entité l'aspect, le code d'une fonctionnalité transversale, habituellement dispersé au sein de l'application, et les approches classiques de programmation.

> **Aspect**
> Entité logicielle qui capture une fonctionnalité transversale à une application.

La définition d'un aspect est presque aussi générale que celle d'une classe. Une classe est un élément du problème à modéliser (la clientèle, les commandes, les fournisseurs, etc.), auquel nous associons des données et des traitements. De même, un aspect est une fonctionnalité à mettre en œuvre dans une application (la sécurité, la persistance, etc.), dont l'implémentation comprendra les données et les traitements relatifs à cette fonctionnalité.

En POA, une application comporte des classes et des aspects. Un aspect se différencie d'une classe par le fait qu'il implémente une fonctionnalité transversale à l'application, c'est-à-dire une fonctionnalité qui, en programmation orientée objet ou procédurale, serait dispersée dans le code de cette application.

La présence de classes et d'aspects dans une même application introduit donc deux dimensions de modularité : celle des fonctionnalités implémentées par les classes et celle des fonctionnalités transversales implémentées par les aspects.

La figure 4-4 illustre l'effet d'un aspect sur le code d'une application. La partie gauche de la figure schématise une application composée de trois classes. Les filets horizontaux représentent les lignes de code correspondant à une fonctionnalité, par exemple la gestion des traces. Cette fonctionnalité est transversale à l'application, car elle affecte toutes ses classes. La partie droite de la figure montre la même application après ajout d'un aspect de gestion des traces (rectangle noir). Le code de cette fonctionnalité est maintenant entièrement localisé dans l'aspect, et les classes sont vierges de toute intrusion. Une application ainsi conçue avec un aspect est plus simple à écrire, maintenir et faire évoluer qu'une application sans aspect.

Figure 4-4

Impact d'un aspect sur la localisation d'une fonctionnalité transversale

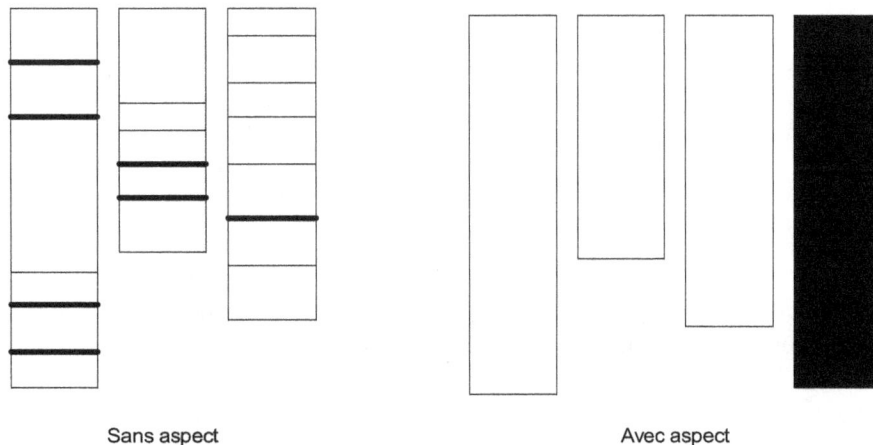

Sans aspect   Avec aspect

Dans notre exemple d'implémentation de notification, l'utilisation d'un aspect permet de laisser inchangé le code de la classe lançant une notification (interface et implémentation, en l'occurrence UserManager et UserManagerImpl). Par ailleurs, le Notifier n'est plus lié à la classe manager, mais directement à l'aspect.

Le diagramme de classes illustré à la figure 4-5 montre les effets de la modularisation de l'implémentation de la notification dans Tudu Lists.

Grâce à cette nouvelle dimension de modularisation, la séparation des préoccupations est maintenue, avec un modèle métier qui conserve son expressivité originelle et sur lequel s'interfacent des extensions clairement identifiées apportées par l'aspect. Ces extensions, transparentes pour les managers — notons l'inversion de contrôle au profit de l'aspect —, permettent une réutilisation de la fonctionnalité transversale sans dispersion du code.

Nous verrons dans la suite de ce chapitre que deux éléments entrent dans l'écriture d'un aspect, la *coupe* et le *greffon*, ou *code advice*. La coupe définit le caractère transversal de l'aspect, c'est-à-dire les endroits de l'application dans lesquels la fonctionnalité transversale doit s'intégrer, tandis que le greffon fournit le code proprement dit de cette dernière.

Figure 4-5

*Modélisation de la
notification sous forme
d'aspect dans Tudu Lists*

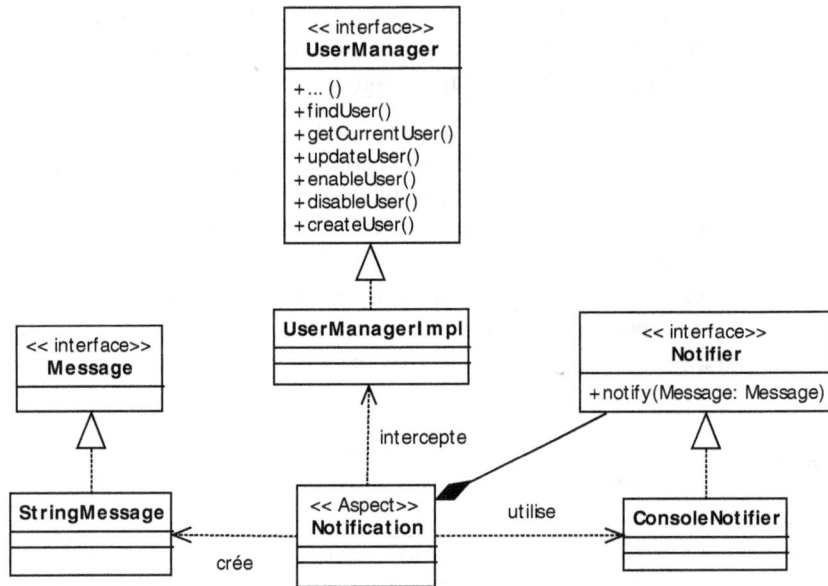

Les points de jonction

Nous avons vu qu'un aspect était une entité logicielle implémentant une fonctionnalité transversale à une application. La définition de cette structure transversale passe par la notion de point de jonction.

> **Point de jonction (*join point*)**
>
> Point dans l'exécution d'un programme autour duquel un ou plusieurs aspects peuvent être ajoutés.

Nous verrons à la section suivante qu'il existe différents types de points de jonction. Il peut s'agir, par exemple, de points dans l'exécution d'un programme où une méthode est appelée.

La notion de point de jonction est très générale. Elle peut être comparée à celle de point d'arrêt d'exécution, qui, lors de la mise au point d'un programme à l'aide d'un débogueur, désigne un endroit du code source où nous souhaitons voir l'exécution s'arrêter. Dans le cadre de la POA, un point de jonction désigne un endroit du programme où nous souhaitons ajouter un aspect. L'analogie s'arrête là. L'emplacement du point d'arrêt est fourni de façon interactive par le développeur *via* un numéro de ligne dans le code source. En POA, le point de jonction est fourni de manière « programmatique » par le développeur.

Si, en théorie, rien n'empêche d'utiliser les numéros de ligne du code source pour définir un point de jonction, aucun des outils de POA existants ne le permet. Le coût à payer, en termes de perte de performance à l'exécution et de complexité d'implémentation de l'outil, est jugé prohibitif. De surcroît, la moindre modification dans les numéros de ligne du code source imposerait une mise à jour coûteuse de la définition des points de jonction.

Les différents types de points de jonction

En faisant référence à l'exécution d'un programme, la notion de point de jonction révèle son caractère éminemment dynamique. Il s'agit d'événements qui surviennent une fois le programme lancé. Lorsqu'il s'agit de définir concrètement et de manière « programmatique » un point de jonction, il est nécessaire de s'appuyer sur la structure des programmes. Dans 80 % des cas, nous nous appuyons sur des méthodes.

Dans notre implémentation de la notification, les points de jonction à utiliser pour l'aspect de notification sont les appels à la méthode de création d'un utilisateur dans `UserManager`.

Les méthodes ne sont pas les seuls éléments qui structurent les programmes orientés objet. Classes, interfaces, exceptions, attributs, blocs de code et instructions (`for`, `while`, `if`, `switch`, etc.) en font également partie. Avec Spring AOP, il n'existe en standard qu'un seul point de jonction (exécution de méthodes). Cependant, d'autres outils de POA, tels qu'AspectJ ou JBoss AOP, supportent d'autres points de jonction, comme les attributs, ou plus exactement leurs accès en lecture ou en écriture.

Aussi simple soit-il, un programme comporte de nombreux points de jonction potentiels. La tâche du programmeur d'aspects consiste à sélectionner les points de jonction pertinents pour son aspect. La section suivante s'intéresse à la façon dont s'opère cette sélection. Celle-ci passe par la notion de coupe.

Les coupes

Nous avons vu que les points de jonction étaient des éléments liés à l'exécution d'un programme, autour desquels nous souhaitons greffer un aspect. En ce qui concerne l'écriture du code de l'aspect, il est nécessaire de disposer d'un moyen pour désigner de manière concrète les points de jonction à prendre en compte. Ce moyen est fourni par la coupe.

> **Coupe** *(pointcut)*
> Désigne un ensemble de points de jonction.

Une coupe est définie à l'intérieur d'un aspect. Dans les cas simples, une seule coupe suffit pour définir la structure transversale d'un aspect. Dans les cas plus complexes, un aspect est associé à plusieurs coupes (chacune définit un ensemble de méthodes par exemple).

Les notions de coupes et de points de jonction sont liées par leur définition. Pourtant, leur nature est très différente. Une coupe est un élément de code défini dans un aspect, alors qu'un point de jonction est un point dans l'exécution d'un programme. Si une coupe désigne un ensemble de points de jonction, un point de jonction donné peut appartenir à plusieurs coupes d'un même aspect ou d'aspects différents. Dans ce cas, comme nous le verrons dans la suite de ce chapitre, il est nécessaire de définir l'ordre d'application des différentes coupes et des différents aspects autour des points de jonction.

Généralement, la coupe se définit via une syntaxe appropriée à la définition de méthodes (car avec Spring AOP, seuls les points de jonction de type méthode sont supportés). En faisant un parallèle avec une recherche de fichiers, l'expression `*.java` permet de définir un ensemble de fichiers Java. Pour définir une coupe, nous pouvons utiliser l'expression `UserManagerImpl.*` pour définir l'ensemble des méthodes de la classe `UserManagerImpl`. Chacune des méthodes est un point de jonction.

Il est possible d'utiliser différentes syntaxes pour définir une coupe, il suffit que l'outil de POA les comprenne. Les expressions régulières sont une solution possible. Cependant, la solution la plus adaptée est une syntaxe dédiée à la désignation de packages, de classes et de méthodes, ce qui est le cas de la syntaxe AspectJ.

Les greffons

Nous avons vu qu'une coupe définissait où un aspect devait être greffé dans une application. La coupe désigne pour cela un ensemble de points de jonction. Le greffon, ou code advice, définit quant à lui ce que l'aspect greffe dans l'application, autrement dit les instructions ajoutées par l'aspect. Si l'aspect représente conceptuellement la fonctionnalité transversale ajoutée, le greffon est véritablement l'implémentation de cette fonctionnalité.

> **Greffon** *(code advice)*
> Bloc de code définissant le comportement d'un aspect.

Un aspect comporte un ou plusieurs greffons. Chaque greffon définit un comportement particulier pour son aspect. Le greffon joue en quelque sorte le même rôle qu'une méthode. À la différence des méthodes, cependant, les greffons sont associés à une coupe, et donc à des points de jonction, et ont un type. D'un point de vue plus abstrait, il convient de noter que si une méthode définit une fonctionnalité à part entière, un greffon définit plutôt l'intégration d'une fonctionnalité *a priori* transversale.

Chaque greffon est associé à une coupe. La coupe fournit l'ensemble des points de jonction autour desquels sera greffé le bloc de code du greffon. Une même coupe peut être utilisée par plusieurs greffons. Dans ce cas, différents traitements sont à greffer autour des mêmes points de jonction. Cette situation pose le problème de la composition d'aspect, que nous n'abordons pas ici.

Pour notre exemple, le greffon se réduit à l'équivalent de l'appel de la méthode `notify`, réalisé précédemment directement dans le code de `UserManagerImpl`. L'attribut `notifier` est bien entendu déplacé dans l'aspect, qui est, dans le cas de Spring AOP, une classe Java.

Les différents types de greffon

Avec Spring, il existe cinq types de greffons, qui se différencient par la façon dont le bloc de code est exécuté lorsque apparaît un point de jonction de la coupe à laquelle ils sont associés :

- `before` : le code est exécuté avant les points de jonction, c'est-à-dire avant l'exécution des méthodes.

- `after returning` : le code est exécuté après les points de jonction, c'est-à-dire après l'exécution des méthodes.

- `after throwing` : le code est exécuté après les points de jonction si une exception a été générée.

- `after` : le code est appelé après les points de jonction, même si une exception a été générée.

- `around` : le code est exécuté avant et après les points de jonction.

Dans le cas des greffons `around`, il est nécessaire de délimiter la partie de code qui doit être exécutée avant le point de jonction et celle qui doit l'être après. Les outils de POA fournissent pour cela une instruction ou une méthode spéciale, nommée `proceed` (procéder, continuer). La méthode `proceed` permet de revenir à l'exécution du programme, autrement dit d'exécuter le point de jonction.

Le déroulement d'un programme avec un greffon `around` peut être résumé de la façon suivante :

1. Exécution normale du programme.

2. Juste avant un point de jonction appartenant à la coupe, exécution de la partie *avant* du greffon.

3. Appel à `proceed`. Cela déclenche l'exécution du code correspondant au point de jonction.

4. Exécution de la partie *après* du greffon.

5. Reprise de l'exécution du programme juste après le point de jonction.

L'appel à `proceed` est facultatif, un code advice `around` pouvant parfaitement ne jamais appeler `proceed`. Dans ce cas, le code correspondant au point de jonction n'est pas exécuté, et le bloc du greffon remplace le point de jonction. Après l'exécution du greffon, le programme reprend son exécution juste après le point de jonction.

Un greffon `around` peut aussi appeler `proceed` dans certaines situations et pas dans d'autres. C'est le cas, par exemple, d'un aspect de sécurité qui contrôle l'accès à une méthode. Si l'utilisateur est correctement authentifié, l'appel de la méthode est autorisé, et l'aspect invoque `proceed`. Si l'utilisateur n'a pas les bons droits, l'aspect de sécurité n'invoque pas `proceed`, ce qui a pour effet de ne pas exécuter le point de jonction et donc de ne pas appeler la méthode.

Dans certains cas, `proceed` peut être appelé plusieurs fois. Cela peut s'avérer utile pour des aspects qui ont à faire plusieurs tentatives d'exécution du point de jonction, suite, par exemple, à des pannes ou à des erreurs d'exécution.

L'instruction `proceed` ne concerne pas les greffons `before` et `after`. Par définition, un code advice `before` n'a qu'une partie *avant*. Il n'y a donc pas de partie *après* à délimiter. Un code advice `before` est automatiquement greffé avant le point de jonction. Il en va de même des codes advice `after`, qui n'ont qu'une partie *après*.

Notons que le type `around` est l'union des types `before` et `after`. Il est donc tentant de n'utiliser que le type `around`, puisqu'il est en mesure d'offrir les mêmes services que `before` et `after`. Nous déconseillons toutefois fortement cette pratique, car cela nuit à la bonne compréhension du rôle et des effets du greffon dans l'application.

Dans notre exemple, le type de greffon à utiliser est `after returning`. En effet, l'utilisation du type `around` est trop générique pour notre besoin. Quant à l'utilisation du type `before`, elle s'avère risquée puisque la méthode peut ne pas réaliser la création de l'utilisateur, par exemple en générant une exception.

Le mécanisme d'introduction

Les mécanismes de coupe et de greffon que nous avons vus jusqu'à présent permettent de définir des aspects qui étendent le comportement d'une application. Les coupes désignent des points de jonction dans l'exécution de l'application, tandis que les greffons ajoutent du code avant ou après ces points.

Dans tous les cas, il est nécessaire que les codes correspondant aux points de jonction soient exécutés pour que les greffons le soient également. Si les points de jonction n'apparaissent jamais, les greffons ne sont jamais exécutés, et l'aspect n'a aucun effet sur l'application.

Le mécanisme d'introduction permet d'étendre le comportement d'une classe en modifiant sa structure, c'est-à-dire en lui ajoutant des éléments, essentiellement des attributs ou des méthodes. Dans le cas de Spring AOP, nous ne pouvons introduire que de nouvelles interfaces avec l'implémentation associée. Ces changements structurels sont visibles des autres classes, et celles-ci peuvent les utiliser au même titre que les éléments originels de la classe. Contrairement aux greffons, qui étendent le comportement d'une application si et seulement si certains points de jonction sont exécutés, le mécanisme d'introduction est sans condition, et l'extension est réalisée dans tous les cas. Le terme *introduction* renvoie au fait que ces éléments sont introduits, c'est-à-dire ajoutés à la classe.

Comme le mécanisme d'héritage des langages de programmation orientée objet, le mécanisme d'introduction de la POA permet d'étendre une classe. Néanmoins, contrairement à l'héritage, l'introduction ne permet pas de redéfinir une méthode. L'introduction est donc un mécanisme purement additif, qui ajoute de nouveaux éléments à une classe.

Dans notre exemple, nous pouvons transformer une classe quelconque de Tudu Lists en Notifier. En effet, grâce au mécanisme d'introduction, nous pouvons lui faire implémenter l'interface Notifier sans modifier son code source. L'implémentation de la méthode notify de cette interface est assurée au sein de l'aspect par un greffon d'un type particulier, appelé mix-in.

Le tissage d'aspect

Une application en POA est composée d'un ensemble de classes et de un ou plusieurs aspects. Une opération automatique est nécessaire pour obtenir une application opérationnelle, intégrant les fonctionnalités des classes et celles des aspects.

Cette opération est désignée sous le terme de tissage (en anglais *weaving*). Le programme qui la réalise est un tisseur d'aspects (en anglais *aspect weaver*). L'application obtenue à l'issue du tissage est dite tissée.

> **Tisseur d'aspects (*aspect weaver*)**
> Programme qui réalise une opération d'intégration entre un ensemble de classes et un ensemble d'aspects.

L'opération de tissage peut être effectuée à la compilation ou à l'exécution. Dans le cas de Spring AOP, le tissage s'effectue uniquement à l'exécution, au sein du conteneur léger. Le conteneur léger contrôlant l'instanciation des classes de l'application, il est en mesure de déclencher le tissage des aspects si nécessaire. Bien entendu, lorsqu'une classe est directement instanciée dans l'application, sans passer par le conteneur léger, le tissage ne peut s'effectuer.

Le tissage effectué par Spring AOP repose sur l'utilisation de proxy dynamiques créés avec l'API standard Java SE *(voir la classe* `java.lang.reflect.Proxy`*).* Ces proxy dynamiques interceptent les appels aux méthodes de l'interface, appellent les greffons implémentés par les aspects et redirigent, en fonction du type de greffon, les appels à la classe implémentant l'interface.

Pour illustrer ce mode de fonctionnement, supposons que nous ayons une interface appelée `UneInterface`, une classe appelée `UneImpl` implémentant cette interface et un aspect dont la coupe porte sur l'appel à la méthode `uneMethode` de `UneInterface`.

Lors de l'injection des dépendances, au lieu de renvoyer directement une instance de `UneImpl`, le conteneur léger génère un proxy dynamique de l'interface `UneInterface`. Ce proxy dynamique intercepte les appels à l'ensemble des méthodes définies dans `UneInterface`. Quand `uneMethode` est appelée, le proxy exécute le greffon associé à la coupe. Si le greffon est de type `before`, il est exécuté en premier, puis l'appel est redirigé vers `UneImpl`. Si le greffon est de type `after`, l'appel est redirigé vers `UneImpl`, puis le greffon est exécuté. Si le greffon est de type `around`, seul le greffon est appelé par le proxy, charge au premier de rediriger l'appel à `UneImpl` *via* l'instruction `proceed`.

L'utilisation de proxy dynamiques par le biais de l'API Java SE ne fonctionne qu'avec des interfaces. Pour effectuer un tissage sur une classe sans interface, Spring AOP utilise la bibliothèque *open source* CGLIB (Code Generation Library) pour générer le proxy.

Grâce à son mode de fonctionnement, Spring AOP peut être utilisé sans difficulté au sein d'un serveur d'applications, ce qui n'est pas toujours le cas des autres outils de POA effectuant un tissage à l'exécution. Du fait de leur fonctionnement en dehors d'un conteneur léger, ils ont besoin de contrôler le chargeur de classes pour effectuer le tissage à l'exécution. Malheureusement, cette opération n'est pas toujours possible avec les serveurs d'applications.

Utilisation de la POA

Comme tout nouveau paradigme de programmation, la POA nécessite un temps d'apprentissage non négligeable avant de pouvoir être utilisée de manière efficace. Par ailleurs, les outils de POA ne jouissent pas d'un support poussé dans les environnements de développement, à l'exception notable d'AspectJ, l'outil pionnier de la POA, ce qui ne facilite pas le travail des développeurs, notamment dans la mise au point des programmes.

Spring AOP, non content de fournir une implémentation des concepts fondamentaux de la POA, propose un certain nombre d'aspects prêts à l'emploi. Dans le package `org.springframework.aop.interceptor`, nous disposons d'aspects de débogage, de trace et de monitoring de performance. Dans le package `org.springframework.transaction.interceptor`, nous trouvons l'implémentation en POA de la gestion des transactions.

Pour une initiation à l'utilisation de la POA dans des projets, nous recommandons de commencer par ces aspects, qui ont fait leurs preuves. Nous aurons l'occasion de les aborder plus en détail au fil de cet ouvrage. Pour aller plus loin et développer de nouveaux aspects, nous conseillons de commencer par des problématiques simples, sans impact direct sur la pérennité de l'application, comme l'implémentation d'un système de conception par contrat.

Il est aussi possible d'implémenter simplement certains *design patterns* en POA, avec à la clé de réels bénéfices. Outre notre exemple de notification, citons notamment les modèles de conception commande, chaîne de responsabilité et proxy. L'ouvrage *Programmation orientée aspect pour Java/J2EE* en fournit des implémentations pour AspectJ, mais elles sont aisément transposables pour Spring AOP.

En résumé

La POA introduit les notions nouvelles d'aspect, de point de jonction, de coupe, de greffon et d'introduction, qui permettent de modulariser correctement les fonctionnalités transversales au sein d'entités spécifiques, les aspects. Ces notions viennent en complément de celles de l'approche orientée objet, mais ne les remplacent pas.

Au final, cette nouvelle dimension de modularisation apporte un degré d'inversion de contrôle supplémentaire, puisqu'elle décharge les classes de l'implémentation de la fonctionnalité au profit d'entités extérieures, en l'occurrence les aspects.

Conclusion

Nous avons vu que l'approche orientée objet, même dotée de concepts poussés, comme ceux des conteneurs légers, n'apportait pas de solution satisfaisante à l'intégration de fonctionnalités transversales. Ces fonctionnalités rendent le code moins flexible et gênent la séparation claire des préoccupations du fait du phénomène de dispersion. La POA répond de manière élégante à ces problématiques en introduisant le concept fondamental d'aspect, complémentaire de ceux utilisés par les langages de programmation orientés objet.

Spring AOP fournit une implémentation plus limitée de la POA que des outils tels qu'AspectJ (dont il intègre cependant une partie des fonctionnalités), mais offre suffisamment de fonctionnalités dans son tisseur à l'exécution pour répondre à la plupart des besoins de modularisation sous forme d'aspects. Des fonctionnalités majeures de Spring sont d'ailleurs implémentées dans Spring AOP, comme la gestion des transactions.

Spring AOP supporte les aspects créés avec AspectJ dans le conteneur léger afin de répondre aux besoins complexes en POA, ou s'il est nécessaire d'opérer le tissage à la compilation. L'un des grands avantages d'AspectJ est son support par Eclipse, qui le dote, *via* le plug-in AJDT, d'outils facilitant le développement des aspects. Spring ne fournit pas d'intégration pour d'autres outils de POA, tels que JBoss AOP.

Nous décrivons en détail Spring AOP au chapitre suivant, dans lequel nous implémentons sous forme d'aspect notre exemple de notification afin d'illustrer concrètement les bénéfices apportés par la POA.

5

Spring AOP

Le chapitre précédent a présenté les concepts de la POA et montré comment ils permettaient d'améliorer de manière significative la qualité d'une application en apportant une nouvelle dimension de modularisation. C'est à partir de ces bases conceptuelles que nous abordons ici le support de la POA offert par Spring.

Spring propose un framework 100 % Java, appelé Spring AOP, permettant d'utiliser les concepts de la POA dans nos applications. Après le succès d'AspectJ, pionnier en matière de POA, Spring intègre depuis sa version 2.0 les fonctionnalités majeures de cet outil dans son framework. Cependant, le support de la POA proposé par Spring est plus limité que celui d'AspectJ en termes de points de jonction pour définir les coupes (Spring ne supporte qu'un seul type de point de jonction). En dépit de ce support limité, Spring AOP couvre la majorité des besoins.

Spring a la capacité de s'interfacer avec les aspects développés directement avec AspectJ, mais nous n'abordons pas cette possibilité dans le cadre de cet ouvrage, l'intégration partielle d'AspectJ disponible avec Spring AOP se révélant suffisante.

Les sections qui suivent proposent un tour d'horizon complet de la POA avec Spring et détaillent la mise en œuvre de chaque concept de la POA, tels que aspect, coupe, greffon et introduction.

Implémentation de la notification avec Spring AOP

Avant d'aborder l'implémentation de chacun des concepts de la POA avec Spring, nous allons entrer dans le vif du sujet en développant un premier aspect implémentant en POA l'exemple de notification que nous avons décrit au chapitre précédent. Ce premier aspect nous servira de fil directeur dans le reste du chapitre.

Nous avons vu au chapitre précédent que l'implémentation de la notification n'était pas pleinement satisfaisante en recourant exclusivement à l'approche orientée objet. Nous avons alors introduit les concepts de la POA et montré qu'ils permettaient d'implémenter cette fonctionnalité de manière non intrusive afin d'assurer une meilleure séparation des préoccupations au sein de l'application.

Pour réaliser notre fonctionnalité, nous conservons la totalité du code fourni au chapitre 4, à savoir les interfaces `Notifier` et `Message`, ainsi que leurs différentes implémentations. Par contre, les développements réalisés dans la classe `UserManagerImpl` sont maintenant gérés sous forme d'aspect et doivent donc être reconsidérés en utilisant les concepts de la POA.

Comme indiqué en début de chapitre, Spring AOP permet de développer un aspect de deux manières : en utilisant le framework AOP de Spring ou en utilisant le support d'AspectJ proposé par Spring.

Le framework AOP de Spring correspond à la POA telle qu'elle existait dans Spring 1.2. Nous désignerons cette approche sous le nom de *Spring AOP classique*. Nous incluons cette approche de façon que les lecteurs qui l'ont utilisée retrouvent leurs marques.

Le support AspectJ de Spring AOP permet de bénéficier très simplement de la puissance du framework de POA le plus avancé du monde Java. Il tire parti des fonctionnalités de configuration des espaces de nommage et des annotations Java 5.

Nous recommandons d'utiliser le support AspectJ pour tout nouveau projet plutôt que Spring AOP classique.

Implémentation de l'aspect de notification avec Spring AOP classique

Spring AOP étant un framework 100 % Java, donc orienté objet, il calque les notions orientées aspect sur celles orientées objet. Ainsi, pour réaliser des greffons, Spring AOP utilise des Beans devant implémenter une interface spécifique en fonction du type de greffon concerné.

Dans notre exemple, nous devons réaliser un greffon de type `afterReturning`, c'est-à-dire qu'une notification ne sera émise que si le code de la coupe s'exécute sans générer d'exception. Pour implémenter ce type de greffon, Spring AOP dispose de l'interface `AfterReturningAdvice`, définie dans le package `org.springframework.aop`, comme les autres types de greffons. Cette interface spécifie une méthode `afterReturning`, qui est appelée pour exécuter le code du greffon.

Nous pouvons implémenter notre greffon de la manière suivante :

```
package tudu.aspects.notify.classic;

import java.lang.reflect.Method;
import org.springframework.aop.AfterReturningAdvice;

import tudu.service.notify.Notifier;
import tudu.service.notify.impl.StringMessage;

public class NotifierAdvice implements AfterReturningAdvice {
```

```
    private Notifier notifier;

    public void setNotifier(Notifier notifier) {
        this.notifier = notifier;
    }

    public void afterReturning(Object returnValue, Method method,
        Object[] args, Object target) throws Throwable {
      notifier.notify(
          new StringMessage("appel de "+method.getName())
      );
    }
}
```

Notre greffon est un Bean possédant une propriété `Notifier`, qui est initialisée par le conteneur léger, comme nous le verrons plus loin. Cette propriété implémentant toute la logique de notification, le seul travail de notre greffon est d'appeler sa méthode `notify`. Notons que les paramètres de la méthode `afterReturning` permettent d'accéder aux informations concernant la méthode interceptée (valeur de retour, arguments, etc.).

La configuration de ce greffon dans le conteneur léger s'effectue de la manière suivante :

```
<bean id="notifier"
      class="tudu.service.notify.impl.ConsoleNotifier" />

<bean id="notifyAdvice"
      class="tudu.aspects.notify.classic.NotifierAdvice">
  <property name="notifier" ref="notifier" />
</bean>
```

Le `Notifier` est déclaré (l'implémentation utilisée est `ConsoleNotifier`) puis injecté dans l'aspect.

Le moment auquel notre greffon sera exécuté est spécifié sous forme d'une coupe. Dans notre exemple, ce moment correspond à l'exécution de la méthode de l'interface `UserManager`, à savoir `createUser`. Pour définir cette coupe, Spring AOP propose différentes classes à utiliser sous forme de Beans gérés par le conteneur léger. Ainsi, le framework propose la classe `NameMatchMethodPointcut`, qui permet de définir une coupe sur une ou plusieurs méthodes :

```
<bean id="observerPointcut"
  class="org.springframework.aop.support.NameMatchMethodPointcut">

    <property name="mappedName" value="createUser" />

</bean>
```

Nous utilisons la propriété `mappedName`, qui reçoit le nom de la méthode dont l'exécution doit être interceptée. La propriété `mappedNames` est aussi disponible pour définir une liste de méthodes, séparées par des virgules.

Maintenant que nous avons défini le greffon et la coupe associée, nous pouvons les intégrer au sein d'un aspect. Cette opération s'effectue en utilisant une des classes de Spring AOP prévue à cet effet et configurable dans le conteneur léger.

Pour notre exemple, nous utilisons la classe `DefaultPointcutAdvisor`, qui permet d'associer un greffon et une coupe :

```
<bean id="notifierAdvisor"
  class="org.springframework.aop.support.DefaultPointcutAdvisor">
    <property name="advice" ref="notifyAdvice" />
    <property name="pointcut" ref="notifierPointcut" />
</bean>
```

Cette classe dispose de deux propriétés : `advice`, contenant la référence au Bean greffon, et `pointcut`, contenant la référence au Bean coupe.

Pour finir, il est nécessaire d'indiquer à Spring AOP de réaliser le tissage en instanciant un tisseur d'aspect dans le conteneur léger. Ce tissage peut être manuel ou automatique (à partir des informations fournies par les coupes).

Dans notre exemple, nous réalisons un tissage automatique en nous aidant du tisseur `DefaultAdvisorAutoProxyCreator` :

```
<bean class="
org.springframework.aop.framework.autoproxy.DefaultAdvisorAutoProxyCreator"/>
```

Grâce à ce tisseur, toutes les classes possédant des méthodes ayant les noms spécifiés dans la coupe seront interceptées. Il faut toutefois prendre garde au périmètre de l'interception. Heureusement, dans Tudu Lists, le nom fourni n'est utilisée que par `UserManager`.

La création d'un utilisateur fait maintenant l'objet d'une notification (dans notre exemple, un simple message dans la console). Force est de constater que l'ajout de notification s'est fait très simplement (quelques lignes de configuration) et surtout sans modification du code existant.

Implémentation de l'aspect de notification avec le support AspectJ de Spring AOP

Depuis sa version 2.0, Spring permet d'utiliser certains éléments d'AspectJ pour créer des aspects sans nécessiter l'utilisation directe de cet outil. Cette intégration est disponible sous deux formes : une forme XML, utilisant un schéma spécifique, et une forme utilisant les annotations Java 5 définies par AspectJ. La première forme a l'avantage d'être compatible avec les anciennes versions de Java, tandis que la seconde bénéficie de la compatibilité avec AspectJ (un aspect défini sous forme d'annotations est directement compilable avec AspectJ).

Pour notre exemple, nous utilisons la première forme, la seconde étant abordée ultérieurement dans ce chapitre. Quelle que soit la forme utilisée, le support d'AspectJ utilise des Beans gérés dans le conteneur léger pour implémenter les différentes notions de la POA. Le mapping entre Beans et notions de POA s'effectue au sein du fichier de configuration.

Contrairement à Spring AOP, le support AspectJ ne nécessite pas d'interfaces spécifiques pour les Beans composant l'aspect. Notre greffon se code donc plus simplement que précédemment :

```
package tudu.aspects.notify.aspectj;

import org.aspectj.lang.JoinPoint;
import tudu.service.notify.Notifier;
import tudu.service.notify.impl.StringMessage;

public class NotifierAdvice {

    private Notifier notifier;

    public void setNotifier(Notifier notifier) {
        this.notifier = notifier;
    }

    public void handleNotification(JoinPoint jp) {
        notifier.notify(new StringMessage(
            "appel de "+jp.getSignature().getName()
        ));
    }
}
```

L'équivalent de la méthode `afterReturning` de l'exemple précédent est la méthode `handleNotification`. Cette méthode a pour paramètre un `org.aspect.lang.JoinPoint` (point de jonction) qui permet de disposer d'informations sur la méthode interceptée (nom, paramètres, etc.). Ce paramètre n'est pas obligatoire pour un greffon de type `afterReturning` : la méthode `handleNotification` pourrait tout aussi bien ne pas le déclarer et AspectJ ne passerait alors pas le `JointPoint` (le greffon n'aurait alors aucune dépendance vers l'outil de POA).

Le reste de la définition de l'aspect s'effectue dans le fichier de contexte Spring. Nous commençons par déclarer le schéma XML utilisé pour la POA :

```
<?xml version="1.0" encoding="UTF-8"?>

<beans xmlns="http://www.springframework.org/schema/beans"
    xmlns:xsi="http://www.w3.org/2001/XMLSchema-instance"
    xmlns:aop="http://www.springframework.org/schema/aop"
    xsi:schemaLocation="
    http://www.springframework.org/schema/beans
    http://www.springframework.org/schema/beans/spring-beans.xsd
    http://www.springframework.org/schema/aop
    http://www.springframework.org/schema/aop/spring-aop.xsd">
```

Le schéma par défaut étant déjà utilisé, nous spécifions un préfixe pour les tags de la POA. Par convention, ce préfixe est `aop`.

Comme pour la version Spring AOP pure, nous déclarons le Bean correspondant au greffon. Sa configuration est identique à la précédente, au package près :

```
<bean id="notifier"
  class="tudu.service.notify.impl.ConsoleNotifier" />

<bean id="notifyAdvice"
  class="tudu.aspects.notify.aspectj.NotifierAdvice">
   <property name="notifier" ref="notifier" />
</bean>
```

Nous définissons ensuite l'aspect grâce aux balises dédiées à la POA :

```
<aop:config>←❶
  <aop:aspect ref="notifyAdvice">←❷
    <aop:pointcut id="coupe" expression="
 execution(* tudu.service.impl.UserManagerImpl.createUser(..))"←❸
    />
    <aop:after-returning method="handleNotification"
     pointcut-ref="coupe" />←❹
  </aop:aspect>
</aop:config>
```

Le tag aop:config encapsule les définitions d'aspects (❶). Un aspect est défini par le tag aop:aspect. L'attribut ref fait référence au greffon associé à l'aspect (❷). La coupe est définie par le tag aop:poincut, dont l'attribut expression permet de spécifier sous forme d'expression régulière (dans un format spécifique d'AspectJ) la méthode à intercepter (❸). Ici, il s'agit d'intercepter toutes les exécutions de la méthode createUser de UserManagerImpl. Nous détaillons plus loin la syntaxe à respecter pour initialiser ce paramètre.

Le paramètre id de la coupe permet de la nommer pour l'associer à un ou plusieurs greffons. Le tag aop:after-returning permet d'associer le greffon et la coupe (❹). Le paramètre method spécifie la méthode correspondant au greffon, et le paramètre pointcut-ref la référence à la coupe.

Avec cette nouvelle définition de greffon et ces éléments de configuration, la création d'un utilisateur fait donc l'objet d'une notification, sous la forme d'un message dans la console.

Après ces premiers pas dans la POA avec Spring, les sections suivantes détaillent les fonctionnalités dédiées proposées par le framework. Nous commencerons par celles offertes par Spring AOP classique, c'est-à-dire sans support d'AspectJ (version 1.2 de Spring). Nous verrons ensuite le support d'AspectJ, qui a été introduit à partir de la version 2.0 du framework.

Utilisation de Spring AOP classique

Spring supporte la POA depuis sa version 1.0. Ce support se présente sous la forme d'un framework 100 % Java implémentant les notions de POA sous forme de Beans gérables par le conteneur léger.

Nous détaillons dans les sections qui suivent la façon dont les différentes notions introduites par la POA sont utilisables avec Spring AOP classique.

Définition d'un aspect

En POA, la notion d'aspect est l'équivalent de celle d'objet en POO. Nous allons voir comment cette notion est implémentée par Spring AOP.

La définition d'un aspect avec Spring AOP passe par l'implémentation du greffon sous forme d'une classe Java implémentant une certaine interface, selon le type de greffon (`afterReturning`, `before`, etc.), la définition de la coupe sous la forme d'un Bean et l'assemblage des deux dans un *advisor*.

Un advisor est un terme Spring faisant référence à la notion d'*advice* (que nous avons francisé en greffon, plus parlant pour le lecteur). Spring AOP propose plusieurs types d'advisors, dont l'implémentation de base est `DefaultPointcutAdvisor`, que nous avons eu l'occasion d'utiliser dans notre exemple introductif.

Cette implémentation de base fixe le principe fondamental de l'advisor, qui consiste à associer une coupe et un greffon. La définition de l'aspect passe donc par la définition de trois Beans : le greffon, la coupe et l'advisor. Ce dernier se voit injecter le greffon et la coupe.

Spring AOP classique propose différents moyens de définir une coupe. Afin de diminuer le nombre de lignes de configuration, il existe une classe d'advisor pour chacun de ces moyens. Les différentes classes d'advisor permettent de paramétrer directement la coupe plutôt que de la spécifier sous forme de Bean spécifique, comme nous l'avons fait dans l'exemple introductif. Cela permet une configuration plus concise.

Nous verrons l'utilisation des différents advisors disponibles dans Spring AOP classiques lors de notre étude des coupes, car ces deux notions sont très liées.

Portée des aspects

Dans Spring AOP classique, la portée des aspects est limitée par rapport à des outils de POA supportant l'ensemble des concepts de ce nouveau paradigme. Spring AOP classique se limite à intercepter l'exécution de méthodes des Beans gérés par le conteneur léger. Il n'est donc pas possible d'intercepter une classe de l'application qui ne serait pas définie sous forme de Bean. Cette limitation n'est toutefois guère pénalisante, car l'essentiel des développements impliquant des aspects repose sur des coupes de ce type.

Par défaut, les aspects de Spring AOP sont des singletons, c'est-à-dire qu'ils sont partagés par l'ensemble des classes et des méthodes qu'ils interceptent. Il est possible de changer ce mode d'instanciation en utilisant la propriété `singleton` (à ne pas confondre avec le paramètre `singleton` du tag `bean`) des proxy spécifiques, que nous abordons plus loin.

Les coupes

Dans Spring AOP classique, la notion de coupe est formalisée sous la forme de l'interface `Pointcut`, définie dans le package `org.springframework.aop`. Cette interface spécifie deux méthodes, `getClassFilter` et `getMethodMatcher`, permettant de savoir quelles sont les classes et méthodes concernées par la coupe.

Cette interface dispose de plusieurs implémentations, utilisables directement pour définir les coupes de nos aspects. Avec Spring AOP classique, il existe trois façons de définir des coupes :

- par la désignation directe des méthodes à intercepter ;
- par la désignation des méthodes à intercepter *via* des expressions régulières ;
- par la syntaxe AspectJ.

Chacune des façons correspond à une implémentation de `Pointcut`. Comme indiqué précédemment, Spring introduit la notion d'advisor, représentée par la classe de base `DefaultPointcutAdvisor`, qui agrège un greffon et une coupe. A chacune des implémentations de `Poincut` correspond un advisor, qui permet de définir directement la coupe et d'injecter le greffon, plutôt que de définir la coupe dans un Bean séparé et de l'injecter dans un `DefaultPointcutAdvisor`.

Nous allons privilégier dans nos exemples l'utilisation des advisors correspondant aux implémentations de `Pointcut`, car il s'agit de la manière la plus concise et la plus claire.

NameMatchMethodPointcutAdvisor

`NameMatchMethodPointcutAdvisor` permet de définir une coupe à partir du nom de méthode à intercepter. C'est le principe que nous avons utilisé pour notre exemple introductif.

Nous pouvons revoir la définition de la coupe de l'exemple en utilisant directement un `NameMatchMethodPointcutAdvisor` plutôt que de passer par la coupe (*advice*) correspondante :

```
<bean id="notifierAdvisor" class="
    org.springframework.aop.support.NameMatchMethodPointcutAdvisor ">
    <property name="advice" ref="notifyAdvice" />
    <property name="mappedName" value="createUser" />
</bean>
```

La coupe est directement définie en tant que propriété, *via* `mappedName`. La propriété `mappedNames` permet de définir un ensemble de méthodes, séparées par des virgules.

RegexpMethodPointcutAdvisor

`RegexpMethodPointcutAdvisor` permet d'utiliser des expressions régulières pour définir les noms des méthodes à intercepter. Il est donc beaucoup plus puissant que l'advisor précédent, pour lequel la liste complète des méthodes doit être fournie, ce qui peut devenir rapidement rébarbatif. S'il représente une avancée, il ne s'agit cependant par d'une solution optimale : les expressions régulières permettent de définir des noms de méthodes facilement, mais elles ne permettent pas de filtrer sur les types de retour ou les paramètres d'entrée des méthodes à intercepter.

Cet advisor dispose de deux propriétés, `pattern` et `patterns`. La première doit être initialisée quand une seule expression régulière est nécessaire pour spécifier la coupe. La seconde est un tableau de chaînes de caractères à utiliser lorsque plusieurs expressions régulières sont nécessaires.

En reprenant notre exemple, nous utilisons cet advisor de la manière suivante :

```
<bean id="notifierAdvisor" class="
  org.springframework.aop.support.RegexpMethodPointcutAdvisor">
    <property name="advice" ref="notifyAdvice" />
    <property name="pattern"
      value=".*UserManagerImpl.createUser.*" />
</bean>
```

AspectJExpressionPointcutAdvisor

Cet advisor permet d'utiliser la syntaxe AspectJ pour définir les coupes d'un aspect. De tous les advisors vus jusqu'ici, il est le plus puissant et le plus souple, car la syntaxe AspectJ est faite pour définir des coupes. Cependant, il a un statut spécifique : s'il s'intègre complètement dans le cadre de Spring AOP classique (donc de Spring 1.2), il n'est disponible que depuis Spring 2.0.

Voici comment utiliser l'`AspectJExpressionPointcutAdvisor` :

```
<bean id="notifierAdvisor" class="
  org.springframework.aop.aspectj.AspectJExpressionPointcutAdvisor">
    <property name="advice" ref="notifyAdvice" />
    <property name="expression" value="
execution(* tudu.service.impl.UserManagerImpl.createUser(..))"
    />
</bean>
```

De par son introduction dans Spring 2.0, cet advisor ne peut être utilisé que dans un contexte approprié. Une application Spring 1.2 commençant à migrer vers Spring 2.x peut, par exemple, l'utiliser pour définir ces coupes dans le cadre de Spring AOP classique avant de migrer totalement vers le support AspectJ.

Les greffons

Les greffons sont spécifiés sous forme de Beans. Avec Spring AOP classique, ces Beans doivent implémenter des interfaces spécifiques. Afin de permettre aux greffons de réaliser des traitements en fonction de leur contexte d'exécution, ces interfaces leur permettent d'accéder à des informations détaillées sur les méthodes interceptées.

Spring AOP supporte nativement quatre types de greffons. Chacun d'eux est formalisé par une interface spécifique. Cette interface spécifie une méthode devant déclencher le traitement du greffon. Cette méthode contient plusieurs paramètres, fournissant des informations sur l'interception.

Les greffons de type *around*

Les greffons de type around doivent implémenter l'interface MethodInterceptor du package org.aopalliance.intercept. Cette interface spécifie la méthode invoke, dont la signature est la suivante :

```
public Object invoke(MethodInvocation invocation) throws Throwable
```

Le paramètre invocation permet d'accéder aux informations concernant la méthode interceptée (nom, classe d'appartenance, arguments, etc.). Ce paramètre dispose d'une méthode proceed, à appeler pour déclencher l'exécution de la méthode interceptée.

Nous pouvons réécrire le greffon de notre exemple introductif en utilisant cette interface :

```
package tudu.aspects.notify.classic;

import org.aopalliance.intercept.MethodInterceptor;
import org.aopalliance.intercept.MethodInvocation;
import tudu.service.notify.Notifier;
import tudu.service.notify.impl.StringMessage;

public class NotifierAroundAdvice implements MethodInterceptor {

   private Notifier notifier;

   public void setNotifier(Notifier notifier) {
      this.notifier = notifier;
   }

   public Object invoke(MethodInvocation invocation)
                                 throws Throwable {

      Object ret = invocation.proceed();
      notifier.notify(new StringMessage(
         "appel de "+invocation.getMethod().getName()
      ));
      return ret;
   }
}
```

Les greffons de type *before*

Les greffons de type before doivent implémenter l'interface MethodBeforeAdvice du package org.springframework.aop. Cette interface spécifie la méthode before, dont la signature est la suivante :

```
public void before(Method method, Object[] args, Object target)
                     throws Throwable
```

Le paramètre `method` permet d'accéder aux informations concernant la méthode interceptée. Les arguments de la méthode sont contenus dans le paramètre `args`. Le paramètre `target` contient la référence à l'objet possédant la méthode interceptée.

Nous pouvons réécrire le greffon de notre exemple introductif en utilisant cette interface :

```
package tudu.aspects.notify.classic;

import java.lang.reflect.Method;
import org.springframework.aop.MethodBeforeAdvice;
import tudu.service.notify.Notifier;
import tudu.service.notify.impl.StringMessage;

public class NotifierBeforeAdvice implements MethodBeforeAdvice {

   private Notifier notifier;

   public void setNotifier(Notifier notifier) {
      this.notifier = notifier;
   }

   public void before(Method method, Object[] args, Object target)
                                 throws Throwable {
      notifier.notify(new StringMessage(
         "appel de "+method.getName()
      ));
   }
}
```

En utilisant ce type de greffon, la génération s'effectue avant l'exécution de la méthode interceptée, et non plus après, comme dans l'exemple introductif.

Les greffons de type *after returning*

Les greffons de type `after returning` doivent implémenter l'interface `AfterReturningAdvice` du package `org.springframework.aop`. Cette interface spécifie la méthode `afterReturning`, dont la signature est la suivante :

```
public void afterReturning(Object returnValue, Method method,
                    Object[] args, Object target) throws Throwable
```

Le paramètre `returnValue` donne accès à la valeur de retour qui a été renvoyée par la méthode interceptée. Les autres paramètres ont la même signification que ceux des greffons de type `before`.

C'est ce type de greffon que nous utilisons dans l'exemple introductif :

```
package tudu.aspects.notify.classic;
import java.lang.reflect.Method;
import org.springframework.aop.AfterReturningAdvice;
import tudu.service.notify.Notifier;
```

```
import tudu.service.notify.impl.StringMessage;

public class NotifierAdvice implements AfterReturningAdvice {

    private Notifier notifier;

    public void setNotifier(Notifier notifier) {
        this.notifier = notifier;
    }

    public void afterReturning(Object returnValue, Method method,
            Object[] args, Object target) throws Throwable {

        notifier.notify(
            new StringMessage("appel de "+method.getName())
        );
    }
}
```

Les greffons de type *after throwing*

Les greffons de type after throwing doivent implémenter l'interface ThrowsAdvice du package org.springframework.aop. Contrairement aux interfaces précédentes, celle-ci ne spécifie pas de méthode. Spring AOP utilise ici la réflexivité pour détecter une méthode sous la forme suivante :

```
public void afterThrowing(Method method, Object[] args,
                          Object target, Throwable exception)
```

L'utilisation de la réflexivité permet de remplacer le type du dernier paramètre exception par n'importe quelle classe ou interface dérivant de Throwable. Il s'agit généralement du type de l'exception générée par les méthodes interceptées contenues dans exception.

L'implémentation suivante de notre greffon déclenche l'événement uniquement si l'une des méthodes de UserManagerImpl génère une exception :

```
package tudu.aspects.notify.classic;

import java.lang.reflect.Method;
import org.springframework.aop.ThrowsAdvice;
import tudu.service.notify.Notifier;
import tudu.service.notify.impl.StringMessage;

public class NotifierAfterThrowingAdvice implements ThrowsAdvice {

    private Notifier notifier;

    public void setNotifier(Notifier notifier) {
        this.notifier = notifier;
    }
```

```
public void afterThrowing(Method method, Object[] args,
            Object target, Exception ex) {
    notifier.notify(new StringMessage(
        "exception lancée dans la méthode "+method.getName()
    ));
    }
}
```

Utilisation de Spring AOP avec AspectJ

Depuis la version 2.0 de Spring, le support de la POA par le framework progresse de manière significative grâce au support natif d'une partie des fonctionnalités d'AspectJ.

Il s'agit essentiellement du support du langage de spécification de coupe propre à AspectJ, ainsi que des annotations Java 5, qui permettent de définir un aspect à partir d'une simple classe Java.

Fondamentalement, les capacités du framework sont les mêmes. Les progrès se situent dans le moindre effort de programmation nécessaire et dans une plus grande indépendance du code des aspects vis-à-vis de Spring AOP, puisqu'il n'y a plus d'interfaces du framework à implémenter.

Définition d'un aspect

Le support d'AspectJ permet de définir un aspect selon deux formats. Le premier est fondé sur XML, et le second sur les annotations Java 5. Les sections suivantes détaillent ces deux formats.

Le format XML

Comme indiqué dans l'exemple introductif, la définition d'un aspect sous forme XML s'effectue *via* le tag `aop:aspect`. La notion d'aspect est associée à un Bean devant contenir l'ensemble des greffons utilisés par l'aspect *via* le paramètre `ref` du tag. Chaque greffon est matérialisé sous la forme d'une méthode.

La définition de la coupe s'effectue directement dans le fichier de configuration, sans nécessiter la création d'un Bean spécifique. La définition de la coupe s'effectue *via* une expression régulière spécifique d'AspectJ, que nous décrivons à la section dédiée aux coupes.

Dans notre exemple introductif, la coupe est définie séparément de l'association avec le greffon effectuée par le tag `aop:advice`. Elle est alors référencée par le paramètre `pointcut-ref`. L'avantage de cette solution est que cette forme permet de réutiliser cette coupe avec un autre greffon.

Si cela n'est pas nécessaire, il est possible de définir la coupe directement dans le tag, avec le paramètre `pointcut` :

```
<aop:config>
    <aop:aspect ref="notifyAdvice">
        <aop:after-returning
```

```
        method="handleNotification"
        pointcut="
  execution(* tudu.service.impl.UserManagerImpl.createUser(..))"
      />
   </aop:aspect>
</aop:config>
```

Utilisation des annotations Java 5

Les annotations Java 5 permettent de définir un aspect directement à partir du Bean contenant les greffons.

Ainsi, nous pouvons configurer notre aspect en annotant directement la classe `NotifierAdvice` :

```
package tudu.aspects.notify.aspectj;

import org.aspectj.lang.JoinPoint;
import org.aspectj.lang.annotation.AfterReturning;
import org.aspectj.lang.annotation.Aspect;
import tudu.service.notify.Notifier;
import tudu.service.notify.impl.StringMessage;

@Aspect
public class NotifierAdvice {

    public void setNotifier(Notifier notifier) {
        this.notifier = notifier;
    }

    private Notifier notifier;

    @AfterReturning(
      "execution(* tudu.service.impl.UserManagerImpl.createUser(..))"
    )
    public void handleNotification(JoinPoint jp) {
        notifier.notify(new StringMessage(
           "appel de "+jp.getSignature().getName()
        ));
    }
}
```

Le marquage de la classe comme étant un aspect est assuré par l'annotation `@Aspect`. La définition du greffon et de son type ainsi que de la coupe associée est effectuée par l'annotation `@AfterReturning`. Il existe une annotation par type de greffon, comme nous le verrons à la section dédiée à ces derniers.

Même si les annotations prennent en charge l'ensemble de la définition de l'aspect, il reste nécessaire d'avertir le conteneur léger de la présence d'aspects définis de la sorte.

Il faut utiliser le tag `aop:aspectj-autoproxy` pour les tisser et déclarer les aspects sous forme de Bean :

```
<aop:aspectj-autoproxy />

<bean id="notifier"
  class="tudu.service.notify.impl.ConsoleNotifier" />

<bean id="notifyAdvice"
  class="tudu.aspects.notify.aspectj.NotifierAdvice">
    <property name="notifier" ref="notifier" />
</bean>
```

Portée des aspects

Les aspects définis avec le support d'AspectJ sont des singletons par défaut. Il est possible de contrôler leur instanciation s'ils sont définis en utilisant les annotations. Seuls les Beans gérés par le conteneur léger peuvent être tissés avec les aspects.

L'annotation `@Aspect` accepte les paramètres `perthis` et `pertarget` à cette fin. Leur utilisation assez complexe dépassant le périmètre de notre introduction à la POA, nous ne l'abordons pas dans le cadre de cet ouvrage.

Les coupes

La spécification des coupes en utilisant le support d'AspectJ ne nécessite pas l'instanciation de Beans spécifiques, contrairement à l'approche précédente.

Les coupes sont spécifiées sous forme d'expressions régulières selon un format propre à AspectJ.

Le support d'AspectJ proposé par Spring AOP ne comprend qu'un seul type de point de jonction, `execution`, qui intercepte les exécutions de méthodes. À ce point de jonction est associée une expression régulière spécifiant les méthodes à intercepter.

AspectJ fournit un mécanisme permettant, à l'aide de symboles spécifiques, de créer des expressions englobant plusieurs méthodes. Ces symboles sont appelés des *wildcards*. Le mécanisme de wildcard fournit une syntaxe riche, permettant de décrire de nombreuses coupes. En contrepartie, cette richesse peut conduire à des expressions de coupe complexes et subtiles. Nous décrivons ici les usages les plus courants des wildcards.

Noms de méthodes et de classes

Le symbole * peut être utilisé pour remplacer des noms de méthodes ou de classes. Nous verrons qu'il peut l'être également pour des signatures de méthodes et des noms de packages.

En ce qui concerne les méthodes, le symbole * désigne tout ou partie des méthodes d'une classe ou d'une interface.

L'expression suivante désigne l'exécution de toutes les méthodes publiques de la classe `UserManagerImpl` prenant en paramètre une chaîne de caractères et retournant `void` :

```
execution(public void tudu.service.impl.UserManagerImpl.*(String))
```

Le symbole * peut être combiné avec des caractères afin de désigner, par exemple, toutes les méthodes qui contiennent la sous-chaîne Manager dans leur nom. Dans ce cas, l'expression s'écrit *Manager*.

Le symbole * peut aussi être utilisé pour les noms de classes ou d'interfaces. L'expression suivante désigne l'exécution de toutes les méthodes publiques de toutes les classes ou interfaces du package tudu.service.impl, qui prennent en paramètre une String et qui retournent void :

```
execution(public void tudu.service.impl.*.*(String))
```

Signatures de méthodes

Au-delà des noms, les paramètres, types de retour et attributs de visibilité (public, protected, private) jouent un rôle dans l'identification des méthodes. AspectJ offre la possibilité de les inclure dans les expressions de coupes.

Les paramètres de méthodes peuvent être omis grâce au symbole « .. ». L'expression suivante désigne l'exécution de toutes les méthodes publiques retournant void de la classe UserManagerImpl, quel que soit le profil de leurs paramètres :

```
execution(public void tudu.service.impl.UserManagerImpl.*(..))
```

Le type de retour et la visibilité d'une méthode peuvent quant à eux être omis à l'aide du symbole *.

L'expression suivante désigne l'exécution de toutes les méthodes de la classe UserManagerImpl, quels que soient leurs paramètres, type de retour et visibilité :

```
execution(* tudu.service.impl.UserManagerImpl.*(..))
```

Noms de packages

Les noms de packages peuvent être remplacés par le symbole « .. ».

Par exemple, l'expression suivante désigne l'exécution de toutes les méthodes de toutes les classes contenant User dans n'importe quel package de la hiérarchie tudu, quel que soit le niveau de sous-package de cette hiérarchie :

```
execution(* tudu..User*.*(..))
```

Combinaisons de coupes

Il est possible avec AspectJ de spécifier des coupes composites en utilisant les opérateurs and (intersection), or (union) et not (exclusion).

Nous pouvons ainsi définir une coupe sur toutes les méthodes de la classe UserManagerImpl, sauf la méthode disableUser :

```
execution(* tudu.service.impl.UserManagerImpl.*(..)) and not
execution(* tudu.service.impl.UserManagerImpl.disableUser(..))
```

Tester les coupes

La syntaxe AspectJ s'avérant difficile à maîtriser, il peut être intéressant de tester les expressions que l'on crée. Ces tests peuvent être inclus dans les tests unitaires de non-régression automatisés d'une application, car la bonne configuration de la POA fait aussi partie des tests d'intégration.

Voici par exemple comment tester qu'une expression AspectJ correspond ou pas à certaines méthodes d'une classe :

```
package tudu.aspects.notify.aspectj;

import java.lang.reflect.Method;
import org.junit.Assert;
import org.junit.Test;
import org.springframework.aop.aspectj.AspectJExpressionPointcut;

import tudu.service.impl.UserManagerImpl;

public class AspectJSyntaxTest {

  @Test public void methodAndClassName() throws Exception {
    AspectJExpressionPointcut pointcut = new
      AspectJExpressionPointcut();←❶
    pointcut.setExpression(
      "execution(public void "+
      "tudu.service.impl.UserManagerImpl.*(String))"
    );←❷

    Method enableUserMethod = UserManagerImpl.class.getMethod(
      "enableUser", String.class
    );
    Method disableUserMethod = UserManagerImpl.class.getMethod(
      "disableUser", String.class
    );
    Method findUserMethod = UserManagerImpl.class.getMethod(
      "findUser", String.class
    );←❸

    Assert.assertTrue(pointcut.matches(
      enableUserMethod,UserManagerImpl.class
    ));
    Assert.assertTrue(pointcut.matches(
      disableUserMethod,UserManagerImpl.class
    ));
    Assert.assertFalse(pointcut.matches(
      findUserMethod,UserManagerImpl.class
    ));←❹
  }
}
```

L'exemple montre un test unitaire JUnit 4, dont l'unique méthode de test `methodAnd-ClassName` crée en premier lieu une coupe fondée sur AspectJ (`AspectJExpressionPoincut`) au repère ❶. L'expression AspectJ est définie au repère ❷ et désigne l'ensemble des méthodes de la classe `UserManagerImpl` qui acceptent en paramètre une `String` et qui retournent `void`. Suivent trois définitions de `java.lang.reflect.Method` faisant référence à des méthodes de `UserManagerImpl` (❷). Enfin viennent les vérifications (❹) : les deux premières passent le test, car les méthodes `enableUser` et `disableUser` correspondent parfaitement à la définition de la coupe. La méthode `findUser` ne correspond pas à la coupe, car elle ne retourne pas `void`.

L'écriture de ce genre de test est intéressante dans les cas où la POA implémente des fonctionnalités critiques d'une application (transactions, gestion des ressources, sécurité). En effet, une erreur minime dans l'expression ou une modification du code (changement de nom de package, ajout d'un paramètre dans une méthode) peut rendre inopérants des aspects.

Pour plus d'informations sur les tests unitaires en général, voir le chapitre 6.

Les greffons

Avec le support d'AspectJ, les greffons sont simples à définir, car ils ne supposent pas l'implémentation d'interfaces spécifiques. Cette définition peut s'effectuer de deux manières : en utilisant le fichier de configuration XML du conteneur léger ou en utilisant les annotations.

Rappelons que, pour utiliser les annotations, il est nécessaire de disposer d'une JVM version 5 au minimum. À l'instar des interfaces de Spring AOP classique, les greffons AspectJ ont la capacité d'accéder à des informations sur la méthode interceptée selon deux méthodes, que nous abordons dans cette section.

Lorsque le fichier de configuration est utilisé pour créer les aspects de l'application, la définition du type de greffon se fait *via* un tag approprié du schéma XML de la POA. Il existe donc un tag pour chacun des types de greffons : `aop:before`, `aop:after`, `aop:around`, `aop:afterReturning` et `aop:afterThrowing`.

Pour le type `around`, il est nécessaire de modifier la signature du greffon afin qu'il reçoive en paramètre un objet de type `ProceedingJoinPoint`, qui donne accès à la méthode `proceed`. Par ailleurs, le greffon doit pouvoir transmettre les exceptions et les valeurs de retour susceptibles d'être générées par `proceed`.

Avec la configuration XML et pour chacun des types de greffon, il est nécessaire de préciser la méthode correspondant au greffon, avec l'attribut `method` :

```xml
<aop:config>
  <aop:aspect ref="notifyAdvice">
    <aop:pointcut id="coupe" expression="
  execution(* tudu.service.impl.UserManagerImpl.createUser(..))"
    />
    <aop:after-returning method="handleNotification"
      pointcut-ref="coupe" />
  </aop:aspect>
</aop:config>
```

Lorsque la définition des aspects s'effectue par annotation, nous disposons d'une annotation par type de greffon.

En plus de `@AfterReturning`, que nous avons déjà rencontré, nous disposons de `@Before`, `@After`, `@Around` et `@AfterThrowing`, qui fonctionnent tous selon le même principe.

À l'instar de la configuration XML, les greffons de type `around` doivent être modifiés pour prendre en paramètre l'objet donnant accès à la méthode `proceed`.

Notons que le support d'AspectJ propose le type `after`, non spécifié sous forme d'interface par Spring AOP classique. Ce type est l'équivalent de `afterReturning` et de `afterThrowing` réunis. Il est appelé quel que soit le résultat de l'exécution de la méthode interceptée (valeur de retour ou exception).

Introspection et typage des coupes

Les greffons d'AspectJ ont la possibilité d'accéder aux informations concernant la méthode interceptée. Cet accès peut se faire de deux manières : en utilisant un objet de type `JoinPoint` (dont le type `ProceedingJoinPoint` utilisé par les greffons de type `around` dérive), permettant l'introspection de la méthode interceptée, ou en typant les coupes.

Pour pouvoir réaliser une introspection de la méthode interceptée, il est nécessaire de spécifier comme premier paramètre (obligatoire) un argument de type `JoinPoint` (ou dérivé). Cette modification est valable en configuration XML et avec les annotations.

Notre exemple introductif de notification utilisait le `JoinPoint` pour récupérer le nom de la méthode exécutée :

```
package tudu.aspects.notify.aspectj;

import org.aspectj.lang.JoinPoint;
import tudu.service.notify.Notifier;
import tudu.service.notify.impl.StringMessage;

public class NotifierAdvice {

  private Notifier notifier;

  public void setNotifier(Notifier notifier) {
    this.notifier = notifier;
  }

  public void handleNotification(JoinPoint jp) {
    notifier.notify(new StringMessage(
      "appel de "+ jp.getSignature().getName()
    ));
  }
}
```

La méthode `getSignature` de la classe `JoinPoint` permet d'avoir des informations sur la signature de la méthode (nom, portée, etc.) sous la forme d'un objet de type `org.aspectj.lang.Signature`. Dans notre exemple, nous utilisons la méthode `getName` pour obtenir le nom de la méthode.

La classe `JoinPoint` possède d'autres méthodes, souvent utiles pour les greffons :

- `getThis` : renvoie la référence vers le proxy utilisé pour l'interception *(voir la section consacrée au tissage)*.

- `getTarget` : renvoie la référence vers l'objet auquel appartient la méthode interceptée.

- `getArgs` : renvoie la liste des arguments passés en paramètres à la méthode interceptée sous forme d'un tableau d'objets.

Typage de la coupe

La récupération des informations sur la méthode interceptée peut s'effectuer de manière fortement typée (contrairement à l'introspection, que nous venons de voir). Pour cela, nous pouvons associer ces informations à des paramètres formels du greffon.

Ainsi, les résultats de `getThis`, `getTarget` et `getArgs` peuvent être directement accessibles depuis des paramètres du greffon. Pour la dernière méthode, il est possible de spécifier une liste fixe et typée d'arguments, évitant ainsi d'utiliser la réflexivité dans le code du greffon.

Les greffons de types `afterReturning` et `afterThrowing` peuvent avoir accès respectivement à la valeur de retour ou à l'exception renvoyée par la méthode interceptée.

this et *target*

La spécification des paramètres `this` et `target` s'effectue à deux niveaux : dans la coupe, en complément de l'expression régulière associée au point de jonction `execution`, et au niveau du greffon, sous la forme d'un paramètre.

Si nous voulons récupérer dans le greffon de notre exemple une référence à l'objet dont la méthode a été interceptée, nous devons modifier notre coupe de la manière suivante :

```
execution(* tudu.service.impl.UserManagerImpl.createUser(..))
  and target(userManager)
```

Le nom `userManager` donné ici doit correspondre au nom du paramètre correspondant dans le greffon.

Notre greffon peut s'écrire maintenant de la manière suivante :

```
(...)
import tudu.service.UserManager;

(...)
   public void handleNotification(
         JoinPoint jp, UserManager userManager) {
         notifier.notify(new StringMessage(
         "appel de "+jp.getSignature().getName()
      ));
   }
```

L'utilisation de `this` est identique à celle de `target`. Le type de paramètre doit être `Object`, car il s'agit d'une référence à un proxy dynamique dont la classe ne peut être connue à l'avance.

args

Comme avec this et target, les arguments à récupérer doivent être spécifiés dans la coupe à l'aide du paramètre args et au niveau des arguments du greffon.

Si nous voulons récupérer l'utilisateur à créer, nous devons spécifier la coupe de la manière suivante :

```
execution(* tudu.service.impl.UserManagerImpl.*(..))
    and args(user)
```

Notre greffon peut s'écrire maintenant de la manière suivante :

```
(...)
import tudu.domain.model.User;

(...)
    public void handleNotification(
        JoinPoint jp, User user) {
      notifier.notify(new StringMessage(
        "appel de "+jp.getSignature().getName()
      ));
    }
```

Le fait de spécifier de manière formelle les arguments récupérés par le greffon exclut d'office les méthodes dont les arguments ne correspondent pas à ceux attendus. Ainsi, la méthode findUser ne serait pas interceptée, même si elle correspond à la coupe, car son unique argument est de type String et pas User.

Il est possible de spécifier une liste d'arguments dans le paramètre args en les séparant par des virgules. Les symboles * et .. sont autorisés pour spécifier des arguments dont le type est indéfini et qui ne doivent pas être associés avec les arguments du greffon.

returning

Les greffons de type afterReturning peuvent accéder à la valeur de retour de la méthode interceptée. Pour ce faire, il est nécessaire de déclarer un argument du greffon comme étant destiné à recevoir cette information.

Pour la configuration XML, il faut utiliser le paramètre returning dans le tag aop:after-Returning en lui fournissant le nom de l'argument du greffon :

```
<aop:after-returning
    method="handleNotification"
    pointcut="
  execution(* tudu.service.impl.UserManagerImpl.getCurrentUser(..))"
    returning="theCurrentUser"
/>
```

Pour les annotations, il faut utiliser le paramètre returning de @AfterReturning :

```
@AfterReturning(
```

```
    pointcut="
execution(* tudu.service.impl.UserManagerImpl.getCurrentUser(..))",
    returning="theCurrentUser"
)
```

Dans les deux cas, le greffon devient le suivant :

```
(...)
import tudu.domain.model.User;
(...)
    public void handleNotification(
            JoinPoint jp, User theCurrentUser) {
        notifier.notify(new StringMessage(
            "appel de "+jp.getSignature().getName()
        ));
    }
```

throwing

Les greffons de type afterThrowing doivent pouvoir accéder à l'exception générée par la méthode interceptée. Là encore, il est possible pour ce faire de déclarer un argument du greffon comme étant destiné à recevoir cette information.

Pour la configuration XML, il faut utiliser le paramètre throwing dans le tag aop:afterThrowing en lui fournissant le nom de l'argument du greffon :

```
<aop:after-throwing
    method="handleNotification"
    pointcut="
execution(* tudu.service.impl.UserManagerImpl.createUser(..))"
    throwing="exception"
/>
```

Pour les annotations, il faut utiliser le paramètre throwing de @AfterThrowing :

```
@AfterThrowing(
    pointcut="
execution(* tudu.service.impl.UserManagerImpl.createUser(..))",
    throwing="exception"
)
```

Dans les deux cas, le greffon devient le suivant :

```
(...)
public void handleNotification(
        JoinPoint jp, Throwable exception) {
    notifier.notify(new StringMessage(
        "appel de "+jp.getSignature().getName()
    ));
}
```

L'exception en paramètre d'un greffon de type `afterThrowing` peut être d'un type dérivant de `Throwable`. Nous utilisons ici `Throwable`, mais il serait possible d'utiliser `UserAlreadyExistsException`, la méthode `createUser` étant susceptible de renvoyer ce type d'exception.

Le mécanisme d'introduction

En POA, l'introduction permet d'étendre le comportement d'une classe en modifiant sa structure. Avec Spring et son support pour la POA, l'introduction consiste à faire implémenter une interface à un Bean déclaré dans un contexte Spring.

Nous n'étudierons ici que le mécanisme d'introduction du support AspectJ de Spring, pas celui de Spring AOP classique.

Nous allons voir en premier lieu une introduction avec la configuration XML :

```
<aop:aspect ref="notifyAdvice">
   <aop:declare-parents
      types-matching="tudu.service.impl.UserManagerImpl"←①
      default-impl="tudu.service.notify.impl.ConsoleNotifier"←②
      implement-interface="tudu.service.notify.Notifier"←③
   />
</aop:aspect>
```

L'attribut `types-matching` précise les classes devant faire l'objet de l'introduction (①). L'attribut `default-impl` indique l'implémentation par défaut à utiliser (②). Enfin, `implement-interface` indique l'interface qui est implémentée (③).

Tout objet du contexte Spring de type `UserManagerImpl` va donc implémenter l'interface `Notifier`, en utilisant `ConsoleNotifier` comme implémentation. Il est donc possible d'utiliser le `UserManager` comme `Notifier` dans l'aspect de notification :

```
<bean id="notifyAdvice" class="
      tudu.aspects.notify.aspectj.NotifierAdvice">
   <property name="notifier" ref="userManager" />
</bean>

<aop:config>
   <aop:aspect ref="notifyAdvice">
      <aop:declare-parents
         types-matching="tudu.service.impl.UserManagerImpl"
         implement-interface="tudu.service.notify.Notifier"
         default-impl="tudu.service.notify.impl.ConsoleNotifier"/>
      <aop:after-returning
         method="handleNotification"
         pointcut="
   execution(* tudu.service.impl.UserManagerImpl.createUser(..))"
      />
   </aop:aspect>
</aop:config>
```

Le mécanisme d'introduction par annotation repose sur l'annotation `@DeclareParents`, qui prend deux paramètres : `value`, qui désigne la classe cible à étendre, et `defaultImpl`, qui spécifie la classe fournissant l'implémentation de l'introduction. Cette classe doit bien entendu implémenter l'interface qui est introduite dans la classe cible. La spécification de cette interface est fournie par l'attribut statique auquel s'applique l'annotation `@DeclareParents`.

Si nous désirons étendre les fonctionnalités de la classe `UserManagerImpl` du package `tudu.service.impl` afin qu'elle implémente l'interface `Notifier`, nous pouvons spécifier l'aspect suivant :

```
package tudu.aspects.notify.aspectj;

import org.aspectj.lang.annotation.Aspect;
import org.aspectj.lang.annotation.DeclareParents;

import tudu.service.notify.Notifier;
import tudu.service.notify.impl.ConsoleNotifier;

@Aspect
public class NotifierIntroduction {

    @DeclareParents(
        value="tudu.service.impl.UserManagerImpl",←❶
        defaultImpl=ConsoleNotifier.class←❷
    )
    public static Notifier mixin;←❸
}
```

Le paramètre `value` de l'annotation contient une expression AspectJ qui indique quelles classes doivent faire l'objet de l'introduction (❶). Dans notre exemple, il s'agit seulement de la classe `UserManagerImpl`. Le paramètre `defaultImpl` indique l'implémentation à utiliser (❷). L'interface implémentée (_introduite_) est précisée par le type de la propriété `mixin` (❸). Il s'agit dans notre cas de `Notifier`.

Pour que l'introduction soit effective, il est nécessaire de déclarer `NotifierIntroduction` sous forme de Bean et d'utiliser le tag `aop:aspectj-autoproxy` pour que le tissage s'effectue :

```
<aop:aspectj-autoproxy />

<bean class="tudu.aspects.notify.aspectj.NotifierIntroduction" />
```

Le UserManager va maintenant implémenter l'interface Notifier, il peut donc être utilisé dans l'aspect de notification :

```
<bean id="notifyAdvice" class="
       tudu.aspects.notify.aspectj.NotifierAdvice">
  <property name="notifier" ref="userManager" />
</bean>
```

Dans le cas de la configuration XML comme dans celui des annotations, le `UserManager` effectue lui-même ses notifications.

Le tissage des aspects

Le tissage des aspects avec Spring AOP et son support d'AspectJ s'effectue grâce à la création dynamique de proxy pour les Beans dont les méthodes doivent être interceptées. Les utilisateurs de ces méthodes obtiennent ainsi une référence à ces proxy (dont les méthodes reproduisent rigoureusement celles des Beans qu'ils encapsulent), et non une référence directe aux Beans tissés.

La génération de ces proxy est contrôlée au niveau du fichier de configuration du conteneur léger. Cette génération peut être automatique pour les besoins courants ou spécifique pour les besoins plus complexes.

Les proxy automatiques

Avec AspectJ, le tissage est uniquement automatique. Le seul contrôle dont dispose le développeur est de tisser ou non les aspects à base d'annotations *via* le tag aop:aspectj-autoproxy. Cette section concerne donc principalement Spring AOP classique.

Dans notre exemple introductif, nous avons utilisé le mécanisme de proxy automatique afin de simplifier notre configuration. Spring AOP classique propose des modes de tissage automatique matérialisés par des Beans spécifiques à instancier.

Le mode le plus simple est celui utilisé dans notre exemple. Il utilise la classe DefaultAdvisorAutoProxyCreator, qui doit être instanciée sous forme de Bean dans le conteneur léger :

```
<bean class="
org.springframework.aop.framework.autoproxy.DefaultAdvisorAutoProxyCreator"/>
```

Ce mode s'appuie sur les coupes gérées par l'ensemble des advisors de l'application pour identifier les proxy à générer automatiquement. Dans notre exemple, les beans ayant une ou plusieurs méthodes spécifiées dans la coupe notifierPointcut sont automatiquement encapsulés dans un proxy.

Le second mode permet de spécifier la liste des beans à encapsuler dans des proxy. Ce mode utilise la classe BeanNameAutoProxyCreator, qui doit être instanciée sous forme de Bean dans le conteneur léger :

```
<bean class="org.springframework.aop.framework.autoproxy.BeanNameAutoProxyCreator ">
    <property name="beanNames" value="userManager"/>
    <property name="interceptorNames">
       <list>
          <value>notifierAdvisor</value>
       </list>
    </property>
</bean>
```

Ce tisseur prend en paramètre la liste des beans à tisser sous forme de tableau de chaînes de caractères *via* la propriété beanNames (l'utilisation du symbole * est autorisée) et la liste des advisors à y appliquer par le biais de la propriété interceptorNames.

La propriété interceptorNames accepte aussi les greffons, mais cela implique que toutes les méthodes de la cible sont interceptées, puisque la coupe n'est plus présente pour indiquer quelles sont les méthodes à intercepter :

```xml
<bean class="org.springframework.aop.framework.autoproxy.BeanNameAutoProxyCreator">
    <property name="beanNames" value="userManager"/>
    <property name="interceptorNames">
        <list>
            <value>notifyAdvice</value>
        </list>
    </property>
</bean>
```

Les proxy spécifiques

De par leur mode de fonctionnement, les proxy spécifiques sont plus étroitement contrôlables. Ils permettent notamment de définir s'il faut créer un proxy par rapport à l'interface du Bean ou par rapport à sa classe, ainsi que le mode d'instanciation de l'aspect (singleton ou par instance de Bean).

Les proxy spécifiques sont définis sous forme de beans avec la classe ProxyFactoryBean, qui, comme son nom l'indique, est une fabrique de proxy. Ce sont ces beans qu'il faut utiliser en lieu et place des beans qu'ils encapsulent. Nous perdons ainsi la transparence des proxy automatiques du point de vue de la configuration.

Si nous reprenons notre exemple introductif, la première étape consiste à renommer le Bean userManager en userManagerTarget (convention de nommage pour désigner les beans devant être tissés spécifiquement). Ensuite, nous définissons un nouveau Bean userManager de la classe ProxyFactoryBean :

```xml
<bean id="userManager"
      class="org.springframework.aop.framework.ProxyFactoryBean">
    <property name="target" ref="userManagerTarget" />
    <property name="interceptorNames">
        <list>
            <value>notifierAdvisor</value>
        </list>
    </property>
</bean>
```

La propriété target spécifie le Bean devant être encapsulé dans le proxy (ici, userManagerTarget). La propriété interceptorNames spécifie la liste des advisors ou des greffons à tisser.

`ProxyFactoryBean` propose trois propriétés optionnelles :

- `proxyInterfaces` : tableau de chaînes de caractères spécifiant la liste des interfaces du Bean à tisser. Lorsque cette propriété n'est pas spécifiée, la détection s'effectue automatiquement.

- `singleton` : booléen spécifiant le mode d'instanciation de l'aspect. S'il vaut false, l'aspect est instancié pour chaque instance du Bean tissé. Par défaut, cette propriété vaut true.

- `proxyTargetClass` : booléen spécifiant si le proxy doit être généré sur la classe au lieu des interfaces qu'elle implémente. Par défaut, cette propriété vaut false.

Modifications de cibles

Comme indiqué à la section précédente consacrée au tissage, un proxy encapsule un Bean afin d'intercepter les appels à ses méthodes. Spring AOP propose un niveau d'indirection supplémentaire grâce à la notion de *source de cible*, modélisée par l'interface `TargetSource` du package `org.springframework.aop`.

Cette notion est proche de celle de fabrique de Bean spécifique. L'idée est que l'entité de résolution de la cible fournit au proxy la référence au Bean. Elle est donc en mesure de contrôler cette dernière. Cette capacité permet de remplacer des beans à chaud ou de gérer des pools d'instances de beans.

La fabrique `ProxyFactoryBean` utilise une implémentation par défaut, qui renvoie la référence du Bean spécifiée par sa propriété `target`. Il est possible d'utiliser une des deux implémentations que nous allons voir grâce à sa propriété `targetSource`. L'utilisation des sources de cibles est compatible avec le tissage d'aspect au sein de la fabrique.

Remplacement à chaud des cibles

Le remplacement à chaud des cibles permet de changer d'instance pour un Bean pendant l'exécution de l'application. Ce remplacement à chaud est assuré par la classe `HotSwappableTargetSource` du package `org.springframework.aop.target`.

Imaginons qu'un Bean `TuduConnection` dans Tudu Lists puisse être changé pendant l'exécution de l'application. Un autre Bean, `TuduConnectionUser`, aurait besoin d'une `TuduConnection` pour fonctionner. Ces classes sont fictives, elles n'ont pas d'utilité immédiate dans Tudu Lists, si ce n'est illustrer notre propos.

Voici la définition de l'interface `TuduConnection` :

```
package tudu.aspects.targetsource;

public interface TuduConnection {
    public String getName();
}
```

Voici une implémentation très simple de `TuduConnection` :

```
package tudu.aspects.notify.impl;
```

```
import tudu.aspects.targetsource.TuduConnection;

public class TuduConnectionImpl implements TuduConnection {

   private String name;

   public TuduConnectionImpl(String name) {
      this.name = name;
   }

   public String getName() {
      return name;
   }
}
```

Enfin, voici la classe TuduConnectionUser, qui utilise une TuduConnection :

```
package tudu.aspects.targetsource;

public class TuduConnectionUser {

   private TuduConnection tuduConnection;

   public TuduConnection getTuduConnection() {
      return tuduConnection;
   }

   public void setTuduConnection(TuduConnection tuduConnection) {
      this.tuduConnection = tuduConnection;
   }
}
```

Le fichier de configuration suivant permet d'initialiser le TuduConnectionUser avec une TuduConnection s'appelant originalBean :

```
<bean id="tuduConnectionTarget"
 class="tudu.aspects.targetsource.impl.TuduConnectionImpl">
   <constructor-arg value="originalBean" />
</bean>←❶

<bean id="tuduConnectionUser"
 class="tudu.aspects.targetsource.TuduConnectionUser">
   <property name="tuduConnection" ref="tuduConnection" />
</bean>←❷

<bean id="swapper"
 class="org.springframework.aop.target.HotSwappableTargetSource">
   <constructor-arg ref="tuduConnectionTarget"/>
</bean>←❸

<bean id="tuduConnection"
```

```
class="org.springframework.aop.framework.ProxyFactoryBean">
  <property name="targetSource" ref="swapper"/>
</bean>←❹
```

La `TuduConnection` originale est créée avec le suffixe `target`, car elle va faire l'objet d'une décoration par un proxy (❶). L'utilisateur de la `TuduConnectionUser` est ensuite créé et se voit injecté la `TuduConnection` (❷). Il faut ensuite injecter la `TuduConnection` dans la `HotSwappableTargetSource` (❸), qui va permettre d'effectuer le remplacement à chaud. Enfin, une `ProxyFactoryBean`, dans laquelle il faut injecter la `HotSwappableTargetSource`, va exposer la `TuduConnection` dans le contexte (❹).

Le remplacement à chaud se fait en récupérant le Bean `swapper` et en passant un nouveau Bean à sa méthode `swap`. Toutes les références vers l'ancien Bean sont alors mises à jour, et cela de manière *threadsafe*. Voici un test unitaire illustrant le principe du remplacement à chaud (pour plus d'informations sur les tests unitaires, consulter le chapitre 6) :

```
TuduConnectionUser tuduConnectionUser =
(TuduConnectionUser) appContext.getBean(
   "tuduConnectionUser"
);

Assert.assertEquals(
   "originalBean",
   tuduConnectionUser.getTuduConnection().getName()
);←❶

HotSwappableTargetSource swappableTargetSource = (HotSwappableTargetSource)
appContext.getBean(
   "swapper"
);

TuduConnection newTuduConnection = new TuduConnectionImpl(
   "newTuduConnection"←❷
);

swappableTargetSource.swap(newTuduConnection);←❸

Assert.assertEquals(
   "newTuduConnection",
   tuduConnectionUser.getTuduConnection().getName()
);
```

Le test unitaire vérifie en premier lieu que le `TuduConnectionUser` utilise bien la `TuduConnection` telle qu'elle a été définie dans le contexte Spring (❶). Une nouvelle `TuduConnection` est ensuite créée avec un nouveau nom (❷). Cette nouvelle `TuduConnection` est passée à la méthode `swap` de la `HotSwappableTargetSource`, qui effectue le remplacement à chaud et le propage à toutes les références vers l'ancienne `TuduConnection` (❸). Le test unitaire vérifie enfin que le `TuduConnectionUser` utilise bien la nouvelle `TuduConnection` (❹). Le remplacement s'est donc fait de façon transparente pour tous les beans utilisant la `TuduConnection`.

Pooling des cibles

Spring AOP permet de créer un pool d'instances d'un Bean, similaire à celui proposé par les serveurs d'applications avec les EJB Session sans état. Pour cela, comme pour le remplacement à chaud des cibles, il faut utiliser une implémentation spécifique de TargetSource, ici CommonsPoolTargetSource, fondée sur la bibliothèque Commons Pool de la communauté Apache Jakarta.

Le pooling de cibles s'avère utile pour les objets partagés et non *threadsafe*. Le pooling de Spring permet de rendre l'appel d'une méthode sur la cible *threadsafe*, car la cible sera récupérée du pool et ne sera pas utilisée par un autre thread tant que la méthode n'aura pas retourné son résultat. Si un autre thread a besoin de la cible, une instance du pool est utilisée. L'intérêt d'utiliser cette fonctionnalité avec Spring est que le pooling est transparent pour les beans utilisant la cible.

Si nous reprenons les classes présentées à la section consacrée au remplacement à chaud, il est possible d'effectuer du pooling sur la TuduConnection. Il est important de noter que le Bean doit maintenant être un prototype :

```
<bean id="tuduConnectionTarget"
 class="tudu.aspects.notify.targetsource.impl.TuduConnectionImpl"
 scope="prototype">
   <constructor-arg value="poolableBean" />
</bean>

<bean id="pool"
 class="org.springframework.aop.target.CommonsPoolTargetSource">
   <property name="targetBeanName" value="tuduConnectionTarget" />
   <property name="maxSize" value="10" />
</bean>

<bean id="tuduConnection"
 class="org.springframework.aop.framework.ProxyFactoryBean">
   <property name="targetSource" ref="pool" />
</bean>
```

Dans cet exemple, nous créons un pool d'instances du Bean tuduConnection ayant au maximum dix instances disponibles.

Préconisations

Le fait que Spring propose différents moyens d'effectuer de la POA est assez déroutant, puisque l'on ne sait quelle solution retenir. Nous avons choisi de présenter Spring AOP classique, afin que les personnes utilisant ce système retrouvent leurs marques et puissent faire une transition plus aisée vers le support AspectJ de Spring. Nous préconisons d'utiliser le support AspectJ de Spring pour tout nouveau projet, car il se révèle plus souple, plus puissant et plus précis que Spring AOP classique. Il faut ensuite déterminer quelle approche utiliser : annotations ou configuration XML.

Les annotations présentent l'avantage d'éviter un fichier de configuration supplémentaire. Des aspects annotés peuvent aussi directement être réutilisés avec une solution 100 % AspectJ, sans Spring. En revanche, les annotations fixent assez fortement les aspects à l'application, enlevant ainsi de la réutilisabilité d'une application à l'autre. De plus, les annotations nécessitent une machine virtuelle Java 1.5 ou plus.

La configuration XML permet que les greffons complètement POJO (si l'on ne fait pas d'introspection avec un `JoinPoint`) soient utilisables sur une machine virtuelle 1.4 (avec Spring 2.5). De plus, elle permet de centraliser facilement toute la configuration de la POA, dans un seul fichier. La POA d'une application peut ainsi être désactivée en supprimant le chargement du fichier concerné.

L'un des inconvénients de la configuration XML est qu'elle oblige de maintenir un fichier supplémentaire. Son autre inconvénient est d'empêcher la réutilisation directe des greffons dans un environnement 100 % AspectJ.

Conclusion

Nous avons vu comment utiliser Spring AOP et son support d'AspectJ pour faire de la POA. Nous avons implémenté à cet effet la notification évoquée au chapitre précédent, afin de démontrer concrètement la puissance de ce paradigme.

Grâce à la richesse de Spring AOP, le développeur dispose d'une large palette d'outils pour définir les aspects qui lui sont nécessaires. Cependant, Spring AOP n'offre pas toute la richesse fonctionnelle des outils de POA spécialisés. Il ne peut, par exemple, intercepter que les exécutions de méthodes des beans gérés par le conteneur léger.

La couverture fonctionnelle de ce framework reste cependant suffisante pour couvrir la plupart des besoins. La gestion des transactions, que nous traitons en détail au chapitre 11, repose d'ailleurs sur Spring AOP, preuve concrète que ce framework est en mesure de supporter des aspects complexes.

6

Test des applications Spring

Les tests sont une des activités fondamentales du développement logiciel. Ce chapitre montre comment tester une application reposant sur Spring. Les types de tests abordés sont les tests unitaires et les tests d'intégration.

Par tests unitaires, nous entendons les tests portant sur un composant unique isolé du reste de l'application et de ses composants techniques (serveur d'applications, base de données, etc.). Par tests d'intégration, nous entendons les tests portant sur un ou plusieurs composants, avec les dépendances associées. Il existe bien entendu d'autres types de tests, comme les tests de performance ou les tests fonctionnels, mais Spring ne propose pas d'outil spécifique dans ces domaines.

Nous nous arrêterons de manière synthétique sur deux outils permettant de réaliser des tests unitaires, le framework JUnit et EasyMock, ce dernier permettant de réaliser des simulacres d'objets, ou *mock objects*. Ces deux outils nous fourniront l'occasion de détailler les concepts fondamentaux des tests unitaires. Nous verrons que l'utilisation de ces outils est toute naturelle pour les applications utilisant Spring, puisque le code de ces dernières ne comporte pas de dépendance à l'égard de ce framework du fait de l'inversion de contrôle. Spring propose d'ailleurs ses propres simulacres pour émuler une partie de l'API Java EE.

Pour les tests d'intégration, nous nous intéresserons aux extensions de JUnit fournies par Spring et par le framework DbUnit, spécialisé dans les tests de composants de persistance des données. Là encore, les tests s'avèrent aisés à implémenter, ces extensions prenant en charge les problématiques techniques les plus courantes.

Pourquoi écrire des tests ?

L'écriture de tests peut paraître paradoxale au premier abord : écrire un programme pour en tester un autre. De plus, l'écriture de test peut paraître consommatrice de temps, puisqu'elle correspond à l'écriture de code supplémentaire. Cependant, les tests présentent un ensemble d'avantages qui les rendent indispensables à tout développement informatique se voulant robuste et évolutif.

Les tests permettent de guider la conception. En effet, un code difficilement testable est en général un code mal conçu. Le rendre facilement testable, unitairement ou *via* un test d'intégration, est sans conteste une avancée vers un code mieux conçu.

Les tests écrits sous forme de programme résistent à l'épreuve du temps, contrairement aux tests manuels. C'est pour cette raison que les tests font complètement partie d'un projet et doivent être sauvegardés sur un dépôt de sources, tout comme le code de l'application.

Les tests sont enfin un élément essentiel dans la vie d'une application car ils lui permettront d'évoluer et de s'adapter aux nouveaux besoins. Il est rare qu'une application ne doive pas être modifiée au cours de sa vie afin de répondre à de nouveaux besoins. Sans tests unitaires, les modifications nécessaires se feront généralement dans la crainte de régressions (« casser » des fonctionnalités existantes en en rajoutant d'autres). Cette crainte ne facilite pas un raisonnement global, qui privilégierait des modifications de conception plutôt que des modifications se rapprochant du « bricolage ». Avec des tests unitaires offrant une bonne couverture, les modifications se font plus sereinement. Des modifications plus profondes sont favorisées par les tests unitaires qui permettent de mettre en évidence les régressions. Avec une telle approche, la qualité de l'application et son adaptabilité ne se dégradent pas avec le temps mais s'améliorent.

Les tests ne sont pas la panacée ; ils ne permettront pas systématiquement à une application d'être sans faille, car ils doivent être écrits avec soin. Ils constituent cependant un engrenage essentiel dans la mécanique globale de tout développement informatique.

Les tests unitaires avec JUnit

JUnit est un framework Java Open Source créé par Erich Gamma et Kent Beck. Il fournit un ensemble de fonctionnalités permettant de tester unitairement les composants d'un logiciel écrit en Java. D'autres frameworks suivant la même philosophie sont disponibles pour d'autres langages ou pour des technologies spécifiques, comme HTTP. Ils constituent la famille des frameworks xUnit.

Initialement conçu pour réaliser des tests unitaires, JUnit peut aussi être utilisé pour réaliser des tests d'intégration, comme nous le verrons plus loin dans ce chapitre.

Dans les sections suivantes, nous indiquons comment manipuler les différents éléments fournis par JUnit afin de créer des tests pour le module « core » de Tudu Lists. Dans cette application, l'ensemble des cas de tests est regroupé dans le répertoire **src/test/java**. Les différents tests sont organisés selon les classes qu'ils ciblent. Ainsi, ils reproduisent la structure de packages de Tudu Lists.

La version de JUnit étudiée ici est la 4.5. Elle privilégie l'utilisation d'annotations pour définir les tests plutôt que l'héritage d'une classe de test (et des conventions de nommage), comme sa version 3.8, encore certainement la plus utilisée. Cette approche par annotations favorise le modèle POJO puisque le framework est relativement peu intrusif (pas de nécessité d'héritage). Elle est aussi plus souple et s'avère très bien supportée par Spring. C'est pour cet ensemble de raisons que nous avons préféré l'étude de cette nouvelle version.

Les cas de test

Les cas de test sont une des notions de base de JUnit. Il s'agit de regrouper dans une entité unique, en l'occurrence une classe Java annotée, un ensemble de tests portant sur une classe de l'application.

Chaque test est matérialisé sous la forme d'une méthode sans paramètre, sans valeur de retour et portant l'annotation `org.junit.Test`. Le nom de la classe regroupant les tests d'une classe est conventionnellement celui de la classe testée suffixée par `Test` (par exemple, `TodosManagerImplTest`).

Squelette d'un cas de test

Pour introduire la notion de cas de test, nous allons utiliser la classe `Todo` définie dans le package `tudu.domain.model`. Cette classe définit deux méthodes, `compareTo` (méthode de l'interface `java.lang.Comparable`) et `equals` (héritée de `java.lang.Object`).

Pour tester ces deux méthodes, nous allons créer plusieurs instances de la classe `Todo` et effectuer des comparaisons ainsi que des tests d'égalité. Nous définissons pour cela une classe `TodoTest` ayant deux méthodes, `compareTo` et `equals` :

```
package tudu.domain.model;

import org.junit.Test;

public class TodoTest {

    (...)

    @Test
    public void compareTo() {
        (...)
    }

    @Test
    public void equals() {
        (...)
    }
}
```

Notons que la classe de test ne dépend d'aucune classe par un héritage ou d'une interface par une implémentation. De plus, les méthodes de tests portent directement le nom des méthodes testées.

La notion de fixture

Dans JUnit, la notion de *fixture,* ou contexte, correspond à un ensemble d'objets utilisés par les tests d'un cas. Typiquement, un cas est centré sur une classe précise du logiciel. Il est donc possible de définir un attribut ayant ce type et de l'utiliser dans tous les tests du cas. Il devient alors une partie du contexte. Le contexte n'est pas partagé par les tests, chacun d'eux possédant le sien, afin de leur permettre de s'exécuter indépendamment les uns des autres. Il est important de noter qu'avec JUnit, le contexte est initialisé pour chacune des méthodes d'une classe de test.

Avec JUnit, il est possible de mettre en place le contexte de plusieurs manières. La manière la plus simple consiste à annoter des méthodes avec l'annotation `org.junit.Before`. Ces méthodes doivent avoir une signature de type `public void`. Si l'initialisation du contexte alloue des ressources spécifiques, il est nécessaire de libérer ses ressources. Cela se fait en annotant des méthodes avec l'annotation `org.junit.After`. Les méthodes annotées pour la destruction du contexte ont les mêmes contraintes que son initialisation. Il est donc fréquent que toute méthode d'initialisation ait son pendant pour la destruction du contexte.

Dans JUnit 3, le cycle de vie du contexte était géré par la surcharge de deux méthodes : `setUp` et `tearDown`. Il est donc fréquent d'adopter cette nomenclature avec l'approche annotations.

La gestion du contexte peut donc se définir de la manière suivante :

```
public class TodoTest {

    @Before
    public void setUp() {
        // Création du contexte
    }

    @After
    public void tearDown() {
        // Destruction du contexte
    }

    (...)
}
```

Pour les tests de la classe `Todo`, nous pouvons créer un ensemble d'attributs de type `Todo` qui nous serviront de jeu d'essai pour nos méthodes de test :

```
public class TodoTest {

    private Todo todo1;
    private Todo todo2;
    private Todo todo3;
```

```
    @Before
    public void setUp() {
        todo1 = new Todo();
        todo1.setTodoId("01");
        todo1.setCompleted(false);
        todo1.setDescription("Description");
        todo1.setPriority(0);

        todo2 = new Todo();
        todo2.setTodoId("02");
        todo2.setCompleted(true);
        todo2.setDescription("Description");
        todo2.setPriority(0);

        todo3 = new Todo();
        todo3.setTodoId("01");
        todo3.setCompleted(false);
        todo3.setDescription("Description");
        todo3.setPriority(0);
    }

    (...)
}
```

Les assertions et l'échec

Dans JUnit, les assertions sont des méthodes permettant de comparer une valeur obtenue lors du test avec une valeur attendue. Si la comparaison est satisfaisante, le test peut se poursuivre. Dans le cas contraire, il échoue, et un message d'erreur s'affiche dans l'outil permettant d'exécuter les tests unitaires.

Les assertions peuvent être effectuées avec des appels à des méthodes statiques de la classe `org.junit.Assert`. Leur nom est préfixé par `assert`.

Pour les booléens, les assertions suivantes sont disponibles :

```
assertFalse (boolean obtenu);
assertTrue (boolean obtenu);
```

Elles testent le booléen `obtenu` sur les deux valeurs littérales possibles, faux ou vrai.

Pour les objets, les assertions suivantes sont disponibles, quel que soit leur type :

```
assertEquals (Object attendu,Object obtenu);
assertSame (Object attendu,Object obtenu);
assertNotSame (Object attendu,Object obtenu);
assertNull (Object obtenu);
assertNotNull (Object obtenu);
```

`assertEquals` teste l'égalité de deux objets tandis qu'`assertSame` teste que `attendu` et `obtenu` font référence à un seul et même objet. Par exemple, deux objets de type `java.util.Date` peuvent être égaux, c'est-à-dire contenir la même date, sans être pour autant un seul et même objet. `assertNotSame` vérifie que deux objets sont différents. Les deux dernières assertions testent si l'objet obtenu est nul ou non.

Pour les différents types primitifs (`long`, `double`, etc.), une méthode `assertEquals` est définie, permettant de tester l'égalité entre une valeur attendue et une valeur obtenue. Dans le cas des types primitifs correspondant à des nombres réels (`double`), un paramètre supplémentaire, le delta, est nécessaire, car les comparaisons ne peuvent être tout à fait exactes du fait des arrondis.

Il existe une variante pour chaque assertion prenant une chaîne de caractères en premier paramètre (devant les autres). Cette chaîne de caractères contient le message à afficher si le test échoue au moment de son exécution. Si l'échec d'une assertion n'est pas évident, il est en effet important de préciser la raison de l'échec avec un message.

Les assertions ne permettent pas de capter tous les cas d'échec d'un test. Pour ces cas de figure, JUnit fournit la méthode `fail` sous deux variantes : une sans paramètre et une avec un paramètre, permettant de donner le message d'erreur à afficher sous forme de chaîne de caractères. L'appel à cette méthode entraîne l'arrêt immédiat du test en cours et l'affiche en erreur dans l'outil d'exécution des tests unitaires.

Les tests unitaires n'héritant d'aucune classe, ils doivent appeler les méthodes d'assertions directement, par exemple :

```
Assert.assertTrue(someBooleanValue);
```

Cette syntaxe peut être simplifiée *via* un import statique :

```
import static org.junit.Assert.*;

(...)

// dans une méthode de test :
assertTrue(someBooleanValue);
```

Si nous reprenons notre exemple `TodoTest`, il se présente désormais de la manière suivante :

```
public class TodoTest {

    (...)

    @Test
    public void compareTo() {
        // Vérifie la consistance avec la méthode equals
        // Cf. JavaDoc de l'API J2SE
        assertTrue(todo1.compareTo(todo3)==0);

        // Vérifie le respect de la spec de Comparable pour null
        // Cf. JavaDoc de l'API J2SE
        try {
            todo1.compareTo(null);
            fail();
        }
        catch(NullPointerException e){
```

```
        // OK
    }

    // todo1 n'est pas fermé donc < à todo2
    assertTrue(todo1.compareTo(todo2)<0);

    // Vérifie que l'inverse est vrai aussi
    assertTrue(todo2.compareTo(todo1)>0);
    }

    @Test
    public void equals() {
        assertEquals(todo1,todo3);
        assertFalse(todo1.equals(todo2));
    }
}
```

Exécution des tests

Une fois les cas de test et les suites de tests définis, il est nécessaire de les exécuter pour vérifier le logiciel.

Le lanceur standard de JUnit

JUnit introduit la notion de lanceur pour exécuter les tests et propose un lanceur par défaut. Il est textuel et utilise en fait une classe écrite pour JUnit 3, le motif de conception adaptateur étant utilisé pour que des tests JUnit 4 puissent être lancés.

Pour utiliser ce lanceur en mode texte dans un cas de test (ici la classe TodoTest), il suffit d'y ajouter une méthode main de la manière suivante :

```
public static void main(String[] args) {
    junit.textui.TestRunner.run(
        new JUnit4TestAdapter(TodoTest.class)
    );
}
```

La classe junit.textui.TestRunner est appelée en lui passant en paramètre la classe du cas de test (et non une instance) à exécuter, *via* un adaptateur pour JUnit 4. Cette méthode main peut être écrite soit directement dans la classe du cas de test, comme dans cet exemple, soit dans une classe spécifique.

Si nous exécutons TodoTest, nous obtenons le résultat suivant dans la console Java :

```
..
Time: 0,047
OK (2 tests)
```

Ce résultat indique de manière laconique que les deux tests définis dans TodoTest se sont bien exécutés.

Le lanceur intégré à JUnit a le mérite d'exister, mais il sert principalement à illustrer l'utilisation du framework et on lui préfère généralement d'autres lanceurs, selon les besoins.

Le lanceur JUnit intégré à Eclipse

Eclipse propose son propre lanceur JUnit, parfaitement intégré à l'environnement de développement.

Pour l'utiliser, il n'est pas nécessaire de créer une méthode `main` spécifique dans les cas de test, à la différence des lanceurs standards. Il suffit de sélectionner l'explorateur de package et le fichier du cas de test par clic droit et de choisir Run dans le menu contextuel. Parmi les choix proposés par ce dernier, il suffit de sélectionner JUnit Test.

Une vue JUnit s'ouvre alors pour nous permettre de consulter le résultat de l'exécution des tests. Si tel n'est pas le cas, nous pouvons l'ouvrir en choisissant Window puis Show view et Other. Une liste hiérarchisée s'affiche, dans laquelle il suffit de sélectionner JUnit dans le dossier Java et de cliquer sur le bouton OK *(voir figure 6-1)*.

Figure 6-1

*Vue JUnit intégrée
à Eclipse*

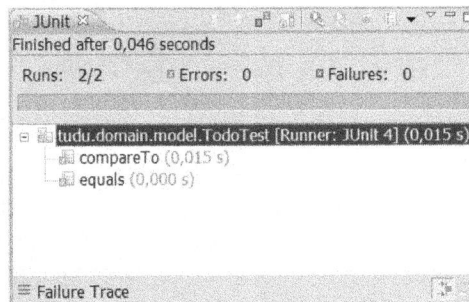

L'intérêt de ce lanceur réside dans sa gestion des échecs après l'exécution des tests.

Si nous modifions `TodoTest` de manière que deux tests échouent (il suffit pour cela de mettre une valeur attendue absurde, qui ne sera pas respectée par la classe testée), nous obtenons dans le lanceur le résultat illustré à la figure 6-2.

Figure 6-2

*Gestion des échecs dans
la vue JUnit d'Eclipse*

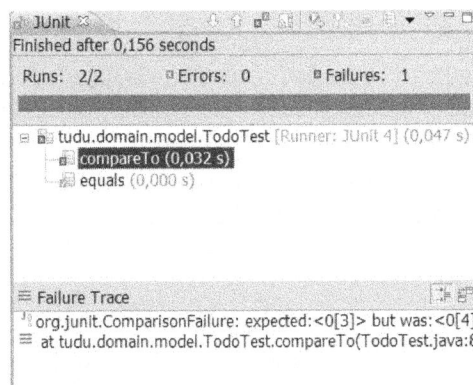

Les échecs (*failures*) sont indiqués par une croix bleue et les succès par une marque verte. En cliquant sur un test ayant échoué, la trace d'exécution est affichée dans la zone Failure Trace. En double-cliquant sur le test, son code source est immédiatement affiché dans l'éditeur de code d'Eclipse.

À partir des résultats des tests, le développeur peut naviguer directement dans son code et le corriger dans Eclipse, ce qui n'est pas possible avec les lanceurs standards de JUnit.

Lanceurs intégrés à la construction d'un projet

Les tests unitaires font complètement partie du code source d'un projet ; il n'y a donc aucune raison pour que leur exécution ne fasse pas partie du processus de construction (« build ») d'un projet.

Les principaux outils de construction en Java (Ant, Maven) disposent donc de systèmes d'exécution des tests unitaires. La construction de Tudu Lists est faite avec Maven 2, outil qui intègre le lancement des tests unitaires *via* le plugin Surefire. Maven 2 lance tous les tests se trouvant dans un répertoire donné (généralement **src/test/java**). Le plugin Surefire est capable de lancer différents types de tests (JUnit 3 et 4, TestNG). Les résultats des tests sont stockés sous forme de fichiers (texte et XML), qui sont ensuite transformés pour générer des rapports plus lisibles, au format HTML.

La figure 6-3 illustre des rapports de tests unitaires pour la partie core de Tudu Lists.

Summary

[Summary][Package List][Test Cases]

Tests	Errors	Failures	Skipped	Success Rate	Time
125	0	0	0	100%	13.283

Note: failures are anticipated and checked for with assertions while errors are unanticipated.

Package List

[Summary][Package List][Test Cases]

Package	Tests	Errors	Failures	Skipped	Success Rate	Time
tudu.aspects.notify.classic	10	0	0	0	100%	0.718
tudu.domain.model	2	0	0	0	100%	0.015
tudu.domain.dao.ibatis	4	0	0	0	100%	0.609
tudu.service.notify.impl	1	0	0	0	100%	0.031
tudu.domain.dao.jpa	27	0	0	0	100%	1.578
tudu.integration	7	0	0	0	100%	4.485
tudu.aspects.notify.aspectj	30	0	0	0	100%	3.441
tudu.aspects.observer.aspectj	1	0	0	0	100%	0.672
tudu.domain.dao.hibernate	8	0	0	0	100%	0.844
tudu.domain.dao.jdbc	1	0	0	0	100%	0.454
tudu.service.impl	24	0	0	0	100%	0.171
tudu.security	1	0	0	0	100%	0
tudu.aspects.targetsource	2	0	0	0	100%	0.218
tudu.domain.model.comparator	7	0	0	0	100%	0.047

Figure 6-3

Rapports de tests unitaires avec Maven 2

Quel que soit le système utilisé, il est essentiel d'incorporer le lancement des tests unitaires au processus de construction et d'avoir un moyen de communiquer les résultats, afin d'avoir une idée précise de la santé du projet.

En résumé

L'écriture de tests avec JUnit n'est pas intrinsèquement compliquée. Cependant, il faut garder à l'esprit que cette simplicité d'utilisation dépend fortement de la façon dont l'application est conçue. La mise en œuvre de tests unitaires dans une application mal conçue et qui, par exemple, ne montre aucune structuration peut s'avérer très difficile, voire parfaitement impossible.

L'utilisation de JUnit est rendue efficace grâce aux principes architecturaux que doivent appliquer les applications Spring, à savoir l'inversion de contrôle apportée par le conteneur léger et la séparation claire des couches de l'application. Grâce à ces principes, les composants se révèlent plus simples à tester, car ils se concentrent dans la mesure du possible sur une seule préoccupation.

En complément de JUnit, il est nécessaire d'utiliser des simulacres d'objets afin d'isoler des contingences extérieures le composant à tester unitairement. C'est ce que nous allons voir à la section suivante.

Les simulacres d'objets

Le framework JUnit constitue un socle pour réaliser des tests, mais il n'offre aucune fonctionnalité spécifique pour tester les relations entre les différents objets manipulés lors d'un test. Il est de ce fait difficile d'isoler les dysfonctionnements de l'objet testé de ceux qu'il manipule, ce qui n'est pas souhaitable lorsque nous réalisons des tests unitaires. L'idée est en effet de tester seulement une classe et de ne pas dépendre des classes qu'elles utilisent.

Afin de combler ce vide, il est possible d'utiliser des simulacres d'objets (*mock objects*). Comme leur nom l'indique, ces simulacres simulent le comportement d'objets réels. Il leur suffit pour cela d'hériter de la classe ou de l'interface de l'objet réel et de surcharger chaque méthode publique utile au test. Le comportement de ces méthodes est ainsi redéfini selon un scénario conçu spécifiquement pour le test unitaire et donc parfaitement maîtrisé.

Par exemple, si nous testons un objet faisant appel à un DAO, nous pouvons remplacer ce dernier par un simulacre. Ce simulacre ne se connectera pas à la base de données, mais adoptera un comportement qui lui aura été dicté. Ce comportement consistera généralement à retourner certaines données en fonction de certains paramètres. Nous isolons de la sorte l'objet testé des contingences spécifiques au DAO (connexion à la base de données, etc.).

Différences entre simulacres et bouchons

L'idée d'utiliser des implémentations de test en lieu et place de véritables implémentations est une pratique assez commune. Cependant ces implémentations de tests se présentent sous différentes formes. De façon générale, les implémentations destinées seulement aux tests sont appelées des « doublures » (en référence aux doublures dans les films d'action). Il existe différents types de doublures, notamment les simulacres et les bouchons (respectivement *mock* et *stubs*).

Les bouchons sont généralement de véritables implémentations, dans le sens où du code a été écrit pour les implémenter. Leur comportement est limité à ce qu'a prévu le développeur pour le test. Ils peuvent maintenir des informations sur les appels auxquels ils ont dû répondre (par exemple, une variable permettant de dire qu'un e-mail a été envoyé).

Les simulacres sont des objets préprogrammés avec un ensemble d'expectations qui constituent une spécification de la séquence d'appels qu'ils sont censés recevoir. Il s'agit, par exemple, de dire que la méthode getProperty doit être appelée en tout deux fois, la première avec le paramètre smtp.host et la seconde avec le paramètre smtp.user. Le simulacre peut aussi être programmé pour renvoyer une certaine valeur pour chacun des appels. Les comportements des simulacres pouvant être complexes, des implémentations figées (bouchons) ne peuvent convenir, d'où la nécessité d'un outillage pour générer ces objets.

L'écriture de bouchons est généralement spécifique à un projet et nécessite plus de bon sens que de technique. Notre étude se limitera donc aux simulacres.

Les simulacres d'objets avec EasyMock

Plusieurs frameworks permettent de créer facilement des simulacres au lieu de les développer manuellement. Pour les besoins de l'ouvrage, nous avons choisi EasyMock, qui est l'un des plus simples d'utilisation.

EasyMock est capable de créer des simulacres à partir d'interfaces. Une extension permet d'en fournir à partir de classes, mais nous ne l'abordons pas ici, puisque, dans le cas d'applications Spring, nous utilisons essentiellement des interfaces.

Cette section n'introduit que les fonctionnalités principales d'EasyMock. Nous utilisons la version 2.4, qui fonctionne avec Java 5. Pour plus d'informations, voir le site Web dédié au framework, à l'adresse *http://www.easymock.org*.

Les simulacres simples

Les simulacres dits simples renvoient généralement des valeurs prédéfinies. Leur comportement se rapproche de celui des bouchons. Leur avantage réside dans leur caractère dynamique, car ils sont facilement modifiables. Ils ne nécessitent pas non plus de créer de classe spécifique.

Supposons que nous désirions tester de façon unitaire la classe ConfigurationManagerImpl en charge de la configuration des paramètres de l'application Tudu Lists. Cette classe possède une dépendance vis-à-vis de l'interface PropertyDAO. Pour pouvoir l'isoler des contingences liées à l'implémentation fournie par Tudu Lists de cette interface, il est nécessaire de créer un simulacre dont nous contrôlons très exactement le comportement.

Avant de programmer notre simulacre, définissons rapidement son comportement au moyen de la méthode getProperty, seule utile pour notre test :

- Si le paramètre de getProperty vaut key, renvoyer un objet Property dont l'attribut key vaut key et dont l'attribut value vaut value.

- Dans tous les autres cas, renvoyer par défaut un objet Property dont les attributs key et value valent tous les deux default.

Maintenant que nous avons défini les comportements du simulacre, nous pouvons le définir au sein d'un cas de test :

```
package tudu.service.impl;

import static org.easymock.EasyMock.*;←❶

import org.junit.After;
import org.junit.Before;
import org.junit.Test;

import tudu.domain.dao.PropertyDAO;
import tudu.domain.model.Property;

public class ConfigurationManagerImplECTest {

    private PropertyDAO propertyDAO = null;
    private ConfigurationManagerImpl configurationManager = null;

    @Before
    public void setUp() throws Exception {
        propertyDAO = createMock(PropertyDAO.class);←❷
        configurationManager = new ConfigurationManagerImpl();
        configurationManager.setPropertyDAO(propertyDAO);←❸
    }

    @Test
    public void getProperty() {
        Property property = new Property();
        property.setKey("key");
        property.setValue("value");
        expect(propertyDAO.getProperty("key"))
            .andStubReturn(property);←❹

        Property defaultProperty = new Property();
        defaultProperty.setKey("default");
```

```
        defaultProperty.setValue("default");
        expect(propertyDAO.getProperty((String)anyObject()))
            .andStubReturn(defaultProperty);←❺

        replay(propertyDAO);←❻

        Property test = configurationManager.getProperty("key");
        assertEquals("value", test.getValue());
        test = configurationManager.getProperty("anything");
        assertEquals("default",test.getValue());

        verify(propertyDAO);←❼

    }
}
```

Pour simplifier l'écriture du code nécessaire à la définition des simulacres, des imports statiques, nouveauté introduite avec Java 5, sont utilisés (❶). Les imports statiques permettent de ne plus avoir à spécifier la classe (en l'occurrence la classe org.easymock.EasyMock) lors des appels à ses méthodes statiques.

Nous avons défini une méthode de gestion de contexte en utilisant l'annotation org.junit.Before. Par convention, nous avons appelé cette méthode setUp. Elle crée le simulacre et l'injecte dans le manager. La création du simulacre consiste à créer une instance d'objet implémentant l'interface PropertyDAO en utilisant la méthode createMock (❷). Cette méthode prend en paramètre l'interface que le simulacre doit implémenter, en l'occurrence PropertyDAO.

Une fois le simulacre créé, nous l'injectons manuellement dans le manager, puisque nous sommes dans le cadre de tests unitaires, c'est-à-dire sans conteneur (❸).

Pour que le simulacre fonctionne, il est nécessaire de spécifier le comportement de chacune de ses méthodes publiques utilisées dans le cadre du test. C'est ce que nous faisons au début de la méthode getProperty (❹, ❺) en utilisant la méthode statique expect de la classe EasyMock.

Au repère ❹, nous spécifions le comportement de la méthode getProperty de propertyDAO lorsque celle-ci a comme paramètre key, c'est-à-dire la valeur que la méthode doit renvoyer, en l'occurrence l'objet property. Pour cela, nous passons en paramètre à expect l'appel à getProperty proprement dit. Nous utilisons ensuite la méthode andStubReturn de l'objet renvoyé par expect pour spécifier la valeur de retour correspondant au paramètre key.

Au repère ❺, nous spécifions le comportement par défaut de getProperty, c'est-à-dire quel que soit son paramètre. Pour indiquer que le paramètre attendu peut être n'importe lequel, nous utilisons la méthode anyObject d'EasyMock. La valeur de retour est, là encore, spécifiée avec la méthode andStubReturn.

Pour pouvoir exécuter le test unitaire proprement dit, il suffit d'appeler la méthode replay en lui passant en paramètre le simulacre (❻). Nous indiquons ainsi à EasyMock que la phase d'enregistrement du comportement du simulacre est terminée et que le test commence.

Une fois le test terminé, un appel à la méthode verify (**❼**) permet de vérifier que le simulacre a été correctement utilisé (c'est-à-dire que toutes les méthodes ont bien été appelées).

Si nous exécutons notre test unitaire, nous constatons que tout se déroule sans accroc, comme l'illustre la figure 6-4.

Figure 6-4

Exécution du cas de test avec bouchon

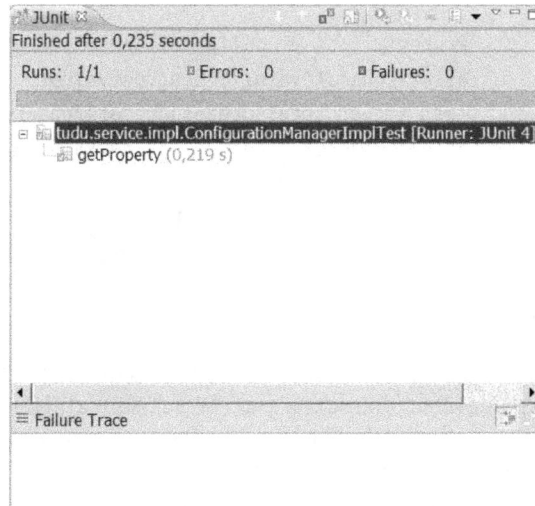

Notons que si une méthode dont le comportement n'est pas défini est appelée, une erreur est générée. Il est possible d'affecter un comportement par défaut à chaque méthode en utilisant la méthode createNiceMock au lieu de createMock. Son intérêt est toutefois limité, car ce comportement consiste à renvoyer 0, false ou null comme valeur de retour.

Les simulacres avec contraintes

Le framework EasyMock permet d'aller plus loin dans les tests d'une classe en spécifiant la façon dont les méthodes du simulacre doivent être utilisées.

Au-delà de la simple définition de méthodes bouchons, il est possible de définir des contraintes sur la façon dont elles sont utilisées, à savoir le nombre de fois où elles sont appelées et l'ordre dans lequel elles le sont.

Définition du nombre d'appels

EasyMock permet de spécifier pour chaque méthode bouchon des attentes en termes de nombre d'appels. La manière la plus simple de définir cette contrainte consiste à ne pas définir de valeur par défaut, autrement dit à supprimer le code au niveau du repère **❺** et à remplacer la méthode andStubReturn par la méthode andReturn.

EasyMock s'attend alors à ce qu'une méthode soit appelée une seule fois pour une combinaison de paramètres donnée. Si, dans l'exemple précédent, après ces modifications, nous appelons la méthode getProperty avec le paramètre key deux fois dans notre test, une erreur d'exécution est générée, comme l'illustre la figure 6-5.

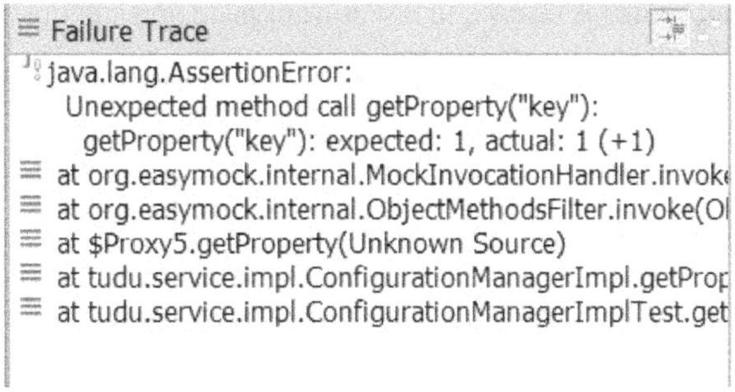

Figure 6-5

Appel inattendu à la méthode getProperty

```
≡ Failure Trace                                    ⬚
J java.lang.AssertionError:
    Unexpected method call getProperty("key"):
      getProperty("key"): expected: 1, actual: 1 (+1)
≡ at org.easymock.internal.MockInvocationHandler.invok
≡ at org.easymock.internal.ObjectMethodsFilter.invoke(O
≡ at $Proxy5.getProperty(Unknown Source)
≡ at tudu.service.impl.ConfigurationManagerImpl.getProp
≡ at tudu.service.impl.ConfigurationManagerImplTest.get
```

L'erreur affichée indique que l'appel à la méthode getProperty est inattendu (*unexpected*). Le nombre d'appel de ce type attendu (*expected*) et effectif (*actual*) est précisé. En l'occurrence, le nombre attendu d'appel est 1, et le nombre effectif 2 (1 + 1).

De même, si la méthode getProperty n'est pas appelée avec le paramètre key, une erreur est générée puisque EasyMock s'attend à ce qu'elle soit appelée une fois de cette manière.

Pour définir le nombre de fois où une méthode doit être appelée, nous disposons des quatre méthodes suivantes, à utiliser sur le résultat produit par andReturn :

• times(int nbre) : spécifie un nombre d'appels exact.

• times(int min,int max) : spécifie un nombre d'appels borné.

• atLeastOnce : spécifie que la méthode doit être appelée au moins une fois.

• anyTimes : le nombre d'appels est quelconque (y compris 0).

Le code ci-dessous spécifie un nombre d'appels égal à 2 :

```
expect(propertyDAO.getProperty("key"))
    .andReturn(property).times(2);
```

Si nous exécutons notre test appelant deux fois getProperty("key") avec ce nouveau simulacre, nous n'obtenons plus d'erreur.

Définition de l'ordre d'appel des méthodes

L'ordre d'appel des méthodes peut être important pour tester la façon dont un objet manipule les autres. Avec EasyMock, nous pouvons définir l'ordre dans lequel les méthodes d'un simulacre doivent être appelées.

Pour tenir compte de l'ordre, il suffit de remplacer la méthode createMock du contrôleur par createStrictMock. L'ordre d'appel des méthodes est alors défini par la séquence de leur appel pour la définition du simulacre.

Pour tester l'effet de cette modification, modifions le code de notre test. Juste après le repère ❺, définissons le comportement de getProperty avec le paramètre another :

```
anotherProperty.setKey("another");
anotherProperty.setValue("something");
expect(propertyDAO.getProperty("another"))
  .andReturn(anotherProperty);
```

Introduisons ensuite le test suivant juste après le premier test de la méthode `getProperty` :

```
test = configurationManager.getProperty("another");
assertEquals("something", test.getValue());
```

Si nous effectuons cette modification sur le code précédent sans autre modification, nous obtenons le résultat illustré à la figure 6-6.

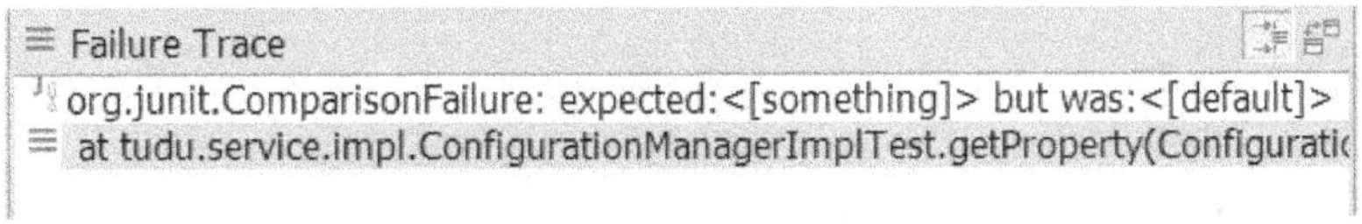

Figure 6-6

Résultat du non-respect de l'ordre d'appel

```
≡ Failure Trace                                                    ⯐ ⯐
↗ org.junit.ComparisonFailure: expected:<[something]> but was:<[default]>
≡ at tudu.service.impl.ConfigurationManagerImplTest.getProperty(Configuratic
```

L'erreur indique que la valeur de retour attendue était celle du comportement par défaut, puisque le comportement avec le paramètre `another` a été défini après le comportement avec le paramètre `key`, qui n'a pas encore été appelé.

Les simulacres d'objets de Spring

Spring n'étant pas un framework dédié aux tests unitaires, il ne fournit pas de services similaires à ceux d'EasyMock. Cependant, afin de faciliter l'écriture de tests unitaires, Spring fournit un ensemble de simulacres prêts à l'emploi. Ces simulacres simulent des composants standards de l'API Java EE souvent utilisés dans les applications.

L'ensemble de ces simulacres est défini dans des sous-packages de `org.spring-framework.mock`.

Les simulacres Web

Dans le package `org.springframework.mock.web`, sont définis les simulacres nécessaires pour tester des composants Web. Nous y trouvons des simulacres pour les principales interfaces de l'API servlet, notamment les suivants :

- `HttpServletRequest`

- `HttpServletResponse`

- `HttpSession`

Dans Tudu Lists, nous disposons d'une servlet pour effectuer la sauvegarde du contenu d'une liste de todos. Le code suivant, extrait de la classe `BackupServletTest` du package `tudu.web.servlet`, montre comment les simulacres Web `MockHttpServletRequest`, `MockHttpServletResponse` et `MockHttpSession` sont utilisés pour tester cette servlet dans un cas de test JUnit classique :

```
@Test
public void doGet() throws Exception {
    Document doc = new Document();
    Element todoListElement = new Element("todolist");
```

```
todoListElement.addContent(
  new   Element("title").addContent("Backup List"));
doc.addContent(todoListElement);

MockHttpServletRequest request = new MockHttpServletRequest();
MockHttpSession session = new MockHttpSession();
session.setAttribute("todoListDocument", doc);
request.setSession(session);

MockHttpServletResponse response =
  new MockHttpServletResponse();

BackupServlet backupServlet = new BackupServlet();
backupServlet.doGet(request, response);

String xmlContent = response.getContentAsString();

assertTrue(xmlContent.indexOf("<title>Backup List</title>")>0);
}
```

Le code en grisé, qui concentre l'utilisation des simulacres, montre que l'emploi de ces derniers est très aisé. Leur création ne nécessite aucun paramétrage particulier, et toutes les méthodes pour définir leur contenu puis le récupérer sont disponibles.

Autres considérations sur les simulacres

Pour terminer cette section consacrée aux simulacres d'objets, il nous semble important d'insister sur deux points fondamentaux pour bien utiliser les simulacres :

- Un cas de test portant sur un objet utilisant des simulacres ne doit pas tester ces derniers. L'objectif des simulacres est non pas d'être testés, mais d'isoler un objet des contingences extérieures afin de faciliter sa vérification.

- Un simulacre doit être conçu de manière à produire des données permettant de simuler l'ensemble du contrat de l'objet à tester. Ce contrat peut consister à retourner certaines données selon tel paramètre, mais aussi à lancer une exception selon tel autre paramètre. Le passage des tests ne démontre pas qu'un objet fonctionne correctement, mais seulement qu'il a su passer les tests.

EasyMock répond à des besoins moyennement complexes en termes de simulacres. Pour des besoins plus complexes, il est conseillé de développer spécifiquement les simulacres sans l'aide d'un framework.

En résumé

Comme pour les tests avec JUnit, les principes architecturaux de Spring facilitent la création de simulacres. D'une part, la séparation des interfaces et de leurs implémentations permet d'utiliser nativement EasyMock sans passer par une extension permettant de réaliser des simulacres à partir de classes. D'autre part, l'injection des dépendances dans le composant pouvant être faite manuellement, donc sans le conteneur léger, il est aisé d'initialiser les collaborateurs du composant à tester, non pas avec des implémentations, mais avec des simulacres permettant de l'isoler des contingences extérieures.

Les simulacres prêts à l'emploi fournis par Spring sont très utiles en ce qu'ils simulent des classes standards de l'API Java, très utilisées dans les applications Java EE.

Les tests d'intégration

JUnit et EasyMock suffisent dans la plupart des cas à réaliser des tests unitaires. Les tests unitaires sont nécessaires mais pas suffisants pour tester le bon fonctionnement d'une application. Les tests d'intégration viennent en complément pour garantir que l'intégration entre les composants de l'application s'effectue correctement.

Dans cette section, nous allons mettre en place le test d'un DAO de Tudu Lists. Pour cela, nous utiliserons d'une part les extensions de Spring pour JUnit, afin de bénéficier de l'injection de dépendances du conteneur léger, et d'autre part le framework DbUnit pour initialiser le contenu de la base de données de tests.

Les extensions de Spring pour JUnit

Comme nous l'avons déjà indiqué, JUnit peut être utilisé pour faire des tests unitaires aussi bien que des tests d'intégration. C'est donc tout à fait naturellement que Spring fournit des extensions à JUnit afin de pouvoir tester l'intégration des composants de l'application. Ces extensions ont pour vocation d'instancier le conteneur léger afin de bénéficier de l'injection de dépendances et de la POA.

Ces extensions se présentent sous forme d'annotations, contenues dans le package `org.springframework.test.context` et ses sous-packages. Ces annotations font partie du Spring TestContext Framework, qui propose les fonctionnalités suivantes :

• Chargement d'un contexte Spring pour chaque test.

• Mise en cache automatique des contextes Spring partagés entre plusieurs tests (accélérant ainsi l'exécution globale des tests).

• Injection de dépendances dans les tests.

• Possibilité d'ajout d'objets réagissant au cycle de vie des tests.

L'utilisation d'annotations va dans le même sens que JUnit 4.x et permet aussi une meilleure réutilisabilité des composants de tests, contrairement à l'héritage de classes de test.

Spring et les versions de JUnit

Spring 2.5 supporte JUnit dans sa version 4.4 mais pas dans sa version 4.5, cela à cause de changements dans l'API interne. JUnit 4.5 est en revanche supporté par Spring 3.0. Pour le développeur de tests, il n'y a aucune différence, les deux versions de JUnit s'utilisent de la même manière.

Voici comment le test du DAO permettant de gérer les propriétés de Tudu Lists peut bénéficier du support de Spring :

```
package tudu.domain.dao.jpa;

import org.junit.runner.RunWith;
import org.springframework.test.context.ContextConfiguration;
import ➡
org.springframework.test.context.junit4.SpringJUnit4ClassRunner;

@RunWith(SpringJUnit4ClassRunner.class)
@ContextConfiguration
public class PropertyDAOJpaTest {
    (...)
}
```

L'annotation @RunWith est en fait une annotation JUnit qui indique au lanceur utilisé de déléguer l'exécution du test à la classe de lanceur précisée en argument. Le SpringJUnit4-ClassRunner implémente ainsi toute la logique d'exécution du framework de test de Spring. Utiliser ce lanceur n'ayant pas d'impact direct sur l'exécution des tests, on lance toujours ceux-ci avec les moyens habituels (lanceurs texte de JUnit, Eclipse ou outils de construction).

Le lanceur Spring va notamment extraire des informations de l'annotation @ContextConfiguration. Celle-ci précise qu'un contexte Spring est nécessaire au test et peut accepter des paramètres précisant quels sont les fichiers définissant ce contexte. Si aucun paramètre n'est passé à @ContextConfiguration, le nom du fichier de configuration sera déterminé à partir du nom de la classe de test. Dans notre cas, la classe de test s'appelle tudu.domain.dao.jpa.PropertyDAOJpaTest et le contexte Spring sera chargé à partir de classpath:/tudu.domain.dao.jpa.PropertyDAOJpaTest-context.xml.

Ce comportement par défaut est commode, mais nous préférons préciser les fichiers définissant le contexte de notre test. Ces fichiers seront au nombre de deux :

- **/tudu/conf/jpa-dao-context.xml** : déclare le contexte JPA et les DAO. Il n'est pas autonome, car il nécessite d'autres beans, notamment la connexion à la base de données (sous forme d'un DataSource) et l'adaptateur JPA. Ces deux beans ne sont pas directement déclarés dans ce fichier, car ils varient selon les environnements (tests d'intégration ou utilisation de l'application en production).

- **/tudu/domain/dao/jpa/test-context.xml** : complète le fichier précédent en définissant la connexion à la base de tests et l'adaptateur JPA (qui utilise Hibernate). Il définit aussi une politique de transaction car pour les tests d'intégration des DAO, en l'absence de services métier, les transactions sont ramenées sur ceux-ci.

Le fichier jpa-dao-context.xml est exactement le même que celui défini dans la partie sur la persistance des données, car il fait partie des fichiers de configurations fixes de Tudu Lists. Voici l'essentiel du fichier test-context.xml :

```
<bean id="dataSource" class="org.springframework.jdbc.datasource.Single
ConnectionDataSource"
```

```
    >←❶
    <property name="driverClassName" value="org.hsqldb.jdbcDriver" />
    <property name="url" value="jdbc:hsqldb:mem:tudu-test" />
    <property name="username" value="sa" />
    <property name="password" value="" />
    <property name="suppressClose" value="true" />
</bean>

<bean id="jpaVendorAdapter" class="org.springframework.orm.jpa.vendor.Hibernate
JpaVendorAdapter">←❷
    <property name="showSql" value="false" />
    <property name="generateDdl" value="true" />
    <property name="databasePlatform"
        value="org.hibernate.dialect.HSQLDialect" />
</bean>

<bean id="transactionManager"
        class="org.springframework.orm.jpa.JpaTransactionManager">←❸
    <property
        name="entityManagerFactory"
        ref="entityManagerFactory" />
</bean>

<aop:config>
    <aop:pointcut
        id="dao"
        expression="execution(* tudu.domain.dao.jpa..*DAO*.*(..))"/>
        <aop:advisor advice-ref="txAdvice" pointcut-ref="dao"/>
</aop:config>

<tx:advice id="txAdvice" transaction-manager="transactionManager">
    <tx:attributes>
        <tx:method name="*" propagation="REQUIRED" />
    </tx:attributes>
</tx:advice>
```

Le fichier commence par la définition de la connexion à la base de données sous la forme d'un DataSource, au repère ❶. Cette définition est particulièrement adaptée à une configuration de test : le DataSource ne crée qu'une connexion qui est réutilisée systématiquement, et la base de données est créée en mémoire, il n'est donc pas nécessaire de disposer d'un serveur et de le lancer.

L'adaptateur JPA est ensuite défini au repère ❷. Une implémentation Hibernate est utilisée, qui permet notamment de créer les tables à la volée. Cela se révèle particulièrement utile puisque la base de données est en mémoire et ne peut être initialisée en-dehors de l'exécution du test.

Enfin, la politique de transaction est définie au repère ❸. Il s'agit là d'une définition purement déclarative, ramenant les transactions au niveau des DAO pour le besoin des tests.

Il faut maintenant configurer le test unitaire pour qu'il utilise ces fichiers. Cela se fait en passant un tableau de chaînes de caractères au paramètre `locations` de l'annotation `@TestConfiguration` :

```
package tudu.domain.dao.jpa;

import org.junit.runner.RunWith;
import org.springframework.test.context.ContextConfiguration;
import \
org.springframework.test.context.junit4.SpringJUnit4ClassRunner;

@RunWith(SpringJUnit4ClassRunner.class)
@ContextConfiguration(locations={
    "/tudu/domain/dao/jpa/test-context.xml",
    "/tudu/conf/jpa-dao-context.xml"
})
public class PropertyDAOJpaTest {
    (...)
}
```

Le contexte de notre test va donc s'initialiser parfaitement en réutilisant un fichier de configuration de l'application et en le complétant avec un fichier dédié aux tests d'intégration des DAO.

Le test va travailler sur le DAO gérant les propriétés, `PropertyDAO`. Il faut donc que cet objet soit une propriété du test. Il suffit alors de déclarer cette propriété dans le test et de faire en sorte qu'elle soit injectée. L'injection de dépendances dans le test unitaire est bien sûr prise en charge par le lanceur Spring. La concision étant de rigueur, nous utilisons l'annotation `@Autowired` :

```
package tudu.domain.dao.jpa;

import org.junit.runner.RunWith;
import org.springframework.beans.factory.annotation.Autowired;
import org.springframework.test.context.ContextConfiguration;
import \
org.springframework.test.context.junit4.SpringJUnit4ClassRunner;
import tudu.domain.dao.PropertyDAO;

@RunWith(SpringJUnit4ClassRunner.class)
@ContextConfiguration(locations={
    "/tudu/domain/dao/jpa/test-context.xml",
    "/tudu/conf/jpa-dao-context.xml"
})
public class PropertyDAOJpaTest {

    @Autowired
    private PropertyDAO propertyDAO;

}
```

Il est possible de tester rapidement l'initialisation de notre test en vérifiant que le chargement se fait correctement et en s'assurant que le DAO a été injecté. Il suffit d'ajouter la méthode de test suivante :

```
@Test
public void initOK() {
    Assert.assertNotNull(propertyDAO);
}
```

Il est clair que cette méthode ne teste pas le DAO, mais elle a le mérite de nous renseigner sur notre avancement.

Nous venons de voir comment Spring peut nous aider dans l'initialisation des tests d'intégration. C'est dans ces tests que le conteneur Spring prend toute son ampleur, car il nous permet d'élaborer très finement notre configuration de test.

L'apport de Spring ne s'arrête pas là : avec seulement quelques annotations, le contexte Spring est automatiquement chargé (et mis en cache), et le test peut se voir injecter les dépendances dont il a besoin. L'étape suivante consiste à tester proprement dit le DAO, mais cela nécessite des manipulations avec la base de données et c'est là qu'intervient DbUnit.

Utilisation de DbUnit avec Spring

DbUnit est une extension de JUnit facilitant les tests effectuant des opérations en base de données. DbUnit supporte la plupart des bases de données. Ce framework est disponible à l'adresse *http://dbunit.sourceforge.net/*.

DbUnit permet de mettre dans un état connu une base de données avant d'effectuer un test. Ce raisonnement plutôt simple est en effet le meilleur moyen d'éviter les problèmes d'initialisation et de corruption des données lors de l'exécution de tests sur une base.

DbUnit sera d'autant plus facile à intégrer dans une infrastructure de tests si une approche agile est adoptée. Voici donc un ensemble de bonnes pratiques pour les tests mettant en jeu une base de données :

• Une instance de base de données par développeur. Chaque développeur doit disposer de sa propre instance de base de données. L'idée est que chaque développeur peut effectuer ses tests sans perturber les autres. L'instance peut se trouver sur la machine du développeur. En effet, la plupart des bases gratuites sont simples à installer et peu consommatrices en ressources. La plupart des bases de données payantes proposent une édition pour le développement (Oracle propose par exemple Oracle Express Edition). Il est aussi possible de créer autant d'instances de tests qu'il y a de développeurs sur un serveur central.

• Utiliser des jeux de données minimalistes. Les données doivent seulement permettre de tester toutes les éventualités, pas de mesurer la rapidité d'exécution. Il est donc préférable de remplir les tables avec au maximum quelques dizaines d'enregistrements, et ce afin que les tests s'exécutent le plus rapidement possible. L'optimisation des requêtes (jointures, index) doit plutôt être faite avec de véritables données, bien que la question des performances doive toujours être à l'esprit des développeurs !

- Tous les tests doivent être indépendants. Il ne faut pas qu'un test dépende des données d'un autre test. Chaque test doit donc avoir son propre jeu de données, et aucune autre phase d'initialisation des données ne doit être nécessaire.

Au cœur de DbUnit se trouve la notion de jeu de données (*dataset*, qui correspond à l'interface org.dbunit.dataset.IDataSet). DbUnit synchronise la base de données à partir d'implémentations de IDataSet. La manière la plus commune de créer un jeu de données est d'écrire un fichier XML et de laisser DbUnit créer l'objet correspondant.

Prenons, par exemple, la table contenant les propriétés de l'application Tudu Lists. Les annotations JPA posées sur l'entité nous indiquent que la table s'appelle property et que la propriété key correspond au champ pkey. La propriété value est automatiquement mise en correspondance avec la colonne de même nom. Voici le fichier XML correspondant :

```
<?xml version='1.0' encoding='UTF-8'?>
<dataset>

  <property pkey="smtp.host" value="some.url.com" />

</dataset>
```

Ce format est appelé « plat » (*flat*) dans la nomenclature des IDataSet de DbUnit. On remarque qu'au nom de la table correspond le nom de la balise et qu'aux propriétés correspondent les attributs de la balise. Chaque balise property correspond à un enregistrement dans la table correspondante.

Si ce fichier s'appelle property.xml, le code suivant permet de charger ce fichier sous forme de IDataSet :

```
IDataSet dataSet = new FlatXmlDataSet(new File("property.xml"));
```

À partir d'un objet IDataSet, il est possible de compter le nombre d'enregistrements de chacune des tables, de récupérer les valeurs pour chaque colonne de chaque enregistrement de chaque table, etc. L'opération qio nous intéresse consiste à mettre le contenu du jeu de données dans notre base. L'insertion doit passer par une connexion JDBC ou un DataSource. La plupart de nos composants utilisant un DataSource, nous optons pour cette solution.

Voici un exemple de code pour effectuer l'insertion de notre jeu de données :

```
import javax.sql.DataSource; ←❶
import org.dbunit.database.DatabaseDataSourceConnection;
import org.dbunit.dataset.IDataSet;
import org.dbunit.dataset.xml.FlatXmlDataSet;
import org.dbunit.operation.DatabaseOperation;

(...)

    IDataSet dataSet = new FlatXmlDataSet(
      new File("property.xml")
    ); ←❷
    DataSource dataSource; ←❸
```

```
// récupération du DataSource
(...)
DatabaseDataSourceConnection datasourceConnection =
    new DatabaseDataSourceConnection(
        dataSource
    );←❹
DatabaseOperation.CLEAN_INSERT.execute(
    datasourceConnection,
    dataSet
);←❺
```

Il faut dans un premier temps effectuer un ensemble d'imports de packages, principalement de DbUnit (❶).

Le repère ❷ reprend la création du IDataSet. Nous initialisons ensuite le DataSource (❸). Cette partie n'est pas détaillée pour l'instant (Spring nous permettra de combler cette lacune par la suite). Il faut ensuite créer une connexion telle que l'attend DbUnit, et ce à partir du DataSource. C'est ce qui est effectué au repère ❹, en utilisant DatabaseDataSourceConnection, qui fait partie de l'API DbUnit.

Le repère ❺ constitue la partie la plus intéressante de notre exemple. C'est là que s'effectue l'injection du jeu de données dans la base de données. Pour cela, un appel statique sur DatabaseOperation nous permet d'effectuer une insertion « propre » (*clean insert*). Dans notre cas, cela consistera à vider la table property et à la remplir avec les enregistrements décrits dans le fichier XML. L'opération de *clean insert* est l'opération d'injection de données par défaut effectuée par DbUnit : elle vide toute table impliquée dans le jeu de données.

DbUnit propose une API très riche et des fonctionnalités plus intéressantes les unes que les autres, mais nous avons vu là l'essentiel qui nous intéresse. L'idée est maintenant d'effectuer cette injection de données juste avant nos méthodes de test. Le code précédent a donc sa place dans une méthode annotée avec @Before afin d'être exécutée avant chaque méthode de test. Reprenons notre test unitaire où nous l'avons laissé :

```
package tudu.domain.dao.jpa;

(...)

@RunWith(SpringJUnit4ClassRunner.class)
@ContextConfiguration(locations={
    "/tudu/domain/dao/jpa/test-context.xml",
    "/tudu/conf/jpa-dao-context.xml"
})
public class PropertyDAOJpaTest {

    @Autowired
    private PropertyDAO propertyDAO;

    @Autowired
    private DataSource dataSource
```

```
@Before
public void setUp() {
    IDataSet dataSet = new FlatXmlDataSet(
        new File("property.xml")
    );
    DatabaseOperation.CLEAN_INSERT.execute(
        new DatabaseDataSourceConnection(dataSource),
        dataSet
    );
}

@Test
public void getPropertyOK() {
    Property prop = propertyDAO.getProperty("smtp.host");
    Assert.assertNotNull(prop);
    Assert.assertEquals("smtp.host",prop.getKey());
    Assert.assertEquals("some.url.com",prop.getValue());
}

(...)

}
```

Cette méthode d'initialisation s'intègre parfaitement avec le fonctionnement de nos tests d'intégration, rendant l'utilisation de DbUnit très facile. L'exemple montre aussi le test de la méthode getProperty pour une clé existant en base. Malgré son aspect plutôt simple, rendu possible notamment par le support JUnit de Spring, ce test nous assure que le fichier de configuration des DAO de Tudu Lists est correct et que la méthode getProperty fonctionne correctement.

Il est aussi possible de tester un autre contrat de notre méthode, celui qui consiste à dire qu'elle renvoie un objet nul si la clé n'existe pas en base :

```
@Test
public void getPropertyNOK() {
    Property prop = propertyDAO.getProperty("some.dummy.key");
    Assert.assertNull(prop);
}
```

Ce test paraît anodin, mais renvoyer une exception serait un comportement tout aussi possible. Un quelconque changement de comportement sera donc immédiatement détecté grâce à ce test.

Deux autres méthodes sont à tester dans le DAO : saveProperty et updateProperty. DbUnit est encore d'une aide précieuse pour s'assurer du bon déroulement des méthodes. Voici le test pour la méthode saveProperty :

```
@Test
public void saveProperty() throws Exception {
```

```
    Property toSave = new Property();
    toSave.setKey("some.key");
    toSave.setValue("some.value");←❶
    propertyDAO.saveProperty(toSave);←❷
    DatabaseDataSourceConnection dsConnection =
        new DatabaseDataSourceConnection(
            dataSource
        );←❸
    IDataSet databaseDataSet = dsConnection.createDataSet();←❹
    ITable tablePersonne = databaseDataSet.getTable("property");←❺
    assertEquals(2,tablePersonne.getRowCount());←❻
}
```

Le test commence par la création de l'objet propriété à persister (❶). Au repère ❷, la méthode à tester est appelée. Il faut ensuite, comme pour l'injection du jeu de données, travailler avec l'API de DbUnit. Cela passe par la création de la connexion DbUnit, *via* le DataSource (injecté dans le test par Spring), au repère ❸. L'objet de connexion permet de créer un IDataSet à partir du contenu de la base de données (❹). À partir de ce IDataSet, il est possible de récupérer la table qui nous intéresse (❺) et de connaître le nombre d'enregistrements dans cette table afin d'effectuer une vérification (❻). Notre jeu de données XML injectant une seule ligne dans la table property, il faut qu'il y ait deux enregistrements après l'appel à la méthode saveProperty. DbUnit pourrait nous permettre de pousser plus loin nos vérifications en allant jusqu'à vérifier les valeurs des colonnes pour chacun des enregistrements. Nous n'irons pas jusque-là, la vérification du nombre d'enregistrements dans la table étant suffisante.

L'ensemble de ces vérifications permet de tester efficacement notre DAO ; cependant, les appels à l'API DbUnit sont un peu fastidieux. Tudu Lists contient donc une classe utilitaire permettant de faire rapidement les opérations les plus courantes (injection d'un jeu de données, récupération du nombre d'enregistrements dans une table, etc.). Cette classe s'appelle DbUnitHelper ; elle nécessite seulement un DataSource comme dépendance. Un Bean dbUnitHelper est déclaré dans le contexte Spring. Nous ne détaillerons pas l'implémentation de cette classe, qui encapsule des appels basiques mais quelque peu verbeux à l'API DbUnit. Cette classe peut aussi être utilisée dans la méthode setUp afin d'effectuer l'injection du jeu de données.

Voici maintenant l'apparence de notre test unitaire :

```
(...)
public class PropertyDAOJpaTest {

    @Autowired
    private PropertyDAO propertyDAO;

    @Autowired
    private DbUnitHelper helper;

    @Before
    public void setUp() throws Exception {
```

```
        IDataSet dataSet = new FlatXmlDataSet("property.xml");
        helper.doCleanInsert(dataSet);
    }

    @Test
    public void saveProperty() throws Exception {
        Property toSave = new Property();
        toSave.setKey("some.key");
        toSave.setValue("some.value");
        propertyDAO.saveProperty(toSave);
        assertEquals(2,helper.getTable("property").getRowCount());
    }
}
```

L'utilisation du DbUnitHelper rend le test unitaire un peu moins verbeux et moins tributaire de DbUnit.

Le test de la méthode updateProperty est lui aussi très simple :

```
@Test
public void updateProperty() throws Exception {
    Property toUpdate = new Property();
    toUpdate.setKey("smtp.host");
    toUpdate.setValue("some.other.host");
    propertyDAO.updateProperty(toUpdate);
    ITable table = helper.getTable("property");
    Assert.assertEquals(
        "some.other.host",
        table.getValue(0, "value").toString()
    );
}
```

En résumé

Les tests d'intégration utilisant JUnit sont facilités pour les applications qui utilisent Spring. Le Spring TestContext Framework permet d'ajouter du comportement aux classes de tests unitaires. Il gère alors le chargement du contexte Spring, sa mise en cache s'il est partagé par plusieurs classes de tests et l'injection de dépendances dans le test unitaire.

Toutes ces fonctionnalités permettent de recréer un contexte d'exécution pour les tests d'intégration. Une division judicieuse des fichiers Spring permet de réutiliser ceux-ci pour différents environnements. Les tests des DAO de Tudu Lists travaillent ainsi sur une base de données en mémoire, sans que le fichier de définition des DAO n'ait eu à subir de modifications.

La puissance du conteneur léger Spring permet d'intégrer élégamment DbUnit. Il est alors très aisé de mettre la base de données dans un état adapté pour tous les tests et donc de tester de façon fiable tout composant interagissant avec la base de données.

Réagir à l'exécution des tests

Le Spring TestContext Framework propose un système d'écouteur à l'exécution des classes de tests. C'est par ce biais que l'injection de dépendances dans un test est possible. Ce mécanisme très puissant permet d'ajouter facilement du comportement « autour » de l'exécution des tests. L'impact sur la classe de test unitaire est minime, et seul l'ajout d'une annotation paramétrée correctement est nécessaire (pas d'héritage ou d'interface à implémenter).

Voici la définition de l'interface d'écouteur :

```
package org.springframework.test.context;

public interface TestExecutionListener {

    void prepareTestInstance(TestContext testCtx) throws Exception;

    void beforeTestMethod(TestContext testCtx) throws Exception;

    void afterTestMethod(TestContext testCtx) throws Exception;

}
```

Les méthodes sont exécutées suite à la création de l'objet de test puis avant et après chaque méthode de test.

Chaque test dispose de sa propre pile d'écouteurs. Il est possible de la paramétrer avec l'annotation `org.springframework.test.context.TestExecutionListeners` à laquelle on passe un tableau de `TestExecutionListeners` :

```
@RunWith(SpringJUnit4ClassRunner.class)
@ContextConfiguration
@TestExecutionListeners({MyTestExecutionListener.class})
public class MyTest {
    (...)
}
```

L'annotation `@TestExecutionListeners` ne peut évidemment fonctionner que si les annotations `@RunWith` et `@ContextConfiguration` sont positionnées. Si l'annotation `@TestExecutionListeners` n'est pas positionnée, l'écouteur d'injection de dépendances (fourni par Spring) est positionné par défaut. Cette annotation n'est donc à utiliser que dans le cas où l'on souhaite positionner ces propres écouteurs.

Ce principe d'écouteur peut sembler bien complexe et surtout redondant compte tenu de l'existence du système d'annotations JUnit réagissant à l'exécution du test (`@Before` et `@After`). Son utilité est toutefois justifiée par sa plus grande réutilisabilité. Un écouteur peut encapsuler un code complexe qui alourdirait un test si ce code apparaissait directement dans une méthode annotée avec `@Before` ou `@After`. Une fois l'écouteur codé, il peut être ajouté simplement *via* l'annotation `@TestExecutionListeners`, ce qui est très peu intrusif.

Nous allons illustrer l'écriture d'un écouteur par l'amélioration de notre infrastructure de test d'intégration. Nous avons précédemment effectué l'injection d'un jeu de données en base de données dans une méthode annotée avec `@Before`. Cela convenait parfaitement au test de notre DAO. Mais imaginons que nous voulions tester d'autres composants interagissant avec la base de données. Le test de ces composants nécessiterait aussi d'avoir une base de données dans un état connu, et cela passerait bien évidemment par DbUnit.

Ce besoin de réutilisabilité nous conduit à penser que l'écriture d'un `TestExecutionListener` serait tout à fait adaptée. Cet écouteur serait positionné sur des tests qui précisent un jeu de données à injecter. Nous pouvons, par exemple, définir une interface que ces tests devraient implémenter pour localiser le fichier XML de ce jeu de données :

```
public interface DataSetLocator {

   public String getDataSet();

}
```

L'interface `DataSetLocator` définit (sous la forme d'une chaîne de caractères) la localisation du `IDataSet`. Nous aurions pu définir une annotation ou adopter un fonctionnement par défaut (localiser le fichier XML en fonction du nom de la classe de test), mais cette approche par interface nous semble un bon compromis.

Nous pouvons définir l'écouteur effectuant l'injection de la manière suivante :

```
(...)
public class CleanInsertTestExecutionListener
  implements TestExecutionListener {

  public void beforeTestMethod(TestContext ctx) throws Exception {
    if(ctx.getTestInstance() instanceof DataSetLocator) {←❶
      DataSetLocator test = (DataSetLocator) ctx.getTestInstance();
      ApplicationContext appCtx = ctx.getApplicationContext();
      DbUnitHelper helper = null;
      if(appCtx.containsBean("dbUnitHelper")) {
        helper = (DbUnitHelper) appCtx.getBean("dbUnitHelper");
      } else {
        DataSource ds = (DataSource) appCtx.getBean("dataSource");
        helper = new DbUnitHelper(ds);
      }←❷
      IDataSet dataSet = helper.getDataSet(test.getDataSet());←❸
      helper.doCleanInsert(dataSet);←❹
    }
  }

  public void prepareTestInstance(TestContext ctx) throws Exception
  {
    // aucune opération←❺
  }
```

```
    public void afterTestMethod(TestContext ctx) throws Exception {
      // aucune opération←❻
    }


}
```

L'injection du jeu de données se fait avant chaque méthode de test : c'est pourquoi la méthode beforeTestMethod est implémentée. Celle-ci vérifie que le test unitaire implémente bien l'interface DataSetLocator afin de pouvoir localiser le jeu de données (❶). Le code précédant le repère ❷ permet de disposer d'un DbUnitHelper, soit en le récupérant dans le contexte Spring, soit en en créant un en utilisant le DataSource. Le jeu de données est ensuite créé à partir de l'information donnée par le test (❸), puis injecté dans la base de données (❹). Le DbUnitHelper nous assiste bien dans toutes ces tâches.

Les deux autres méthodes de l'interface TestExecutionListener n'ayant pas d'utilité dans notre cas, elles ont une implémentation vide (❺, ❻).

Voici maintenant le test unitaire du DAO propriété :

```
@RunWith(SpringJUnit4ClassRunner.class)
@ContextConfiguration(locations={
    "/tudu/domain/dao/jpa/test-context.xml",
    "/tudu/conf/jpa-dao-context.xml"
})
@TestExecutionListeners{
    CleanInsertTestExecutionListener.class,←❶
    DependencyInjectionTestExecutionListener.class←❷
})
public class PropertyDAOJpaTest implements DataSetLocator {

    (...)

    public String getDataSet() {
        return "/tudu/domain/dao/dataset/property.xml";←❸
    }


}
```

La méthode setUp, effectuant l'injection du jeu de données, n'est plus nécessaire. Le test unitaire définit dans sa pile d'écouteurs non seulement l'écouteur effectuant l'injection de données (❶), mais aussi celui faisant l'injection de dépendances (❷). Celui-ci est positionné par défaut en l'absence de l'annotation @TestExecutionListeners, mais il n'est pas ajouté automatiquement si l'on précise sa propre pile.

Enfin, le test unitaire implémentant l'interface DataSetLocator définit la méthode getDataSet, qui doit retourner la localisation du jeu de données au format XML plat de DbUnit (❸).

Cette plongée dans les mécanismes du Spring TestContext Framework nous a permis d'écrire un composant facilement réutilisable pour l'injection de données en base de données. Cette approche est particulièrement élégante pour intégrer des composants tels que DbUnit et ajouter du comportement de façon complètement transversale à des tests unitaires.

Conclusion

Ce chapitre a montré comment tester une application Spring avec JUnit. Du point de vue des tests unitaires, le code fondé sur Spring ne nécessite pas d'extension particulière à JUnit, hormis l'utilisation le cas échéant d'un framework spécifique, comme EasyMock, pour simuler les objets dont dépend le composant à tester.

Spring fournit par ailleurs des simulacres prêts à l'emploi pour certains composants techniques de l'API Java EE. Pour les tests unitaires, seul le code applicatif est utilisé, sans l'aide du conteneur léger de Spring. L'injection des dépendances est effectuée manuellement dans les tests.

Pour les tests d'intégration, JUnit nécessite plusieurs extensions, car, dans ce cas, le conteneur léger doit être utilisé. À cette fin, Spring fournit le TestContext Framework qui se charge de la gestion du contexte des tests. Un utilitaire tel que DbUnit peut alors facilement être intégré pour tester, par exemple, les composants interagissant avec la base de données.

Partie II

Les frameworks de présentation

Cette partie se penche sur les principes mis en œuvre par Spring afin de résoudre les préoccupations liées aux applications Web. Spring couvre un large spectre de technologies Web, allant des servlets à Ajax, et s'efforce de préserver l'homogénéité de ses différents supports Web en utilisant des mécanismes similaires.

Spring et son portfolio proposent un ensemble de frameworks adressant notamment le patron de conception MVC lui-même, ainsi que les flots de traitement Web. En parallèle, des intégrations sont mises à disposition par des outils externes afin d'aider à traiter les problématiques liées à Ajax.

Le chapitre 7 traite de Spring MVC, le framework MVC de Spring. Ce dernier fournit un cadre souple et robuste afin d'implémenter des applications Web fondées sur la technologie servlet. Il tire un parti maximal des fonctionnalités du conteneur léger de Spring et fournit un intéressant modèle de programmation fondé sur les annotations.

Le chapitre 8 est consacré à Spring Web Flow, un framework de gestion des flots Web qui offre de puissants mécanismes afin de configurer et contrôler les enchaînements de pages dans les applications Web.

Le chapitre 9 clôt cette partie en abordant la mise en œuvre d'approches AJAX avec les outils DWR et GWT, ces derniers permettant de mettre en œuvre des applications Web riches à l'interface graphique plus élaborée que les applications Web classiques.

7

Spring MVC

La mise en pratique du patron de conception MVC (Model View Controller) offre une meilleure structuration du tiers de présentation des applications Java EE en dissociant les préoccupations de déclenchement des traitements de la construction de la présentation proprement dite. Les principaux frameworks MVC implémentent le type 2 de ce patron, qui instaure un point d'entrée unique ayant pour mission d'aiguiller les requêtes vers la bonne entité de traitement.

Le framework Spring offre une implémentation innovante du patron MVC par le biais d'un framework nommé Spring MVC, qui profite des avantages de l'injection de dépendances (*voir chapitres 2 et 3*) et qui, depuis la version 2.5, offre une intéressante flexibilité grâce aux annotations Java 5. Ce module permet dès lors de s'abstraire de l'API Servlet de Java EE, les informations souhaitées étant automatiquement mises à disposition en tant que paramètres des méthodes des contrôleurs.

De plus, à partir de la version 3.0, Spring MVC intègre un support permettant de gérer la technologie REST, les URL possédant la structure décrite par cette dernière étant exploitable en natif.

Le présent chapitre passe en revue les fonctionnalités et apports de ce module, qui met en œuvre les principes généraux du framework Spring, lesquels consistent à masquer l'API Servlet et à simplifier les développements d'applications Java EE tout en favorisant leur structuration et leur flexibilité.

Implémentation du pattern MVC de type 2 dans Spring

Cette section décrit brièvement l'implémentation du patron de conception MVC de type 2 dans le framework Spring.

Nous présenterons rapidement les concepts de base du type 2 de ce patron puis nous concentrerons sur les principes de fonctionnement et constituants de Spring MVC, l'implémentation du patron MVC par Spring.

Fonctionnement du patron MVC 2

Le patron MVC est communément utilisé dans les applications Java/Java EE pour réaliser la couche de présentation des données aussi bien dans les applications Web que pour les clients lourds. Lorsqu'il est utilisé dans le cadre de Java EE, il s'appuie généralement sur l'API servlet ainsi que sur des technologies telles que JSP/JSTL.

Il existe deux types de patrons MVC, celui dit de type 1, qui possède un contrôleur par action, et celui dit de type 2, plus récent et plus flexible, qui possède un contrôleur unique. Nous nous concentrerons sur ce dernier, puisqu'il est implémenté dans les frameworks MVC.

La figure 7-1 illustre les différentes entités du type 2 du patron MVC ainsi que leurs interactions lors du traitement d'une requête.

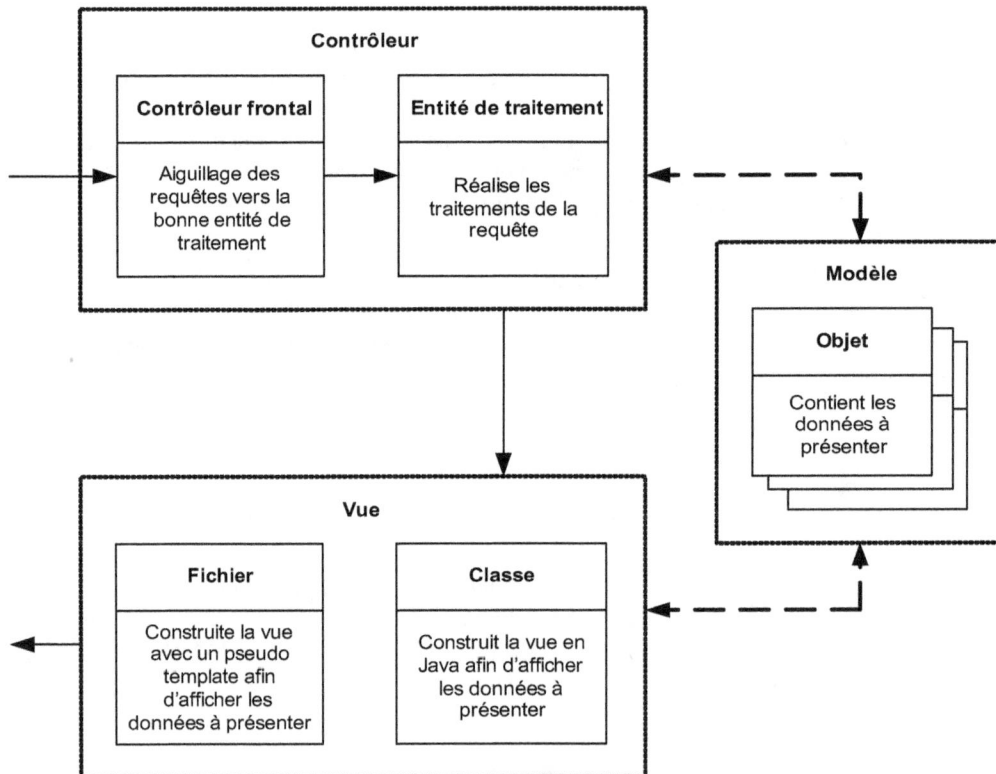

Figure 7-1

Entités mises en œuvre dans le patron MVC de type 2

Les caractéristiques des composants mis en œuvre dans ce patron sont les suivantes :

- Modèle. Permet de mettre à disposition les informations utilisées par la suite lors des traitements de présentation. Cette entité est indépendante des API techniques et est constituée uniquement de Beans Java.

- Vue. Permet la présentation des données du modèle. Il existe plusieurs technologies de présentation, parmi lesquelles JSP/JSTL, XML, les moteurs de templates Velocity et FreeMarker ou de simples classes Java pouvant générer différents types de formats.

- Contrôleur. Gère les interactions avec le client tout en déclenchant les traitements appropriés. Cette entité interagit directement avec les composants de la couche service métier et a pour responsabilité la récupération des données mises à disposition dans le modèle. Lors de la mise en œuvre du type 2 de ce patron, cette partie se compose d'un point d'entrée unique pour toute l'application et de plusieurs entités de traitement. Ce point d'entrée unique traite la requête et dirige les traitements vers l'entité appropriée. Pour cette raison, l'entité de traitement est habituellement appelée contrôleur. Le contrôleur frontal, ou « contrôleur façade », est intégré au framework MVC, et seuls les entités de traitement sont spécifiques à l'application.

Un framework MVC implémente le contrôleur façade, les mécanismes de gestion du modèle, ainsi que ceux de sélection et de construction de la vue. L'utilisateur d'un tel framework a en charge le développement et la configuration des entités de traitements et des vues choisies.

Principes et composants de Spring MVC

Le framework Spring fournit des intégrations avec les principaux frameworks MVC ainsi que sa propre implémentation. Forts de leur expérience dans le développement d'applications Java EE, ses concepteurs considèrent que l'injection de dépendances offre un apport de taille pour concevoir et structurer des applications fondées sur le patron MVC.

Précisons que Spring MVC ne constitue qu'une partie du support relatif aux applications Web. Le framework Spring offre d'autres fonctionnalités permettant notamment le chargement des contextes applicatifs de manière transparente ainsi que des intégrations avec d'autres frameworks MVC, tels JSF, WebWork ou Tapestry.

Parmi les principes fondateurs de Spring MVC, remarquons notamment les suivants :

- Utilisation du conteneur léger afin de configurer les différentes entités du patron MVC et de bénéficier de toutes les fonctionnalités du framework Spring, notamment au niveau de la résolution des dépendances.

- Favorisation de la flexibilité et du découplage des différentes entités mises en œuvre grâce à la programmation par interface.

- Utilisation d'une hiérarchie de contextes applicatifs afin de réaliser une séparation logique des différents composants de l'application. Par exemple, les composants des services métier et des couches inférieures n'ont pas accès à ceux du MVC.

Les composants du MVC ont pour leur part les principales caractéristiques suivantes :

- À partir de la version 2.5 de Spring, la gestion de l'aiguillage et la configuration des contrôleurs MVC se réalisent par l'intermédiaire d'annotations. Par ce biais, Spring MVC permet de masquer l'utilisation de l'API servlet et favorise la mise en œuvre des tests unitaires à ce niveau. L'approche fondée sur les classes d'implémentation de contrôleurs est désormais dépréciée.

- Gestion des formulaires en se fondant sur les annotations relatives aux contrôleurs afin non seulement de charger et d'afficher les données du formulaire, mais également de gérer leur soumission. Ces données sont utilisées pour remplir directement un Bean sans lien avec Spring MVC, qui peut être validé si nécessaire. Des mécanismes de mappage et de conversion des données sont intégrés et extensibles selon les besoins.

- Abstraction de l'implémentation des vues par rapport aux contrôleurs permettant de changer de technologie de présentation sans impacter le contrôleur.

Pour mettre en œuvre ces principes et composants, Spring MVC s'appuie sur les entités illustrées à la figure 7-2. Le traitement d'une requête passe successivement par les différentes entités en commençant par la servlet `DispatcherServlet` et en finissant par la vue choisie.

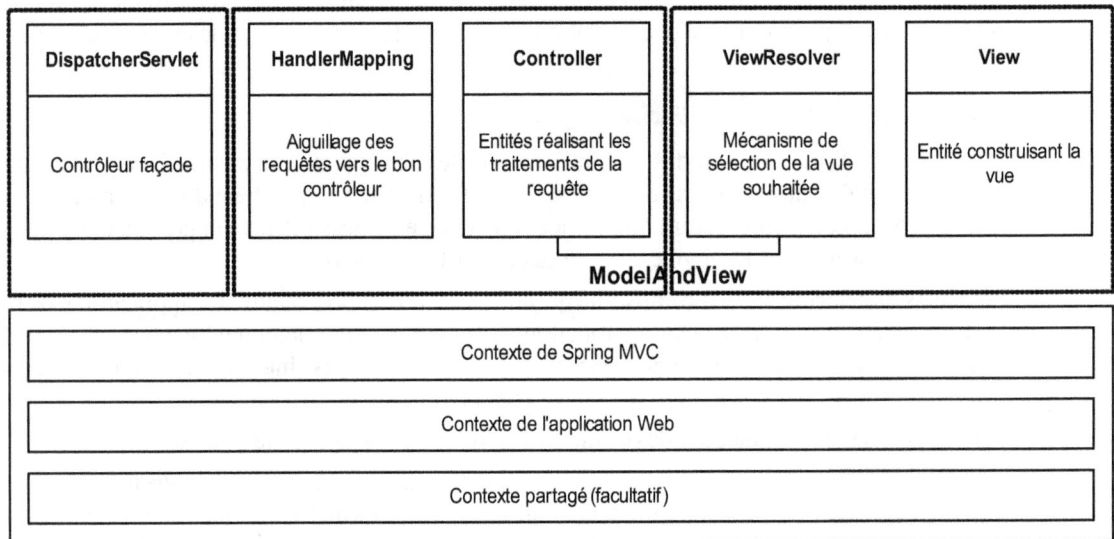

Figure 7-2

Entités de traitement des requêtes de Spring MVC

Les principaux composants de Spring MVC peuvent être répartis en trois groupes, selon leur fonction :

- Gestion du contrôleur façade et des contextes applicatifs. Permet de spécifier les fichiers des différents contextes ainsi que leurs chargements. Le contrôleur façade doit être configuré de façon à spécifier l'accès à l'application.

- Gestion des contrôleurs. Consiste à configurer la stratégie d'accès aux contrôleurs, ainsi que leurs différentes classes d'implémentation et leurs propriétés. L'aiguillage se configure désormais directement dans les classes mettant en œuvre des contrôleurs en se fondant sur des annotations. Ces dernières permettent également de mettre facilement à disposition les données présentes dans la requête, la session et le modèle.

- Gestion des vues. Consiste à configurer la ou les stratégies de résolution des vues ainsi que les frameworks ou technologies de vue mis en œuvre.

Initialisation du framework Spring MVC

L'initialisation du framework Spring MVC s'effectue en deux parties, essentiellement au sein du fichier **web.xml** puisqu'elle utilise des mécanismes de la spécification Java EE servlet.

Gestion des contextes

Le framework Spring permet de charger automatiquement les contextes applicatifs en utilisant les mécanismes des conteneurs de servlets.

Dans le cadre d'applications Java EE, une hiérarchie de contextes est mise en œuvre afin de regrouper et d'isoler de manière logique les différents composants. De la sorte, un composant d'une couche ne peut accéder à celui d'une couche supérieure.

> **Contexte applicatif Spring**
>
> Rappelons qu'un contexte applicatif correspond au conteneur léger en lui-même, dont la fonction est de gérer des Beans. Le framework offre également un mécanisme permettant de définir une hiérarchie de contextes afin de réaliser une séparation logique entre des groupes de Beans. Dans le cas du MVC, il s'agit d'empêcher l'utilisation de composants du MVC par des composants service métier ou d'accès aux données.

Le framework Spring offre une hiérarchie pour les trois contextes suivants :

- Contexte racine. Ce contexte est très utile pour partager des objets d'une même bibliothèque entre plusieurs modules d'une même application Java EE pour un même chargeur de classes.

- Contexte de l'application Web. Stocké dans le ServletContext, ce contexte doit contenir la logique métier ainsi que celle de l'accès aux données.

- Contexte du framework MVC. Géré par le contrôleur façade du framework, ce contexte doit contenir tous les composants relatifs au framework MVC utilisé.

La figure 7-3 illustre cette hiérarchie ainsi que la portée des différents contextes.

Figure 7-3

Hiérarchie des contextes de Spring pour une application Web

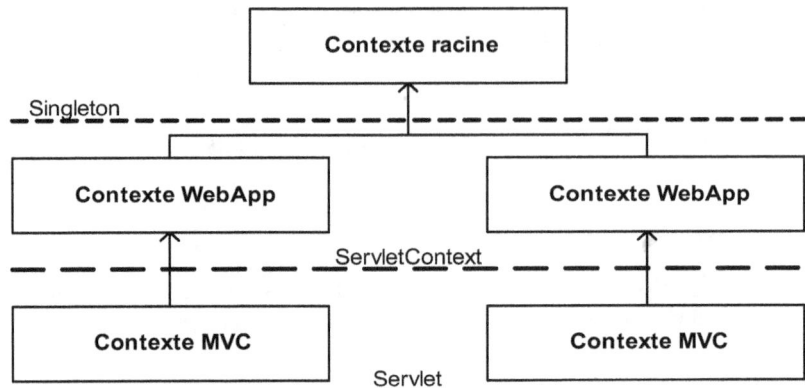

La mise en œuvre du contexte de l'application Web est obligatoire, tandis que celle du contexte racine est optionnelle et n'est donc pas détaillée ici. Si ce dernier est omis, Spring positionne de manière transparente celui de l'application Web en tant que contexte racine.

L'initialisation du contexte de l'application Web, que nous détaillons dans ce chapitre, est indépendante du framework MVC choisi et utilise les mécanismes du conteneur de servlets. Sa configuration est identique dans le cadre du support d'autres frameworks MVC.

Chargement du contexte de l'application Web

Le framework Spring fournit une implémentation de la classe ServletContextListener de la spécification servlet permettant de configurer et d'initialiser ce contexte au démarrage et de le finaliser à l'arrêt de l'application Web.

Cette fonctionnalité est utilisable avec un conteneur de servlets supportant au moins la version 2.3 de la spécification. Cet observateur paramètre les fichiers de configuration XML du contexte en ajoutant les lignes suivantes dans le fichier **web.xml** de l'application :

```
<context-param>
    <param-name>contextConfigLocation</param-name>
    <param-value>/WEB-INF/applicationContext*.xml</param-value>
</context-param>

<listener>
    <listener-class>
        org.springframework.web.context.ContextLoaderListener
    </listener-class>
</listener>
```

Chargement du contexte de Spring MVC

La configuration tout comme le chargement de ce contexte sont liés à ceux de la servlet du contrôleur façade de Spring MVC. Précisons que, par défaut, cette dernière initialise un contexte applicatif fondé sur un fichier **<nom-servlet>-servlet.xml**, lequel utilise le nom de la servlet précédente pour <nom-servlet>. Ce fichier se situe par défaut dans le répertoire **WEB-INF** ; la valeur de <nom-servlet> est spécifiée grâce à la balise servlet-name.

Dans notre étude de cas, la servlet de Spring MVC s'appelle tudu. Le fichier **tudu-servlet.xml** contient les différents composants utilisés par ce framework, comme les contrôleurs, les vues et les entités de résolution des requêtes et des vues.

Nous pouvons personnaliser le nom de ce fichier à l'aide du paramètre d'initialisation contextConfigLocation de la servlet. Le code suivant montre comment spécifier un fichier **mvc-context.xml** pour le contexte de Spring MVC par l'intermédiaire du paramètre précédemment cité (❶) :

```
<web-app>
    (...)
    <servlet>
        <servlet-name>tudu</servlet-name>
        (...)
        <init-param>←❶
            <param-name>contextConfigLocation</param-name>
            <param-value>/WEB-INF/mvc-context.xml</param-value>
        </init-param>
    </servlet>
</web-app>
```

Initialisation du contrôleur façade

Le fait que le framework Spring MVC implémente le patron MVC de type 2 entraîne qu'il met en œuvre un contrôleur façade pour diriger les traitements vers des classes désignées par le terme *Controller* dans Spring MVC.

Le contrôleur façade

Cette entité correspond à l'unique point d'accès de l'application Web. Son rôle est de rediriger les traitements vers le bon contrôleur en se fondant sur l'adresse d'accès pour traiter la requête. Dans le cas d'applications Web, ce contrôleur est implémenté par le biais d'une servlet, qui est généralement fournie par le framework MVC utilisé.

Ce contrôleur façade est implémenté par le biais de la servlet DispatcherServlet du package org.springframework.web.servlet, cette dernière devant être configurée dans le fichier **WEB-INF/web.xml**.

Le mappage de la ressource (❶) est défini au niveau du conteneur de servlets dans le fichier **web.xml** localisé dans le répertoire **WEB-INF**. Spring ne pose aucune restriction à ce niveau, comme l'illustre le code suivant :

```
<web-app>
    ...
    <servlet>
        <servlet-name>tudu</servlet-name>
        <servlet-class>
            org.springframework.web.servlet.DispatcherServlet
        </servlet-class>
        <load-on-startup>1</load-on-startup>
    </servlet>
    <servlet-mapping>←❶
        <servlet-name>tudu</servlet-name>
        <url-pattern>*.do</url-pattern>
    </servlet-mapping>
</web-app>
```

Support des annotations pour les contrôleurs

Comme indiqué précédemment, à partir de la version 2.5 de Spring, la configuration des contrôleurs se réalise par l'intermédiaire d'annotations. Bien que cette approche soit celle à utiliser, il reste néanmoins nécessaire de l'activer dans la configuration de Spring.

Cet aspect peut être mis en œuvre de deux manières à l'instar de la configuration des composants par l'intermédiaire des annotations dans Spring.

La première approche consiste à spécifier une implémentation de l'interface HandlerMapping fondée sur les annotations. Spring MVC propose la classe Default-AnnotationHandlerMapping à cet effet. Cette dernière peut être utilisée conjointement avec la classe AnnotationMethodHandlerAdapter afin de configurer les méthodes de traitements des requêtes dans les contrôleurs avec des annotations.

Avec cette approche, les Beans des contrôleurs doivent être configurés en tant que Beans dans le contexte de Spring MVC.

Le code suivant décrit l'utilisation de ces deux classes dans le fichier de configuration Spring associé à la servlet DispatcherServlet de Spring MVC :

```
<beans (...)>
    <bean class="org.springframework.web.servlet ➡
            .mvc.annotation.DefaultAnnotationHandlerMapping"/>
    <bean class="org.springframework.web.servlet ➡
            .mvc.annotation.AnnotationMethodHandlerAdapter"/>
</beans>
```

La seconde consiste en l'utilisation de la balise component-scan de l'espace de nommage context afin de détecter tous les composants présents et notamment les contrôleurs Spring MVC. Ces derniers n'ont plus à être définis en tant que Beans dans la configuration de Spring. Dans ce contexte, l'annotation Autowired doit être utilisée pour l'injection de dépendances. Pour plus de précision, reportez-vous au chapitre 2.

La configuration de cet aspect se réalise dans le fichier de configuration Spring associé à la servlet `DispatcherServlet` de Spring MVC :

```
<beans (...)>
    <context:component-scan base-package="tudu.web" />
</beans>
```

Il est recommandé de n'utiliser la première approche que si une personnalisation de la stratégie de mappage des requêtes est envisagée. La seconde approche reste donc celle à utiliser par défaut.

En résumé

Cette section a détaillé les mécanismes généraux de fonctionnement du patron MVC de type 2 ainsi que la structuration utilisée dans le framework Spring MVC afin de le mettre en œuvre. Nous avons pu constater que les entités utilisées permettent de bien modulariser les traitements et d'isoler le contrôleur de la vue.

Les mécanismes de chargement des contextes, de configuration du contrôleur façade et de l'approche dirigée par les annotations du framework Spring MVC ont également été décrits.

Nous allons maintenant détailler la façon dont Spring MVC gère les requêtes et les vues.

Traitement des requêtes

Comme nous l'avons évoqué précédemment, l'approche de Spring MVC afin de traiter les requêtes est désormais complètement dirigée par des annotations. Ces dernières permettent de configurer aussi bien l'aiguillage des requêtes que les contrôleurs eux-mêmes.

Il est à noter dans ce contexte que l'annotation `Controller` permet de préciser qu'une classe correspond à un contrôleur MVC et qu'elle contient les traitements correspondants.

Une fois cette annotation positionnée, le mappage des URI doit être défini afin de sélectionner le contrôleur de traitement pour une requête Web donnée. Cela se configure également par le biais des annotations, ainsi que nous le détaillons dans la prochaine section.

Sélection du contrôleur

Comme pour tout framework implémentant le patron MVC de type 2, un mécanisme de correspondance entre la classe de traitement appropriée et l'URI de la requête est intégré. Le framework configure cette correspondance en se fondant sur les informations présentes dans les annotations `RequestMapping` des contrôleurs.

Afin de configurer ce mécanisme, il est indispensable de bien comprendre la structure de l'URL d'une requête, qui apparaît toujours sous la forme suivante dans les applications Java EE :

```
http://<machine>:<port>/<alias-webapp>/<alias-ressource-web>
```

L'URI correspond à la fin de l'URL :

```
/<alias-webapp>/<alias-ressource-web>
```

L'alias de l'application Web, `<alias-webapp>`, est configuré au niveau du serveur d'applications, contrairement à celui de la ressource Web, `<alias-ressource-web>`, qui se réalise au sein de l'application.

Dans un premier temps, l'accès à la servlet `DispatcherServlet` de Spring MVC est paramétré dans le fichier **web.xml** du répertoire **WEB-INF** afin de prendre en compte un ensemble d'URI avec des mappages de la forme *, `/quelquechose/*` ou `*.quelquechose`. Nous avons détaillé la configuration de cet aspect à la section « Initialisation du contrôleur façade » précédemment dans ce chapitre.

Avec les annotations, l'implémentation `DefaultAnnotationHandlerMapping` de l'interface `HandlerMapping` est utilisée implicitement ou explicitement suivant la configuration. Elle se fonde sur les informations présentes dans les annotations de type `RequestMapping`. Cette dernière peut être présente aussi bien au niveau de la classe du contrôleur que des méthodes de ce dernier. Les informations spécifiées par ce biais au niveau de la classe lui sont globales, avec la possibilité de les surcharger au niveau des méthodes.

Cet aspect offre d'intéressantes perspectives afin de configurer différents types de contrôleurs, tels que ceux à entrées multiples ou dédiés à la gestion des formulaires. Nous détaillons cet aspect plus loin dans ce chapitre.

Le tableau 7-1 récapitule les différentes propriétés utilisables de l'annotation `RequestMapping`.

Tableau 7-1. Propriétés de l'annotation *RequestMapping*

Propriété	Type	Description
method	String[]	Spécifie la ou les méthodes HTTP supportées par le mappage. La spécification d'une méthode se réalise par l'intermédiaire des valeurs de l'énumération `RequestMethod`.
params	String[]	Permet de réaliser un mappage plus fin en se fondant sur les paramètres de la requête. La présence ou la non-présence (avec l'opérateur !) d'un paramètre peut être utilisée.
value	String[]	Correspond à la valeur de l'annotation. Cette propriété permet de définir la ou les valeurs définissant le mappage de l'élément. Ces valeurs peuvent éventuellement correspondre à des expressions régulières au format Ant.

L'exemple suivant illustre l'utilisation de l'annotation au niveau de la classe du contrôleur (❶) afin de spécifier la valeur du mappage ainsi qu'au niveau de la méthode dédiée au traitement de la requête (❷) :

```
@Controller
@RequestMapping("/welcome.do")←❶
public class WelcomeController {

    @RequestMapping←❷
    public void welcome() {
        (...)
    }
}
```

Dans l'exemple ci-dessus, l'annotation au niveau de la méthode reprend les valeurs des propriétés de l'annotation positionnée au niveau de la classe.

Il est également possible de ne spécifier le mappage qu'au niveau de la méthode de traitement (❶) :

```
@Controller
public class WelcomeController {

    @RequestMapping("/welcome.do")←❶
    public void welcome() {
        (...)
    }
}
```

Pour finir, il est également possible de spécifier plusieurs mappages (❶) pour une même annotation avec la méthode HTTP d'accès souhaitée (❷) ainsi qu'un filtrage se fondant sur les valeurs des paramètres de la requête (❸), comme l'illustre le code suivant :

```
@Controller
public class WelcomeController {

    @RequestMapping(
        value={"/welcome.do", "/index.do"},←❶
        method=RequestMethod.GET←❷
        params={"auth=true", "refresh", "!authenticate"}←❸
    public void welcome() {
        (...)
    }
}
```

Dans l'exemple ci-dessus, la méthode welcome du contrôleur est appelée pour les URI /<alias-webapp>/welcome.do ou /<alias-webapp>/index.do seulement par la méthode HTTP GET si les conditions sur les paramètres sont vérifiés. Dans notre cas, le paramètre auth doit posséder la valeur true, le paramètre refresh doit être présent, et le paramètre authenticate ne doit pas l'être.

Les types de contrôleurs

Comme indiqué précédemment, Spring MVC fournit l'annotation Controller afin de définir une classe en tant que contrôleur. Cette approche est particulièrement flexible à mettre en œuvre, car elle permet de s'abstraire de l'API Servlet et de définir le contenu des contrôleurs et les signatures des méthodes en fonction des besoins.

Les sections qui suivent détaillent les différents mécanismes et déclinaisons utilisables afin de mettre en œuvre des contrôleurs dans Spring MVC.

Contrôleurs de base

Pour mettre en œuvre les contrôleurs de ce type, l'utilisation de l'annotation `RequestMapping` précédemment décrite est suffisante. Les méthodes sur lesquelles est appliquée cette annotation prennent en paramètres des objets de type `HttpServletRequest` et `HttpServletResponse` et retournent un objet de type `ModelAndView`.

Ces contrôleurs peuvent être à entrées multiples puisqu'il est possible en standard de positionner une annotation `RequestMapping` sur plusieurs de leurs méthodes.

Point d'entrée

Dans le contexte du pattern MVC, un point d'entrée correspond à une méthode d'un composant qui peut être utilisée par le conteneur ou le framework qui le gère afin de traiter une requête. La signature de cette méthode suit habituellement des conventions spécifiques afin de pouvoir être appelée.

Le code suivant illustre la mise en œuvre d'un contrôleur simple en se fondant sur l'annotation `RequestMapping` (❶) :

```
@Controller
public class ShowTodosController {
    (...)
    @RequestMapping("/showTodos.do")←❶
    public ModelAndView showTodos(HttpServletRequest request,
              HttpServletResponse response) throws Exception {

        Collection<TodoList> todoLists = new TreeSet<TodoList>(
                userManager.getCurrentUser().getTodoLists());

        String listId = null;
        if (!todoLists.isEmpty()) {
            listId = request.getParameter("listId");
            if (listId != null) {
                listId = todoLists.iterator().next().getListId());
            }
        }

        Map<String, Object> model = new HashMap<String, Object>();
        model.put("defaultList", listId);
        return new ModelAndView("todos", model);
    }
}
```

Aucune autre configuration, si ce n'est l'injection des dépendances avec l'annotation `Autowired`, n'est nécessaire.

Spring MVC offre néanmoins une approche intéressante et flexible afin de supporter différentes signatures de méthodes de traitements des contrôleurs et de spécifier des méthodes de remplissage du modèle. Nous décrivons cette approche, dont l'utilisation est recommandée, aux sections suivantes.

Support des paramètres et retours des méthodes

En parallèle de la signature type pour les méthodes de traitement des contrôleurs, signature héritée des précédentes versions de Spring MVC, le framework permet si nécessaire de s'abstraire des API Servlet et de Spring MVC. Il est en ce cas possible de spécifier une signature de méthodes en fonction de ses besoins. La détermination des points d'entrée d'un contrôleur est déterminée par la présence de l'annotation RequestMapping.

Il est à noter que cette approche est également valable pour les méthodes annotées par ModelAttribute et InitBinder.

Spring MVC permet de passer directement des paramètres précis soit par type, soit en se fondant sur des annotations supplémentaires. Le framework permet en outre de retourner différents types en fonction de ses besoins. Ces deux possibilités peuvent se combiner pour une plus grande flexibilité.

Le tableau 7-2 récapitule les différents paramètres supportés par Spring MVC pour les méthodes de gestion des requêtes Web, et le tableau 7-3 les types de retours possibles.

Tableau 7-2. Types de paramètres possibles pour une méthode d'un contrôleur

Type de paramètre	Description
ServletRequest ou HttpServletRequest	Requête par l'intermédiaire de l'API Servlet.
ServletResponse ou HttpServletResponse	Réponse de la requête par l'intermédiaire de l'API Servlet.
HttpSession	Session de l'initiateur de la requête par l'intermédiaire de l'API Servlet.
WebRequest ou NativeWebRequest	Accès d'une manière générique aux paramètres de la requête sans utiliser l'API Servlet.
Locale	Couple pays et langue associé à la requête.
InputStream ou Reader	Flux d'entrée associé à la requête afin d'avoir accès au contenu de la requête.
OutputStream ou Writer	Flux de sortie associé à la réponse de la requête afin de générer le contenu de la réponse.
Paramètre annoté par RequestParam	Paramètre de la requête dont l'identifiant est celui spécifié dans l'annotation. Spring a la responsabilité de le récupérer dans la requête et de le convertir dans le type attendu.
Map, Model ou ModelMap	Modèle utilisé pour les données présentées dans la vue. Celui-ci offre la possibilité d'avoir accès aux données contenues dans le modèle et de les manipuler.
Type correspondant à un objet de formulaire et annoté par ModelAttribute	Objet de formulaire récupéré dans le modèle en se fondant sur l'identifiant spécifié dans l'annotation.
Errors ou BindingResult	Résultat du mappage et validation d'objets de formulaire. Une validation personnalisée peut se fonder sur ce paramètre afin d'enregistrer les erreurs.
SessionStatus	Dans le cas d'un formulaire mis en œuvre sur plusieurs pages, cet objet offre la possibilité de relâcher les ressources mises en œuvre à cet effet.

Tableau 7-3. Types de retours possibles pour une méthode d'un contrôleur

Type de retour	Description
Map	Objet contenant les données du modèle à utiliser dans la vue. L'identifiant de la vue est implicitement déduit par Spring MVC *(voir le cas void, où aucun objet n'est retourné)*.
Model	Identique au précédent.
ModelAndView	Objet regroupant l'identifiant de la vue à utiliser suite aux traitements du contrôleur et le contenu du modèle pour cette dernière.
String	Identifiant de la vue à utiliser suite aux traitements du contrôleur.
View	Vue à utiliser suite aux traitements du contrôleur.
void	Dans le cas où aucun objet n'est retourné, Spring MVC déduit implicitement l'identifiant de la vue à utiliser. Ce mécanisme se fonde sur une implémentation de l'interface RequestToViewNameTranslator. L'implémentation par défaut extrait cet identifiant en enlevant les préfixe et suffixe de l'URI. Par exemple, pour un URI /showTodos.do, l'identifiant de la vue est showTodos.
N'importe quel type annoté par ModelAttribute	Objet à ajouter aux données du modèle après l'exécution de la méthode et avant celle de la vue. L'identifiant utilisé dans l'ajout correspond à celui de l'annotation.

Comme le montrent ces tableaux, deux annotations sont proposées pour le traitement des requêtes, RequestParam et ModelMap. Nous décrivons dans cette section l'utilisation de la première et détaillerons la seconde à la section « Contrôleur de gestion de formulaire ».

L'annotation RequestParam offre la possibilité de référencer un paramètre de la requête par son nom. L'objet correspondant est alors passé en tant que paramètre. À ce niveau, une conversion de type est réalisée si nécessaire afin de coller avec le type attendu pour le paramètre.

Le code suivant illustre l'utilisation de l'annotation RequestParam afin d'avoir accès au paramètre de la requête d'identifiant listId par l'intermédiaire d'un paramètre d'une méthode de traitement du contrôleur :

```
@Controller
public class ShowTodosController {
    (...)
    @RequestMapping("/showTodos.do")
    public ModelAndView showTodos(
            @RequestParam String listId) throws Exception {←❶

        Collection<TodoList> todoLists = new TreeSet<TodoList>(
                userManager.getCurrentUser().getTodoLists());

        if (!todoLists.isEmpty()) {
            if (listId != null) {
                listId = todoLists.iterator().next().getListId();
            }
        }
```

```
            Map<String, Object> model = new HashMap<String, Object>();
            model.put("defaultList", listId);
            return new ModelAndView("todos", model);
        }
    }
```

Lors de l'omission de la valeur de l'annotation RequestParam, le nom du paramètre sur lequel elle porte est utilisé. Ainsi, l'utilisation de l'annotation dans l'exemple précédent est similaire à la suivante (❶) :

```
@Controller
public class ShowTodosController {
    (...)
    @RequestMapping("/showTodos.do")
    public ModelAndView showTodos(
            @RequestParam("listId") String listId)←❶
            throws Exception {
        (...)
    }
}
```

Par défaut, l'utilisation de l'annotation RequestParam nécessite la présence du paramètre dans la requête. L'attribut required de l'annotation permet de paramétrer ce comportement afin de rendre le paramètre optionnel, comme le montre le code suivant (❶) :

```
@RequestMapping("/showTodos.do")
public ModelAndView showTodos(
        @RequestParam(value="listId",
                required="false") String listId)←❶
        throws Exception {
    (...)
}
```

Les méthodes de traitement des contrôleurs acceptent également un paramètre de type ModelMap, ce paramètre correspondant aux données du modèle. En utilisant ce paramètre, il est possible de manipuler les données du modèle et d'en ajouter de nouvelles. Dans ce cas, il n'est plus nécessaire de retourner un objet de type ModelAndView ; une chaîne de caractères correspondant à l'identifiant de la vue suffit.

Le code suivant illustre l'adaptation de l'exemple précédent (❶) afin d'utiliser ce mécanisme :

```
@Controller
public class ShowTodosController {
    (...)
    @RequestMapping("/showTodos.do")
    public String showTodos(
            @RequestParam String listId,
            ModelMap model) throws Exception {←❶

        Collection<TodoList> todoLists = new TreeSet<TodoList>(
                userManager.getCurrentUser().getTodoLists());
```

```
        if (!todoLists.isEmpty()) {
            if (listId != null) {
                listId = todoLists.iterator().next().getListId();
            }
        }


        model.addAttribute("defaultList", listId);←❶
        return "todos";←❶
    }

}
```

Les principaux autres types de paramètres et de retour sont décrits dans les sections suivantes.

Contrôleur de gestion de formulaire

Spring MVC fournit un support pour l'affichage des données des formulaires et leur soumission à l'aide d'annotations. Ce support se fonde sur les différents concepts et annotations décrits aux sections précédentes.

Bien que ce type de contrôleur utilise un Bean afin de stocker les informations des formulaires, aucune configuration n'est à réaliser pour l'injection de dépendances. Il suffit que ce Bean soit présent dans les données du modèle et que l'identifiant correspondant soit spécifié dans le formulaire.

La section suivante se penche sur la façon d'implémenter la gestion des formulaires HTML au moyen de l'approche orientée annotations de Spring MVC.

Affichage du formulaire

L'utilisation des annotations RequestMapping, ModelAttribute et InitBinding permet de charger les différentes entités nécessaires à l'affichage du formulaire dans la vue. Les méthodes sur lesquelles sont appliquées ces annotations, prennent alors part au cycle de traitement de la requête et adressent des problématiques distinctes et s'enchaînent dans un ordre bien précis.

L'affichage du formulaire est réalisé grâce à l'appel d'une méthode de traitement de la requête par le biais de la méthode GET. Le cycle d'enchaînement des méthodes est illustré à la figure 7-4.

Spring MVC permet d'initialiser l'objet de formulaire en se fondant sur une méthode annotée par ModelAttribute. Cet objet doit être retourné par la méthode et est automatiquement ajouté dans le modèle. Il peut donc être utilisé par la suite dans la vue pour initialiser le formulaire correspondant.

Le comportement habituel consiste à créer une instance vierge à chaque demande d'affichage du formulaire si aucun paramètre n'est spécifié. Si un paramètre est présent dans la requête, celui-ci peut être alors utilisé, par exemple, afin de récupérer une instance initialisée avec des valeurs de la base de données.

Figure 7-4

Enchaînement des méthodes permettant l'affichage des données d'un formulaire

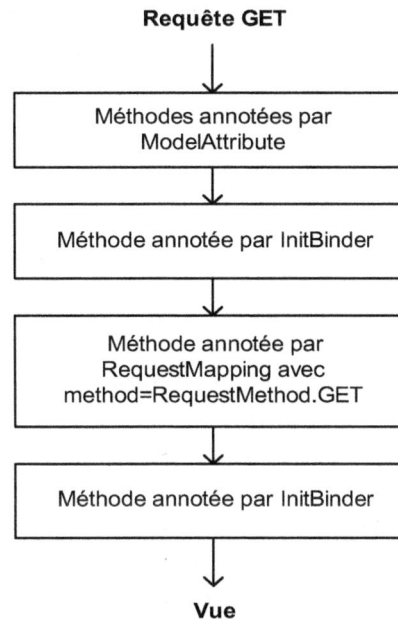

Requête GET

```
┌─────────────────────────────┐
│   Méthodes annotées par     │
│       ModelAttribute        │
└─────────────────────────────┘
              │
              ▼
┌─────────────────────────────┐
│  Méthode annotée par InitBinder │
└─────────────────────────────┘
              │
              ▼
┌─────────────────────────────┐
│     Méthode annotée par     │
│     RequestMapping avec     │
│  method=RequestMethod.GET   │
└─────────────────────────────┘
              │
              ▼
┌─────────────────────────────┐
│  Méthode annotée par InitBinder │
└─────────────────────────────┘
              │
              ▼
```

Vue

Le code suivant, tiré de Tudu Lists, donne un exemple d'utilisation de la méthode `initFormObject` (❶) de ce type :

```java
(...)
public class MyInfoController {
    (...)
    @ModelAttribute("userinfo")
    public UserInfoData initFormObject(←❶
                    HttpServletRequest request) {
        String login = request.getRemoteUser();
        User user = userManager.findUser(login);
        UserInfoData data = new UserInfoData();
        data.setPassword(user.getPassword());
        data.setVerifyPassword(user.getPassword());
        data.setFirstName(user.getFirstName());
        data.setLastName(user.getLastName());
        data.setEmail(user.getEmail());
        return data;
    }
    (...)
}
```

Les `PropertyEditor` personnalisés sont ajoutés par l'intermédiaire d'une méthode annotée par `InitBinder` afin de convertir les propriétés du Bean de formulaire en chaînes de caractères affichables dans des champs. Cette méthode doit posséder un paramètre de type `WebDataBinder` afin de pouvoir les enregistrer.

Le code suivant indique la façon d'ajouter un `PropertyEditor` dans un contrôleur de gestion de formulaire en se fondant sur l'annotation `InitBinder` (**❶**) :

```
(...)
public class MyInfoController {
    (...)
    @InitBinder
    public void initBinder(WebDataBinder binder) {←❶
        binder.registerCustomEditor(MyClass.class,
                                    new MyPropertyEditor());
    }
    (...)
}
```

Cette méthode est utilisée afin d'afficher les valeurs du Bean de formulaire dans la vue correspondante sous forme de chaînes de caractères.

Il est possible d'ajouter des éléments dans le modèle par l'intermédiaire de l'annotation `ModelAttribute`. Ces éléments peuvent être utilisés dans la construction du formulaire afin notamment d'initialiser des listes de sélection, des boutons radio ou des cases à cocher. Autant de méthodes que d'éléments à ajouter doivent être définies.

Le code suivant montre la façon d'ajouter les données nécessaires afin d'initialiser un formulaire en se fondant sur l'annotation `ModelAttribute` (**❶**) :

```
(...)
public class MyInfoController {
    (...)
    @ModelAttribute("datas")
    public List<String> populateDataList() {←❶
        List<String> datas = new ArrayList<String>();
        datas.add("my data");
        return datas;
    }
    (...)
}
```

Pour finir, il convient de définir une méthode de traitement dédiée à l'affichage du formulaire. Cette dernière doit être annotée avec `RequestMapping` et posséder la propriété `method` avec la valeur `RequestMethod.GET`. Le mappage avec l'URI peut être spécifié à ce niveau ou globalement au niveau de la classe. Cette méthode ne possède pas particulièrement de traitements, mais spécifie la vue correspondant au formulaire.

Le code suivant illustre un exemple de méthode de ce type annoté par `RequestMapping` (**❶**) :

```
(...)
public class MyInfoController {
    (...)
    @RequestMapping(method = RequestMethod.GET)
    public String showForm() {←❶
        return "userinfo";
    }
    (...)
}
```

Soumission du formulaire

L'utilisation des annotations RequestMapping, ModelAttribute et InitBinding permet de définir des méthodes de remplissage de l'objet de formulaire avec les données soumises et de les traiter. Ces méthodes adressent des problématiques distinctes et s'enchaînent dans un ordre précis.

La soumission du formulaire est traitée grâce à l'appel d'une méthode de traitement de la requête par la méthode POST. Le cycle d'enchaînement des méthodes est illustré à la figure 7-5.

Figure 7-5

Enchaînement des méthodes permettant la soumission des données d'un formulaire

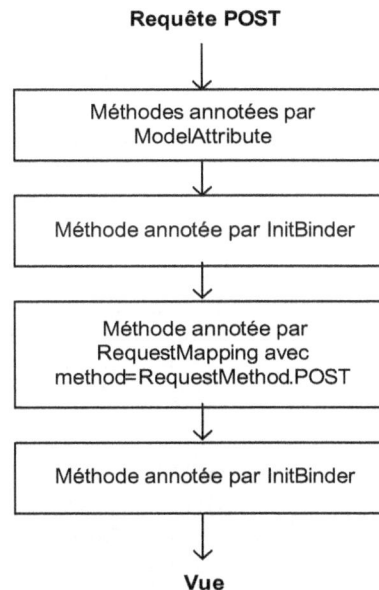

Les premières méthodes annotées avec RequestMapping et InitBinder (respectivement initFormObject, initBinder) fonctionnent de la même manière que précédemment

Une validation des données d'un formulaire peut être mise en œuvre si nécessaire. La validation liée au mappage des données du formulaire dans l'objet correspondant est directement intégrée dans le cycle de traitements. Par contre, avec l'approche fondée sur les annotations, Spring MVC n'intègre pas les validations personnalisées dans ce cycle. Néanmoins, il est recommandé d'utiliser l'interface Validator afin de regrouper ces traitements. Le code de cette interface est le suivant :

```
public interface Validator {
    boolean supports(Class clazz);
    void validate(Object obj, Errors errors);
}
```

La méthode supports permet de spécifier sur quel Bean de formulaire peut être appliquée l'entité de validation. La méthode validate doit contenir l'implémentation de la validation et utiliser l'instance de l'interface Errors associée.

Le ou les validateurs sont associés au contrôleur soit par injection de dépendances, soit par une instanciation directe, cette dernière étant peu coûteuse.

Le code suivant de la classe `RegisterValidator` montre que l'implémentation du validateur permet de spécifier des erreurs aussi bien à un niveau global (❶) que sur chaque propriété du formulaire (❷) en s'appuyant sur l'interface `Errors` :

```java
public class RegisterValidator implements Validator {

  public boolean supports(Class clazz) {
    return RegisterData.class.isAssignableFrom(clazz);
  }

  public void validate(Object command, Errors errors) {
    ValidationUtils.rejectIfEmptyOrWhitespace(errors, "login",
            "errors.required", new Object[] {"login"}, "");←❷
    ValidationUtils.rejectIfEmptyOrWhitespace(errors, "password",
            "errors.required", new Object[] {"password"}, "");←❷

    ValidationUtils.rejectIfEmptyOrWhitespace(
        errors, "verifyPassword",
        "errors.required", new Object[] {"verifyPassword"}, "");←❷
    if( !data.getPassword().equals(data.getVerifyPassword()) ) {
        errors.rejectValue("verifyPassword", "errors.required",
                    new Object[] {"verifyPassword"}, "");←❷
    }

    ValidationUtils.rejectIfEmptyOrWhitespace(errors, "firstName",
            "errors.required", new Object[] {"firstName"}, "");←❷
    ValidationUtils.rejectIfEmptyOrWhitespace(
            errors, "lastName",
            "errors.required", new Object[] {"lastName"}, "");←❷

    if( errors.hasErrors() ) {
        errors.reject("register.info.1");←❶
    }
  }
}
```

La méthode de traitement dédiée à la soumission du formulaire doit être annotée avec `RequestMapping` et posséder la propriété `method` avec la valeur `RequestMethod.POST`. Cette dernière prend en paramètre l'objet de formulaire, objet annoté par `ModelAttribute` et a la responsabilité de traiter cet objet.

Le code suivant illustre la mise en œuvre d'une méthode de ce type dans le cadre du contrôleur `MyInfoController`, méthode nommée `submitForm` (❶) :

```java
(...)
public class MyInfoController {
    (...)

    @RequestMapping(method = RequestMethod.POST)
```

```
        public String submitForm(←❶
                @ModelAttribute("userinfo") UserInfoData userInfo,
                BindingResult result) {

            User user = userManager.findUser(userInfo.getLogin());
            user.setPassword(userInfo.getPassword());
            user.setFirstName(userInfo.getFirstName());
            user.setLastName(userInfo.getLastName());
            user.setEmail(userInfo.getEmail());
            userManager.updateUser(user);

            return "userinfo";
        }
        (...)
    }
```

Si une validation est mise en œuvre, cette méthode a en charge la spécification de la vue d'affichage du formulaire en cas d'échec de validation. À cet effet, elle doit prendre un paramètre de type BindingResult correspondant au résultat du mappage. Ce paramètre pourra être passé à la méthode validate du validateur.

Le code suivant illustre l'intégration d'un validateur (❶) dans les traitements de soumission du contrôleur :

```
(...)
public class MyInfoController {
    (...)

    @RequestMapping(method = RequestMethod.POST)
    public String submitForm(
            @ModelAttribute("userinfo") UserInfoData userInfo,
            BindingResult result) {

        (new RegisterValidator()).validate(userInfo, result);←❶
        if (!result.hasErrors()) {←❶
            User user = userManager.findUser(userInfo.getLogin());
            user.setPassword(userInfo.getPassword());
            user.setFirstName(userInfo.getFirstName());
            user.setLastName(userInfo.getLastName());
            user.setEmail(userInfo.getEmail());
            userManager.updateUser(user);
        }

        return "userinfo";
    }
    (...)
}
```

Lors de l'utilisation d'une vue fondée sur JSP/JSTL, les balises du taglib form de Spring offrent un support à l'affichage des données du formulaire ou des erreurs de validation. Son utilisation est détaillée plus loin dans ce chapitre.

Support des formulaires sur plusieurs pages

Spring MVC supporte la mise en œuvre d'un formulaire sur plusieurs pages, la session Web devant dans ce cas être utilisée. Le framework offre la possibilité de gérer implicitement le stockage de l'objet de formulaire à ce niveau.

Pour ce faire, il convient de préciser que l'objet de formulaire est stocké en session par l'intermédiaire de l'annotation SessionAttributes au niveau de la classe du contrôleur. Cette annotation permet de spécifier l'identifiant correspondant.

Pour libérer les ressources associées lors d'un succès de la soumission du formulaire sur la dernière page, il convient d'utiliser la méthode setComplete sur un objet de type SessionStatus. Un paramètre de ce type peut être passé directement en tant que paramètre de méthodes de traitement de requêtes dans les contrôleurs.

Le code suivant est un exemple simple d'utilisation de cette approche, à savoir la configuration de l'objet de formulaire pour un stockage en session (❶), le passage d'un paramètre de type SessionStatus (❷) et l'utilisation de la méthode setComplete (❸) sur cet objet :

```
(...)
@SessionAttributes("userinfo")←❶
public class MyInfoController {
    (...)

    @RequestMapping(method = RequestMethod.POST)
    public String submitForm(
            @ModelAttribute("userinfo") UserInfoData userInfo,
            BindingResult result,
            SessionStatus status) {←❷
        (new RegisterValidator()).validate(userInfo, result);
        if (!result.hasErrors()) {
            status.setComplete();←❸
            (...)
        }
        (...)
    }
}
```

Gestion des exceptions

Par défaut, Spring MVC fait remonter les différentes exceptions levées dans le conteneur de servlets. Il est cependant possible de modifier ce comportement par l'intermédiaire de l'interface HandlerExceptionResolver, localisée dans le package org.springframework.web.servlet :

```
public interface HandlerExceptionResolver {
    ModelAndView resolveException(HttpServletRequest request,
        HttpServletResponse response, Object handler, Exception ex);
}
```

Le développeur peut choisir d'utiliser ses propres implémentations ou la classe SimpleMappingExceptionResolver du package org.springframework.web.servlet.handler fournie par le framework. Cette dernière permet de configurer les exceptions à traiter ainsi que les vues qui leur sont associées. L'exception est alors stockée dans la requête avec la clé exception, ce qui la rend disponible pour un éventuel affichage.

Cette implémentation se paramètre de la manière suivante :

```
<bean id="exceptionResolver" class="org.springframework.web
                .servlet.handler.SimpleMappingExceptionResolver">
  <property name="exceptionMappings">
    <props>
      <prop key="org.springframework.dao.DataAccessException">
        dataAccessFailure
      </prop>
      <prop key="org.springframework.transaction ➥
                              .TransactionException">
        dataAccessFailure
      </prop>
    </props>
  </property>
</bean>
```

En résumé

Spring MVC met en œuvre une approche intéressante pour les contrôleurs MVC fondée sur les annotations. Elle offre ainsi la possibilité de s'abstraire de l'API Servlet en laissant le framework réaliser cette manipulation. Les signatures des points d'entrée des contrôleurs peuvent être adaptées en fonction des besoins et de l'approche souhaitée.

Au-delà du cadre général proposé par le framework, plusieurs déclinaisons sont possibles, comme l'utilisation de contrôleurs simples ou de formulaire pour la récupération des paramètres de la requête, le remplissage du modèle et la sélection de la vue.

Spring MVC et la gestion de la vue

Cette section se penche sur la façon dont sont traitées les vues au sein du framework Spring MVC.

Sélection de la vue et remplissage du modèle

Spring MVC abstrait complètement la vue du contrôleur, masquant ainsi sa technologie et sa mise en œuvre. Au niveau du contrôleur, le développeur a la responsabilité de remplir le modèle avec les instances utilisées dans la vue et de spécifier son identifiant.

Différentes approches sont possibles pour cela, qui visent toutes à faciliter l'utilisation de Spring et la mise en œuvre des contrôleurs.

La première se fonde sur la classe `ModelAndView` dans le package `org.springframework.web.servlet`. Les données véhiculées par cette classe sont utilisées afin de sélectionner la vue, la classe lui fournissant les données du modèle. De ce fait, le développeur ne manipule plus l'API Servlet pour remplir le modèle et passer la main aux traitements de la vue.

Cette classe doit être utilisée en tant que retour d'une méthode de traitement de requêtes annotée avec RequestMapping. Une instance de la classe ModelAndView doit alors être instanciée et remplie à ce niveau.

Les données du modèle sont stockées sous forme de table de hachage. Le code suivant donne un exemple de mise en œuvre de ce mécanisme (❶), dans lequel l'identifiant todos correspond à un nom symbolique de vue configuré dans Spring MVC :

```
@RequestMapping("/showTodos.do")
public ModelAndView showTodos(HttpServletRequest request,←❶
        HttpServletResponse response) throws Exception {

    String listId = (...);

    Map<String,Object> model = new HashMap<String,Object>();
    model.put("defaultList", listId);
    return new ModelAndView("todos", model);←❶
}
```

La seconde approche consiste en l'utilisation de la classe Map ou Model ou ModelMap en tant que paramètre d'une méthode de traitement annotée avec RequestMapping. Dans ce cas, ce paramètre correspond à l'entité de stockage des éléments du modèle. L'identifiant de la vue et ces données sont désormais dissociées.

Si aucun identifiant de vue n'est précisé, Spring MVC le déduit de l'URI. Par exemple, si la vue se finit par /showTodos.do, l'identifiant déduit est showTodos. Il est néanmoins possible de spécifier explicitement l'identifiant de la vue choisie en le faisant retourner sous forme de chaîne de caractères par la méthode.

Le code suivant illustre l'utilisation de la classe ModelMap pour gérer les données du modèle, ainsi que la manière de spécifier implicitement (❶) et explicitement (❷) l'identifiant de la vue :

```
@RequestMapping("/welcome.do")
public void welcome(ModelMap model) throws Exception {←❶
    (...)
    //L'identifiant de la vue est déduit
    //et correspond à welcome
}

@RequestMapping("/showTodos.do")
public String showTodos(ModelMap model) throws Exception {←❷
    String listId = (...);
    model.addAttribute("defaultList", listId);
    //L'identifiant de la vue est retourné
    return "todos";
}
```

En parallèle des méthodes de traitement des requêtes, il est possible d'ajouter d'autres éléments dans le modèle en utilisant le retour des méthodes annotées par ModelAttribute. Dans ce cas, le retour est automatiquement ajouté au modèle, avant même que la méthode de traitement de la requête soit appelée.

Le code suivant illustre l'utilisation de l'annotation ModelAttribute (❶) afin d'ajouter le retour d'une méthode dans le modèle et la vérification de la présence de cet objet (❷) dans la méthode de traitement d'une requête :

```
@ModelAttribute("user")←❶
public User getCurrentUser() {
    return userManager.getCurrentUser();
}

@RequestMapping("/showTodos.do")
public String showTodos(ModelMap model) throws Exception {
    User user = (User)model.get("user");←❷
    (...)
    return "todos";
}
```

Configuration de la vue

La sélection des vues dans Spring MVC est effectuée par le biais d'une implémentation de l'interface ViewResolver dans le package org.springframework.web.servlet, comme le montre le code suivant :

```
public interface ViewResolver {
    View resolveViewName(String viewName, Locale locale);
}
```

Les sections qui suivent détaillent les différentes implémentations de cette interface. La figure 7-6 illustre la hiérarchie de ces classes et interfaces.

Figure 7-6

Hiérarchie des implémentations de l'interface ViewResolver

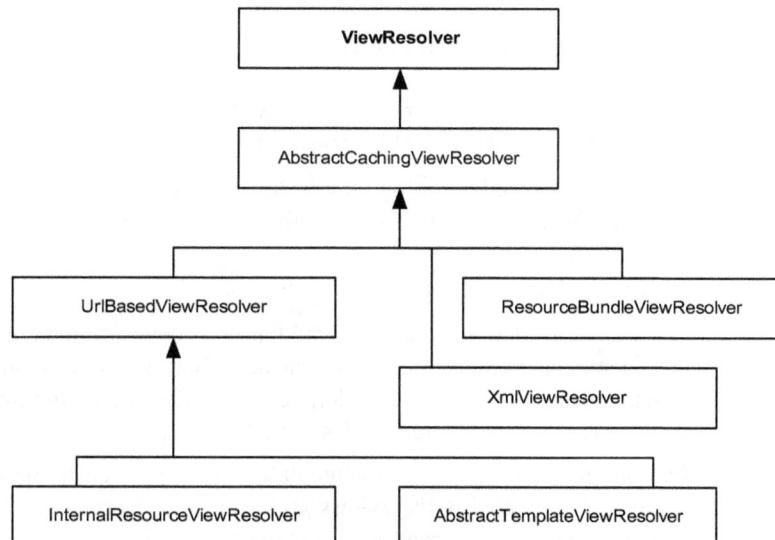

ResourceBundleViewResolver

La première implémentation, `ResourceBundleViewResolver`, correspond à une configuration au cas par cas des vues utilisées. Cette approche est particulièrement intéressante pour une utilisation des vues fondées sur différentes technologies de présentation. Sa configuration s'effectue par le biais d'un fichier de propriétés contenant le paramétrage des différentes vues.

Cette classe peut toutefois devenir vite contraignante si la majeure partie des vues utilise la même technologie de présentation. Les applications qui utilisent JSP/JSTL et des vues PDF ou Excel pour afficher des états sont un exemple de cette contrainte. Spring MVC offre une solution fondée sur le chaînage de `ViewResolver` pour optimiser la résolution de ce problème.

Le code suivant montre de quelle manière configurer cette implémentation avec Spring MVC :

```
<bean id="viewResolver" class="org.springframework
                   .web.servlet.view.ResourceBundleViewResolver">
    <property name="basename" value="views"/>
</bean>
```

La propriété `basename` permet de spécifier le fichier de propriétés utilisé, qui, dans l'exemple suivant, a pour nom `views.properties` :

```
register_ok.class=org.springframework.web.servlet.view.RedirectView
register_ok.url=welcome.action

recover_password_ok.class
                =org.springframework.web.servlet.view.RedirectView
recover_password_ok.url=welcome.action

todo_lists_report.class=tudu.web.ShowTodoListsPdfView

rssFeed.class=tudu.web.RssFeedView
rssFeed.stylesheetLocation=/WEB-INF/xsl/rss.xsl
```

Ce fichier possède les configurations des vues de redirection ainsi que des vues fondées sur la technologie XSLT et le framework iText.

XmlViewResolver

Les vues sont définies par l'intermédiaire de cette implémentation au cas par cas, comme précédemment, mais dans un sous-contexte de Spring. L'utilisation de toutes les fonctionnalités et mécanismes du framework est donc envisageable, de même que l'injection de dépendances sur la classe d'implémentation des vues.

La configuration de cette implémentation se réalise de la manière suivante en utilisant par défaut le fichier **/WEB-INF/views.xml**, tout en n'écartant pas la possibilité d'en spécifier un autre par le biais de la propriété `location` :

```
<bean id="viewResolver"
```

```
                  class="org.springframework.web.servlet.view.XmlViewResolver">
        <property name="order" value="2" />
        <property name="localtion" value="/WEB-INF/views.xml" />
    </bean>
```

InternalResourceViewResolver

L'implémentation `InternalResourceViewResolver` utilise les URI dans le but de résoudre les vues fondées, par exemple, sur les technologies JSP/JSTL. Ce mécanisme construit l'URI à partir de l'identifiant de la vue puis dirige les traitements vers d'autres ressources gérées par le conteneur de servlets, telles que des servlets ou des JSP, comme dans l'exemple ci-dessous :

```
<bean id="jspViewResolver" class="org.springframework.web
                    .servlet.view.InternalResourceViewResolver">
    <property name="viewClass"
        value="org.springframework.web.servlet.view.JstlView"/>
    <property name="prefix" value="/WEB-INF/jsp/"/>
    <property name="suffix" value=".jsp"/>
</bean>
```

Cette implémentation générale s'applique à toutes les vues, excepté celles qui sont résolues précédemment par une autre implémentation dans une chaîne de `ViewResolver`.

Chaînage d'implémentations de *ViewResolver*

Spring MVC offre la possibilité de chaîner les entités de résolution des vues. Le framework parcourt dans ce cas la chaîne jusqu'à la découverte du `ViewResolver` approprié.

Certaines de ces entités s'appliquant à toutes les vues, une stratégie par défaut de résolution des vues peut être définie. Les implémentations fondées sur `UrlBasedViewResolver`, telles que `InternalResourceViewResolver`, fonctionnent sur ce principe.

L'utilisation des vues fondées sur JSP/JSTL peut être spécifiée. D'autres vues, comme des redirections ou des vues générant des flux PDF ou Excel, sont définies ponctuellement dans un fichier.

La figure 7-7 illustre un chaînage d'implémentations de l'interface de `ViewResolver` tiré de Tudu Lists.

Sans cette fonctionnalité, la configuration de toutes les vues au cas par cas dans un fichier serait nécessaire, même pour celles ne nécessitant pas de paramétrage spécifique.

L'exemple suivant décrit la configuration du chaînage de `ViewResolver` :

```
<bean id="jspViewResolver" class="org.springframework.web
                    .servlet.view.InternalResourceViewResolver">
    <property name="viewClass"
        value="org.springframework.web.servlet.view.JstlView"/>
    <property name="prefix" value="/WEB-INF/jsp/"/>
    <property name="suffix" value=".jsp"/>
</bean>
```

```
<bean id="viewResolver"
      class="org.springframework.web.servlet.view.XmlViewResolver">
   <property name="order" value="1"/>
   <property name="location" value="/WEB-INF/views.xml"/>
</bean>
```

La propriété `order` permet de spécifier la position du `ViewResolver` dans la chaîne. Cet exemple met en évidence que la classe `InternalResourceViewResolver` ne possède pas cette propriété, ce `ViewResolver` ne pouvant être utilisé qu'en fin de chaîne.

Figure 7-7

Chaînage de ViewResolver dans Tudu Lists

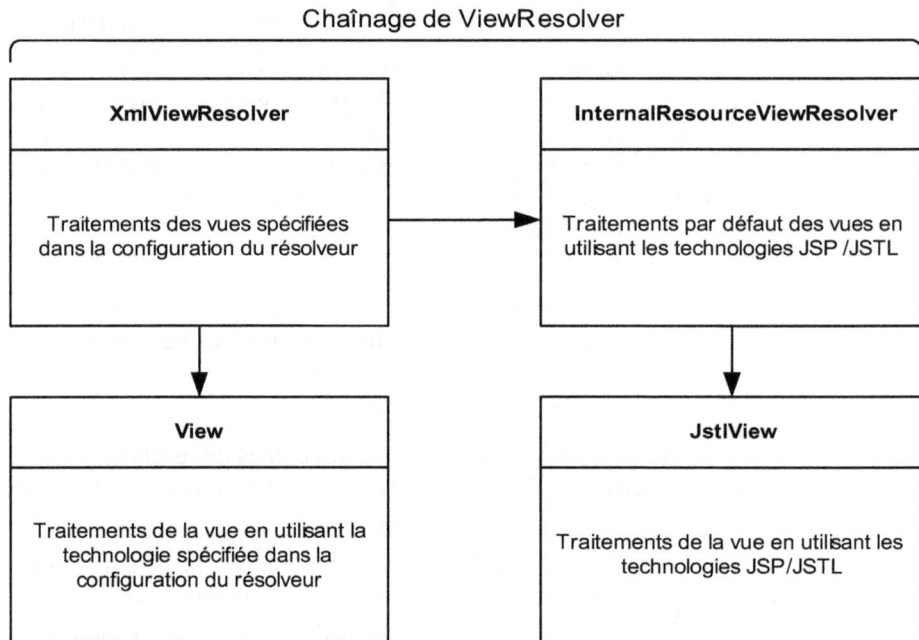

Chaînage de ViewResolver

Les technologies de présentation

Spring MVC propose plusieurs fonctionnalités qui simplifient énormément la mise en œuvre des technologies et frameworks de présentation.

Dans Spring MVC, une vue correspond à une implémentation de l'interface `View` du package `org.springframework.web.servlet` telle que décrite dans le code suivant :

```
public interface View {
   void render(Map model, HttpServletRequest request,
                        HttpServletResponse response);
}
```

Cette interface possède plusieurs implémentations, localisées dans le package `org.springframework.web.servlet.view` ou dans un de ses sous-packages.

La figure 7-8 illustre la hiérarchie de ses classes et interfaces.

Figure 7-8

Hiérarchie des implémentations de l'interface View

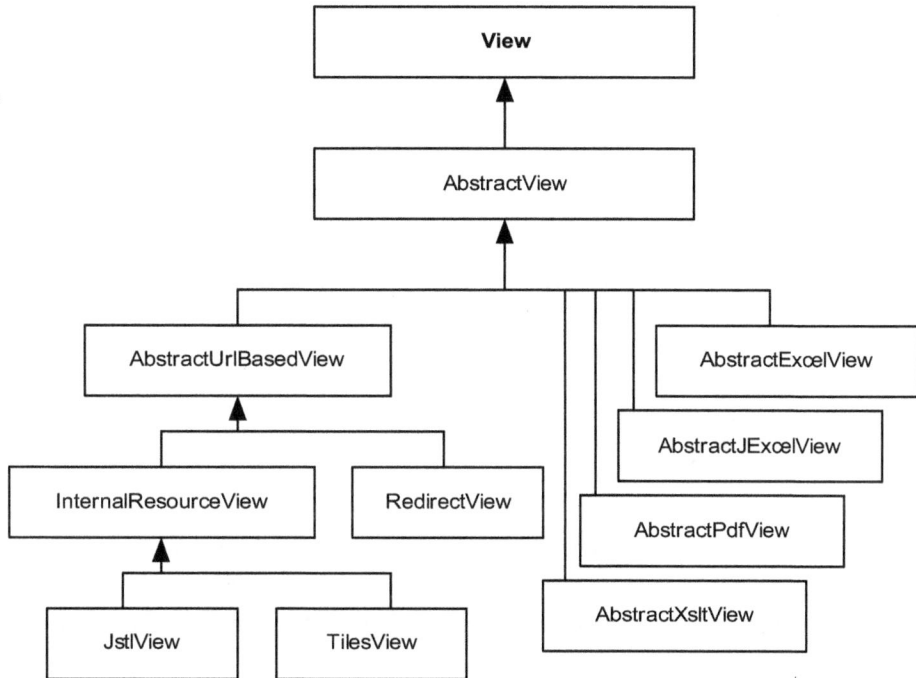

Vue de redirection

Spring MVC définit un type de vue particulier afin de rediriger les traitements vers un URI ou une URL par l'intermédiaire de la classe RedirectView. Elle se configure avec l'implémentation ResourceBundleViewResolver ou XmlViewResolver en imposant de définir la propriété url.

Le code suivant donne un exemple de sa mise en œuvre dans Tudu Lists :

```
register_ok.class=org.springframework.web.servlet.view.RedirectView
register_ok.url=welcome.action
```

La propriété url permet de spécifier l'adresse de redirection correspondante, laquelle est, dans notre cas, relative au contexte de l'application.

La figure 7-9 illustre l'enchaînement des traitements afin d'utiliser une vue de type RedirectView.

Figure 7-9

Enchaînement des traitements pour la vue

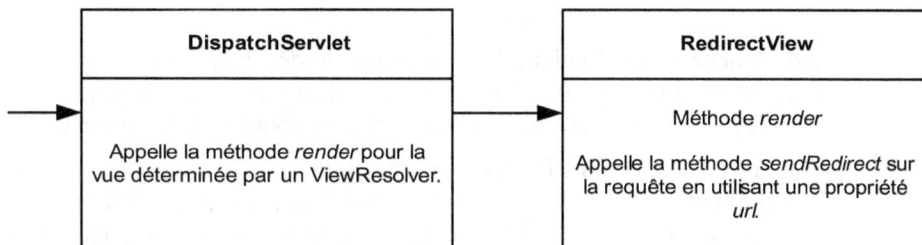

Cette vue peut être configurée plus rapidement et directement dans la configuration des contrôleurs grâce au préfixe redirect (❶), comme l'illustre le code suivant :

```
public class RestoreTodoListController {
    (...)

    @RequestMapping(method = RequestMethod.POST)
    public String submitForm(
            @ModelAttribute("restoredata") RestoreData restoreData,
            BindingResult result,
            SessionStatus status) {
        (...)
        return "redirect:showTodos.action";←❶
    }
}
```

Vue fondée sur JSP/JSTL

Spring MVC fournit une vue fondée sur JSP/JSTL, dirigeant les traitements de la requête vers une page JSP dont l'URI est construit à partir de l'identifiant de la vue.

La figure 7-10 illustre l'enchaînement des traitements afin d'utiliser une vue de type JstlView.

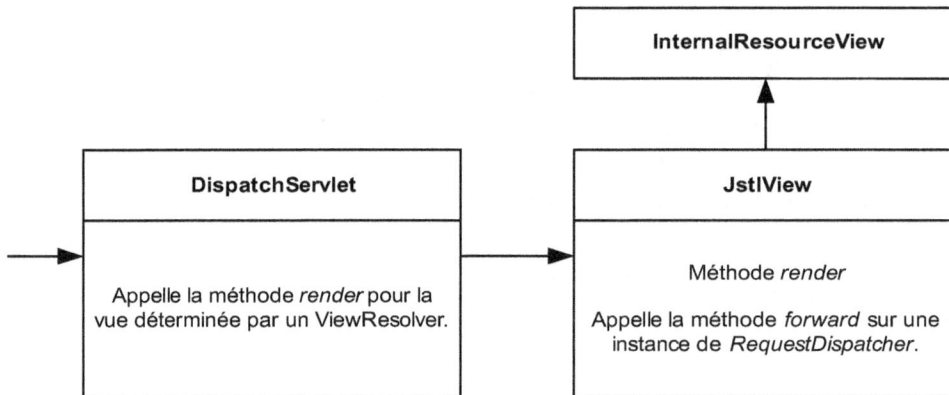

Figure 7-10

Enchaînement des traitements pour la vue

Le développeur prend uniquement en charge le développement de la page JSP, tandis que Spring MVC a la responsabilité de mettre à disposition dans la requête tout le contenu du modèle ainsi qu'éventuellement des informations concernant le formulaire.

Les balises et expressions JSTL peuvent être utilisées d'une manière classique en utilisant les données du modèle, ces dernières étant mises à disposition par Spring MVC pour les pages JSP. Pour une entrée ayant pour clé maVariable dans le modèle, la page JSP récupère la valeur de sa propriété maPropriete correspondante de la manière suivante :

```
<c:out value="${maVariable.maPropriete}"/>
```

Afin d'utiliser les taglibs JSTL, des importations doivent être placées dans les pages JSP, comme dans le code suivant, tiré de la page **WEB-INF/jspf/header.jsp** :

```
<%@ taglib prefix="c" uri="http://java.sun.com/jstl/core_rt" %>
<%@ taglib prefix="fmt" uri="http://java.sun.com/jstl/fmt_rt" %>
```

Ainsi, l'affichage de la liste des todos dans une page JSP se réalise de la manière suivante (cette liste ayant été spécifiée dans le modèle) :

```
Affichage de la liste des todos:
<c:forEach items="${todos}" var="todo">
 - <c:out value="${todo.id}"/>, <c:out value="${todo.name}"/><br/>
</c:forEach>
```

Au niveau des formulaires, un taglib dédié permet de réaliser le mappage entre les données du formulaire et les champs correspondants. Pour pouvoir l'utiliser, l'importation suivante (tirée de la page **WEB-INF/jspf/header.jsp**) doit être placée dans les pages JSP :

```
<%@ taglib prefix="form"
           uri="http://www.springframework.org/tags/form" %>
```

Le tableau 7-4 récapitule les balises proposées par ce taglib pour construire des formulaires.

Tableau 7-4. Balises du taglib *form* de gestion de formulaires

Balise	Description
checkbox	Définit un élément de formulaire de type case à cocher pour un attribut du Bean de formulaire.
checkboxes	Définit un ensemble d'éléments de formulaire de type case à cocher pour un attribut de formulaire. L'initialisation des valeurs des éléments se réalise à partir d'une liste présente dans le modèle.
errors	Affiche les erreurs survenues lors de la soumission d'un formulaire à un niveau global ou par champ.
form	Définit un formulaire et le rattache éventuellement à un Bean de formulaire.
hidden	Définit un élément de formulaire caché pour un attribut du Bean de formulaire.
input	Définit un élément de formulaire de type texte pour un attribut du Bean de formulaire.
option	Définit un élément de liste.
options	Définit un ensemble d'éléments de liste. L'initialisation des valeurs des éléments se réalise à partir d'une liste présente dans le modèle.
password	Définit un élément de formulaire de type mot de passe pour un attribut du Bean de formulaire.
radiobutton	Définit un élément de formulaire de type bouton radio pour un attribut du Bean de formulaire.
radiobuttons	Définit un ensemble d'éléments de formulaire de type bouton radio pour un attribut du Bean de formulaire. L'initialisation des valeurs des éléments se réalise à partir d'une liste présente dans le modèle.
select	Définit un élément de formulaire de type liste pour un attribut du Bean de formulaire. Cette balise doit être utilisée conjointement avec les balises option et options afin de spécifier les valeurs de la liste.
textarea	Définit un élément de formulaire de type zone de texte pour un attribut du Bean de formulaire.

Ces balises permettent de référencer les attributs d'un Bean de formulaire mis à disposition dans le modèle à l'aide des techniques décrites précédemment à la section « Contrôleur de gestion de formulaire ».

La correspondance entre le formulaire et le Bean de formulaire se réalise au niveau de la balise form par l'intermédiaire du champ modelAttribute, qui spécifie le nom de l'entrée dans le modèle.

L'utilisation des balises du taglib form permet d'initialiser automatiquement les champs du formulaire avec les données du formulaire et d'afficher les éventuelles erreurs survenues. Le code suivant montre l'utilisation de cette balise dans la page JSP **WEB-INF/jsp/user_info.jsp** de l'étude de cas :

```
<form:form modelAttribute="userinfo">←❶
  <tr class="odd">
    <td>
      <fmt:message key="user.info.first.name"/>
    </td>
    <td>
      <form:input path="firstName" size="15" maxlength="60"/>←❷
       <font color="red">
      <form:errors path="firstName"/></font>←❸
    </td>
  </tr>
  (...)
</form:form>
```

La balise form permet de définir l'identifiant de l'élément dans le modèle correspondant au Bean de formulaire en se fondant sur l'attribut modelAttribute (❶). Elle permet également de délimiter les éléments du formulaire.

Au sein du formulaire, les champs correspondant aux attributs du Bean de formulaire peuvent être spécifiés. La correspondance entre le champ et l'attribut correspondant se réalise par l'intermédiaire de l'attribut path de la balise. Dans notre exemple, la balise input (❷) porte sur la propriété firstName du Bean de formulaire ayant pour nom userinfo.

L'affichage des erreurs, générales ou associées à un champ, se réalise par l'intermédiaire de la balise errors. L'attribut path permet de préciser les erreurs à afficher. Avec une valeur *, toutes les erreurs relatives au formulaire sont affichées. Avec le nom d'un champ, comme dans l'exemple précédent (❸), l'éventuelle erreur correspondant au champ est affichée.

Autres vues

Spring MVC apporte des supports pour toutes sortes de vues qui ne sont pas nécessairement fondées sur des redirections internes au conteneur de servlets (méthode forward) ou des redirections de requêtes (méthode sendRedirect), notamment des classes abstraites de base pour les technologies suivantes :

- génération de documents (PDF, Excel, etc.) ;
- génération de rapports avec Jasper Reports ;

- génération de présentations fondées sur des templates (Velocity, FreeMarker) ;
- génération de présentations fondées sur les technologies XML.

Concernant les vues générant des documents et celles fondées sur les technologies XML, le framework Spring MVC instancie les ressources représentant le document par le biais de méthodes génériques. Il délègue ensuite les traitements à une méthode de la vue afin de construire le document ou de convertir le modèle dans une technologie donnée. Le framework reprend ensuite en main ces traitements afin d'exécuter éventuellement une transformation puis d'écrire le résultat sur le flux de sortie.

La figure 7-11 illustre l'enchaînement des traitements d'une vue générant un document avec le support PDF de Spring MVC.

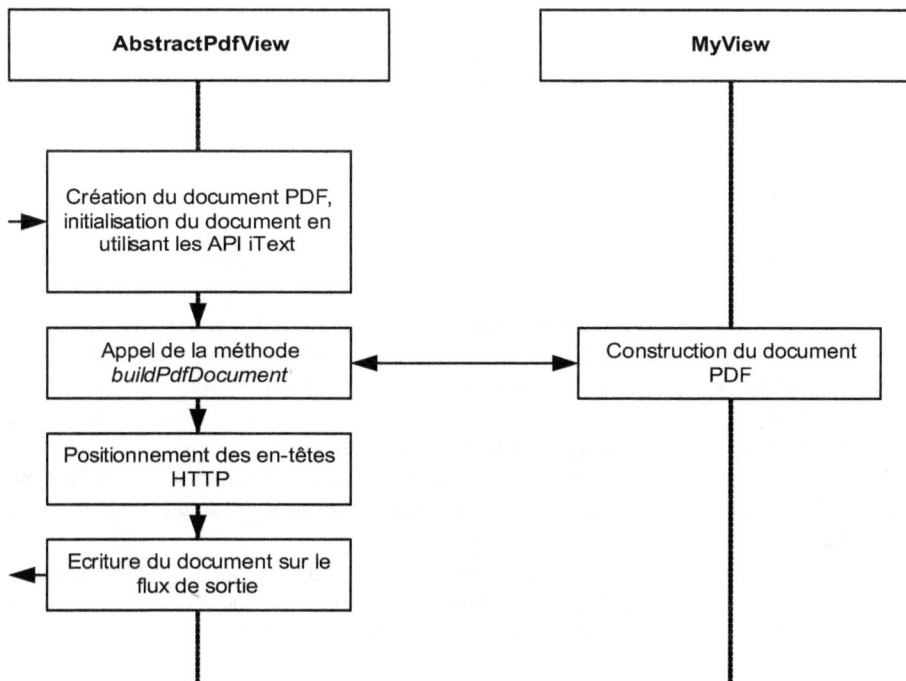

Figure 7-11

Enchaînement des traitements de la vue

Dans l'exemple décrit à la figure 7-11, la classe MyView étend la classe abstraite AbstractPdfView du package org.springframework.web.servlet.view afin d'implémenter la méthode abstraite buildPdfDocument. C'est pourquoi la classe MyView ne contient plus que les traitements spécifiques à l'application pour la construction du document, son instanciation et son renvoi au client étant encapsulés dans la classe AbstractPdfView.

En résumé

Approfondissant les principes de gestion de la présentation au sein du framework Spring MVC, nous avons vu que ce dernier met en œuvre des mécanismes de mise en relation d'un identifiant et de sa vue, tout en favorisant la coexistence de vues fondées sur diverses technologies. Le framework permet l'utilisation d'un nombre important de technologies de présentation.

La mise à disposition des données présentes dans le modèle pour les vues est réalisée automatiquement par le framework.

Support de REST (Representational State Transfer)

La version 3.0 de Spring introduit le support natif de la technologie REST afin d'utiliser les URI conformes à ce format tout en suivant le modèle de programmation de Spring MVC fondé sur les annotations.

La technologie REST

Cette technologie correspond à une manière de construire des applications pour les systèmes distribués. REST n'est pas un protocole ou un format, mais correspond au style architectural original du Web, bâti sur les principes simples suivants :

— L'URI est très important puisque, dans ce contexte, connaître ce dernier doit suffire pour accéder à la ressource. Il n'est plus besoin de spécifier des paramètres supplémentaires. De plus, la manipulation de la ressource se fonde sur l'utilisation des opérations du protocole HTTP (GET, POST, PUT et DELETE, essentiellement).

— Chaque opération est autosuffisante, et aucun état n'est stocké au niveau de la ressource. Le client a la responsabilité du stockage de cet état. En parallèle, la technologie utilise des standards hypermédias tels que HTML ou XML afin de réaliser les liens vers d'autres ressources et d'assurer ainsi la navigation dans l'application.

— Il est possible de mettre en œuvre des architectures orientées services de manière simple en utilisant des services Web interapplicatifs. La technologie REST propose ainsi une solution de rechange intéressante et plus simple au mode RPC et, dans la plupart des cas, à SOAP.

Avec la technologie REST, les paramètres font partie intégrante de l'URI, comme l'illustre le code suivant avec un exemple d'URI contenant le paramètre `id` :

```
/<alias-webapp>/<ressource-name>/{id}
```

Spring 3.0 offre non seulement la possibilité d'écrire des contrôleurs Web REST, mais propose aussi un composant client permettant d'effectuer des requêtes REST, le `RestTemplate`.

Contrôleur Web REST

Spring MVC offre la possibilité de passer en paramètres des méthodes des contrôleurs des valeurs en se fondant sur l'annotation `PathVariable`. Cette dernière fonctionne d'une manière similaire à l'annotation `RequestParam` en référençant les paramètres présents dans l'adresse d'accès, comme l'illustre le code suivant (**1**) :

```
@RequestMapping(value = "/todo/{format}/{todoId}")
public ModelAndView getTodo(@PathVariable String format,←1
                            @PathVariable String todoId) {
    (...)
}
```

Avec REST, il est désormais possible d'utiliser d'autres méthodes HTTP que celles utilisées habituellement dans les navigateurs par les applications Web classiques, à savoir les méthodes GET et POST. Dans ce contexte, l'appel d'une ressource réalisant la suppression d'une entité s'effectue avec la méthode DELETE. La méthode correspondante du contrôleur doit spécifier la méthode HTTP d'accès au niveau de l'annotation `RequestMapping`, comme dans le code suivant (**1**) :

```
@RequestMapping(
    value = "/todo/{todoId}",
    method = RequestMethod.DELETE←1
)
public void deleteTodo(@PathVariable String todoId,
        HttpServletResponse response) {
    todoManager.remove(todoId);
    // pas de rendu de vue
    response.setStatus(HttpServletResponse.SC_OK);
}
```

L'appel de cette méthode peut se réaliser dans une page JSP par le biais de la balise `form` du taglib `form` de Spring, comme dans le code suivant (**1**) :

```
<form:form method="delete">←1
    <input type="submit" value="Supprimer un todo"/></p>
</form:form>
```

En gardant le même modèle de programmation que celui de Spring MVC, le support REST de Spring permet de mettre en œuvre REST de manière intéressante. Tous les mécanismes de Spring MVC sont utilisables dans ce contexte, contribuant d'autant à la simplicité de mise en œuvre de cette technologie.

Le RestTemplate

Le `RestTemplate` est la classe centrale du support client REST dans Spring. Il permet d'effectuer des requêtes HTTP selon les différentes méthodes du protocole, tout en facilitant la gestion des réponses, avec la possibilité de transformer directement le flux de réponses en objets Java.

Le `RestTemplate` fonctionne suivant la philosophie des templates d'accès aux données de Spring, dont les principes sont présentés au chapitre 10. Il peut néanmoins être utilisé directement, sans connaître ces principes sous-jacents, l'essentiel consistant à savoir que le

`RestTemplate` gère les connexions HTTP et laisse le développeur se concentrer sur le code applicatif.

Le `RestTemplate` peut être instancié de façon programmatique, mais il est plus judicieux de le déclarer dans le contexte Spring, afin de profiter de l'injection de dépendances, notamment pour de la configuration plus fine :

```
<bean id="restTemplate"
    class="org.springframework.web.client.RestTemplate">←❶
  <property name="requestFactory">
      <bean class="org.springframework.http.client.➥
            CommonsClientHttpRequestFactory" />←❷
  </property>
</bean>
```

Le `RestTemplate` est déclaré comme tout autre Bean, avec la classe correspondante (❶). Pour effectuer les accès HTTP, le `RestTemplate` utilise une abstraction, la `ClientHttpRequest-Factory`, que l'on positionne avec la propriété `requestFactory` (❷). Nous utilisons dans notre exemple une implémentation fondée sur la bibliothèque Jakarta Commons HttpClient, qui offre des possibilités intéressantes de configuration (authentification, pool de connexions, etc.).

Une fois configuré, le `RestTemplate` peut être utilisé pour récupérer le résultat d'une requête HTTP, par exemple pour appeler la méthode `getTodo` du contrôleur REST de la section précédente :

```
String xml = restTemplate.getForObject(
    "http://localhost:8080/rest/todo/{format}/{todoId}",←❶
    String.class,←❷
    "xml","1");←❸
```

La méthode `getForObject` du `RestTemplate` prend en premier paramètre l'URL à appeler (❶). On remarque l'utilisation de la syntaxe `{nomParametre}` pour indiquer les différents paramètres ; dans notre cas, le format souhaité de la réponse (XML, HTML ou PDF) et l'identifiant du `Todo`. Le deuxième paramètre de `getForObject` est la classe de retour attendue (❷). Le `RestTemplate` est en effet capable de transformer le flux de la réponse en un objet Java.

Par défaut, les transformations sont limitées (chaînes de caractères ou tableau d'octets), mais nous verrons par la suite que ce mécanisme est paramétrable. Dans notre exemple, nous nous contentons de récupérer la réponse sous forme de chaîne de caractères. La méthode `getForObject` accepte en derniers paramètres une liste variable d'objets, qui constituent les paramètres à insérer dans la requête HTTP (❸).

La combinaison de l'URL demandée et des paramètres fera que l'URL appelée sera la suivante :

```
http://localhost:8080/rest/todo/xml/1
```

La réponse est bien sûr gérée par notre contrôleur REST, qui renvoie pour une telle requête un flux XML :

```
<todo>
    <todoId>1</todoId>
```

```
    <description>todo 1</description>
    <priority>1</priority>
    <completed>true</completed>
    <hasNotes>true</hasNotes>
</todo>
```

La variable locale xml dans l'exemple ci-dessus contiendra donc ce code XML. Il est important de noter que l'utilisation du RestTemplate n'est pas limitée à l'interrogation de contrôleurs REST implémentés par Spring MVC. La réponse pourrait tout aussi bien être générée par un autre type de contrôleur Web, dans un langage différent de Java.

Nous venons de voir comment faire une requête GET (au sens HTTP du terme) avec le RestTemplate. Celui-ci propose une API complète pour effectuer d'autres types de requêtes, suivant les méthodes du protocole HTTP.

Nous pouvons effectuer une requête DELETE, par exemple, sur la méthode deleteTodo de notre contrôleur :

```
restTemplate.delete(
    "http://localhost:8080/rest/todo/{todoId}",
    "1");
```

Cet appel va supprimer le Todo d'identifiant 1. Aucune réponse n'est attendue.

Le tableau 7-5 récapitule les principales méthodes disponibles dans le RestTemplate. Remarquez l'existence de la méthode execute, qui, moyennant une utilisation plus complexe, permet de construire des requêtes et d'exploiter les réponses pour des besoins avancés, selon le principe des templates Spring.

Tableau 7-5. Méthodes du *RestTemplate*

Méthode HTTP	Méthode du *RestTemplate*
DELETE	delete(String, String, …)
GET	delete(String, Class, String, …)
HEAD	headForHeaders(String, String …)
OPTIONS	optionsForAllow(String, String …)
POST	postForLocation(String, Object, String …)
PUT	put(String, Object, String …)
Toutes	execute(String, HttpMethod, RequestCallback, ResponseExtractor, String …)

Nous avons vu dans notre première utilisation du RestTemplate qu'il facilitait grandement l'appel de services REST, mais que sa gestion de la réponse était relativement limitée : nous avons récupéré un document XML sous forme de chaîne de caractères. Cette réponse contient les informations demandées, mais nécessite une exploitation (analyse du code XML), qui s'avère fastidieuse si elle doit être faite au niveau de l'appel. L'idéal serait de récupérer l'objet métier attendu, c'est-à-dire une instance de Todo, le RestTemplate prenant à sa charge la transformation.

Le RestTemplate propose un mécanisme de convertisseur qui permet de contrôler très finement la conversion des objets Java qui lui sont passés ainsi que ceux qu'il renvoie. Nous allons ici nous intéresser aux objets renvoyés, en convertissant le flux XML reçu précédemment en un objet Todo.

Cette conversion nous permettra d'effectuer l'appel suivant, pour lequel nous demandons et récupérons directement un Todo, plutôt qu'un document XML :

```
Todo todo = restTemplate.getForObject(
    "http://localhost:8080/rest/todo/{format}/{todoId}",
    Todo.class,
    "xml","1");
```

Pour arriver à ce résultat, il faut implémenter un HttpMessageConverter, qui va se charger de la conversion de la réponse, puis l'assigner au RestTemplate.

Voici le code de l'implémentation de TodoHttpMessageConverter :

```
package tudu.web.rest;
(...)
import org.springframework.http.HttpInputMessage;
import org.springframework.http.HttpOutputMessage;
import org.springframework.http.MediaType;
import org.springframework.http.converter.HttpMessageConverter;
import tudu.domain.model.Todo;
import com.thoughtworks.xstream.XStream;

public class TodoHttpMessageConverter
            implements HttpMessageConverter<Todo> {

  public List<MediaType> getSupportedMediaTypes() {
    return Collections.singletonList(
      new MediaType("text","xml")←❶
    );
  }

  public boolean supports(Class<? extends Todo> clazz) {
    return Todo.class.equals(clazz);←❷
  }

  public Todo read(Class<Todo> clazz,
                   HttpInputMessage inputMessage)
                   throws IOException {
    XStream xstream = new XStream();
    xstream.alias("todo", Todo.class);
    return (Todo) xstream.fromXML(inputMessage.getBody());←❸
  }

  public void write(Todo t, HttpOutputMessage outputMessage)
      throws IOException {
    throw new UnsupportedOperationException();←❹
  }
}
```

Le rôle d'un `HttpMessageConverter` est d'effectuer des transformations d'objets Java vers des messages HTTP et inversement. Il doit donc indiquer le type de média qu'il est capable de gérer (**1**) : dans notre cas les réponses de type `text/xml`, ainsi que la hiérarchie de classes qu'il peut convertir (**2**), c'est-à-dire des `Todos`.

La méthode `read` nous intéresse particulièrement, car c'est elle qui se charge de la transformation de la réponse en `Todo`. Nous recevons ici une représentation XML d'un `Todo`, et nous utilisons XStream pour la convertir en objet Java (**3**). XStream présente l'intérêt d'être très simple d'utilisation et concis, mais tout autre mécanisme de désérialisation aurait pu tout aussi bien convenir. L'opération inverse, qui consiste à transformer l'objet Java en message HTTP, ne nous intéressant pas, elle n'est pas implémentée (**4**).

Le convertisseur étant écrit, il faut maintenant le positionner au sein du `RestTemplate`, grâce à sa propriété `messageConverters`, qui contient la liste de ses différents convertisseurs :

```
<bean id="restTemplate"
    class="org.springframework.web.client.RestTemplate">
  (...)
  <property name="messageConverters">
    <list>
      <bean class="org.springframework.http.converter.➡
                ByteArrayHttpMessageConverter"/>←❶
      <bean class="org.springframework.http.converter.➡
                StringHttpMessageConverter"/>←❶
      <bean class="tudu.web.rest.TodoHttpMessageConverter" />←❷
    </list>
  </property>
</bean>
```

Un `RestTemplate` dispose de convertisseurs positionnés par défaut, qui gèrent les conversions sous forme de chaînes de caractères ou de tableau d'octets. Il faut les positionner explicitement dès que nous paramétrons la propriété `messageConverters`, afin que ces cas simples soient toujours gérés (**1**). Notre convertisseur de `Todo` est lui paramétré au repère **2**.

Le mécanisme de convertisseurs apporte au `RestTemplate` une extensibilité et une adaptabilité très intéressantes, lui permettant de gérer la conversion des messages HTTP en objets Java, afin d'obtenir un code applicatif le plus épuré possible.

En résumé

Spring 3.0 apporte un support REST à Spring MVC. Il devient alors possible d'implémenter des contrôleurs REST en suivant le modèle de programmation de Spring MVC, fondé sur les annotations.

Le support client n'est pas en reste, avec le `RestTemplate`, qui propose une API très simple et extensible afin d'interroger des services REST (indépendamment de leur technologie) et d'exploiter au mieux leur réponse.

Mise en œuvre de Spring MVC dans Tudu Lists

Les principaux concepts et composants de Spring MVC ayant été introduits, nous pouvons passer à leur mise en pratique dans notre étude de cas.

Configuration des contextes

Le premier contexte renvoie à l'application Web. Il est chargé avec le support de la classe `ContextLoaderListener` en utilisant les fichiers dont le nom correspond au pattern **/WEB-INF/applicationContext*.xml**.

Le second contexte est utilisé par Spring MVC et est chargé par la servlet `DispatcherServlet` en utilisant le fichier **action-servlet.xml** localisé dans le répertoire **WEB-INF**. Les différentes entités relatives à Spring MVC sont définies dans ce fichier.

Cette servlet est configurée dans le fichier **web.xml** de l'application Web, comme l'illustre le code suivant :

```
<?xml version="1.0" encoding="UTF-8"?>
<web-app>
(...)
  <servlet>
    <servlet-name>action</servlet-name>
      <servlet-class>
        org.springframework.web.servlet.DispatcherServlet
      </servlet-class>
      <load-on-startup>1</load-on-startup>
  </servlet>

  <servlet-mapping>
    <servlet-name>action</servlet-name>
    <url-pattern>*.action</url-pattern>
  </servlet-mapping>
  (...)
</web-app>
```

Dans le fichier **action-servlet.xml** suivant, l'approche fondée sur les annotations a été activée en se fondant sur la balise `component-scan` (❶) de l'espace de nommage `context` (seuls les contrôleurs localisés dans les packages dont le nom commence par `tudu.web` étant utilisés) :

```
<beans xmlns="http://www.springframework.org/schema/beans"
    xmlns:xsi="http://www.w3.org/2001/XMLSchema-instance"
    xmlns:context="http://www.springframework.org/schema/context"
    xsi:schemaLocation="
           http://www.springframework.org/schema/beans
      http://www.springframework.org/schema/beans/spring-beans.xsd
           http://www.springframework.org/schema/context
      http://www.springframework.org/schema/➥
                            context/spring-context.xsd">

    <context:component-scan base-package="tudu.web" />←❶

    (...)
</beans>
```

Commons Validator

Le projet Spring Modules offre le support de Commons Validator, le framework d'Apache visant à spécifier les règles de validation par déclaration communément utilisé avec Struts.

Commons Validator se configure de la manière suivante dans le cadre de Spring MVC :

```
<bean id="validatorFactory" class="org.springmodules.commons ➥
                        .validator.DefaultValidatorFactory">
  <property name="validationConfigLocations">
    <list>
      <value>/WEB-INF/validator-rules.xml</value>
      <value>/WEB-INF/validation.xml</value>
    </list>
  </property>
</bean>

<bean id="beanValidator" class="org.springmodules.commons ➥
                        .validator.DefaultBeanValidator">
  <property name="validatorFactory" ref="validatorFactory"/>
</bean>
```

Dans chaque contrôleur de gestion de formulaire, le Bean `beanValidator` doit être injecté par l'intermédiaire de l'annotation `Autowired`. Le nom du Bean de formulaire utilisé par le contrôleur permet de déterminer la règle à utiliser de la configuration de la validation **WEB-INF/validation.xml**. La méthode `validate` de ce Bean est ensuite utilisée afin de réaliser la validation.

Implémentation des contrôleurs

Au travers de l'application Tudu Lists, différents mécanismes et types de contrôleurs sont implémentés par le biais des annotations `RequestMapping`, `ModelAttribute` et `InitBinder` décrites dans les sections précédentes.

Les sections suivantes se penchent sur la façon dont sont mis en œuvre des contrôleurs à entrée multiple et de formulaire réalisant respectivement un affichage de données et une gestion de formulaire HTML. La présentation associée à ces deux contrôleurs utilise les technologies JSP/JSTL.

Contrôleur simple

Le contrôleur `ShowTodosAction` du package `tudu.web` dispose de traitements pour afficher les todos d'une liste. Comme l'illustre l'extrait de code ci-après, il utilise Spring MVC à l'aide des éléments suivants :

- Annotation `Controller` au niveau de la classe (❶) afin de préciser que cette dernière joue le rôle d'un contrôleur dans Spring MVC.
- Annotation `RequestMapping` au niveau de la méthode `showTodos` (❷) afin de définir le point d'entrée. Plusieurs points d'entrée peuvent être spécifiés à ce niveau.

- Annotation `RequestParam` afin de récupérer directement en tant que paramètres du point d'entrée les paramètres de la requête Web. Dans notre cas, le paramètre optionnel `listId` (❸) est pris directement dans la requête s'il est présent. Dans le cas contraire, sa valeur vaut `null`.

- Paramètre de type `ModelMap` (❹) afin de manipuler les données du modèle. Des ajouts dans ce dernier peuvent être réalisés par l'intermédiaire de la méthode `addAttribute` de la classe (❺).

- Type de retour afin de préciser la vue utilisée pour présenter les données (❻).

```
@Controller←❶
public class ShowTodosController {
    (...)
    @RequestMapping("/secure/showTodos.action")
    public String showTodos(←❷
                    @RequestParam(value="listId",←❸
                    required=false) String listId,
                    ModelMap model←❹
    ) {

        log.debug("Execute show action");
        Collection<TodoList> todoLists = new TreeSet<TodoList>(
                    userManager.getCurrentUser().getTodoLists());

        if (!todoLists.isEmpty()) {
            if (listId != null) {
                model.addAttribute("defaultList", listId);←❺
            } else {
                model.addAttribute("defaultList",
                        todoLists.iterator().next().getListId());←❺
            }
        }
        return "todos";←❻
    }
}
```

Aucune configuration n'est requise dans le fichier **WEB-INF/action-servlet.xml** pour le contrôleur. Les configurations relatives à Spring MVC (❶) et à l'injection de dépendances (❷) se réalise directement dans la classe par l'intermédiaire d'annotations, comme l'illustre le code suivant :

```
@Controller←❶
public class ShowTodosController {
    @Autowired←❷
    private UserManager userManager;

    (...)

    @RequestMapping("/secure/showTodos.action")←❶
    public String showTodos(
```

```
                          @RequestParam(value="listId",←──❶
                          required=false) String listId,
                          ModelMap model
            (...)
        }
    }
```

La manière d'accéder aux points d'entrée du contrôleur est définie dans les annotations RequestMapping. Aucune configuration supplémentaire n'est nécessaire. Dans le cas précédent, le contrôleur ShowTodosController est accessible à partir de l'URI /secure/showTodos.action.

Cette étude de cas met également en pratique le mécanisme de chaînage de ViewResolver. Ainsi, retrouve-t-on dans le fichier **/WEB-INF/action-servlet.xml** la configuration de plusieurs ViewResolver :

- Le premier est implémenté par la classe ResourceBundleViewResolver, qui utilise le fichier de propriétés views.properties afin de configurer les vues.

- Le deuxième est implémenté par la classe XmlViewResolver, qui utilise le fichier **/WEB-INF/views.xml** pour configurer les vues.

- Le dernier est implémenté par la classe InternalResourceViewResolver, qui se fonde, dans notre cas, sur une vue JSP/JSTL. Il constitue la stratégie de résolution par défaut et est utilisé dans le cas où un identifiant de vue ne peut être résolu par les deux entités précédemment décrites.

La figure 7-12 illustre cette chaîne en soulignant les identifiants des vues configurées dans les deux premiers ViewResolver.

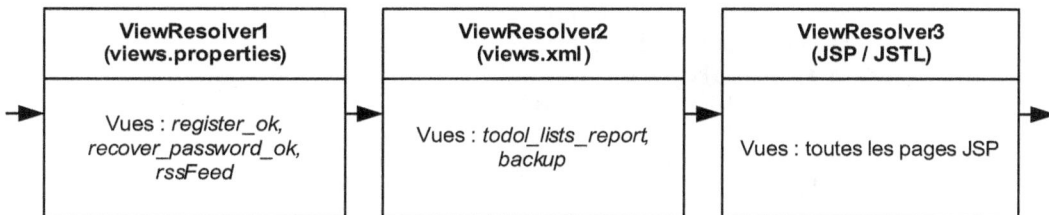

Figure 7-12

Chaînage des ViewResolver dans Tudu Lists

Le contrôleur utilise la vue todos qui est résolue par le dernier ViewResolver et correspond donc à la page JSP **todos.jsp** localisée dans le répertoire **/WEB-INF/jsp/**.

Contrôleur de gestion de formulaire

La mise en œuvre d'un contrôleur de gestion de formulaire n'est guère plus complexe que celle d'un contrôleur simple : un Bean est utilisé pour les données du formulaire, et deux points d'entrée doivent être définis, un pour le chargement du formulaire, l'autre pour sa validation.

Détaillons le contrôleur `MyInfosController` du package `tudu.web`, qui permet de modifier les informations d'un utilisateur de l'application.

Comme l'illustre l'extrait de code ci-après, ce contrôleur utilise Spring MVC à l'aide des éléments suivants :

- Annotations `Controller` et `RequestMapping` au niveau de la classe afin de définir la classe en tant que contrôleur et l'URI d'accès à ce dernier (❶).

- Méthode `showForm` (❷) appelée par l'intermédiaire d'une méthode GET et configurée avec l'annotation `RequestMapping`. Cette méthode a la responsabilité de charger les données du formulaire.

- Méthode `submitForm` (❸) appelée afin de traiter les données soumises par le formulaire avec la méthode HTTP POST et configurée avec l'annotation `RequestMapping`.

- Utilisation explicite de la validation Commons Validator dans le corps de la méthode `submitForm` (❹).

- Spécification des vues utilisées pour l'affichage suite à la soumission du formulaire par l'intermédiaire des retours des deux méthodes précédentes (❺).

```
@Controller←❶
@RequestMapping("/secure/myinfos.action")
public class MyInfoController {
    (...)
    @RequestMapping(method = RequestMethod.GET)
    public String showForm(HttpServletRequest request,←❷
                           ModelMap model) {
        String login = request.getRemoteUser();
        User user = userManager.findUser(login);
        UserInfoData data=new UserInfoData();
        data.setPassword(user.getPassword());
        data.setVerifyPassword(user.getPassword());
        data.setFirstName(user.getFirstName());
        data.setLastName(user.getLastName());
        data.setEmail(user.getEmail());
        model.addAttribute("userinfo", data);
        return "userinfo";←❺
    }

    @RequestMapping(method=RequestMethod.POST)
    public String submitForm(←❸
            HttpServletRequest request,
            @ModelAttribute("userinfo") UserInfoData userInfo,
            BindingResult result) {

        beanValidator.validate(userInfo, result);←❹
        if (!result.hasErrors()) {←❹
            String password = userInfo.getPassword();
            String firstName = userInfo.getFirstName();
            String lastName = userInfo.getLastName();
```

```
                        String email = userInfo.getEmail();
                        String login = request.getRemoteUser();
                        User user = userManager.findUser(login);
                        user.setPassword(password);
                        user.setFirstName(firstName);
                        user.setLastName(lastName);
                        user.setEmail(email);
                        userManager.updateUser(user);
            }

            return "userinfo";←❺
      }
}
```

Aucune configuration n'est requise dans le fichier **WEB-INF/action-servlet.xml** pour le contrôleur. Comme le montre le code suivant, les configurations relatives à Spring MVC (❶) et à l'injection de dépendances (❷) se réalisent directement dans la classe par l'intermédiaire d'annotations :

```
@Controller←❶
public class MyInfoController {
    @Autowired←❷
    private UserManager userManager;

    @Autowired←❷
    private DefaultBeanValidator beanValidator;

    (...)

    @RequestMapping(method = RequestMethod.GET)←❶
    public String showForm(HttpServletRequest request,
                           ModelMap model) {
        (...)
    }

    @RequestMapping(method=RequestMethod.POST)←❶
    public String submitForm(
            HttpServletRequest request,
            @ModelAttribute("userinfo") UserInfoData userInfo,←❶
            BindingResult result) {
        (...)
    }
}
```

La manière d'accéder aux points d'entrée du contrôleur est définie dans les annotations `RequestMapping`. Aucune configuration supplémentaire n'est nécessaire. Dans l'exemple précédent, le contrôleur `MyInfoController` est accessible à partir de l'URI `/secure/ myinfos.action` par l'intermédiaire des méthodes GET et POST.

Les données du formulaire soumises peuvent être validées par le biais de l'abstraction `Validator` vue précédemment, et plus particulièrement les implémentations constituant le support de Commons Validator, qui permet de réutiliser les règles de validation `userinfo`.

Le contrôleur utilise la vue `user_info` dans le but d'afficher le formulaire dans les cas d'échec ou de succès lors de la validation. Cette vue est résolue par le dernier `ViewResolver` de la chaîne et correspond donc à la page JSP `user_info.jsp` localisée dans le répertoire **/WEB-INF/jsp/**. Cette page doit être modifiée afin de remplacer les taglibs de gestion des formulaires de Struts par ceux de Spring MVC.

Comme l'illustre le code suivant, le framework met en œuvre le taglib `form` afin de remplir les champs du formulaire (❶) et d'afficher les éventuelles erreurs de validation (❷) :

```
(...)
<form:form modelAttribute="userinfo" focus="firstName">
  <font color="red">
    <b><form:errors path="*"/></b>
  </font>
  (...)
  <form:input path="firstName" size="15" maxlength="60"/>←❶
   <font color="red">
      <form:errors path="firstName"/></font>←❷
 (...)
  <input type="submit" value="<fmt:message key="form.submit"/>"/>
  <input type="button"
     onclick="document.location.href='<c:url
                                  value="../welcome.action"/>';"
     value="<fmt:message key="form.cancel"/>"/>
</form>
```

Le contrôleur affiche la page de formulaire suite au succès de la soumission des données par l'appel de la méthode `showForm` dans la méthode `onSubmit`. L'utilisation d'une autre vue grâce aux méthodes `setSuccessView` et `getSuccessView` serait aussi possible.

Implémentation de vues spécifiques

Tudu Lists utilise plusieurs technologies de présentation afin de générer différents formats de sortie (HTML, XML, RSS, PDF). Spring MVC offre une infrastructure facilitant leur utilisation conjointement dans une même application.

Dans la mesure où l'entité `ViewResolver` utilisée précédemment pour les vues utilise les technologies JSP et JSTL, elle ne peut servir pour les vues décrites ci-dessous. Dans les sections suivantes, nous utiliserons donc l'implémentation `XmlViewResolver` afin de les configurer.

XML

L'application Tudu Lists permet de sauvegarder au format XML les informations contenues dans une liste de todos. Cette fonctionnalité est implémentée par le contrôleur `Backup-TodoListController` du package `tudu.web`, qui a la responsabilité de charger la liste correspondant à l'identifiant spécifié puis de la placer dans le modèle afin de la rendre disponible lors de la construction de la vue.

Ce contrôleur dirige les traitements vers la vue ayant pour identifiant backup à la fin de ses traitements. Cette vue, implémentée par la classe BackupTodoListView du package tudu.web, est résolue par le second ViewResolver de la chaîne.

Sa configuration se trouve dans le fichier **views.xml** localisé dans le répertoire **WEB-INF**. Elle utilise le support de la classe AbstractXsltView de Spring MVC afin de générer une sortie XML, comme dans le code suivant :

```
public class BackupTodoListView extends AbstractXsltView {
(...)
    protected Node createDomNode(Map model,
        String rootName, HttpServletRequest request,
        HttpServletResponse response) throws Exception {

        TodoList todoList = (TodoList)model.get("todoList");
        Document doc = todoListsManager.backupTodoList(todoList);
        return new DOMOutputter().output( doc );
    }
}
```

À la fin de l'exécution de la méthode createDomNode, la classe BackupTodoListView rend la main à sa classe mère afin de réaliser éventuellement une transformation XSLT et d'écrire le contenu sur le flux de sortie.

L'utilisation de XmlViewResolver permet d'injecter une instance du composant TodoLists-Manager dans la classe de la vue, comme décrit dans le fichier **views.xml** suivant :

```
<bean id="backup" class="tudu.web.BackupTodoListView">
    <property name="todoListsManager" ref="todoListsManager"/>
</bean>
```

PDF

L'application de l'étude de cas permet également de générer un rapport au format PDF avec les informations contenues dans une liste de todos. Cette fonctionnalité est implémentée par l'intermédiaire du contrôleur ShowTodoListsReportController du package tudu.web, qui a la responsabilité de charger la liste correspondant à l'identifiant spécifié puis de la placer dans le modèle afin de la rendre disponible lors de la construction de la vue.

Ce contrôleur dirige les traitements vers la vue ayant pour identifiant todo_lists_report à la fin de ses traitements. Cette vue, implémentée par la classe ShowTodoListsPdfView du package tudu.web, est résolue par le second ViewResolver de la chaîne.

Sa configuration se trouve dans le fichier **views.xml** localisé dans le répertoire **WEB-INF**. Elle utilise le support de la classe AbstractPdfView de Spring MVC afin de générer une sortie PDF par le biais du framework iText, comme dans le code suivant :

```
public class ShowTodoListsPdfView extends AbstractPdfView {

    protected void buildPdfDocument(
```

```
              Map model, Document doc,
              PdfWriter writer, HttpServletRequest req,
              HttpServletResponse resp) throws Exception {

      TodoList todoList=(TodoList)model.get("todolist");

      doc.add(new Paragraph(todoList.getListId()));
      doc.add(new Paragraph(todoList.getName()));
      (...)
   }
}
```

La classe mère de la classe ShowTodoListsPdfView a la responsabilité d'instancier les différentes classes de iText afin de les lui fournir. À la fin de l'exécution de la méthode buildPdfDocument, la classe ShowTodoListsPdfView rend la main à sa classe mère pour écrire le contenu sur le flux de sortie.

Notons que cette vue aurait pu aussi bien être configurée dans le fichier **views.properties**, puisqu'elle ne nécessite pas d'injection de dépendances.

Conclusion

Pour mettre en œuvre le patron de conception MVC, Spring MVC offre une approche intéressante fondée sur les mécanismes d'injection de dépendances et les métadonnées configurées dans des annotations.

Les principaux atouts du framework résident dans son ouverture ainsi que dans la modularité et l'isolation des composants du patron MVC. Le développement des applications utilisant différentes technologies s'en trouve facilité, et le changement de briques n'impacte pas le reste de l'application ni l'extension du framework.

L'utilisation de l'injection de dépendances de Spring dans l'implémentation du pattern MVC permet de configurer avec une réelle facilité ces différents composants ainsi que leurs dépendances. Cette configuration est centralisée dans le contexte applicatif de Spring, lequel peut de la sorte mettre à disposition toute la puissance du conteneur léger.

Spring MVC propose une approche fondée sur les annotations afin d'implémenter les contrôleurs. Introduite avec la version 2.5 du framework, cette approche d'une grande facilité d'utilisation permet de s'abstraire de l'API Servlet. Le framework propose ainsi une gestion des formulaires d'une flexibilité remarquable.

Le framework Spring MVC propose enfin une séparation claire entre le contrôleur et la vue ainsi qu'un support pour les différentes technologies et frameworks de présentation.

En résumé, ce framework fournit un socle solide pour développer des applications Web sans donner la possibilité d'abstraire la navigation et l'enchaînement des pages. Un framework tel que Spring Web Flow, présenté en détail au chapitre suivant, peut s'appuyer sur ce socle afin de résoudre cette problématique.

8

Spring Web Flow

Certaines applications Web nécessitent un enchaînement défini d'écrans afin de réaliser leurs traitements. Elles doivent de plus empêcher l'utilisateur de s'écarter des enchaînements possibles et garder un contexte relatif à l'exécution. Lorsqu'une application répond à ces critères, la mise en œuvre d'outils tels que Spring Web Flow est pertinente. Ce type de framework ne présente en revanche aucun intérêt dans le cas d'applications pour lesquelles la navigation est libre.

Le présent chapitre débute par l'explication des concepts de flots Web. Il se poursuit par une présentation détaillée des fonctionnalités proposées par le principal module de Spring Web Flow (configuration, cycle de vie d'un flot, sécurisation, etc.). Il s'achève par une implémentation simplifiée de l'étude de cas Tudu Lists.

Concepts des flots Web

L'objectif des flots Web est d'implémenter des traitements qui comprennent plusieurs étapes et diverses contraintes pour passer d'une page à une autre.

Dans le cas d'applications Java EE, ces étapes se matérialisent par des interactions avec le serveur.

La conception et la mise en œuvre d'applications pour lesquelles la navigation se trouve restreinte et prédéfinie par des règles précises se révèlent particulièrement complexes, et ce pour les raisons suivantes :

• La configuration des enchaînements de traitements est difficile.

• La vérification de la validité des enchaînements est complexe à mettre en œuvre.

- La session HTTP n'est pas entièrement adaptée pour stocker les données d'un flot de traitements.
- La réutilisation des différents flots Web est complexe à implémenter.

Ces constats mettent en exergue les enjeux suivants, que l'architecture et la conception de ce type d'application doivent résoudre de manière optimale :

- découplage des flots et de leur implémentation ;
- gestion des données des états du flot de traitements ;
- respect des contraintes du flot par une entité autonome ;
- favorisation de la réutilisation des flots Web ;
- intégration des flots Web dans l'environnement technique existant.

Pour résoudre ces problématiques et adresser au mieux les enjeux précédemment décrits, l'approche adéquate consiste à intégrer un moteur d'exécution de flots Web utilisant une description des flots.

L'utilisation de ce type de moteur dans une application offre les avantages suivants :

- définition centralisée des éléments du flot et de leurs enchaînements ;
- configuration du flot fondée sur une grammaire XML dédiée, lisible aussi bien par un concepteur, un développeur ou un environnement de développement (IDE) ;
- notion de transitions mise en œuvre dans la configuration du flot afin de cadrer et sécuriser la navigation ;
- gestion systématique par le moteur des états en interne ;
- suppression des dépendances avec la technologie sous-jacente et le protocole utilisé ;
- configuration des flots facilement intégrable dans un IDE ;
- gestion du cycle de vie du flot facilitée et intégrée au moteur sans aucun impact sur les flots Web.

Détaillons maintenant plus en détail les problématiques liées aux flots et automates à états finis ainsi que leurs diverses composantes.

Définition d'un flot Web

Un flot Web s'inscrit dans la problématique générale des AEF (automate à état fini). Ces automates permettent de spécifier les différents états accessibles des flots ainsi que la manière de passer des uns aux autres. Ils peuvent être facilement décrits en UML dans des diagrammes d'activité avec des entités stéréotypées, comme l'illustre la figure 8-1.

Un flot est donc caractérisé par un ensemble fini d'états possibles, dont certains peuvent être initiaux et d'autres finaux. L'exécution ne peut se poursuivre que par le biais de transitions d'un état vers une liste d'états connue et finie.

Les états initiaux et finaux exceptés, un état est accessible depuis un ensemble d'états suite au déclenchement de différents événements et peut transiter vers d'autres états suite au déclenchement d'autres événements.

Figure 8-1

*Diagramme UML
d'un flot Web*

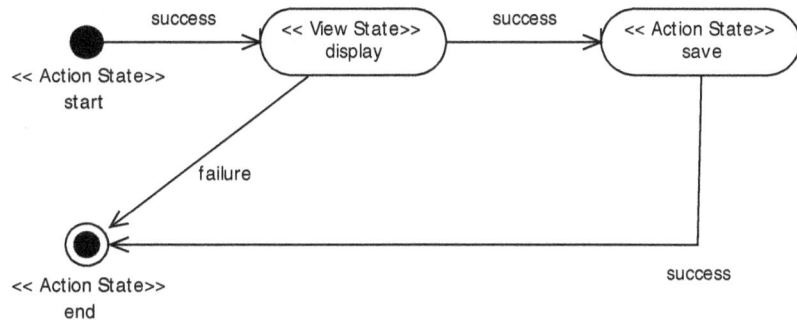

La figure 8-2 illustre les différentes composantes d'un état.

Figure 8-2

Composantes d'un état

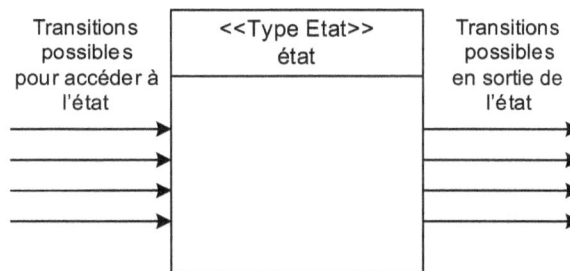

Le passage d'un état à un autre s'effectue par le biais d'une transition, qui décrit l'état à accéder suite au déclenchement d'un événement sur un autre état. Propriété d'un état, une transition regroupe l'événement déclencheur ainsi que l'état à exécuter dans ce cas.

Les types d'états

Au sein d'un flot d'exécution, plusieurs types d'états peuvent être mis en œuvre afin d'adresser différentes problématiques :

- Début et fin. Les états de début et de fin d'un flot correspondent à des états particuliers. Un état de début ne peut avoir d'état l'appelant, et un état de fin ne doit pas posséder de transition en sortie. Ces types d'états peuvent aussi bien être des états d'affichage de vue que de déclenchement d'actions, ne possédant donc pas de stéréotype spécifique.

- Affichage de vue. Un état peut correspondre à l'affichage d'une vue. Il doit dans ce cas lui faire référence. Les différents événements déclenchés par la vue doivent être définis sur l'état en tant que transitions. Ce type d'état est désigné par les termes « View State ». Nous utilisons le stéréotype `View State` pour le représenter.

- Exécution d'action. Un état peut correspondre au déclenchement d'une méthode d'une action, quel que soit son type. Il doit dans ce cas définir les différents événements à déclencher que peuvent retourner ces méthodes. Ce type d'état est désigné par les termes « Action State ». Nous utilisons le stéréotype `Action State` pour le représenter.

- Aiguillage. Un état peut correspondre à un aiguillage fondé sur une ou plusieurs conditions afin d'accéder à d'autres états. Ce type d'état est désigné par les termes « Decision State ». Nous utilisons le stéréotype Decision State pour le représenter.

- Lancement de sous-flots d'exécution. Un état peut déclencher l'exécution d'un sous-flot de traitement et permettre le passage de paramètres d'un flot à un autre. Ce type d'état est désigné par les termes « Sub Flow State ». Nous utilisons le stéréotype Sub Flow State pour le représenter.

En résumé

Nous avons décrit dans cette section les différents concepts des flots Web dont Spring Web Flow constitue une implémentation. Nous avons également abordé les notions d'état et de transition utilisées dans ces flots.

Les sections suivantes décrivent les mécanismes du framework Spring Web Flow permettant d'implémenter cette problématique.

Mise en œuvre de Spring Web Flow

La distribution de Spring Web Flow peut être téléchargée à partir de la page de son site : *http://springframework.org/webflow*. Nous nous référons dans ce chapitre à la version 2.0.7 de Spring Web Flow, qui nécessite Spring dans sa version 2.5.4 ou ultérieure.

Depuis sa version 2, le projet Spring Web Flow est distribué avec deux autres modules. La figure 8-3 illustre l'architecture générale de la distribution de Spring Web Flow.

Figure 8-3

*Architecture
de la distribution
de Spring Web Flow*

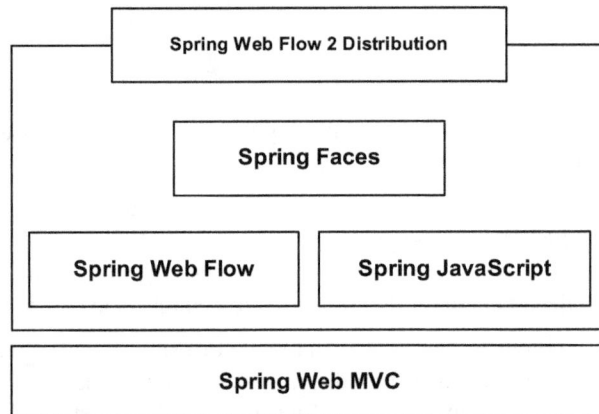

Spring Web MVC est une base essentielle de Spring Web Flow. Voici les différents modules qui constituent la distribution :

- Spring Web Flow : permet la définition de flots Web à partir d'un langage de configuration dédié, appelé DSL (Domain Specific Language), ainsi que leur exécution.

- Spring JavaScript : framework proposant une abstraction pour la manipulation de JavaScript. Fondé sur Dojo.
- Spring Faces : permet l'utilisation de JSF comme technologie de vues, aussi bien pour les applications Spring Web MVC que Spring Web Flow.

Les sections qui suivent détaillent la configuration de Spring Web Flow (les deux autres modules ne sont pas abordés, car ils ne traitent pas directement des flots Web) ainsi que la conception et l'implémentation des flots Web fondés sur ce framework.

Configuration du moteur

Nous allons voir dans un premier temps une configuration minimale de Spring Web Flow et la définition d'un flot simple. Dans cette configuration, Spring Web Flow repose sur une base Spring Web MVC très fine. Nous verrons ensuite une configuration plus avancée, permettant de faire cohabiter une application Spring Web MVC et des flots gérés par Spring Web Flow. Ces deux configurations donnent un premier aperçu de Spring Web Flow et permettent d'aborder plus facilement les concepts avancés.

Configuration minimale

Le flot implémenté lors de cette configuration est celui illustré à la figure 8-4. Il s'agit d'un flot commençant par une page d'accueil, proposant soit la visualisation d'une publicité, soit le passage direct à un menu. La page de publicité propose aussi un lien permettant de se rendre vers le menu.

Figure 8-4

Flot Web d'accueil

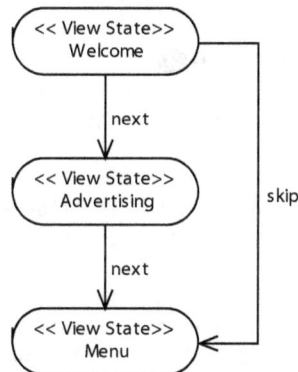

La configuration minimale passe par le positionnement dans le fichier **web.xml** d'une `DispatcherServlet`, (❶ et ❷), point d'entrée de Spring Web MVC :

```xml
<?xml version="1.0" encoding="UTF-8"?>
<web-app (...) >
  <display-name>Simplest Web Flow</display-name>

  <servlet>
    <servlet-name>swf</servlet-name>←❶
```

```
      <servlet-class>
        org.springframework.web.servlet.DispatcherServlet←❷
      </servlet-class>
    </servlet>

    <servlet-mapping>
      <servlet-name>swf</servlet-name>
      <url-pattern>/flow/*</url-pattern>←❸
    </servlet-mapping>

</web-app>
```

La `DispatcherServlet` positionnée va intercepter toutes les requêtes HTTP commençant par /flow/ (❸). Comme indiqué au chapitre 7, dédié à Spring MVC, la `DispatcherServlet` portant le nom swf (❶) est configurée par le fichier **swf-servlet.xml**. Voici le contenu de ce fichier :

```
<?xml version="1.0" encoding="UTF-8"?>
<beans
  xmlns="http://www.springframework.org/schema/beans"
  xmlns:xsi="http://www.w3.org/2001/XMLSchema-instance"
  xmlns:webflow="http://www.springframework.org/schema/webflow-config"←❶
  xsi:schemaLocation="
    http://www.springframework.org/schema/beans
    http://www.springframework.org/schema/beans/spring-beans.xsd
    http://www.springframework.org/schema/webflow-config
    http://www.springframework.org/schema/webflow-config/
    spring-webflow-config-2.0.xsd">←❷

  <bean name="/*"←❸
    class="org.springframework.webflow.mvc.servlet.FlowController">
    <property name="flowExecutor" ref="flowExecutor" />
  </bean>

  <webflow:flow-executor id="flowExecutor"
    flow-registry="flowRegistry" />←❹

  <webflow:flow-registry id="flowRegistry">←❺
    <webflow:flow-location-pattern
      value="/WEB-INF/flows/*-flow.xml" />←❻
  </webflow:flow-registry>

</beans>
```

Spring Web Flow dispose d'un schéma XML pour la configuration de son moteur. Il est positionné en début de fichier (❶ et ❷) et permet la définition des éléments courants de Spring Web Flow.

Comme pour une application Spring MVC, la `DispatcherServlet` délègue les traitements à un contrôleur. Ce dernier est un `FlowController`, fourni par Spring Web Flow (❸). Il a besoin pour fonctionner d'un exécuteur, qui lui est injecté. L'exécuteur est défini au repère ❹ *via* une balise dédiée. Il permet l'exécution des flots Web et constitue le point d'entrée dans le système de Spring Web Flow. Il nécessite pour fonctionner un registre de flots qui est défini au repère ❺. Le registre charge les flots à partir d'un ensemble de fichiers dont le motif est décrit au repère ❻. Tous les fichiers du répertoire **WEB-INF/flows** terminant par **-flow.xml** seront chargés.

Le fichier correspondant à notre flot se trouve dans ce répertoire et se nomme **simplest-flow.xml**. Voici son contenu :

```
<?xml version="1.0" encoding="UTF-8"?>
<flow xmlns="http://www.springframework.org/schema/webflow"
  xmlns:xsi="http://www.w3.org/2001/XMLSchema-instance"
  xsi:schemaLocation="http://www.springframework.org/schema/webflow
  http://www.springframework.org/schema/webflow/spring-webflow-2.0.xsd">←❶

  <view-state id="welcome">←❷
    <transition on="next" to="advertising" />←❸
    <transition on="skip" to="menu" />
  </view-state>

  <view-state id="advertising">←❹
    <transition on="next" to="menu" />
  </view-state>

  <view-state id="menu" />

</flow>
```

Spring Web Flow propose un schéma XML pour la définition des flots (❶), le fichier **simplest-flow.xml** n'est donc ni plus ni moins qu'un fichier de contexte Spring. L'état de début est le premier défini dans le fichier (❷) ; il a pour identifiant welcome. Il s'agit d'un état affichant une vue (balise view-state). Nous verrons par la suite que cette vue contient deux liens qui permettent de provoquer les deux transitions de l'état (balises transition). La première transition (❸) provoque le passage à l'état advertising (❹), qui est lui aussi une vue.

Langage de programmation spécialisé

Le schéma XML de Spring Web Flow permet de rendre la définition de flots très simple (avec un éditeur XML adapté, proposant de la complétion) et très lisible. C'est l'un des avantages des schémas XML introduits dans Spring 2.0. Le langage de configuration de flots de Spring Web Flow peut être qualifié de langage de programmation spécialisé (Domain Specific Language), puisqu'il n'a d'utilité que pour la définition de flots.

Les langages de programmation spécialisés sont appréciés par les programmeurs pour leur concision et leur efficacité. Cependant un langage de programmation spécialisé peut aussi être destiné à un public non technique, expert dans un domaine fonctionnel et qui peut retrouver dans le langage toutes les notions de son domaine, sans devoir prendre en main un langage plus puissant et généraliste (comme Java), mais beaucoup plus technique.

Dans cette configuration minimale, pour les états correspondant à un affichage de vue, Spring Web Flow utilise l'identifiant pour déterminer le nom du fichier correspondant à la vue. Par défaut, Spring Web Flow va chercher un fichier dans le répertoire de définition du flot et utiliser un fichier JSP. Dans notre exemple, les trois fichiers de vue se trouvent dans le répertoire **WEB-INF/flows** et se nomment **welcome.jsp**, **advertising.jsp** et **menu.jsp**.

Voici le contenu du fichier **welcome.jsp** :

```
<p><a href="${flowExecutionUrl}&_eventId=next">Advertising</a></p>
<p><a href="${flowExecutionUrl}&_eventId=skip">Go to menu</a></p>
```

Ce fichier contient les deux événements qui provoquent les deux transitions de l'état welcome. Ces deux événements sont des liens hypertextes. Spring Web Flow propose une variable flowExecutionUrl permettant de récupérer facilement l'URL du flot courant. Les codes des deux transitions possibles sont indiqués par le paramètre HTTP _eventId.

Si l'utilisateur clique sur le premier lien généré, il est renvoyé vers l'état advertising et donc la vue **advertising.jsp** :

```
<p>Some advertising</p>
<p><a href="${flowExecutionUrl}&_eventId=next">Menu</a></p>
```

L'utilisateur peut cliquer sur le lien pour arriver au dernier état, état qu'il aurait pu atteindre en cliquant sur le deuxième lien de la première vue. Voici le contenu de la vue de l'état menu, **menu.jsp** :

```
<p>Welcome to the menu</p>
```

Notre flot étant complètement défini, il s'agit maintenant de l'exécuter. Pour cela, il faut lancer l'application et, si notre application a pour contexte simplestwebflow, appeler l'URL suivante :

http://localhost:8080/simplestwebflow/flow/simplest-flow

La DispatcherServlet intercepte les requêtes de la forme /flow/* et le FlowController attend dans l'URL le nom du flot à exécuter. Spring Web Flow supprime l'extension du fichier de définition du flot pour définir l'identifiant du flot.

La configuration minimale de Spring Web Flow est donc relativement simple. Cependant, les applications utilisent généralement Spring Web Flow conjointement à un framework Web, par exemple Spring MVC. Nous allons voir à la section suivante comment faire cohabiter Spring Web Flow avec des contrôleurs Spring MVC.

Configuration dans une application Spring MVC

La configuration d'une application Web Spring utilisant Spring Web Flow commence par le chargement d'un contexte Spring Web et d'une DispatcherServlet. Cette configuration se fait dans le fichier **web.xml** :

```
<?xml version="1.0" encoding="UTF-8"?>
<web-app (...) >
  <display-name>Tudu Spring Web Flow</display-name>
```

```
    <context-param>
      <param-name>contextConfigLocation</param-name>
      <param-value>/WEB-INF/application-context.xml</param-value>←❶
    </context-param>

    <listener>
      <listener-class>
        org.springframework.web.context.ContextLoaderListener←❷
      </listener-class>
    </listener>

    <servlet>
      <servlet-name>Spring MVC Dispatcher Servlet</servlet-name>
      <servlet-class>
        org.springframework.web.servlet.DispatcherServlet←❸
      </servlet-class>
      <init-param>
        <param-name>contextConfigLocation</param-name>
        <param-value>
          /WEB-INF/web-application-config.xml←❹
        </param-value>
      </init-param>
    </servlet>

    <servlet-mapping>
      <servlet-name>Spring MVC Dispatcher Servlet</servlet-name>
      <url-pattern>*.htm</url-pattern>
    </servlet-mapping>

  </web-app>
```

Le contexte Spring de l'application est chargé grâce au ContextLoaderListener (❷), à partir du fichier **/WEB-INF/application-context.xml**. Ce contexte contient généralement la définition des services métier, avec tous les éléments dont ils dépendent (connexion à la base de données, DAO, etc.). Les beans définis seront visibles par le contexte de la DispatcherServlet (❸), qui pourra y faire référence, car il existe une relation hiérarchique entre le contexte Web et le contexte de la DispatcherServlet.

Le contexte de la servlet est chargé à partir du fichier **/WEB-INF/web-application-config.xml**, qui contient la configuration de Spring MVC :

```
<?xml version="1.0" encoding="UTF-8"?>
<beans (...) >

  <context:component-scan base-package="tudu.web" />←❶

  <bean class="org.springframework.web.servlet.mvc.annotation.
    AnnotationMethodHandlerAdapter" />←❷

  <bean class="org.springframework.web.servlet.mvc.
```

```
                SimpleControllerHandlerAdapter"/><—❸

        <bean id="viewResolver"
          class="org.springframework.web.servlet.view.
            InternalResourceViewResolver"><—❹
          <property name="viewClass"
            value="org.springframework.web.servlet.view.JstlView" />
          <property name="prefix" value="/WEB-INF/jsp/" />
          <property name="suffix" value=".jsp" />
        </bean>

        <bean id="messageSource"
          class="org.springframework.context.support.
            ResourceBundleMessageSource"><—❺
          <property name="basename" value="tudu.web.Messages" />
        </bean>

        <import resource="swf-application-config.xml" /><—❻

</beans>
```

Les contrôleurs de l'application sont automatiquement détectés (❶) à partir du package `tudu.web`. Il peut aussi bien s'agir de contrôleurs Spring MVC que de beans destinés à Spring Web Flow (qui ne sont pas, comme nous le verrons par la suite, des contrôleurs à proprement parler).

Voici un exemple d'un tel contrôleur Spring MVC (pour plus d'informations, se référer au chapitre traitant de Spring MVC) :

```
package tudu.web;

import org.springframework.stereotype.Controller;
import org.springframework.web.bind.annotation.RequestMapping;

@Controller
public class WelcomeController {

  @RequestMapping("/welcome.htm")
  public String welcome() {
    return "welcome";
  }

}
```

Le contexte de la `DispatcherServlet` déclare deux `HandlerAdapters`, qui gèrent la délégation aux contrôleurs adaptés (repère ❷ pour les contrôleurs annotés de Spring MVC et repère ❸ pour les contrôleurs implémentant `Controller`, comme celui de Spring Web Flow).

Le contexte définit aussi un `ViewResolver`, qui gère la redirection vers les vues adaptées (❹). Celui-ci gère des vues JSP, se trouvant dans le répertoire **/WEB-INF/jsp**. L'internationalisation est gérée *via* un fichier de propriétés (❺).

La configuration de Spring Web Flow n'est pas effectuée directement dans ce fichier, mais par l'inclusion d'un fichier dédié (**6**). Voici le contenu du fichier **swf-application-config** :

```
<?xml version="1.0" encoding="UTF-8"?>
<beans (...) >

  <bean name="/flow/*.htm"←①
    class="org.springframework.webflow.mvc.servlet.FlowController">
    <property name="flowExecutor" ref="flowExecutor" />
  </bean>

  <webflow:flow-executor id="flowExecutor" />←②

  <webflow:flow-registry id="flowRegistry"
      flow-builder-services="flowBuilderServices">←③
    <webflow:flow-location-pattern
      value="/WEB-INF/flows/*-flow.xml" />
  </webflow:flow-registry>

  <webflow:flow-builder-services id="flowBuilderServices"
      view-factory-creator="mvcViewFactoryCreator" />←④

  <bean id="mvcViewFactoryCreator"
      class="org.springframework.webflow.mvc.builder.
        MvcViewFactoryCreator">←⑤
    <property name="viewResolvers" ref="viewResolver" />
  </bean>

</beans>
```

Nous retrouvons des éléments de la configuration minimale, le `FlowController` (**①**) et l'exécuteur de flot (**②**). Le `FlowController` a pour nom `/flow/*.htm`, ce qui signifie qu'il traitera les requêtes HTTP de cette forme.

Le registre de flots charge toujours un ensemble de fichiers, exactement comme dans la configuration minimale (**③**). Mais il fait maintenant référence à un Bean, `flowBuilderServices`, qui gère le paramétrage d'un ensemble de services pour l'exécution des flots.

Le service que nous allons paramétrer est celui de résolution des vues (**④** et **⑤**). Le `MvcViewFactoryCreator` utilise le `ViewResolver` paramétré dans le fichier **web-application-config.xml** et effectue donc le passage entre le monde Spring MVC et le Spring Web Flow pour l'affichage des vues.

Avec cette configuration, un état affichant une vue peut préciser un identifiant de vue *via* l'attribut `view` :

```
<view-state id="show.todolists" view="todolists">
```

L'identifiant de vue `todolists` fait ici référence au fichier **/WEB-INF/jsp/todolists.jsp**.

Conformément à la configuration de la `DispatchServlet`, au nom du `FlowController` et à la convention de nommage des flots, le flot défini dans le fichier **/WEB-INF/flows/todolist-flow.xml** peut être démarré à l'adresse suivante :

http://localhost:8080/tudu-springwebflow/flow/todolist-flow.htm

En résumé

Nous avons vu dans cette section la configuration minimale du moteur de Spring Web Flow afin de faire exécuter un flot Web très simple. Cependant, Spring Web Flow n'est généralement pas utilisé seul dans une application Web et doit cohabiter avec un framework Web. Nous avons donc vu sa configuration au sein d'une application Spring MVC.

Spring MVC et Spring Web Flow étant chacun très souple, nous avons vu un mode de cohabitation possible, mais il en existe bien d'autres (vues de type Velocity ou FreeMarker, intégration de vues composites avec Tiles, etc.).

Langage d'expression et portées

Spring Web Flow propose un langage de programmation spécialisé sous forme XML pour définir les flots. Ce langage, volontairement simple et non généraliste, est donc limité pour exprimer certaines notions. C'est pour cette raison que la valeur de certains attributs dans la définition XML d'un flot peut contenir des instructions dans un langage d'expressions, ou EL (Expression Language).

L'utilisation d'un tel langage permet aux définitions de flot d'être beaucoup plus puissantes, tout en gardant le langage de définition très simple. Les instructions sont notamment utilisées pour des appels de méthodes sur des Beans Spring, des vérifications, etc.

Voici un exemple d'instruction :

```
<decision-state id="checkResultSize">
  <if test="flowScope.todoLists.size() == 1"
    then="extractResult" else="show.todolists" />
</decision-state>
```

L'instruction `flowScope.todoLists.size() == 1` est interprétée dynamiquement par Spring Web Flow lors de l'exécution du flot, en fonction de son contexte. Voici l'équivalent Java de cette expression :

```
((Collection) flowScope.get("todoLists")).size() == 1
```

Cette instruction vérifie la taille d'une liste de `TodoList` dans le contexte d'un flot. Elle permet l'évaluation d'une condition afin d'effectuer un routage dans le flot, car elle est faite au sein d'un état d'aiguillage (`decision-state`).

Dans quel langage est cette expression ? Nous avons parlé d'un langage d'expression, mais cette notion est plutôt vague. L'utilité du langage d'expression est sa simplicité pour accéder aux propriétés d'un objet ou pour appeler des méthodes. Nous avons vu cette simplicité avec l'équivalent Java de notre exemple d'instruction, qui se trouve être plus complexe (transtypage nécessaire, utilisation d'une méthode `get`, etc.). Le langage d'expression s'apparente donc à un langage de script, avec une syntaxe plus souple et permissive que du Java. Chaque langage a son avantage, mais un langage d'expression est particulièrement adapté à une utilisation au sein de définitions de flots.

Spring Web Flow supporte deux implémentations de langages d'expression. La première est le Java Unified EL, qui fait partie de la spécification JSP 2.1. JBoss EL est une implémentation de ce standard. Spring Web Flow utilise Java Unified EL par défaut.

L'autre implémentation supportée est OGNL (Object Graph Navigation Language). OGNL est utilisé notamment par des projets comme Struts 2, Tapestry 4 et Apache Camel.

Les deux implémentations (Java Unified EL et OGNL) sont relativement équivalentes pour les besoins que nous rencontrons dans des flots Web. Étant donné que Spring Web Flow se configure en fonction de ce qu'il trouve dans le classpath, il n'y a pas de configuration spécifique à faire. Nous utilisons OGNL pour l'ensemble des exemples d'expressions de ce chapitre.

Variables implicites

Spring Web Flow définit un ensemble de variables implicites qui sont accessibles depuis un flot. Le tableau 8-1 recense l'ensemble de ces variables implicites.

Tableau 8-1. Variables implicites accessibles *via* le langage d'expression

Nom	Description
flowScope	Portée du flot, dont le cycle de vie est lié à une instance de flot (création et fin du flot).
viewScope	Portée d'une vue, dont le cycle de vie est lié à une vue (entrée et sortie de la balise view-state).
requestScope	Portée de requête, dont le cycle de vie est lié à une requête sur un flot (entrée et sortie du flot).
flashScope	Portée créée à la création d'un flot, vidée après qu'une vue est rendue et détruite à la fin du flot.
conversationScope	Portée d'un flot, dont le cycle de vie est lié à une instance de flot (création et fin du flot), accessible par tous les flots fils.
requestParameters	Paramètres de requêtes du client (les paramètres HTTP pour une application Web).
currentEvent	Permet d'accéder aux propriétés de l'événement courant.
currentUser	Permet d'accéder à l'utilisateur authentifié, *via* son Principal.
messageContext	Accès au contexte de messages d'un flot (erreur et confirmation, etc.).
resourceBundle	Accès à un MessageResource pour l'internationalisation.
flowRequestContext	Accès au contexte de la requête courante du flot.
flowExecutionContext	Accès au contexte d'exécution du flot.
externalContext	Accès à l'environnement externe au flot, par exemple la session HTTP.

Chacune des variables correspond à une classe, dont les propriétés et méthodes sont accessibles par le langage d'expression.

L'énumération de ces variables nous a permis d'introduire un concept important de Spring Web Flow : les portées. Spring Web Flow dispose de cinq types de portées, qui, comme la session HTTP pour une application Web, permettent de gérer un contexte (les différents objets stockés lors de l'exécution du flot). Les portées les plus couramment utilisées sont la portée du flot (`flowScope`), la portée de la requête (`requestScope`) et la portée de la conversation (`conversationScope`), si l'on utilise des sous-flots.

Les données stockées dans les portées flot, vue, flash et conversation doivent être sérialisables, c'est-à-dire que les instances d'objets stockées doivent être d'une classe implémentant `Serializable`. En effet, Spring Web Flow utilisant la session HTTP pour gérer ces portées, tous les objets stockés sont susceptibles d'être sérialisés en cas de réplication de sessions (dans un environnement en cluster).

Quand on souhaite accéder à une variable contenue dans une portée, on précise généralement la portée. Il est cependant possible d'omettre la portée. Spring Web Flow tente en ce cas de résoudre la valeur en cherchant successivement dans les portées suivantes : `request`, `flash`, `view`, `flow` et `conversation`.

Voici un exemple d'accès à une variable dans la portée flot :

```
<decision-state id="checkResultSize">
<if test="flowScope.todoLists.size() == 1"
    then="extractResult" else="show.todolists" />
</decision-state>
```

Les variables implicites sont accessibles depuis les fichiers de configuration, mais aussi depuis les vues, par exemple pour une vue JSP utilisant JSTL :

```
<p><a href="${flowExecutionUrl}&_eventId=end">Back to home</a></p>
```

Configuration des éléments d'un flot

Comme indiqué précédemment, un flot est constitué d'un ensemble d'états, qui peuvent s'enchaîner grâce à des transitions. Nous avons vu que Spring Web Flow propose différents types d'états (action, vue, aiguillage, etc.). Le panel de fonctionnalités de Spring Web Flow ne s'arrête pas là, notamment avec les notions d'évaluation et de synchronisation d'une vue avec un modèle.

Un premier exemple de flot nous a montré les bases de Spring Web Flow. Nous allons voir comment ces différents éléments peuvent être configurés, afin d'élaborer des flots plus complexes.

Évaluation

La notion d'évaluation correspond à l'évaluation d'une expression. Cette expression correspond à l'appel d'une méthode sur un objet, qui peut être un Bean Spring (par exemple, pour un appel métier) ou un objet contenu dans une des portées.

Voici un exemple d'appel sur un service métier pour persister un objet récupéré d'une vue (`todoListEdit`) :

```
<evaluate
  expression="todoListsManager.updateTodoList(todoListEdit)" />
```

Souvent, l'évaluation retourne une valeur qui doit être exploitée dans le flot. Voici un exemple récupérant la liste des TodoLists de l'utilisateur courant et qui la stocke dans la portée du flot, sous la clé todoLists :

```
<evaluate expression="userManager.getCurrentUser().getTodoLists()"
  result="flowScope.todoLists" />
```

Les évaluations peuvent être utilisées à différents endroits d'un flot. Le cas le plus courant est au sein d'un état d'action :

```
<action-state id="todolists">
  <evaluate
  expression="userManager.getCurrentUser().getTodoLists()"
  result="flowScope.todoLists" />
  <transition on="success" to="checkResultSize" />
</action-state>
```

On peut aussi exécuter une évaluation juste avant le rendu d'une vue afin, par exemple, de charger des données dans la portée de la vue :

```
<view-state id="show.todolist" view="todolist">
  <on-render>
    <evaluate expression="todoListAction.setupForm" />
  </on-render>
  (...)
</view-state>
```

Globalement, les évaluations réagissent à un événement dans le flot : départ d'un flot, entrée et sortie d'un état, fin d'un flot. Le schéma XML permet de savoir facilement où une évaluation peut être positionnée.

Grâce au langage d'expression, les évaluations sont à la fois simples et puissantes. Elles permettent notamment d'effectuer des appels de méthodes arbitraires sur des objets. Ces objets n'ont aucune interface spécifique à implémenter, le branchement entre un flot et tout objet Java pouvant se faire sans couche d'interfaçage.

Transition

La notion de transition permet le passage d'un état à un autre. Une transition est provoquée par un événement, typiquement la soumission d'un formulaire dans une vue. Les états disposent donc tous d'au moins une transition, mais elles en ont généralement plusieurs.

La définition d'une transition est relativement simple : elle contient l'état à atteindre (attribut to) après le déclenchement d'un événement (attribut on) :

```
<transition on="success" to="show.todolist" />
```

Il est possible d'effectuer une évaluation lors d'une transition. Selon le résultat (booléen) de cette évaluation, la transition prend effet ou pas.

Voici une évaluation au sein d'une transition :

```
<transition on="submit" to="todoAdded" >
  <evaluate expression="todoAction.addTodo(todo)" />
</transition>
```

La méthode addTodo renvoie true ou false selon que l'on doit passer à l'état suivant ou rester au même :

```
public class TodoAction {
  (...)
  public boolean addTodo(Todo todo) {
    try {
      service.addTodo(todo);
      return true;
    } catch (TooManyTodoException e) {
      return false;
    }
  }
}
```

Dans le cas où une évaluation est présente, l'attribut to d'une transition n'est pas obligatoire. Il correspond au cas où la transition n'est utilisée que pour réagir à un événement et lancer un traitement (*via* une ou plusieurs évaluations). Le flot reste alors au même état. Ce cas particulier n'est généralement utile que dans les états d'affichage de vue.

Si l'une des actions utilise exactement les mêmes transitions (même identifiant d'événement et même état cible), il est possible d'utiliser des transitions globales, avec la balise global-transitions :

```
<global-transitions>
  <transition on="success" to="todos" />
</global-transitions>
```

Dès lors qu'une transition n'est pas disponible dans un état, les transitions globales sont éligibles pour indiquer au moteur de flot vers quel état le flot doit poursuivre.

États d'action

L'état d'action correspond à l'exécution d'une méthode d'un objet Java. L'objet Java est généralement un Bean Spring, soit un service métier, soit une action. Si la notion de service métier est claire, la notion d'action dans Spring Web Flow mérite une explication.

Une action se rapproche d'un contrôleur au sens de Spring MVC, mais a une granularité plus fine. Quand un contrôleur retourne une valeur, celle-ci influe directement sur la vue qui est affichée ensuite.

Le code retour d'une action influe plutôt sur le flot Web, en indiquant, par exemple, vers quel état se diriger, état qui n'est pas forcément une vue. Dans les deux cas (contrôleur et action), un ou plusieurs appels métier sont généralement effectués.

Dans la plupart des cas, une action est un singleton et est susceptible d'être accédée de façon concurrente. Elle doit donc être *threadsafe*. Pour cela, tout comme un contrôleur, elle ne doit pas avoir d'état interne (aucune propriété) ou, si elle en a, ils ne doivent être accédés qu'en lecture seule. Pour éviter tout problème de concurrence dans une action, il suffit de ne lui injecter que des services eux-mêmes *threadsafe*.

Dans Spring Web Flow, un état d'action est déclaré avec la balise `action-state`. L'action effectuée est élaborée avec une ou plusieurs évaluations :

```
<action-state id="todolists">
  <evaluate
    expression="userManager.getCurrentUser().getTodoLists()"
    result="flowScope.todoLists" />
  <transition on="success" to="checkResultSize" />
</action-state>
```

Une fois comprise la notion d'évaluation, celle d'état d'action est très simple. Il existe cependant une subtilité, qui réside entre le résultat de l'évaluation et la transition.

Une évaluation pouvant être effectuée sur du code arbitraire (ne devant pas respecter une certaine API), la valeur de retour de l'expression est tout aussi arbitraire. Or c'est cette valeur que Spring Web Flow utilise pour choisir la transition à déclencher.

Spring Web Flow définit trois transitions implicites (attribut `on` de transition) : `yes` (valeur de retour `true`), `no` (valeur de retour `false`) et `success` (toute valeur de retour, sauf pour les énumérations). Si une méthode retourne une énumération, c'est le nom de l'énumération qui est utilisé pour choisir la transition.

Le tableau 8-2 résume les choix de transitions en fonction de la valeur de retour d'une évaluation.

Tableau 8-2. Correspondances entre valeurs de retour et transition

Type de retour	Identifiant de transition
Booléen	yes pour `true` et no pour `false`.
Énumération	Nom de l'énumération.
Chaîne de caractères	Valeur de la chaîne de caractères.
Tout le reste	Success.

Si, par exemple, un Bean `statistics` renvoie un booléen indiquant si un utilisateur a suffisamment de `Todo`s, nous pouvons exploiter le résultat de la manière suivante :

```
<action-state id="addMoreTodo">
  <evaluate expression="statistics.enoughTodo()" />
  <transition on="yes" to="todoSummary" />
  <transition on="no" to="addTodo" />
</action-state>
```

Pour des prises de décision simples, il est préférable d'utiliser un état de décision, qui propose une syntaxe plus simple.

État de décision

Spring Web Flow propose une syntaxe bien adaptée à la prise de décision dans un flot.

Voici comment prendre une décision selon le nombre de Todos récupérés pour l'utilisateur courant :

```
<decision-state id="checkResultSize">
  <if test="flowScope.todos.size() == 1"←❶
    then="extractResult"←❷
    else="show.todos" />←❸
</decision-state>
```

L'attribut test permet d'effectuer la vérification, en respectant la syntaxe du langage d'expression (❶). Il faut que cette expression retourne une valeur booléenne. L'attribut then indique l'état vers lequel se diriger si le résultat du test est évalué à true, et l'attribut else l'état vers lequel se diriger si le résultat est évalué à false.

La syntaxe concise et expressive de l'état de décision est une solution de rechange à un état d'action effectuant une évaluation simple.

États de vue

Les états de vue permettent à un flot d'interagir avec l'utilisateur. Quand un flot arrive dans un état de vue, il est momentanément suspendu, jusqu'à ce qu'un événement (lien ou soumission de formulaire) provoque la transition vers l'état suivant.

Les états sont un des sujets les plus complexes de Spring Web Flow, car il est nécessaire de prévoir toutes les actions possibles de l'utilisateur tout en gardant à l'esprit l'ergonomie.

Nous allons voir dans cette section des mécanismes essentiels aux états de vue (résolution des vues, chargement de données initiales, provocation d'un événement pour changer d'état).

Nous verrons ensuite comment agrémenter les vues avec la gestion des messages de Spring Web Flow. Nous verrons enfin deux moyens différents de gérer les formulaires d'un flot.

Définition et résolution des vues

Un état de vue est défini par la balise view-state, qui comprend obligatoirement l'attribut id pour identifier l'état et optionnellement l'attribut view afin de préciser le nom de la vue pour le rendu. Dans la configuration minimale, Spring Web Flow déduit la vue à utiliser par rapport à l'identifiant de la vue.

Par exemple, la définition suivante :

```
<view-state id="welcome">
```

fait référence au fichier **WEB-INF/flows/welcome.jsp** si le fichier de définition du flot se trouve dans le répertoire **WEB-INF/flows/**.

L'attribut view peut soit faire référence directement à un fichier, soit seulement identifier la vue. Il s'agit dans ce dernier cas d'une information permettant à Spring Web Flow de résoudre la vue à utiliser.

Nous avons vu comment intégrer le système de résolution de vue de Spring MVC avec celui de Spring Web Flow. Un état de vue peut alors être défini de la façon suivante :

```
<view-state id="show.todos" view="todos" >
```

La valeur de l'attribut view est directement utilisée par le ViewResolver de Spring MVC. Spring Web Flow est capable de s'intégrer nativement avec Spring MVC (comme nous l'avons vu) et avec JSF, *via* le JsfViewFactoryCreator.

Charger les données d'une vue

Un flot contient généralement un ou plusieurs objets dont la durée de vie est directement liée à celle du flot. L'exemple typique est une réservation qui est renseignée sur plusieurs écrans avant d'être finalement persistée en base de données. Cependant, chaque vue doit contenir des données spécifiques, par exemple des valeurs de références affichées dans des listes déroulantes.

Avec Spring Web Flow, il est possible de charger ce genre de données juste avant qu'une vue ne soit affichée, en réagissant à l'événement on-render :

```
<view-state id="show.todolist" view="todolist">
  <on-render>
    <evaluate expression="todoListAction.setupForm" />
  </on-render>
  (...)
</view-state>
```

La méthode exécutée peut soit mettre directement les données dans une des portées (flot, vue, etc.), comme dans notre exemple, soit utiliser l'attribut result de evaluate pour que le résultat soit stocké. Cette seconde possibilité permet d'utiliser des objets qui n'ont aucune connaissance de Spring Web Flow, par exemple des services métiers. Dans les deux cas, les données sont ensuite accessibles depuis la vue pour être affichées.

Provoquer un événement dans un état de vue

Le déclenchement d'un événement dans un état de vue permet de provoquer une transition et donc de faire évoluer le flot vers un état suivant.

Un événement peut être un lien, par exemple :

```
<a href="${flowExecutionUrl}&_eventId=todolists">
  Back to Todo Lists
</a>
```

Le lien généré est le suivant :

```
/tudu-springwebflow/flow/todolist-flow.htm?execution=e1s2&
_eventId=todolists
```

À travers le lien, Spring Web Flow doit pouvoir retrouver le flot. C'est le but de la variable implicite flowExecutionUrl, appelée *via* le langage d'expression de JSTL. Il faut aussi passer le nom de la transition (attribut to de transition) avec le paramètre HTTP _eventId.

Le déclenchement d'un événement peut aussi se faire par la soumission d'un formulaire. Il faut alors, d'une part, que le formulaire appelle l'URL du flot (attribut action de la balise form) afin que Spring Web Flow sache de quel flot il s'agit. D'autre part, le bouton de soumission doit contenir le nom de la transition.

Voici un exemple de formulaire qui sera géré par Spring Web Flow à sa soumission :

```
<form action="${flowExecutionUrl}" method="post">
  (...)
  <input type="submit" name="_eventId_save" value="Save" />
</form>
```

Le nom du bouton de soumission doit respecter le motif _eventId_${nomTransition}.

Gestion de messages

Spring Web Flow maintient un contexte de messages, qui permet d'afficher des messages d'erreur ou d'information à l'utilisateur.

Le contexte de message correspond à la variable implicite messageContext ; il peut donc être utilisé à tout moment dans une définition de flot. Le contexte de message correspond à l'interface MessageContext. Cette interface permet d'ajouter un message avec la méthode addMessage.

Afin de faciliter la construction de messages, Spring Web Flow propose un MessageBuilder, qui a une API dite courante, c'est-à-dire qui permet d'enchaîner les appels de méthodes.

Voici un exemple de son utilisation :

```
MessageBuilder builder = new MessageBuilder();
messageContext.addMessage(builder.info()
  .source("todolist")
  .defaultText("Todo List updated").build()
);
```

Le message est informatif (méthode info), en rapport avec une TodoList (méthode source). Son libellé est assigné avec defaultText. Le message est créé avec la méthode build et assigné au MessageContext.

Il est possible d'internationaliser les messages, c'est-à-dire d'externaliser les libellés dans un ensemble de fichiers propriétés (un par langue) et de les référencer *via* un code. Pour cela, il suffit de déclarer un MessageSource, par exemple :

```
<bean id="messageSource" class="
 org.springframework.context.support.ResourceBundleMessageSource">
   <property name="basename" value="tudu.web.Messages" />
</bean>
```

La propriété basename fait référence à un fichier **/tudu/web/Messages.properties**, qui doit se trouver dans le classpath. Voici une partie de son contenu :

```
todolist.updated=Todo List updated.
todo.updated=Todo updated.
```

Spring Web Flow détecte la présence d'un `MessageSource` et configure le `MessageContext` afin qu'il soit à même de résoudre les codes des messages.

Voici comment internationaliser un message (avec la méthode `code`) :

```
messageContext.addMessage(builder.info()
  .source("todolist")
  .code("todolist.updated")
  .defaultText("Todo List updated").build()
);
```

Dans la vue, les messages peuvent être affichés en récupérant le `MessageContext` à partir du contexte du flot et en appelant la méthode `getAllMessages` *via* une balise JSTL :

```
<c:forEach
    items="${flowRequestContext.messageContext.allMessages}"
    var="message">
  <p>${message.text}</p>
</c:forEach>
```

Les messages permettent d'informer l'utilisateur sur ses actions, aussi bien pour des erreurs de validation que pour des confirmations. Le contexte de message étant une variable implicite, il est possible de le passer à des méthodes de Bean dans une définition de flot, afin d'enregistrer des messages de façon programmatique.

L'internalisation des messages est très aisée, se fondant sur le principe de `MessageSource` de Spring, et donc de Spring MVC.

Gestion et validation d'un modèle

Spring Web Flow propose un support pour lier des objets de domaine avec une vue. Ce support est principalement utilisé pour l'édition d'objets *via* des formulaires. Il est aussi possible d'effectuer une validation après qu'un objet de domaine a été mis à jour avec les champs d'un formulaire.

Voici comment lier une vue à un objet de domaine :

```
<view-state id="updateTodo" model="todo">
```

L'objet `todo` est issu d'une des portées du flot, récupérée selon l'algorithme de résolution des portées. La valeur de l'attribut `model` est importante non seulement pour retrouver le bon objet, mais aussi parce que Spring Web Flow va référencer le modèle de la vue avec cette valeur.

Dans notre exemple, il s'agit de `todo`. Nous aurions pu utiliser aussi `flowScope.todo` pour référencer complètement notre modèle ; il aurait alors pris ce nom. Nous référencerons par la suite ce nom avec l'expression `${model}`.

Spécifier un modèle pour une vue provoque :

- un lien vue-modèle lors de la soumission d'un formulaire (les paramètres HTTP sont injectés dans le modèle) ;
- une potentielle validation.

Si les transitions d'un état de vue sont soumises à un lien vue-modèle et à une validation, il faut que les deux se déroulent correctement pour que la transition puisse amener le flot à l'état suivant.

Prenons, par exemple, la mise à jour d'un Todo. Il est dans un premier temps chargé par un état d'action pour être affiché dans une vue.

Voici la configuration du flot :

```
<action-state id="loadTodo">
  <evaluate
    expression="todosManager.findTodo(flowScope.id)"
    result="flowScope.todo" />
  <transition on="success" to="updateTodo" />
</action-state>

<view-state id="updateTodo" model="todo">
  <transition on="submit" to="showTodo" />
</view-state>
```

La vue peut afficher un formulaire avec des propriétés du Todo :

```
<form action="${flowExecutionUrl}" method="post">
Description : <input type="text" name="description"
          value="${todo.description}" /> <br />
Notes : <input type="text" name="notes"
          value="${todo.notes}" /> <br />
<input type="submit" name="_eventId_submit" value="Submit"/> <br />
</form>
```

Les propriétés du Todo peuvent être affichées (*via* la syntaxe ${todo.description}) grâce à l'exposition du Todo dans la portée flot et pas grâce à l'utilisation de l'attribut model. En revanche, à la soumission du formulaire, les champs du formulaire vont être liés au Todo du flot grâce à l'utilisation de model.

Il est possible de désactiver la synchronisation vue-modèle pour une transition :

```
<transition on="cancel" to="show-todo" bind="false" />
```

Cela permet de disposer d'un bouton d'annulation dans le formulaire et de ne pas se retrouver bloqué si une erreur de conversion a lieu :

```
<input type="submit" name="_eventId_cancel" value="Cancel" />
```

Nous avons vu que la synchronisation est pilotée par les paramètres HTTP qui sont envoyés. Il est possible de limiter cette synchronisation en précisant explicitement les propriétés et donc les paramètres HTTP à prendre en compte :

```
<view-state id="updateTodo" model="todo">
  <binder>
    <binding property="description" />
    <binding property="dueDate" />
  </binder>
  <transition on="submit" to="showTodo" />
</view-state>
```

Il est encore possible d'affiner la conversion en précisant que la propriété est obligatoire (attribut `required`) et en positionnant un convertisseur à utiliser pour la propriété :

```
<binder>
  <binding property="description" />
  <binding property="dueDate" converter="date" required="true" />
</binder>
```

L'attribut `converter` permet de préciser le convertisseur, c'est-à-dire l'objet qui se charge de transformer le paramètre HTTP en la propriété de l'objet.

Spring Web Flow effectue les conversions des paramètres HTTP vers les propriétés d'un objet Java (ainsi que l'inverse, qui correspond à une notion de formatage) avec un ensemble de convertisseurs.

Par défaut, un `DefaultConversionService` est positionné pour s'acquitter des tâches de conversion, qu'il délègue à un ensemble de convertisseurs (il y a généralement un convertisseur pour chaque classe à convertir). Pour effectuer des conversions complexes ou préciser certains formats (par exemple, pour les dates), il devient nécessaire de positionner son propre `ConversionService`.

Voici un exemple d'implémentation, utilisant des classes fournies par Spring Web Flow (`GenericConversionService`, `StringToDate` et `StringToBoolean`) :

```
public class TuduListsConversionService
    extends GenericConversionService {

  public TuduListsConversionService() {
    addDefaultConverters();
    addDefaultAliases();
  }

  protected void addDefaultConverters() {
    StringToDate dateConverter = new StringToDate();
    dateConverter.setPattern("MM/dd/yyyy");
    addConverter(dateConverter);
    addConverter("date", dateConverter);
    addConverter(new StringToBoolean());
  }

  protected void addDefaultAliases() {
    addAlias("date", Date.class);
    addAlias("boolean", Boolean.class);
  }
}
```

Dans cet exemple, nous positionnons deux convertisseurs, un pour les dates (pour lequel nous précisons un format) et un pour les booléens. Cet exemple est volontairement simple, pour des problématiques d'espace, mais nous vous enjoignons à consulter le code source et la documentation Java de `DefaultConversionService` pour positionner des convertisseurs pour les types les plus courants.

Il est ensuite nécessaire de positionner notre convertisseur dans la configuration de Spring Web Flow :

```
<webflow:flow-registry id="flowRegistry"
    flow-builder-services="flowBuilderServices">←❶
  <webflow:flow-location-pattern
    value="/WEB-INF/flows/**/*-flow.xml" />
</webflow:flow-registry>

<webflow:flow-builder-services id="flowBuilderServices"←❷
  conversion-service="conversionService"←❸
  expression-parser="expressionParser" />←❹

<bean id="conversionService" class="←❺
  tudu.web.samples.viewstate.binding.TuduListsConversionService" />

<bean id="expressionParser" class="←❻
org.springframework.webflow.expression.WebFlowOgnlExpressionParser"
>
  <property name="conversionService" ref="conversionService" />
</bean>
```

Nous définissons au repère ❺ notre ConversionService, qui est aussi utilisé par le parseur d'expressions (❻). Ces deux services sont ensuite positionnés (❸ et ❹) sur le Bean regroupant les différents services internes de Spring Web Flow (❷), lui-même utilisé par le registre de flots (❶).

Avec cette configuration, notre service de conversion peut être utilisé aussi bien lors d'une synchronisation complète (utilisation simple de l'attribut model) que lors des conversions explicites (attribut converter de binding).

Quand, précédemment, nous avons précisé le convertisseur à utiliser :

```
<binding property="dueDate" converter="date" required="true" />
```

le nom date faisait référence à la ligne suivante dans notre service de conversion :

```
addConverter("date", dateConverter);
```

Une fois la synchronisation du modèle effectuée, Spring Web Flow est capable d'effectuer une validation sur le modèle. Cette validation est purement programmatique, car Spring Web Flow ne propose pas de mécanisme déclaratif, de type Struts Validator.

Spring Web Flow propose deux moyens de valider un modèle : soit disposer de méthodes de validation directement dans la classe du modèle, soit déclarer un Bean de validation pour un modèle. Nous allons voir chacune des méthodes.

Le modèle peut comporter directement des méthodes de validation. Pour cela, Spring Web Flow n'impose aucune interface à implémenter. Le modèle doit simplement contenir des méthodes de la forme validate${etat}, où ${etat} est le nom de l'état. Ces méthodes doivent aussi accepter un paramètre de type MessageContext afin d'enregistrer des messages d'erreur.

Voici l'exemple d'une méthode de validation dans un `Todo` :

```
(...)
import org.springframework.binding.message.MessageBuilder;
import org.springframework.binding.message.MessageContext;
import org.springframework.util.StringUtils;

public class Todo implements Serializable {

  (...)

  public void validateUpdateTodo(MessageContext messageContext) {
    if(!StringUtils.hasText(description)) {
      messageContext.addMessage(new MessageBuilder().
        error().source("description").
        defaultText("Description is required").build());
    }
  }

}
```

Notre état de vue s'appelant `updateTodo`, il faut que la méthode s'appelle `validateUpdateTodo` afin que Spring Web Flow puisse la détecter et l'appeler. La validation effectuée dans le modèle a des avantages et des inconvénients. Elle permet une bonne réutilisabilité de la validation, puisqu'elle se trouve dans l'objet de domaine. Il s'agit d'un bon point de départ pour un modèle de domaine riche. En revanche, elle présente un côté intrusif, du fait d'une dépendance directe envers l'API de Spring Web Flow et les conventions de nommage.

L'utilisation d'un validateur dédié est la deuxième solution proposée par Spring Web Flow. Le validateur est un objet séparé du modèle, qui doit déclarer des méthodes de type `validate${etat}`, où `${etat}` est le nom de l'état à valider. Ces méthodes doivent accepter en paramètres une instance du modèle et un `MessageContext`. Le validateur doit être enregistré dans le contexte Spring sous le nom `${model}Validator`.

Voici un exemple de validateur sur lequel a été apposée une annotation `@Component`, utilisée pour la détection automatique de composant :

```
(...)
import org.springframework.binding.message.MessageBuilder;
import org.springframework.binding.message.MessageContext;
import org.springframework.stereotype.Component;
import org.springframework.util.StringUtils;

import tudu.domain.model.Todo;

@Component
public class TodoValidator {

  public void validateUpdateTodo(
        Todo todo, MessageContext messageContext) {
```

```
        if(!StringUtils.hasText(todo.getDescription())) {
          messageContext.addMessage(new MessageBuilder().
            error().source("description").
            defaultText("Description is required").build());
        }
      }


    }
```

Avec la convention de nommage de l'annotation @Component, le validateur a pour nom todoValidator dans le contexte Spring, ce qui permettra de valider le modèle todo. La méthode validateUpdateTodo sera appelée pour l'état updateTodo.

Pour résumer, Spring Web Flow propose un support natif pour synchroniser une vue et un modèle, ainsi que pour valider ce modèle. Il est possible de paramétrer finement la synchronisation avec ConversionService. La validation proposée par Spring Web Flow est programmatique. Elle peut se trouver directement dans le modèle ou dans un validateur dédié.

Gestion d'un formulaire avec FormAction

FormAction est une solution de rechange au système de synchronisation et de validation natif de Spring Web Flow. L'utilisation combinée d'une FormAction et d'éléments de Spring MVC (synchronisation, bibliothèque de balises) facilite grandement la gestion de la plupart des formulaires.

Voici les étapes typiques de gestion d'un formulaire :

1. Entrée dans un état de vue.

2. Préparation des données de la vue.

3. Soumission du formulaire par l'utilisateur.

4. Synchronisation des champs du formulaire avec un modèle.

5. Validation du modèle.

6. Si la synchronisation et la validation se déroulent correctement, appels métier et passage à l'état suivant. Dans le cas contraire, retour à la vue.

Dans ces étapes, une FormAction gère la plupart des mécaniques internes, laissant des branchements disponibles pour le code applicatif.

Pour la gestion d'un formulaire, on crée une classe héritant de FormAction :

```
package tudu.web;

import org.springframework.webflow.action.FormAction;

public class TodoListAction extends FormAction {

  (...)
}
```

Le tableau 8-3 recense les méthodes de FormAction les plus fréquemment surchargées pour s'adapter aux besoins d'un formulaire.

Tableau 8-3. Méthodes de *FormAction* à surcharger

Méthode	Description
createFormObject(RequestContext)	Création du modèle à utiliser pour le formulaire. À surcharger si l'objet doit être récupéré depuis la base de données ou si sa création est spécifique. Par défaut, une instance de la classe retournée par getFormObjectClass est créée.
validationEnabled(RequestContext)	Permet de décider dynamiquement si la validation doit avoir lieu. Retourne true par défaut.

Le tableau 8-4 recense les méthodes qui sont appelées pendant le cycle de vie de l'état de vue. L'appel de ces méthodes est à paramétrer dans la configuration XML du flot.

Tableau 8-4. Méthodes de *FormAction* à appeler

Méthode	Description
setupForm(RequestContext)	Préparation du modèle à utiliser par le formulaire. Appelle notamment createFormObject pour la création du modèle. Le modèle est positionné dans la portée paramétrée pour la FormAction.
bindAndValidate(RequestContext)	Synchronisation des champs du formulaire avec le modèle puis lancement de la validation avec le validateur positionné.
bind (RequestContext)	Synchronisation des champs du formulaire avec le modèle. Aucune validation n'est lancée.
validate (RequestContext)	Validation du modèle.

Une FormAction contient un ensemble de propriétés qu'il est possible d'assigner pour paramétrer finement la gestion de l'état de vue et le formulaire. Le tableau 8-5 liste certaines de ces propriétés.

Tableau 8-5. Propriétés de *FormAction*

Propriété	Valeur par défaut	Description
formObjectName	formObject	Nom du modèle. Ce nom sera utilisé comme clé pour stocker l'objet dans la portée paramétrée.
formObjectClass	null	Classe du modèle.
formObjectScope	ScopeType.FLOW	Portée dans laquelle le modèle est stocké. Dans la portée de flot, le modèle est mis en cache et stocké pour toute la durée du flot.
validator	null	Le validateur du modèle.

Nous avons recensé ici les principales caractéristiques d'une `FormAction`. La documentation API de `FormAction` contient une liste exhaustive de ses méthodes et propriétés. N'hésitez donc pas à la consulter pour des besoins plus précis.

Une fois tous ces éléments en tête, nous allons voir les différents éléments à implémenter en prenant pour exemple un état utilisant une classe fille de `FormAction`.

Voici la définition du flot :

```
<view-state id="show.todolist" view="todolist">
  <on-render>
    <evaluate expression="todoListAction.setupForm" />←❶
  </on-render>
  <transition on="save" to="todolists">
    <evaluate expression="todoListAction.bindAndValidate" />←❷
    <evaluate expression="
        todoListsManager.updateTodoList(todoListEdit)" />←❸
  </transition>
  <transition on="todos" to="todos" />
  <transition on="todolists" to="todolists" />
</view-state>
```

Lors du rendu de la vue, la méthode `setupForm` est appelée afin de charger les données nécessaires au formulaire. Lors de la soumission du formulaire, les champs sont synchronisés avec le modèle, puis une validation a lieu. Ces deux actions sont effectuées grâce à la méthode `bindAndValidate` (❷). Si la validation et la synchronisation réussissent, une méthode métier est appelée pour persister le modèle (❸).

La `FormAction` est un Bean Spring qui peut être déclaré explicitement ou *via* une détection automatique de composant (annotation `@Controller`).

En voici un exemple d'implémentation :

```
@Controller
public class TodoListAction extends FormAction {

  public TodoListAction() {
    setFormObjectName("todoListEdit");←❶
    setValidator(new TodoListValidator());←❷
    setFormObjectScope(ScopeType.REQUEST);←❸
  }

  protected Object createFormObject(RequestContext context)
      throws Exception {
    return context.getFlowScope().get("todoList");←❹
  }
}
```

Nous commençons par attribuer un nom à l'objet du formulaire, que nous appelons aussi le modèle (❶). Un validateur est ensuite positionné (❷). Celui-ci pourrait tout aussi bien avoir été positionné de façon déclarative, par injection de dépendances. Nous avons opté pour un positionnement programmatique, qui est plus simple, mais plus rigide.

La portée de requête va être utilisée pour stocker l'objet. Nous verrons dans l'étude de cas qu'au cours d'un même flot plusieurs `TodoLists` peuvent passer dans cet état de vue (en effet, on sélectionne une `TodoList` à éditer dans une liste). En utilisant la portée de requête, l'objet est récupéré systématiquement, *via* la méthode `createFormObject`, à partir de la portée de flot.

Si nous laissions l'objet du formulaire dans la portée flot, il serait mis en cache et la méthode `createFormObject` ne serait appelée qu'une fois. Nous ne pourrions dès lors éditer qu'une seule `TodoList`, celle qui aurait été sélectionnée en premier dans le flot !

Un validateur est utilisé pour valider notre modèle. Voici son implémentation :

```
package tudu.validation;

import org.springframework.validation.Errors;
import org.springframework.validation.ValidationUtils;
import org.springframework.validation.Validator;
import tudu.domain.model.TodoList;

public class TodoListValidator implements Validator {←❶

  public boolean supports(Class clazz) {
    return TodoList.class.isAssignableFrom(clazz);←❷
  }

  public void validate(Object target, Errors errors) {
    ValidationUtils.rejectIfEmptyOrWhitespace(
      errors, "name", "todolist.description.not.empty"
    );←❸
  }

}
```

Le validateur implémente l'interface `Validator` de Spring (❶). Cette interface déclare une méthode permettant de savoir si le validateur est capable de valider une classe (❷) et une méthode effectuant la validation. Nous utilisons ici des méthodes de validation de Spring (❸). Spring Web Flow fait ensuite le lien avec son propre système de messages.

La vue est implémentée avec les balises de formulaire de Spring MVC, qui permettent notamment de lier les champs du formulaire avec l'objet de formulaire, aussi bien en écriture qu'en lecture :

```
<%@taglib prefix="c" uri="http://java.sun.com/jsp/jstl/core" %>
<%@taglib prefix="form"
    uri="http://www.springframework.org/tags/form" %>

<form:form commandName="todoListEdit">←❶
  <form:errors path="*" />←❷
  <table>
    <tr>
      <td>ID</td>
      <td><form:input path="listId" readonly="true"/></td>←❸
```

```
      </tr>
      <tr>
        <td>Name</td>
        <td><form:input path="name" /></td>←❹
      </tr>
      <tr colspan="2">
        <td>
        <input type="submit" name="_eventId_save" value="Save" />←❺
        </td>
      </tr>
    </table>
</form:form>
```

La balise `form:form` permet de lier le formulaire avec le modèle. Nous utilisons bien le nom défini dans l'action (❶). La balise `form:errors` (❷) affichera l'ensemble des messages d'erreur (pour la synchronisation et la validation). Les deux propriétés à synchroniser sont déclarées avec des balises `form:input` (❸ et ❹). Enfin, le bouton de soumission est configuré de façon à lancer la transition `save` (❺).

En résumé, la classe `FormAction` permet de gérer très facilement des formulaires au sein de nos flots. Elle implémente la plupart des mécanismes récurrents, en laissant des ouvertures pour brancher du code applicatif et fonctionne d'une manière très proche de Spring MVC, notamment pour la gestion des vues. De cette manière, il est possible de profiter de la puissance de Spring Web Flow pour gérer le contexte et la cinématique et de Spring MVC pour la gestion des vues.

Sous-flot

Les flots Web étant par essence réutilisables, il est possible de les faire interagir les uns avec les autres. Un flot principal peut appeler des sous-flots et, dans ce cas, suspendre son exécution le temps de l'exécution du sous-flot.

Spring Web Flow fournit un état à cet effet, défini par le biais de la balise `subflow-state`. Cette balise comprend un attribut `id` correspondant à l'identifiant de l'état (dans le flot courant), ainsi qu'un attribut `subflow` permettant de relier l'état au flot à exécuter :

```
<subflow-state id="todos" subflow="todo-flow">
```

Il est possible de passer des paramètres du flot parent vers le sous-flot à l'aide de la balise `input` :

```
<subflow-state id="todos" subflow="todo-flow">
  <input name="todoList" value="flowScope.todoList" />
  <transition on="end" to="show.todolist" />
</subflow-state>
```

L'attribut `name` correspond au nom du paramètre tel qu'il est défini dans le sous-flot, et l'attribut `value` à la valeur qui doit être passée. Cette valeur fait bien sûr référence à une variable se trouvant dans le flot courant.

Tout flot peut définir des paramètres d'entrée en recourant à la balise `input` au début du flot.

Ainsi, le flot `todo-flow` (utilisé en tant que sous-flot dans le flot `todolist-flow`) déclare la `TodoList` qu'il attend de la façon suivante :

```
<input name="todoList" value="flowScope.todoList" />
```

Nous retrouvons le nom de paramètre (attribut `name`), qui vaut `todoList`. Ce paramètre est mis dans la portée flot du sous-flot, avec la clé `todoList`.

Il faut préciser un état dans lequel doit entrer le sous-flot pour que le flot principal soit réactivé. Cela se fait avec la balise `transition` dans `sublow-state` :

```
<subflow-state id="todos" subflow="todo-flow">
  <input name="todoList" value="flowScope.todoList"/>
  <transition on="end" to="show.todolist" />
</subflow-state>
```

Dans notre exemple, quand le sous-flot arrive à l'état `end`, le flot principal est réactivé et passe à l'état `show.todolist`. Notons qu'il peut s'agir de n'importe quel état du sous-flot, et non juste l'état de fin.

Sécurisation d'un flot

Spring Web Flow propose une intégration avec Spring Security pour sécuriser des flots. Si notre application Web utilise Spring Security, nous pouvons sécuriser différents éléments d'un flot (le flot complet, un état ou une transition) avec la balise `secured`. Nous n'allons voir que l'activation de Spring Security dans Spring Web Flow. Pour la configuration de Spring Security, voir le chapitre 14.

Pour activer Spring Security dans Spring Web Flow, il est nécessaire de brancher un écouteur sur le cycle de vie des flots. Cela se fait dans la configuration de l'exécuteur de flot :

```
<webflow:flow-executor id="flowExecutor">
  <webflow:flow-execution-listeners>
    <webflow:listener ref="securityFlowExecutionListener" />
  </webflow:flow-execution-listeners>
</webflow:flow-executor>

<bean id="securityFlowExecutionListener"
  class="org.springframework.webflow.security.
    SecurityFlowExecutionListener" />
```

Spring Web Flow propose de brancher des objets observant le cycle de vie des flots avec les balises `flow-execution-listeners` et `listener`. Nous déclarons donc l'écouteur Spring Security fourni, à savoir `SecurityFlowExecutionListener`.

Il est possible de sécuriser la totalité d'un flot en limitant son accès aux utilisateurs ayant le rôle `ROLE_USER` :

```
<flow (...)>

  <secured attributes="ROLE_USER" />
```

```
(...)

</flow>
```

La balise `secured` peut aussi être apposée sur tout état et toute transition, offrant ainsi une sécurisation de granularité très fine.

Sécuriser les flots sensibles est d'une importance capitale, car il ne suffit pas de dissimuler des liens pour restreindre des accès. L'interfaçage de Spring Web Flow avec Spring Security permet une sécurisation très simple pour toute application mettant en œuvre Spring Security.

Mise en œuvre de Spring Web Flow dans Tudu Lists

Telle qu'elle est développée, l'application Tudu Lists ne permet pas d'intégrer facilement Spring Web Flow, car elle est notamment fondée sur la technologie AJAX. De plus, Tudu Lists ne propose pas vraiment de cas d'utilisation adapté à la gestion d'un flot.

Nous allons donc migrer les fonctionnalités de gestion des `TodoLists` et des `Todos` avec Spring Web Flow dans un sous-projet annexe et indépendant. Nous concevrons à cet effet deux flots gérant respectivement les `TodoLists` et les `Todos`.

Nous allons tout d'abord décrire les deux flots Web, puis nous détaillerons des éléments de l'implémentation de cette version Spring Web Flow de Tudu Lists.

Conception des flots

L'application se compose d'un flot principal, nommé `todolist-flow`, défini dans le fichier **todolist-flow.xml**, et d'un sous-flot, `todo-flow`, décrit dans le fichier **todo-flow.xml**, tous deux dans le répertoire **/src/main/webapp/WEB-INF/flows/**.

Le flot principal, `todolist-flow`, correspond à un flot Web d'affichage et de modification des `TodoLists`, comme l'illustre la figure 8-5.

Figure 8-5

Flot de gestion des TodoLists

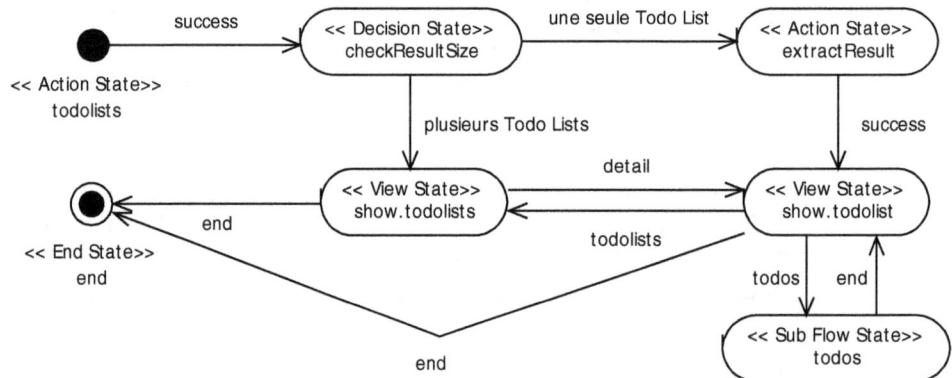

La première étape consiste à charger les TodoLists de l'utilisateur courant. Un état d'aiguillage, checkResultSize, analyse ensuite le nombre de TodoLists chargées. S'il y en a plus d'une, l'utilisateur est envoyé vers une vue les affichant (show.todolists). À partir de cette liste, l'utilisateur peut cliquer sur un lien pour voir le détail d'une TodoList (identifiant, nom).

Si l'utilisateur n'a qu'une seule TodoList, un état d'action l'extrait de sa structure de données (extractResult) et dirige l'utilisateur vers le détail de cette unique TodoList.

Le détail d'une TodoList permet de modifier ses caractéristiques et propose deux liens : un pour retourner à la liste des TodoLists, un autre pour voir la liste des Todos de cette TodoList.

Voici la définition XML du flot des TodoLists :

```xml
<?xml version="1.0" encoding="UTF-8"?>
<flow (...)>

  <secured attributes="ROLE_USER" />

  <action-state id="todolists">
    <evaluate
      expression="userManager.getCurrentUser().getTodoLists()"
      result="flowScope.todoLists" />
    <transition on="success" to="checkResultSize" />
  </action-state>

  <decision-state id="checkResultSize">
    <if test="flowScope.todoLists.size() == 1"
        then="extractResult" else="show.todolists" />
  </decision-state>

  <action-state id="extractResult">
    <evaluate expression="flowScope.todoLists.iterator().next()"
      result="flowScope.todoList"/>
    <transition on="success" to="show.todolist" />
  </action-state>

  <view-state id="show.todolists" view="todolists">
    <transition on="end" to="end" />
    <transition on="detail" to="show.todolist">
      <evaluate
  expression="todoListsManager.findTodoList(requestParameters.id)"
  result="flowScope.todoList" />
    </transition>
  </view-state>

  <view-state id="show.todolist" view="todolist">
    <on-render>
      <evaluate expression="todoListAction.setupForm" />
    </on-render>
    <transition on="save" to="todolists">
```

```
      <evaluate expression="todoListAction.bindAndValidate" />
      <evaluate
     expression="todoListsManager.updateTodoList(todoListEdit)"/>
      <evaluate
     expression="messageProducer.todoListUpdated(messageContext)"/>
    </transition>
    <transition on="todos" to="todos" />
    <transition on="todolists" to="todolists" />
  </view-state>

  <subflow-state id="todos" subflow="todo-flow">
    <input name="todoList" value="flowScope.todoList"/>
    <transition on="end" to="show.todolist" />
  </subflow-state>

  <end-state id="end" view="welcome" />
</flow>
```

La liste des Todos correspond au deuxième flot, qui est lancé en tant que sous-flot. La figure 8-6 illustre ce flot d'affichage et de modification de Todos.

Figure 8-6

*Flot de gestion des Todos
d'une TodoList*

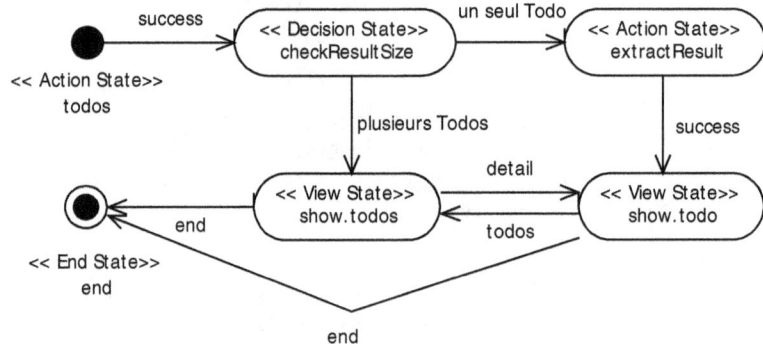

Ce flot a un déroulement identique à celui des TodoLists (récupération des Todos, vérification du nombre de résultats, liste ou détail, détail et modification). Il nécessite un TodoList en paramètre d'entrée.

Voici la définition XML de ce flot :

```
<?xml version="1.0" encoding="UTF-8"?>
<flow (...) >

  <secured attributes="ROLE_USER" />

  <input name="todoList" value="flowScope.todoList" />

  <action-state id="todos">
    <evaluate expression="todoListsManager.
        findTodoList(flowScope.todoList.listId).getTodos()"
```

```
                result="flowScope.todos" />
    <transition on="success" to="checkResultSize" />
  </action-state>

  <decision-state id="checkResultSize">
    <if test="flowScope.todos.size() == 1"
        then="extractResult" else="show.todos" />
  </decision-state>

  <action-state id="extractResult">
    <evaluate expression="flowScope.todos.iterator().next()"
              result="flowScope.todo"/>
    <transition on="success" to="show.todo" />
  </action-state>

  <view-state id="show.todos" view="todos" >
    <transition on="detail" to="show.todo">
      <evaluate expression="
        todosManager.findTodo(requestParameters.id)"
        result="flowScope.todo" />
    </transition>
    <transition on="todolist" to="end" />
  </view-state>

  <view-state id="show.todo" view="todo">
    <on-render>
      <evaluate expression="todoAction.setupForm" />
    </on-render>
    <transition on="save" to="todos">
      <evaluate expression="todoAction.bindAndValidate" />
      <evaluate expression="todosManager.updateTodo(todoEdit)" />
      <evaluate expression="
        messageProducer.todoUpdated(messageContext)" />
    </transition>
    <transition on="todos" to="todos" />
    <transition on="todolist" to="end" />
  </view-state>

  <end-state id="end" />

</flow>
```

Implémentation des entités

Les différentes entités à implémenter sont les actions et les vues. Concernant les vues, nous faisons le choix d'utiliser les technologies JSP et JSTL, ainsi que les fonctionnalités de gestion des vues du framework Spring MVC. Tudu Lists Core, en version JPA, est utilisée pour les services métier. Une fine couche de sécurité est ajoutée, *via* Spring Security.

Pour les formulaires, nous avons opté pour des FormActions. Ayant couvert largement ce sujet précédemment, nous n'entrerons pas dans le détail des implémentations des formulaires. En revanche, nous décrivons des éléments de configuration plus poussés de Spring Web Flow, récurrents dans les applications d'entreprise.

Internationalisation

L'internationalisation est fondée sur le système de MessageSource de Spring. Un ResourceBundleMessageSource est déclaré dans le fichier correspondant à la configuration de Spring, **web-application-config.xml** :

```
<bean id="messageSource" class="
 org.springframework.context.support.ResourceBundleMessageSource">
   <property name="basename" value="tudu.web.Messages" />
</bean>
```

Le fichier **/tudu/web/Messages.properties** contient l'ensemble des messages de l'application. Ce MessageSource est automatiquement détecté par Spring Web Flow, qui l'utilise pour différents de ces éléments.

Par exemple, il est possible de construire des messages internationalisés *via* un MessageBuilder :

```
MessageBuilder builder = new MessageBuilder();
messageContext.addMessage(builder.info().source("todolist")
  .code("todolist.updated")
  .defaultText("Todo List updated").build()
);
```

Le paramètre passé à la méthode code fait référence à une clé se trouvant dans le fichier de propriétés.

Il est aussi possible d'utiliser les balises JSP de Spring MVC pour récupérer des libellés à partir du MessageSource configuré :

```
<%@taglib prefix="spring"
  uri="http://www.springframework.org/tags" %>
(...)
<spring:message code="welcome.start" />
```

Messages de confirmation

À des fins ergonomiques, nous affichons des messages de confirmation à l'utilisateur. Pour cela, nous utilisons le MessageContext, auquel nous ajoutons des messages à la fin d'une transition :

```
<view-state id="show.todolist" view="todolist">
  (...)
```

```
  <transition on="save" to="todolists">
    <evaluate expression="todoListAction.bindAndValidate" />
    <evaluate
     expression="todoListsManager.updateTodoList(todoListEdit)"/>
    <evaluate
     expression="messageProducer.todoListUpdated(messageContext)"/>
    </transition>
  <transition on="todos" to="todos" />
  <transition on="todolists" to="todolists" />
</view-state>
```

Nous utilisons un Bean, le MessageProducer, dont la seule tâche est d'ajouter des messages dans le MessageContext :

```
package tudu.web;

import org.springframework.binding.message.MessageBuilder;
import org.springframework.binding.message.MessageContext;

public class MessageProducer {

  public boolean todoListUpdated(MessageContext messageContext) {
    MessageBuilder builder = new MessageBuilder();
    messageContext.addMessage(builder.info().source("todolist")
      .code("todolist.updated")
      .defaultText("Todo List updated").build()
    );
    return true;
  }
  (...)
}
```

Les messages sont ensuite affichés dans les vues :

```
<c:forEach items="${flowRequestContext.messageContext.allMessages}"
    var="message">
  <p>${message.text}</p>
</c:forEach>
```

Ce système permet très simplement de donner un retour à l'utilisateur sur ses différentes actions, ce qui est une bonne pratique ergonomique.

Conversion et formatage dans les formulaires

Les formulaires de notre étude de cas sont gérés avec des sous-classes de FormAction. Pour chacun des champs des formulaires, un PropertyEditor est utilisé pour effectuer les transformations. En effet, quand le formulaire doit être affiché, il faut formater chacune des valeurs (qui sont des objets Java : chaîne de caractères, date, etc.) pour permettre l'affichage sous forme de chaîne de caractères.

Quand le formulaire est soumis, il faut effectuer l'opération inverse, c'est-à-dire convertir la chaîne de caractères du champ du formulaire en un objet Java. Le `PropertyEditor` est une interface fortement utilisée dans Spring, car ses implémentations effectuent ces transformations `String` vers `Object` et *vice versa*.

Dans une `FormAction`, il est possible de référencer son propre registre de `PropertyEditors`, afin d'effectuer correctement les conversions ainsi que les formatages. Il faut pour cela assigner une valeur à la propriété `propertyEditorRegistrar`. C'est ce qui est fait dans `TodoAction`, qui a besoin de conversion spécifique pour des champs de type date :

```java
public TodoAction() {
  setFormObjectName("todoEdit");
  setPropertyEditorRegistrar(new PropertyEditors());
  setFormObjectScope(ScopeType.REQUEST);
}
```

Voici la définition de `PropertyEditors` :

```java
package tudu.validation;

import java.text.SimpleDateFormat;
import java.util.Date;
import org.springframework.beans.PropertyEditorRegistrar;
import org.springframework.beans.PropertyEditorRegistry;
import org.springframework.beans.propertyeditors.CustomDateEditor;

public class PropertyEditors implements PropertyEditorRegistrar {

  public void registerCustomEditors(
        PropertyEditorRegistry registry) {
    SimpleDateFormat format = new SimpleDateFormat("yyyy-MM-dd");
    format.setLenient(false);
    registry.registerCustomEditor(
      Date.class, new CustomDateEditor(format,true)
    );
  }

}
```

Le paramétrage des `PropertyEditors` permet la bonne conversion des champs dans le formulaire, sans oublier leur formatage. Ce mécanisme simple est aussi très extensible, ce qui permet d'effectuer des conversions complexes, par exemple pour des objets de domaine.

Conclusion

Le framework Spring Web Flow a pour principale fonction d'adresser les problématiques liées à la navigation des applications Web. Sa mise en œuvre n'est toutefois pas appropriée à tous les types d'applications Web. Certaines applications laissent à l'utilisateur le loisir de naviguer librement alors que d'autres imposent des règles strictes de navigation. Spring Web Flow vise à faciliter le développement de ces dernières.

Ce framework découple et abstrait les différentes briques de mise en œuvre des flots Web, telles que flot, moteur d'exécution de flots et architecture existante (framework MVC, par exemple). Cette approche favorise la réutilisation des flots dans différents environnements. Le moteur peut également être paramétré sans impacter les flots et utilisé sur différentes architectures.

Spring Web Flow fournit un cadre robuste et flexible afin de définir un flot, d'implémenter les actions et les vues, de les relier au flot et d'intégrer le flot dans une architecture existante par le biais du framework Spring. Il reprend d'ailleurs les concepts mis en œuvre dans ce framework ainsi que son implémentation MVC.

Nous avons vu ici les principaux mécanismes de Spring Web Flow et privilégié son intégration avec Spring MVC. Cependant, il ne s'agit que d'une partie de ce framework riche et flexible, dont un livre entier ne suffirait pas à présenter l'ensemble de ses possibilités.

Notons simplement que Spring Web Flow propose une intégration poussée avec JSF ainsi qu'un support pour les portlets. Pour avoir une idée de l'étendue des possibilités de Spring Web Flow, nous vous enjoignons à consulter sa documentation de référence et les nombreux exemples se trouvant dans la distribution.

9

Utilisation d'AJAX
avec Spring

Depuis leurs débuts, les applications Web n'offrent à l'utilisateur final qu'une expérience relativement pauvre. Le cycle traditionnel requête/réponse sur lequel est fondé le Web ne permet pas la création d'interfaces client élaborées, telles que nous pouvons en observer dans les applications de bureautique classiques.

Le problème vient essentiellement du fait que chaque action de l'utilisateur requiert un rechargement complet de la page HTML. Or c'est sur ce point qu'AJAX intervient en permettant le rechargement à chaud de portions d'une page HTML.

Le terme AJAX (Asynchronous JavaScript and XML) renvoie à un ensemble de technologies différentes, toutes existantes depuis longtemps, mais qui, combinées intelligemment, permettent de changer radicalement notre mode de création des interfaces Web.

Le concept d'AJAX a été lancé début 2005 par Jesse James Garrett dans un article devenu célèbre, intitulé « AJAX : a New Approach to Web Applications », disponible sur le site Web de sa société Adaptive Path, à l'adresse *http://www.adaptivepath.com/publications/essays/archives/000385.php*.

Les technologies utilisées par AJAX, telles que JavaScript et XML, sont connues depuis longtemps, et, en réalité, plusieurs sociétés faisaient déjà de l'AJAX dès 2000. La révolution actuelle provient de l'arrivée à maturité de ces technologies désormais largement répandues et livrées en standard avec les navigateurs Internet récents. Pour preuve, des entreprises telles que Google ou Microsoft se mettent à utiliser AJAX de manière intensive. Des produits tels que Gmail ou Google Maps sont des exemples de technologies AJAX mises à la disposition du très grand public.

Ce chapitre se penche en détail sur AJAX et introduit plusieurs techniques permettant de créer une application en suivant ses principes. Nous décrirons ainsi DWR, l'un des frameworks AJAX les plus populaires et qui a la particularité de s'intégrer facilement à Spring. En particulier, ce framework nous permettra de publier des Beans Spring en JavaScript afin de manipuler directement des objets gérés par Spring depuis un navigateur Internet.

Nous indiquerons également la manière d'utiliser le framework GWT, un outil de Google permettant de développer des applications Internet riches en se fondant sur le langage Java. Nous verrons qu'il est possible d'exporter des services de manière distante afin qu'ils puissent être utilisés par des interfaces graphiques GWT.

Nous soulignerons tout au long du chapitre les écueils qui guettent le développeur AJAX, technologie nécessitant de manière plus ou moins directe l'utilisation du langage JavaScript. Ce langage n'étant pas directement lié à Spring, nous recommandons à ceux qui souhaitent approfondir le sujet la lecture de l'ouvrage de Thierry Templier et Arnaud Goujeon, *Java-Script pour le Web 2.0*, paru aux éditions Eyrolles.

AJAX et le Web 2.0

Cette section entre dans le détail des technologies et concepts utilisés avec AJAX.

Nous commencerons par démystifier le terme marketing « Web 2.0 », très souvent associé à AJAX, puis aborderons le fameux objet XMLHttpRequest, qui est au fondement d'AJAX et qui nous permettra de créer une première fonction AJAX simple.

Le Web 2.0

AJAX est souvent associé au Web 2.0. S'il s'agit là d'une campagne marketing très bien orchestrée, force est de reconnaître que derrière les mots se cache une façon radicalement nouvelle de construire des applications Web.

Le Web 2.0 est un concept plus global qu'AJAX, qui regroupe un ensemble d'aspects fonctionnels et métier. L'expression a été conçue par les sociétés O'Reilly et MediaLive International et a été définie par Tim O'Reilly dans un article disponible à l'adresse *http://www.oreilly-net.com/lpt/a/6228*.

Nous pouvons retenir de cet article que les applications Web 2.0 s'appuient sur les sept principes suivants :

• Offre d'un service, et non plus d'une application packagée.

• Contrôle d'une banque de données complexe, difficile à créer et qui s'enrichit au fur et à mesure que des personnes l'utilisent.

• Implication des utilisateurs dans le développement de l'application.

• Utilisation de l'intelligence collective, les choix et les préférences des utilisateurs étant utilisés en temps réel pour améliorer la pertinence du site.

• Choix de laisser les internautes utiliser l'application comme un self-service, sans contact humain nécessaire.

- Fonctionnement de l'application sur un grand nombre de plates-formes, et plus seulement sur l'ordinateur de type PC (il y a aujourd'hui plus de terminaux mobiles que de PC ayant accès à Internet).

- Simplicité des interfaces graphiques, des processus de développement et du modèle commercial.

Nous comprendrons mieux cette philosophie en observant des sites emblématiques de ce Web 2.0, tels que les suivants :

- Wikipédia, une encyclopédie en ligne gérée par les utilisateurs eux-mêmes. Chacun est libre d'y ajouter ou de modifier du contenu librement, des groupes de bénévoles se chargeant de relire les articles afin d'éviter les abus.

- Les blogs, qui permettent à chacun de participer et de lier (mécanisme des *trackbacks*) des articles.

- del.icio.us et Flickr, des sites collaboratifs dans lesquels les utilisateurs gèrent leurs données en commun (des liens pour del.icio.us, des images pour Flickr). Ainsi, chacun participe à l'enrichissement d'une base de données géante.

Le Web 2.0 est donc davantage un modèle de fonctionnement collaboratif qu'une technologie particulière. Pour favoriser l'interactivité entre les utilisateurs, ces sites ont besoin d'une interface graphique riche et dynamique. C'est ce que leur propose AJAX, avec sa capacité à recharger à chaud des petits morceaux de pages Web. Ces mini mises à jour permettent à l'utilisateur d'enrichir la base de données de l'application sans pour autant avoir à recharger une page HTML entière.

Tudu Lists, notre application étude de cas, est un modeste représentant du Web 2.0, puisqu'elle permet le partage de listes de tâches entre utilisateurs, à la fois en mode Web (avec AJAX) et sous forme de flux RSS.

Les technologies d'AJAX

AJAX met en œuvre un ensemble de technologies relativement anciennes, que vous avez probablement déjà rencontrées.

Un traitement AJAX se déroule de la manière suivante :

1. Dans une page Web, un événement JavaScript se produit : un utilisateur a cliqué sur un bouton (événement `onClick`), a modifié une liste déroulante (événement `onChange`), etc.

2. Le JavaScript qui s'exécute alors utilise un objet particulier, le `XMLHttpRequest` ou, si vous utilisez Microsoft Internet Explorer, le composant ActiveX `Microsoft.XMLHTTP`. Cet objet n'est pas encore standardisé, mais il est disponible sur l'ensemble des navigateurs Internet récents. Situé au cœur de la technique AJAX, il permet d'envoyer une requête au serveur en tâche de fond, sans avoir à recharger la page.

3. Le résultat de la requête peut ensuite être traité en JavaScript, de la même manière que lorsque nous modifions des morceaux de page Web en DHTML. Ce résultat est généralement du contenu renvoyé sous forme de XML ou de HTML, que nous pouvons ensuite afficher dans la page en cours.

AJAX est donc un mélange de JavaScript et de DHTML, des technologies utilisées depuis bien longtemps. L'astuce vient essentiellement de ce nouvel objet XMLHttpRequest, lui aussi présent depuis longtemps, mais jusqu'à présent ignoré du fait qu'il n'était pas disponible sur suffisamment de navigateurs Internet.

Voici un exemple complet de JavaScript utilisant l'objet XMLHttpRequest pour faire un appel de type AJAX à un serveur. C'est de cette manière que fonctionnaient les anciennes versions de Tudu Lists (avant l'arrivée de DWR, que nous détaillons plus loin dans ce chapitre). Cet exemple illustre le réaffichage à chaud d'une liste de tâches, ainsi que l'édition d'une tâche :

```
<script type="text/javascript">
var req;
var fragment;

/**
 * Fonction AJAX générique pour utiliser XMLHttpRequest.
 */
function retrieveURL(url) {
    if (window.XMLHttpRequest) {
        req = new XMLHttpRequest();
        req.onreadystatechange = miseAJourFragment;
        try {
            req.open("GET", url, true);
        } catch (e) {
            alert("<fmt:message key="todos.ajax.error"/>");
        }
        req.send(null);
    } // Utilisation d'ActiveX, pour Internet Explorer
    else if (window.ActiveXObject) {
        req = new ActiveXObject("Microsoft.XMLHTTP");
        if (req) {
            req.onreadystatechange = miseAJourFragment;
            req.open("GET", url, true);
            req.send();
        }
    }
}

/**
 * Met à jour un fragment de page HTML.
 */
function miseAJourFragment() {
    if (req.readyState == 4) { // requête complétée
        if (req.status == 200) { // réponse OK
```

```
            document.getElementById(fragment)
                    .innerHTML = req.responseText;

        } else {
            alert("<fmt:message key="todos.ajax.error"/> " +
                                            req.status);
        }
    }
}

/**
 * Affiche la liste des tâches.
 */
function afficheLesTaches() {
    fragment='todosTable';
    retrieveURL('${ctx}/ajax/manageTodos.action?' +
            'listId=${todoList.listId}&method=render');
}

/**
 * Edite une tâche.
 */
function editeUneTache(id) {
    fragment='editFragment';
    retrieveURL('${ctx}/ajax/manageTodos.action?todoId=' +
                            escape(id) + '&method=edit');
}

( ... )

</script>
```

Dans cet exemple, des fragments de page sont mis à jour à chaud, avec du contenu HTML renvoyé par le serveur.

Comme nous pouvons le deviner en regardant les URL envoyées au serveur, ces requêtes HTTP sont traitées par des contrôleurs de Spring MVC, le paramètre method étant utilisé par ces derniers afin de sélectionner la méthode à exécuter (*voir le chapitre 7 pour plus d'informations sur le traitement de ces requêtes*).

Le HTML renvoyé par les contrôleurs de Spring MVC est simplement affiché dans des éléments HTML. En l'occurrence, la méthode innerHTML utilisée plus haut permet de changer le HTML présent dans des éléments <span> :

```
<span id="editFragment"></span>

<span id="todosTable"></span>
```

Cette utilisation très simple d'AJAX réclame déjà une assez bonne connaissance de Java-Script. Suffisante pour un site Web simple, elle souffre cependant des lacunes suivantes :

- Elle nécessite beaucoup de code JavaScript et devient difficile à utiliser dès lors que nous voulons faire plus que simplement afficher du HTML.

- Elle pose des problèmes de compatibilité d'un navigateur à un autre.

Afin de faciliter l'utilisation de ce type de technique, un certain nombre de frameworks ont vu le jour, tels Dojo, DWR, JSON-RPC, MochiKit, SAJAX, etc.

Le framework AJAX DWR (Direct Web Remoting)

DWR est un framework AJAX très populaire dans la communauté Java proposant une intéressante intégration du framework Spring. DWR permet de présenter très facilement en Java-Script des JavaBeans gérés par Spring. Il est ainsi possible de manipuler dans un navigateur Internet des objets s'exécutant côté serveur.

DWR est un framework Open Source développé par Joe Walker, qui permet d'utiliser aisément des objets Java (côté serveur) en JavaScript (côté client).

Fonctionnant comme une couche de transport, DWR permet à des objets Java d'être utilisés à distance selon un principe proche du RMI (Remote Method Invocation). Certains autres frameworks AJAX, comme Rico, proposent des bibliothèques beaucoup plus complètes, avec des effets spéciaux souvent très impressionnants. Pour ce type de résultat, DWR peut être utilisé conjointement avec des bibliothèques JavaScript non spécifiques à Java EE, telles que script.aculo.us, une bibliothèque d'effets spéciaux très populaire parmi les utilisateurs de Ruby On Rails.

Signe de la reconnaissance de DWR par la communauté Java, des articles ont été publiés sur les sites développeur de Sun, IBM et BEA. Dans le foisonnement actuel de frameworks AJAX, nous pouvons raisonnablement affirmer que DWR est l'un des plus avancés

Publié sous licence Apache 2.0, ce framework peut être utilisé sans problème, quelle que soit l'application que vous développez.

Principes de fonctionnement

DWR est composé de deux parties : du JavaScript, qui s'exécute côté client dans le navigateur de l'utilisateur, et une servlet Java, laquelle est chargée de traiter les requêtes envoyées par le JavaScript.

DWR permet de présenter des objets Java en JavaScript et de générer dynamiquement le JavaScript nécessaire à cette fonctionnalité. Les développeurs JavaScript ont ainsi la possibilité d'utiliser de manière transparente des objets Java qui tournent dans le serveur d'applications et qui ont donc, par exemple, la possibilité d'accéder à une base de données. Cela augmente considérablement les possibilités offertes à l'interface graphique d'une application.

La figure 9-1 illustre l'appel d'une fonction Java depuis une fonction JavaScript contenue dans une page Web.

Figure 9-1

Fonctionnement de DWR

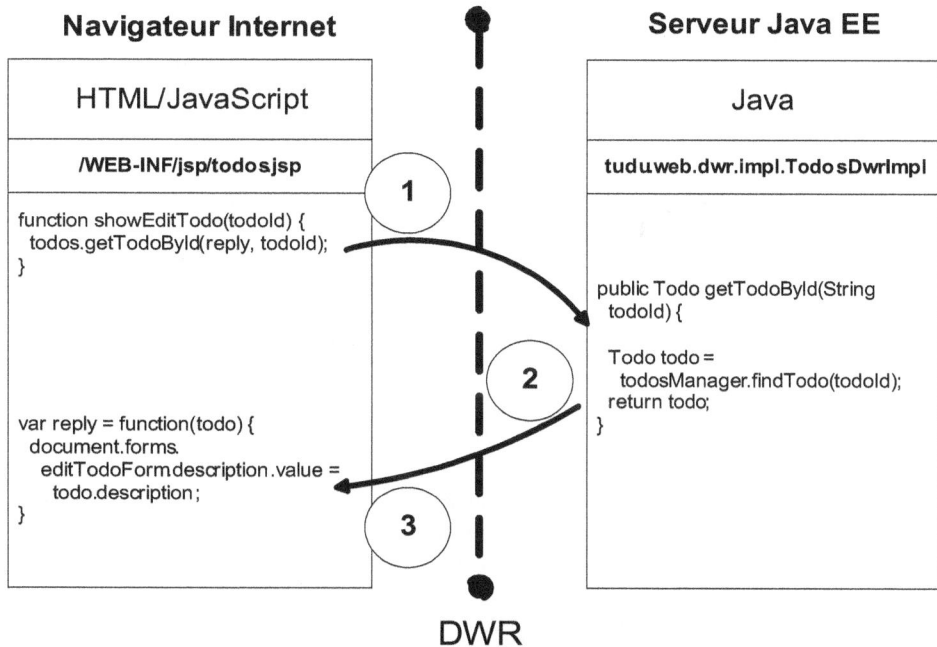

Afin de mieux illustrer notre propos, nous allons détailler comment fonctionne une version simplifiée du code permettant d'éditer une tâche à chaud dans Tudu Lists.

Suite au clic de souris d'un utilisateur sur le texte « edit », à droite d'une tâche, le JavaScript suivant s'exécute :

```
function showEditTodo(todoId) {
    Effect.Appear('editTodoDiv');
    todos.getTodoById(reply, todoId);
    document.forms.editTodoForm.description.focus();
}
```

Ce code affiche le layer DHTML d'édition d'une page (il s'agit d'un effet spécial de script.aculo.us), puis appelle un objet Java distant et donne le focus à la description de la tâche éditée.

Le code d'appel à la fonction Java est composé d'un objet `todo`, généré automatiquement par DWR, qui prend les deux paramètres suivants en fonction :

- `reply`, la fonction callback JavaScript. Il s'agit donc non pas d'une variable passée en argument, mais d'une fonction JavaScript qui s'exécute après l'exécution de l'appel à l'objet Java.

- `todoId`, l'identifiant de la tâche à éditer, qui est passé en argument à la fonction Java distante.

Ce code appelle la fonction Java distante `getTodoById` de l'objet `todo` présenté par DWR :

```
package tudu.web.dwr.impl;

(...)

/**
 * Implementation du service tudu.service.TodosManager.
 */
public class TodosDwrImpl implements TodosDwr {

    (...)
    public RemoteTodo getTodoById(String todoId) {
        Todo todo = todosManager.findTodo(todoId);
        RemoteTodo remoteTodo = new RemoteTodo();
        remoteTodo.setDescription(todo.getDescription());
        remoteTodo.setPriority(todo.getPriority());
        if (todo.getDueDate() != null) {
            SimpleDateFormat formatter =
                new SimpleDateFormat("MM/dd/yyyy");

            String formattedDate
                    = formatter.format(todo.getDueDate());
            remoteTodo.setDueDate(formattedDate);
        } else {
            remoteTodo.setDueDate("");
        }
        return remoteTodo;
    }
}
```

Ce code Java recherche la tâche demandée dans la couche de service de l'application, laquelle fait à son tour un appel à la couche de persistance afin qu'elle retrouve les informations en base de données. Pour des raisons de sécurité, que nous verrons plus tard dans ce chapitre, ce code crée un objet Java spécifique pour la couche DWR, et cet objet est retourné au client.

Au retour d'exécution du code Java, la fonction callback reply, que nous avons vue plus haut, s'exécute :

```
var reply = function(todo) {
    document.forms.editTodoForm.description.value
                            = todo.description;
    document.forms.editTodoForm.priority.value = todo.priority;
    document.forms.editTodoForm.dueDate.value = todo.dueDate;
}
```

Étant une fonction de rappel, elle prend automatiquement un seul argument, l'objet retourné par la fonction JavaScript getTodoById. Cela revient à dire qu'elle utilise l'objet Java retourné par la méthode getTodoById, qui représente une tâche. Il est ensuite aisé de recopier les attributs de cet objet dans les champs HTML du formulaire présentant la tâche ainsi éditée.

Configuration

Vu de l'extérieur, DWR se compose d'une servlet et d'un fichier de configuration, nommé **dwr.xml**, autorisant l'appel de méthodes d'objets Java de manière distante tout en gérant de manière transparente la conversion des types utilisés. Sa configuration n'est pas particulièrement complexe, d'autant que le framework fournit une excellente interface de test.

La servlet DWR

DWR est tout d'abord une servlet, qu'il convient de configurer dans l'application Web en cours. Les différents JAR fournis dans la distribution de DWR doivent être copiés dans le répertoire **WEB-INF/lib**, et la servlet DWR, correspondant à la classe DWRServlet, doit être configurée dans le fichier **WEB-INF/web.xml**, comme toutes les servlets :

```
(...)
<servlet>
    <servlet-name>dwr-invoker</servlet-name>
    <servlet-class>
        org.directwebremoting.servlet.DWRServlet</servlet-class>
    <init-param>
        <param-name>debug</param-name>
        <param-value>false</param-value>
    </init-param>
</servlet>
(...)

<servlet-mapping>
    <servlet-name>dwr-invoker</servlet-name>
    <url-pattern>/secure/dwr/*</url-pattern>
</servlet-mapping>
(...)
```

Dans cette configuration, le paramètre debug peut être mis à true afin d'avoir des informations plus précises sur le fonctionnement de DWR. Par ailleurs, l'adresse d'accès à DWR est /secure/dwr/*. Cette dernière est bien entendu librement configurable mais, dans Tudu Lists, nous préférons la préfixer par /secure/*, afin qu'elle soit protégée par Spring Security.

Le fichier *dwr.xml*

DWR est configuré *via* un fichier, qui se nomme par défaut **dwr.xml** et est localisé dans le répertoire **WEB-INF** de l'application Web. Le nom de ce fichier est configurable grâce aux paramètres d'initialisation de la servlet DWR :

```
(...)
<servlet>
    <servlet-name>dwr-user-invoker</servlet-name>
    <servlet-class>
        org.directwebremoting.servlet.DWRServlet</servlet-class>
    <init-param>
        <param-name>config-user</param-name>←❶
        <param-value>WEB-INF/dwr-user.xml</param-value>
    </init-param>
</servlet>
```

Le nom du paramètre doit impérativement commencer par config. C'est pourquoi, dans l'exemple ci-dessus, nous l'avons appelé config-user (❶). L'intérêt de cette manipulation est d'autoriser plusieurs fichiers de configuration, et ainsi plusieurs instances différentes de la servlet DWR : une instance pour les utilisateurs normaux (config-user) et une pour les administrateurs (config-admin). En leur donnant des adresses différentes, nous pouvons utiliser la sécurité standard de Java EE pour ne permettre qu'aux utilisateurs ayant un rôle donné d'utiliser une instance de DWR.

Un fichier **dwr.xml** possède la structure décrite dans le code suivant :

```
<dwr>
  <init>←❶
    <creator id="..." class="..."/>
    <converter id="..." class="..."/>
  </init>

  <allow>←❶
    <create creator="..." javascript="..." scope="...">
      <param name="..." value="..."/>
    </create>

    <convert convertor="..." match="..."/>
  </allow>

  <signatures>←❸
    ( ... )
  </signatures>
</dwr>
```

La partie délimitée par la balise init (❶) n'est généralement pas utilisée. Elle sert à instancier les classes utilisées plus bas dans le fichier de configuration, dans le cas où le développeur souhaiterait utiliser ses propres classes au lieu de celles fournies en standard par DWR. Nous allons voir que les classes livrées avec DWR sont cependant largement suffisantes pour une utilisation de l'outil, fût-elle avancée.

La section délimitée par la balise allow (❷) indique à DWR quelles classes il a le droit d'instancier et de convertir. Cette section est la plus importante du fichier, si bien que nous allons détailler les éléments de création et de conversion qui la composent.

Pour instancier une classe, DWR utilise une entité de création, définie dans le fichier de configuration par la balise create. Cette entité permet d'instancier une classe de plusieurs manières et de l'associer à une ressource JavaScript générée à la volée. Le code suivant décrit l'utilisation de la balise create :

```
<allow>
  <create creator="new" javascript="Example">
    <param name="class" value="tudu.web.dwr.Example"/>
  </create>
</allow>
```

Dans cet exemple, l'entité de création de type new permet d'instancier une classe et de l'associer à un objet JavaScript nommé Example. Il s'agit de l'entité de création la plus simple, mais il en existe d'autres, en particulier pour accéder à des Beans Spring, ce que nous verrons dans l'étude de cas. L'objet Example une fois présenté ainsi en JavaScript, ses méthodes peuvent être appelées depuis le navigateur client. Cependant, il est possible que lesdites méthodes utilisent comme arguments, ou comme objets de retour, des classes complexes, telles que des collections ou des JavaBeans. Ces classes doivent dès lors être converties d'un langage à l'autre.

Pour convertir une classe Java en JavaScript et *vice versa,* DWR utilise des convertisseurs. En standard, DWR est fourni avec des entités de ce type permettant la conversion des types Java primaires, des dates, des collections et des tableaux, des Beans, mais aussi d'objets plus complexes, comme des objets DOM ou Hibernate.

Pour des raisons de sécurité, certains convertisseurs complexes, comme celui gérant les Beans, ne sont pas activés par défaut. Pour convertir un Bean en JavaScript, il faut autoriser sa conversion par l'intermédiaire de la balise convert :

```
<allow>
  <convert converter="bean"
           match="tudu.web.dwr.bean.RemoteTodoList"/>

  <convert converter="bean"
           match="tudu.web.dwr.bean.RemoteTodo"/>
</allow>
```

Utilisation du JavaScript dans les JSP

Une fois la servlet DWR correctement configurée, il est nécessaire d'accéder au code Java-Script généré dynamiquement par le framework depuis les pages JSP. Pour cela, il faut importer dans les JSP les deux bibliothèques propres à DWR :

```
<script type="text/javascript"
        src="<c:url value="/secure/dwr/engine.js"/>"></script>

<script type="text/javascript"
        src="<c:url value="/secure/dwr/util.js"/>"></script>
```

Dans l'application Tudu Lists, cette importation est réalisée dans le fichier **WEB-INF/jspf/ header.jsp**.

Notons que ces deux fichiers JavaScript sont fournis par la servlet DWR et qu'ils n'ont pas à être ajoutés manuellement dans l'application Web.

Il faut ensuite importer les fichiers JavaScript générés dynamiquement par DWR et qui représentent les classes Java décrites dans **dwr.xml**. Voici l'exemple de la classe tudu.web.dwr.impl.TodosDwrImpl, qui est configurée dans **dwr.xml** pour être utilisable dans une page Web par l'intermédiaire de l'objet JavaScript todos :

```
<script type="text/javascript"
        src="<c:url value="/secure/dwr/interface/todos.js"/>">
</script>
```

Ce fichier doit être importé depuis la servlet DWR mappée dans Tudu Lists par l'adresse /secure/dwr/*, à laquelle nous ajoutons le suffixe interface.

Test de la configuration

La configuration étudiée ci-dessus est relativement complexe, l'importation et l'utilisation du JavaScript généré posant généralement problème aux nouveaux utilisateurs. C'est pourquoi DWR est fourni avec une interface de test très bien conçue.

Pour la mettre en place, il faut modifier la configuration de DWR dans le fichier **web.xml**, afin de passer en mode debug (❶) :

```
<servlet>
    <servlet-name>dwr-invoker</servlet-name>
    <servlet-class>
        org.directwebremoting.servlet.DWRServlet</servlet-class>
    <init-param>
        <param-name>debug</param-name>
        <param-value>true</param-value>←─❶
    </init-param>
</servlet>
```

Notons bien que cette configuration ne doit pas être utilisée en production, car elle faciliterait la tâche d'une personne malveillante.

Une fois ce paramétrage effectué, nous pouvons accéder à des pages de test *via* l'adresse de base de la servlet DWR, qui, dans notre étude de cas, est *http://127.0.0.1:8080/tudu/secure/dwr/*. Ces pages listent les objets présentés par DWR, ainsi que leurs méthodes respectives. Ces dernières peuvent être appelées directement tout en spécifiant d'éventuels paramètres. Les objets retournés sont également affichés dans la page. Le code source de ces pages fournit une aide précieuse pour l'utilisation de DWR.

La figure 9-2 illustre la page affichant la classe TodosDWRImpl, l'une des deux classes configurées avec DWR dans Tudu Lists.

Figure 9-2

Interface de test de DWR

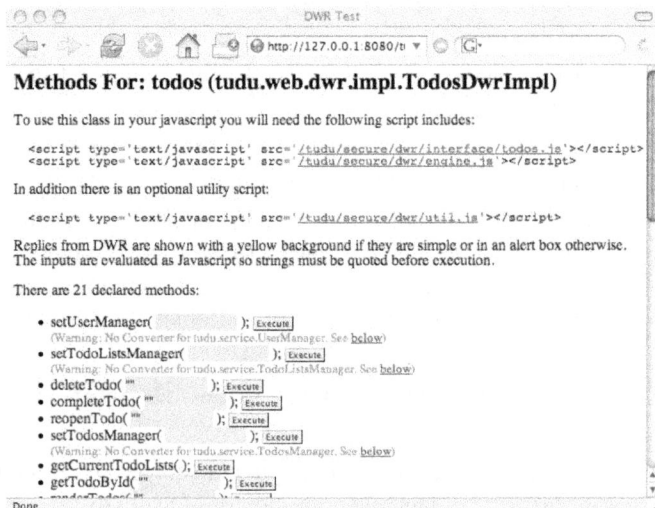

Utilisation de l'API Servlet

DWR permet de s'abstraire de l'API Servlet, ce qui simplifie généralement grandement le travail à effectuer. Nous utilisons directement des arguments passés en paramètres des méthodes au lieu de les extraire depuis l'objet correspondant à la requête ou un objet de formulaire.

L'API Servlet reste néanmoins parfois incontournable pour peu que nous voulions stocker des attributs dans la session HTTP, utiliser JAAS pour la sécurité ou accéder au contexte de l'application Web. Pour toutes ces utilisations, DWR stocke dans une variable `ThreadLocal` les objets `HttpServletRequest`, `HttpServletResponse`, `HttpSession`, `ServletContext` et `ServletConfig`.

Pour accéder à l'objet associé à la requête HTTP en cours, il suffit d'écrire le code suivant :

```
WebContext context = org.directwebremoting.WebContextFactory.get();
HttpServletRequest request = context.getHttpServletRequest();
```

L'accès à cette variable en `ThreadLocal` n'est bien entendu possible que pour les fils d'exécution correspondant à des requêtes traitées avec DWR.

Gestion des performances

À première vue, l'utilisation d'AJAX améliore les performances. Au lieu de demander au serveur de recharger des pages complètes, nous nous contentons de lui demander le strict minium.

Cependant, dès que nous maîtrisons cette technique, nous sommes rapidement poussés à multiplier les requêtes côté serveur. Le site devient dès lors plus riche, plus « Web 2.0 », mais, en contrepartie, les requêtes HTTP se trouvent multipliées.

Coût de DWR en matière de performances

En lui-même, DWR n'affecte que de façon négligeable les performances côté serveur. Le serveur d'applications, le temps réseau ou les traitements métier sont normalement bien plus importants.

Joe Walker, l'auteur de DWR, a effectué plusieurs tests qui lui permettent de proposer les optimisations suivantes :

• Les appels de moins de 1 500 octets peuvent tenir dans un seul paquet TCP, ce qui améliore sensiblement l'utilisation du réseau. Il est donc important de n'échanger que le strict minimum de données.

• L'utilisation de paramètres de la JVM privilégiant les objets à faible durée de vie apporte un gain de performances, du moins avec Tomcat. Avec une JVM Sun, il s'agit de l'option **-XX:NewSize**.

Utilisation de fonctions batch pour les requêtes

Il est possible de grouper des requêtes DWR afin de diminuer le nombre d'allers-retours entre le client et le serveur. Nous retrouvons cette optimisation à plusieurs endroits dans Tudu Lists, en particulier lors de l'ajout d'un todo :

```
DWREngine.beginBatch();
todos.addTodo(replyRenderTable,
  listId, description, priority, dueDate);

todos.getCurrentTodoLists(replyCurrentTodoLists);
DWREngine.endBatch();
```

La fonction `beginBatch()` permet de placer les requêtes suivantes en queue et de ne les envoyer qu'une fois la fonction `endBatch()` exécutée.

Intégration de Spring et de DWR

Le framework DWR propose une ingénieuse intégration à Spring, qui permet d'utiliser directement des Beans Spring en JavaScript. Avec la version 2 du framework, un espace de nommage dédié est mis à disposition afin de simplifier l'exposition des services *via* la technologie.

Dans ce contexte, il convient d'utiliser un créateur DWR dédié nommé `spring`. Cette approche permet d'indiquer à l'outil que l'instance du Bean utilisé est gérée par Spring. Ce créateur prend donc en paramètre l'identifiant du Bean à utiliser.

À moins d'utiliser une servlet `DispatcherServlet` de Spring MVC, DWR met à disposition une servlet dédiée pour l'utilisation conjointe de DWR et Spring. Cette servlet correspond à la classe `DwrSpringServlet` localisée dans le package `org.direct-webremoting.spring`.

Le code suivant illustre la mise en œuvre de cette classe (❶) avec l'activation du mode `debug` (❷) et un mappage `/dwr/*` (❸) dans le fichier **web.xml** :

```
(...)
<servlet>
    <servlet-name>dwr</servlet-name>
    <servlet-class>
        org.directwebremoting.spring.DwrSpringServlet←❶
    </servlet-class>
    <init-param>←❷
        <param-name>debug</param-name>
        <param-value>true</param-value>
    </init-param>
</servlet>
```

```
<servlet-mapping>
    <servlet-name>dwr</servlet-name>
    <url-pattern>/dwr/*</url-pattern>←❸
</servlet-mapping>
```

Comme l'illustre le code suivant, dans la configuration du contexte applicatif associé à l'application Web, il convient d'utiliser l'espace de nommage de DWR (❶) afin de définir un bloc de configuration (❷) ainsi que le contrôleur de l'outil (❸) :

```
<beans xmlns="http://www.springframework.org/schema/beans"
    xmlns:xsi="http://www.w3.org/2001/XMLSchema-instance"
    xmlns:dwr="http://www.directwebremoting.org/schema/spring-dwr"
    xsi:schemaLocation="http://www.springframework.org/schema/beans
        http://www.springframework.org/schema/beans/spring-beans.xsd
            http://www.directwebremoting.org/schema/spring-dwr←❶
        http://www.directwebremoting.org/schema/spring-dwr-2.0.xsd">

    <dwr:configuration/>←❷

    <dwr:controller id="dwrController" debug="true" />←❸

    (...)
</beans>
```

Par la suite, deux approches sont envisageables, l'une permettant d'utiliser une configuration existante de Beans, l'autre s'effectuant au sein même de leur configuration dans Spring.

Dans la première approche, le bloc de configuration précédent doit être étendu afin de préciser les Beans à exposer en AJAX par l'intermédiaire de DWR. À ce niveau, il faut configurer un créateur de type spring pour les Beans choisis.

Le code suivant illustre la configuration de cette approche tirée de l'application Tudu Lists. La balise create de l'espace de nommage peut être utilisée (❶) avec le paramètre beanName par l'intermédiaire de la sous-balise param (❷) :

```
(...)
<dwr:configuration>
    <dwr:create javascript="todo_lists" type="spring">←❶
        <dwr:param name="beanName" value="todoListsDwr"/>←❷
    </dwr:create>

    <dwr:create javascript="todos" type="spring">←❶
        <dwr:param name="beanName" value="todosDwr"/>←❷
    </dwr:create>
</dwr:configuration>
(...)
```

Comme ces deux services utilisent des objets de type TodoList et Todo, des convertisseurs DWR doivent être configurés afin de permettre leur transformation d'objets JavaScript en objets Java et inversement.

Cette configuration s'effectue par le biais de la balise convert. Le type bean doit être utilisé pour les objets du modèle. Cette balise peut être utilisée pour le service ou à un niveau global, comme dans le code suivant :

```
<dwr:configuration>
    (...)
    <dwr:convert type="bean"
            class="core.tudu.domain.model.Todo"/>
    <dwr:convert type="bean"
            class="core.tudu.domain.model.TodoList"/>
</dwr:configuration>
```

Dans l'exemple précédent, nous publions en JavaScript les Beans Spring todoListsDwr et todosDwr par l'intermédiaire de DWR. Ces Beans ont bien entendu été configurés au préalable dans un contexte Spring, nommé **WEB-INF/applicationContext-dwr.xml**.

Voici la configuration du Bean todoListsDwr :

```
<bean id="todoListsDwr"
      class="tudu.web.dwr.impl.TodoListsDwrImpl">

    <property name="todoListsManager" ref ="todoListsManager" />
    <property name="userManager" ref ="userManager" />
</bean>
```

Les Beans Spring ainsi configurés sont accessibles en JavaScript. En voici un exemple d'utilisation tiré de la page JSP **WEB-INF/jsp/todo_lists.jsp**, qui sert à gérer les listes de tâches. Une fois l'inclusion de la ressource DWR (❶) relative au service réalisée, l'objet JavaScript correspondant peut être utilisé afin d'exécuter en AJAX ses méthodes (❷) :

```
<script type="text/javascript"←❶
        src="<c:url value="/secure/dwr/interface/todo_lists.js"/>">
</script>

<script type="text/javascript">
    (...)
    // Ajout d'un utilisateur à la liste sélectionnée.
    function addTodoListUser() {
        var listId = document.forms.editListForm.listId.value;
        var login = document.forms.editListForm.login.value;
        todo_lists.addTodoListUser(
                replyAddTodoListUser, listId, login);←❷
    }
    (...)
</script>
```

La seconde façon d'exposer des Beans par l'intermédiaire de DWR se réalise au sein même de leur configuration dans Spring. Dans ce cas, la balise remote doit être utilisée afin de préciser le nom de l'objet JavaScript correspondant. Cette approche soustend que le développeur a la main sur les fichiers de configuration Spring des services métier.

À ce niveau, les convertisseurs précédemment configurés dans la balise configuration peuvent être utilisés ou de nouveau être spécifiés en se fondant toujours sur la balise convert.

Le code suivant illustre la mise en œuvre de cette approche fondée sur la balise remote (❶) pour le Bean Spring d'identifiant todoListsDwr :

```
<bean id="todoListsDwr"
    class="tudu.web.dwr.impl.TodoListsDwrImpl">
    <property name="todoListsManager" ref ="todoListsManager" />
    <property name="userManager" ref ="userManager" />
    <dwr:remote javascript="simpleService">←❶
</bean>
```

Le framework GWT (Google Web Toolkit)

La mise en œuvre d'applications AJAX comporte de nombreuses difficultés, notamment pour le support des différents navigateurs, qui ne gèrent pas tous le JavaScript de la même façon.

L'interface graphique Web s'enrichissant continuellement, il devient vite problématique de maintenir et de faire évoluer des applications de ce type pour un ensemble de navigateurs. Heureusement, différentes solutions permettent de contourner cette difficulté.

GWT (Google Web Toolkit), un framework populaire adressant cette problématique, est disponible en Open Source depuis la fin de l'année 2007. Il propose une approche originale permettant d'écrire des applications Web riches en Java, un compilateur dédié se chargeant de les convertir en JavaScript.

Principes de fonctionnement

La mise en œuvre d'applications Web riches n'est pas une chose facile. Elle nécessite tout d'abord une solide maîtrise des technologies Web et des langages JavaScript, CSS et HTML. Bien que la plupart des développeurs Java connaissent les bases de ces langages, le marché manque cruellement de compétences JavaScript.

De plus, le langage JavaScript étant interprété et non typé, il est impossible de connaître à l'avance les types utilisés dans les traitements. Ajoutons que le développement et le débogage d'applications de ce type sont d'autant plus ardus qu'il n'existe pas de véritable environnement de développement dédié à JavaScript.

Afin d'adresser ces difficultés, le framework GWT a fait le choix d'écrire les traitements des applications Web riches exécutés dans les navigateurs non pas en JavaScript, mais en Java. De cette manière les problèmes décrits ci-dessus ne se posent plus. En contrepartie, le code Java ne peut être exécuté dans les navigateurs.

Pour remédier à ce problème, le framework GWT propose un compilateur dédié afin de transformer ce code en JavaScript tout en intégrant les spécificités des principaux navigateurs. De ce fait, les environnements de développement tels qu'Eclipse peuvent être utilisés ainsi que toutes les fonctionnalités correspondantes. C'est le cas notamment des aides au développement telles que la complétion et le débogage.

Un des gros avantages de l'outil GWT est que le compilateur Java vers JavaScript fournit en natif des optimisations du code JavaScript généré. Cela favorise un code plus robuste, optimisé pour le navigateur utilisé.

Ces optimisations sont les suivantes :

- Compression avec GZip des fichiers échangés.
- Allègement de la taille des fichiers JavaScript par l'intermédiaire de noms de variables et fonctions JavaScript raccourcis.
- Mécanisme de chargement en tâche de fond des scripts en se fondant sur une iframe cachée.
- Utilisation de la mise en cache des navigateurs.
- Chargement par le navigateur uniquement des fonctions dont il a besoin pour ses traitements.
- Génération lors de la compilation du code JavaScript optimisé pour chacun des navigateurs. Une fois chargé, le navigateur garde en cache le code approprié.

Ces optimisations entraînent un temps de chargement réduit du code JavaScript utilisé pour l'application Web riche.

En parallèle de ces mécanismes, le framework GWT offre deux modes distincts d'exécution en fonction du contexte :

- Hosted (ou géré) : l'application est exécutée en tant que bytecode Java. Ce mode facilite les phases de codage, compilation, test et débogage. Ce mode est exclusivement utilisé au sein de l'environnement de développement.
- Web : le navigateur lit simplement le code généré par le compilateur GWT et l'interprète naturellement.

Configuration de GWT

GWT se fonde sur le concept de module afin de modulariser les différents traitements, qu'ils soient internes à une application ou qu'ils correspondent à des bibliothèques GWT.

À cet effet, GWT impose une structuration rigoureuse des packages et de la localisation de certaines entités.

Un module GWT est composé des éléments suivants :

- Classes Java relatives à l'interface graphique Web ainsi qu'aux objets de données et aux interfaces des services distants utilisés. Ces classes sont converties en code JavaScript lors de la phase de compilation précédemment décrite, et ce code est exécuté dans un navigateur Web. Une classe particulière doit être définie en tant que point d'entrée du module.
- Classes Java relatives à l'implémentation des services distants utilisés. Ces classes ne sont pas compilées en JavaScript puisqu'elles sont exécutées au niveau d'un serveur d'applications. Elles ont la responsabilité de répondre aux requêtes AJAX de GWT.
- Ressources Web fournissant le point d'entrée de l'application et ressources relatives aux styles et à du code JavaScript supplémentaire.

- Fichier de configuration du module permettant de définir les éléments GWT utilisés, les éventuels fichiers de style et JavaScript ainsi que la classe du point d'entrée.

Afin de mettre en œuvre ces éléments, GWT impose la structuration en packages suivante :

- Packages de base relatifs au module (non imposés).

- Packages spécifiques au module, qui doivent être client pour les classes relatives à l'interface graphique Web, public pour les ressources Web et server pour les classes mettant à disposition des services distants.

- Fichier de configuration, qui doit être défini à la racine du module et dont le nom obéit à la syntaxe <module>.gwt.xml, où module correspond au nom du module choisi. Le module peut être utilisé à partir d'autres modules en se fondant sur l'identifiant <package-module>.<module>.

Afin de créer les structures des projets et des modules, le framework GWT fournit deux outils en ligne de commande, projectCreator et applicationCreator. Une option eclipse permet également de générer les métadonnées de configuration pour l'environnement de développement Eclipse.

Le code suivant illustre l'utilisation de ces deux commandes :

```
$ mkdir tudu-gwt
$ cd tudu-gwt
$ projectCreator -eclipse TuduGwt
$ applicationCreator -eclipse TuduGwt tudu.web.gwt.client.TuduGwt
```

Le fichier de configuration du module correspond à un fichier XML possédant la structure suivante :

```
<module>

    <!-- Spécification des éléments utilisés
         (GWT et biliothèques) -->
    <inherits name="..."/>←❶
    <inherits name="..."/>←❶

    <!-- Spécification d'éléments CSS et JavaScript -->
    <script src="..."/>←❷
    <stylesheet src="..."/>←❷

    <!-- Spécification de servlets pour les tests -->
    <servlet path="..." class="..."/>←❸

    <!-- Spécification du point d'entrée -->
    <entry-point class="..."/>←❹
    <!-- Propriétés -->
    <extend-property name="locale" values="fr"/>
    <extend-property name="locale" values="en"/>
</module>
```

Tout d'abord, les modules de GWT et externes doivent être spécifiés par l'intermédiaire des balises inherits (❶). Les valeurs doivent correspondre aux identifiants de modules relatifs à la structure décrite ci-dessus. En voici un exemple de configuration :

```
<inherits name="com.google.gwt.user.User"/>
<inherits name="com.gwtext.GwtExt"/>
```

Les balises script et stylesheet (❷) permettent de définir des scripts JavaScript et des feuilles de style CSS à utiliser dans le module GWT. Les références peuvent correspondre aussi bien à des fichiers présents dans le répertoire public du module qu'à des fichiers distants accessibles sur Internet.

La balise servlet (❸) permet de spécifier des servlets à utiliser dans les tests au niveau du Hosted Mode.

Le point d'entrée du module est spécifié par la balise entry-point (❹), qui référence la classe correspondante. Comme cette classe correspond à l'interface graphique Web, elle doit se trouver dans un sous-package de client et doit implémenter l'interface EntryPoint de GWT localisée dans le package com.google.gwt.core.client.

Le code suivant illustre une classe de point d'entrée implémentant l'interface EntryPoint (❶) et sa méthode onModuleLoad correspondante (❷) :

```
package tudu.web.gwt.client;
(...)

public class TuduEntryPoint implements EntryPoint {←❶
    (...)

    public void onModuleLoad() {←❷
        // Les traitements de construction de l'interface graphique
        // Web riches sont initiés dans cette méthode
        (...)
    }
}
```

La configuration de cette classe en tant que classe de point d'entrée du module est illustrée dans le code suivant :

```
<entry-point class="tudu.web.gwt.client.TuduEntryPoint"/>
```

Interfaces graphiques Web riches

Sans entrer dans tous les détails du framework GWT, nous présentons ci-après ses principaux composants graphiques.

Le tableau 9-1 récapitule les composants de base fournis par GWT afin de construire des interfaces graphiques Web riches.

Le framework GWT permet le positionnement des éléments en offrant un mécanisme fusionnant les concepts de panel et de layout. Les quatre types de panels suivants sont mis à disposition : simple, complexe, tableau et avec séparation.

Tableau 9-1. Composants de base fournis par GWT

Composant	Description
Button	Bouton HTML
Grid, HTMLTable, FlexTable	Permet la mise en œuvre de différents types de tableaux.
HTML	Permet de placer du code HTML
Hyperlink	Lien hypertexte
Image et ImageBundle	Permet d'insérer une portion d'image ou une image entière. Le second composant permet de regrouper plusieurs images afin de minimiser les échanges réseau.
Label	Zone d'affichage
ListBox	Permet la mise en œuvre de listes de valeurs.
MenuBar	Barre de menus
SuggestBox	Zone avec proposition de contenu à la volée
TextBox	Zone de saisie
Tree	Permet la mise en œuvre d'arbres.

Ces différents éléments sont récapitulés au tableau 9-2.

Tableau 9-2. Principaux composants relatifs aux panels fournis par GWT

Composant	Description
AbsolutePanel	Permet un positionnement en absolu des composants.
DisclosurePanel	Une encoche permet de démasquer les éléments contenus.
DockPanel	Permet d'organiser les composants en fonction de côtés (nord, ouest, centre, est et sud).
FlowPanel et StackPanel	Permettent respectivement de positionner des composants en se fondant sur le concept HTML flow et de définir des menus déroulants.
FormPanel	Permet de positionner des éléments de formulaire et d'interagir avec le serveur afin de manipuler les données contenues.
HorizontalPanel et VerticalPanel	Permet d'aligner des éléments horizontalement ou verticalement.
HTMLPanel	Permet d'intégrer dans des applications GWT des pages de sites externes.
PopupPanel et DialogPanel	Permettent de mettre en œuvre respectivement des menus contextuels et des fenêtres au sein même du navigateur.
SplitPanel	Permet de définir des zones redimensionnables.
TabPanel	Permet de mettre en œuvre des onglets. Un clic sur le bouton de l'onglet permet d'afficher son contenu.

Les panels sont avant tout des composants correspondant à des conteneurs de composants et peuvent donc être combinés afin de réaliser des positionnements avancés de composants.

Le code suivant illustre la manière de créer la structure de l'application Tudu en GWT en se fondant sur les composants graphiques et panels décrits aux tableaux 9-1 et 9-2 :

```java
public void onModuleLoad() {
    (...)
    RootPanel.get("main").add(mainPanel);

    //Panel affichant les lists disponibles
    Panel listsPanel = new VerticalPanel();
    mainPanel.add(listsPanel, DockPanel.WEST);

    //Panel affichant les todos de la liste sélectionnée
    Panel todosPanel = new VerticalPanel();
    mainPanel.add(todosPanel, DockPanel.CENTER);
    currentTodoListLabel.setStyleName("todo-list-label");
    todosPanel.add(currentTodoListLabel);

    Panel newTodoPanel = new HorizontalPanel();
    Label newTodoLabel = new Label("Create a new to-do : ");

    final TextBox newTodoDescription = new TextBox();
    newTodoDescription.addKeyboardListener(
                new KeyboardListenerAdapter() {
        public void onKeyPress(Widget sender,
                        char keyCode, int modifiers) {
            if (keyCode == KeyboardListener.KEY_ENTER) {
                SerializableTodo todo = new SerializableTodo();
                todo.setDescription(newTodoDescription.getText());

                createTodoOnServer(todo);
                currentTodoList.getTodos().add(todo);
                newTodoDescription.setText("");
            }
        }
    });

    newTodoPanel.add(newTodoLabel);
    newTodoPanel.add(newTodoDescription);
    todosPanel.add(newTodoPanel);
    todosPanel.add(table);

    newTodoDescription.setFocus(true);
    getAllTodoLists();
}
```

Appels distants

GWT intègre un mécanisme permettant de réaliser des appels AJAX afin d'échanger des données entre l'interface graphique Web et les traitements serveur. Au niveau de la partie cliente, le mécanisme mappe le fonctionnement correspondant de JavaScript et se fonde sur des méthodes de rappel.

La mise en œuvre des appels distants avec GWT s'appuie sur les différentes entités suivantes :

- Interface du service distant spécifiant les différentes méthodes utilisables du service.
- Interface AJAX de GWT correspondant à l'interface précédente, mais intégrant les mécanismes de rappel d'AJAX. Elle spécifie également les méthodes utilisables de manière distante et asynchrone.
- Implémentation du service distant mettant en œuvre les traitements correspondants.

Les interfaces ci-dessus doivent être disponibles au niveau de la partie cliente de GWT et être localisées dans un sous-package du package `client`. L'implémentation étant exécutée côté serveur, elle doit être présente dans un sous-package du package `server`.

GWT impose aux interfaces des services correspondants d'étendre son interface `RemoteService` du package `com.google.gwt.user.client.rpc`. Cela permet de spécifier qu'il s'agit d'une interface pour un service accessible par l'intermédiaire de GWT.

Le code suivant illustre la mise en œuvre d'une interface de ce type :

```
public interface TuduGwtRemoteService extends RemoteService {
    String createTodo(String listId, SerializableTodo sTodo);
    void updateTodo(SerializableTodo sTodo);
    void deleteTodo(SerializableTodo sTodo);
    SerializableTodoList getTodoList(String listId);
    List<SerializableTodoList> getAllTodoLists();
}
```

L'implémentation du serveur doit implémenter cette interface et, de base, étendre la classe `RemoteServiceServlet` du package `com.google.gwt.user.server.rpc`. Cette dernière classe permet de spécifier le service en tant que servlet, cette classe doit être définie dans le fichier **web.xml**.

Le code suivant fournit un exemple d'implémentation de l'interface précédente :

```
public class TuduGwtRemoteServiceImpl
        extends RemoteServiceServlet
        implements TuduGwtRemoteService {

    public String createTodo(String listId,
                             SerializableTodo sTodo) {
        Todo todo = new Todo();
        todo.setDescription(sTodo.getDescription());
        todo.setPriority(sTodo.getPriority());
        todosManager.createTodo(listId, todo);
        sTodo.setTodoId(todo.getTodoId());
        return todo.getTodoId();
    }

    public void updateTodo(SerializableTodo sTodo) {
        Todo todo = todosManager.findTodo(sTodo.getTodoId());
        todo.setDescription(sTodo.getDescription());
        todo.setPriority(sTodo.getPriority());
```

```
                todosManager.updateTodo(todo);
                if (todo.isCompleted() && !sTodo.isCompleted()) {
                    todosManager.reopenTodo(sTodo.getTodoId());
                } else if (!todo.isCompleted() && sTodo.isCompleted()) {
                    todosManager.completeTodo(sTodo.getTodoId());
                }
            }
        (...)
    }
```

En parallèle de l'interface du service, une interface asynchrone associée doit être définie. Cette dernière reprend les méthodes définies précédemment en leur ajoutant un paramètre correspondant à l'entité de rappel, cette dernière correspondant au type AsyncCallback du package com.google.gwt.user.client.rpc. Il est à noter que ces méthodes ne possèdent plus désormais de retour.

L'interface correspondante à l'exemple précédent est décrite dans le code suivant :

```
public interface TuduGwtRemoteServiceAsync {
    void  createTodo(String listId, SerializableTodo sTodo,
                    AsyncCallback callback);
    void updateTodo(SerializableTodo sTodo,
                    AsyncCallback callback);
    void deleteTodo(SerializableTodo sTodo,
                    AsyncCallback callback);
    void getTodoList(String listId, AsyncCallback callback);
    void getAllTodoLists(AsyncCallback callback);
}
```

Une fois ces entités définies, des appels distants AJAX peuvent être mis en œuvre au sein de GWT. À ce stade, l'entité clé correspond à la classe GWT, laquelle permet de créer au sein de l'interface graphique Web l'entité cliente permettant d'appeler le service de manière distante.

Le code suivant illustre la création d'une entité d'appel du service distant. L'utilisation de la méthode create offre la possibilité de créer cette instance (❶), sur laquelle l'adresse d'accès peut être spécifiée (❷). L'appel des méthodes du service se réalise par l'intermédiaire de l'interface asynchrone (❸) et d'une entité de rappel (❹) :

```
TuduGwtRemoteServiceAsync tuduGwtRemoteService =←─❶
                    (TuduGwtRemoteServiceAsync)GWT.create(
                            TuduGwtRemoteService.class);

ServiceDefTarget endpoint = (ServiceDefTarget)tuduGwtRemoteService;
endpoint.setServiceEntryPoint(GWT.getHostPageBaseURL()←─❷
                    + "secure/tudu_lists_remote_service");

(...)

tuduGwtRemoteService.getAllTodoLists(
                        new AsyncCallback<List>() {←─❸
    public void onSuccess(List allTodoLists) {←─❹
```

```
        currentTodoList = (SerializableTodoList)
                                allTodoLists.get(0);
        getTodoList(currentTodoList.getListId());
    }

    public void onFailure(Throwable caught) {←❹
        Window.alert("ERROR : The server could not be reached : "
                                    + caught.getMessage());
    }
});
```

Intégration de Spring et GWT

Les frameworks GWT et Spring ne fournissent ni l'un ni l'autre de fonctionnalités permettant d'utiliser les deux outils conjointement.

Pour pallier cette limitation, deux approches sont possibles : en utilisant des implémentations de la classe RemoteServiceServlet au sein de Spring MVC, ou en se fondant sur le module serveur de la bibliothèque GWT Widget, disponible sur le site du projet, à l'adresse *http://gwt-widget.sourceforge.net*.

Dans le premier cas, un contrôleur générique peut être développé afin de déléguer les traitements au service distant GWT.

Dans le second cas, le module serveur de l'outil GWT Widget, disponible à l'adresse *http://gwt-widget.sourceforge.net*, permet d'exposer un Bean configuré dans Spring en tant que service GWT par l'intermédiaire de la classe GWTRPCServiceExporter localisée dans le package org.gwtwidgets.server.spring.

Cette approche nécessite un point d'entrée afin de définir le mappage entre les adresses et les services exportés. Pour cela, Spring MVC doit être mis en œuvre par l'intermédiaire de la servlet DispatcherServlet.

L'exportation des services se réalise dans le fichier XML de configuration associé à la servlet de Spring MVC. Le code suivant illustre la configuration d'un service TuduGwtRemoteService adapté pour GWT, mais indépendant des API du framework :

```xml
<bean id="tuduListsRemoteService" class="org.gwtwidgets.server
                            .spring.GWTRPCServiceExporter">
    <property name="service" ref="tuduListsRemoteService" />
    <property name="serviceInterfaces"
            value="tudu.web.service.TestService"/>
</bean>
```

Il est à noter que toutes les classes des objets échangés lors de l'appel AJAX doivent se trouver sous le package client du module GWT courant.

La configuration de l'aiguillage se réalise par l'intermédiaire de l'implémentation SimpleUrl-HandlerMapping de l'interface HandlerMapping de Spring MVC, comme l'illustre le code suivant :

```xml
<bean id="urlMapping" class="org.springframework.web.servlet
                    .handler.SimpleUrlHandlerMapping">
```

```
        <property name="mappings">
            <map>
                <entry key="/secure/tudu_lists_remote_service"
                    value-ref="tuduListsRemoteService" />
            </map>
        </property>
    </bean>
```

Mise en œuvre d'AJAX avec DWR dans Tudu Lists

Nous utilisons la technologie AJAX dans les deux pages principales de l'étude de cas Tudu Lists, la page de gestion des listes de todos et la page de gestion des todos.

Tudu Lists utilise DWR, intégré à Spring de la manière détaillée précédemment, afin d'éditer, ajouter, supprimer ou afficher des entités gérées dans la couche de service de l'application et persistées avec JPA.

Fichiers de configuration

Les fichiers de configuration sont ceux détaillés précédemment :

- **web.xml** dans le répertoire **WEB-INF**, qui sert à configurer la servlet **DWR**.
- **applicationContext-dwr.xml** dans le répertoire **WEB-INF**, qui gère les Beans Spring présentés avec DWR.
- **dwr-servlet.xml** dans le répertoire **WEB-INF**, qui est le fichier de configuration de DWR.

Chargement à chaud d'un fragment de JSP

Nous allons commencer par l'exemple le plus simple, le chargement à chaud d'un fragment HTML généré côté serveur par une JSP. L'utilisation d'AJAX ne nécessite pas obligatoirement l'utilisation et la transformation de données en XML. Il est possible de générer une chaîne de caractères côté serveur et de l'afficher directement dans la page HTML en cours.

Dans le monde Java EE, le moyen naturel pour générer du HTML étant un fichier JSP, voici de quelle manière transférer une JSP en AJAX. Cette technique s'applique aux deux fichiers **WEB-INF/jspf/todo_lists_table.jsp** et **WEB-INF/jspf/todos_table.jsp**. Nous allons étudier plus précisément ce deuxième fichier, qui est essentiel à la génération de la principale page de l'application.

Voyons pour cela le JavaScript contenu dans la page **WEB-INF/jsp/todos.jsp** qui va utiliser ce fragment de JSP :

```
function renderTable() {
    var listId = document.forms.todoForm.listId.value;
    todos.renderTodos(replyRenderTable, listId);
}

var replyRenderTable = function(data) {
```

```
    DWRUtil.setValue('todosTable',
      DWRUtil.toDescriptiveString(data, 1)
    );
}
```

La fonction `renderTable()` utilise l'objet `todos`, qui est un Bean Spring présenté par DWR, pour générer du HTML. La variable `replyRenderTable` est une fonction callback prenant automatiquement en paramètre l'argument de retour de la fonction `renderTodos`. Elle utilise des méthodes utilitaires fournies par DWR pour afficher cet argument de retour dans l'entité HTML possédant l'identifiant `todosTable`.

Ces fonctions utilitaires, fournies par le fichier **util.js**, ont été importées *via* le header de la JSP **WEB-INF/jspf/header.jsp**. Elles servent à faciliter l'affichage, mais il n'est pas nécessaire pour autant de les utiliser.

Les deux fonctions utilisées ici sont les suivantes :

- `DWRUtil.setValue(id, value)`, qui recherche un élément HTML possédant l'identifiant donné en premier argument et lui donne la valeur du second argument.

- `DWRUtil.toDescriptiveString(objet, debug)`, une amélioration de la fonction `toString` qui prend en paramètre un niveau de debug pour plus de précision.

La partie la plus importante du code précédent concerne la fonction `todos.renderTodos()`, qui prend en paramètre la fonction callback que nous venons d'étudier ainsi qu'un identifiant de liste de todos.

Comme nous pouvons le voir dans le fichier **WEB-INF/dwr-servlet.xml**, cette fonction est en fait le Bean Spring `todosDwr` :

```
(...)
<dwr:configuration>
    <dwr:create javascript="todos " type="spring">
      <dwr:param name="beanName" value="todosDwr"/>
    </dwr:create>
    (...)
</dwr:configuration>
```

Ce Bean est lui-même configuré dans **WEB-INF/applicationContext-dwr.xml** :

```
<bean id="todosDwr" class="tudu.web.dwr.impl.TodosDwrImpl">
```

La fonction appelée est au final la fonction `renderTodos(String listId)` de la classe `TodosDwrImpl`.

Cette méthode utilise la méthode suivante pour retourner le contenu d'une JSP :

```
return WebContextFactory.get().forwardToString("/WEB-INF/jspf/todos_table.jsp");
```

Cette méthode permet donc de recevoir le résultat de l'exécution d'une JSP sous la forme d'une chaîne de caractères que nous pouvons ensuite insérer dans un élément HTML de la page grâce à la fonction `DWRUtil.setValue()`, que nous avons vue précédemment.

Cette technique évite d'utiliser du XML, qu'il faudrait parcourir et transformer côté client. Elle permet d'utiliser un résultat qui a été obtenu côté serveur. En ce sens, même si ce n'est pas une technique AJAX « pure », elle présente l'avantage d'être simple et pratique.

Modification d'un tableau HTML avec DWR

Dans l'étape suivante de notre étude de cas, nous utilisons plus complètement l'API de DWR en modifiant les lignes d'un tableau HTML. Cette technique permet de créer des tableaux éditables à chaud par l'utilisateur. Ce dernier peut en changer les lignes et les cellules sans avoir à subir le rechargement de la page Web en cours.

La page utilisée pour gérer les todos, **WEB-INF/jsp/todos.jsp**, possède un menu sur la gauche contenant un tableau des listes de todos possédées par l'utilisateur. Ce tableau est géré en AJAX grâce au JavaScript suivant :

```
function renderMenu() {
  todos.getCurrentTodoLists(replyCurrentTodoLists);
}

var replyCurrentTodoLists = function(data) {
  DWRUtil.removeAllRows("todoListsMenuBody");
  DWRUtil.addRows("todoListsMenuBody", data,
    [ selectTodoListLink ]);
}

function selectTodoListLink(data) {
  return "<a href=\"javascript:renderTableListId('"
    + data.listId + "')\">" + data.description + "</a>";
}
```

Nous utilisons les deux éléments importants suivants :

- renderMenu, qui est la fonction appelée à d'autres endroits de l'application pour générer le tableau : au chargement de la page, lors de la mise à jour des todos, ainsi que par une fonction lui demandant un rafraîchissement toutes les deux minutes. Les listes de todos pouvant être partagées avec d'autres utilisateurs, les données doivent être régulièrement rafraîchies. Cette fonction appelle un Bean Spring présenté avec DWR, dont nous connaissons maintenant bien le fonctionnement, et utilise une variable callback.

- replyCurrentTodoLists, qui est une fonction callback prenant comme paramètre le résultat de la méthode todos.getCurrentTodoLists(). Cette méthode, qui appartient à la classe tudu.web.dwr.impl.TodosDwrImpl, retourne un tableau de JavaBeans de type tudu.web.dwr.bean.RemoteTodoList. Afin de retourner un tableau de listes de todos, nous n'utilisons pas directement le JavaBean tudu.domain.model.TodoList. Présenter en Java-Script un objet de la couche de domaine pourrait en effet présenter un risque en matière de sécurité. Pour cette raison, seuls des Beans spécifiques à la présentation sont autorisés dans DWR *via* les balises create du fichier **WEB-INF/dwr-servlet.xml**.

Cette dernière fonction fait appel aux classes utilitaires de DWR suivantes, qui permettent de gérer les éléments de tableau :

- `DWRUtil.removeAllRows(id)`, qui enlève toutes les lignes du tableau HTML possédant l'identifiant passé en argument.

- `DWRUtil.addRows(id, data, cellFuncs)`, qui ajoute des lignes au tableau HTML possédant l'identifiant passé en premier argument. Les données utilisées pour construire ce tableau sont passées dans le deuxième paramètre de la fonction et sont un tableau d'objets. Le troisième paramètre est un tableau de fonctions. Chacune de ces fonctions prend en paramètre un élément du tableau, ce qui permet de créer les cellules.

Dans notre exemple, le tableau n'ayant qu'une colonne, une seule fonction, `selectTodo-ListLink(data)`, prend en paramètre un JavaBean, `tudu.web.dwr.bean.RemoteTodoList`, converti au préalable en JavaScript.

Nous pouvons ainsi utiliser le JavaScript pour obtenir l'identifiant et la description de la liste à afficher dans la cellule du tableau.

Utilisation du patron open-entity-manager-in-view avec JPA

Le patron open-entity-manager-in-view permet d'utiliser l'initialisation tardive, ou lazy-loading, pour de meilleures performances en dehors des services métier. Cette méthode, utile dans le cadre des JSP, reste entièrement valable pour des composants AJAX.

C'est de cette manière que le Bean Spring `tudu.web.dwr.impl.TodoListsDwrImpl` peut rechercher la liste des utilisateurs dans sa méthode `getTodoListsUsers()`. En effet, la liste des utilisateurs est une collection en initialisation tardive, c'est-à-dire qu'elle n'est réellement recherchée en base de données qu'au moment où elle appelée.

Afin de permettre l'utilisation de l'initialisation tardive, il nous faut configurer le filtre de servlets de JPA afin qu'il traite les requêtes envoyées à DWR de la même manière qu'il traite les requêtes envoyées à Spring MVC. Cela se traduit par un mappage dans le fichier **/WEB-INF/web.xml** :

```
<filter>
    <filter-name>JPA EntityManager In View Filter</filter-name>
    <filter-class>
        org.springframework.orm.jpa
                    .support.OpenEntityManagerInViewFilter
    </filter-class>
</filter>

<!-- Configuration pour Spring MVC -->
<filter-mapping>
    <filter-name> JPA EntityManager In View Filter</filter-name>
    <url-pattern>*.action</url-pattern>
</filter-mapping>
```

```
<!-- Configuration pour DWR -->
<filter-mapping>
  <filter-name> JPA EntityManager In View Filter</filter-name>
  <url-pattern>/secure/dwr/*</url-pattern>
</filter-mapping>
```

Mise en œuvre d'AJAX avec GWT dans Tudu Lists

La mise en œuvre de GWT dans l'application Todo Lists nécessite l'écriture complète des traitements de l'interface graphique en Java. Pour ce faire, différents composants graphiques sont utilisés afin de définir le positionnement des éléments de cette interface et de créer les zones de données. Ces dernières correspondent aussi bien à des libellés et des zones de texte que des listes déroulantes et des tableaux.

L'application intègre également des services distants compatibles avec GWT permettant d'interagir avec la base de données. Ces services permettent d'exposer les services existants de l'application Todo Lists.

Nous détaillons dans les sections suivantes la manière d'utiliser GWT afin de mettre en œuvre une couche de présentation Web riche.

Fichiers de configuration

L'application met en œuvre des fichiers de configuration aussi bien au niveau de GWT que de l'application serveur permettant de répondre aux appels AJAX.

Le fichier de configuration GWT pour l'application Todo Lists se trouve dans le package `tudu.web.gwt` et se nomme **TuduGwt.gwt.xml**. Comme l'illustre le code suivant, il permet de référencer le module de base de GWT (❶) et de configurer le point d'entrée de l'application ❷) :

```
<module>
    <!-- Référence les modules de GWT -->
    <inherits name='com.google.gwt.user.User'/>←❶

    <!—Specifie le point d'entrée de l'application -->
    <entry-point class='tudu.web.gwt.client.TuduGwt'/>←❷
</module>
```

Il est intéressant de noter qu'au même niveau que ce fichier, dans le package `tudu.web.gwt`, se trouvent les packages `client`, `public` et `server` contenant respectivement les classes de l'interface graphique, les ressources Web et les classes de l'application serveur.

La configuration de la partie serveur de l'application se réalise dans le fichier **web.xml** du répertoire **WEB-INF**. Comme nous mettons en œuvre la servlet `DispatcherServlet` de Spring MVC, un fichier supplémentaire correspondant au contexte associé doit être défini. Ce fichier se nomme **tudu-gwt-servlet.xml** et se trouve également dans le répertoire **WEB-INF**.

Comme l'indique le code suivant, le fichier **web.xml** contient uniquement la configuration du contexte applicatif de l'application Web (❶) ainsi que celle de cette servlet (❷), cette dernière étant mappée sur /gwt/* :

```
<web-app (...)>
    <context-param>←❶
        <param-name>contextConfigLocation</param-name>
        <param-value>
          classpath:/tudu/domain/applicationContext-jpa.xml,
          classpath:/tudu/service/applicationContext.xml,
          classpath:/tudu/security/applicationContext-security.xml
        </param-value>
    </context-param>

    <listener>←❶
        <listener-class>
            org.springframework.web.context.ContextLoaderListener
        </listener-class>
    </listener>

    <servlet>←❷
        <servlet-name>tudu-gwt</servlet-name>
        <servlet-class>
            org.springframework.web.servlet.DispatcherServlet
        </servlet-class>
    </servlet>

    <servlet-mapping>←❷
        <servlet-name>tudu</servlet-name>
        <url-pattern>/gwt/*</url-pattern>
    </servlet-mapping>
</web-app>
```

Comme le montre le code suivant, le fichier **tudu-gwt-sevlet.xml** permet de configurer l'exposition du service distant (❷) utilisé par GWT pour ses requêtes AJAX ainsi que son adresse d'accès (❶) :

```
<bean id="urlMapping" class="org.springframework.web.servlet
                             .handler.SimpleUrlHandlerMapping">
    <property name="mappings">
        <map>
            <entry key="/testService"←❶
                    value-ref="tuduGwtRemoteServiceExporter"/>
        </map>
    </property>
</bean>

<bean id="tuduGwtRemoteService"
      class="tudu.web.gwt.server.TuduGwtRemoteServiceImpl">
    <property name="todosManager" ref="todosManager"/>
```

```
        <property name="todoListsManager" ref="todoListsManager"/>
        <property name="userManager" ref="userManager"/>
</bean>

<bean id="tuduGwtRemoteServiceExporter"←❷
    class="org.gwtwidgets.server.spring.GWTRPCServiceExporter">
    <property name="service" ref="tuduGwtRemoteService" />
    <property name="serviceInterfaces"
            value="tudu.web.service.TestService"/>
</bean>
```

Avec GWT, l'utilisation du patron de conception open-entity-manager-in-view se réalise de la même manière qu'avec l'outil DWR. Pour plus de précision, reportez-vous à la section « Utilisation du patron open-entity-manager-in-view avec JPA » de ce chapitre.

Détaillons maintenant les mécanismes mis en œuvre au niveau de l'interface graphique Web.

Construction de l'interface graphique avec GWT

La construction se réalise dans la classe TuduGwt définie dans le fichier **TuduGwt.gwt.xml** en tant que point d'entrée de l'application. Cette classe implémente l'interface EntryPoint de GWT et met en œuvre la méthode onModuleLoad, méthode étant appelée au chargement de l'application.

Le panel principal de l'application est de type DockPanel. Il permet de spécifier les listes à gauche de l'interface et les todos correspondant à la liste sélectionnée au centre. Des panels de type VerticalPanel sont ensuite utilisés afin d'afficher ces informations.

Le panel principal est ajouté à la page Web de l'application en se fondant sur la classe RootPanel et sa méthode statique get.

Le code suivant illustre la mise en œuvre de la structure générale de l'application GWT dans la méthode onModuleLoad :

```
DockPanel mainPanel = new DockPanel()
RootPanel.get("main").add(mainPanel);

//Panel montrant les listes disponibles
Panel listsPanel = new VerticalPanel();
mainPanel.add(listsPanel, DockPanel.WEST);

//Panel montrant les todos courants
Panel todosPanel = new VerticalPanel();
mainPanel.add(todosPanel, DockPanel.CENTER);
currentTodoListLabel.setStyleName("todo-list-label");
todosPanel.add(currentTodoListLabel);

Panel newTodoPanel = new HorizontalPanel();
Label newTodoLabel = new Label("Create a nouveau todo : ");

final TextBox newTodoDescription = new TextBox();
```

```
(...)

newTodoPanel.add(newTodoLabel);
newTodoPanel.add(newTodoDescription);
todosPanel.add(newTodoPanel);
todosPanel.add(table);

newTodoDescription.setFocus(true);
```

Une fois la structure de l'application créée, les listes de todos sont chargées par l'intermédiaire de la méthode `getAllTodoLists`. Comme l'indique le code suivant, cette dernière méthode réalise à cet effet une requête AJAX (❷), et le premier élément est affiché (❶) :

```
private void getAllTodoLists() {
    AsyncCallback callback = new AsyncCallback<List>() {
        public void onSuccess(List allTodoLists) {
            currentTodoList = (SerializableTodoList)←❶
                            allTodoLists.get(0);
            getTodoList(currentTodoList.getListId());←❶
        }

        public void onFailure(Throwable caught) {
            Window.alert(
                "ERROR : The server could not be reached : "
                                    + caught.getMessage());

        }
    };

    tuduGwtRemoteService.getAllTodoLists(callback);←❷
}
```

Le descriptif de la liste ainsi que les todos correspondant sont alors chargés avec l'appel de la méthode `getTodoList` (❸), cette dernière se fondant sur la méthode `printTodoList` (❶). Le tableau affichant les todos correspondant est mis à jour en se fondant sur la méthode `setWidget` (❷) de la classe `FlexTable` de GWT. Enfin, une requête AJAX (❹) est mise en œuvre afin de récupérer les données :

```
private void printTodoList() {←❶
    table.clear();
    for (int todoIndex = 0; todoIndex <
                currentTodoList.getTodos().size(); todoIndex++) {
        table.setWidget(todoIndex, 0,←❷
                        writeDescription(todoIndex));
        table.setWidget(todoIndex, 1,←❷
                        createCheckBoxWidget(todoIndex));
        table.setWidget(todoIndex, 2,←❷
                        createDeleteWidget(todoIndex));
    }
}
```

```
private void getTodoList(String listId) {←❸
    AsyncCallback callback = new AsyncCallback() {
        public void onSuccess(Object result) {
            currentTodoList = (SerializableTodoList) result;
            currentTodoListLabel.setText(
                            currentTodoList.getName());
            printTodoList();
        }

        public void onFailure(Throwable caught) {
            Window.alert(
                "ERROR : The server could not be reached : "
                                        + caught.getMessage());

        }
    };

    tuduGwtRemoteService.getTodoList(listId, callback);←❹
}
```

Nous allons maintenant décrire la mise en œuvre des interactions avec l'utilisateur afin de modifier les données présentées dans le tableau.

Modification d'un tableau avec GWT

La modification des données du tableau affichant les todos se réalise simplement. Pour l'ajout et la suppression de todos, des boutons sont mis à disposition afin de déclencher les traitements correspondants.

La méthode createDeleteWidget crée le bouton pour une ligne du tableau et y associe un observateur permettant de supprimer l'élément lorsque le bouton est cliqué. Dans le code suivant, l'interception de l'événement se réalise par l'intermédiaire de la classe ClickListener (❶) de GWT :

```
private Widget createDeleteWidget(final int todoIndex) {
    Image deleteImage = new Image("bin_closed.png");
    deleteImage.addClickListener(new ClickListener() {←❶
        public void onClick(Widget sender) {
            SerializableTodo todo = (SerializableTodo)
                    currentTodoList.getTodos().get(todoIndex);
            if (Window.confirm("Are you sure you want to delete \""
                                + todo.getDescription() + "\"")) {
                currentTodoList.getTodos().remove(todoIndex);
                deleteTodoOnServer(todo);
            }
        }
    });
    deleteImage.setStyleName("selection-image");
    return deleteImage;
}
```

Lorsque l'événement se produit, le todo est supprimé côté serveur en se fondant sur un appel AJAX exécuté à partir de la méthode `deleteTodoOnServer`. Le contenu du tableau est ensuite rafraîchi grâce à la méthode `printTodoList` (❶) :

```
private void deleteTodoOnServer(SerializableTodo sTodo) {
    AsyncCallback callback = new AsyncCallback() {
        public void onSuccess(Object result) {
            printTodoList();←❶
        }

        public void onFailure(Throwable caught) {
            Window.alert(
              "ERROR : the todo could not be deleted "
            + "on the server. Maybe the server is down.");
        }
    };

    tuduGwtRemoteService.deleteTodo(sTodo, callback);
}
```

Pour modifier les lignes du tableau, un simple clic sur le libellé d'un todo rend le champ éditable (❶). Afin que les modifications soient prises en compte, l'application se fonde sur l'utilisation de la touche ENTER (❷) et la perte du focus (❸) pour cette zone d'édition :

```
private Widget writeDescription(final int todoIndex) {
    final SerializableTodo todo = (SerializableTodo)
                  currentTodoList.getTodos().get(todoIndex);
    Label todoLabel = new Label(todo.getDescription());
    todoLabel.addClickListener(new ClickListener() {←❶
        public void onClick(Widget sender) {
            final TextBox editableTodoDescription = new TextBox();
            editableTodoDescription.setText(todo.getDescription());
            editableTodoDescription
              .addKeyboardListener(
                        new KeyboardListenerAdapter() {←❷
                public void onKeyPress(Widget sender,
                                char keyCode, int modifiers) {
                    if (keyCode == KeyboardListener.KEY_ENTER) {
                        todo.setDescription(
                          editableTodoDescription.getText());
                        updateTodoOnServer(todo);
                    }
                }
            });
            editableTodoDescription
              .addFocusListener(new FocusListenerAdapter() {←❸
                public void onLostFocus(Widget sender) {
                    todo.setDescription(
                        editableTodoDescription.getText());
                    updateTodoOnServer(todo);
```

```
            }
        });
        table.setWidget(todoIndex, 0, editableTodoDescription);
    }
});
return todoLabel;
}
```

La méthode `updateTodoOnServer` a la responsabilité de réaliser l'appel AJAX afin de modifier le todo en base de données. Une fois cette tâche réalisée, les données relatives aux todos du tableau sont rafraîchies en se fondant sur la méthode `printTodoList` (❶) :

```
private void updateTodoOnServer(SerializableTodo sTodo) {
    AsyncCallback callback = new AsyncCallback() {
        public void onSuccess(Object result) {
            printTodoList();←❶
        }

        public void onFailure(Throwable caught) {
            Window.alert("ERROR : the todo could not be updated "
                    + "on the server. Maybe the server is down.");
        }
    };

    tuduGwtRemoteService.updateTodo(sTodo, callback);
}
```

Conclusion

Après une introduction à AJAX et au Web 2.0, nous nous sommes arrêtés sur deux grands frameworks AJAX, DWR et GWT. Nous avons vu l'apport de ces frameworks pour la mise en œuvre de la technologie AJAX au sein d'applications Web fondées sur Spring.

DWR permet d'utiliser côté client des Beans Spring provenant d'une application Java EE en back-end, le framework ayant la responsabilité du transport des requêtes, de la conversion d'objets JavaScript en Java et inversement, ainsi que de l'utilisation de Beans gérés par Spring. La combinaison de ces différentes technologies permet de développer des sites Web attractifs, radicalement différents de ceux d'avant 2005. C'est là un changement important en termes de fonctionnalités et d'utilisabilité, qu'il est important de maîtriser.

GWT va plus loin et adresse la problématique des applications Web riches. Le framework permet d'écrire complètement les applications de ce type en Java, un compilateur dédié permettant la conversion de la partie client en JavaScript. Cette approche intègre la gestion multi-navigateur et permet une optimisation transparente des traitements.

Nous avons vu qu'avec ces outils il n'est plus très difficile de créer des pages Web utilisant AJAX et des applications Web riches. Les difficultés rencontrées se trouvent plutôt du côté de l'utilisation d'AJAX pour DWR en JavaScript et de la connaissance des composants graphiques disponibles pour GWT. En tout cas, ces deux outils adressent deux aspects distincts :

ajouter de fonctionnalités AJAX dans des applications classiques pour DWR et mettre en œuvre des applications Web riches pour GWT.

Dans ce contexte, l'utilisation de ces outils offre un gain de productivité important et favorise la maintenabilité et l'évolutivité des applications développées. Ils offrent également un intéressant support des principaux navigateurs Web. Ces mécanismes étant simples d'emploi et bien outillés, nous ne saurions trop conseiller aux concepteurs de sites Web de l'ajouter à leur arsenal technique.

Partie III

Gestion des données

Les applications d'entreprise sont amenées à communiquer avec des systèmes de natures diverses, et ce sous des contraintes techniques souvent pénibles à gérer. Le cas le plus fréquent est la communication avec une base de données relationnelle pour la récupération et la mise à jour de données, sur laquelle vient se greffer la notion de transaction afin de gérer l'intégrité des données et l'aspect concurrentiel.

Spring propose un support des plus intéressants pour ces deux problématiques, avec l'intégration des solutions les plus courantes d'accès aux bases de données relationnelles (JDBC, JPA, Hibernate, etc.), ainsi qu'un mécanisme de gestion des transactions générique, portable et déclaratif. Les chapitres 10 et 11 traitent respectivement de ces deux aspects.

Le chapitre 12 traite du support Spring pour deux standards du monde Java EE : JCA et JMS. Si les bases de données de données relationnelles se retrouvent pratiquement systématiquement dans les applications d'entreprise, il n'est pas rare qu'elles doivent s'interfacer avec des systèmes complètement différents et hétérogènes. Dans le monde Java, la spécification JCA (Java Connector Architecture) normalise les échanges avec ces systèmes.

Spring propose un support JCA afin de simplifier l'utilisation parfois complexe de cette API. La norme JMS permet quant à elle d'écrire des applications orientées « message », afin de découpler les composants d'une application ou d'effectuer des traitements asynchrones. Le support Spring se révèle particulièrement intéressant grâce à la simplification qu'il apporte mais surtout grâce à la possibilité de mettre en œuvre des observateurs JMS à partir de simples objets Java.

Cette partie nous plonge au cœur du support Spring pour Java EE. Les technologies couvertes étant complexes, chaque chapitre propose une introduction et traite du vocabulaire ainsi que des bonnes pratiques pour chacune d'entre elles.

10

Persistance des données

La persistance des données est généralement une problématique majeure pour les applications Java EE, car les données manipulées par une application sont souvent d'une importance stratégique.

La principale technologie de persistance utilisée est celle des bases de données relationnelles. Les rares solutions concurrentes, comme les bases de données orientées objet, sont peu utilisées, et nous ne nous attarderons pas sur elles.

Les bases de données relationnelles permettent de traiter et de stocker de larges volumes de données, et ce d'une manière totalement indépendante du langage de programmation utilisé pour accéder à ces données (Java, PHP, C#, etc.). Cette ouverture est une des raisons principales du succès de cette technologie.

Cela a toutefois un prix pour le programmeur Java, puisque ce dernier est contraint de faire cohabiter deux mondes conceptuellement différents, le monde objet et le monde relationnel. En conséquence, les applications Java s'appuyant sur des bases de données relationnelles sont très souvent lourdes à coder, difficiles à faire évoluer et peu performantes. Cela provient essentiellement d'une utilisation abusive de JDBC (Java DataBase Connectivity), la technologie Java standard de bas niveau pour accéder aux bases de données.

Ce chapitre commence par une introduction aux bonnes pratiques classiques en termes de persistance des données et introduit les concepts fondamentaux généralement admis dans ce domaine.

Dans un deuxième temps, nous étudions le principe du support de Spring pour l'accès aux données, car si Spring propose un support pour différentes technologies, les mêmes principes sont appliqués pour chacune d'entre elles.

Les principes du support Spring seront ensuite appliqués au cas de JDBC, puis à un ensemble d'outils de mapping objet/relationnel, ou ORM (*Object Relational Mapping*). Ces outils proposent une couche d'abstraction supérieure à JDBC, sur laquelle ils reposent, et permettent de combler le fossé entre bases de données relationnelles et objets Java.

Stratégies et design patterns classiques

La persistance des données est un sujet aujourd'hui relativement bien théorisé. La plupart des entreprises utilisent des pratiques et un vocabulaire communs, rassemblés sous le nom de design patterns, ou modèles de conception.

Nous allons commencer par présenter cette base commune, qui est un prérequis à la compréhension d'API de plus haut niveau, telles que l'intégration de Spring avec des outils d'ORM, que nous étudions en fin de chapitre.

Le design pattern script de transaction

Le design pattern script de transaction *(transaction script)* correspond au développement d'un code d'accès à la base de données par cas d'utilisation. Dans le domaine de la persistance, il s'agit du modèle de conception le plus simple. On le retrouve souvent dans les applications non découpées en couches, à l'intérieur des servlets ou des contrôleurs web (par exemple, les actions dans Struts).

Si l'on prend le cas de Spring MVC (ou tout autre framework web MVC), chaque contrôleur correspond à un cas d'utilisation. Il y a donc une relation 1-1 entre le contrôleur et le script de transaction. C'est pour cette raison que les applications qui utilisent ce modèle de conception ne sont généralement pas conçues en couches. Le code d'accès à la base de données est directement inclus dans le contrôleur. L'accès aux données est fait en JDBC ou *via* une fine couche d'encapsulation purement technique (par exemple, la gestion de l'ouverture et de la fermeture des connexions).

Les points forts du pattern script de transaction sont les suivants :

• Grande simplicité d'utilisation.

• Les accès à la base de données peuvent être optimisés au maximum.

• Plusieurs développeurs peuvent travailler en parallèle sur des cas d'utilisation différents, avec une gestion de projet très simplifiée.

Ses points faibles sont les suivants :

• Aucune réutilisation du code : ce motif de conception s'essouffle rapidement dès lors que l'application grandit un peu (plus de 10-15 tables en base de données).

• La maintenance devient vite un cauchemar, chaque cas d'utilisation ayant été développé de manière procédurale. Changer une table de la base de données revient cher.

En conclusion, ce motif de conception est utile dans certains cas spécifiques, où les accès en base de données doivent être optimisés au maximum. Cependant, fonder une application complète sur cette conception serait une erreur, car les coûts d'évolution et de maintenance de l'application deviendraient rapidement élevés.

Le design pattern DAO

Les DAO (Data Access Object), ou objets d'accès aux données, ont la tâche de créer (Create), récupérer (Retrieve), mettre à jour (Update) et effacer (Delete) des objets Java, d'où l'expression associée pattern CRUD (Create, Retrieve, Update, Delete).

Ce sont des classes utilitaires qui gèrent la persistance des objets métier. Nous séparons ainsi les données, stockées dans des JavaBeans, et le traitement de ces données. Les DAO ont généralement le squelette suivant :

```
package tudu.domain.dao;

import java.util.Collection;

import tudu.domain.model.Todo;

/** DAO pour le JavaBean Todo */
public interface TodoDAO {

    /** Trouve tous les Todos appartenant à une liste. */
    public Collection<Todo> getTodosByListId(String listId);

    /** trouve un Todo par son identifiant */
    public Todo getTodo(String todoId);

    /** Crée un Todo. */
    public void createTodo(Todo todo);

    /** Met à jour un Todo. */
    public void updateTodo(Todo todo);

    /** Efface un Todo */
    public void removeTodo(String todoId);
}
```

Un DAO est un objet *threadsafe,* c'est-à-dire qu'il est accessible en simultané par plusieurs threads. À l'inverse d'un JavaBean, qui contient des données spécifiques de l'action en cours, un DAO ne fait que du traitement. Il peut, par conséquent, être commun à plusieurs actions parallèles. Pour cette raison, les DAO peuvent être implémentés comme des singletons, avec une seule instance partagée par l'ensemble des objets de l'application.

Les DAO encapsulent la logique de gestion des données, masquant complètement la technologie sous-jacente. Ils peuvent donc être implémentés en JDBC ou avec un outil d'ORM. Nous verrons par la suite comment Spring facilite l'écriture de DAO dans un cas comme dans l'autre.

Les points forts des DAO sont les suivants :

• Réutilisation du code : un DAO peut être utilisé par plusieurs objets métier différents.

• Simplicité : leur compréhension et leur bonne utilisation ne nécessitent qu'un investissement léger.

• Bonne structuration du code : séparation de l'accès aux données du reste du code.

Leurs points faibles sont les suivants :

- Ils sont potentiellement moins performants que du code SQL réalisé sur mesure pour chaque besoin métier.

- Ils sont longs et fastidieux à coder en JDBC.

Le design pattern modèle de domaine et le mapping objet/relationnel

Le design pattern modèle de domaine (*domain model*) propose de modéliser le domaine fonctionnel avec des objets Java, d'où son nom. Il va plus loin que le simple pattern DAO, parce qu'il apporte la volonté de modéliser un métier en langage informatique. Il représente une approche objet, que nous recommandons vivement pour les applications Web de moyenne ou grande taille.

L'étude de cas Tudu Lists est conçue suivant ce principe. Le fonctionnel dicte qu'un utilisateur possède plusieurs listes de todos et que chacune de ces listes possède à son tour plusieurs todos. Les JavaBeans User, TodoList et Todo (dans le package tudu.domain.model) ont été conçus en conséquence. Ainsi, le JavaBean User possède-t-il en attribut une collection de TodoLists. Il s'agit donc bien d'une modélisation du domaine fonctionnel de l'application en Java.

Bien entendu, il est primordial de pouvoir enregistrer ces objets en base de données. Ils sont donc sauvegardés dans des tables les représentant. Le modèle de données de Tudu Lists est explicite pour cela. L'objet User est sauvegardé dans une table User, possédant en champs les attributs du JavaBean. De la même manière, les relations entre les JavaBeans, qui sont des collections en Java, deviennent des clés étrangères en base de données.

La persistance de cette couche de domaine peut certes être codée en JDBC pur, mais nous nous rendons vite compte des limitations de ce code artisanal dès que nous voulons utiliser des jointures complexes entre objets. C'est le cas, par exemple, des relations many-to-many, qui nécessitent l'utilisation d'une table de jointure intermédiaire. Dans Tudu Lists, nous utilisons la table USER_TODO_LIST pour effectuer la liaison entre les tables USER et TODO_LIST. En effet, un utilisateur possède plusieurs listes, et une liste est possédée par plusieurs utilisateurs. Coder manuellement ce type de relation entre tables est fastidieux et peu efficace.

Le mapping objet/relationnel, ou ORM (Object Relational Mapping), désigne l'ensemble des technologies permettant de faire correspondre un modèle objet et une base de données relationnelle. Comme nous l'avons vu précédemment, cette correspondance est loin d'être évidente. Par exemple, comment modéliser l'héritage ou le polymorphisme, deux notions objet qui n'existent pas du tout en base de données ?

Le concept de mapping objet/relationnel autorise donc la réalisation aisée d'une couche de domaine grâce à l'utilisation d'outils spécialisés. C'est pour cette raison qu'il connaît un succès grandissant depuis plusieurs années. JPA, Hibernate ou iBATIS sont des exemples de technologies de mapping objet/relationnel populaires, que nous étudions ultérieurement dans ce chapitre.

Les points forts du pattern modèle de domaine sont les suivants :

- Très bonne évolutivité du code et coûts de maintenance réduits.

- La réutilisation du code est possible en de nombreux points de l'application.

Ses points faibles sont les suivants :

- Nécessite de solides compétences en programmation orientée objet et en gestion des transactions.
- Pousse à l'utilisation d'un outillage évolué.
- Nécessite une bonne compréhension du fonctionnement du moteur de mapping sélectionné.
- Fonctionne difficilement sur un modèle relationnel existant trop éloigné des concepts objets (par exemple, avec un schéma de base de données dénormalisé).

En conclusion, l'utilisation d'un modèle de domaine devient nécessaire dès lors qu'une application dépasse la taille critique de 10 à 15 tables en base de données. Le passage à cette étape nécessite généralement de bonnes connaissances en technologie objet et un outillage adéquat. Ces investissements nécessaires sont rapidement rentabilisés.

En résumé

Les design patterns simples, tels que le script de transaction et les DAO, sont aujourd'hui largement répandus au sein des applications d'entreprise. Il s'agit de concepts simples à mettre en œuvre, mais qui doivent être impérativement maîtrisés avant de se lancer dans la conception d'une application.

L'apparition au cours des dernières années de technologies de mapping objet/relationnel efficaces et bon marché change la donne, puisqu'elles permettent de concevoir aisément des couches de domaine complètes.

Nous verrons dans la suite de ce chapitre comment ces technologies, couplées à Spring, réduisent considérablement le code d'une application, tout en améliorant ses performances, sa maintenabilité et sa montée en charge.

Accès aux données avec Spring

Spring propose un support pour de nombreuses technologies d'accès aux données. Malgré la diversité de ces technologies, ce support reste homogène dans son utilisation par le développeur.

Le support d'accès aux données de Spring s'intègre parfaitement avec le motif de conception DAO. Cela n'est pas une condition *sine qua none* mais la philosophie du support s'appréhende plus facilement avec la notion de DAO en tête. Le principe de méthodes de rappel (*callback*) est aussi fortement utilisé.

L'idée du support d'accès aux données est d'affranchir le développeur des tâches répétitives et propices à des erreurs : ouverture/fermeture des connexions, manipulation des API spécifiques. Le développeur n'a alors qu'à implémenter les méthodes de rappel, qui seront appelées par le support Spring. Il s'agit d'un autre exemple d'inversion de contrôle, dans lequel le code applicatif est appelé au sein d'un flot qu'il n'a pas à gérer. Ces méthodes de rappel implémentent évidemment des requêtes dans la technologie choisie (SQL pour du JDBC, HQL pour Hibernate, etc.).

Les classes du support implémentant le comportement décrit ci-dessus s'appellent des *templates*. Il existe des classes de templates pour les différentes technologies supportées par Spring.

Le diagramme de la figure 10-1 illustre le principe des méthodes de rappel.

Figure 10-1

*Méthodes de rappel
des templates Spring*

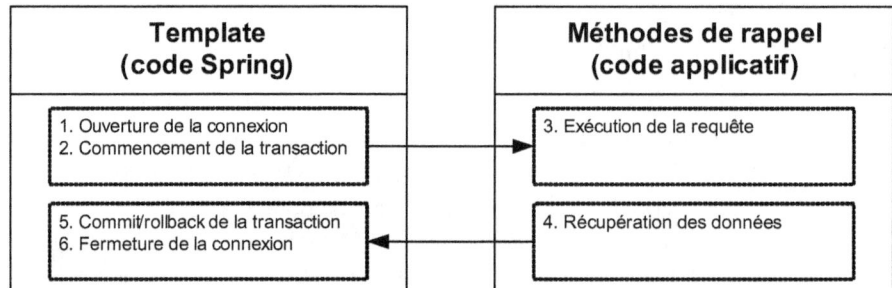

Dans ce schéma de principe, nous constatons que les templates incluent aussi des interactions avec la transaction en cours. Nous verrons au chapitre suivant, consacré aux transactions, que tout template Spring est capable de s'insérer dans le contexte transactionnel courant.

Voici un exemple de requête SQL effectuée avec le template JDBC de Spring :

```
JdbcTemplate template = new JdbcTemplate(dataSource);
int countProperties = template.queryForInt(
    "select count(*) from property"
);
```

Pour celles et ceux ayant utilisé l'API JDBC, le contraste est saisissant : pas de gestion de ressources (connexion, *statement*) ni d'exception à gérer et récupération du résultat immédiate (sans devoir manipuler plusieurs objets JDBC). Toutes ces problématiques sont gérées par Spring. Dans cet exemple, la méthode de rappel s'avère être l'exécution de la requête SQL, effectuant le comptage des propriétés de Tudu Lists. L'initialisation du JdbcTemplate se fait très simplement, avec un DataSource. Nous verrons l'utilisation du JdbcTemplate plus en détail par la suite.

Les templates Spring peuvent être déclarés dans un contexte Spring et injectés dans des DAO. Cela permet un modèle totalement POJO (les DAO n'implémentent aucune interface technique ou n'héritent d'aucune classe abstraite spécifique). Si ce modèle POJO n'est pas une priorité, Spring propose aussi un ensemble de classes de base de DAO. Il existe en fait une classe de DAO par template. Les classes de base des DAO contiennent un template qui peut être utilisé directement. La classe de DAO pour JDBC s'appelle, par exemple, JdbcDaoSupport et contient une propriété JdbcTemplate. Ce fonctionnement est identique pour les autres technologies supportées (HibernateDaoSupport et HibernateTemplate, JpaDaoSupport et JpaTemplate, etc.).

Gestion des exceptions

Toute exception provenant d'un DAO doit respecter le principe d'encapsulation propre à ce motif de conception. Il faut donc que les exceptions provenant des DAO soient indépendantes de la technologie sous-jacente. Pour aller dans ce sens, Spring propose deux choses :

• Une hiérarchie de classes d'exception d'accès aux données.

- L'encapsulation systématique par les templates de toute exception technique dans une des classes de cette hiérarchie.

La classe mère des exceptions d'accès aux données de Spring s'appelle `DataAccessException`. Il s'agit d'une exception non explicite, c'est-à-dire qu'elle ne doit pas être obligatoirement gérée *via* un bloc *try/catch*. Toute exception lancée par le code sous-jacent (code appelé par le template) est transformée en une exception fille de `DataAccessException`, et ce pour toutes les technologies utilisées (`SQLException` pour JDBC, `HibernateException` pour Hibernate).

Les représentantes de cette hiérarchie sont nombreuses. En voici une liste non exhaustive (elles sont toutes filles de `DataAccessException`) :

- `DataIntegrityViolationException` : utilisée lorsqu'une violation de contrainte est détectée par la base de donnée (par exemple, contrainte d'unicité non respectée).

- `DataRetrievalFailureException` : utilisée lorsque des données n'ont pu être récupérées (par exemple, tentative de récupération d'une ligne avec un identifiant qui n'existe pas). Cette exception est généralement lancée par des outils d'ORM.

- `ConcurrencyFailureException` : utilisée lorsqu'un problème de concurrence (verrou pessimiste ou optimiste) est rencontré. Cette exception est lancée, par exemple, quand un outil d'ORM détecte un problème d'accès concurrent.

Les templates Spring lancent systématiquement des `DataAccessExceptions` qui encapsulent des exceptions techniques, mais il est aussi conseillé d'en lancer directement à partir d'un DAO, l'élément essentiel étant d'utiliser la classe fille adaptée.

En respectant ce principe d'encapsulation des exceptions, les couches supérieures peuvent choisir de gérer les exceptions venant des DAO de façon complètement indépendante de la technologie de persistance sous-jacente.

Support JDBC de Spring

JdbcTemplate et ses variantes

La classe centrale du support JDBC de Spring se nomme `org.spring-framework.jdbc.core.JdbcTemplate`. Elle propose une API très directe pour effectuer toute opération en base de données, sans se soucier des problématiques telles que la gestion des ressources ou des exceptions. Généralement, un `JdbcTemplate` est injecté dans DAO, qui l'utilise ensuite pour effectuer toutes ses opérations en base de données.

Un `JdbcTemplate` ne nécessite qu'un `DataSource` pour être opérationnel. Une fois initialisé, le `JdbcTemplate` est totalement *threadsafe*, c'est-à-dire qu'il peut être utilisé par plusieurs threads en même temps. Il est donc possible de créer un seul `JdbcTemplate` pour toute une application et de l'injecter dans tous les DAO.

Un `JdbcTemplate` n'est généralement pas initialisé de façon programmatique, mais plutôt déclaré dans un contexte Spring :

```
<bean id="dataSource" class="..." />
```

```
<bean id="jdbcTemplate"
    class="org.springframework.jdbc.core.JdbcTemplate">
  <property name="dataSource" ref="dataSource" />
</bean>
```

Le `DataSource` peut être de n'importe quelle nature (issu d'un pool de connexions ou d'un appel JNDI). Une fois déclaré dans le contexte Spring, le `JdbcTemplate` peut être injecté dans un DAO.

L'API du `JdbcTemplate` est assez simple. Par exemple, pour effectuer une requête d'insertion, il suffit d'utiliser la méthode `update` :

```
jdbcTemplate.update(
    "insert into property (pkey,value) values (?,?)",
    new Object[]{"smtp.user","someuser"}
);
```

L'intérêt du `JdbcTemplate` se voit immédiatement par la concision qu'il apporte. Cependant, il représente l'approche de plus bas niveau du support JDBC de Spring. Nous n'allons pas entrer dans les détails de son utilisation, mais plutôt étudier ses variantes qui apportent chacune leurs bénéfices.

La première variante du `JdbcTemplate` est le `NamedParameterJdbcTemplate`. Il permet de s'affranchir des paramètres sous forme de « ? » du JDBC traditionnel au profit de paramètres clairement nommés. Le code est ainsi auto-documenté et plus lisible. De plus, quand le nombre de paramètres est variable, comme pour un formulaire de recherche comprenant beaucoup de champs, l'utilisation de paramètres nommés est beaucoup plus simple. Tout comme le `JdbcTemplate`, le `NamedParameterJdbcTemplate` est *threadsafe* une fois initialisé.

Un `NamedParameterJdbcTemplate` se déclare de la façon suivante :

```
<bean id="dataSource" class="..." />

<bean id="namedParameterJdbcTemplate" class="
org.springframework.jdbc.core.namedparam.NamedParameterJdbcTemplate
  ">
  <constructor-arg ref="dataSource" />
</bean>
```

À la différence du `JdbcTemplate`, le `NamedParameterJdbcTemplate` doit se voir injecter le `DataSource` dans le constructeur. Voici la même opération d'insertion que précédemment :

```
Map<String, Object> parametres = new HashMap<String, Object>();←❶
parametres.put("key","smtp.user");←❷
parametres.put("value", "someuser");
namedParameterJdbcTemplate.update(
    "insert into property (pkey,value) values (:key,:value)",←❸
    parametres
);
```

Les paramètres vont être contenus dans une `Map` (❶). Au repère ❷, nous définissons le paramètre `key` ; le paramètre `value` est à la ligne suivante. La requête n'utilise plus des points d'interrogation pour définir les paramètres, mais les noms de ces paramètres, précédés de « : » (❸). Cette syntaxe, bien que moins concise que la précédente, est plus lisible et gère mieux les cas complexes.

Qu'en est-il des requêtes de sélection de données ? Les deux JdbcTemplates précédemment décrits permettent de gérer facilement des requêtes retournant des résultats simples, comme pour un comptage :

```
int countProperties = template.queryForInt(
    "select count(*) from property"
);
```

Il est aussi possible de récupérer un ensemble d'enregistrements. On récupère alors une List de Map, chaque Map comportant une entrée pour chacun des champs. Voici un exemple de la récupération des propriétés de Tudu Lists :

```
List<Map<String,Object>> resultats = namedParameterJdbcTemplate.
  queryForList(
    "select pkey,value from property",
    new HashMap<String,Object>()
);←❶
for(Map<String,Object> row : resultats) {←❷
  Property property = new Property();
  property.setKey((String) row.get("pkey"));←❸
  property.setValue((String) row.get("value"));←❹
  (...)
}
```

Nous appelons la méthode queryForList avec, en paramètres, la requête et la Map de paramètres nommés (❶). La requête n'ayant pas de paramètres, nous passons directement une Map vide. Le résultats étant une liste de Map, nous itérons sur chacun des éléments (❷). Suivant le principe du modèle de domaine, nous créons un objet Property et lui assignons le résultat de la requête.

La récupération des données avec un JdbcTemplate (ou un NamedParameterJdbcTemplate) représente encore une grande avancée par rapport à du JDBC simple. Cependant, si nous suivons le principe du modèle de domaine, la séquence de transformation d'une Map en un objet de domaine risque d'être souvent dupliquée dans le code. C'est la raison pour laquelle il est possible d'utiliser avec une requête de sélection un RowMapper, dont le but est de transformer chaque ResultSet JDBC en un objet.

L'interface d'un RowMapper est la suivante :

```
public interface RowMapper {
    Object mapRow(ResultSet rs, int rowNum) throws SQLException;
}
```

Il est aisé de définir un RowMapper pour la classe Property de Tudu List :

```
import org.springframework.jdbc.core.RowMapper;
import tudu.domain.model.Property;
```

```
public class PropertyRowMapper implements RowMapper {

  public Object mapRow(ResultSet rs, int rowNum)
    throws SQLException {
    Property property = new Property();
    property.setKey(rs.getString("pkey"));
    property.setValue(rs.getString("value"));
    return property;
  }
}
```

Une instance de cette classe peut ensuite être passée à une requête à la méthode `query` :

```
List<Property> resultats = namedParameterJdbcTemplate.query (
  "select pkey,value from property",
  new HashMap(),
  new PropertyRowMapper()
);
Property property = resultats.get(0);
(...)
```

Une nouvelle instance de `PropertyRowMapper` est créée pour chaque requête, mais il est important de noter qu'une unique instance pourrait être réutilisée pour chaque appel (la classe ne contenant aucune propriété est donc *threadsafe*). L'approche utilisant un `RowMapper` permet une bien meilleure réutilisabilité du code transformant une structure de données orientée base de données en un objet de domaine. Bien que le `RowMapper` ne fonctionne que pour les opérations de lecture, son utilisation s'approche d'une solution d'ORM.

Un problème subsiste dans l'exemple précédent : il tire profit des génériques de Java 5, mais pas d'une façon totalement sûre. C'est pourquoi la classe `ParameterizedRowMapper` peut être typée. Elle permet alors de bénéficier des vérifications faites à la compilation, assurant qu'aucune `ClassCastException` ne sera lancée à l'exécution. Voici l'implémentation du `ParameterizedRowMapper` pour la classe `Property` :

```
import org.springframework.jdbc.core.simple.ParameterizedRowMapper
import tudu.domain.model.Property;

public class PropertyParameterizedRowMapper implements
        ParameterizedRowMapper<Property> {

  public Property mapRow(ResultSet rs, int rowNum)
    throws SQLException {
    Property property = new Property();
    property.setKey(rs.getString("pkey"));
    property.setValue(rs.getString("value"));
    return property;
  }

}
```

L'utilisation de ce nouveau `RowMapper` est identique à la précédente, mais elle ne semble pas vraiment corriger le problème de vérification des types. En effet, un environnement de développement comme Eclipse affiche des avertissements (*warning*) pour le code récupérant la liste de `Property`. Cela est dû au fait que le `NamedParameterJdbcTemplate` ne tire pas pleinement parti des génériques de Java 5.

Cela nous mène directement au `SimpleJdbcTemplate`, qui propose non seulement un support pour les nouveautés syntaxiques de Java 5, mais aussi une API plus pragmatique que ses confrères templates. Concernant la syntaxe, `SimpleJdbcTemplate` exploite les génériques et les méthodes à arguments variables. L'utilisation des génériques permet d'éviter le transtypage, mais aussi de vérifier son code dès la compilation. L'utilisation des méthodes à arguments variables permet de ne pas créer de tableaux pour le passage de paramètres. Il s'agit là certes principalement d'un confort de programmation, mais qui est grandement appréciable. Le `SimpleJdbcTemplate` est lui aussi *threadsafe* une fois initialisé.

La déclaration d'un `SimpleJdbcTemplate` se fait de la manière suivante :

```
<bean id="simpleJdbcTemplate"
  class="org.springframework.jdbc.core.simple.SimpleJdbcTemplate">
    <constructor-arg ref="dataSource" />
</bean>
```

Le `SimpleJdbcTemplate` doit aussi se voir passer le `DataSource` dans le constructeur. Pour une méthode de sélection de données, le fonctionnement du `SimpleJdbcTemplate` est très proche de celui de ses confrères :

```
List<Property> resultats = simpleJdbcTemplate.query(
    "select pkey,value from property",
    new PropertyParameterizedRowMapper()
);
Property property = resultats.get(0);
(...)
```

Il y a cependant deux différences importantes dans le code précédent par rapport au code du `NamedParameterJdbcTemplate`. La première est que le `SimpleJdbcTemplate` peut ne pas recevoir d'argument destiné à la requête. Cela évite de créer une `Map` vide. La deuxième différence est que ce code est complètement sûr au niveau du typage, grâce notamment à l'utilisation du `ParameterizedRowMapper` dédié à la classe `Property`.

Si nous voulons ajouter un paramètre à la requête pour filtrer :

```
List<Property> resultats = simpleJdbcTemplate.query(
    "select pkey,value from property where pkey = ?",
    new PropertyParameterizedRowMapper(),
    "smtp.host"
);
Property property = resultats.isEmpty() ? null : resultats.get(0);
```

Si nous voulons rajouter un autre paramètre de filtre :

```
List<Property> resultats = simpleJdbcTemplate.query(
    "select pkey,value from property where pkey = ? or pkey = ?",
```

```
    new PropertyParameterizedRowMapper(),
    "smtp.host","smtp.user"
);
Property property = resultats.isEmpty() ? null : resultats.get(0);
```

Les méthodes à arguments variables nous permettent donc d'ajouter autant de paramètres que nous voulons, sans devoir passer par la création un peu pénible d'un tableau.

Il est aussi possible de passer autant de paramètres que l'on veut pour effectuer une insertion :

```
simpleJdbcTemplate.update(
    "insert into property (pkey,value) values (?,?)",
    "smtp.user","someuser"
);
```

> **Le support JDBC dans Spring 3.0**
>
> Depuis Spring 3.0, la plupart de l'API du support JDBC tire pleinement partie des génériques. Ainsi, il est possible d'utiliser directement un RowMapper et de bénéficier du typage pour l'objet retourné. Le JdbcTemplate utilise aussi les génériques et les méthodes à arguments, mais son API reste toujours très complète et donc un peu complexe, justifiant toujours l'utilisation du SimpleJdbcTemplate, au final plus simple.

Le SimpleJdbcTemplate est donc la classe à privilégier pour la plupart des usages. Il supporte en effet, d'une part, les paramètres nommés et permet, d'autre part, des facilités syntaxiques. Le SimpleJdbcTemplate ne permet cependant pas d'effectuer des requêtes très spécifiques, nécessitant, par exemple, de préciser les types SQL à utiliser. Il est donc possible d'accéder à l'équivalent d'un NamedParameterJdbcTemplate *via* la méthode getNamedParameterJdbcOperations. Il est aussi possible d'accéder à l'équivalent d'un JdbcTemplate *via* la méthode getJdbcOperations. Cela est rendu possible par le fait que le SimpleJdbcTemplate utilise en interne un NamedParameterJdbcTemplate.

Classe de DAO pour JDBC

Comme décrit dans les principes du support d'accès aux données de Spring, il existe des classes de support pour les DAO fondés sur JDBC. Il existe en fait une classe de support pour chacun des types de templates (JdbcTemplate, NamedParameterJdbcTemplate et SimpleJdbcTemplate). Puisque nous préconisons d'utiliser le SimpleJdbcTemplate, il est normal que nous préconisions d'utiliser sa classe de support : SimpleJdbcDaoSupport. Pour bénéficier de ce support, un DAO doit hériter de cette classe :

```
package tudu.domain.dao.jdbc;

import org.springframework.jdbc.core.simple.SimpleJdbcDaoSupport;
import tudu.domain.dao.PropertyDAO;

public class PropertyDAOJdbc extends SimpleJdbcDaoSupport
  implements PropertyDAO {

    (...)

}
```

Il est ensuite possible d'accéder au `SimpleJdbcTemplate` *via* la méthode `getSimpleJdbc-Template`. Voici, par exemple, l'implémentation de la sauvegarde d'une propriété dans Tudu Lists :

```
public class PropertyDAOJdbc extends SimpleJdbcDaoSupport
  implements PropertyDAO {

  public void saveProperty(Property property) {
    getSimpleJdbcTemplate().update(
      "insert into property (pkey,value) values (?,?)",
      property.getKey(),property.getValue()
    );
  }
  (...)
}
```

Le DAO doit être déclaré comme tout objet Spring, d'une part, pour être initialisé correctement (avec le `DataSource`) et, d'autre part, pour pouvoir être injecté dans d'autres Beans l'utilisant. Voici cette déclaration :

```
<bean id="propertyDAOJdbc"
  class="tudu.domain.dao.jdbc.PropertyDAOJdbc">
    <property name="dataSource" ref="dataSource" />
</bean>
```

Configuration d'une DataSource

Dans Java EE, une `DataSource` représente une abstraction pour se connecter à une base de données. Spring nous aide non seulement dans la création et la configuration d'une `DataSource`, mais aussi en nous offrant des implémentations de `DataSource`.

Une `DataSource` est configurée comme n'importe quel autre objet Spring. Il existe de nombreuses implémentations de `DataSource`, la plupart proposant la notion de *pool* de connexions. Un pool de connexions est un ensemble de connexions à une base de données laissées à la disposition d'une ou plusieurs applications.

Derrière la méthode `getConnection` de `DataSource`, le pool de connexions peut cacher une mécanique assez complexe pour gérer au mieux ses connexions. Généralement, un pool de connexions crée un nombre initial de connexions au démarrage d'une application et fait augmenter ou diminuer ce nombre selon la charge de l'application. L'idée est d'optimiser au mieux ces connexions : réutiliser le plus possible les connexions d'une requête utilisateur à une autre et éviter que la base de données ne s'écroule en ouvrant trop de connexions.

Selon les applications (e-commerce, intranet, etc.), il peut être possible de gérer une centaine d'utilisateurs avec trois ou quatre connexions base de données. Le projet Commons DBCP de la communauté Apache (*http://commons.apache.org/dbcp/*) propose une implémentation de pool de connexions, notamment utilisée dans le conteneur Web Tomcat.

Il est possible de configurer un pool de connexions avec DBCP dans un contexte Spring :

```xml
<bean id="mysqlDataSource"
  class="org.apache.commons.dbcp.BasicDataSource"
  destroy-method="close">
  <property name="driverClassName" value="com.mysql.jdbc.Driver"/>
  <property name="url" value="jdbc:mysql://localhost:3306/tudu"/>
  <property name="username" value="tudu"/>
  <property name="password" value="mdp4tudu"/>
  <property name="maxActive" value="50"/>
  <property name="maxIdle" value="30"/>
</bean>

<!-- utilisation dans un DAO -->
<bean id="propertyDAOJdbc"
  class="tudu.domain.dao.jdbc.PropertyDAOJdbc">
    <property name="dataSource" ref="mysqlDataSource" />
</bean>
```

Cet exemple montre un pool de connexions utilisant une base de données MySQL. Des attributs permettent la connexion à la base de données (driver, url, utilisateur et mot de passe), tandis que d'autres influent sur la gestion des connexions. L'attribut `maxActive` précise le nombre maximal de connexions que ce pool peut ouvrir. Si plus de cinquante connexions sont nécessaires en même temps, les demandes sont mises en attente jusqu'à ce que des connexions se libèrent. Le paramètre `maxIdle` précise le nombre maximal de connexions inactives dans le pool. Ce paramètre permet de rendre des connexions à la base de données en cas de baisse de charge de l'application. Un pool Commons DBCP peut être configuré très finement ; il est conseillé de consulter la documentation officielle pour connaître toutes les options.

Une `DataSource` implémentant un comportement de pool de connexions peut être déclarée de façon autonome dans une application Spring, en utilisant, par exemple, Commons DBCP. Il est aussi possible de déclarer un pool de connexions à partir du serveur d'applications. Les raisons pour cela peuvent être diverses : utilisation d'une implémentation de pool spécifique au serveur ; rapport privilégié (notamment de sécurité) entre le serveur d'applications et le serveur base de données ; partage de la `DataSource` entre plusieurs applications... La `DataSource` peut alors être récupérée par JNDI.

Récupérer un objet de l'arbre JNDI dans Spring se fait *via* l'espace de nom `jee` et la balise `jndi-lookup` :

```xml
<?xml version="1.0" encoding="UTF-8"?>
<beans xmlns="http://www.springframework.org/schema/beans"
       xmlns:xsi="http://www.w3.org/2001/XMLSchema-instance"
       xmlns:jee="http://www.springframework.org/schema/jee"
       xsi:schemaLocation="
http://www.springframework.org/schema/beans
http://www.springframework.org/schema/beans/spring-beans.xsd
http://www.springframework.org/schema/jee
http://www.springframework.org/schema/jee/spring-jee.xsd">
```

```
    <jee:jndi-lookup id="dataSource"
      jndi-name="jdbc/TuduDataSource"/>

    <!-- utilisation dans un DAO -->
    <bean id="propertyDAOJdbc"
      class="tudu.domain.dao.jdbc.PropertyDAOJdbc">
        <property name="dataSource" ref="dataSource" />
    </bean>

</beans>
```

Le *look-up* JNDI de Spring permet de s'insérer très facilement dans un contexte Java EE.

Spring propose deux implémentations de DataSource (toutes deux se trouvent dans le package org.springframework.jdbc.datasource) :

- DriverManagerDataSource : ouvre une nouvelle connexion à la base de données chaque fois qu'une connexion est demandée.

- SingleConnectionDataSource : ouvre une connexion à sa création et l'utilise chaque fois qu'une connexion est demandée.

Ces implémentations ne sont pas destinées à être utilisées pour une application en production, mais plutôt à des fins de développement. SingleConnectionDatasource est particulièrement adaptée aux tests unitaires qui sont généralement lancés les uns à la suite des autres. Elle est utilisée pour les tests unitaires des Tudu Lists :

```
<bean id="dataSource"
  class="
  org.springframework.jdbc.datasource.SingleConnectionDataSource">
    <property name="driverClassName" value="org.hsqldb.jdbcDriver"/>
    <property name="url" value="jdbc:hsqldb:mem:tudu-test"/>
    <property name="username" value="sa"/>
    <property name="password" value=""/>
    <property name="suppressClose" value="true" />
</bean>
```

L'attribut suppressClose permet de supprimer la fermeture effective de la connexion lorsqu'on appelle la méthode close dessus. Cela permet de réutiliser la connexion. Dans une application Spring (dans laquelle toutes les connexions sont gérées par Spring), la méthode close est appelée par du code Spring. Appeler cette méthode sur une connexion gérée par un pool revient à rendre la connexion au pool. Pour une SingleConnectionDataSource avec suppressClose à true, l'appel de close sur la connexion n'a aucun effet.

En résumé

Spring propose un support très intéressant pour les applications utilisant directement du SQL, car il permet de fortement simplifier et fiabiliser le code JDBC. Ce support passe par un ensemble de templates (JdbcTemplate, NamedParameter et SimpleJdbcTemplate) et leur classe de DAO respective. Nous préconisons d'utiliser le support fondé sur le SimpleJdbcTemplate, qui propose une API plus simple car se focalisant sur les cas les plus courants et qui tire parti des nouveautés syntaxiques de Java 5.

Spring propose aussi un support pour la gestion des DataSources, avec évidemment la configuration de ceux-ci dans le conteneur léger (directement ou *via* JNDI). Spring propose aussi deux implémentations de DataSources adaptées au développement et aux tests.

L'utilisation du support JDBC de Spring est adaptée au *refactoring* d'applications basées totalement sur JDBC ou pour gérer très finement les accès à la base de données (pour profiter, par exemple, de certaines fonctionnalités de la base de données ou pour des traitements batch). Cependant, pour la plupart des applications, les solutions d'ORM sont une solution plus que conseillée.

Support ORM de Spring

Historiquement, le marché de l'ORM a vu le jour en 1994 avec l'apparition de TopLink, un framework alors révolutionnaire développé par la société The Object People (le « TOP » de TopLink). Au fil du temps, un grand nombre de solutions d'ORM sont apparues sur le marché, certaines standardisées (EJB, JDO, JPA), d'autres Open Source (Hibernate, iBATIS), dans un foisonnement créatif qui, au final, a plutôt nui à leur adoption.

Les sections qui suivent présentent les solutions d'ORM qui nous paraissent les plus pertinentes et les mieux adoptées à ce jour, ainsi que le support qu'offre Spring pour chacune d'entre elles.

Le standard JPA

JPA (Java Persistence API) est le standard de persistance pour Java. Développé au sein du Java Community Process, il fait partie de la Java Specification Request 220 (JSR 220), intitulée Enterprise JavaBeans 3.0. JPA représente la partie persistance des EJB 3.0 (la JSR 220 contient notamment le modèle de programmation pour les Beans session et les Beans orientés message, les règles de déploiement, etc., en plus de la partie persistance). C'est pour pouvoir utiliser la partie persistance des EJB en dehors d'un conteneur EJB que cette JSR a été rendue modulaire.

Cette modularité se répercute sur les produits EJB 3.0 (c'est-à-dire les implémentations de la JSR 220) : certains d'entre eux implémentent la totalité de la spécification et d'autres la seule partie JPA.

Spring ne proposant pas directement de support pour les EJB 3.0, nous nous intéresserons dans cette section aux principes de JPA et à son intégration dans Spring.

JPA propose un modèle de persistance orienté POJO, directement inspiré d'Hibernate, TopLink et JDO (Java Data Objects), le précédent standard de persistance de Java. JPA utilise fortement les annotations, notamment pour la définition du mapping objet/relationnel.

Commençons par un rapide tour d'horizon de l'API JPA :

- `javax.persistence.Persistence` : classe de démarrage permettant d'accéder au contexte de persistance JPA. En utilisant Spring, cette classe n'a pas à être manipulée.

- `javax.persistence.EntityManagerFactory` : cette classe représente une unité de persistance, c'est-à-dire un ensemble de classes gérées par JPA. C'est l'équivalent de la `SessionFactory` d'Hibernate. Une `EntityManagerFactory` est *threadsafe*, se manipule généralement sous forme d'un singleton et permet la création d'instances d'`EntityManager`.

- `javax.persistence.EntityManager` : cette classe permet d'effectuer des opérations sur des objets persistants. Il s'agit de l'équivalent de la `Session` Hibernate. Un `EntityManager` représente une unité de travail pour l'accès aux données et n'est donc pas *threadsafe*.

La configuration JPA se place généralement dans un fichier appelé `persistence.xml`. On y trouve systématiquement la liste des classes annotées (ou un lien vers un fichier définissant le mapping), mais aussi des paramètres liés à l'implémentation JPA utilisée, voire la définition de la `DataSource` à utiliser. C'est à partir de ce fichier de configuration qu'une (ou plusieurs) `EntityManagerFactory` va être créée.

Les deux problématiques de l'utilisation de JPA consistent à créer et configurer l'`EntityManagerFactory` puis à gérer le cycle de vie des `EntityManager`. L'environnement de l'application JPA conditionne fortement ces deux problématiques ; Spring offre cependant une grande souplesse et une portabilité maximale.

Créer une *EntityManagerFactory*

La première façon de créer une `EntityManagerFactory` avec Spring consiste à utiliser le principe de démarrage par défaut de JPA. Cela se fait en utilisant un `LocalEntityManagerFactoryBean` :

```
<bean id="entityManagerFactory"
 class="org.springframework.orm.jpa.LocalEntityManagerFactoryBean">
  <property name="persistenceUnitName" value="myPersistenceUnit"/>
</bean>
```

Le principe de démarrage par défaut consiste à regarder toutes les entrées de `META-INF/persistence.xml` se trouvant dans le *classpath*. C'est ce que fait le `LocalEntityManagerFactoryBean`. Le fichier `persistence.xml` doit donc contenir toutes les informations nécessaires à la configuration, notamment la connexion à la base de données. Cette solution simpliste n'est à utiliser que dans des environnements de tests ou à des fins de prototypage.

La deuxième façon de créer une `EntityManagerFactory` avec Spring consiste à la récupérer par un appel JNDI. Cela sous entend que la `EntityManagerFactory` a été créée par le serveur d'applications et mis ensuite à disposition dans le contexte JNDI. Voici un exemple de cet appel :

```
<jee:jndi-lookup id="entityManagerFactory"
   jndi-name="persistence/myPersistenceUnit"/>
```

Dans un scénario comme celui-ci, Spring sert généralement à injecter la `EntityManagerFactory` dans des Beans et à démarquer les transactions *via* un `JtaTransactionManager` (la transaction JTA étant fournie par le gestionnaire de transactions du serveur d'applications).

La troisième et dernière façon de créer une `EntityManagerFactory` avec Spring consiste à utiliser un `LocalContainerEntityManagerFactoryBean`. Spring agit alors comme un serveur d'applications et définit complètement l'`EntityManagerFactory`. L'avantage de cette solution est sa grande souplesse, sa parfaite intégration avec Spring et sa portabilité. Son principal inconvénient est son autonomie : il est difficile de partager l'`EntityManagerFactory` avec d'autres applications, à moins qu'elles utilisent le même contexte Spring :

```
<bean id="entityManagerFactory" class="org.springframework.orm.jpa.Local-
ContainerEntityManagerFactoryBean">
  <property name="dataSource" ref="dataSource"/>←❶
  <property name="jpaVendorAdapter" ref="jpaVendorAdapter"/>←❷
  <property name="persistenceXmlLocation"
    value="tudu/conf/persistence.xml"/>←❸
  <property name="jpaProperties" ref="jpaProperties" />←❹
</bean>
```

Le `LocalContainerEntityManagerFactoryBean` nécessite un ensemble de paramètres pour fonctionner correctement. Une `DataSource` doit lui être injectée, ce qui est plus souple que de définir la connexion à la base de données dans `persistence.xml` (❶).

Le `JpaVendorAdapter` est une notion propre à Spring ; il permet de brancher différentes implémentations de JPA (❷). C'est le `JpaVendorAdapter` qui fournit la configuration exacte de l'implémentation JPA. Nous verrons comment configurer l'adaptateur Hibernate par la suite. Il faut préciser le fichier de configuration JPA (l'équivalent du fichier `META-INF/persistence.xml`), qui ne va contenir au final que les instructions de mapping (❸). Ce fichier peut porter n'importe quel nom et se trouver dans n'importe quel répertoire. Il faut cependant éviter `META-INF/persistence.xml`, car cela pourrait interférer avec le comportement par défaut d'un serveur d'applications, qui créerait les unités de persistance correspondantes, en plus de Spring.

Voici le contenu du fichier `tudu/conf/persistence.xml` (nous n'utilisons que la classe `Property` pour des raisons de simplicité) :

```
<?xml version="1.0" encoding="UTF-8"?>
<persistence
  xmlns="http://java.sun.com/xml/ns/persistence"
  xmlns:xsi="http://www.w3.org/2001/XMLSchema-instance"
  xsi:schemaLocation="http://java.sun.com/xml/ns/persistence
  http://java.sun.com/xml/ns/persistence/persistence_1_0.xsd"
  version="1.0">

  <persistence-unit name="default"
        transaction-type="RESOURCE_LOCAL">

    <class>tudu.domain.model.Property</class>

  </persistence-unit>
</persistence>
```

Ce fichier ne contient plus que la déclaration des classes de domaine, tous les autres paramètres de configuration étant gérés par Spring, notamment via la propriété jpaProperties (❹). Ces paramètres sont exploités par l'implémentation JPA. Voici une définition possible du Bean jpaProperties si Hibernate est utilisé :

```
<util:properties id="jpaProperties">
  <prop key="hibernate.cache.provider_class">
      org.hibernate.cache.NoCacheProvider
  </prop>
  <prop key="hibernate.cache.use_query_cache">false</prop>
  <prop key="hibernate.cache.use_second_level_cache">false</prop>
</util:properties>
```

À des fins de simplicité, nous désactivons le cache de second niveau d'Hibernate.

Le listing suivant montre la classe Property, notre classe d'entité :

```
package tudu.domain.model;

import javax.persistence.Column;
import javax.persistence.Entity;
import javax.persistence.Id;
import javax.persistence.Table;

@Entity
@Table(name="property")
public class Property {

   @Id
   @Column(name="pkey")
   private String key;

   @Column(name="value")
   private String value;

   /* getter / setter */
   (...)
}
```

Le mapping utilisant les annotations standards JPA, nous ne nous attarderons pas sur ce sujet.

Définir un adaptateur JPA

L'adaptateur JPA (JpaVendorAdapter) est une notion propre à Spring qui permet de définir la configuration de l'implémentation JPA. Cette configuration étant gérée par un Bean distinct, l'EntityManagerFactory est complètement indépendante de l'implémentation JPA finale.

Spring 2.5 propose des adaptateurs pour les produits suivants :

• EclipseLink : une implémentation de JPA, mais aussi d'autres standards (Java XML Binding, Service Data Objects), sous l'égide de la fondation Eclipse. EclipseLink est fondé sur le code de TopLink et a été choisi pour être l'implémentation de référence de JPA 2.0.

- Hibernate : on ne présente plus Hibernate, qui est sans conteste l'outil d'ORM le plus populaire du monde Java. Il offre bien évidemment une implémentation JPA, utilisée notamment par le serveur d'applications JBoss.

- OpenJPA : une implémentation JPA sous l'égide de la fondation Apache. OpenJPA s'appuie sur Kodo (une implémentation JDO), dont le code a été donné en 2006 par BEA. OpenJPA est intégré notamment au serveur d'applications Geronimo.

- TopLink Essentials : l'implémentation de référence de JPA 1.0. Il s'agit d'une version limitée du produit TopLink.

Nous allons utiliser l'adaptateur Hibernate pour illustrer la configuration de la persistance de Tudu Lists. L'adaptateur se configure comme tout Bean Spring :

```
<bean id="jpaVendorAdapter" class="
  org.springframework.orm.jpa.vendor.HibernateJpaVendorAdapter">←❶
  <property name="showSql" value="false" />←❷
  <property name="generateDdl" value="true" />←❸
  <property name="database" value="HSQL" />←❹
</bean>
```

L'adaptateur est de type HibernateJpaVendorAdapter, classe se trouvant dans le package org.springframework.orm.jpa.vendor (❶). L'adaptateur dispose d'un ensemble de propriétés que l'on peut paramétrer. Nous pouvons, par exemple, demander au produit d'afficher dans la console les requêtes SQL générées (nous désactivons cette fonctionnalité au repère ❷).

Au repère ❸, nous indiquons que nous voulons que les tables soient créées ou mises à jour au démarrage de l'EntityManagerFactory. Cette fonctionnalité est utile dans le cadre du développement ou des tests unitaires. Enfin, nous indiquons à l'adaptateur la base de données utilisée (❹). Cette indication lui permet de déterminer le dialecte Hibernate à utiliser.

L'ensemble des réglages d'un adaptateur JPA Spring est disponible dans la documentation de référence, et nous vous invitons à la consulter.

Implémenter un DAO 100 % JPA

Il est possible d'implémenter des DAO totalement JPA, c'est-à-dire sans référence à Spring, même si ces DAO sont configurés par Spring. On colle ainsi complètement au standard, laissant la possibilité à ces DAO d'être gérés par un conteneur EJB 3.0 par la suite.

Voici le DAO 100 % JPA pour la gestion des propriétés de Tudu Lists :

```
public class PropertyDAOJpa implements PropertyDAO {

    private EntityManager em;

    @PersistenceContext
    public void setEntityManager(EntityManager em) {
        this.em = em;
    }

    public Property getProperty(String key) {
```

```
        return this.em.find(Property.class, key);
    }

    public void updateProperty(Property property) {
        this.em.merge(property);
    }

    public void saveProperty(Property property) {
        this.em.persist(property);
    }
}
```

L'annotation `@PersistenceContext` permet d'indiquer au conteneur (Spring ou un conteneur EJB 3.0) d'injecter l'`EntityManager`. Spring est capable d'interpréter cette annotation et d'injecter un `EntityManager` au DAO.

Comme précisé plus haut, un `EntityManager` n'est pas *threadsafe* ; il est généralement utilisé pour une unité de travail de persistance, c'est-à-dire au sein d'un même thread. Or le DAO est un singleton, partagé par tous les threads de l'application. Spring injecte donc un proxy, chargé de retourner un `EntityManager` pour chaque thread. C'est complètement transparent pour le développeur, Spring se chargeant de ce travail complexe.

Cependant, pour que cela fonctionne, il faut préciser à Spring d'analyser les annotations JPA, en utilisant un `PersistenceAnnotationBeanPostProcessor` :

```
<bean class="
    org.springframework.orm.jpa.support.
    PersistenceAnnotationBeanPostProcessor"/>

<bean id="propertyDAO" class="tudu.domain.dao.jpa.PropertyDAOJpa"/>
```

Grâce à ce `BeanPostProcessor`, tous les Beans portant l'annotation `@PersistenceContext` se verront injecter l'`EntityManager` (lui-même créé à partir de l'`EntityManagerFactory`).

Spring propose également un support permettant à des DAO 100 % JPA de ne lancer que des `DataAccessExceptions` (la hiérarchie d'exceptions d'accès aux données de Spring). On peut donc conserver facilement une politique de gestion des exceptions conforme à la philosophie Spring, même si Spring n'est pas directement utilisé dans la couche DAO. Cela passe évidemment par une décoration des DAO.

Les DAO doivent se voir apposer l'annotation `@Repository` dans un premier temps, et un `PersistenceExceptionTranslationPostProcessor` doit être déclaré dans le contexte Spring. Voici le DAO avec l'annotation :

```
(...)
import org.springframework.stereotype.Repository;

@Repository
public class PropertyDAOJpa implements PropertyDAO {
    (...)
}
```

Et voici la déclaration du `PersistenceExceptionTranslationPostProcessor` :

```
<bean class="
    org.springframework.dao.annotation.
    PersistenceExceptionTranslationPostProcessor"/>
```

Grâce à ces deux opérations, les DAO sont décorés (à l'aide de la POA) de manière à ce que chaque exception JPA soit transformée en exception d'accès aux données Spring.

JpaTemplate et classe de DAO

En accord avec son principe de support d'accès aux données, Spring propose une classe de template pour JPA (`JpaTemplate`) et une classe de base pour des DAO fondés sur JPA (`JpaDaoSupport`).

Généralement, un `JpaTemplate` est injecté dans un DAO. Voici comment définir un `JpaTemplate` et l'injecter dans un DAO :

```
<bean id="jpaTemplate"
  class="org.springframework.orm.jpa.JpaTemplate">
    <property name="entityManagerFactory"
      ref="entityManagerFactory" />
</bean>

<bean id="propertyDAO"
  class="tudu.domain.dao.jpa.PropertyDAOJpaTemplate">
    <property name="jpaTemplate" ref="jpaTemplate" />
</bean>
```

L'interface de `JpaTemplate` est très proche de celle de l'`EntityManager` ; elle offre cependant quelques raccourcis. Cela fait que l'implémentation du DAO utilisant le `JpaTemplate` ressemble fortement à celle du DAO 100 % JPA :

```java
public class PropertyDAOJpaTemplate implements PropertyDAO {

    private JpaTemplate jpaTemplate;

    public Property getProperty(String key) {
        return jpaTemplate.find(Property.class,key);
    }

    public void saveProperty(Property property) {
        jpaTemplate.persist(property);
    }

    public void updateProperty(Property property) {
        jpaTemplate.merge(property);
    }

    public void setJpaTemplate(JpaTemplate jpaTemplate) {
        this.jpaTemplate = jpaTemplate;
    }
}
```

L'avantage de l'utilisation d'un `JpaTemplate` est son encapsulation directe des exceptions JPA en `DataAccessExceptions` Spring. Son inconvénient est son côté intrusif, par rapport à une approche 100 % JPA.

La classe de support de DAO pour JPA, `JpaDaoSupport`, nécessite aussi l'injection de l'`EntityManagerFactory` :

```
<bean id="propertyDAO"
  class="tudu.domain.dao.jpa.PropertyDAOJpaSupport">
  <property name="entityManagerFactory"
    ref="entityManagerFactory" />
</bean>
```

La classe de DAO doit hériter de `JpaDaoSupport` (dans le package `org.spring-framework.orm.jpa.support.JpaDaoSupport`) et peut accéder au `JpaTemplate` *via* la méthode `getJpaTemplate` :

```
public class PropertyDAOJpaSupport
  extends JpaDaoSupport implements PropertyDAO {

  public Property getProperty(String key) {
    return getJpaTemplate().find(Property.class,key);
  }
  (...)
}
```

Le choix d'utiliser la classe de support de DAO dépend de la volonté d'introduire ou pas une hiérarchie dans ses classes de DAO.

Gestion des transactions

Spring propose la classe `JpaTransactionManager` pour gérer les transactions. Celle-ci nécessite une référence à l'`EntityManagerFactory` :

```
<bean id="transactionManager"
  class="org.springframework.orm.jpa.JpaTransactionManager">
  <property name="entityManagerFactory"
    ref="entityManagerFactory" />
</bean>
(...)
```

Les paramètres transactionnels peuvent être ensuite configurés selon les différents moyens offerts par Spring (annotations, AOP, etc.), comme décrit dans le chapitre sur les transactions. Il est important de noter que le support Spring pour JPA peut aussi s'intégrer avec des transactions JTA, où la transaction est fournie par le serveur d'applications et où le `JtaTransactionManager` de Spring démarre les transactions.

Le passage d'un environnement à l'autre est un simple problème de configuration : le code reste identique.

En résumé

Spring propose un support très avancé pour JPA. Ce support permet notamment une grande souplesse et une grande portabilité du code JPA. Il est ainsi possible de coller complètement au standard et d'avoir un code applicatif pratiquement directement portable vers un conteneur EJB 3.0. Spring complète cette approche avec une possibilité de décorer les DAO pour qu'ils puissent s'imbriquer dans une application en couches Spring.

Il est aussi possible de bénéficier du support d'accès aux données de Spring *via* le `JpaTemplate` et sa classe de DAO associée. On a alors un code applicatif moins portable, mais toujours tourné fortement vers le standard JPA.

Solutions non standardisées

Outre la solution de persistance standard qu'est JPA, il existe une offre importante de solutions d'ORM. Nous traitons ici de deux des plus populaires d'entre elles : iBATIS et Hibernate.

iBATIS

iBATIS est un projet de la fondation Apache se situant entre une solution JDBC pur et un outil d'ORM. En effet, iBATIS n'est pas un outil ORM à proprement parler, mais plutôt un outil permettant d'effectuer des correspondances entre des requêtes SQL et des objets Java. Il laisse donc une totale maîtrise du SQL exécuté et gère complètement la transformation des résultats en objets Java. iBATIS possède des implémentations en .NET et en Ruby, ce qui permet de réutiliser des mappings iBATIS dans des applications codées dans ces différents langages.

Le support pour *SqlMapClient*

iBATIS propose un bon compromis pour ceux qui préfèrent contrôler exactement les requêtes exécutées tout en souhaitant éviter le code fastidieux nécessaire à l'exploitation des résultats. L'utilisation directe d'iBATIS se heurte cependant à deux problèmes. Le premier concerne la gestion du contexte de persistance (un objet de type `com.ibatis.sqlmap.client.SqlMapClient`) qui doit être faite de façon programmatique. Cela implique l'écriture systématique d'un code assez contraignant. Le deuxième problème d'iBATIS réside dans sa politique d'exceptions : toutes les méthodes de `SqlMapClient` sont susceptibles de lancer des `SQLException`. Ce choix est contraignant et ne facilite pas l'utilisation de l'API iBATIS : d'une part, les exceptions SQL sont explicites ; d'autre part, elles sont souvent trop génériques pour être traitées correctement.

Le support de Spring pour iBATIS permet de remédier à ces problèmes et favorise la souplesse de configuration du contexte iBATIS grâce à l'inversion de contrôle. Nous allons voir comment utiliser iBATIS pour gérer les propriétés de Tudu Lists.

Il faut dans un premier temps définir les requêtes SQL pour cette table. Cela se fait dans un fichier de mapping, appelé par exemple `Property.xml` :

```
<?xml version="1.0" encoding="UTF-8" ?>
<!DOCTYPE sqlMap
    PUBLIC "-//ibatis.apache.org//DTD SQL Map 2.0//EN"
```

```
             "http://ibatis.apache.org/dtd/sql-map-2.dtd">
<sqlMap namespace="Property">

  <resultMap id="result" class="tudu.domain.model.Property">←①
    <result property="key" column="pkey" />
    <result property="value" column="value" />
  </resultMap>

  <select id="getProperty" resultMap="result">←②
    select pkey, value from property where pkey = #key#
  </select>

  <insert id="saveProperty">←③
    insert into property (pkey, value) values (#key#, #value#)
  </insert>

  <update id="updateProperty">←④
    update property
    set pkey = #key#, value = #value#
    where pkey = #key#
  </update>

</sqlMap>
```

Le repère ① définit la correspondance entre une ou des requêtes de sélection et une classe Java. Cette définition explicite, nommée (result), permet de réutiliser cette correspondance. La requête de récupération d'une propriété en fonction de son identifiant est effectuée au repère ②. La syntaxe #key# définit le passage d'un paramètre. La correspondance result est utilisée pour exploiter le résultat de la requête SQL et le transformer en objet Java. Les repères ③ et ④ définissent respectivement les requêtes d'insertion et de mise à jour d'une propriété.

Ce fichier de correspondance doit ensuite être référencé dans un fichier de configuration global d'iBATIS, appelé généralement sqlmap-config.xml :

```
<?xml version="1.0" encoding="UTF-8" ?>
<!DOCTYPE sqlMapConfig
    PUBLIC "-//ibatis.apache.org//DTD SQL Map Config 2.0//EN"
    "http://ibatis.apache.org/dtd/sql-map-config-2.dtd">
<sqlMapConfig>
    <sqlMap resource="Property.xml" />
</sqlMapConfig>
```

Ce fichier peut contenir un grand nombre d'informations pour iBATIS (politique transactionnelle, connexion à une base de données...), mais ces éléments sont généralement renseignés dans Spring si l'on utilise son support pour iBATIS. Ce support se traduit notamment par un template iBATIS. Voici comment le définir :

```
<bean id="sqlMapClient"
    class="org.springframework.orm.ibatis.SqlMapClientFactoryBean">
```

```
      <property name="configLocation"
       value="classpath:/sqlmap-config.xml" />
      <property name="dataSource" ref="dataSource" />
</bean>←❶

<bean id="sqlMapClientTemplate"
      class="org.springframework.orm.ibatis.SqlMapClientTemplate">
      <property name="sqlMapClient" ref="sqlMapClient" />
</bean>←❷

<bean id="propertyDAO"
      class="tudu.domain.dao.ibatis.PropertyDAOIBatis">
      <property name="sqlMapClientTemplate"
       ref="sqlMapClientTemplate" />
</bean>←❸
```

Spring crée le `SqlMapClient` *via* un `SqlMapClientFactoryBean`, auquel on doit passer une `DataSource` et la référence au fichier de configuration `sqlmap-config.xml` (❶). Le `SqlMapClient` peut ensuite être injecté à un `SqlMapClientTemplate`, le *template* d'accès Spring dédié à iBATIS (❷). Ce template va gérer pour nous le contexte d'iBATIS et encapsuler toutes les exceptions SQL dans des exceptions d'accès aux données de Spring. Un DAO est défini (❸) et se voit injecté le template iBATIS.

Voici l'implémentation de ce DAO :

```java
public class PropertyDAOIBatis implements PropertyDAO {

    private SqlMapClientTemplate sqlMapClientTemplate;

    public Property getProperty(String key) {
        return (Property) sqlMapClientTemplate.queryForObject(
            "getProperty", key
        );
    }

    public void saveProperty(Property property) {
        sqlMapClientTemplate.update("saveProperty", property);
    }

    public void updateProperty(Property property) {
        sqlMapClientTemplate.update("updateProperty", property);
    }

    public void setSqlMapClientTemplate(
        SqlMapClientTemplate sqlMapClientTemplate) {
        this.sqlMapClientTemplate = sqlMapClientTemplate;
    }

}
```

Assez simple, l'implémentation de DAO se fonde sur le template Spring pour iBATIS, qui propose une API très épurée et utilise les références aux requêtes définies dans le fichier `Property.xml`.

Classe de DAO

Spring propose aussi une classe de DAO pour iBATIS. Celle-ci dispose nativement d'un `SqlMapClientTemplate` et nécessite seulement le `SqlMapClient` pour être initialisée :

```
<bean id="propertyDAO"
   class="tudu.domain.dao.ibatis.PropertyDAOSupportIBatis">
  <property name="sqlMapClient" ref="sqlMapClient" />
</bean>
```

La classe de DAO doit hériter de `SqlMapClientDaoSupport` (dans le package `org.springframework.orm.ibatis.support`) et peut accéder au `SqlMapClientTemplate` *via* la méthode `getSqlMapClientTemplate` :

```
public class PropertyDAOSupportIBatis
   extends SqlMapClientDaoSupport implements PropertyDAO {

   public Property getProperty(String key) {
      return (Property) getSqlMapClientTemplate().queryForObject(
         "getProperty", key
      );
   }
   (...)
}
```

Le choix d'utiliser la classe de support de DAO dépend de la volonté d'introduire ou non une hiérarchie dans ses classes de DAO.

En résumé

Le support de Spring pour iBATIS est très intéressant en ce qu'il fluidifie fortement le code final, tout en apportant de la souplesse à la configuration. Choisir iBATIS par rapport à une autre solution 100 % SQL ou ORM est au final une question de goût. Ceux ayant de très bonnes compétences en SQL, voulant contrôler toutes les requêtes et privilégiant une solution simple, privilégieront iBATIS. Ceux préférant à tout prix éviter le SQL et laisser cette problématique à un outil préféreront une solution d'ORM.

Hibernate

Hibernate est sans conteste la solution d'ORM la plus populaire du monde Java. Cette popularité est due à sa simplicité, sa gratuité et bien sûr ses excellentes performances. Hibernate est aussi largement documenté, aussi bien sur Internet que par l'intermédiaire d'ouvrages.

Hibernate a été au cœur de la définition de JPA 1.0, l'équipe d'Hibernate ayant participé à la JSR 220. Cependant, Hibernate est globalement plus riche que JPA, grâce à sa maturité et parce que JPA subit l'inertie inhérente à tout standard.

Voici quelques fonctionnalités phares d'Hibernate :

- Options de mapping avancées : Hibernate propose des options de mapping très avancées, allant de l'héritage à la gestion de composants en passant par des mappings complexes de collections.

- Gestion des requêtes : Hibernate dispose non seulement d'un langage de requête — le HQL (Hibernate Query Language) —, mais aussi d'une API programmatique pour la gestion de critères (Criteria), ce qui fait défaut à JPA 1.0.

- Options de chargement : Hibernate peut effectuer des chargements à la demande (*lazy loading*), effectuant ainsi des requêtes seulement si cela s'avère nécessaire, mais aussi des chargements immédiats (*eager fetching*) selon différentes méthodes paramétrables (*batch fetching*, jointure, etc.).

- Contexte de persistance : Hibernate conserve une trace de tous les objets chargés dans une unité de travail. Cela s'avère non seulement bénéfique pour les performances, mais aussi particulièrement adapté aux applications Web. Ce principe a été adopté dans JPA.

La combinaison Spring-Hibernate constitue encore une excellente solution de persistance, bien que certains privilégient le standard avec JPA. JPA étant de toute façon encore limité par rapport à tous les outils d'ORM, il n'est pas rare d'ajouter quelques éléments « propriétaires » à une application JPA, notamment au niveau du mapping.

Le support de Spring pour Hibernate se traduit par des facilités de configuration, la possibilité d'intégrer Hibernate à une gestion des transactions déclaratives à la Spring et la gestion du contexte de persistance. Ce support permet donc à la fois d'alléger et de fiabiliser toute application utilisant Hibernate. Concernant les versions d'Hibernate, il est important de noter que Spring 2.5 ne supporte qu'Hibernate 3.1 ou supérieur.

Création d'une *SessionFactory* (mapping XML)

La configuration d'Hibernate passe par la création d'une SessionFactory, qui contient toute la configuration d'Hibernate, notamment les informations de mapping. Cet objet est long à créer, mais il est *threadsafe* une fois initialisé. Il est généralement géré comme un singleton.

Une SessionFactory sert à créer des Sessions Hibernate, qui constituent le point d'entrée pour une unité de travail de persistance. Une Session est un objet qui n'est pas *threadsafe* et dont la durée de vie est généralement limitée à la requête utilisateur. Le cycle de vie d'une Session Hibernate est généralement identique à celui de la transaction base de données.

Dans une application utilisant le support Spring pour Hibernate, la SessionFactory n'est jamais directement manipulée, seulement configurée par le contexte Spring. La Session Hibernate est quant à elle accessible, bien qu'on puisse lui préférer l'utilisation de l'HibernateTemplate.

Voici comment configurer une SessionFactory avec Spring :

```
<bean id="sessionFactory" class="
  org.springframework.orm.hibernate3.LocalSessionFactoryBean">←①
  <property name="dataSource" ref="dataSource"/>←②
  <property name="mappingResources">←③
    <list>
```

```
            <value>property.hbm.xml</value>←4
        </list>
    </property>
    <property name="hibernateProperties"
        ref="hibernateProperties"/>←5
</bean>
```

La SessionFactory est créée *via* une LocalSessionFactoryBean (**1**). Il est important de noter que le package contient hibernate3, car le package org.springframework.orm.hibernate est réservé à Hibernate 2, qui n'est plus supporté dans les nouvelles versions de Spring. La SessionFactory nécessite l'injection d'une DataSource (**2**), qui peut provenir d'un appel JNDI ou de la configuration d'un pool de connexions dans le conteneur Spring.

La propriété mappingResources (**3**) doit recevoir une liste de fichiers contenant le mapping objet/relationnel des différentes entités. Nous ne mappons ici que la classe Property de Tudu Lists (**4**), contenue dans le fichier property.hbm.xml, que nous détaillons par la suite.

Il est possible de passer à la SessionFactory un ensemble de paramètres sous la forme de java.util.Properties (**5**). Il est préférable de définir ces propriétés dans un Bean distinct, localisé dans un fichier différent, afin de pouvoir réutiliser la définition de la SessionFactory dans différents environnements. Voici un exemple de propriétés Hibernate (consulter la documentation de référence d'Hibernate pour connaître toutes les propriétés possibles) :

```
<util:properties id="hibernateProperties">
    <prop key="hibernate.dialect">
        org.hibernate.dialect.HSQLDialect
    </prop>
    <prop key="hibernate.hbm2ddl.auto">create-drop</prop>
</util:properties>
```

Ces réglages indiquent à Hibernate quel dialecte utiliser (il diffère selon la base de données cible) et lui demandent de créer les tables en fonction du mapping au démarrage de la SessionFactory puis de les supprimer lors de sa destruction. Cette configuration est bien sûr adaptée à un environnement de test.

Le fichier de mapping XML de la classe Property est le suivant :

```
<?xml version="1.0"?>
<!DOCTYPE hibernate-mapping PUBLIC
    "-//Hibernate/Hibernate Mapping DTD 3.0//EN"
    "http://hibernate.sourceforge.net/hibernate-mapping-3.0.dtd">
<hibernate-mapping>

    <class name="tudu.domain.model.Property" table="property">
        <id name="key" column="pkey">
            <generator class="assigned" />
        </id>
        <property name="value" column="value" />
    </class>

</hibernate-mapping>
```

Il s'agit là d'un mapping relativement simple, propre à Hibernate, et nous ne nous attarderons pas dessus.

La classe `Property` ressemble à ceci :

```
package tudu.domain.model;

public class Property {

    private String key;

    private String value;

    public String getKey() {
        return key;
    }

    public void setKey(String key) {
        this.key = key;
    }

    public String getValue() {
        return value;
    }

    public void setValue(String value) {
        this.value = value;
    }
}
```

La classe n'a aucune dépendance vers une quelconque API (Spring, Hibernate ou JPA), même pas à travers des annotations, ce qui est l'avantage de la solution de mapping par XML.

Utilisation de l'*HibernateTemplate*

En accord avec le principe d'accès aux données de Spring, il existe un template d'accès pour Hibernate. Celui-ci a une API très proche de la `Session` Hibernate. Il propose cependant quelques raccourcis intéressants et a le mérite d'encapsuler toute exception Hibernate en `DataAccessException` Spring.

L'`HibernateTemplate` n'a besoin que d'une `SessionFactory` pour être créé. Une fois initialisé, il est *threadsafe* et peut donc être utilisé par différents DAO dans toute application transactionnelle. Voici comment définir un `HibernateTemplate` et l'injecter dans un DAO :

```
<bean id="hibernateTemplate"
  class="org.springframework.orm.hibernate3.HibernateTemplate">
    <property name="sessionFactory" ref="sessionFactory"/>
</bean>

<bean id="propertyDAO"
  class="tudu.domain.dao.hibernate.PropertyDAOHibernate">
    <property name="hibernateTemplate" ref="hibernateTemplate"/>
</bean>
```

Le DAO peut alors tirer parti de l'API de l'`HibernateTemplate` :

```
public class PropertyDAOHibernate implements PropertyDAO {

   private HibernateTemplate hibernateTemplate;

   public Property getProperty(String key) {
      return (Property) hibernateTemplate.get(Property.class, key);
   }

   public void saveProperty(Property property) {
      hibernateTemplate.saveOrUpdate(property);
   }

   public void updateProperty(Property property) {
     hibernateTemplate.saveOrUpdate(property);
   }

   public void setHibernateTemplate(
     HibernateTemplate hibernateTemplate) {
      this.hibernateTemplate = hibernateTemplate;
   }
}
```

Il est à noter qu'à partir de Spring 3.0, l'`HibernateTemplate` tire parti des annotations Java 5. Cela évite notamment des transtypages lors de la récupération d'objets *via* leur identifiant :

```
public Property getProperty(String key) {
  return hibernateTemplate.get(Property.class, key);
}
```

Classe de DAO pour Hibernate

Spring propose une classe de base pour DAO. Celle-ci inclut un `HibernateTemplate` et nécessite la `SessionFactory` pour être initialisée :

```
<bean id="propertyDAO"
  class="tudu.domain.dao.hibernate.PropertyDAOSupportHibernate">
    <property name="sessionFactory" ref="sessionFactory"/>
</bean>
```

Le DAO doit alors hériter de `HibernateDaoSupport` (dans le package `org.spring-framework.orm.hibernate3.support`). Il peut accéder à l'`HibernateTemplate` *via* la méthode `getHibernateTemplate` :

```
public class PropertyDAOSupportHibernate
  extends HibernateDaoSupport implements PropertyDAO {

   public Property getProperty(String key) {
```

```
        return (Property) getHibernateTemplate().get(
            Property.class, key
        );
    }
    (...)
}
```

Le choix d'utiliser la classe de support de DAO dépend de la volonté d'introduire ou non une hiérarchie dans ses classes de DAO.

Création d'une *SessionFactory* (mapping avec annotations)

Le mapping objet/relationnel avec Hibernate peut être défini aussi bien avec des fichiers XML qu'avec des annotations sur les classes d'entités. Il est alors possible d'utiliser soit les annotations JPA, soit les annotations Hibernate, ces dernières permettant d'utiliser toutes les fonctionnalités d'Hibernate. Cependant, il est préférable d'utiliser les annotations JPA et de compléter la configuration avec des annotations Hibernate.

Pour créer une SessionFactory se basant sur des classes d'entités annotées avec Spring, il faut utiliser une AnnotationSessionFactoryBean :

```xml
<bean id="sessionFactory" class="
  org.springframework.orm.hibernate3.annotation.
  AnnotationSessionFactoryBean">
  <property name="dataSource" ref="dataSource"/>
  <property name="annotatedClasses">
    <list>
        <value>tudu.domain.model.Property</value>
    </list>
  </property>
  <property name="hibernateProperties" ref="hibernateProperties"/>
</bean>
```

La configuration est identique à la LocalSessionFactoryBean si ce n'est qu'il faut maintenant lister directement les classes annotées plutôt que les fichiers de mapping. Dans le cas d'un mapping simple comme celui de Property, la classe est annotée exactement comme dans un contexte JPA :

```java
package tudu.domain.model;

import javax.persistence.Column;
import javax.persistence.Entity;
import javax.persistence.Id;
import javax.persistence.Table;

@Entity
@Table(name="property")
public class Property {
```

```
        @Id
        @Column(name="pkey")
        private String key;

        @Column(name="value")
        private String value;

        /* getter / setter */
        (...)
    }
```

En résumé

Le couple Spring-Hibernate est une solution très solide pour une couche de persistance. Si Hibernate apporte la puissance et les performances de son moteur ORM, Spring lui ajoute une grande souplesse, aussi bien au niveau de sa configuration que de son utilisation, en gérant pour le développeur les ressources Hibernate (`Session` et transaction).

Conclusion

Même si nous préconisons l'utilisation d'un outil d'ORM pour toute application d'entreprise, l'utilisation directe de JDBC peut encore s'avérer nécessaire dans certains cas (traitements batch, utilisation d'opérateurs spécifiques à la base de données, refactoring d'applications JDBC existantes). Le support de Spring pour JDBC permet alors d'améliorer la productivité et la robustesse du code, tout en laissant la possibilité de mettre un pied dans le monde de l'ORM avec le principe de `RowMapper`.

Pour ceux qui hésitent à entrer dans ce monde et souhaitent utiliser au mieux leurs compétences SQL, iBATIS est une bonne solution, qui permet de faire cohabiter les deux mondes sans en privilégier un. Le support de Spring s'impose en ce cas, car il rend l'utilisation d'iBATIS beaucoup plus facile.

Cependant, les outils d'ORM arrivent maintenant à maturité et ils sont à privilégier pour tout nouveau développement. JPA, le standard, propose un ensemble de fonctionnalités intéressantes, mais pas encore autant que la plupart des outils d'ORM. Cependant, il s'agit d'un standard plutôt bien accepté et qui évolue dans le bon sens. Il est donc important de le prendre en considération.

La plupart des produits d'ORM Java proposent une implémentation JPA. Ces produits ajoutent leurs propres fonctionnalités au-dessus de JPA, fonctionnalités parfois expérimentales, mais toujours innovantes. Leur utilisation est donc à privilégier si l'on souhaite profiter des dernières évolutions de l'ORM, sans être contraint par l'inertie d'un standard.

Quel que soit le choix d'outil ORM, Spring propose toujours un support pour la configuration et pour la gestion des problématiques courantes. Le code applicatif est alors extrêmement pur et portable, et les changements d'environnement deviennent seulement des problématiques de configuration.

11

Gestion des transactions

Pour stocker des données et échanger des messages, les applications d'entreprise mettent en jeu de nombreuses ressources, telles que bases de données, serveurs de messagerie applicative, gros systèmes, etc. Ces applications doivent maintenir une cohérence entre ces différentes ressources afin de garantir la consistance des données en cas d'annulation de traitement, d'erreur, de bogue ou de panne. Au cœur des technologies Java/Java EE, le concept de transaction vise à résoudre ces problématiques de cohérence.

Ce chapitre passe en revue les principales notions inhérentes aux transactions et explique comment le framework Spring permet de les mettre en œuvre de manière optimale dans une architecture, et ce, quels que soient les technologies ou frameworks sous-jacents employés.

Rappels sur les transactions

Oublier de gérer les transactions dans une application n'engendre pas nécessairement de dysfonctionnement visible. Cependant, cet oubli ne permettant pas de garantir la consistance des données manipulées, des erreurs délicates à détecter peuvent survenir.

Ces erreurs sont souvent difficiles à reproduire sans données de production et peuvent impacter tous les systèmes d'information utilisés par l'application. Par exemple, si les données relatives à un client n'ont pas été correctement enregistrées dans les différentes sources de données de l'entreprise, des données erronées concernant ce client se retrouvent dans certaines applications tierces.

La notion de transaction est donc primordiale et doit être mise en œuvre dans toute application réalisant des mises à jour dans des sources de données.

Propriétés des transactions

Prenons un exemple concret tiré de notre étude de cas Tudu Lists. L'importation d'une liste de todos en mode modification est particulièrement appropriée, puisqu'il s'agit de fusionner les valeurs des éléments de la nouvelle liste avec celles de l'ancienne.

Imaginons que ce traitement échoue à sa moitié : les données de la liste ne sont dès lors pas homogènes. La première partie correspond à des données de la nouvelle liste, et la seconde à des données de l'ancienne. Ces dernières données n'ont pas été modifiées puisque l'exécution s'est arrêtée avant leur traitement.

Les transactions permettent de pallier ce problème, un de leurs objectifs étant d'assurer l'atomicité d'un traitement. Si une erreur se produit dans l'importation, les modifications ne sont pas répercutées en base, et les données de la liste restent dans leur état initial. La liste n'est modifiée en base que si le traitement se déroule correctement jusqu'à son terme.

Le rôle des transactions est donc de valider les modifications réalisées par des traitements d'une méthode si aucune erreur ne se produit et de les annuler dans le cas contraire. De cette manière, les données restent cohérentes. Ajoutons qu'une fois les modifications sur les données validées, celles-ci doivent être durables.

L'exemple précédent montre qu'une transaction doit être une unité de traitements (*unit of work*). De la sorte, toutes les modifications réalisées par ces traitements doivent être validées ou annulées en même temps.

Une transaction doit en outre vérifier les propriétés fondamentales suivantes, communément désignées sous l'acronyme ACID (atomicité, consistance, isolation, durabilité) :

- Atomicité. Tous les traitements réalisés dans une transaction sont vus par l'application comme une seule unité et sont donc indivisibles.

- Consistance. Les données des différents systèmes ne peuvent rester dans des états incohérents. Ces états sont, par exemple, des transitions nécessaires au cours des différents traitements de la transaction, ces derniers pouvant n'être pas visibles au moment de son achèvement.

- Isolation. Définit la visibilité des états internes de la transaction par le reste de l'application au cours de sa réalisation. Suivant les sources de données et les technologies utilisées, l'isolation peut avoir plusieurs niveaux.

- Durabilité. Lorsqu'une transaction est validée, les modifications réalisées sur les différentes données sont définitives et entièrement visibles par le reste des applications qui utilisent la source de données.

Granularité des transactions

Les transactions peuvent avoir plusieurs niveaux de granularité transactionnelle, allant des transactions simples aux transactions imbriquées :

- Transactions simples. En vertu des propriétés ACID, une transaction simple est un bloc indivisible, qui possède donc une granularité importante. Elle correspond à une boîte noire contenant les différents traitements.

- Transactions imbriquées. Pour les systèmes compatibles, il est possible de réaliser des transactions imbriquées, à la granularité plus fine. Elles consistent en des sous-blocs transactionnels au sein d'une même transaction. Ces blocs peuvent être annulés indépendamment de la transaction ou validés en même temps que cette dernière.

Isolation transactionnelle

Certains systèmes d'information autorisent différents niveaux d'isolation afin de permettre aux applications de maîtriser complètement les données visibles à l'extérieur de la transaction. Les applications peuvent de la sorte jouer indirectement sur les performances d'accès aux données puisque cette propriété s'appuie généralement sur des mécanismes de gestion de la concourance d'accès et de verrous.

Les bases de données relationnelles sont un exemple classique de système d'information utilisant ce mécanisme. Ces bases de données fournissent plusieurs niveaux d'isolation des données lors de leur manipulation au cours d'une transaction, qui ne correspondent pas tous à une isolation stricte des données et peuvent donc entraîner des problèmes, comme le récapitule le tableau 11-1.

Tableau 11-1. Typologie des problèmes induits par les transactions

Type de problème	Description
Dirty Read (lecture sale)	Un fil d'exécution voit des données d'une transaction sans que celle-ci soit terminée. De ce fait, les données se trouvent dans un état transitoire au moment de la lecture. L'utilisation et la manipulation des valeurs de ces données peuvent entraîner des incohérences au niveau des données.
Non-Repeatable Read (lecture non reproductible)	Une lecture récupère des données dans un certain état dans la transaction. Si une application modifie ces données parallèlement, la même lecture renvoie ces données modifiées. La transaction n'est donc pas complètement isolée vis-à-vis des données modifiées par les autres transactions. De ce fait, les lectures ne sont pas reproductibles.
Phantom Read (lecture fantôme)	Contrairement aux lectures non reproductibles, qui impliquent une modification des données, les lectures fantômes sont la conséquence d'insertions ou de suppressions de données entre leur lecture et leur utilisation.

Il est important de bien cerner les problèmes éventuels pour chaque niveau d'isolation et de positionner ces niveaux avec précaution. Ces problèmes étant tous issus d'accès concourants aux données, le développeur de l'application doit identifier avec précision les différents traitements possibles accédant simultanément aux données.

Les bases de données relationnelles définissent plusieurs niveaux d'isolation. Le tableau 11-2 les récapitule, du plus large au plus restrictif.

Pour garantir l'intégrité des données lors d'une transaction, il est impératif de positionner le niveau d'isolation des données de manière appropriée. Il convient pour cela d'évaluer avec précision les différents types d'accès aux données, notamment les accès concourants en modification.

Tableau 11-2 Niveaux d'isolation des bases de données relationnelles

Niveau d'isolation	Description
TRANSACTION_NONE	Les transactions ne sont pas supportées.
TRANSACTION_READ_UNCOMMITTED	L'application peut rencontrer les trois problèmes évoqués au tableau 11-1. En cas d'absence d'accès concourant aux données, ce niveau peut être utilisé afin d'améliorer les performances. Ce n'est toutefois pas conseillé, car la cohérence des données n'est pas complètement garantie.
TRANSACTION_READ_COMMITTED	Permet de résoudre les lectures non reproductibles, mais l'application peut éventuellement rencontrer les deux autres problèmes.
TRANSACTION_REPEATABLE_READ	Permet de résoudre les lectures non reproductibles et les lectures sales. L'application peut toutefois rencontrer des lectures fantômes. Il s'agit du niveau d'isolation par défaut de beaucoup de serveurs de bases de données, dont Oracle.
TRANSACTION_SERIALIZABLE	Permet de résoudre les trois problèmes, mais au prix d'une dégradation des performances du fait des verrous posés sur les données accédées.

Plus le niveau d'isolation est restrictif, plus la qualité et la cohérence des données sont garanties. Cependant, comme nous allons le voir par la suite, une gestion de la concourance est souvent nécessaire au niveau applicatif.

Types de transactions

Il existe deux grands types de transactions, les transactions locales et les transactions globales. Leurs principales propriétés sont les suivantes :

- Transactions locales. Adaptées lorsqu'une seule ressource transactionnelle est utilisée. Dans ce cas, le gestionnaire de transactions est la ressource elle-même. Dans l'exemple précédent d'importation, toutes les données sont importées dans la même source de stockage des données.

- Transactions globales. Utilisables si une ou plusieurs ressources sont présentes. À partir de deux ressources, nous sommes toujours en présence de transactions globales. En cas d'utilisation des transactions globales, le gestionnaire de transactions est externalisé par rapport aux ressources et est capable de dialoguer avec elles grâce à des interfaces normalisées. Dans notre exemple, les données sont importées dans différentes sources de stockage des données.

Ressource transactionnelle

On appelle ressource transactionnelle tout module d'accès à un système d'information, gérant des transactions et offrant une interface de programmation afin de les configurer et de les utiliser.

L'utilisation d'une seule base de données n'implique pas nécessairement des transactions locales. Par exemple, si l'application utilise en plus JMS comme middleware de messagerie applicative, les transactions globales sont nécessaires afin de réaliser des transactions utilisant les deux ressources.

Les transactions globales sont cependant beaucoup plus difficiles à mettre en œuvre. En effet, ce type de transaction nécessite la mise en œuvre d'un gestionnaire de transactions externe. Ce dernier est souvent fourni par le serveur d'applications. L'inconvénient de ce type de mécanisme vient de la synchronisation des états transactionnels des ressources et de la résolution des incidents. Les systèmes peuvent se retrouver dans des états incohérents, lesquels doivent être résolus par le biais de choix arbitraires.

Une autre grande différence entre les transactions locales et globales est que ces dernières se fondent sur l'API uniformisée JTA (Java Transaction API), alors que les transactions locales s'appuient directement sur les API des technologies ou frameworks utilisés. Nous retrouvons cependant toujours des méthodes similaires pour démarrer une transaction, ainsi qu'une méthode pour la valider et une méthode pour l'annuler.

Cette section ne détaille pas les différentes façons de gérer les transactions locales suivant les technologies et frameworks utilisés mais se concentre sur la façon de les utiliser avec le framework Spring. Ce dernier masque toute cette complexité et cette diversité derrière une API générique.

Gestion des transactions

Plusieurs opérations peuvent être réalisées afin de manipuler les transactions. Il est en outre généralement possible de détecter les événements du cycle de vie d'une transaction.

Démarcage d'une transaction

Une transaction est limitée par un début et une fin. Cette dernière peut survenir aussi bien lors d'une validation, en cas de succès, que d'une annulation, en cas d'échec. La démarcation consiste à spécifier le commencement et la fin de la transaction.

Le code suivant montre comment démarquer une transaction avec JDBC, les traitements correspondant étant mis en œuvre en se fondant sur la méthode setAutoCommit (**❶**) pour le début de la transaction, la méthode commit (**❷**) pour sa validation et la méthode rollback (**❸**) pour son annulation :

```
Connection connection = null;
try {
    //Récupération de la connexion
    connection = getConnection();

    //Démarrage de la transaction
    connection.setAutoCommit(false);←❶

    //Exécution des traitements JDBC de l'application
    //...
```

```
    //Validation de la transaction
    connection.commit();←❷
    connection.setAutoCommit(true);
} catch(SQLException ex) {
    //Gestion des exceptions

    //Annulation de la transaction
    try {
        connection.rollback();←❸
        connection.setAutoCommit(true);
    } catch(SQLException ex) { }
} finally {
    //Libération des ressources JDBC
    try {
        if (connection!=null) {
            connection.close();
        }
    } catch(SQLException ex) { }
}
```

Dans ce code, il est à noter que le mode *auto-commit* est repositionné sur la connexion une fois la transaction terminée.

En cas de succès d'une transaction, le terme *commit* est communément employé. Dans le cas contraire, on parle de *rollback*. Toutes les modifications entre le début et la validation ou annulation de la transaction sont atomiques.

Suspension et reprise d'une transaction

Certains frameworks ou technologies permettent de suspendre une transaction dans le but de réaliser des traitements et de la reprendre ensuite une fois ceux-ci terminés. L'implémentation de ces actions se fait de manière différente suivant le type de transaction choisi.

Dans le cas des transactions locales, la suspension consiste à ne plus utiliser la connexion attachée à la transaction tout en la mémorisant, puisqu'elle sera réutilisée quand la transaction reprendra. Lors de la suspension, une nouvelle connexion est utilisée. Nous pouvons en déduire que la suspension est logique et non physique et qu'il incombe au framework qui offre cette fonctionnalité de prendre en charge l'implémentation du mécanisme de suspension et de reprise.

En ce qui concerne les transactions globales, la suspension tout comme la reprise se réalisent directement en utilisant le gestionnaire de transactions et les méthodes suspend et resume. La première renvoie la transaction courante suspendue. Pour la reprendre, la méthode resume est appelée avec pour paramètre cette transaction. L'application doit donc avoir accès au gestionnaire de transactions globales.

Le code suivant évoque la manière de suspendre et de reprendre une transaction avec JTA, l'API Java EE de gestion des transactions globales :

```
// Récupération du gestionnaire de transactions
TransactionManager tm=getTransactionManager();
```

```
// Suspension de la transaction courante
Transaction transaction=tm.suspend();
...
// Reprise de cette transaction
tm.resume(transaction);
```

Gestion du cycle de vie d'une transaction

Certains frameworks ou technologies offrent la possibilité de déclencher des traitements à différents moments du cycle de vie de la transaction. Le terme *synchronisation* est communément utilisé pour désigner ce mécanisme.

Les événements du cycle de vie pris en compte se produisent essentiellement au moment de la validation ou de la finalisation de la transaction. Cela permet de libérer des ressources si nécessaire. On distingue à cet effet les événements avant la validation d'une transaction pour une ressource transactionnelle (*commit*) et ceux avant ou après la finalisation de la transaction. Des événements sur la suspension/reprise d'une transaction peuvent également être supportés.

Dans certains cas, comme avec JTA, ce mécanisme est directement intégré à l'API de gestion des transactions, tandis que des frameworks tels que Spring déclenchent les événements au cours du cycle de vie de la transaction.

Les transactions définissent de manière classique différents événements. Ces événements, récapitulés au tableau 11-3, ne sont toutefois pas toujours supportés par les technologies ou frameworks.

Tableau 11-3 Comportements transactionnels

Événement	Description
Sur la suspension	Déclenché lorsque la transaction est suspendue par l'application.
Sur la reprise	Déclenché lorsque l'application reprend le déroulement de la transaction.
Avant la validation	Déclenché avant qu'une ressource transactionnelle soit validée.
Avant la finalisation	Déclenché avant que la transaction soit validée dans sa globalité.
Après la finalisation	Déclenché après que la transaction a été validée dans sa globalité.

Types de comportements transactionnels

Lorsqu'un composant est rendu transactionnel, il peut être configuré afin de spécifier le comportement transactionnel de ses méthodes. La plupart des frameworks ou technologies gérant les transactions définissent des mots-clés pour cela.

Le tableau 11-4 récapitule ces mots-clés. Il ne s'agit pas à proprement parler d'une spécification, même si ces mots-clés sont utilisés plus ou moins entièrement par des frameworks ou technologies tels que Spring ou les EJB. Ces mots-clés sont utiles lors d'appels entre des méthodes de différents composants dans un contexte transactionnel, comme des appels entre services métier.

Tableau 11-4 Mots-clés de comportements transactionnels

Mot-clé de comportement transactionnel	Description
REQUIRED	La méthode doit forcément être exécutée dans un contexte transactionnel s'il existe. S'il n'existe pas lors de l'appel, il est créé.
SUPPORTS	La méthode peut être exécutée dans un contexte transactionnel s'il existe. Dans le cas contraire, la méthode est tout de même exécutée, mais hors d'un contexte transactionnel.
MANDATORY	La méthode doit forcément être exécutée dans un contexte transactionnel. Si tel n'est pas le cas, une exception est levée.
REQUIRES_NEW	La méthode impose la création d'une nouvelle transaction pour la méthode.
NOT_SUPPORTED	La méthode ne supporte pas les transactions. Si un contexte transactionnel existe lors de son appel, celui-ci est suspendu.
NEVER	La méthode ne doit pas être exécutée dans un contexte transactionnel. Si tel est le cas, une exception est levée.
NESTED	La méthode est exécutée dans une transaction imbriquée si un contexte transactionnel existe lors de son appel.

La figure 11-1 illustre ce qui se passe au niveau des transactions pour ce type d'appel. La méthode des premier et troisième composants nécessite une transaction (REQUIRED), et celle du second aucune (NOT_SUPPORTED). La transaction initiée par le premier composant est donc suspendue le temps d'exécuter la méthode du second puis reprend pour exécuter le troisième.

Figure 11-1

Exemple de mécanisme transactionnel fondé sur les comportements

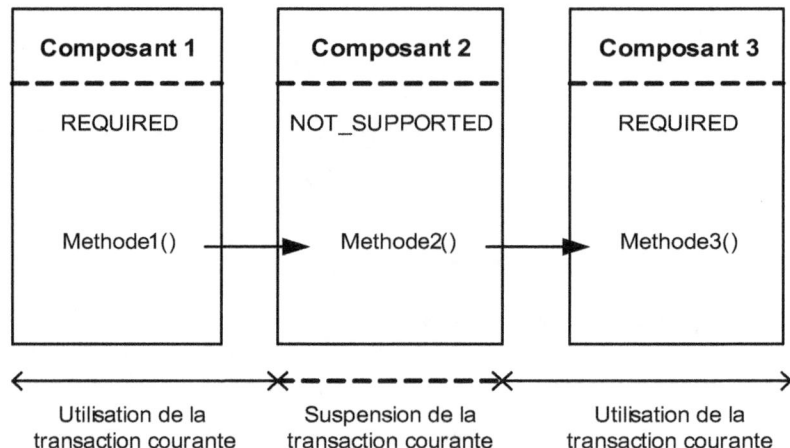

Le tableau 11-5 récapitule la transaction utilisée par un composant suivant le type de comportement transactionnel spécifié et la transaction en cours, T1 et T2 désignant des transactions différentes.

Tableau 11-5 Types de comportements et transactions

Type de comportement transactionnel	Transaction initiale	Transaction utilisée
REQUIRED	Aucune T1	T1 T1
SUPPORTS	Aucune T1	Aucune T1
MANDATORY	Aucune T1	Erreur T1
REQUIRES_NEW	Aucune T1	T1 T2
NOT_SUPPORT	Aucune T1	Aucune Aucune
NEVER	Aucune T1	Aucune Erreur
NESTED	Aucune T1	T1 T1 (imbriquée)

Ressources transactionnelles exposées

Pour pouvoir utiliser les transactions globales, les fournisseurs de services étendent leurs fabriques de connexions afin de les rendre compatibles XA. La spécification XA (eXtended Architecture) standardise les interactions entre les gestionnaires de ressources et le gestionnaire de transactions de façon à mettre en œuvre des protocoles transactionnels. Cela permet de faire participer ces fabriques à une transaction globale.

Le point fondamental pour le composant qui utilise la technologie ou le framework est que la fabrique exposée est toujours la fabrique simple, et non celle compatible XA. Un composant qui utilise les transactions locales ou globales ne voit donc pas de différence quant aux entités qu'il manipule. Le fournisseur de services ou le serveur d'applications a pour sa part la responsabilité de masquer la fabrique XA derrière une fabrique classique, de fournir une connexion classique et d'ajouter et d'enlever la ressource du contexte transactionnel.

Le passage des transactions locales aux transactions globales n'a donc aucun impact sur l'utilisation des ressources. La modification est localisée au niveau de la gestion de la démarcation. Si celle-ci est déclarative, le composant n'est pas impacté par un changement de type de transaction. Cela favorise fortement la réutilisation des composants dans différentes architectures.

Gestionnaires de transactions JTA

Afin de mettre en œuvre les transactions globales, il est impératif d'utiliser un gestionnaire de transactions JTA, ces derniers implémentant les protocoles transactionnels correspondants. La plupart du temps, ce gestionnaire est mis à disposition par le serveur d'applications dans lequel est déployée l'application.

Cependant, dans le cadre d'applications Spring ne nécessitant qu'un conteneur Web, il est dommage d'avoir à utiliser un serveur d'applications Java EE complet lorsque l'utilisation des transactions globales est requise.

Ainsi, afin de mettre en œuvre des transactions globales dans un conteneur Web, il existe d'intéressants gestionnaires de transactions compatibles JTA autonomes, gestionnaires pouvant être configurés simplement dans ce contexte. Le tableau 11-6 récapitule les principaux outils de ce type.

Tableau 11-6. Principaux gestionnaires de transactions JTA autonomes

Gestionnaire transactionnel	Description
Atomikos JTA/XA	Gestionnaire de transactions JTA proposé par la société Atomikos. Cet outil correspond à la version « communauté » du produit commercial ExtremeTransaction. Il est disponible en version libre à l'adresse *http://www.atomikos.com/Main/AtomikosCommunity*.
Bitronix Transaction Manager	Outil offrant une implémentation simple mais complète de la version 1.0.1 de JTA. Son atout principal est sa simplicité de mise en œuvre et sa capacité à diagnostiquer les problèmes. Il est disponible à l'adresse *http://docs.codehaus.org/display/BTM/Home*.

Dans le cadre d'Atomikos, une intégration Spring est utilisable afin de configurer l'outil sous forme de Beans, comme dans le code suivant, où l'un est dédié au gestionnaire (❶) et l'autre à l'interface de démarcation des transactions (❷). Ces Beans peuvent ensuite être injectés (❸) dans le gestionnaire de transactions de Spring dédié à la technologie JTA :

```
<!-- Configuration du TransactionManager d'Atomikos -->
<bean id="atomikosTransactionManager"←❶
    class="com.atomikos.icatch.jta.UserTransactionManager"
    init-method="init" destroy-method="close">
  <property name="forceShutdown" value="false" />
</bean>

<!-- Configuration du UserTransaction d'Atomikos -->
<bean id="atomikosUserTransaction"←❷
    class="com.atomikos.icatch.jta.UserTransactionImp">
  <property name="transactionTimeout" value="300" />
</bean>

<!-- Configuration du gestionnaire de transactions de Spring -->
<bean id="jtaTransactionManager" class="org.springframework
                .transaction.jta.JtaTransactionManager">
```

```
<property name="transactionManager"←❸
        ref="atomikosTransactionManager" />
<property name="userTransaction"←❸
        ref="atomikosUserTransaction" />
</bean>
```

Concourance d'accès et transactions

Les applications Java EE utilisant par essence plusieurs fils d'exécution pour gérer leurs différents traitements, plusieurs accès ou requêtes de clients peuvent être concourants.

Afin d'éviter les écrasements de données entre utilisateurs, les techniques de verrouillage suivantes peuvent être mises en œuvre (les techniques décrites ci-après sont orientées base de données relationnelle) :

- Verrouillage pessimiste. Ce mécanisme de verrouillage fort est géré directement par le système de stockage des données. Pendant toute la durée du verrou, aucune autre application ou fil d'exécution ne peut accéder à la donnée. Pour les bases de données relationnelles, cela se gère directement au niveau du langage SQL. À l'image d'Hibernate, plusieurs frameworks facilitent l'utilisation de ce type de verrou. Une requête SQL de type `select for update` est alors utilisée.

  Ce verrouillage particulièrement restrictif peut impacter les performances des applications. En effet, ces dernières ne peuvent accéder à l'enregistrement tant que le verrou n'est pas levé. Des fils d'exécution peuvent donc rester en attente et pénaliser les traitements de l'application.

- Verrouillage optimiste. Ce type de verrouillage est plus large et doit être implémenté dans l'application elle-même. Il ne nécessite pas de verrou dans le système de stockage des données. Pour les bases de données relationnelles, il est généralement implémenté en ajoutant une colonne aux différentes tables impactées. Cette colonne représente une version ou un indicateur de temps indiquant l'état de l'enregistrement lorsqu'il est lu. De ce fait, si cet état change entre la lecture et la modification, nous nous trouvons dans le cas d'un accès concourant.

L'application peut implémenter plusieurs stratégies pour résoudre ce problème. L'utilisateur peut être averti, par exemple, par une interface conviviale lui offrant la possibilité de voir les modifications réalisées par un autre utilisateur conjointement avec les siennes. Il peut dès lors effectuer ses mises à jour. L'application peut aussi ne pas notifier l'utilisateur et implémenter un mécanisme afin de fusionner les différentes données.

En résumé

Situées au cœur des applications d'entreprise, les transactions visent à garantir l'intégrité des données des systèmes d'information. Du fait qu'elles mettent en jeu de nombreuses notions qui peuvent être complexes, il est préférable de les mettre en œuvre en utilisant des technologies ou frameworks encapsulant toute leur complexité technique.

La section suivante détaille la façon de les mettre en œuvre, ainsi que les pièges à éviter et la solution fournie par le framework Spring.

Mise en œuvre des transactions

Depuis le début de ce chapitre, nous avons rappelé les différentes propriétés des transactions. Nous abordons à présent leur mise en œuvre optimale et de la façon la plus transparente possible pour les composants des applications Java/Java EE. L'objectif visé n'est pas d'incorporer les mécanismes transactionnels dans le code des composants applicatifs, mais de le spécifier au moment de leur assemblage.

Intégrer les notions transactionnelles dans l'architecture d'une application n'est pas chose aisée, tant les concepts en jeu sont nombreux. Les principaux défis sont de conserver la modularité des composants, l'isolation des couches et la séparation des codes technique et métier.

Afin de concilier les bonnes pratiques abordées au cours des chapitres précédents et la gestion transactionnelle, la démarcation doit être correctement appliquée et le comportement transactionnel des composants judicieusement utilisé. Pour cela, l'utilisation de frameworks ou de technologies appropriés est indispensable.

Gestion de la démarcation

La démarcation transactionnelle doit être réalisée au niveau des services métier. Ces derniers peuvent s'appuyer sur plusieurs composants d'accès aux données. Plusieurs appels à des méthodes de ces composants sous-jacents peuvent donc être réalisés dans une même transaction.

Le support des transactions doit de plus être suffisamment flexible pour permettre de gérer les appels entre services. La définition de types de comportement transactionnel rend ce support flexible et déclaratif. Spring implémente ces stratégies dans sa gestion des transactions.

La figure 11-2 illustre les couches applicatives impactées par la gestion des transactions, qui est une problématique transversale.

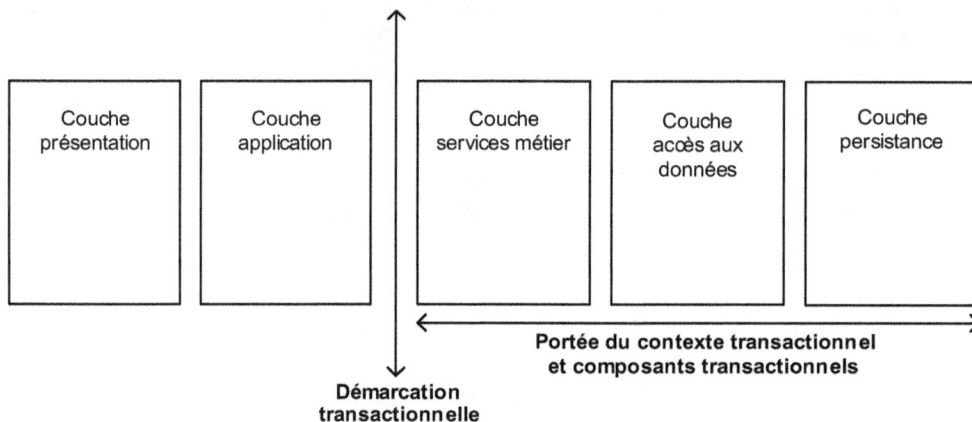

Figure 11-2

Impact de la gestion transactionnelle sur les couches applicatives

Dans notre étude de cas, l'application des comportements transactionnels est mise en œuvre sur les composants du package tudu.service.impl.

Mauvaises pratiques et anti-patterns

La structuration des préoccupations en couches constitue une bonne pratique élémentaire, chaque couche ne devant avoir connaissance que de la couche immédiatement inférieure.

Les composants services métier ne doivent s'appuyer que sur les composants d'accès aux données et ne peuvent en aucun cas avoir connaissance des API utilisées par ces composants pour accéder aux données. Cependant, la tentation est grande d'utiliser les API de persistance pour démarquer les transactions au niveau de la couche métier et de passer ensuite ces instances aux couches inférieures. Par exemple, l'utilisation d'une connexion JDBC ou d'une session d'un outil d'ORM dans la couche service métier est un *anti-pattern*.

Le code suivant est un bon exemple de mise en œuvre de cet anti-pattern. Il montre un composant de la couche service métier qui s'appuie sur une connexion JDBC afin de débuter et valider ou d'annuler une transaction locale (❶). Cette connexion est ensuite passée au composant d'accès aux données utilisé (❷) afin d'inclure les traitements du composant dans la transaction.

Nous considérons dans ce code que l'instance monDao du composant d'accès aux données a été correctement récupérée précédemment :

```
Connection connection = null;
try {
    //Récupération de la connexion
    connection = getConnection();

    //Démarrage de la transaction
    beginTransaction(connection);←❶

    //Exécution des traitements du DAO utilisé
    monDao.update(connection, monEntite);←❷

    //Validation de la transaction
    commitTransaction(connection);←❶
} catch(SQLException ex) {
    //Gestion des exceptions

    //Annulation de la transaction
    rollbackTransaction(connection);←❶
} finally {
    //Libération des ressources JDBC
    closeConnection(connection);
}
```

Il existe un couplage fort entre les technologies utilisées par les composants de la couche d'accès aux données et les services métier, ces derniers utilisant ces technologies explicitement.

Cette pratique nuit grandement à la flexibilité, à la modularité, à l'évolutivité et à la séparation des préoccupations.

Une bonne pratique consiste à masquer l'utilisation de ces API derrière une API générique de gestion transactionnelle. Cette API doit être programmée à l'aide d'interfaces afin de cacher l'implémentation de ce gestionnaire. Ce dernier peut éventuellement s'appuyer sur un contexte transactionnel pour le fil d'exécution et être stocké dans une instance de type `ThreadLocal`. Cette classe de base de Java permet de garder une instance pouvant rester accessible pour tout un fil d'exécution.

La section suivante détaille comment Spring permet de gérer facilement et de façon modulaire les transactions dans les applications Java/Java EE à l'aide de bonnes pratiques de conception et de fonctionnalités permettant de spécifier des comportements transactionnels de manière déclarative.

L'approche de Spring

L'une des fonctionnalités les plus attractives de Spring est indiscutablement celle qui concerne la gestion des transactions, car elle offre une souplesse et une facilité d'utilisation sans égales dans le monde Java/Java EE.

La stratégie de Spring est en outre entièrement configurable et modulaire. Nous verrons qu'il existe deux approches pour gérer la démarcation, s'appuyant toutes deux sur une API de démarcation générique, et plusieurs implémentations de la stratégie transactionnelle en fonction des ressources utilisées. Spring permet ainsi de s'adapter aux besoins de l'application et de maîtriser le degré d'intrusivité ainsi que les performances de la gestion des transactions en utilisant le type de transaction approprié.

Spring permet en outre de définir des comportements transactionnels sur les composants par déclaration.

Une API générique de démarcation

Les concepteurs de Spring ont identifié le besoin d'une API générique afin de gérer la démarcation transactionnelle et de spécifier le comportement transactionnel d'un composant.

Cette API comporte deux grandes parties, la partie cliente et la partie fournisseur de services.

Partie cliente

La partie cliente permet de démarquer explicitement la transaction, soit directement avec les API transactionnelles de Spring, soit indirectement avec un template transactionnel ou un intercepteur.

Toutes les classes et interfaces décrites dans cette section sont localisées dans le package `org.springframework.transaction` du framework.

Le premier élément du support transactionnel est l'interface `PlatformTransactionManager`, qui permet de démarquer une transaction, et ce, quelles que soient les ressources et stratégies transactionnelles utilisées. Cette interface fournit des méthodes de validation et d'annulation pour la transaction courante :

```
public interface PlatformTransactionManager {
    TransactionStatus getTransaction(
            TransactionDefinition definition)
                    throws TransactionException;
    void commit(TransactionStatus status)
                    throws TransactionException;
    void rollback(TransactionStatus status)
                    throws TransactionException;
}
```

Pour commencer une transaction, les propriétés et comportements transactionnels suivants doivent être spécifiés :

- isolation transactionnelle ;
- type de comportement transactionnel ;
- temps d'expiration des transactions ;
- statut lecture seule.

Ces propriétés sont contenues dans l'interface TransactionDefinition suivante :

```
public interface TransactionDefinition {
    int PROPAGATION_REQUIRED = 0;
    int PROPAGATION_SUPPORTS = 1;
    int PROPAGATION_MANDATORY = 2;
    int PROPAGATION_REQUIRES_NEW = 3;
    int PROPAGATION_NOT_SUPPORTED = 4;
    int PROPAGATION_NEVER = 5;
    int PROPAGATION_NESTED = 6;

    int ISOLATION_DEFAULT = -1;
    int ISOLATION_READ_UNCOMMITTED =
                    Connection.TRANSACTION_READ_UNCOMMITTED;
    int ISOLATION_READ_COMMITTED =
                    Connection.TRANSACTION_READ_COMMITTED;
    int ISOLATION_REPEATABLE_READ =
                    Connection.TRANSACTION_REPEATABLE_READ;
    int ISOLATION_SERIALIZABLE =
                    Connection.TRANSACTION_SERIALIZABLE;

    int getPropagationBehavior();
    int getIsolationLevel();
    int getTimeout();
    boolean isReadOnly();
    String getName();
}
```

Spring supporte tous les types de comportements transactionnels décrits précédemment. Les mots-clés correspondants diffèrent toutefois légèrement des mots-clés généraux, comme le montre le tableau 11-7.

Tableau 11-7. Comportements transactionnels de Spring

Comportement transactionnel général	Mot-clé Spring
REQUIRED	PROPAGATION_REQUIRED
SUPPORTS	PROPAGATION_SUPPORTS
MANDATORY	PROPAGATION_MANDATORY
REQUIRES_NEW	PROPAGATION_REQUIRES_NEW
NOT_SUPPORT	PROPAGATION_NOT_SUPPORTED
NEVER	PROPAGATION_NEVER
NESTED	PROPAGATION_NESTED

Une fois la transaction démarrée, Spring impose de conserver une instance de son statut, matérialisée par l'interface TransactionStatus suivante :

```
public interface TransactionStatus {
    boolean isNewTransaction();
    void setRollbackOnly();
    boolean isRollbackOnly();
}
```

En plus des méthodes de visualisation de propriétés de la transaction courante (méthode isNewTransaction et isRollbackOnly), cette interface définit une méthode setRollbackOnly, qui permet de spécifier que la transaction doit être annulée quels que soient les traitements ultérieurs. Ce mécanisme est semblable à celui des EJB, si ce n'est que, dans le cas de Spring, il est uniformisé pour tous les types de transactions, locales comme globales, ou de ressources pour ce qui concerne les seules transactions locales.

Lors de l'utilisation directe de l'API cliente de Spring, la gestion des exceptions et du comportement transactionnel est de la responsabilité de l'application, alors que, en cas d'utilisation du template transactionnel, la levée d'une exception implique forcément, par défaut, une annulation de la transaction.

Nous verrons en détail l'utilisation de cette API à la section décrivant la façon de démarquer les transactions.

Partie fournisseur de services

La partie fournisseur de services de l'API générique est constituée par les implémentations de l'interface PlatformTransactionManager. Spring les désigne sous l'appellation *gestionnaire de transactions* et fournit une multitude d'intégrations avec différentes technologies et frameworks d'accès aux données, qui se fondent sur les ressources de la technologie ou du framework.

Les tableaux 11-8 à 11-11 récapitulent, technologie par technologie, ces implémentations, lesquelles sont localisées dans les packages correspondant aux technologies ou frameworks utilisés.

Tableau 11-8. Implémentation fondée sur JDBC

Technologie	Gestionnaire de transactions	Ressource utilisée
JDBC	DataSourceTransactionManager	DataSource

Tableau 11-9. Implémentations fondées sur des frameworks ORM

Framework	Gestionnaire de transactions	Ressource utilisée
Hibernate 3	HibernateTransactionManager	SessionFactory
IBatis	DataSourceTransactionManager	DataSource
JPA	JpaTransactionManager	EntityManagerFactory
JDO	JdoTransactionManager	PersistenceManagerFactory

Tableau 11-10. Implémentations fondées sur des middlewares

Technologie	Gestionnaire de transactions	Ressource utilisée
JMS 1.02	JmsTransactionManager102	ConnectionFactory (dans le cas de JMS 1.02, il est nécessaire de spécifier le type de ressource, Queue ou Topic, avec la propriété pubSubDomain).
JMS 1.1	JmsTransactionManager	ConnectionFactory
JCA	CciLocalTransactionManager	ConnectionFactory

Tableau 11-11. Implémentation fondée sur les transactions XA

Technologie	Gestionnaire de transactions	Ressource utilisée
XA	JtaTransactionManager	UserTransaction, TransactionManager

Injection du gestionnaire de transactions

Pour utiliser la gestion des transactions de Spring, le choix du gestionnaire de transactions est primordial. En fonction du type de démarcation utilisé, ce gestionnaire n'est pas injecté sur les mêmes entités.

Dans le cas de la démarcation par programmation, le composant service utilise ce gestionnaire directement ou *via* le template transactionnel. Le gestionnaire de transactions doit donc être injecté sur le composant.

Cette injection est configurée dans le fichier de configuration XML **applicationContext.xml** localisé dans le répertoire **WEB-INF** :

```
<bean id="transactionManager" class="org.springframework
                        .orm.jpa.JpaTransactionManager">
```

```
        <property name="entityManagerFactory"
                ref=" entityManagerFactory"/>
</bean>

<bean id="todosManager" class="tudu.service.impl.TodosManagerImpl">
    <property name="transactionManager" ref="transactionManager"/>
</bean>
```

Dans le cas de la démarcation déclarative, cette responsabilité incombe désormais à l'intercepteur transactionnel de Spring. Le gestionnaire doit donc être injecté sur l'intercepteur, lequel est configuré en se fondant sur l'espace de nommage tx que nous décrivons par la suite :

```
<bean id="transactionManager" class="org.springframework
                        .orm.jpa.JpaTransactionManager">
    <property name="entityManagerFactory"
            ref=" entityManagerFactory"/>
</bean>

<tx:advice id="txAdvice" transaction-manager="transactionManager">
    <tx:attributes>
    (...)
    </tx:attributes>
</tx:advice>
```

L'étude de cas Tudu Lists utilise cette approche afin de spécifier les comportements transactionnels sur les composants. L'injection du gestionnaire de transactions se fait donc de cette manière avec une configuration fondée sur la POA.

Gestion de la démarcation

Maintenant que nous avons rappelé les principes de la gestion des transactions avec Spring, nous pouvons détailler les différentes approches de gestion de la démarcation, par programmation et par déclaration.

Gestion de la démarcation par programmation

Spring offre deux façons de réaliser cette démarcation. La première utilise directement les API génériques de Spring, dont l'interface principale est PlatformTransactionManager. La gestion des exceptions est à la charge du développeur. La seconde utilise la classe TransactionTemplate, le template de Spring dédié à la gestion des transactions fournissant une méthode de rappel à implémenter avec les traitements de la transaction. Dans ce cas, le développeur n'a qu'à se concentrer sur les traitements spécifiques de l'application.

La définition des propriétés transactionnelles est effectuée grâce aux implémentations de l'interface TransactionDefinition. La plus communément utilisée est la classe DefaultTransactionDefinition, mais il en existe d'autres, comme la classe RuleBasedTransactionAttribute. Ces différentes implémentations se trouvent toutes dans le package org.springframework.transaction.support.

Cette interface permet de spécifier différentes constantes concernant la propagation transactionnelle et les niveaux d'isolation. Elle offre également des accesseurs sur le niveau d'isolation, le nom de la transaction, le type de propagation, le délai d'expiration, l'attribut lecture seule, etc. Cette interface a déjà été abordée à la section « Partie cliente » de ce chapitre.

La définition des comportements face aux différentes exceptions ne peut être configurée avec cette approche. La responsabilité en incombe à l'application, qui utilise directement les API transactionnelles de Spring. Nous verrons avec l'approche déclarative que Spring offre la possibilité de configurer ce comportement et de rendre ainsi la démarcation des transactions particulièrement flexible.

Le code suivant illustre l'utilisation des API génériques de Spring afin de réaliser une démarcation transactionnelle. Dans cet exemple, le gestionnaire de transactions (instance `transactionManager`) de Spring est injecté à l'aide des fonctionnalités dédiées de Spring et est donc disponible pour un composant de la couche service métier tel que l'implémentation `TodosManagerImpl` (package `tudu.service.impl`) de l'étude de cas. Ce composant contient désormais le code suivant :

```
DefaultTransactionDefinition def
                = new DefaultTransactionDefinition();←❶
def.setPropagationBehavior(
        TransactionDefinition.PROPAGATION_REQUIRED);←❶

 TransactionStatus status
        = transactionManager.getTransaction(def);←❷

try {
    // Différents traitements métier de l'application ou
    // utilisation de composants d'accès aux données
} catch (BusinessException ex) {
    transactionManager.rollback(status);←❸
    throw ex;
}
transactionManager.commit(status);←❸
```

Dans ce code, les propriétés et le comportement transactionnels des traitements sont d'abord spécifiés (❶). Le début de la transaction (❷) est réalisé en s'appuyant sur le gestionnaire de transactions injecté avec Spring. La fin de la transaction peut être réalisée de deux manières (❸), toujours en s'appuyant sur le gestionnaire.

Si tout se passe bien, la transaction est validée en se fondant sur la méthode `commit` tandis que, si une exception se produit, la transaction est annulée par la méthode `rollback`.

Tous les traitements du bloc `try/catch` fondés sur la même technologie que le gestionnaire sont automatiquement inclus dans la transaction. Si l'approche d'enregistrement automatique dans le contexte transactionnel n'est pas utilisée, les composants d'accès aux données doivent nécessairement utiliser les méthodes utilitaires de Spring pour récupérer et relâcher les connexions ou sessions.

Le code suivant illustre l'utilisation du template transactionnel de Spring pour réaliser une démarcation transactionnelle dans un composant de la couche service métier tel que l'implémentation `TodosManagerImpl` (package `tudu.service.impl`) de l'étude de cas. Dans cet exemple, le gestionnaire de transactions (instance `transactionManager`) de Spring est également injecté à l'aide de l'injection de dépendances :

```
TransactionTemplate template = new TransactionTemplate();
template.setTransactionManager(transactionManager);

Object result = template.execute(new TransactionCallback() {
    public Object doInTransaction(TransactionStatus status) {
        // Différents traitements métier de l'application ou
        // utilisation de composants d'accès aux données
        return (...);
    }
});
```

L'appel de la méthode `execute` du template attend en paramètre une implémentation de l'interface `TransactionCallback` spécifiant les traitements à réaliser dans la transaction. En effet, la méthode `execute` démarre tout d'abord une transaction en se fondant sur le gestionnaire spécifié puis appelle la méthode de rappel `doInTransaction` et valide ou annule la transaction suivant le résultat des traitements (exceptions non vérifiées levées).

Gestion de la démarcation par déclaration

La démarcation par déclaration est à utiliser en priorité, car elle n'est pas intrusive pour le composant service métier. Le code technique des transactions est en effet externalisé par rapport au code métier du composant. De plus, le comportement transactionnel peut être spécifié à l'assemblage des composants en fonction des besoins.

À cet effet, Spring met à disposition un espace de nommage dédié permettant de configurer simplement ces propriétés au niveau des méthodes de classes. Spring configure alors un code advice transactionnel, entité utilisable ensuite dans le contexte de la programmation orientée aspect.

L'espace de nommage met à disposition respectivement les balises imbriquées `advice`, `attributes` et `method`. C'est cette dernière balise qui permet de configurer les comportements transactionnels par méthode en se fondant sur les propriétés récapitulées au tableau 11-12.

Tableau 11-12. Attributs de la balise *method* de l'espace de nommage *tx*

Attrbut	Description
propagation	Spécifie le comportement transactionnel souhaité pour l'appel de la méthode (valeur par défaut REQUIRED).
isolation	Spécifie le niveau d'isolation de la transaction (valeur par défaut DEFAULT).
timeout	Spécifie le délai d'expiration de la transaction (valeur par défaut -1).
read-only	Active le mode lecture seule d'une transaction (valeur par défaut false).
rollback-for	Spécifie les exceptions permettant d'annuler une transaction lorsqu'elles surviennent. La levée d'exceptions non vérifiées provoque toujours une annulation.

Tableau 11-12. Attributs de la balise *method* de l'espace de nommage *tx (suite)*

Attrbut	Description
no-rollback-for	Spécifie les exceptions permettant de valider une transaction lorsqu'elles surviennent. La levée d'exceptions vérifiées provoque toujours une validation.
transaction-manager	Référence le gestionnaire de transactions Spring à utiliser.

Lorsque les attributs du tableau 11-12 ne sont pas précisés au niveau de la balise method, les valeurs par défaut correspondantes sont utilisées.

L'exemple suivant illustre la manière de configurer l'espace de nommage tx (❶) ainsi qu'un comportement transactionnel de type REQUIRED pour les méthodes commençant par create, update, delete, add et restore (❷). Par défaut, les méthodes restantes sont configurées avec des transactions en lecture seule (❸), mécanisme abordé dans la prochaine section :

```
<beans xmlns="http://www.springframework.org/schema/beans"
       xmlns:xsi="http://www.w3.org/2001/XMLSchema-instance"
       xmlns:aop="http://www.springframework.org/schema/aop"
       xmlns:tx="http://www.springframework.org/schema/tx"←❶
       xsi:schemaLocation=
           "http://www.springframework.org/schema/beans
       http://www.springframework.org/schema/beans/spring-beans.xsd
           http://www.springframework.org/schema/aop
       http://www.springframework.org/schema/aop/spring-aop.xsd
           http://www.springframework.org/schema/tx←❶
       http://www.springframework.org/schema/tx/spring-tx.xsd">

    (...)

    <bean id="transactionManager" class="(...)">
        (...)
    </bean>

    <tx:advice id="txAdvice"
               transaction-manager="transactionManager">
        <tx:attributes>
            <tx:method name="create*"/>←❷
            <tx:method name="update*"/>←❷
            <tx:method name="delete*"/>←❷
            <tx:method name="add*"/>←❷
            <tx:method name="restore*"/>←❷
            <tx:method name="*" read-only="true"/>←❸
        </tx:attributes>
    </tx:advice>

<beans>
```

Une fois, les comportements transactionnels définis, il convient de les appliquer sur les entités souhaitées en se fondant sur le support AOP de Spring, et plus particulièrement l'espace de nommage aop.

Comme l'entité définie par la balise `advice` de l'espace de nommage `tx` correspond à un code advice Spring AOP et non AspectJ, il convient d'utiliser, comme dans le code suivant, la balise `advisor` (❶). Cette dernière permet de préciser une coupe au format AspectJ (❷) afin de définir l'application des transactions tout en référençant le code advice transactionnel par l'intermédiaire de l'attribut `advice-ref` (❸) :

```
<aop:config>
    <aop:advisor←❶
        pointcut="execution(* *..TodoListsManagerImpl.*(..))"←❷
        advice-ref="txAdvice"/>←❸
</aop:config>
```

Nous détaillons dans la suite de ce chapitre une implémentation permettant de spécifier des comportements transactionnels avec des annotations Java 5.

Transactions en lecture seule

Spring offre la possibilité de spécifier des transactions d'un type particulier, dit *en lecture seule*. Cette dénomination peut paraître antinomique avec le concept même de transactions puisque ces dernières adressent notamment l'atomicité des mises à jour pour une ou plusieurs sources de données.

Dans le contexte de Spring, une transaction en lecture seule offre la possibilité d'étendre la portée de la ressource permettant d'interagir avec une source de données dans le cadre de traitements de récupération de données.

Reprenons l'exemple de la section précédente. La spécification de l'attribut `read-only` (❶) permet de préciser que, par défaut, une ressource devant accéder à la source de données est récupérée avant l'exécution de la méthode et relâchée après. Les traitements dans la méthode ne doivent cependant réaliser que des lectures et aucune modification :

```
<tx:advice id="txAdvice">
    <tx:attributes>
        <tx:method name="create*"/>
        <tx:method name="*" read-only="true"/>←❶
    </tx:attributes>
</tx:advice>
```

Cette façon de faire est uniformisée pour tous les supports d'accès aux données de Spring par l'intermédiaire de son support transactionnel générique. Ce dernier permet notamment de résoudre les problématiques de chargement à la demande au sein d'une méthode d'un service métier.

La portée de la ressource d'accès à la source de données peut néanmoins s'avérer insuffisante. C'est notamment le cas lorsque ce même mécanisme de chargement à la demande est mis en œuvre au niveau de la vue. Sans configuration additionnelle, la ressource est fermée à ce moment.

Le patron de conception open-entity-manager-in-view doit alors être utilisé afin d'étendre encore la portée de la ressource et permettre sa fermeture après la construction de la vue. Ce mécanisme est décrit au chapitre 7, dédié à Spring MVC.

Synchronisation des transactions

Comme pour les EJB, Spring offre la possibilité à une classe d'être notifiée à certains moments du cycle de vie de la transaction courante. Il suffit pour cela d'utiliser l'interface `TransactionSynchronization`, afin de spécifier l'implémentation de la synchronisation, et la classe `TransactionSynchronizationManager`, afin de l'enregistrer dans la transaction courante.

Le code suivant en donne un exemple d'utilisation :

```
TransactionSynchronizationManager.registerSynchronization(
    new TransactionSynchronization() {
        public void suspend() { }
        public void resume() { }
        public void beforeCommit(boolean readOnly) {
            System.out.println("before commit");
        }
        public void beforeCompletion() { }
        public void afterCompletion(final int status) {
            System.out.println("after completion");
        }
    });
```

Gestion des exceptions

Spring offre un mécanisme intéressant pour spécifier la manière de terminer une transaction lorsqu'une exception est levée. Le framework propose un comportement par défaut similaire à celui des EJB (validation pour les exceptions vérifiées et annulation pour les exceptions non vérifiées), mais qui peut aussi être complètement paramétré en utilisant les attributs de la transaction. Ce mécanisme ne peut être mis en œuvre qu'avec l'approche de gestion des transactions par déclaration.

Si, par exemple, la levée d'une exception vérifiée doit entraîner une annulation de la transaction, il suffit d'utiliser la configuration suivante en se fondant sur l'attribut `rollback-for` (❶) de la balise `method` :

```
<tx:advice id="txAdvice">
    <tx:attributes>
        <tx:method name="create*"
                rollback-for="CheckedException"/>←❶
        <tx:method name="update*"/>
        <tx:method name="delete*"/>
        <tx:method name="add*"/>
        <tx:method name="restore*"/>
        <tx:method name="*" read-only="true"/>
    </tx:attributes>
</tx:advice>
```

En cas de validation d'une transaction sur la levée d'une exception, c'est la balise `no-rollback-for` qui doit être utilisée.

Fonctionnalités avancées

Spring fournit quelques fonctionnalités intéressantes facilitant et allégeant la mise en œuvre des transactions dans une application Java/Java EE, comme l'utilisation transparente du contexte transactionnel, l'héritage des configurations transactionnelles ou les annotations.

Utilisation transparente du contexte transactionnel

Spring est devenu maître dans l'art d'intégrer des frameworks tiers dans une application de la manière la plus optimale et modulaire possible. Il fournit également un mécanisme intéressant pour ajouter un composant dans un contexte transactionnel géré par Spring de manière transparente, le composant n'ayant pas forcément besoin d'avoir été développé avec Spring.

Spring fournit ces types de proxy sur les ressources transactionnelles pour différentes technologies. Ces proxy ont par convention un nom commençant par `TransactionAware`. Ils intègrent automatiquement les connexions ou sessions dans le contexte transactionnel de Spring, si bien que les composants peuvent ne plus utiliser les classes utilitaires de Spring pour récupérer et relâcher ces ressources.

Le code suivant montre comment configurer ce mécanisme avec JDBC (cette mise en œuvre ne dépend pas de l'implémentation de l'interface `DataSource` choisie) :

```
<bean id="dataSourceTarget" class="org.springframework.jdbc.
                        datasource.DriverManagerDataSource">
    <property name="driverClassName"
            value="org.hsqldb.jdbcDriver"/>
    <property name="url"
            value="jdbc:hsqldb:hsql://localhost:9001"/>
    <property name="username" value="sa"/>
    <property name="password" value=""/>
</bean>

<bean id="dataSource" class="org.springframework.jdbc.
                datasource.TransactionAwareDataSourceProxy">
    <property name="dataSource" ref="dataSourceTarget"/>
</bean>
```

Les annotations

Spring offre la possibilité de définir les comportements transactionnels des composants grâce à des annotations Java 5. Ce mécanisme permet d'alléger le fichier XML de configuration de Spring et de spécifier le comportement transactionnel aussi bien au niveau du contrat du composant que de l'implémentation.

Il est toutefois préférable de les définir au niveau du contrat du composant, les implémentations correspondantes étant automatiquement impactées. Les implémentations ainsi que leurs différentes méthodes héritent donc de ce comportement par défaut, mais peuvent le surcharger au cas par cas si nécessaire.

Il est également à noter que les comportements spécifiés au niveau des classes ou des interfaces sont automatiquement appliqués aux méthodes contenues. Chaque méthode à la possibilité de modifier ce comportement en précisant de nouvelles annotations à son niveau.

Les types de comportements sont ajoutés dans les services métier (interface ou implémentation) grâce à l'annotation Transactional, dont le tableau 11-13 récapitule les différentes propriétés possibles.

Tableau 11-13. Propriétés de l'annotation *Transactional*

Propriété	Type	Description
Propagation	enum:Propagation	Spécifie le type de propagation de la transaction (valeur par défaut PROPAGATION_REQUIRED).
Isolation	enum:Isolation	Spécifie le niveau d'isolation de la transaction (valeur par défaut ISOLATION_DEFAULT).
ReadOnly	boolean	Spécifie si la transaction est en lecture seule (valeur par défaut false).
RollbackFor	Tableau d'objets de type Class	Spécifie la liste des exceptions qui causeront une annulation de la transaction.
RollbackForClassname	Tableau d'objets de type String	Spécifie la liste des noms des exceptions qui causeront une annulation de la transaction.
NoRollbackFor	Tableau d'objets de type Class	Spécifie la liste des exceptions qui ne causeront pas d'annulation de la transaction.
NoRollbackForClassname	Tableau d'objets de type String	Spécifie la liste des noms des exceptions qui ne causeront pas d'annulation de la transaction.

Le code suivant donne un exemple de mise en œuvre de l'annotation Transactional (❶) sur l'interface TodoListsManager :

```
@Transactional(readOnly=true)←❶
public interface TodoListsManager {

    @Transactional(readOnly = false,←❶
                   propagation = Propagation.REQUIRED)
    void createTodoList(TodoList todoList);

    TodoList findTodoList(String listId);

    @Transactional(readOnly = false,←❶
                   propagation = Propagation.REQUIRED)
```

```
    void updateTodoList(TodoList todoList);

    (...)
}
```

Les annotations permettant de spécifier des comportements transactionnels au sein même des classes de services, il n'est plus nécessaire d'avoir recours à la programmation orientée aspect pour les appliquer réellement. Il suffit d'activer cette approche grâce à la balise `annotation-driven` de l'espace de nommage `tx`. Il convient néanmoins de spécifier le gestionnaire de transactions de Spring utilisé au moyen de l'attribut `transaction-manager`.

Le code suivant illustre la mise en œuvre de cette balise et de cet attribut afin d'activer la configuration des transactions fondée sur les annotations :

```
<tx:annotation-driven transaction-manager="transactionManager"/>
```

Approches personnalisées

Les approches décrites précédemment peuvent ne pas convenir complètement à une application en raison de leur intégration à d'autres composants ou frameworks utilisés dans l'architecture.

D'une manière générale, le support standard des transactions de Spring suffit largement. Cependant, il peut se révéler utile de combiner plusieurs technologies pour en tirer le meilleur parti, notamment dans les cas suivants :

• Le besoin d'uniformiser la démarcation transactionnelle conduit à utiliser une API générique. Spring fournit ce type d'API, mais elle peut être utilisée sans pour autant recourir à l'injection de dépendances implémentée dans Spring.

• Le souci de modularité des composants amène à vouloir externaliser les problématiques techniques induites par les transactions. L'utilisation de technologies d'interception des traitements telles que la POA permet d'atteindre ce but. Le type de tisseur POA peut être choisi en fonction des besoins de l'application et ne pas être celui de Spring.

• La spécification de comportements transactionnels plus fins pour les composants transactionnels peut être réalisée à l'assemblage ou au déploiement de manière déclarative afin d'offrir encore plus de flexibilité. La combinaison de technologies telles que les EJB ou Spring permet d'offrir cette fonctionnalité.

Il est donc possible de combiner Spring avec d'autres technologies ou frameworks afin de répondre au plus près aux besoins de l'application, notamment les technologies EJB et POA.

Combinaison des technologies EJB et Spring

Dans la communauté Java EE, il est parfois de bon ton de mettre en concurrence la technologie EJB et le framework Spring. Les auteurs de cet ouvrage estiment pour leur part que les deux peuvent être utilisés de manière complémentaire, car ils ne couvrent pas complètement les mêmes domaines.

Comme un contexte applicatif de Spring peut être embarqué dans un EJB Session, il est possible d'obtenir un niveau de granularité plus fin dans celui-ci. Cela apporte en outre des avantages en termes de gestion des transactions.

Si une CMT (Container Managed Transaction) est utilisée, les transactions des EJB seront gérées par le conteneur. Un contexte applicatif de Spring peut être embarqué dans un EJB afin de gérer plus finement les comportements transactionnels des différents composants utilisés par l'EJB. Comme, dans ce cas, JTA est utilisé, le gestionnaire de transactions `JtaTransactionManager` de Spring doit être utilisé.

Si une BMT (Bean Managed Transaction) est utilisée, les transactions peuvent être gérées de la manière souhaitée dans Spring, qui les contrôle complètement.

Combiner Spring et AspectJ

L'application peut ne pas vouloir utiliser le tisseur POA de Spring et choisir un tisseur statique tel qu'AspectJ. Il est possible en ce cas de développer un aspect AspectJ utilisant les API de gestion transactionnelle de Spring. Il est à noter qu'AspectJ fournit non pas un mécanisme de gestion transactionnelle, mais un cadre propice à sa mise en place.

Spring offre une intégration avec AspectJ permettant de réaliser de l'injection de dépendances de composants tiers sur un aspect de type singleton. Dans notre cas, le gestionnaire de transactions ainsi que les comportements transactionnels désirés pour les composants tissés peuvent être injectés dans l'aspect. Le code advice de l'aspect a dès lors la responsabilité d'utiliser les API de Spring et de définir les coupes sur les composants transactionnels.

Comme Spring a en charge la gestion du contexte transactionnel, l'aspect peut être de type singleton, ce framework le stockant dans un `ThreadLocal`.

En résumé

Spring offre un mécanisme de gestion des transactions particulièrement flexible, qui permet de répondre au mieux aux exigences des applications. Ce framework fournit en outre un mécanisme de gestion des transactions déclaratif indépendant des conteneurs Java EE, aussi bien pour les transactions locales que globales.

De ce fait, Spring n'impose pas l'utilisation du service transactionnel du serveur d'applications, lequel s'appuie sur les transactions globales, sans l'interdire pour autant. Il est donc possible de l'utiliser à bon escient.

Spring permet d'externaliser la gestion des transactions des composants. Ces derniers n'ont de la sorte pas conscience de la stratégie transactionnelle qui va être utilisée. Celle-ci est réalisée lors de l'assemblage des composants dans les fichiers de configuration. Les composants sont de la sorte de plus en plus découplés des technologies et frameworks sous-jacents. Utiliser directement leurs API constituerait une bien mauvaise pratique puisque les composants seraient alors fortement liés à la technologie et donc très difficiles à faire évoluer.

Le tableau 11-14 récapitule les avantages et inconvénients de Spring et des EJB pour la gestion des transactions.

Tableau 11-14. Avantages et inconvénients de Spring et des EJB pour la gestion transactionnelle

Technologie	Avantages	Inconvénients
EJB	– Gestion des transactions au niveau des composants – Choix du niveau d'intrusivité de la mise en œuvre (par programmation ou déclarative)	– Serveur d'applications Java EE avec un conteneur d'EJB nécessaire – Utilisation des transactions globales obligatoire dans le cas d'une gestion par le conteneur – Solution peu flexible
Spring	– Gestion des transactions au niveau des composants – Choix du niveau d'intrusivité de la mise en œuvre (par programmation ou déclarative) – Solution très flexible quant aux types de transactions, à leur configuration et à la gestion des exceptions – Utilisation possible en dehors d'un serveur d'applications	– Complexité déportée au niveau du fichier de configuration du conteneur léger – Notions de POA souhaitables

Mise en œuvre de la gestion des transactions dans Tudu Lists

Dans l'étude de cas Tudu Lists, nous spécifions les comportements transactionnels par déclaration en nous appuyant sur les mécanismes transactionnels de Spring et l'approche utilisant l'annotation Transactional.

Comme l'application utilise JPA pour interagir avec la base de données, nous mettons en œuvre la classe JpaTransactionManager du package org.springframework.orm.jpa, implémentation de l'interface PlatformTransactionManager pour JPA.

Comme l'illustre le code suivant, cette classe s'appuie sur l'instance de l'EntityManagerFactory configurée, tirée du fichier dédié à la configuration des transactions :

```
<tx:annotation-driven transaction-manager="transactionManager"/>

<bean id="transactionManager" class="org.springframework
                        .orm.jpa.JpaTransactionManager">
    <property name="entityManagerFactory"
            ref="entityManagerFactory"/>
</bean>
```

La configuration ci-dessus utilise la balise annotation-driven afin de se fonder sur l'annotation Transactional pour déterminer les comportements transactionnels des composants.

Ces comportements, qui doivent être spécifiés pour tous les composants service métier de l'étude de cas, sont récapitulés au tableau 11-15.

Tableau 11-15. Composants services métier de l'étude de cas

Composant	Comportement transactionnel
userManager	– Méthode create : REQUIRED – Méthode update : REQUIRED – Méthode delete : REQUIRED – Autres méthodes : REQUIRED et readOnly
todoListsManager	– Méthode create : REQUIRED – Méthode update : REQUIRED – Méthode delete : REQUIRED – Méthode add : REQUIRED – Méthode restore : REQUIRED – Autres méthodes : PROPAGATION_REQUIRED et readOnly
todosManager	– Méthode create : PROPAGATION_REQUIRED – Méthode update : PROPAGATION_REQUIRED – Méthode delete : PROPAGATION_REQUIRED – Méthode completeTodo : PROPAGATION_REQUIRED – Méthode reopenTodo : PROPAGATION_REQUIRED – Autres méthodes : PROPAGATION_REQUIRED et readOnly
configurationManager	– Méthode update : PROPAGATION_REQUIRED – Autres méthodes : PROPAGATION_REQUIRED et readOnly

Le code suivant illustre un exemple de configuration des comportements transactionnels fondé sur l'annotation Transactional (❶) dans la classe TodoListsManagerImpl :

```
@Transactional←❶
public class TodoListsManagerImpl implements TodoListsManager {
    (...)

    public void createTodoList(final TodoList todoList) {
        (...)
    }

    @Transactional(readOnly = true)←❶
    public TodoList findTodoList(String listId) {
        (...)
    }

    @Transactional(readOnly = true)←❶
    public TodoList unsecuredFindTodoList(String listId) {
        (...)
    }

    public void updateTodoList(final TodoList todoList) {
        (...)
    }

    (...)
}
```

Conclusion

La gestion des transactions est une des problématiques les plus importantes et les plus complexes à mettre en œuvre dans une application. Elle peut impliquer plusieurs ressources transactionnelles fondées sur des technologies différentes, avoir à prendre en compte des accès concourants et savoir réagir aux erreurs ou aux pannes afin de garantir la cohérence des données. La mise en place de ces mécanismes au sein des applications est indispensable afin de garantir leur robustesse.

Les types de transactions utilisés doivent être adaptés aux besoins de l'application. Par exemple, l'utilisation de transactions globales peut amener une complexité inutile si une seule ressource transactionnelle est utilisée. Des frameworks tels que Spring fournissent désormais des mécanismes permettant de gérer les transactions locales de manière déclarative.

La mise en place des transactions dans les applications ne doit pas être négligée, car il s'agit d'une problématique de conception à part entière. Les différents concepts propres aux transactions décrits dans ce chapitre doivent être appliqués aux bons composants et les polluer le moins possible avec du code technique. Cette mise en place ne doit pas non plus être réalisée au détriment de la modularité ni de la flexibilité de l'architecture applicative.

L'utilisation de mécanismes déclaratifs pour spécifier les comportements transactionnels doit être privilégiée, de même que le choix de frameworks ou de technologies offrant cette fonctionnalité.

12

Support des technologies JMS et JCA

Les applications Java/Java EE doivent s'intégrer dans les systèmes d'information des entreprises, ou EIS (Enterprise Information System), qui comportent différentes applications et infrastructures de stockage des données. Elles doivent pouvoir réutiliser des services applicatifs existants, tout en minimisant les duplications de données dans ces différents systèmes.

L'interaction entre des applications pouvant être séparées physiquement au sein de l'entreprise et utilisant des mécanismes ou des technologies hétérogènes peut vite devenir complexe, puisqu'il n'est pas toujours possible de les réécrire ou de les modifier. Or cette réécriture n'est pas forcément la meilleure solution pour des applications répondant aux besoins et fonctionnant correctement. L'interaction avec elles est la solution la plus appropriée.

Cette interaction peut s'insérer dans différents types de traitements et mettre en œuvre des mécanismes de communication complexes, synchrones ou asynchrones. Ce chapitre se penche sur les technologies et mécanismes fournis par Java EE afin d'intégrer des applications dans des systèmes d'information d'entreprise par le biais des spécifications JMS (Java Messaging Service) et JCA (Java Connector Architecture).

La figure 12-1 schématise ces échanges.

Figure 12-1

Interactions entre les applications Java/Java EE et les applications d'entreprise

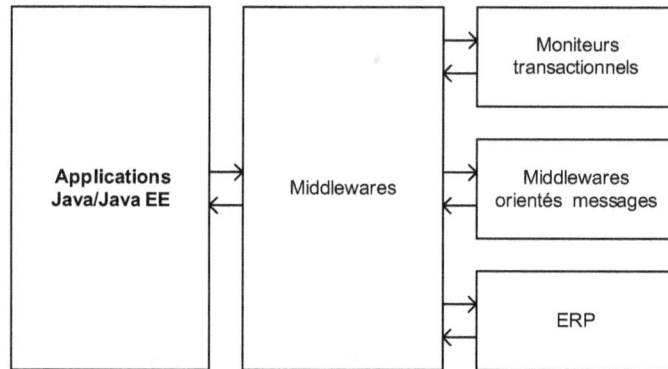

Nous verrons que Spring fournit des supports pour ces deux technologies afin d'alléger leur mise en œuvre et leur intégration au sein des applications Java/Java EE.

Les sections qui suivent détaillent les différentes technologies permettant aux applications Java/Java EE de s'intégrer aux applications d'entreprise, ainsi que les supports de Spring simplifiant leur utilisation.

Nous commençons par présenter la technologie JMS, afin de mieux appréhender son support par Spring. Nous utilisons ensuite la même approche pour la technologie JCA.

La spécification JMS (Java Messaging Service)

La spécification JMS vise à résoudre les préoccupations générales des messageries applicatives avec Java.

JMS adresse la problématique générale des MOM (Message-Oriented Middleware), ou middlewares orientés messages, en Java. Ces outils permettent en effet de faire communiquer des applications par l'intermédiaire de messages applicatifs contenant diverses informations applicatives ou de routage réseau.

Ces systèmes garantissent la distribution des messages aux applications, tout en fournissant des fonctionnalités de tolérance aux pannes, d'équilibrage de charge, d'évolutivité et de support transactionnel. Ils utilisent à cet effet des canaux de communication, désignés par le terme *destination,* qui peuvent être utilisés afin de mettre en œuvre des mécanismes de communication asynchrones.

La spécification JMS adressant la messagerie applicative fournit un cadre générique pour envoyer et recevoir des messages de manière synchrone et asynchrone. Elle fournit de surcroît un niveau d'abstraction normalisé afin d'interagir avec différents systèmes de messagerie applicative, la plupart d'entre eux supportant désormais cette spécification. On désigne les systèmes de messagerie applicative compatibles JMS par les termes *fournisseurs JMS*.

Les fournisseurs JMS

Chaque fabricant JMS propose une implémentation de l'API JMS cliente permettant d'interagir avec le serveur JMS. Le fabricant JMS offre également un module serveur de gestion de messages, qui implémente le routage et la distribution des messages. Ces deux entités sont collectivement désignées par le terme fournisseur JMS. Quelle que soit l'architecture utilisée par un fournisseur JMS, les parties logiques d'un système JMS sont identiques. Un fournisseur JMS correspond donc à un middleware ayant la responsabilité de recevoir et de distribuer les messages applicatifs. Il implémente à cet effet des mécanismes complexes, qui garantissent l'envoi et la réception de ces messages.

JMS distingue deux domaines de messagerie. Le premier, appelé file, ou *queue,* correspond à une distribution point-à-point. Un message envoyé sur un domaine de ce type est distribué une seule fois et à un seul observateur enregistré, comme l'illustre la figure 12-2.

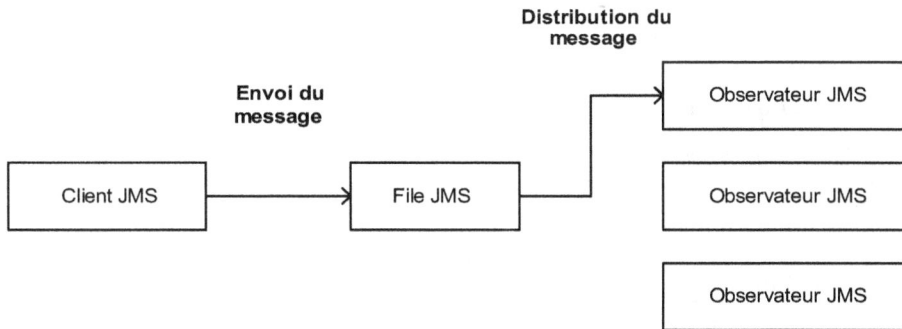

Figure 12-2

Mécanisme de distribution des messages pour le domaine file

Le second domaine, appelé sujet, ou *topic*, fonctionne sur le principe des listes de diffusion. Tous les observateurs enregistrés sur le domaine reçoivent le message envoyé, comme l'illustre la figure 12-3.

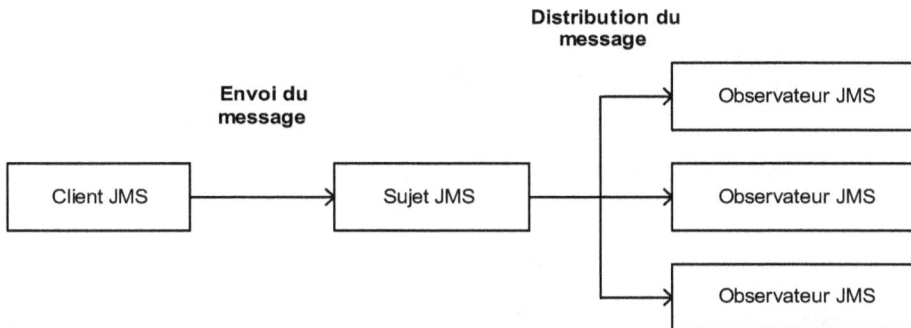

Figure 12-3

Mécanisme de distribution des messages pour le domaine sujet

Notons qu'une file ou un sujet est communément désigné dans la technologie JMS par le terme *destination*. Ces entités sont représentées par les interfaces Queue et Topic, héritant toutes deux de l'interface Destination du package javax.jms.

La spécification JMS comporte deux versions majeures. La version 1.0.2, la plus ancienne, dissocie dans ses API les deux domaines de messagerie. Elle comporte toutefois des limitations, notamment pour la gestion transactionnelle des messages. La version 1.1 adresse ces problèmes en uniformisant et homogénéisant les différentes API. Dans la suite du chapitre, nous nous fondons sur cette version 1.1, qui est couramment utilisée dans les applications d'entreprise Java/Java EE.

Interaction avec le fournisseur JMS

L'interaction avec le fournisseur JMS se réalise en plusieurs étapes :

1. Création de la fabrique de connexions.

2. Récupération d'une connexion à partir de la fabrique précédente. Il est possible de spécifier des propriétés pour la connexion, telles que l'identifiant du client.

3. Création d'une session à partir de la connexion. Au moment de cette création, il est possible de définir des propriétés transactionnelles, ainsi que le type d'acquittement d'envoi des messages.

La fabrique de connexion JMS est normalisée par l'intermédiaire de l'interface Connection-Factory du package javax.jms. Son unique fonction est de créer des connexions pour un fournisseur JMS, comme le montre son code ci-dessous :

```
public interface ConnectionFactory {
    Connection createConnection();
    Connection createConnection(String userName, String password);
}
```

La connexion JMS correspond à la connexion physique avec le fournisseur JMS. Cette entité est normalisée par l'intermédiaire de l'interface Connection du package javax.jms. Sa création nécessite une authentification de la part de l'utilisateur. Elle offre la possibilité de créer une session d'utilisation permettant d'envoyer et de recevoir des messages, ainsi que de créer différents types de messages.

Il est possible de positionner un identifiant pour la connexion par l'intermédiaire de sa méthode setClientID. Le code suivant donne la définition de cette entité :

```
public interface Connection {
    void close();
    (...)
    Session createSession(boolean transacted, int acknowledgeMode);
    String getClientID();
    ExceptionListener getExceptionListener();
    ConnectionMetaData getMetaData();
    void setClientID(String clientID);
    void setExceptionListener(ExceptionListener listener);
```

```
        void start();
        void stop();
    }
```

Notons la présence de l'interface `ExceptionListener` et de la méthode `setExceptionListener` de l'interface `Connection`, qui permettent d'enregistrer des observateurs et de récupérer les exceptions survenant lors de l'utilisation de la connexion.

Lorsqu'une connexion est créée, elle se retrouve en mode non actif et ne peut donc recevoir de messages. Il est par contre possible d'envoyer des messages par l'intermédiaire de l'entité `MessageProducer`, que nous décrivons plus loin dans ce chapitre.

Les méthodes `start` et `stop` de l'interface précédente permettent de changer ce mode. Une fois la méthode `start` invoquée, l'application peut utiliser l'entité `MessageConsumer`, que nous décrivons également plus loin, afin de recevoir des messages. La méthode `close` permet quant à elle de fermer la connexion avec le fournisseur JMS.

Notons qu'une connexion JMS est *thread safe* et que plusieurs fils d'exécution peuvent donc utiliser la même connexion simultanément, ce qui n'est pas le cas de la session décrite par la suite.

La session JMS permet d'interagir directement avec le fournisseur JMS afin d'envoyer, de recevoir et de créer des messages. Cette entité est normalisée par l'interface `Session` du package `javax.jms`. Au moment de sa création, l'utilisateur peut spécifier si elle doit être transactionnelle ainsi que le type d'acquittement des messages. Le code suivant donne la définition de cette entité :

```
public interface Session {
    (...)
    //Création de consommateur de messages
    MessageConsumer createConsumer(Destination destination);
    MessageConsumer createConsumer(Destination destination,
                                        String messageSelector);
    MessageConsumer createConsumer(Destination destination,
                    String messageSelector, boolean NoLocal);

    //Gestion des souscriptions durables
    TopicSubscriber createDurableSubscriber(
                                    Topic topic, String name);
    TopicSubscriber createDurableSubscriber(Topic topic,
        String name, String messageSelector, boolean noLocal);
    void unsubscribe(String name);

    //Création de producteur de messages
    MessageProducer createProducer(Destination destination);

    //Création de destinations
    Topic createTopic(String topicName);
    Queue createQueue(String queueName);
    TemporaryTopic createTemporaryTopic();
    TemporaryQueue createTemporaryQueue();

    //Création de messages
    TextMessage createTextMessage();
```

```
TextMessage createTextMessage(String text);
Message createMessage();
ObjectMessage createObjectMessage();
ObjectMessage createObjectMessage(Serializable object);
BytesMessage createBytesMessage();
MapMessage createMapMessage();
StreamMessage createStreamMessage();

//Propriétés de la session
int getAcknowledgeMode();
boolean getTransacted();

//Observateurs enregistrés
MessageListener getMessageListener();
void setMessageListener(MessageListener listener);

//Gestion des transactions
void commit();
void recover();
void rollback();

//Gestion de la session
void close();
(...)
}
```

Dans la définition de l'interface précédente, nous remarquons plusieurs types de méthodes. Ces dernières correspondent aux fonctionnalités récapitulées au tableau 12-1.

Tableau 12-1. Fonctionnalités de la session JMS

Fonctionnalité	Description
Envoi de messages	Crée les entités nécessaires à l'envoi de messages.
Réception de messages	Crée les entités nécessaires à la réception de messages.
Gestion des souscriptions durables	Fournit des méthodes afin de gérer les souscriptions durables à des sujets. Ces dernières permettent à un utilisateur de recevoir tous les messages JMS, y compris ceux publiés pendant une période où celui-ci est inactif.
Création de destinations	Crée des destinations (file ou sujet) en dehors des outils d'administration du fournisseur.
Création de messages JMS	Offre plusieurs méthodes permettant de créer les différents types de messages supportés par la spécification. Leur nom suit la règle create<TYPE>Message().
Propriétés de la session	Récupère les valeurs des propriétés transacted et acknowledgeMode correspondant respectivement aux propriétés transactionnelles et d'acquittement.
Enregistrement d'un observateur JMS	Permet l'enregistrement d'un observateur JMS afin de recevoir et de traiter les messages par l'intermédiaire de la méthode setListener.
Gestion des transactions	Offre deux méthodes afin de finaliser une transaction JMS : commit en cas de succès et rollback en cas d'annulation.
Gestion de la session	La méthode close permet de fermer la session JMS.

Le code suivant met en œuvre ces différentes entités afin d'interagir avec un fournisseur JMS :

```
ConnectionFactory connectionFactory=null;
Connection connection=null;
Session session=null;

try {
    connectionFactory=getConnectionFactory();
    connection=connectionFactory.createConnection();
    connection.start();

    boolean transacted=false;
    int acknowledgeMode=Session.AUTO_ACKNOWLEDGE;
    session=connection.createSession(transacted,acknowledgeMode);
} catch(Exception ex) {
    convertJmsException(ex);
} finally {
    closeSession(session);
    stopAndCloseConnection(connection);
}
```

Constituants d'un message JMS

Avant d'envoyer des informations au fournisseur JMS, il faut déterminer le type de message puis le créer. Un message JMS est structuré comme décrit au tableau 12-2.

Tableau 12-2. Constituants d'un message JMS

Constituant	Description
En-tête	Spécifie des informations interprétables aussi bien par le client que par le fournisseur afin de définir le message et de l'acheminer. La plupart de ces en-têtes (JMSDestination, JMSDelivery-Mode, JMSExpiration, JMSPriority, JMSMessageID, JMSTimestamp) sont positionnés automatiquement par les méthodes send ou publish de la session JMS. Seuls les en-têtes JMS-CorrelationID, JMSReplyTo et JMSType peuvent être utilisés par l'application cliente.
Propriétés	Spécifie des informations applicatives dans le message.
Corps	Contient les données spécifiques de l'application. Elles peuvent prendre différentes formes au sein de cette partie.

JMS définit les différents types de messages récapitulés au tableau 12-3.

Tableau 12-3. Types de messages JMS

Type	Description
StreamMessage	Permet de stocker séquentiellement des informations de type primitif dans le message. Cette interface étend l'interface Message afin de fournir des méthodes de lecture et d'écriture de données par type.
MapMessage	Permet de stocker les informations du message sous forme de table de hachage. Cette interface étend l'interface Message afin de fournir les méthodes permettant d'accéder aux différents éléments suivant leurs types.

Tableau 12-3. Types de messages JMS *(suite)*

Type	Description
TextMessage	Permet de stocker des informations de type texte, aussi bien texte simple que XML, dans un message JMS. Cette interface étend l'interface Message afin de fournir des méthodes getText et setText pour accéder au texte du message et le spécifier.
ObjectMessage	Permet de stocker un objet Java sérialisable dans un message JMS. Cette interface étend l'interface Message afin de fournir des méthodes getObject et setObject pour accéder à l'objet du message et le spécifier.
BytesMessage	Permet de stocker un tableau d'octets dans un message JMS. Cette interface étend l'interface Message afin de fournir des méthodes pour lire et écrire des octets.

La création des messages se réalise à partir d'une instance de la session courante, comme ici :

```
Session session = createSession(connection);
//Création d'un message de type texte
TextMessage txtMessage = session.createTextMessage();
message.setText("Le texte de mon message");
(...)
//Création d'un message de type Map
MapMessage mapMessage = session.createMapMessage();
mapMessage.setString("description","Description de mon message");
mapMessage.setInt("taille",26);
```

Il est également possible de positionner des en-têtes et des paramètres sur le message :

```
txtMessage.setJMSCorrelationID("monId");
txtMessage.setStringProperty("maPropriete","maValeur");
```

Envoi de messages

L'entité clé pour envoyer des messages avec JMS est l'interface MessageProducer du package javax.jms, dont le code est le suivant :

```
public interface MessageProducer {
    void close();
    int getDeliveryMode();
    Destination getDestination();
    boolean getDisableMessageID();
    boolean getDisableMessageTimestamp();
    int getPriority();
    long getTimeToLive();
    void send(Destination destination, Message message) ;
    void send(Destination destination, Message message,
              int deliveryMode, int priority, long timeToLive);
    void send(Message message) ;
    void send(Message message, int deliveryMode,
                      int priority, long timeToLive);
```

```
        void setDeliveryMode(int deliveryMode);
        void setDisableMessageID(boolean value);
        void setDisableMessageTimestamp(boolean value);
        void setPriority(int defaultPriority);
        void setTimeToLive(long timeToLive);
}
```

Une entité `MessageProducer` possède les propriétés décrites au tableau 12-4.

Tableau 12-4. Propriétés de l'entité *MessageProducer*

Propriété	Description
destination	Destination (file ou sujet) sur laquelle le message doit être envoyé.
deliveryMode	Mode de distribution du message. Les valeurs possibles sont `DeliveryMode.NON_PERSIS-TENT` et `DeliveryMode.PERSISTENT`. Le mode persistant garantit une distribution du message, même en cas de panne du fournisseur JMS, ce qui n'est pas le cas en mode non persistant.
disableMessageID	Désactivation de la génération d'identifiant de messages par le fournisseur JMS
disableMessageTimestamp	Désactivation du calcul de l'estampille temporelle par le client JMS
priority	Priorité du message
timeToLive	Date d'expiration du message

Toutes ces propriétés peuvent être spécifiées de manière globale au moment de la création du `MessageProducer`. Comme le montre le code suivant, les valeurs spécifiées au niveau du producteur (❶) sont utilisées lors de l'envoi (❷) des messages :

```
(...)
Session session = createSession(connection);
Destination destination = getDestination();
TextMessage message = session.createTextMessage();
message.setText("texte du message");
MessageProducer messageProducer
                    = session.createProducer(destination);
messageProducer.setDeliveryMode(Message.DEFAULT_DELIVERY_MODE);←❶
messageProducer.setPriority(Message.DEFAULT_PRIORITY);←❶
messageProducer.setTimeToLive(Message.DEFAULT_TIME_TO_LIVE);←❶
messageProducer.send(message);←❷
messageProducer.close();
```

Il est possible de définir des valeurs spécifiques pour un message lors de son envoi. Ces dernières, précisées par l'intermédiaire de la méthode `send` (❶), remplacent les valeurs définies au niveau du `MessageProducer` :

```
(...)
Session session = createSession(connection);
Destination destination = getDestination();
TextMessage message = session.createTextMessage();
message.setText("texte du message");
```

```
MessageProducer messageProducer
                    = session.createProducer(destination);
messageProducer.send(message, Message.DEFAULT_DELIVERY_MODE,←❶
                             Message.DEFAULT_PRIORITY,←❶
                             Message.DEFAULT_TIME_TO_LIVE);←❶
messageProducer.close();
```

Réception de message

L'entité clé pour recevoir des messages avec JMS est l'interface MessageConsumer du package javax.jms, dont le code est le suivant :

```
public interface MessageConsumer {
    void close();
    MessageListener getMessageListener();
    String getMessageSelector();
    Message receive();
    Message receive(long timeout);
    Message receiveNoWait();
    void setMessageListener(MessageListener listener);
}
```

Cette interface offre la possibilité de recevoir des messages JMS de manière synchrone, et donc la plupart du temps bloquante, par l'intermédiaire de ses différentes méthodes receive.

Ces méthodes permettent de se mettre en attente d'un message indéfiniment, durant un temps fini ou non bloquant. Dans ce dernier cas, la méthode renvoie null si aucun message n'est disponible au moment de son exécution. Le code suivant en donne un exemple d'utilisation :

```
(...)
Session session = createSession(connection);
Destination destination=getDestination();

MessageConsumer messageConsumer
                    = session.createConsumer(destination);
int timeout = 60;
Message message = messageConsumer.receive(timeout);
messageConsumer.close();
```

Lorsque l'entité MessageConsumer est utilisée conjointement avec l'interface MessageListener, elle permet de recevoir des messages JMS de manière asynchrone. Dans ce cas, lors de la réception d'un message, la méthode onMessage de l'observateur est appelée, avec le message en paramètre.

Le code suivant décrit l'interface MessageListener du package javax.jms :

```
public interface MessageListener {
    void onMessage(Message message);
}
```

Voici un exemple de mise en œuvre de réception asynchrone de message avec JMS :

```
(...)
Session session = createSession(connection);
Destination destination=getDestination();

MessageConsumer messageConsumer
                     = session.createConsumer(destination);
MessageListener listener = new MyMessageListener();
MessageConsumer.setMessageListener(listener);
Thread.sleep(60);
messageConsumer.close();
```

Versions de JMS

JMS 1.0.2 fait la distinction entre les différents domaines de messagerie, entraînant de sérieuses limitations dans la gestion des transactions et l'uniformisation des API de la technologie.

La version 1.1 uniformise ces deux domaines, mais reste compatible avec les API de la version précédente. De ce fait, la plupart des entités de la version 1.0.2 sont désormais des sous-classes des entités de la version 1.1.

Le tableau 12-5 récapitule les différentes entités de ces deux versions de JMS.

Tableau 12-5. Entités des versions 1.0.2 et 1.1 de JMS

Entité JMS 1.1	Entité JMS 1.0.2 (file)	Entité JMS 1.0.2 (sujet)
ConnectionFactory	QueueConnectionFactory	TopicConnectionFactory
Connection	QueueConnection	TopicConnection
Session	QueueSession	TopicSession
MessageProducer	QueueSender	TopicPublisher
MessageConsumer	QueueReceiver	TopicSubscriber
Destination	Queue	Topic

Support JMS de Spring

Le support JMS de Spring, facilite l'utilisation de cette technologie aussi bien pour son paramétrage que pour son utilisation.

Nous détaillons dans cette section la configuration des entités JMS, ainsi que la classe centrale du support et la façon dont le framework gère l'envoi et la réception de messages JMS.

Le support JMS de Spring concerne les versions 1.0.2 et 1.1, mais nous ne détaillons dans cet ouvrage que le support cette dernière.

Configuration des entités JMS

La première chose à mettre en place afin d'utiliser les API de JMS est la fabrique de connexions. La plupart du temps, les fournisseurs JMS les rendent disponibles aux applications clientes par le biais de JNDI. Ces entités doivent être configurées préalablement par l'intermédiaire d'outils d'administration.

La balise `jndi-lookup` de l'espace de nommage `jee` peut être mise en œuvre afin de les utiliser, comme dans l'exemple de code suivant :

```
<jee:jndi-looup id="jmsConnectionFactory"
                jndi-name="myConnectionFactory">
    <jee:environment>
        (...)
    </jee:environment>
</jee:jndi-lookup>
```

Notons qu'il est indispensable de spécifier l'environnement JNDI associé au fournisseur JMS. Le support JMS laisse la possibilité de configurer la fabrique en tant que Bean.

La deuxième étape consiste à déterminer les différentes destinations que l'application utilise et la manière dont elle y accède. Le support JMS définit l'abstraction `DestinationResolver` dans le package `org.springframework.jms.support.destination` dans le but de récupérer une instance à partir d'un nom par l'intermédiaire de la méthode `resolveDestinationName` décrite ci-dessous :

```
public interface DestinationResolver {
    Destination resolveDestinationName(
                Session session, String destinationName,
                boolean pubSubDomain) throws JMSException;
}
```

Cette interface possède deux implémentations, localisées dans le même package que précédemment : `JndiDestinationResolver`, qui résout le nom en utilisant JNDI, et `DynamicDestinationResolver`, qui utilise les méthodes `createQueue` et `createTopic` de la session JMS afin de créer dynamiquement des files et des sujets JMS. Elles doivent être utilisées lorsque les différentes entités du support sont configurées avec des noms de destination et non des instances.

ActiveMQ

ActiveMQ est un fournisseur JMS Open Source particulièrement léger et performant. Entièrement écrit en Java, il peut être utilisé en mode autonome ou embarqué dans une application ou des tests unitaires. Ce projet est devenu récemment un sous-projet du projet Geronimo d'Apache, correspondant à une implémentation complète de Java EE. Il est accessible à l'adresse *http://www.activemq.org/*.

Il est toujours possible d'utiliser la balise `jndi-lookup` précédente afin de récupérer une instance de la destination, comme dans le code suivant pour le fournisseur JMS ActiveMQ :

```
<jee:jndi-looup id="jmsQueue" jndi-name="queue">
    <jee:environment>
        java.naming.factory.initial=
                org.activemq.jndi.ActiveMQInitialContextFactory
        java.naming.provider.url=tcp://localhost:61616
        queue.queue=tudu.queue
    </jee:environment>
</jee:jndi-lookup>
```

Le template JMS

Le template JMS est la classe centrale du support JMS de Spring puisqu'elle facilite l'interaction entre le fournisseur JMS et l'application.

Il existe deux versions de cette entité, correspondant aux différentes versions de la spécification JMS, mais nous ne détaillons que celle relative à la version 1.1.

Ce template s'appuie sur une fabrique de connexions JMS et une destination configurées de la même manière que précédemment. Étant donné qu'il possède différentes propriétés de paramétrage, il est recommandé de le configurer dans Spring de la façon suivante :

```
<bean id="jmsTemplate"
    class="org.springframework.jms.core.JmsTemplate">
    <property name="connectionFactory" ref="jmsConnectionFactory"/>
    <property name="destination" ref="jmsQueue"/>
    (...)
</bean>
```

Le template peut être configuré en tant que singleton, puisqu'il se fonde directement sur une fabrique de connexions JMS, et être injecté ensuite dans les composants de l'application.

Le tableau 12-6 récapitule les différents paramètres de configuration du template JMS, cette entité correspondant à la classe JmsTemplate.

Tableau 12-6 Propriétés de la classe *JmsTemplate*

Propriété	Utilisation	Description
destinationResolver	Envoi et réception (par défaut null)	Correspond à l'entité utilisée afin de récupérer l'instance de la destination dont le nom a été configuré par l'intermédiaire de la propriété defaultDestination. Elle est de type DestinationResolver.
sessionTransacted	Envoi et réception (par défaut false)	Permet de déterminer si les sessions JMS créées sont transactionnelles.
sessionAcknowledgeMode	Envoi (par défaut Session.AUTO_ACKNOWLEDGE)	Correspond au mode d'acquittement des messages envoyés.
defaultDestination	Envoi et réception (par défaut null)	Correspond à la destination par défaut. Elle peut être renseignée aussi bien avec l'instance de la destination qu'avec son nom. Cette propriété est utilisée par les méthodes du template ne possédant pas d'information de destination en paramètre.

Tableau 12-6 Propriétés de la classe _JmsTemplate (suite)_

Propriété	Utilisation	Description
messageConverter	Envoi et réception (par défaut `null`)	Correspond à l'entité utilisée afin de construire un message à partir d'un objet et de récupérer un objet à partir d'un message. Elle est de type `MessageConverter` et est décrite à la section suivante.
messageIdEnabled	Envoi (par défaut `true`)	Détermine si la génération des identifiants des messages JMS est activée.
messageTimestampEnabled	Envoi (par défaut `true`)	Détermine si la génération des estampilles temporelles des messages JMS est activée.
pubSubNoLocal	Envoi et réception (par défaut `false`)	Est nécessaire pour ce template afin d'utiliser la création dynamique de destinations.
receiveTimeout	Réception (par défaut `-1`)	Correspond au temps d'attente de réception de messages. Si sa valeur est supérieure ou égale à 0, cette propriété est passée en paramètre de la méthode `receive` de la session JMS. Dans le cas contraire, la méthode `receive` est bloquée jusqu'à l'arrivée d'un message.
explicitQosEnabled	Envoi (par défaut `false`)	Permet d'activer l'utilisation des paramètres `deliveryMode`, `priority` et `timeToLive` lors de l'envoi de messages JMS. Si la valeur de cette propriété est `true`, les propriétés précédentes sont passées en paramètres de la méthode `send` de la session JMS.
deliveryMode	Envoi (par défaut `Message.DEFAULT_DELIVERY_MODE`)	Correspond au mode de distribution des messages envoyés.
priority	Envoi (par défaut `Message.DEFAULT_PRIORITY`)	Correspond à la priorité des messages envoyés.
timeToLive	Envoi (par défaut `Message.DEFAULT_TIME_TO_LIVE`)	Correspond à la configuration de la date d'expiration des messages envoyés.

Ces paramètres peuvent être spécifiés sur l'instance du template grâce aux fonctionnalités de Spring relatives à l'injection de dépendances.

Envoi de messages

La classe `JmsTemplate` facilite l'envoi de messages au fournisseur JMS en intégrant toute la manipulation des API JMS, tout en laissant la possibilité au développeur de spécifier les parties propres à son application.

Afin d'envoyer des messages JMS, le template permet de travailler directement sur des ressources JMS qu'il gère par le biais de méthodes de rappel, et ce aux niveaux à la fois de la session et du producteur. Il s'appuie pour cela sur les interfaces `SessionCallback` et `ProducerCallback`.

L'interface SessionCallback met à disposition la session grâce à la méthode doInJms, comme ci-dessous :

```
public interface SessionCallback {
    Object doInJms(Session session) throws JMSException;
}
```

L'interface ProducerCallback enrichit cette signature de méthode afin de rendre disponible le producteur de message, comme ci-dessous :

```
public interface ProducerCallback {
    Object doInJms(Session session,
                MessageProducer producer) throws JMSException;
}
```

Le template JMS utilise ces interfaces par l'intermédiaire de méthodes execute de la manière suivante :

```
final Destination destination = getDestination();
JmsTemplate template = getJmsTemplate();
template.execute(new ProducerCallback() {
    public Object doInJms(Session session,
                MessageProducer producer) throws JMSException {
        TextMessage message = session.createTextMessage();
        message.setText("Le texte du message.");
        producer.send(destination,message);
    }
});
```

Création et envoi de messages

Le template JMS peut être paramétré avec une implémentation de l'interface MessageCreator du package org.springframework.jms.core afin de spécifier la façon de créer le message à envoyer. Le code suivant donne sa définition :

```
public interface MessageCreator {
    Message createMessage(Session session) throws JMSException;
}
```

Ce mécanisme peut être mis en œuvre avec toutes les méthodes send du template JMS possédant un paramètre de type MessageCreator, comme ci-dessous :

```
JmsTemplate template = getJmsTemplate();
template.send(new MessageCreator() {
    public Message createMessage(Session session)
                                    throws JMSException {
        TextMessage message = session.createTextMessage();
        message.setText("Le texte du message.");
        return message;
    }
}
```

Conversion et envoi de messages

Le support JMS de Spring fournit l'interface `MessageConverter` dans le package `org.springframework.jms.support.converter` afin de généraliser le mécanisme précédent à la réception (conversion d'un message en objet) et à l'envoi (conversion d'un objet en message) de messages.

Contrairement au créateur, un convertisseur de messages est global au template JMS. Son code est le suivant :

```
public interface MessageConverter {
    Message toMessage(Object object, Session session)
                throws JMSException, MessageConversionException;
    Object fromMessage(Message message)
                throws JMSException, MessageConversionException;
}
```

L'utilisateur doit spécifier dans une classe la façon de passer d'un message à un objet, et inversement. Le code suivant décrit son utilisation avec des messages de type `TextMessage` :

```
public MonConvertisseur implements MessageConverter {
    public Message toMessage(Object object, Session session)
                throws JMSException, MessageConversionException {
        TextMessage message = session.createTextMessage();
        if( object instanceof String ) {
            message.setText((String)object);
        } else {
            message.setText(object.toString());
        }
        return message;
    }

    public Object fromMessage(Message message)
                throws JMSException, MessageConversionException {
        if( message instanceof TextMessage ) {
            return ((TextMessage)message).getText();
        } else {
            throw new MessageConversionException(
                                "Type de message non supporté.");
        }
    }
}
```

Cette implémentation est rattachée au template précédent de la manière suivante :

```
<bean id="jmsMessageConverter" class="MonConvertisseur"/>

<bean id="jmsTemplate"
    class="org.springframework.jms.core.JmsTemplate">
    <property name="messageConverter" ref="jmsMessageConverter"/>
    (...)
</bean>
```

Ce mécanisme peut être mis en œuvre avec toutes les méthodes `convertAndSend` du template JMS, comme ci-dessous :

```
JmsTemplate template = getJmsTemplate();
template.convertAndSend("Le texte du message.");
```

Notons que ce code utilise le convertisseur configuré précédemment sur le template JMS.

Postprocessing des messages

L'envoi de messages avec conversion offre la possibilité de réaliser des traitements sur les messages immédiatement avant qu'ils soient envoyés. Ce mécanisme se fonde sur l'interface `MessagePostProcessor` suivante du package `org.springframework.jms.core` :

```
public interface MessagePostProcessor {
    Message postProcessMessage(Message message)
                                throws JMSException;
}
```

L'exemple suivant décrit une mise en œuvre possible de cette entité afin d'ajouter automatiquement un identifiant de corrélation à chaque message envoyé :

```
JmsTemplate template = getJmsTemplate();
template.convertAndSend("Le texte du message.",
        new MessagePostProcessor() {
    public Message postProcessMessage(Message message)
                                    throws JMSException {
        String correlationId = getCorrelationId();
        message.setJMSCorrelationID(correlationId);
    }
});
```

Réception de messages

Le support JMS de Spring permet de recevoir des messages JMS de manière synchrone ou asynchrone. La mise en œuvre de ces fonctionnalités se fonde sur des entités différentes.

La réception synchrone implique une action de l'application cliente JMS afin de récupérer les messages, action pouvant être bloquante. Cette fonctionnalité utilise la classe centrale du support JMS, à savoir la classe `JmsTemplate`.

La réception asynchrone met en œuvre des observateurs JMS, le support JMS fournissant un cadre, dénommé conteneur de gestion des observateurs, afin d'enregistrer ces observateurs auprès des ressources JMS appropriées.

Réception synchrone de messages

Puisque le support JMS offre la possibilité de travailler sur une session gérée par le template par l'intermédiaire de l'interface `SessionCallback`, il est possible de créer une instance de `MessageConsumer` afin de recevoir des messages.

Notons que Spring ne définit pas d'interface `ConsumerCallback`, à la manière de l'interface `ProducerCallback`. La mise en œuvre de l'interface `SessionCallback` n'est pas recommandée dans ce cas, car le développeur a la responsabilité de gérer l'instance de consommation des messages. Le template JMS fournit des méthodes afin d'encapsuler toute cette logique technique.

Comme pour l'envoi de messages, la réception se décompose en deux parties, dont la première récupère directement le message reçu. Elle s'appuie pour cela sur les méthodes `receive` et `receiveSelected`. Cette dernière offre la possibilité d'utiliser un sélecteur de message afin de cibler les messages désirés.

Le code suivant en donne un exemple d'utilisation :

```
JmsTemplate template = getJmsTemplate();
Message message = template.receive();
```

Notons que la méthode `receive` de cet exemple utilise tous les paramétrages du template réalisés précédemment.

La seconde méthode permet d'utiliser le mécanisme de conversion abordé lors de l'envoi de message, toutes les méthodes nommées `receiveAndConvert` et `receiveSelectedAndConvert` mettant en œuvre ce mécanisme.

Ce dernier type de méthode offre la possibilité d'utiliser un sélecteur de message afin de cibler les messages désirés. Le code suivant en donne un exemple d'utilisation :

```
JmsTemplate template = getJmsTemplate();
String txtMessage = (String)template.receiveAndConvert();
```

Notons que la méthode `receive` de cet exemple utilise également tous les paramétrages réalisés précédemment sur le template ainsi que sur le convertisseur `MonConvertisseur`.

Réception asynchrone de messages

Le support JMS intègre un cadre robuste afin de mettre en œuvre les mécanismes de réception asynchrones de JMS. Spring implémente pour cela deux approches. La première utilise l'entité `MessageConsumer` et sa méthode `setListener`, et la seconde l'entité `ServerSession`.

Ces deux approches ont en commun les propriétés récapitulées au tableau 12-7.

Tableau 12-7. Propriétés communes des conteneurs JMS de Spring

Propriété	Description
destinationResolver	Correspond à l'entité utilisée afin de récupérer l'instance de la destination dont le nom a été configuré par l'intermédiaire de la propriété `defaultDestination`. Elle est de type `DestinationResolver`.
connectionFactory	Correspond à la fabrique de connexions à utiliser.
sessionTransacted	Permet de déterminer si les sessions JMS créées sont transactionnelles.
sessionAcknowledgeMode	Correspond au mode d'acquittement des messages envoyés.
messageSelector	Correspond à l'entité utilisée afin de filtrer les messages à recevoir.
messageListener	Correspond à l'instance de l'observateur JMS utilisé.

Tableau 12-7. Propriétés communes des conteneurs JMS de Spring *(suite)*

Propriété	Description
exposeListenerSession	Permet de spécifier si la session à fournir aux observateurs JMS de type SessionAwareMessageListener est celle utilisée pour la réception des messages.
autoStartup	Spécifie si la méthode start de la connexion JMS doit être appelée au chargement du conteneur. Si sa valeur est false, il est possible de le démarrer ultérieurement avec la méthode start du conteneur. L'arrêt de la réception des messages est réalisé avec la méthode stop.
destination	Correspond à la destination à utiliser. Elle peut être renseignée avec l'instance de la destination ou son nom.

Le premier conteneur JMS de Spring est implémenté par l'intermédiaire de la classe SimpleMessageListenerContainer du package org.springframework.jms.listener. Cette classe correspond à la forme la plus simple et n'offre pas une approche multithread.

Il est possible de paramétrer le nombre de sessions utilisées pour la réception des messages par l'intermédiaire de la propriété concurrentConsumers. Ce conteneur ne permet pas de modifier dynamiquement sa configuration au cours de l'exécution.

Le code suivant donne un exemple de sa mise en œuvre :

```
<bean id="connectionFactory"
      class="org.activemq.ActiveMQConnectionFactory">
    <property name="brokerURL" value="tcp://localhost:61616"/>
</bean>

<bean id="asynchTuduJmsListener"
      class="tudu.jms.AsynchTuduJmsListener"/>

<bean id="jmsContainer" class="org.springframework.jms
                    .listener.DefaultMessageListenerContainer">
    <property name="connectionFactory" ref="connectionFactory"/>
    <property name="destinationName" value="tudu.queue"/>
    <property name="messageListener" ref="asynchTuduJmsListener"/>
</bean>
```

Le second conteneur, implémenté par l'intermédiaire de la classe ServerSessionMessageListenerContainer du même package, est beaucoup plus évolué. Il se fonde sur les API JMS ServerSessionPool, généralement mises en œuvre par les serveurs d'applications. Il permet de réaliser la réception de messages de manière multithreadée et se configure de la même manière que le précédent.

Message Driven Pojos

Le support JMS donne la possibilité de configurer un Bean simple en tant qu'observateur JMS en se fondant sur la classe MessageListenerAdapter, localisée dans le package org.springframework.jms.listener.adapter. Cette dernière se positionne en tant que proxy devant le Bean et permet de positionner la méthode à appeler lors de la réception d'un message.

Le code suivant illustre la configuration du Bean cible par l'intermédiaire de la propriété delegate (❶) et de la méthode appelée avec la propriété defaultListenerMethod (❷) :

```
<bean id="monBean" class="(...)"/>

<bean id="listener" class="org.springframework.jms.listener
                          .adapter.MessageListenerAdapter">
    <property name="delegate" ref="monBean"/>←❶
    <property name="defaultListenerMethod"←❷
            value="processRequest"/>
</bean>
```

Espace de nommage

Dans le contexte des réceptions asynchrones, Spring met à disposition l'espace de nommage jms. Ce dernier permet de configurer simplement les conteneurs JMS de Spring et de mettre en œuvre facilement des Message Driven Pojos, et ce avec une grande facilité de configuration, les concepts décrits précédemment étant identiques.

Cet espace de nommage se configure de manière classique (❶) à l'aide des facilités de XML au niveau de la balise beans, comme le montre le code suivant :

```
<?xml version="1.0" encoding="UTF-8"?>
<beans xmlns="http://www.springframework.org/schema/beans"
       xmlns:xsi="http://www.w3.org/2001/XMLSchema-instance"
       xmlns:jms="http://www.springframework.org/schema/jms"←❶
       xsi:schemaLocation="
              http://www.springframework.org/schema/beans
           http://www.springframework.org/schema/
                            beans/spring-beans-2.5.xsd
           http://www.springframework.org/schema/jms←❶
           http://www.springframework.org/schema/
                            jms/spring-jms-2.5.xsd">
```

La balise listener-container permet de configurer le conteneur JMS, les différents observateurs étant spécifiés par la suite en se fondant sur des balises imbriquées. Le tableau 12-8 récapitule les différentes propriétés utilisables par la balise listener-container :

Tableau 12-8. Propriétés de la balise *listener-container* de l'espace de nommage *jms*

Propriété	Description
container-type	Spécifie le type du conteneur à utiliser. Les valeurs possibles sont default, simple, default102 et simple102, sachant que la valeur par défaut est default.
connection-factory	Spécifie l'identifiant du Bean correspondant à la fabrique de connexion JMS à utiliser. La valeur par défaut est connectionFactory.
task-executor	Spécifie l'identifiant d'un Bean de type TaskExecutor de Spring afin d'invoquer les observateurs JMS.

Tableau 12-8. Propriétés de la balise *listener-container* de l'espace de nommage *jms (suite)*

Propriété	Description
destination-resolver	Référence un Bean de type DestinationResolver afin de spécifier une stratégie de résolution des destinations.
message-converter	Référence un Bean de type MessageConverter afin de spécifier une stratégie pour convertir les messages JMS en paramètres des méthodes des observateurs. Par défaut, il s'agit d'une entité de type SimpleMessageConverter.
destination-type	Spécifie le type de destination. Les valeurs possibles sont queue, topic et durable-Topic, sachant que la valeur par défaut est queue.
client-id	Spécifie l'identifiant du client pour le conteneur. Cela se révèle nécessaire lors de l'utilisation des souscriptions durables.
cache	Configure le niveau de cache des ressources JMS. Les valeurs possibles sont none, connection, session, consumer et auto (valeur par défaut).
acknowledge	Spécifie le type d'acquittement JMS pour les observateurs. Les valeurs auto, client, dups-ok et transacted sont possibles, sachant que la valeur par défaut est auto et que transacted active les transactions locales. Une autre possibilité consiste à utiliser des transactions gérées par Spring.
transaction-manager	Référence un Bean correspondant à une implémentation de l'interface Platform-TransactionManager afin de gérer les transactions.
concurrency	Spécifie le nombre de sessions/consommateurs JMS concourants à démarrer pour chaque observateur.
prefetch	Spécifie le nombre maximal de messages à charger pour une session JMS.

Le conteneur peut contenir une ou plusieurs configurations d'observateurs JMS par l'intermédiaire de la balise listener. Cette balise intègre directement la possibilité de mettre en œuvre des Message Driven Pojos en permettant le référencement de Beans classiques en tant qu'observateurs JMS. Il intègre en effet directement la configuration de la classe Message-ListenerAdapter précédemment décrite.

Le tableau 12-9 récapitule les différentes propriétés de la balise listener de l'espace de nommage jms.

Tableau 12-9. Propriétés de la balise *listener* de l'espace de nommage *jms*

Propriété	Description
id	Identifiant du Bean correspondant au conteneur configuré.
destination	Spécifie la destination JMS sur lequel l'observateur est appliqué.
ref	Référence le Bean utilisé en tant qu'observateur JMS. Aucune dépendance sur les API JMS n'est nécessaire et l'interface MessageListener n'a pas à être implémentée.
method	Correspond à la méthode du Bean à utiliser lors de la réception d'un message JMS.
response-destination	Spécifie le nom de la destination par défaut pour renvoyer des messages. Cet aspect ne s'applique qu'aux méthodes des observateurs ayant un retour.
subscription	Configure le nom de la souscription durable si cette fonctionnalité doit être mise en œuvre.
selector	Spécifie un sélecteur optionnel pour l'observateur.

Le code suivant illustre la mise en œuvre de l'espace de nommage pour configurer un Bean simple en tant qu'observateur JMS (❶) par l'intermédiaire d'un conteneur JMS (❷) de Spring :

```
(...)

<bean id="monBean" class="(...)"/>

<jms:listener-container←❶
        connection-factory="connectionFactory"
        concurrency="10">
    <jms:listener destination="tudu.queue"←❷
            ref="monBean" method="processRequest"/>
</jms:listener-container
```

En résumé

Le support JMS de Spring réduit la complexité liée à l'utilisation de cette technologie. Il permet de configurer facilement les différentes entités de JMS dans le conteneur léger et de s'appuyer sur une entité principale gérant les interactions avec le fournisseur JMS. Il adresse aussi bien l'émission que la réception de messages JMS.

Le support offre également une façon élégante et simple de mettre en œuvre des observateurs JMS afin d'utiliser les mécanismes asynchrones de communication de la technologie. La configuration de simples Beans en tant qu'observateur est possible, et un espace de nommage dédié est mis à disposition afin de faciliter cette configuration.

La spécification JCA (Java Connector Architecture)

Cette section se penche sur les préoccupations générales des interactions avec les systèmes d'information d'entreprise ainsi que sur les concepts de la spécification JCA visant à les résoudre avec Java.

La spécification JCA définit les mécanismes permettant d'accéder de manière uniformisée à des systèmes d'information d'entreprise hétérogènes. Ces derniers peuvent utiliser diverses technologies, dont Java/Java EE, et correspondre, par exemple, à des moniteurs transactionnels pour mainframes (CICS, IMS) ou à des ERP (SAP, PeopleSoft, etc.).

La spécification JCA comprend deux versions :

- Version 1.0. Adresse la façon d'interagir avec des systèmes d'information d'entreprise par l'intermédiaire de requêtes tout en recourant aux services Java EE. Elle standardise une API cliente, appelée Common Client Interface, afin d'interagir avec ses systèmes d'une manière similaire à JDBC mais plus générique.

- Version 1.5. Enrichit la version précédente avec le support des connexions entrantes sur les connecteurs. Les systèmes d'information peuvent envoyer des messages au connecteur, lequel notifie les observateurs enregistrés. Cet ajout est fortement lié à la spécification JMS permettant de normaliser ses interactions avec les services Java EE.

L'objectif de la spécification est de standardiser les interactions entre les connecteurs et un fournisseur de services. Nous faisons ici la distinction entre fournisseur de services et serveur d'applications, puisque les deux ne sont pas forcément équivalents. Un serveur d'applications correspond à un fournisseur de services, mais la réciproque n'est pas vérifiée.

Les mécanismes de JCA peuvent être utilisés afin de faire interagir des ressources Java/Java EE avec des services tels qu'un gestionnaire de transactions compatible JTA.

La spécification n'impose pas l'API cliente à utiliser, celle-ci étant déterminée par l'implémentation du connecteur. Ce dernier peut nécessiter l'utilisation de Common Client Interface, comme c'est le cas pour des connecteurs tels que ceux d'IBM, permettant d'accéder à de gros systèmes, tels que CICS ou IMS, mais également permettre la configuration de fabriques de connexions ou de sessions, telles que celles de JDBC, JMS ou Hibernate.

La technologie JCA est de plus en plus utilisée dans les serveurs d'applications afin de configurer les différentes ressources qu'ils utilisent et de les faire interagir avec leurs services. Geronimo, par exemple, le serveur Java EE de la fondation Apache, configure les pools de connexions JDBC à partir de JCA et de son connecteur générique, TranQL.

La spécification JCA comporte deux parties distinctes :

• Partie cliente. Utilisable dans les applications Java/Java EE afin d'interagir avec les systèmes d'information d'entreprise.

• Partie fournisseur de services. Utilisable par les serveurs d'applications ou les frameworks afin de configurer l'environnement d'exécution de JCA aussi bien pour les communications sortantes qu'entrantes.

Gestion des communications sortantes

JCA offre un cadre afin de configurer la fabrique de connexions ou de sessions de différents frameworks ou technologies. Le connecteur a la responsabilité de travailler sur les connexions ou sessions physiques et fournit à l'application cliente des connexions logiques.

Ce mécanisme permet de réaliser des interceptions de traitements afin d'insérer des fonctionnalités transversales de manière transparente, telles que les transactions et la sécurité.

La figure 12-4 illustre les interactions entre le connecteur et l'application, ainsi que celles avec le fournisseur de services.

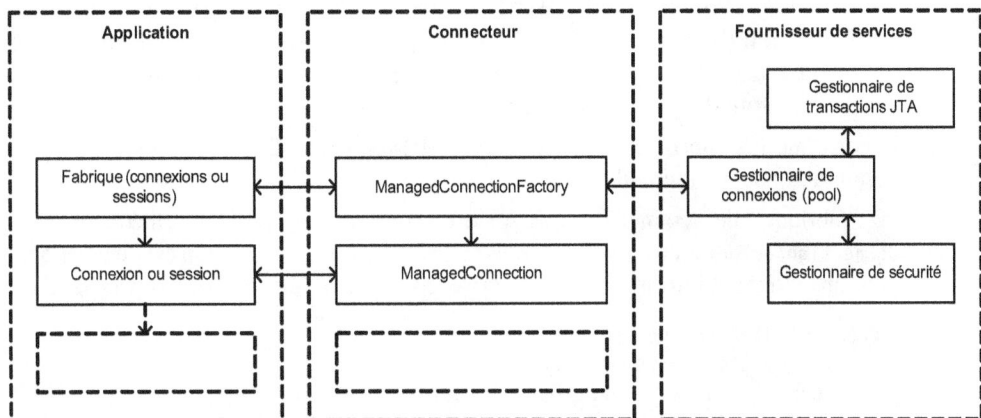

Figure 12-4

Interactions du connecteur avec l'application et le fournisseur de services

Sur cette figure, les différentes entités manipulées par l'application peuvent être celles de l'API Common Client Interface de JCA ou celles d'autres technologies ou frameworks, tels JDBC, JMS ou Hibernate. De même, le fournisseur de services peut être aussi bien un serveur d'applications que des composants autonomes.

Le connecteur peut fonctionner en mode autonome, sans utiliser de fournisseur de services. Il utilise alors son gestionnaire de connexions interne, mais ne peut plus utiliser les transactions globales.

L'implémentation de l'interface `ManagedConnectionFactory` doit dans ce cas être instanciée explicitement par l'application afin d'avoir accès à la fabrique, comme dans le code suivant :

```
ManagedConnectionFactory managedConnectionFactory
        = createAndConfigureManagedConnectionFactory();
Object connectionFactory
        = managedConnectionFactory.createConnectionFactory();
```

Notons l'existence de la méthode `createConnectionFactory`, possédant un paramètre de type `ConnectionManager` qui permet de spécifier un gestionnaire de connexions pour le connecteur et d'utiliser le connecteur avec un fournisseur de services spécifié explicitement. Dans ce cas, l'utilisation des transactions globales est envisageable.

JCA est souvent utilisé pour configurer des fabriques de connexions ou de sessions afin de les faire participer à des transactions globales, la spécification normalisant cette interaction quelle que soit la technologie employée.

L'API Common Client Interface permet aux applications Java/J2EE d'interagir avec des systèmes d'information d'entreprise selon les étapes suivantes :

1. Création de la fabrique de connexions.
2. Récupération d'une connexion à partir de la fabrique précédente. Elle est paramétrée par l'intermédiaire d'une implémentation de la classe `ConnectionSpec` relative au connecteur.
3. Création d'une interaction à partir de la connexion précédente.
4. Exécution de la requête, qui peut être paramétrée par le biais d'une implémentation de la classe `InteractionSpec` relative au connecteur. Les paramètres ainsi que les retours sont décrits par des implémentations de la classe `Record` et de ses dérivées.

Notons que les interfaces `ConnectionSpec` et `InteractionSpec` sont des classes marqueurs ne définissant aucune méthode.

La fabrique de connexions JCA est normalisée par l'intermédiaire de l'interface `ConnectionFactory` du package `javax.ressource`. Son unique fonction est de créer des connexions pour un système d'information d'entreprise, comme le montre le code suivant de l'interface :

```
public interface ConnectionFactory {
    Connection getConnection();
    Connection getConnection(ConnectionSpec properties);
    ResourceAdapterMetaData getMetaData();
    RecordFactory getRecordFactory();
}
```

La connexion correspond à l'entité de communication avec le système. Sa création peut être paramétrée par l'intermédiaire d'une implémentation de ConnectionSpec du connecteur, lequel permet, de manière classique, de spécifier des paramètres d'authentification afin d'établir la connexion.

Le code suivant donne la définition de cette entité :

```
public interface Connection {
    void close();
    Interaction createInteraction();
    LocalTransaction getLocalTransaction();
    ConnectionMetaData getMetaData();
    ResultSetInfo getResultSetInfo();
}
```

Cette entité offre un support afin de démarquer les transactions locales en rendant accessible une implémentation de l'interface LocalTransaction pour le connecteur.

L'interaction permet d'exécuter une requête vers le système. Elle offre deux approches à cet effet, dont une seule est supportée par les connecteurs. La première consiste à passer les paramètres d'entrée sous forme de Record et de récupérer les résultats sous la même forme. La seconde attend en paramètres un premier Record contenant les paramètres d'entrée et un autre Record rempli suite à l'exécution avec les paramètres de retour.

Le code suivant donne la définition de cette entité :

```
public interface Interaction {
    void clearWarnings();
    void close();
    Record execute(InteractionSpec ispec, Record input);
    boolean execute(InteractionSpec ispec,
                         Record input, Record output);
    Connection getConnection();
    ResourceWarning getWarnings();
}
```

La mise en œuvre de ces différentes entités afin d'interagir avec un système d'information d'entreprise avec la première approche se déroule de la façon suivante :

```
Connection connection = null;
Interaction interaction = null;

try {
    ConnectionFactory connectionFactory = getConnectionFactory();

    ConnectionSpec connectionSpec = createConnectionSpec();
    connection = connectionFactory.getConnection(connectionSpec);

    interaction interaction = connection.createInteraction();
    InteractionSpec interactionSpec = createInteractionSpec();
    Record inputRecord = createInputRecord();
    Record outputRecord = interaction.execute(
                                interactionSpec, inputRecord);
```

```
    (...)
} catch(Exception ex) {
    convertResourceException(ex);
} finally {
    closeInteraction(interaction);
    closeConnection(connection);
}
```

Gestion des communications entrantes

Comme indiqué précédemment, la version 1.5 de JCA enrichit la spécification avec le support des communications entrantes. Le système d'information d'entreprise peut ainsi rappeler le connecteur afin de lui envoyer des messages. Ce mécanisme est souvent utilisé conjointement avec la spécification JMS et trouve toute son utilité avec les outils de messagerie asynchrone tels que les fournisseurs JMS.

La figure 12-5 illustre les différentes interactions entre le connecteur et l'application, ainsi que celles avec le fournisseur de services.

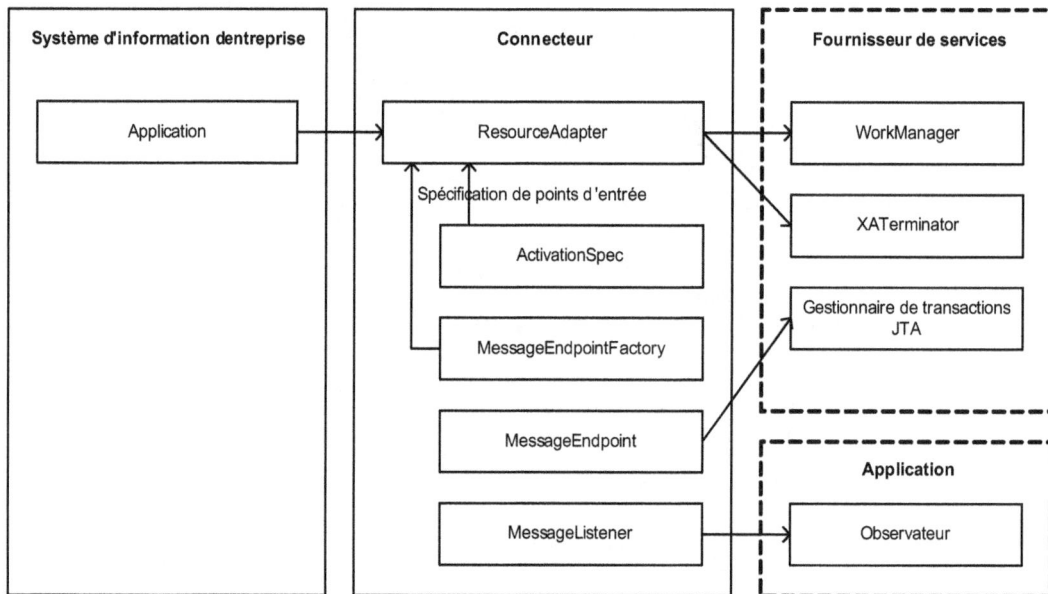

Figure 12-5

Interactions du connecteur avec l'application et le fournisseur de services

La spécification définit l'interface ResourceAdapter décrivant le connecteur et permettant d'enregistrer des points d'accès, matérialisés par des implémentations de l'interface ActivationSpec. Le connecteur doit avoir été préalablement démarré et initialisé avec des entités du fournisseur de services et arrêté à la fin de son utilisation.

Le code suivant fournit les différentes méthodes de l'interface `ResourceAdapter` :

```
public interface ResourceAdapter {
    (...)

    //Enregistrement et désenregistrement de points d'entrée
    void endpointActivation(MessageEndpointFactory endpointFactory,
                                            ActivationSpec spec);
    void endpointDeactivation(
                        MessageEndpointFactory endpointFactory,
                        ActivationSpec spec);
    //Démarrage et arrêt du connecteur
    void start(BootstrapContext ctx);
    void stop();
}
```

Lors de l'activation d'un point d'accès, l'implémentation de l'interface `ResourceAdapter` utilise la fabrique `MessageEndpointFactory` afin d'instancier une unité de traitement de type `MessageEndpoint`. Cette entité met en œuvre les mécanismes transactionnels en se fondant sur le cycle de vie du traitement : avant la réception d'un message (`beforeDelivery`), après sa réception (`afterDelivery`) et au moment de la finalisation du traitement (`release`).

Nous constatons que cette partie de JCA offre des similitudes avec la réception asynchrone de messages de la spécification JMS, tout en fournissant un cadre plus générique. Dans le cas des fournisseurs JMS, les `MessageEndpoint` peuvent être reliés à des observateurs JMS, lesquels seront notifiés lors de la réception de messages.

Support JCA de Spring

L'objectif du support JCA de Spring est de faciliter l'utilisation de l'API Common Client Interface, ainsi que la configuration des connecteurs en mode non managé — c'est-à-dire en dehors des serveurs d'applications — et celle des communications entrantes asynchrones.

Dans le cas des communications sortantes, le support JCA reprend les concepts du support JDBC de Spring en l'adaptant à l'API Common Client Interface. Il inclut dans le framework la manipulation de ses entités tout en s'intégrant avec le support transactionnel du framework.

Il est à noter que le support JCA met à disposition depuis la version 2.5 un support des communications entrantes.

Communications sortantes

Le framework Spring intègre un support complet de la partie relative aux connexions sortantes permettant d'envoyer des requêtes vers des systèmes d'information d'entreprise en utilisant l'API Common Client Interface.

Pour décrire ce support, nous utilisons le connecteur `BlackBox`, disponible dans le SDK de Java EE. Nous avons retravaillé le code de ce connecteur afin de le rendre davantage paramétrable au niveau de la spécification du pilote JDBC et de la requête SQL utilisés. Le nouveau fichier jar est disponible dans l'étude de cas Tudu Lists.

Comme indiqué précédemment, un connecteur peut être configuré de deux manières.

La première consiste à le déployer dans un serveur d'applications afin de rendre disponible par le biais de JNDI une instance de la fabrique de connexions correspondante. Dans ce cas, aucune configuration particulière n'est nécessaire pour le connecteur. L'application doit se fonder sur une instance de la fabrique en utilisant la balise `jndi-lookup` de l'espace de nommage `jee` de Spring, comme dans le code suivant :

```
<jee:jndi-looup id="connectionFactory"
               jndi-name="eis/monConnecteur">
   <jee:environment>
       (...)
   </jee:environment>
</jee:jndi-lookup>
```

L'autre possibilité est de configurer un connecteur en dehors d'un serveur d'applications dans une application. Pour ce faire, il convient d'instancier explicitement l'implémentation de l'interface `ManagedConnectionFactory` du connecteur puis d'utiliser le support de la classe `LocalConnectionFactoryBean` du package `org.springframework.jca.support` afin de configurer une instance de la fabrique de connexions :

```
<!-- Fabrique de connexion interne au connecteur -->
<bean id="managedConnectionFactory" class="com.sun.connector
                .cciblackbox.CciLocalTxManagedConnectionFactory">
   <property name="connectionURL"
            value="jdbc:mysql://localhost:3306/tudu"/>
   <property name="driverName" value="com.mysql.jdbc.Driver"/>
</bean>

<!-- Fabrique de connexion associée -->
<bean id="connectionFactory" class="org.springframework.jca
                         .support.LocalConnectionFactoryBean">
   <property name="managedConnectionFactory"
            ref="managedConnectionFactory"/>
</bean>
```

Il est possible d'utiliser le connecteur en mode managé hors d'un serveur d'applications en injectant une instance d'un gestionnaire de connexions JCA par l'intermédiaire de la propriété `connectionManager`. Le projet Jencks offre un support afin de configurer facilement dans Spring le gestionnaire de connexions JCA ainsi que le gestionnaire de transactions de Geronimo de manière autonome.

Avec ces deux approches, nous pouvons configurer avec JCA des fabriques de connexions de connecteurs. Il est important de bien comprendre que ces fabriques ne sont pas nécessairement compatibles avec l'API cliente CCI.

Il est possible de configurer une `DataSource` JDBC ou une `SessionFactory` d'Hibernate de cette manière, à condition de posséder le connecteur correspondant. Puisque JCA normalise les interactions avec les gestionnaires de transactions JTA, cette approche permet de rendre des fabriques de connexions facilement compatibles XA afin de les faire participer à des transactions globales (*voir le chapitre 11, relatif à la gestion des transactions*).

Support de l'API Common Client Interface

Spring offre un support de l'API cliente normalisée Common Client Interface. Il reprend les concepts du support JDBC du framework afin de simplifier l'utilisation de cette API, d'encapsuler le code répétitif, de masquer sa complexité et de configurer la participation aux transactions.

CCI donne la possibilité de paramétrer la connexion grâce à l'implémentation de l'interface `ConnectionSpec` du connecteur. Le support CCI de Spring permet de mettre en œuvre cette fonctionnalité par l'intermédiaire de la classe `ConnectionSpecConnectionFactoryAdapter` du package `org.springframework.jca.cci.connection`, correspondant à un proxy sur la fabrique de connexions cible.

Le code suivant donne la configuration de ce mécanisme :

```
(...)
<bean id="targetConnectionFactory" class="org.springframework.jca
                         .support.LocalConnectionFactoryBean">
    (...)
</bean>

<bean id="myConnectionFactory" class="org.springframework.jca.cci
            .connection.ConnectionSpecConnectionFactoryAdapter">
    <property name="targetConnectionFactory"
            ref="targetConnectionFactory"/>
    <property name="connectionSpec">
        <bean
           class="com.sun.connector.cciblackbox.CciConnectionSpec">
            <property name="username" value="root"/>
            <property name="password" value=""/>
        </bean>
    </property>
</bean>
```

Le support CCI de Spring propose deux approches d'exécution de ces requêtes, l'une fondée sur le template, l'autre étant une approche objet.

La classe centrale de l'approche fondée sur le template est `CciTemplate`, localisée dans le package `org.springframework.jca.cci.core`. Elle permet de travailler directement sur les ressources CCI qu'elle gère par le biais de méthodes de rappel, aux niveaux de la connexion et de l'interaction.

Elle s'appuie pour cela sur les interfaces `ConnectionCallback` et `InteractionCallback`. La première met à disposition la connexion grâce à la méthode `doInConnection`, comme ci-dessous :

```
public interface ConnectionCallback {
    Object doInConnection(Connection connection,
```

```
                        ConnectionFactory connectionFactory)
                        throws ResourceException,
                                SQLException, DataAccessException;
    }
```

La seconde propose l'interaction grâce à la méthode doInInteraction :

```
public interface InteractionCallback {
    Object doInInteraction(Interaction interaction,
                        ConnectionFactory connectionFactory)
                        throws ResourceException,
                                SQLException, DataAccessException;
    }
```

Le template CCI utilise ces interfaces par l'intermédiaire des méthodes execute de la manière suivante :

```
CciTemplate template = getCciTemplate();
template.execute(new InteractionCallback() {
    public Object doInInteraction(Interaction interaction,
                        ConnectionFactory connectionFactory)
                        throws ResourceException,
                                SQLException, DataAccessException {
        IndexedRecord input =
                    recordFactory.createIndexedRecord("input");
        input.add(new Integer(id));
        CciInteractionSpec interactionSpec =
                                    new CciInteractionSpec();
        interactionSpec.setSql(
                    "select * from todo where id=?");
        Record output = interaction.execute(
                                    interactionSpec, input);
        return extractDataFromRecord(output);
    }
});
```

Le template CCI offre des fonctionnalités permettant de masquer tout le code d'invocation d'une requête par l'intermédiaire de ses autres méthodes execute. Ces dernières s'appuient sur l'interface RecordCreator afin de définir la façon de créer une instance de la classe Record à partir d'un objet. Le code de cette interface est le suivant :

```
public interface RecordCreator {
    Record createRecord(RecordFactory recordFactory)
                    throws ResourceException, DataAccessException;
    }
```

Ces méthodes utilisent également l'interface RecordExtractor afin de récupérer dans un objet Java simple les données contenues dans un Record. Le code de cette interface est le suivant :

```
public interface RecordExtractor {
    Object extractData(Record record) throws ResourceException,
                                SQLException, DataAccessException;
    }
```

Ces deux interfaces sont localisées dans le package `org.springframework.jca.cci.core` et peuvent être mises en œuvre de la manière suivante afin de créer un `Record` en entrée (❶) et d'extraire les données en sortie (❷) :

```
final int id = 10;
CciInteractionSpec interactionSpec=new CciInteractionSpec();
interactionSpec.setSql("select * from todo where id=?");

List people=(List)getCciTemplate().execute(
            interactionSpec, new RecordCreator() {←❶
    public Record createRecord(RecordFactory recordFactory)
                    throws ResourceException, DataAccessException {
        IndexedRecord input =
                recordFactory.createIndexedRecord("input");
        input.add(new Integer(id));
        return input;
    }
}, new RecordExtractor() {←❷
    public Object extractData(Record record)
      throws ResourceException, SQLException, DataAccessException {
        List todos = new ArrayList();
        ResultSet rs=(ResultSet)record;
        while( rs.next() ) {
            Todo todo=new Todo();
            todo.setTodoId(rs.getString("id"));
            todo.setDescription(rs.getString("description"));
            (...)
            todos.add(todo);
        }
        return todo;
    }
});
```

Puisque CCI définit une méthode `execute` attendant le `Record` de retour, le template implémente un mécanisme de création automatique de celui-ci. Il s'appuie pour cela sur sa propriété `outputRecordCreator` de type `RecordCreator`, permettant de spécifier la façon de le créer. Ce mécanisme est particulièrement intéressant pour les connecteurs ne supportant que cette façon de réaliser des requêtes.

En parallèle du template, le support CCI offre la possibilité de définir les requêtes CCI sous forme d'objets afin de bénéficier de toutes les possibilités du langage objet. Cette approche se fonde sur la classe abstraite `MappingRecordOperation` du package `org.springframework.jca.cci.object`. Elle doit être étendue afin d'implémenter les méthodes `createInputRecord` et `extractOutputData` décrivant respectivement la façon de créer un `Record` et d'extraire les données du `Record` renvoyé.

La classe suivante décrit l'adaptation de l'exemple de la section précédente à l'approche objet, à savoir une classe mettant en œuvre une opération en héritant de la classe `MappingRecordOperation` (❶), spécifiant les données en entrée avec la méthode

createInputRecord (**2**) et récupérant les données par l'intermédiaire de la méthode
extractOutputData (**3**) :

```
public class TodosOperation extends MappingRecordOperation {←●
    public TodosOperation(ConnectionFactory connectionFactory,
                          InteractionSpec interactionSpec) {
        super(connectionFactory,interactionSpec);
    }

    protected Record createInputRecord(←●
            RecordFactory recordFactory, Object inputObject)
                throws ResourceException, DataAccessException {
        Integer id = (Integer)inputObject;
        IndexedRecord input =
                recordFactory.createIndexedRecord("input");
        input.add(id);
        return input;
    }

    protected Object extractOutputData(←●
                Record outputRecord) throws ResourceException,
                                SQLException, DataAccessException {

        List todos =new ArrayList();
        ResultSet rs = (ResultSet)outputRecord;
        while (rs.next()) {
            Todo todo=new Todo();
            todo.setTodoId(rs.getString("id"));
            todo.setDescription(rs.getString("description"));
            (...)
            todos.add(todo);
        }
        return todos;
    }
}
```

Cette classe peut être utilisée de la manière suivante dans un composant d'accès aux données :

```
CciInteractionSpec interactionSpec = new CciInteractionSpec();
interactionSpec.setSql("select * from todo where id=?");

TodosOperation operation = new TodosOperation(
                    getConnectionFactory(), interactionSpec);
operation.execute(new Integer(10));
```

Notons la présence de la classe MappingCommAreaOperation dans le support, qui étend la classe
MappingRecordOperation afin de travailler directement sur des tableaux d'octets. Cette classe
facilite l'utilisation des connecteurs tels que celui utilisé dans le cas de CICS ECI et qui
échange des données en se fondant sur une COMMAREA (correspondant à un tableau
d'octets).

Communications entrantes

À partir de la version 2.5 de Spring, un support des connexions entrantes est disponible. Il permet notamment de configurer simplement des observateurs JMS en se fondant sur le connecteur JCA mis à disposition par un fournisseur JMS.

Le framework Spring offre par ailleurs un cadre générique de JCA indépendant de la technologie JMS.

Configuration du conteneur

Il convient d'abord de configurer le connecteur ainsi que l'entité de gestion du connecteur pour les connexions entrantes. Cette dernière est mise en œuvre par l'intermédiaire de la classe `JmsMessageEndpointManager` de Spring localisée dans le package `org.springframework.jms.listener.endpoint`.

Le connecteur doit être configuré en tant que Bean par l'intermédiaire de son implémentation de l'interface `ResourceAdapter` et en se fondant sur la classe `ResourceAdapterFactoryBean` de Spring localisée dans le package `org.springframework.jca.support`. Cette classe offre la possibilité de générer le cycle de vie du connecteur et de lui associer un gestionnaire de tâche de type `WorkManager`.

Le code suivant montre comment configurer le connecteur (❶) ainsi que le conteneur correspondant (❷) du fournisseur JMS ActiveMQ :

```
<bean id="resourceAdapter" class="org.springframework.jca←❶
                    .support.ResourceAdapterFactoryBean">
    <property name="resourceAdapter">
        <bean class="org.apache.activemq
                        .ra.ActiveMQResourceAdapter">
            <property name="serverUrl"
                    value="tcp://localhost:61616"/>
        </bean>
    </property>
    <property name="workManager">
        <bean class="org.springframework
                        .jca.work.SimpleTaskWorkManager"/>
    </property>
</bean>


<bean class="org.springframework.jms.listener←❷
                    .endpoint.JmsMessageEndpointManager">
    <property name="resourceAdapter" ref="resourceAdapter"/>
    <property name="activationSpec"> (...) </property>
    (...)
</bean>
```

Dans ce code, les ressources nécessaires sont configurées en tant que Beans imbriqués. Dans le contexte d'ActiveMQ, l'implémentation de l'interface `ResourceAdapter` correspond à la classe `ActiveMQResourceAdapter`, classe localisée dans le package `org.apache.activemq.ra`.

Définition de points d'activation

Une fois le connecteur et le conteneur mis en œuvre, le point d'accès relatif à ce dernier doit être spécifié afin que le système d'information d'entreprise puisse les utiliser et remonter des informations.

L'implémentation de l'interface `ActivationSpec` relative au connecteur JCA doit alors être utilisée. Puisque nous avons choisi d'utiliser le fournisseur JMS ActiveMQ, l'implémentation correspond à la classe `ActiveMQActivationSpec`. Cette classe permet de spécifier le domaine du point d'entrée ainsi que son nom. Cette entité doit être injectée dans le conteneur par l'intermédiaire de sa propriété `activationSpec`.

Pour que les messages puissent être reçus, un observateur doit être spécifié au niveau du conteneur en se fondant sur la propriété `messageListener`. Dans le cas d'ActiveMQ, cet observateur correspond à un observateur JMS classique.

Dans l'exemple ci-dessous, nous créons un point d'accès sur le connecteur de type `javax.jms.Queue`, dont le nom est `tudu.queue` (❶), et nous spécifions l'observateur JMS utilisé (❷) :

```
<bean class="org.springframework.jms.listener
                   .endpoint.JmsMessageEndpointManager">
    <property name="resourceAdapter" ref="resourceAdapter"/>
    <property name="activationSpec">
        <bean class="org.apache.activemq ←❶
                          .ra.ActiveMQActivationSpec">
            <property name="destination" value="tudu.queue"/>
            <property name="destinationType"
                       value="javax.jms.Queue"/>
        </bean>
    </property>
    <property name="ref" value="asynchTuduJmsListener"/>←❷
</bean>

<bean id="asynchTuduJmsListener"←❸
      class="tudu.jms.AsynchTuduJmsListener"/>
```

Cette configuration utilise un observateur JMS classique afin de recevoir les messages JMS dont l'identifiant est `asynchrTuduJmsListener` (❸).

En résumé

Le support JCA de Spring réduit la complexité liée à l'utilisation de l'API Common Client Interface pour les communications sortantes, tout en permettant d'utiliser les connecteurs dans et hors des serveurs d'applications.

Le framework Spring offre également un support permettant de configurer les connexions entrantes pour des connecteurs. Par ce biais, il est notamment possible de mettre en œuvre des observateurs JMS afin d'utiliser les mécanismes asynchrones de communication.

Mise en œuvre de JMS et JCA dans Tudu Lists

La mise en œuvre de JMS et JCA dans l'application Tudu Lists permet d'implémenter l'envoi de messages JMS lors de la réalisation de tâches par le biais d'une file JMS nommée `tudu.queue`. Des applications autonomes sont à l'écoute de ces messages afin d'afficher leurs contenus.

Tudu Lists propose deux approches afin d'implémenter cette fonctionnalité. La première s'appuie sur JMS et la seconde sur JCA. La figure 12-6 illustre les mécanismes mis en œuvre.

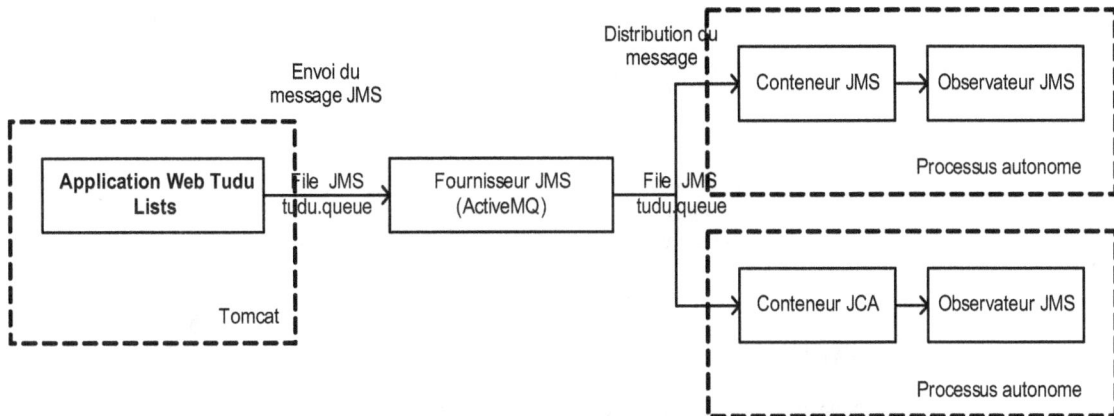

Figure 12-6

Implémentation des mécanismes JMS et JCA dans Tudu Lists

Toutes les classes relatives à la mise en œuvre de ces technologies sont localisées dans le fichier **applicationContext-jms.xml** du répertoire **WEB-INF**.

L'application nécessite la mise en œuvre d'un fournisseur JMS. Nous avons choisi d'utiliser ActiveMQ à cet effet. Afin de garantir le bon fonctionnement de l'application, il est nécessaire de démarrer ce fournisseur JMS de manière autonome par l'intermédiaire du script **startActiveMQ.bat**.

Configuration de l'intercepteur

Pour ne pas impacter le code de l'application existante, nous créons un intercepteur en POA afin d'ajouter le mécanisme d'envoi de messages JMS. Nous détaillons l'implémentation de ce composant à la section suivante, relative à l'envoi des messages JMS.

Nous appliquons cette entité sur le composant de la couche service métier `TodoManager`. Le tissage de l'intercepteur se réalise de la manière suivante dans le fichier **applicationContext.xml** du répertoire **WEB-INF** :

```
<aop:config>
  <aop:aspect id="monAspectbean" ref="jmsInterceptor">
    <aop:pointcut id="maCoupe"
```

```
                            expression="execution(* *..TodoManager*.*(..))"/>
        <aop:around pointcut-ref="maCoupe" method="notifier"/>
    </aop:aspect>
</aop:config>
```

Dans la mesure où nous utilisons le fournisseur JMS ActiveMQ pour échanger des messages JMS, il est nécessaire de configurer la fabrique de connexions relative à cet outil ainsi que le template JMS de Spring et l'intercepteur.

Cette configuration est localisée dans le fichier **applicationContext-jms.xml** :

```
<bean id="connectionFactory"
      class="org.activemq.ActiveMQConnectionFactory">
    <property name="brokerURL" value="tcp://localhost:61616"/>
</bean>

<bean id="template"
      class="org.springframework.jms.core.JmsTemplate">
    <property name="connectionFactory" ref="connectionFactory"/>
    <property name="defaultDestinationName" value="tudu.queue"/>
</bean>
```

Envoi des messages

L'envoi des messages est déclenché par l'intercepteur `JmsInterceptor`, localisé dans le package `tudu.jms`. Avec le support d'AspectJ de Spring, un Bean simple peut être mis en œuvre. Dans notre cas, la méthode `notifier` est exécutée.

Cette dernière permet de créer un objet de type `TuduMessage`, suite à l'exécution d'un traitement pour un todo. Cet objet contient les informations relatives au todo impacté ainsi que l'opération réalisée. Il est créé de la manière suivante par le biais de la méthode `createTuduMessage` de l'intercepteur :

```
private TuduMessage createTuduMessage(
                        ProceedingJoinPoint invocation) {
    String methodName = invocation.getSignature().getName();
    Object[] args = invocation.getArgs();
    if( args[0] instanceof String ) {
        String todoId = (String)args[0];

        TuduMessage message = new TuduMessage();
        message.setOperationType(methodName);
        message.setTodoId(todoId);
        return message;
    } else {
        Todo todo = (Todo)args[0];

        TuduMessage message = new TuduMessage();
        message.setOperationType(methodName);
        message.setTodoId(todo.getTodoId());
```

```
                    message.setTodoCompleted(todo.isCompleted());
                    message.setTodoCreationDate(todo.getCreationDate());
                    message.setTodoDescription(todo.getDescription());
                    message.setTodoPriority(todo.getPriority());
                    return message;
        }
    }
```

Cette approche permet d'intercepter les méthodes utilisant des paramètres de types String (cas de la méthode findTodo de l'interface TodosManager) et Todo (cas des méthodes updateTodo de cette même interface).

Une fois l'objet de type TuduMessage créé, le support JMS de Spring est utilisé afin de l'encapsuler dans un message JMS de type ObjectMessage et de l'envoyer. Ces traitements sont réalisés de la façon suivante par l'intermédiaire de la méthode sendMessage de l'intercepteur :

```
private void sendMessage(final TuduMessage message) {
    template.send(new MessageCreator() {
        public Message createMessage(
                            Session session) throws JMSException {
            ObjectMessage objectMessage =
                            session.createObjectMessage();
            objectMessage.setObject(message);
            return objectMessage;
        }
    });
}
```

L'intercepteur décrit dans cette section est configuré dans le fichier **applicationContext-jms.xml** de la manière suivante :

```
(...)
<bean id="jmsInterceptor" class="tudu.jms.JmsInterceptor">
    <property name="template" ref="template"/>
</bean>
```

Réception des messages

Tudu Lists offre deux possibilités pour recevoir les messages JMS précédents, toutes deux de manière asynchrone.

La première s'appuie sur le support JMS de Spring et la seconde sur son support JCA.

La configuration de la première se réalise de la manière suivante dans le fichier **applicationContext-listener-jms.xml** :

```
<bean id="connectionFactory"
     class="org.activemq.ActiveMQConnectionFactory">
    <property name="brokerURL" value="tcp://localhost:61616"/>
</bean>

<bean id="jmsContainer" class="org.springframework.jms
```

```
                            .listener.DefaultMessageListenerContainer">
    <property name="connectionFactory" ref="connectionFactory"/>
    <property name="destinationName" value="tudu.queue"/>
    <property name="messageListener" ref="asynchTuduJmsListener"/>
</bean>

<bean id="asynchTuduJmsListener"
    class="tudu.jms.AsynchTuduJmsListener"/>
```

La configuration de la seconde se réalise de la manière suivante dans le fichier **application-Context-listener-jca.xml** :

```
<bean id="resourceAdapter" class="org.springframework.jca
                      .support.ResourceAdapterFactoryBean">
    <property name="resourceAdapter">
        <bean class="org.apache.activemq
                          .ra.ActiveMQResourceAdapter">
            <property name="serverUrl"
                      value="tcp://localhost:61616"/>
        </bean>
    </property>
    <property name="workManager">
        <bean class="org.springframework
                          .jca.work.SimpleTaskWorkManager"/>
    </property>
</bean>

<bean class="org.springframework.jms.listener
                    .endpoint.JmsMessageEndpointManager">
    <property name="resourceAdapter" ref="resourceAdapter"/>
    <property name="activationSpec">
        <bean class="org.apache.activemq
                          .ra.ActiveMQActivationSpec">
            <property name="destination" value="tudu.queue"/>
            <property name="destinationType"
                      value="javax.jms.Queue"/>
        </bean>
    </property>
    <property name="ref" value="asynchTuduJmsListener"/>
</bean>

<bean id="asynchTuduJmsListener"
    class="tudu.jms.AsynchTuduJmsListener"/>
```

L'une et l'autre approches peuvent être utilisées directement dans une application Java autonome par l'intermédiaire d'une classe du type suivant :

```
public class AsynchTuduListenerMain {
    (...)

    public static void main(String[] args) {
```

```
ClassPathXmlApplicationContext context=null;
try {
    context=new ClassPathXmlApplicationContext(
                    getApplicationContextFile(););
    Thread.sleep(60000);
} catch(Exception ex) {
    (...)
} finally {
    if( context!=null ) {
        context.close();
    }
}
System.exit(0);
    }
}
```

La méthode `getApplicationContextFile` renvoie le nom du fichier XML de Spring suivant l'approche souhaitée : **applicationContext-listener-jms.xml** pour l'utilisation du support JMS de Spring et **applicationContext-listener-jca.xml** pour l'utilisation de son support JCA.

Conclusion

Java EE propose différentes spécifications pour intégrer les applications Java/Java EE dans les systèmes d'information d'entreprise. Les technologies correspondantes sont JMS, afin d'interagir avec des middlewares orientés messages, et JCA, afin d'accéder à des applications d'entreprise utilisant diverses technologies.

Ces spécifications ne sont pas d'une utilisation facile dans les applications Java/Java EE, car elles impliquent le recours conjoint à des mécanismes synchrones et asynchrones, tout en gérant des transactions plus complexes sur plusieurs ressources.

Spring offre un support pour ces deux technologies permettant de les configurer simplement en masquant la complexité de leur utilisation dans les applications. Leur mise en œuvre avec la POA permet de faire interagir des composants existants dans des systèmes d'information d'entreprise sans impacter le code de ces composants et simplement au moment de l'assemblage de l'application.

Partie IV

Technologies d'intégration

Cette partie décrit les technologies et outils permettant à des applications Java/Java EE de s'intégrer dans des systèmes d'information d'entreprise, systèmes fondés sur une multitude de mécanismes de communication et de technologies hétérogènes.

Le chapitre 13 se penche sur la manière de mettre en œuvre des services Web avec Spring Web Services. Utilisant une approche par contrats de service et un modèle de programmation similaire à Spring MVC, ce framework rend la mise en œuvre des technologies XML dans les applications Java/Java EE à la fois simple et optimale.

Le chapitre 14 aborde les problématiques liées à la sécurité des applications et introduit Spring Security. Cet outil offre un cadre générique et flexible permettant d'appliquer simplement des règles de sécurité à une application en s'abstrayant des approches et technologies utilisées.

Le chapitre 15 traite des aspects relatifs aux traitements batch. Bien que ce type de traitement soit omniprésent en entreprise, peu d'outils Open Source permettent de les mettre en œuvre. Le portfolio de Spring propose à cet effet l'outil Spring Batch, qui fournit un cadre adapté aux développements d'applications de type batch.

13

Spring Web Services

Dans ce chapitre, nous allons aborder la manière de mettre en œuvre des services Web en se fondant sur le framework Spring Web Services (WS), l'outil dédié du portfolio de Spring.

Présenté à ses débuts comme une solution miracle pour l'intégration des données, le XML se révèle une technologie d'usage complexe, souvent peu performante, mais surtout surchargée d'une pléthore de normes obscures.

L'informatique d'entreprise est envahie de concepts tels que SOA ou les services Web adjoints au XML. Nous allons définir ces termes, ainsi qu'en montrer les aspects utiles en matière d'architecture logicielle et en détailler les principales normes, SOAP et WSDL en particulier.

En fin de chapitre, nous donnerons un exemple de mise en œuvre de Spring WS en publiant dans Tudu Lists des Beans Spring en tant que services Web par l'intermédiaire d'endpoints.

Les services Web

Les services Web, ou Web Services, sont un ensemble de spécifications, particulièrement complexes, visant à faire communiquer des applications distantes *via* un format XML standardisé.

La Web Services Interoperability Organization propose une spécification complète, nommée Basic Profile, qui garantit qu'un service Web peut être utilisé sans problème, quel que soit le langage de programmation utilisé. Cette spécification, ainsi qu'un outil permettant de vérifier la conformité d'un service Web, est disponible sur le site Web de l'organisation, à l'adresse *http://www.ws-i.org/*.

Cette technique d'intégration de systèmes est souvent couplée au concept de SOA (Service Oriented Architecture). Le style d'architecture SOA prône la création d'applications développées en couches, avec une couche métier mise à la disposition d'autres applications. En ce sens, une application Spring est une candidate toute désignée pour faire du SOA, puisqu'il s'agit d'offrir un accès à la couche métier.

Les services Web ne sont toutefois qu'un moyen parmi d'autres de publier des services métier distants. Si nos applications sont toutes développées en Java, par exemple, l'utilisation de RMI est à la fois plus simple et plus efficace que celle des services Web. Spring supporte en outre d'autres protocoles, comme Burlap et Hessian, qui sont eux aussi plus performants que les services Web classiques.

Reste que l'utilisation de services Web est un bon moyen de publier une couche métier de manière indépendante du langage d'implémentation, tout en suivant les standards actuels du marché.

Concepts des services Web

Les services Web s'appuient sur une trentaine de spécifications, dont nous ne détaillons ici que les deux principales, SOAP et WSDL. Ces spécifications sont toutes émises par le W3C (World-Wide Web Consortium) et sont par conséquent des standards internationaux largement reconnus.

SOAP signifiait à l'origine « Simple Object Access Protocol » (le nom complet n'est plus utilisé). Il s'agit d'un protocole permettant de décrire des objets dans un format XML, afin de pouvoir échanger ces objets *via* Internet.

Les applications SOAP utilisent essentiellement le protocole HTTP pour effectuer ces échanges d'objets, mais elles peuvent également utiliser d'autres protocoles, comme SMTP ou JMS. Malgré son nom d'origine, SOAP n'est pas un standard simple d'utilisation. Il a de plus le défaut d'être particulièrement lent, la transformation d'objets en XML étant un mécanisme intrinsèquement coûteux en ressources.

WSDL (Web Services Description Language) — prononcez *wizzdle* — décrit de quelle manière il est possible d'utiliser un service Web (protocole à utiliser, méthodes accessibles, objets utilisés). L'obtention d'un document WSDL est essentielle pour utiliser un service Web, car c'est ce document qui en donne le « mode d'emploi ». Il peut être lu par un logiciel pour générer automatiquement un client au service Web qu'il décrit, faisant ainsi office de spécification technique.

Les deux spécifications que nous venons de décrire sont relativement complexes, mais il n'est heureusement nul besoin de les apprendre pour les utiliser. Un ensemble d'outils performants permet de lire et d'écrire du SOAP et du WSDL à notre place. Ces outils ont le double avantage de faire gagner beaucoup de temps (il faut compter une heure pour lire ou écrire un service Web simple) et de garantir le respect des spécifications.

Spring WS

Comme nous venons de le voir, les services Web se fondent sur une multitude de normes complexes, dont les deux principales sont SOAP et WSDL. L'utilisation de ces services n'est donc pas évidente et entraîne des contraintes importantes en termes d'interopérabilité et de performances.

Pour remédier à ces difficultés, la communauté Spring offre le framework Spring WS, qui permet de mettre en œuvre et d'appeler des services Web simplement en se fondant sur les principes de Spring, tels que l'injection de dépendances, le modèle de programmation de Spring MVC fondé sur des annotations et le concept de template.

Ce framework fait preuve d'une grande flexibilité lors de l'exposition de services Java existants en tant que services Web. Il laisse notamment le choix des briques utilisées, et les supports offerts sont simples d'utilisation.

L'approche dirigée par les contrats

Deux approches sont envisageables pour mettre en œuvre des services Web suivant la manière dont les frameworks de services sont implémentés :

- Approche dirigée par les contrats de services. Consiste à réaliser la définition des services en premier en se fondant sur la technologie WSDL. Cette dernière utilise le XML et un ou plusieurs schémas XML afin de décrire les messages échangés ainsi que les opérations et les propriétés des services. À partir de cette description, le framework de services Web peut soit générer les ressources correspondantes, soit déduire les entités à appeler.

- Contrats de service déduits d'interfaces Java. Correspond à la construction automatisée du contenu XML des contrats de services en fonction des interfaces Java de description des services. Pour que la définition WSDL reste bien générique, il convient de faire attention à ne pas utiliser d'entités spécifiques au langage d'implémentation dans les contrats.

La mise en œuvre des services Web induit la coexistence d'un paradigme XML avec un paradigme objet. Cela nécessite de convertir des éléments XML en objets Java, et inversement, tout en devant gérer les imbrications d'éléments XML entre eux et les graphes d'objets. Bien que ces conversions puissent paraître simples de prime abord, leur mise en œuvre se révèle complexe, car, à l'instar du mapping objet/relationnel dans le contexte des bases de données, les deux technologies possèdent des différences fondamentales.

Les principales difficultés de ces conversions sont les suivantes :

- Certains types Java, tels que les collections, n'ont pas de correspondance dans la technologie XML. Pour les collections, il est conseillé d'utiliser des tableaux.

- Les cycles entre les objets contribuent à complexifier la mise en œuvre du contenu XML correspondant. Pour rester optimale, la mise en œuvre des références au niveau du XML doit être envisagée, mais au prix d'une complexification du contenu XML.

Dans ce contexte, la conversion automatique n'est pas toujours appropriée. De ce fait, l'utilisation de la seconde approche souffre de différents inconvénients lors de la mise en œuvre de services Web, notamment les suivants :

- Comme les contrats des services XML sont liés aux interfaces, ils peuvent évoluer si ces dernières évoluent, et il n'est dès lors plus possible de décorréler les uns des autres.

- La transformation automatique d'interfaces Java et de fichiers WSDL peut souffrir de problèmes de performances.

- La déduction des contrats ne permet pas de réutiliser les types mis en œuvre puisqu'ils ne sont pas définis dans des fichiers de définition XML (XSD ou XML Schema Definition) indépendants.

- L'approche se fondant sur les interfaces Java permet difficilement la cohabitation de différentes versions de services Web.

Au vu de ces différents éléments, Spring WS a adopté l'approche dirigée par les contrats de services et ne supporte pas la seconde.

Mise en œuvre de services

Afin d'exposer des services Web à partir d'un serveur, Spring WS met en œuvre une chaîne générique et extensible d'entités de traitement des requêtes complètement indépendante de la technologie de transport des messages SOAP choisie.

La figure 13-1 illustre les différentes entités utilisées par le framework afin d'implémenter ces mécanismes.

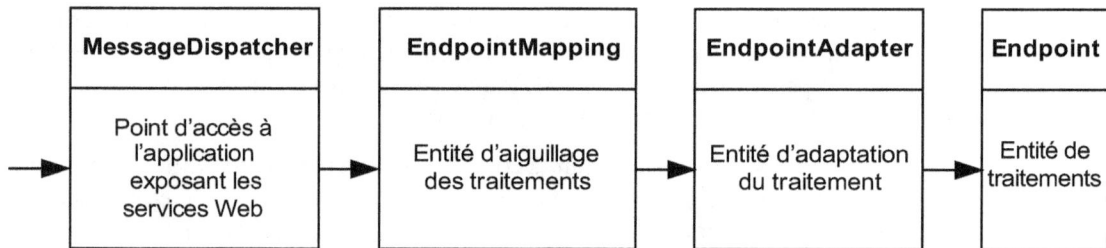

Figure 13-1

Entités de traitement des requêtes de Spring WS

Ces entités, qui constituent le cœur de Spring Web Services, possèdent les caractéristiques suivantes :

- `MessageDispatcher` : entité centrale du framework permettant d'implémenter la mécanique de traitement des requêtes en se fondant sur les entités `EndpointMapping` et `Endpoint-Adapter`. Elle intègre également des mécanismes extensibles d'aiguillage et de gestion des exceptions. En interne, l'entité se fonde sur un contexte de message correspondant à une représentation des messages indépendante de la technologie de transport.

- `EndpointMapping` : définit les stratégies d'aiguillage afin d'accéder aux unités de traitement de la requête.

- EndpointAdapter : entité d'adaptation des traitements avant l'appel de l'endpoint permettant de rendre extensible la manière d'appeler ces entités de traitement.

- Endpoint : entité de traitement d'un appel de service Web offrant l'accès aux informations présentes dans la requête et ayant la responsabilité de retourner éventuellement des informations suite aux traitements. Elle permet habituellement de rendre un service accessible de manière distante par l'intermédiaire de la technologie SOAP.

Spring WS utilise les concepts de base de Spring, telles que l'injection de dépendances, pour configurer ces entités décrites.

Configuration

Avant de pouvoir accéder aux services, une infrastructure générale doit être configurée. Elle permet notamment de préciser la technologie de transport souhaitée. Le protocole HTTP étant le plus utilisé lors de la mise en œuvre des services Web, nous allons le décrire principalement. Les différentes couches de transport utilisables sont abordées à la section « Gestion des transports ».

La classe MessageDispatcherServlet fournit le point d'entrée dans l'application Web exposant des services Web. Comme il s'agit d'une servlet, il convient de la configurer de manière classique dans le fichier **web.xml**, comme dans le code suivant :

```
<web-app>
    (...)

    <servlet>
        <servlet-name>tudu-ws</servlet-name>
        <servlet-class>
            org.springframework.ws.transport.http➡
                            .MessageDispatcherServlet
        </servlet-class>
    </servlet>

    <servlet-mapping>
        <servlet-name>tudu-ws</servlet-name>
        <url-pattern>/*</url-pattern>
    </servlet-mapping>
</web-app>
```

À l'instar de la servlet DispatcherServlet de Spring MVC, cette servlet met en œuvre implicitement un contexte applicatif Spring. Par défaut, la configuration de ce contexte se réalise dans un fichier dont le nom correspond au nom de la servlet suffixé par **–servlet.xml** et qui est localisé dans le répertoire **WEB-INF** de l'application Web. Avec l'exemple ci-dessus, le nom de ce fichier est **tudu-ws-servlet.xml**.

Toutes les configurations de Beans que nous décrivons dans la suite doivent être spécifiées à ce niveau.

Contrat des services

Comme Spring WS offre une approche dirigée par les contrats, la première étape dans la mise en œuvre de services consiste en la définition de leurs contrats.

Les structures manipulées sont définies à l'aide de la technologie XSD (XML Schema Definition).

Le code suivant décrit la définition d'un message (❶) et d'une structure permettant de contenir une liste de todos (❷) :

```
<xs:schema xmlns:xs="http://www.w3.org/2001/XMLSchema"
       xmlns:tudu="http://sourceforge.net/tudu/schemas"
       elementFormDefault="qualified"
       targetNamespace="http://sourceforge.net/tudu/schemas">

    (...)

    <xs:element name="GetTodosResponse">←❶
        <xs:complexType>
            <xs:all>
                <xs:element name="Todos" type="tudu:TodoType"/>
            </xs:all>
        </xs:complexType>
    </xs:element>

    <xs:complexType name="TodoType">←❷
        <xs:sequence>
            <xs:element name="TodoId" type="xs:string"/>
            <xs:element name="Description" type="xs:string"/>
            <xs:element name="Priority" type="xs:int"/>
            <xs:element name="Completed" type="xs:boolean"/>
            <xs:element name="CreationDate" type="xs:date"/>
        </xs:sequence>
    </xs:complexType>
</xs:schema>
```

Une fois la définition de la structure des messages réalisée, il convient de configurer Spring WS et d'exposer la définition du service correspondant au format WSDL.

La classe SimpleXsdSchema permet de charger le fichier XSD défini. Cette classe s'appuie sur les mécanismes de chargement des ressources de Spring par l'intermédiaire de sa propriété xsd, comme le montre le code suivant :

```
<bean id="schema"
    class="org.springframework.xml.xsd.SimpleXsdSchema">
    <property name="xsd" value="/WEB-INF/tudu.xsd" />
</bean>
```

Spring WS offre une fonctionnalité intéressante permettant de déduire la description WSDL du service en se fondant sur le fichier XSD configuré précédemment et la classe DefaultWsdl11Definition. Cette dernière crée automatiquement des messages de requête et de réponse pour tous les éléments element trouvés dans le fichier XSD, puis construit les opérations avec les suffixes Request pour la requête et Response pour la réponse.

Ces suffixes peuvent être modifiés au moyen des propriétés `requestSuffix` et `responseSuffix` de la classe.

Les autres informations, telles que le type de port, l'espace de nommage et l'adresse d'accès doivent être spécifiés par les propriétés `portTypeName` (❶), `targetNamespace` (❸) et `locationUri` (❷) de la classe :

```
<bean id="tudu" class="org.springframework.ws.wsdl
                        .wsdl11.DefaultWsdl11Definition">
    <property name="schema" ref="schema"/>
    <property name="portTypeName" value="Tudu"/>←❶
    <property name="locationUri"←❷
        value="http://localhost:9080/tudu-ws/tuduService/"/>
    <property name="targetNamespace"←❸
        value="http://tudu.sourceforge.net/tudu/definitions"/>
</bean>


<bean id="schema"
    class="org.springframework.xml.xsd.SimpleXsdSchema">
    <property name="xsd" value="/WEB-INF/tudu.xsd"/>
</bean>
```

La valeur de la propriété `locationUri` peut correspondre à une adresse relative. L'adresse absolue correspondante est ensuite automatiquement générée dans le fichier WSDL.

Spring WS permet de définir à la main le fichier WSDL à l'aide de la classe `SimpleWsdl11Definition`, qui a la responsabilité de le charger. La référence du fichier se réalise par l'intermédiaire de son constructeur, comme dans le code suivant :

```
<bean id="tudu" class="org.springframework.ws
                    .wsdl.wsdl11.SimpleWsdl11Definition">
    <constructor-arg value="/WEB-INF/wsdl/tudu.wsdl"/>
</bean>
```

Spring WS rend automatiquement accessible de manière distante la définition WSDL associée à chaque Bean construisant un contrat de services Web. Afin de déterminer l'adresse, le framework utilise le nom du Bean de définition et le suffixe par **.wsdl**. Dans notre cas et avec le protocole HTTP, le fichier WSDL défini précédemment est accessible depuis l'adresse *http://<serveur>:<port>/<module>/tudu.wsdl*.

Accès aux endpoints

Une fois les unités de traitement mises en œuvre, le mécanisme d'aiguillage des requêtes de Spring WS doit être configuré vers la bonne unité de traitements. Complètement indépendant de la technologie de transport utilisée, ce mécanisme intègre différentes approches de sélection fondées sur les informations contenues dans la requête.

Le tableau 13-1 récapitule les approches d'accès aux endpoints utilisables avec Spring WS selon l'approche considérée.

Tableau 13-1. Approches d'accès aux endpoints supportées par Spring WS

Approche	Description
PayloadRootQNameEndpointMapping	Utilise le nom qualifié correspondant au nœud racine présent dans le message pour déterminer l'entité de traitement.
SoapActionEndpointMapping	Utilise la valeur de l'en-tête HTTP SOAPAction de la requête pour déterminer l'entité de traitement (spécifique à la version 1.1 de SOAP).
MethodEndpointMapping conjointement utilisée avec des annotations	Utilise l'annotation PayloadRoot ou SoapAction pour sélectionner la méthode à appeler.
SimpleActionEndpointMapping	Utilise les en-têtes de WS-Adressing pour déterminer l'entité de traitement.

L'approche la plus répandue consiste à utiliser la classe PayloadRootQNameEndpointMapping en se fondant sur sa propriété mappings de type Properties afin de spécifier la correspondance entre les noms qualifiés et les identifiants des Beans de traitements.

Les noms qualifiés doivent être exprimés selon la syntaxe suivante : {URI de l'espace de nommage}<nom de balise>.

Pour une requête récupérant une liste de todos, le nom qualifié est donc de la forme {http://tudu.sourceforge.net/tudu/definitions}TodoRequest.

Le code suivant illustre l'utilisation de la propriété mappings (❶) de la classe pour préciser le mapping des requêtes (❷) :

```
<beans>

    <bean class="org.springframework.ws.server.endpoint➦
                    .mapping.PayloadRootQNameEndpointMapping">
        <property name="mappings">←❶
            <props>
                <prop key="{http://sourceforge.net/tudu←❷
                            /schemas}GetTodoListsRequest">
                    todoListsEndpoint
                </prop>
                <prop key="{http://sourceforge.net/tudu←❷
                            /schemas}GetTodosRequest">
                    todosEndpoint
                </prop>
            </props>
        </property>
    </bean>
```

```
    <bean id="todosEndpoint"
        class="tudu.web.ws.endpoint.TodosEndpoint">
      <property name="todosManager" ref="mockTodosManager"/>
    </bean>

    <bean id="todoListsEndpoint"
        class="tudu.web.ws.endpoint.TodoListsEndpoint">
      <property name="todoListsManager" ref="todoListsManager"/>
    </bean>
<beans>
```

L'approche fondée sur la classe SoapActionEndpointMapping s'utilise de manière similaire, si ce n'est que les clés de la propriété mappings sont ici les valeurs possibles de l'en-tête HTTP SOAPAction. Cette approche n'est utilisable qu'avec un transport HTTP.

Le code suivant illustre la mise en œuvre de la classe SoapActionEndpointMapping :

```
<beans>
    <bean id="endpointMapping" class="org.springframework.ws.soap➥
            .server.endpoint.mapping.SoapActionEndpointMapping">
      <property name="mappings">
        <props>
          <prop key="{http://sourceforge.net/tudu➥
                      /schemas}GetTodoListsRequest">
            todoListsEndpoint
          </prop>
          <prop key="{http://sourceforge.net/tudu
                      /schemas}GetTodosRequest">
            todosEndpoint
          </prop>
        </props>
      </property>
    </bean>

    (...)

</beans>
```

Pour activer l'utilisation des annotations afin de sélectionner les méthodes de traitement correspondant à la requête, une approche d'accès aux endpoints configurée avec des annotations peut être spécifiée. Les deux principales entités de ce type correspondent aux classes suivantes :

- PayloadRootAnnotationMethodEndpointMapping, qui permet d'utiliser l'annotation PayloadRoot pour se fonder sur le nom qualifié du nœud racine du message.

- SoapActionAnnotationMethodEndpointMapping, qui permet d'utiliser l'annotation SoapAction pour se fonder sur la valeur de l'en-tête HTTP SOAPAction.

La classe MessageMethodEndpointAdapter doit également être configurée à ce niveau afin de pouvoir permettre un aiguillage vers des méthodes particulières d'un endpoint.

La configuration de cette classe se réalise simplement sous forme de Beans de la façon suivante :

```
<beans>
    (...)
    <bean class="org.springframework.ws.server.endpoint➡
            .mapping.PayloadRootAnnotationMethodEndpointMapping"/>

    <bean class="org.springframework.ws.server.endpoint➡
                    .adapter.MessageMethodEndpointAdapter"/>
    (...)
</beans>
```

Une fois la stratégie choisie, la mise en œuvre des annotations correspondantes doit être réalisée dans la classe de l'endpoint. Avec l'annotation PayloadRoot, les propriétés localPart et namespace sont supportées afin de spécifier respectivement le nom de la balise et l'URI de l'espace de nommage. Dans le cas de l'annotation SoapAction, sa valeur correspond au contenu de l'en-tête HTTP SOAPHeader.

Pour ces deux annotations, et en cas de correspondance avec les propriétés, la méthode sur laquelle est appliquée l'annotation est utilisée afin de traiter la requête SOAP.

Le code suivant illustre la mise en œuvre de l'annotation PayloadRoot (❶) afin de définir une méthode d'un endpoint en tant que méthode de traitement :

```
@PayloadRoot(localPart = "GetTodoListsRequest",←❶
            namespace = "http://sourceforge.net/tudu/schemas")
public GetTodoListsResponse getTodoLists(
                    GetTodoListsRequest request) {
    (...)
}
```

Unités de traitement

Dans Spring WS, les entités centrales correspondent aux endpoints puisque ce sont elles qui définissent les traitements à exécuter pour une requête SOAP.

Le framework définit trois approches principales dans la mise en œuvre des endpoints :

- DOM ou technologie apparentée. Approche la plus simple, dans laquelle les traitements de l'endpoint se situent au plus près des données XML des messages. Elle approche met en œuvre des technologies permettant de manipuler XML avec une API DOM ou apparentée.

- Mapping XML/objet. Approche plus élaborée, dans laquelle les traitements des endpoints utilisent des objets dont le contenu est initialisé automatiquement à partir des messages XML (et inversement pour la réponse).

- Annotations. Utilise des annotations pour spécifier des méthodes de traitement des endpoints. La signature de ces méthodes est flexible et peut s'adapter aux besoins d'utilisation pour les méthodes des endpoints.

Pour la première approche, Spring WS supporte un ensemble de classes abstraites permettant d'accéder aux données de la requête avec DOM ou une technologie apparentée et d'écrire la réponse avec cette même technologie.

Le tableau 13-2 récapitule les classes abstraites permettant d'accéder aux données contenues dans le payload et utilisables à ce niveau.

Tableau 13-2. Classes abstraites d'accès aux données supportées par Spring WS

Classe	Description
AbstractDomPayloadEndpoint	Utilise les API DOM standards pour parcourir une représentation en mémoire du XML.
AbstractJDomPayloadEndpoint	Utilise les API JDOM.
AbstractDom4jPayloadEndpoint	Utilise les API DOM4J.
AbstractXomPayloadEndpoint	Utilise les API XOM.
AbstractSaxPayloadEndpoint	Utilise les API SAX selon une approche événementielle.

Dans ce contexte, un endpoint correspond à une classe étendant une des classes décrite au tableau 13-2. Cette spécialisation entraîne l'implémentation d'une méthode protégée acceptant en paramètre la représentation du message reçu dans la technologie choisie et retournant un message pour la réponse. Ce dernier doit être construit en se fondant sur les traitements réalisés. Si aucune donnée ne doit être retournée, la valeur null est spécifiée.

Dans l'exemple ci-dessous, nous décrivons l'utilisation de l'outil JDOM. L'extension de la classe abstraite AbstractJDomPayloadEndpoint (❶) nécessite l'implémentation de la méthode invokeInternal (❸), qui possède la signature précédemment décrite. Il est à noter que l'outil supporte les chemins XPath (❷) afin d'accéder aux données présentes dans la requête.

```
public class JDomTodoListsEndpoint
                extends AbstractJDomPayloadEndpoint {←❶
    private TodoListsManager todoListsManager;

    private Namespace namespace;
    private XPath userIdExpression;←❷

    public TodoListsEndpoint() throws JDOMException {
        namespace = Namespace.getNamespace("tudu",
                        "http://sourceforge.net/tudu/schemas");
        userIdExpression = XPath.newInstance("//tudu:UserId");
        userIdExpression.addNamespace(namespace);
    }

    protected Element invokeInternal(←❸
                Element request) throws Exception {
        String userId = userIdExpression.valueOf(request);←❷

        Set<TodoList> todoLists
```

```
            = todoListsManager.findByLogin(userId);

        Element response = new Element(
                "GetTodoListsResponse", namespace);
        for (TodoList todoList : todoLists) {
            Element todoListElement
                    = new Element("TodoList", namespace);

            Element listIdElement
                    = new Element("ListId", namespace);
            listIdElement.setText(todoList.getListId());
            todoListElement.addContent(listIdElement);

            Element nameElement = new Element("Name", namespace);
            nameElement.setText(todoList.getName());
            todoListElement.addContent(nameElement);

            Element rssAllowedElement = new Element(
                                "RssAllowed", namespace);
            rssAllowedElement.setText(
                remoteTodoList.isRssAllowed()? "true" : "false");
            todoListElement.addContent(rssAllowedElement);

            Element lastUpdateElement = new Element(
                                "LastUpdate", namespace);
            lastUpdateElement.setText(
                remoteTodoList.getLastUpdate().toString());
            todoListElement.addContent(lastUpdateElement);

            response.addContent(todoListElement);
        }

        return response;
    }

    (...)
}
```

Avec l'approche par mapping des données XML dans des objets Java simples, l'implémentation des endpoints devient complètement indépendante des technologies XML. Un Bean contenant les données de la requête est spécifié en paramètre de la méthode, et un objet peut être retourné afin de spécifier les données de la réponse.

Spring WS propose à cet effet des entités implémentant les interfaces `Marshaller` et `Unmarshaller`. Ces dernières ont la responsabilité de convertir un contenu XML en un objet et inversement. Le framework offre différentes implémentations fondées sur les frameworks de mapping XML/objet du marché. Nous détaillons la mise en œuvre de ces entités à la section « Mapping des données ».

Afin d'utiliser cette fonctionnalité au niveau des endpoints, la classe abstraite Abstract-MarshallingPayloadEndpoint doit être spécifiée en tant que classe mère des endpoints. Cette classe dispose des attributs marshaller et unmarshaller permettant de spécifier ces deux entités de mapping. Les classes de Spring WS suffixées par Marshaller implémentent conjointement les interfaces Marshaller et Unmarshaller.

Le code suivant illustre la mise en œuvre d'un endpoint utilisant le mapping de données par le biais de la classe AbstractMarshallingPayloadEndpoint (❶) et de son point d'entrée invokeInternal (❷) :

```
public class MashallingTodoListsEndpoint
              extends AbstractMarshallingPayloadEndpoint {←❶
    private TodoListsManager todoListsManager;

    protected Object invokeInternal(
                Object o) throws Exception {←❷
        GetTodoListsRequest request = (GetTodoListsRequest) o;
        String userId = request.getUserId();

        Set<TodoList> todoLists
                = todoListsManager. findByLogin(userId);

        Set<RemoteTodoList> remoteTodoLists
                = RemoteTodoListUtils.convert(todoLists);

        GetTodoListsResponse response = new GetTodoListsResponse();
        response.setTodoLists(remoteTodoLists);
        return response;
    }

    (...)
}
```

Dans ce code, les classes GetTodoListsRequest et GetTodoListsResponse permettent de mapper respectivement les données de la requête et de la réponse. Nous les détaillons plus loin dans ce chapitre.

Comme l'illustre le code suivant, l'entité de mapping (❷) doit être injectée dans l'endpoint par l'intermédiaire des propriétés marshaller et unmarshaller (❶) :

```
<bean id="todoListsEndpoint"
      class="tudu.web.ws.endpoint.MashallingTodoListsEndpoint">
    <property name="todoListsManager" ref="mockTodoListsManager"/>
    <property name="marshaller" ref="castorMarshaller"/>←❶
    <property name="unmarshaller" ref="castorMarshaller"/>←❶
</bean>

<bean id="castorMarshaller"←❷
      class="org.springframework.oxm.castor.CastorMarshaller">
    (...)
</bean>
```

L'approche fondée sur les annotations apporte une flexibilité intéressante dans la mise en œuvre des endpoints puisqu'elle permet de définir plusieurs méthodes de traitement pour un même endpoint tout en intégrant l'accès simple aux paramètres présents dans la requête et le mapping XML/objet.

Les classes de ce type doivent posséder l'annotation Endpoint et utiliser les annotations PayloadRoot ou SoapAction en fonction de la stratégie choisie. Nous avons décrit leur utilisation précédemment, à la section « Accès aux endpoints ».

En complément de tout cela, Spring WS utilise le modèle de programmation de Spring MVC, qui permet de passer directement aux méthodes des endpoints des éléments présents dans la requête à l'aide de l'annotation XPathParam. La valeur de cette dernière correspond à une expression XPath permettant de récupérer l'élément correspondant.

Le code suivant illustre l'utilisation de l'annotation XPathParam (❶) pour accéder à un élément de la requête SOAP par l'intermédiaire d'un paramètre de méthode :

```
@PayloadRoot(localPart = "GetTodoListsRequest",
             namespace = "http://sourceforge.net/tudu/schemas")
public void getTodoLists(
        @XPathParam("//tudu:UserId")←❶
        String userId) throws Exception {
    (...)
}
```

Comme l'indique le code suivant, l'entité XpathParamAnnotationMethodEndpointAdapter doit être spécifiée dans la configuration afin de définir l'espace de nommage tudu (❶) utilisé dans l'annotation XPathParam précédente :

```
<bean class="org.springframework.ws.server.endpoint➥
        .adapter.XPathParamAnnotationMethodEndpointAdapter">
    <property name="namespaces">
        <props>
            <prop key="tudu">←❶
                http://sourceforge.net/tudu/schemas
            </prop>
        </props>
    </property>
</bean>
```

Une ou plusieurs entités d'adaptation pour l'accès aux endpoints doivent en outre être spécifiées. Elles permettent de définir la manière d'accéder aux méthodes de traitement des endpoints. Pour pouvoir utiliser les annotations PayloadRoot, les classes MessageMethodEndpointAdapter et PayloadRootAnnotationMethodEndpointMapping doivent être configurées en tant que Beans Spring :

```
<bean class="org.springframework.ws.server.endpoint➥
        .mapping.PayloadRootAnnotationMethodEndpointMapping"/>

<bean class="org.springframework.ws.server.endpoint➥
                .adapter.MessageMethodEndpointAdapter"/>
```

Cette approche offre la possibilité d'utiliser les entités de mapping des données décrites précédemment. À cet effet, une autre entité d'adaptation doit être configurée en complément. Cette dernière correspond à la classe GenericMarshallingMethodEndpointAdapter et accepte les attributs marshaller et unmarshaller au niveau de l'injection des entités, comme le montre le code suivant :

```
<bean class="org.springframework.ws.server.endpoint⇒
        .adapter.GenericMarshallingMethodEndpointAdapter">
    <property name="marshaller" ref="castorMarshaller"/>
    <property name="unmarshaller" ref="castorMarshaller"/>
</bean>

<bean id="castorMarshaller"
    class="org.springframework.oxm.castor.CastorMarshaller">
    (...)
</bean>
```

Les méthodes annotées de traitement des endpoints acceptent directement l'objet mappé et peuvent éventuellement en retourner un. Désormais, ces entités sont utilisables directement par type, et plus aucun transtypage n'est nécessaire.

Le code suivant illustre la mise en œuvre d'un endpoint de ce type possédant plusieurs méthodes de traitement annotées (❶) :

```
@Endpoint
public class TodoListsEndpoint {
    private TodoListsManager todoListsManager;

    @PayloadRoot(localPart = "GetTodoListsRequest",
                 namespace = "http://sourceforge.net/tudu/schemas")
    public GetTodoListsResponse getTodoLists(←❶
                        GetTodoListsRequest request) {
        (...)
    }

    @PayloadRoot(localPart = "GetTodoListRequest",
                 namespace = "http://sourceforge.net/tudu/schemas")
    public GetTodoListResponse getTodoList(←❶
                        GetTodoListRequest request) {
        (...)
    }

    (...)
}
```

Mapping des données

Plutôt que de manipuler directement les données reçues et à renvoyer en XML, Spring WS offre la possibilité d'utiliser une technologie de mapping XML/objet directement au sein des endpoints.

La méthode de traitement reçoit en paramètre un objet contenant les données de la requête et indépendant de XML. Cette méthode peut ensuite renvoyer les données de la réponse également sous forme d'objets.

Le framework propose deux interfaces pour définir ces comportements : `Marshaller` et `Unmarshaller`.

L'interface `Marshaller` permet de convertir un objet en XML par l'intermédiaire de sa méthode `marshal`, laquelle crée le contenu dans un objet de type `Result` correspondant à une abstraction de flux de sortie XML.

Le code suivant décrit le contenu de l'interface `Marshaller` :

```
public interface Marshaller {
    void marshal(Object graph, Result result)
        throws XmlMappingException, IOException;
}
```

L'interface `Unmarshaller` correspond au traitement inverse, qui permet de convertir du contenu XML en objets par l'intermédiaire de la méthode `unmarshal` de l'interface. Cette dernière permet à partir d'un objet de type `Source` correspondant à une abstraction de flux d'entrée XML, de créer un objet avec les données correspondantes.

Le code suivant décrit le contenu de l'interface `Unmarshaller` :

```
public interface Unmarshaller {
    Object unmarshal(Source source)
        throws XmlMappingException, IOException;
}
```

Bien que ces interfaces acceptent de simples objets, les implémentations des interfaces précédemment décrites comportent des restrictions induites par les technologies et outils mis en œuvre. Il est donc parfois nécessaire de spécifier des fichiers de mapping ou de générer des classes.

Bien que ces entités soient mises en œuvre par Spring WS, elles peuvent être utilisées indépendamment de la technologie des services Web. Le code suivant illustre ce type de mise en œuvre afin de créer du contenu XML à partir d'un objet (❶) et inversement (❷) :

```
Marshaller marshaller = (...);
Unmarshaller unmarshaller = (...);

//Création d'un contenu XML à partir d'un objet
FileOutputStream os = null;
try {
    MaClasse objet = initialisation();
    os = new FileOutputStream("");
    marshaller.marshal(objet, new StreamResult(os));←❶
} finally {
    closeOutputStream(os);
}

//Création d'un objet à partir d'un contenu XML
```

```
FileInputStream is = null;
try {
    is = new FileInputStream("");
    MaClasse objet = unmarshaller.unmarshal(←❷
                        new StreamSource(is));
} finally {
    closeInputStream(is);
}
```

Mapping des données

Avec Spring 3.0, ce support de mapping des données XML a été intégré dans le framework Spring lui-même avec le nom Spring OXM. Il s'agit d'un module, au même titre que Spring DAO, JDBC ou AOP.

Spring WS fournit différentes implémentations des interfaces Marshaller et Unmarshaller correspondant aux différentes technologies de mapping XML/objet. Ces technologies supportées par Spring WS sont récapitulées au tableau 13-3.

Tableau 13-3. Technologies de mapping XML/objet supportées par Spring WS

Technologie	Description
JAXB 1 et 2	Outil de Sun mis en œuvre par la JSR 222 pour générer des classes Java à partir de schémas XML.
Castor XML	Outil permettant de réaliser le mapping XML/objet en se fondant sur un fichier de configuration XML (disponible à l'adresse *http://castor.org/xml-framework.html*).
XML Beans	Outil de mapping objet/XML possédant un support complet de XML Schema et dans lequel les classes sont générées avec les informations de mapping (disponible à l'adresse *http://xml-beans.apache.org/*).
JiBX	Outil similaire aux outils de mapping objet/relationnel mais pour XML qui utilise l'ajout de pro xy au niveau des classes mappées de manière transparente (disponible à l'adresse *http://jibx.sourceforge.net/*).
XStream	Outil consistant en une simple bibliothèque permettant de convertir du XML en objet sans aucune configuration (disponible à l'adresse *http://xstream.codehaus.org/*).

Nous allons détailler la mise en œuvre de Castor XML au niveau des endpoints. La première étape consiste à initialiser l'entité permettant de réaliser la conversion avec cet outil. Cela s'effectue au moyen de la classe CastorMarshaller localisée dans le package org.springframework.oxm.castor.

Comme l'indique le code suivant, le mapping se paramètre dans le fichier de configuration XML de cette classe (❶) par l'intermédiaire de la propriété mappingLocation (❷) :

```
<bean id="castorMarshaller"←❶
    class="org.springframework.oxm.castor.CastorMarshaller">
    <property name="mappingLocation"←❷
        value="classpath:/tudu/web/ws/bean/mapping.xml"/>
</bean>
```

Le fichier de mapping suit la structure spécifiée par l'outil Castor XML. Le code suivant illustre la mise en œuvre d'un fichier de ce type afin de configurer les classes TodosList :

```
<?xml version="1.0"?>
<!DOCTYPE mapping PUBLIC
        "-//EXOLAB/Castor Mapping DTD Version 1.0//EN"
        "http://castor.org/mapping.dtd">
<mapping>

    (...)

    <class name="tudu.domain.model.TodoList">
        <map-to xml="TodoList"
                ns-uri="http://sourceforge.net/tudu/schemas"/>

        <field name="listId" type="java.lang.String">
            <bind-xml name="ListId" node="element"/>
         </field>

        <field name="name" type="java.lang.String">
            <bind-xml name="Name" node="element"/>
        </field>

        <field name="rssAllowed" type="java.lang.Boolean">
            <bind-xml name="RssAllowed" node="element"/>
        </field>

        <field name="lastUpdate" type="java.util.Date">
            <bind-xml name="LastUpdate" node="element"/>
        </field>
    </class>

    (...)

</mapping>
```

L'instance de la classe CastorMarshaller configurée peut ensuite être injectée dans un endpoint afin de lui mettre automatiquement à disposition les données contenues dans le message XML en entrée sous forme d'objets et de construire en retour les données XML pour la réponse.

Spring WS propose l'espace de nommage oxm afin de faciliter la configuration des entités de mapping, mais seuls les outils JAXB 1 et 2, XmlBeans et JiBX sont configurables par ce biais.

Le code suivant décrit la configuration (❶) et l'utilisation (❷) de l'espace de nommage afin de configurer un marshaller JAXB 2 :

```
<?xml version="1.0" encoding="UTF-8"?>
<beans xmlns="http://www.springframework.org/schema/beans"
    xmlns:xsi="http://www.w3.org/2001/XMLSchema-instance"
    xmlns:oxm="http://www.springframework.org/schema/oxm"←❶
```

```
      xsi:schemaLocation="http://www.springframework.org/schema/beans
            http://www.springframework.org/schema/
                              beans/spring-beans-2.5.xsd
      http://www.springframework.org/schema/oxm←❶
            http://www.springframework.org/schema/
                              oxm/spring-oxm-1.5.xsd">

      <oxm:jaxb2-marshaller id="jaxb2Marshaller"←❷
                    contextPath="tudu.ws.bean"/>

</beans>
```

Appels des services

Spring WS offre une API cliente permettant d'appeler des services Web tout en fournissant deux approches au niveau du traitement des données envoyées et reçues. L'utilisation de l'une ou de l'autre dépend de la manière dont le développeur souhaite les manipuler.

Dans les deux cas, l'appel des services Web se fonde sur la classe WebServiceTemplate, un template Spring dédié. Cette entité intègre de manière transparente différentes possibilités de transport des messages grâce à la propriété messageSender de type MessageSender. Nous abordons plus en détail cette propriété à la section « Gestion des transports ».

La classe WebServiceTemplate comporte en outre une propriété messageFactory de type WebServiceMessageFactory, qui décrit la manière de créer les messages mis en œuvre dans la communication avec les services Web.

Le code suivant met en œuvre de l'approche fondée sur la technologie SAAJ (❶) et sa spécification au sein du template avec l'attribut messageFactory (❷) :

```
<bean id="messageFactory" class="org.springframework.ws←❶
                    .soap.saaj.SaajSoapMessageFactory"/>

<bean id="webServiceTemplate"
    class="org.springframework.ws.client.core.WebServiceTemplate">
    <property name="messageFactory" ref="messageFactory"/>←❷
    (...)
</bean>
```

Utilisation des messages

Spring WS propose différentes approches pour réaliser des appels de services Web et gérer les données mises en œuvre.

Une première approche, de plus bas niveau, permet de travailler directement au niveau des messages XML en recourant aux interfaces Source et Result. L'adresse du service à accéder peut être spécifiée globalement pour le template ou spécifiquement au moment de l'appel.

Comme l'indique le code suivant, la méthode sendSourceAndReceiveToResult (❶) peut être utilisée pour réaliser l'appel au service Web et recevoir la réponse :

```
String xmlMessage = (...);
```

```
StreamSource source = new StreamSource(new StringReader(message));
StreamResult result = new StreamResult(System.out);

//Envoi et réception de message avec l'adresse par défaut
webServiceTemplate.sendSourceAndReceiveToResult(←❶
                            source, result);

//Envoi et réception de message avec une adresse spécifique
String adresseSpecifique = (...);
webServiceTemplate.sendSourceAndReceiveToResult(←❶
                            adresseSpecifique, source, result);
```

Différentes entités permettent d'ajouter des traitements dans la chaîne d'envoi de la requête et de réception de la réponse. Ce mécanisme permet de modifier le contenu du message au niveau de la chaîne de traitement. Il s'appuie sur la classe WebServiceMessage, qui permet d'accéder au contenu du message indépendamment de la technologie XML employée.

Le code suivant décrit le contenu de l'interface WebServiceMessageCallback fournissant une référence au message courant :

```
public interface WebServiceMessageCallback {
    void doWithMessage(WebServiceMessage message)
            throws IOException, TransformerException;
}
```

Le code suivant montre que cette interface peut être utilisée, par exemple, pour positionner l'en-tête SOAPAction (❶) pour un appel d'un service Web :

```
String xmlMessage = (...);
StreamSource source = new StreamSource(new StringReader(message));
StreamResult result = new StreamResult(System.out);

webServiceTemplate.sendSourceAndReceiveToResult(
                    source, new WebServiceMessageCallback() {
    public void doWithMessage(WebServiceMessage message) {
        ((SoapMessage)message).setSoapAction(←❶
                        "http://tempuri.org/Action");
    }
}, result);
```

D'autres méthodes de la classe WebServiceTemplate intègrent un mécanisme de conversion fondé sur les interfaces SourceExtractor et WebServiceMessageExtractor. Elles utilisent respectivement des objets de types Source et WebServiceMessage afin de créer des objets indépendants de la technologie XML.

Le code suivant décrit la mise en œuvre de l'interface SourceExtractor au sein de la méthode sendAndReceive du template :

```
String xmlMessage = (...);
StreamSource source = new StreamSource(new StringReader(message));

Object result = webServiceTemplate.sendSourceAndReceive (
```

```
                    source, new SourceExtractor () {
    public Object extractData(Source source) {
        (...)
    }
}
```

Mapping des données

Le template `WebServiceTemplate` offre la possibilité d'intégrer les mécanismes de mapping XML/objet décrits à la section « Mapping des données » directement au niveau des appels de services Web. Cela permet de passer un objet directement en paramètre indépendamment de la technologie XML et de recevoir les données de la réponse dans un objet du même type.

Le mécanisme de mapping intégré au template réutilise les mécanismes précédemment décrits et associés aux interfaces `Marshaller` et `Unmarshaller`. Les implémentations utilisées de ces deux interfaces peuvent être injectées dans ce template à l'aide de ses propriétés `marshaller` et `unmarshaller`.

Le code suivant illustre la configuration de ce mécanisme (❶) au moyen de la technologie Castor XML (❷) :

```
<bean id="webServiceTemplate"
    class="org.springframework.ws.client.core.WebServiceTemplate">
    <property name="marshaller" ref="castorMarshaller"/>←❶
    <property name="unmarshaller" ref="castorMarshaller"/>←❶
</bean>

<bean id="castorMarshaller"←❷
    class="org.springframework.oxm.castor.CastorMarshaller">
    (...)
</bean>
```

Une fois le template configuré, les méthodes `marshalSendAndReceive` peuvent être utilisées. Elles possèdent différentes variantes, dont certaines acceptent un paramètre de type `WebServiceMessageCallback` afin de modifier la requête une fois le contenu ajouté.

Le code suivant illustre la mise en œuvre de la méthode `marshalSendAndReceive` :

```
Object input = (...);
Object result = webServiceTemplate.marshalSendAndReceive(input);
```

Gestion des transports

Outre le protocole HTTP, Spring WS propose un cadre générique permettant d'utiliser simplement d'autres technologies de transport. Ce cadre permet en outre de réutiliser tous les mécanismes décrits précédemment. Aucun changement n'est donc nécessaire au niveau de l'aiguillage et des endpoints, et seules les entités relatives à l'accès doivent être adaptées.

Le framework supporte les différentes technologies de transport décrites au tableau 13-4.

Tableau 13-4. Technologies de transport supportées par Spring WS

Transport	Description
HTTP	Protocole par défaut pour l'utilisation des services Web. Son utilisation dans Spring WS s'appuie sur la servlet `MessageDispatcherServlet`.
JMS	Protocole et API visant à adresser la mise en œuvre de la messagerie asynchrone entre applications. Cette technologie peut être utilisée afin d'appeler des services Web de manière asynchrone. Spring WS propose des observateurs JMS par l'intermédiaire des classes `WebServiceMessageListener` et `WebServiceMessageDrivenBean`, cette dernière correspondant à un EJB Message Driven.
POP et IMAP	Les protocoles relatifs à l'échange d'e-mails peuvent être utilisés afin d'interagir avec un service Web pour récupérer les requêtes et les envoyer de façon asynchrone. Spring WS fournit la classe `MailMessageReceiver` afin de les mettre en œuvre.
HTTP embarqué	Depuis sa version 6, Java intègre en standard un serveur Web. Ce dernier est particulièrement léger en comparaison des serveurs Web classiques et peut être mis en œuvre dans une application autonome. Spring WS fournit les classes `WsdlDefinitionHttpHandler` et `WebServiceMessageReceiverHttpHandler` à cet effet.

Bien qu'un des objectifs de Spring WS soit l'indépendance vis-à-vis du transport, il est à noter qu'il est parfois nécessaire d'accéder à des propriétés au niveau de la couche de transport. Le framework propose pour cela la classe `TransportContext`, qui permet de récupérer la connexion utilisée.

Comme cette classe est stockée dans un `ThreadLocal`, elle peut être utilisée à n'importe quel moment dans l'application au sein d'une requête.

Le code suivant décrit l'utilisation de cette classe afin de récupérer l'adresse IP du client du service Web :

```
TransportContext context
        = TransportContextHolder.getTransportContext();
HttpServletConnection connection
        = (HttpServletConnection )context.getConnection();
HttpServletRequest request = connection.getHttpServletRequest();
String ipAddress = request.getRemoteAddr();
```

Spring WS permet de configurer en tant que Beans des entités de réception de messages JMS. Ces entités sont appelées *conteneurs JMS*. Une entité de ce type, par exemple la classe `DefaultMessageListenerContainer`, s'appuie sur les entités JMS `ConnectionFactory` et `Destination` pour obtenir des connexions au middleware et préciser la destination à utiliser.

L'observateur JMS utilise des entités de types `MessageFactory` pour la création des messages et `MessageDispatcher` pour leur traitement. Les classes `SaajSoapMessageFactory` et `SoapMessageDispatcher` peuvent être utilisées à cet effet.

Le code suivant décrit la mise en œuvre de la technologie de transport JMS pour la configuration du conteneur JMS (❶) de Spring et de l'observateur JMS (❷) fourni par Spring WS :

```
<bean id="connectionFactory"
    class="org.apache.activemq.ActiveMQConnectionFactory">
```

```
        <property name="brokerURL"
                value="vm://localhost?broker.persistent=false"/>
</bean>

<bean class="org.springframework.jms←❶
        .listener.DefaultMessageListenerContainer">
    <property name="connectionFactory" ref="connectionFactory"/>
    <property name="destinationName" value="TuduQueue"/>
    <property name="messageListener" ref="messageListener">
</bean>

<bean id="messageListener" class="org.springframework.ws←❷
                    .transport.jms.WebServiceMessageListener">
    <property name="messageFactory" ref="messageFactory"/>
    <property name="messageReceiver" ref="messageDispatcher"/>
</bean>

<bean id="messageFactory" class="org.springframework.ws➧
                    .soap.saaj.SaajSoapMessageFactory"/>

<bean id="messageDispatcher" class="org.springframework.ws➧
                    .soap.server.SoapMessageDispatcher">
    <property name="endpointMappings" ref="endpointMappings"/>
</bean>

<bean id="endpointMappings" class="org.springframework.ws.server➧
                .endpoint.mapping.PayloadRootQNameEndpointMapping">
    (...)
</bean>
```

Pour mettre en œuvre la technologie relative aux e-mails, la classe MailMessageReceiver de Spring WS doit être utilisée. Elle permet notamment de préciser les informations relatives aux serveurs POP ou IMAP et SMTP. Comme précédemment, la classe se fonde sur des entités de type MessageFactory et MessageDispatcher. Les mêmes implémentations peuvent donc être utilisées à ce niveau.

Le code suivant illustre le paramétrage de la classe MailMessageReceiver concernant l'adresse de messagerie (❶) et les propriétés IMAP (❷) et SMTP (❸) :

```
<bean id="messagingReceiver" class="org.springframework.ws➧
                    .transport.mail.MailMessageReceiver">
    <property name="messageFactory" ref="messageFactory"/>
    <property name="from"←❶
            value="Mon Adresse &lt;ws@serveur.com&gt;"/>
    <property name="storeUri"←❷
            value="imap://server:s04p@imap.serveur.com/INBOX"/>
    <property name="transportUri"←❸
            value="smtp://smtp.serveur.com"/>
    <property name="messageReceiver" ref="messageDispatcher"/>
    <property name="monitoringStrategy">
```

```
        <bean class="org.springframework.ws.transport←❷
                    .mail.monitor.PollingMonitoringStrategy">
            <property name="pollingInterval" value="30000"/>
        </bean>
    </property>
</bean>

<bean id="messageFactory" class="org.springframework➦
                    .ws.soap.saaj.SaajSoapMessageFactory"/>

<bean id="messageDispatcher" class="org.springframework.ws➦
                    .soap.server.SoapMessageDispatcher">
    <property name="endpointMappings" ref="endpointMappings"/>
</bean>

<bean id="endpointMappings" class="org.springframework.ws.server➦
            .endpoint.mapping.PayloadRootQNameEndpointMapping">
    (...)
</bean>
```

Nous ne détaillons pas ici la configuration de la dernière approche, celle-ci utilisant le serveur Web intégré à Java et se fondant sur des mécanismes similaires.

En résumé

Le framework Spring WS offre une approche intéressante afin de mettre en œuvre des services Web simplement en recourant aux mécanismes de Spring. Le framework a fait le choix d'une approche par contrats de services afin de contourner les principaux problèmes liés aux services Web.

Différentes stratégies sont proposées pour mettre en œuvre les traitements des endpoints en se calquant sur le modèle de programmation de Spring MVC. Une chaîne de traitement claire-ment identifiée et extensible est intégrée à cet effet au framework. Dans ce contexte, une approche particulièrement flexible et fondée sur les annotations est fournie.

Des mécanismes utilisant une approche par template sont proposés afin de réaliser l'appel de services Web de manière simple. Ces mécanismes incluent l'utilisation d'interfaces pour exploiter les messages échangés.

Spring WS intègre des abstractions de haut niveau afin d'utiliser les outils de mapping XML/ objet en son sein, que ce soit pour la mise en œuvre des services ou pour leurs appels. Les entités d'appel ou de traitement de services Web deviennent dès lors complètement indépen-dantes des technologies XML sous-jacentes.

Différents protocoles de transport sont supportés en standard par Spring WS, la technologie par défaut étant HTTP. Le choix du transport n'impacte en aucune manière les entités déve-loppées et peut être modifié simplement par la configuration aussi bien au niveau client que serveur.

La mise en œuvre de la sécurité proposée en standard par l'outil s'appuie sur les technologies XWSS de Sun et WSS4J d'Apache.

Mise en œuvre de Spring WS dans Tudu Lists

Les principaux concepts et composants de Spring WS ayant été introduits, nous pouvons passer à leur mise en pratique dans notre étude de cas.

Configuration des contextes

À l'instar de Spring MVC, la configuration de Spring WS se réalise dans le fichier **web.xml** de l'application Web à deux niveaux.

Le premier niveau est le contexte applicatif de l'application Web et est configuré de manière classique par l'intermédiaire de l'observateur ContextLoaderListener de Spring :

```
<context-param>
    <param-name>contextConfigLocation</param-name>
    <param-value>/WEB-INF/applicationContext*.xml</param-value>
</context-param>

<listener>
    <listener-class>
        org.springframework.web.context.ContextLoaderListener
    </listener-class>
</listener>
```

Les Beans relatifs aux services métier, aux composants d'accès aux données et aux instances qui leur sont relatives doivent être configurés à ce niveau.

Le contexte relatif à la servlet de Spring WS doit ensuite être mis en œuvre. La configuration de la servlet MessageDispatcherServlet permet de réaliser cela de manière implicite. Cette dernière classe doit être définie dans le fichier **web.xml**, comme le montre le code suivant :

```
<servlet>
    <servlet-name>spring-ws</servlet-name>
    <servlet-class>
        org.springframework.ws.transport➡
                    .http.MessageDispatcherServlet
    </servlet-class>
</servlet>

<servlet-mapping>
    <servlet-name>spring-ws</servlet-name>
    <url-pattern>/*</url-pattern>
</servlet-mapping>
```

Par défaut, le contexte applicatif associé à la servlet ci-dessus doit être configuré dans un fichier **spring-ws-servlet.xml** localisé dans le répertoire **WEB-INF**. Ce fichier contient tous les Beans relatifs à la mise en œuvre de Spring WS.

Définition des contrats des services

Une fois le framework Spring WS configuré, les contrats des services ainsi que les structures des données échangées peuvent être définis.

Pour cette étude de cas, nous avons réalisé une application simplifiée permettant les opérations suivantes :

- récupération de la liste des todolists pour un utilisateur ;
- récupération de la liste des todos pour un identifiant de todos.

Il est à noter que les données contenues dans ces entités ont été réduites au strict minimum.

Afin de pouvoir exploiter ces données par l'intermédiaire de services Web, leur structure ainsi que celle des messages échangés doivent être définies avec XML Schema. Le fichier correspondant se nomme dans notre cas **tudu.xsd** et se situe dans le répertoire **WEB-INF**.

Ce fichier contient tout d'abord les structures relatives aux todos (❷) et aux todolists (❶) :

```
<xs:schema xmlns:xs="http://www.w3.org/2001/XMLSchema"
        xmlns:tudu="http://sourceforge.net/tudu/schemas"
        elementFormDefault="qualified"
        targetNamespace="http://sourceforge.net/tudu/schemas">

    <xs:complexType name="TodoListType">←❶
        <xs:sequence>
            <xs:element name="ListId" type="xs:string"/>
            <xs:element name="Name" type="xs:string"/>
            <xs:element name="RssAllowed" type="xs:boolean"/>
            <xs:element name="LastUpdate" type="xs:date"/>
        </xs:sequence>
    </xs:complexType>

    <xs:complexType name="TodoType">←❷
        <xs:sequence>
            <xs:element name="TodoId" type="xs:string"/>
            <xs:element name="Description" type="xs:string"/>
            <xs:element name="Priority" type="xs:int"/>
            <xs:element name="Completed" type="xs:boolean"/>
            <xs:element name="CreationDate" type="xs:date"/>
        </xs:sequence>
    </xs:complexType>

    (...)
</xs:schema>
```

En s'appuyant sur les définitions précédentes, il définit également les messages échangés permettant de récupérer des listes de todolists (❶) et de todos (❷) :

```xml
<xs:schema xmlns:xs="http://www.w3.org/2001/XMLSchema"
        xmlns:tudu="http://sourceforge.net/tudu/schemas"
        elementFormDefault="qualified"
        targetNamespace="http://sourceforge.net/tudu/schemas">

    (...)

    <xs:element name="GetTodoListsRequest">←❶
        <xs:complexType>
            <xs:sequence>
                <xs:element name="UserId" type="xs:string"/>
            </xs:sequence>
        </xs:complexType>
    </xs:element>

    <xs:element name="GetTodoListsResponse">←❶
        <xs:complexType>
            <xs:all>
                <xs:element name="TodoList"
                            type="tudu:TodoListType"/>
            </xs:all>
        </xs:complexType>
    </xs:element>

    <xs:element name="GetTodosRequest">←❷
        <xs:complexType>
            <xs:sequence>
                <xs:element name="ListId" type="xs:string"/>
            </xs:sequence>
        </xs:complexType>
    </xs:element>

    <xs:element name="GetTodosResponse">←❷
        <xs:complexType>
            <xs:all>
                <xs:element name="Todos" type="tudu:TodoType"/>
            </xs:all>
        </xs:complexType>
    </xs:element>

</xs:schema>
```

Une fois, le fichier défini, ce dernier doit être configuré dans Spring par l'intermédiaire de la classe `SimpleXsdSchema`. En s'appuyant sur cette entité, l'utilisation de l'entité `DefaultWsdl11Definition` permet à Spring WS de déduire le contrat du service au format XML à l'aide de la technologie WSDL.

La configuration des aspects relatifs à la structure des messages échangés et au contrat du service se réalise dans le fichier de configuration de Spring de la manière suivante :

```
<bean id="tudu" class="org.springframework.ws ➥
                .wsdl.wsdl11.DefaultWsdl11Definition">
    <property name="schema" ref="schema" />
    <property name="portTypeName" value="Tudu" />
    <property name="locationUri"
            value="http://localhost:9080/tudu-ws/tudu/" />
    <property name="targetNamespace"
            value="http://sourceforge.net/tudu/definitions" />
</bean>

<bean id="schema"
      class="org.springframework.xml.xsd.SimpleXsdSchema">
    <property name="xsd" value="/WEB-INF/tudu.xsd" />
</bean>
```

Le contenu WSDL correspondant est alors disponible à l'adresse *http://<serveur>:<port>/<nom-application>/tudu.wsdl*.

Mapping des messages échangés

Afin de simplifier les traitements contenus dans les endpoints, nous allons mettre en application une approche de mapping des données des messages dans des objets. Nous utiliserons pour cela l'outil Castor XML, dont la mise en œuvre repose sur un fichier de correspondance au format XML.

Ce fichier, nommé **mapping.xml** dans notre contexte, suit la structure définie par Castor et spécifie la manière dont les données XML relatives aux messages et données sont mises en relation avec les classes Java définies dans l'application. Afin de décorréler les objets métier des données échangées, des classes simplifiées, appelées `RemoteTodoList` et `RemoteTodo`, ont été définies pour les todolists et les todos.

Le contenu du fichier de mapping est le suivant (la partie relative aux todos a été omise car elle est similaire à celle des todolists) :

```
<?xml version="1.0"?>
<!DOCTYPE mapping PUBLIC
        "-//EXOLAB/Castor Mapping DTD Version 1.0//EN"
        "http://castor.org/mapping.dtd">
<mapping>

    <class name="tudu.web.ws.bean.GetTodoListsRequest">
        <map-to xml="GetTodoListsRequest"
                ns-uri="http://sourceforge.net/tudu/schemas"/>

        <field name="userId" type="java.lang.String">
            <bind-xml name="UserId" node="element"/>
        </field>
```

```
        </class>

        <class name="tudu.web.ws.bean.GetTodoListsResponse">
            <map-to xml="GetTodoListsResponse"
                    ns-uri="http://sourceforge.net/tudu/schemas"/>

            <field name="todoLists"
                    type="tudu.web.ws.bean.RemoteTodoList"
                    collection="set" >
                <bind-xml name="TodoList" />
            </field>
        </class>

        <class name="tudu.web.ws.bean.RemoteTodoList">
            <map-to xml="TodoList"
                    ns-uri="http://sourceforge.net/tudu/schemas"/>

            <field name="listId" type="java.lang.String">
                <bind-xml name="ListId" node="element"/>
            </field>

            <field name="name" type="java.lang.String">
                <bind-xml name="Name" node="element"/>
            </field>

            <field name="rssAllowed" type="java.lang.Boolean">
                <bind-xml name="RssAllowed" node="element"/>
            </field>

            <field name="lastUpdate" type="java.util.Date">
                <bind-xml name="LastUpdate" node="element"/>
            </field>
        </class>

        (...)

</mapping>
```

Une fois le contenu de ce fichier défini, l'entité de Spring WS dédiée à Castor doit être configurée. Cette classe, nommée CastorMarshaller, référence le fichier précédent par l'intermédiaire de sa méthode mappingLocation :

```
<bean id="castorMarshaller"
      class="org.springframework.oxm.castor.CastorMarshaller" >
    <property name="mappingLocation"
              value="classpath:/tudu/web/ws/bean/mapping.xml" />
</bean>
```

Implémentation des endpoints

Une fois ce travail préparatif réalisé, les différents endpoints peuvent être mis en œuvre. Pour plus de clarté, nous avons retenu l'approche fondée sur les annotations PayloadRoot et le mapping XML/objet.

Les classes relatives aux endpoints doivent posséder l'annotation Endpoint ainsi que des méthodes annotées avec PayloadRoot. Ces dernières pourront prendre ainsi part aux traitements des requêtes.

La sélection de la méthode se fonde sur l'espace de nommage de la requête ainsi que sur sa balise racine. Dans notre cas, l'espace de nommage est celui défini dans le fichier XML Schema définissant la structure des données, à savoir **http://sourceforge.net/tudu/schemas**. Les balises racines dépendent des requêtes, et ce sont elles qui vont permettre l'aiguillage.

Dans la classe TodoListsEndpoint adressant les requêtes relatives aux todolists, la méthode getTodoLists retourne les todolists pour un identifiant d'utilisateur. Elle s'appuie sur le service injecté pour récupérer les données puis les convertit et les positionne au niveau de la réponse. La méthode getTodoLists (❷) est appelée lorsque la requête contient la balise GetTodoListsRequest (❶) comme racine de message :

```
@Endpoint
public class TodoListsEndpoint {
    private TodoListsManager todoListsManager;

    @PayloadRoot(localPart = "GetTodoListsRequest",←❶
            namespace = "http://sourceforge.net/tudu/schemas")
    public GetTodoListsResponse getTodoLists(←❷
                          GetTodoListsRequest request) {
        String userId = request.getUserId();

        Set<TodoList> todoLists
              = todoListsManager.findByLogin(userId);

        Set<RemoteTodoList> remoteTodoLists
              = RemoteTodoListUtils.convert(todoLists);

        GetTodoListsResponse response = new GetTodoListsResponse();
        response.setTodoLists(remoteTodoLists);
        return response;
    }

    (...)

}
```

Le mapping des objets relatifs à la requête et à la réponse se fait automatiquement en fonction du marshaller configuré au niveau des adaptateurs de traitement.

Les instances des endpoints doivent ensuite être configurées en tant que Beans dans Spring afin de pouvoir être appelées. Les services métier correspondant doivent être injectés dans les endpoints à ce niveau.

Dans le code suivant, nous spécifions différents adaptateurs afin d'utiliser les annotations pour aiguiller les traitements (**❶**) et le mapping des données XML (**❷**) :

```
<bean class="org.springframework.ws.server.endpoint←❶
        .mapping.PayloadRootAnnotationMethodEndpointMapping"/>

<bean class="org.springframework.ws.server.endpoint←❶
                    .adapter.MessageMethodEndpointAdapter"/>

<bean class="org.springframework.ws.server.endpoint←❷
            .adapter.GenericMarshallingMethodEndpointAdapter">
    <constructor-arg ref="castorMarshaller"/>
</bean>

(...)
```

Implémentation de clients

Maintenant que tous les éléments ont été implémentés et configurés au niveau du serveur, une entité cliente d'appel distant peut être développée. Les traitements de cette dernière se fondent sur le template `WebServiceTemplate` afin de réaliser les appels de manière simple.

Cette classe offre la possibilité d'utiliser le mapping XML/objet afin de manipuler sous forme d'objets et indépendamment de XML les données échangées. Les configurations réalisées pour la partie serveur peuvent être réutilisées à ce niveau.

Pour réaliser l'appel avec le mapping, la méthode `marshalSendAndReceive` du template peut être utilisée. Dans notre cas, l'appel distant de la récupération des todolists nécessite un objet de type `GetTodoListsRequest` comme paramètre (**❶**), un objet de type `GetTodoListsResponse` étant retourné (**❷**) par l'appel de la méthode précédente (**❸**) :

```
GetTodoListsRequest request = new GetTodoListsRequest();←❶
request.setUserId("userId");

GetTodoListsResponse response←❷
        = (GetTodoListsResponse)webServiceTemplate
                    .marshalSendAndReceive(request);←❸

Set<RemoteTodoList> todoLists = response.getTodoLists();
```

La configuration de notre entité cliente et des entités relatives se réalise dans un fichier de configuration Spring dédié :

```
<bean id="messageFactory" class="org.springframework.ws ➥
                    .soap.saaj.SaajSoapMessageFactory"/>

<bean id="webServiceTemplate" class="org.springframework ➥
```

```
                        .ws.client.core.WebServiceTemplate">
        <property name="messageFactory" ref="messageFactory"/>
        <property name="defaultUri"
                  value="http://localhost:9080/tudu-ws/"/>
        <property name="marshaller" ref="castorMarshaller"/>
        <property name="unmarshaller" ref="castorMarshaller"/>
    </bean>

    <bean id="castorMarshaller"
        class="org.springframework.oxm.castor.CastorMarshaller">
        <property name="mappingLocation"
                  value="classpath:/tudu/web/ws/bean/mapping.xml" />
    </bean>

    <bean id="webServiceClient"
        class="tudu.web.ws.client.WebServiceClient">
        <property name="webServiceTemplate" ref="webServiceTemplate"/>
    </bean>
```

En résumé

La mise en œuvre de Spring WS dans l'étude de cas illustre avec quelle facilité et quelle flexibilité ce framework permet d'exposer des services existants par l'intermédiaire de services Web. La première étape a consisté à définir la structure des données manipulées, après quoi le framework s'est chargé de déduire la structure XML des contrats des services exposés.

Suivant le même modèle de programmation que Spring MVC, Spring WS tire parti des annotations tout en permettant l'utilisation du mapping de données XML/objet. Le code des endpoints est dès lors très concis et complètement indépendant des technologies XML.

Au niveau du client, Spring WS offre la possibilité de réaliser des appels simplement tout en supportant certains mécanismes mis en œuvre dans la partie serveur, tels que le mapping XML/objet.

Conclusion

Ce chapitre a montré comment mettre en œuvre et appeler des services Web en se fondant sur le framework Spring WS, l'outil du portfolio de Spring dédié à cette technologie. Ce framework met en œuvre une approche dirigée par les contrats afin d'adresser au mieux la coexistence des paradigmes XML et objet, dont il a su simplifier l'utilisation grâce à l'injection de dépendances et à un modèle de programmation similaire à celui de Spring MVC.

L'objectif de Spring WS est de rendre les plus indépendantes possibles des technologies XML les entités développées, mais des approches plus liées à XML ne sont pas moins toujours utilisables.

Puisque la chaîne de traitement est complètement flexible et extensible, les entités centrales, les endpoints, peuvent être configurées avec des annotations et intégrer le mapping XML/

objet. Cette approche permet de définir plusieurs méthodes de traitement par endpoint et de travailler directement sur des objets de données.

Au niveau de la partie cliente, Spring WS met en œuvre les mêmes mécanismes en s'appuyant sur un template permettant notamment d'utiliser le mapping objet/XML.

Nous avons volontairement passé sous silence l'aspect sécurité, mais il est à noter que Spring WS peut être sécurisé comme n'importe quelle application Web avec Spring Security. Le framework fournit également un intéressant support de WS-Security.

14

Spring Security

Sur Internet, mais aussi au cœur même d'une entreprise, le risque de compromission de données sensibles peut conduire à des catastrophes en termes économiques ou légaux. La sécurité est donc un aspect important du développement d'une application. Sujet complexe, s'il en est, elle ne doit pas être traitée à la légère. Pour ces raisons, ce chapitre commence par rappeler les besoins couramment exprimés en matière de sécurité, ainsi que les concepts clés généralement utilisés dans ce domaine.

En Java, nous disposons de JAAS (Java Authentication and Authorization Service) et de la spécification Java EE pour nous aider dans cette tâche. Il s'agit de standards largement utilisés, qu'il est important de connaître, puisqu'un grand nombre de solutions s'appuient sur eux. Nous verrons les limitations de ces deux spécifications et les raisons pour lesquelles elles ne sont pas suffisantes pour développer des applications d'entreprise un tant soit peu complexes.

Spring Security est un projet du portfolio Spring qui propose une solution de sécurité complète intégrée aux systèmes utilisant Spring. Très largement utilisée au sein de la communauté Spring, elle peut *de facto* être considérée comme un standard.

Dans ce chapitre, nous commençons par exposer les besoins de sécurité d'une application Web d'entreprise puis montrons comment Spring Security peut y répondre.

La sécurité dans les applications Web

Cette section rappelle les besoins habituellement exprimés pour la sécurisation d'une application, ainsi que les concepts utilisés pour répondre à ces besoins. Nous pourrons de la sorte mieux comprendre les spécificités fonctionnelles et techniques induites par la sécurité.

Nous nous intéresserons en particulier aux applications d'entreprise, et plus spécifiquement aux applications Web fondées sur Java EE, qui sont la cible même de cet ouvrage.

Les besoins

La grande majorité des applications ont les mêmes besoins en matière de sécurité. C'est d'ailleurs pour cette raison que la création d'un mécanisme spécifique de gestion de la sécurité ne se justifie pas toujours et que l'utilisation d'un framework préexistant est largement préférable.

Gestion des utilisateurs

Les utilisateurs, leur mot de passe et leurs droits doivent être gérés dans un système spécialisé. Dans les entreprises, il est courant que ce système soit un référentiel centralisé, tel un annuaire LDAP. Il s'agit d'une base de données optimisée pour les requêtes en lecture et possédant une structure arborescente permettant de stocker des hiérarchies. Nous rencontrons aussi des systèmes plus simples, reposant sur des bases de données relationnelles.

Ces systèmes ont, de préférence, les caractéristiques suivantes :

• Gestion d'attributs liés à l'utilisateur (nom, numéro de téléphone, etc.).

• Vérification du mot de passe. Il est préférable qu'un système externe gère les mots de passe, plutôt que chaque application utilisatrice.

• Gestion des droits des utilisateurs.

• Gestion des groupes d'utilisateurs, qui facilite la gestion des droits.

Il va de soi que les entreprises ne fournissent pas toujours un système de gestion des droits aussi complet. Les développeurs doivent régulièrement faire face à des situations dégradées, dans lesquelles certains de ces besoins ne peuvent être pris en compte ou doivent être développés spécifiquement.

Sécurisation des URL

La sécurisation la plus simple à mettre en place est celle des requêtes HTTP. Nous décidons de ne permettre qu'à un certain type d'utilisateur d'accéder à une URL donnée. Dans Tudu Lists, par exemple, les URL se terminant par /secure/** sont réservées aux utilisateurs authentifiés et possédant le rôle ROLE_USER.

Ce type de sécurisation peut être mis en place aux niveaux suivants :

• Réseau, avec utilisation d'un répartiteur de charge (de type Alteon).

• Serveur Web, avec, par exemple, utilisation de la sécurité dans Apache.

• Serveur Java EE, que nous détaillons plus en détail par la suite parce qu'il propose une intégration beaucoup plus avancée de la sécurité au sein de l'application développée.

Notons que le principal défaut de cette solution est qu'il est nécessaire de disposer d'une bonne stratégie dans le nommage des URL. Cette politique contraignante est difficilement imposable à une application existante. C'est pourquoi elle doit être mise en place dès la conception de l'application.

Sécurisation de la couche de service

La couche de service n'est normalement pas accessible aux utilisateurs finals de l'application. Cependant, le fait de sécuriser des Beans Spring présente un double intérêt :

- Cela renforce la sécurité de l'application en empêchant un utilisateur malveillant d'y avoir accès. Si un service est sensible et ne doit être utilisé que par l'administrateur, mieux vaut valider qu'il ne peut être exécuté que par des personnes ayant le rôle adéquat.

- Cela permet l'accès distant à ces objets. Il est ainsi possible de permettre à des applications externes d'utiliser un service sensible, à condition que leurs utilisateurs soient dûment autorisés à y accéder.

Cette sécurisation peut se faire au niveau d'une classe ou d'une méthode.

Sécurisation des objets de domaine

Plus rarement exprimé, ce besoin consiste à sécuriser certaines instances d'objets métier. Dans l'exemple de Tudu Lists, un utilisateur a le droit d'effacer des todos mais ne doit pouvoir effacer que les todos qui lui appartiennent. Il a donc le droit d'exécuter la méthode de suppression des données (sécurisation de la couche de service), mais pas sur l'ensemble des objets métier.

Ce besoin se fait sentir dans la plupart des applications multiutilisateurs. Dans une boutique en ligne, par exemple, un utilisateur n'a le droit de gérer que son panier d'achat.

Contrôle du code exécuté

Ce besoin, qui se rencontre également rarement dans le cadre d'une application Web Java EE, consiste à n'autoriser l'exécution que de code qui a été validé. L'exemple le plus courant est celui des applets. Dans la mesure où nous exécutons du code téléchargé depuis Internet, nous ne pouvons avoir une confiance absolue dans ce programme.

Dans le cadre d'une application Java EE s'exécutant sur un serveur d'entreprise, il n'est pas utile de prendre en compte ce type de considération. Si une personne malveillante accède au serveur et est capable d'intervenir directement sur du code, elle sera également capable d'en modifier les règles de sécurité. Mieux vaut donc mettre l'accent sur la sécurisation des serveurs (et de leurs locaux) et éviter ce type de complexité aux développeurs d'applications.

Rappel des principales notions de sécurité

La sécurité s'appuie sur deux notions principales, l'authentification des utilisateurs et la gestion de leurs autorisations, auxquelles se greffe un vocabulaire spécialisé, que nous allons rappeler :

- Authentification. Vérification qu'un utilisateur est bien la personne qu'il prétend être. Cette vérification s'effectue généralement à l'aide d'un couple identifiant/mot de passe.

- Autorisation. Vérification qu'un utilisateur authentifié a la permission de réaliser une action. Un utilisateur possède généralement un ensemble d'autorisations, qui peuvent être gérées par groupes pour plus de facilité.

- Les objets `Subject` et `Principal`. Spécifiques de Java, ces objets se retrouvent dans l'ensemble des implémentations que nous allons étudier. Un `Subject` représente un utilisateur tel qu'il est vu par l'application en cours. Ce `Subject` peut posséder plusieurs `Principal`, chacun de ces objets étant une représentation de cette personne. Login, numéro de Sécurité sociale et adresse e-mail peuvent être autant de `Principal` d'un même `Subject`.

- Ressources et permissions. Une ressource représente une entité protégée. Il peut s'agir d'un fichier, d'une URL ou d'un objet. Une permission correspond au droit d'accéder à cette ressource. Pour qu'un utilisateur accède à une URL protégée, il faut que ses autorisations lui donnent la permission d'y accéder.

La sécurité Java

Java propose deux API pour gérer la sécurité : JAAS, pour les projets Java standards (J2SE), et une API spécifique incluse dans la norme Java EE.

Nous allons voir que ces API ne répondent que de manière fragmentaire aux besoins que nous avons rappelés précédemment. Il est cependant essentiel de les connaître, car elles composent le socle technique standard de Java EE.

JAAS

JAAS (Java Authentication and Authorization Service) a été intégré à J2SE 1.4 après avoir été un package optionnel.

Il s'agit d'une API de bas niveau, permettant en particulier de gérer les privilèges du code qui s'exécute. Peu adaptée à une application Java EE, elle s'adresse à un domaine différent : les applets et les applications graphiques autonomes fondées sur AWT ou Swing.

La gestion des utilisateurs en base de données ou la création de formulaires Web de login sont des sujets bien éloignés de cette spécification, qui n'est pas conçue pour cela. Par ailleurs, les fonctionnalités qu'elle propose en matière de gestion des privilèges d'exécution du code ne correspondent pas à une application Web classique.

Nous ne nous attarderons donc pas sur cette spécification et nous pencherons plutôt sur les extensions spécifiques à Java EE.

La spécification Java EE

La spécification Java EE inclut plusieurs objets et méthodes dédiés à la sécurité. Généralement simples, ces derniers ont l'avantage d'être bien intégrés dans les frameworks existants. Struts, par exemple, utilise cette API.

Si cette spécification pose un certain nombre de problèmes, que nous allons détailler, elle n'en présente pas moins le grand avantage d'être un standard officiel.

La spécification Servlet permet de définir des règles de sécurité au niveau du fichier **web.xml** afin de protéger des URL en fonction de leur nom. Elle supporte des méthodes d'authentification simples (par formulaire, authentification HTTP basique ou certificat) et fournit une API rudimentaire. Cette API se trouve essentiellement dans deux méthodes de l'objet `javax.servlet.http.HttpServletRequest` :

- `getRemoteUser()`, qui permet d'obtenir le login de l'utilisateur en cours sous forme de chaîne, à charge pour le développeur d'appeler la couche de service de son application pour retrouver un objet représentant l'utilisateur en fonction de ce login.
- `isUserInRole(String role)`, qui vérifie si l'utilisateur en cours possède l'autorisation demandée. Il est ainsi facile de vérifier si l'utilisateur a le rôle « administrateur » et de lui afficher un écran spécifique d'administration.

Ces deux méthodes aussi simples qu'efficaces sont suffisantes pour des applications Web peu complexes.

La spécification dans son ensemble souffre toutefois d'un grand nombre d'inconvénients :

- Elle n'est pas portable d'un serveur d'applications à un autre, chaque serveur Java EE en possédant sa propre implémentation. Dans le meilleur des cas, migrer vers un nouveau serveur peut simplement consister en une configuration spécifique de ce module, mais cela peut être nettement plus compliqué.
- La gestion des URL dans le fichier **web.xml** est rudimentaire. Il n'est pas possible, par exemple, d'utiliser des expressions régulières (type PERL) pour définir une URL.
- Les services fournis sont généralement élémentaires. Il n'y a pas de service d'authentification automatique par cookie, par exemple, ni de système pour empêcher deux utilisateurs d'utiliser le même login en même temps, etc.
- Cette spécification reposant sur l'objet `HttpServletRequest`, elle requiert la présence de cet objet et n'est donc utilisable qu'au plus près de la couche de présentation. Elle pose en outre des problèmes en matière de tests unitaires puisqu'il faut simuler cet objet.

Utilisation de Spring Security

Spring Security a pour objectif de proposer un système complet de gestion de la sécurité. Cette section présente les avantages fournis par Spring Security par rapport à une solution Java EE classique. Nous verrons aussi comment l'installer et le configurer.

Spring Security est disponible à l'adresse *http://static.springframework.org/spring-security/site/index.html*.

Principaux avantages

Le premier avantage de Spring Security est sa portabilité. Ne dépendant pas d'un serveur d'applications particulier, son utilisation est identique quel que soit le serveur utilisé. C'est grâce à cela que Tudu Lists peut être utilisé sans reconfiguration sur Tomcat, JBoss, Geronimo ou WebLogic.

Cette portabilité est particulièrement importante si l'application développée doit pouvoir être vendue à un grand nombre de clients possédant des systèmes hétérogènes. Dans le cadre d'une application développée en interne, il n'en reste pas moins dommage de se trouver bloqué sur un serveur d'applications uniquement à cause d'une problématique de sécurité.

Le deuxième avantage de Spring Security est qu'il fournit en standard un nombre de fonctionnalités beaucoup plus important qu'un serveur Java EE classique. Parmi les plus simples, et qui manquent cruellement dans la spécification Java EE, citons l'authentification automatique par cookie pour un nombre donné de jours, ainsi que la vérification qu'un utilisateur n'est pas déjà authentifié avec le login demandé.

Spring Security propose en outre des fonctionnalités avancées, telles que le support de solutions de solutions de Single Sign-On (une authentification unique pour l'ensemble des applications de l'entreprise) ou la sécurisation des objets de domaine, fournissant ainsi une aide considérable au développement d'applications ayant des besoins complexes en matière de sécurité.

Spring Security propose une excellente intégration avec les applications Web et les Beans Spring. Concernant les applications Web, il propose des filtres de servlets bien plus fins que ceux proposés par la norme Java EE. Pour les Beans Spring, il permet d'utiliser la POA afin de sécuriser la couche métier de manière efficace et transparente.

Enfin, Spring Security permet de rendre la sécurité complètement transversale et déclarative. Une application peut pratiquement être développée entièrement sans se soucier de la sécurité, la configuration de celle-ci se faisant généralement dans un fichier dédié.

Si nous reprenons les besoins de sécurité rappelés en début de chapitre, Spring Security apporte les avantages suivants :

• Gestion des utilisateurs : solution intégrée, complète et portable.

• Sécurisation des requêtes HTTP : disponible de manière plus fine que dans la norme Java EE.

• Sécurisation de la couche de service : API complète, qui s'intègre dans les frameworks courants de POA.

• Sécurisation de la couche de domaine : listes de contrôle d'accès (ACL), qui peuvent être spécifiées au niveau de chaque objet de domaine.

• Contrôle du code exécuté : non pris en compte par Spring Security. Comme nous l'avons vu, cette fonction est rarement utile dans une application d'entreprise.

Historique de Spring Security

Le code de Spring Security s'appuie sur celui d'Acegi Security, un framework Open Source hébergé par SourceForge. Acegi Security représentait une solution de fait pour les problématiques de sécurité des applications fondées sur Spring, et c'est la raison pour laquelle son code a été utilisé pour constituer la solution de sécurité officielle de Spring.

Si Acegi Security fournissait de nombreuses fonctionnalités et permettait de faire de la sécurité une problématique transverse, son utilisation, fondée complètement sur la configuration Spring 1.x, s'avérait particulièrement pénible. La définition des contraintes de sécurité devait passer par la déclaration d'un grand nombre de Beans. La verbosité de la configuration d'Acegi Security était aussi propice à de nombreuses erreurs.

Spring Security remédie à ces inconvénients par l'utilisation massive d'un schéma XML dédié, avec tous les avantages qui en découlent. La configuration de Spring Security est donc beaucoup moins verbeuse et plus simple (avec, par exemple, l'aide de la complétion d'un éditeur XML).

Quand Acegi Security nécessitait au minimum la déclaration d'une dizaine de Beans pour fonctionner de la manière la plus élémentaire, nous allons voir que l'équivalent peut être accompli en quelques lignes avec Spring Security.

La version de Spring Security utilisée dans ce chapitre est la 2.0.4.

Installation

Spring Security est conçu sous la forme d'un ensemble de fichiers JAR. L'archive principale constitue le noyau, les autres archives fournissent l'implémentation des différents modules (liste de contrôle d'accès, intégration avec des solutions de SSO, etc.).

Voici quelques-uns des modules de Spring Security, qui prennent chacun la forme d'un JAR dans la distribution :

- Core : le noyau de Spring Security, qui contient notamment le support pour la sécurisation des URL et des méthodes.
- Core Tiger : classes du noyau nécessitant la version 1.5 de Java (notamment pour la gestion des annotations).
- Taglibs : des balises JSP pour l'interfaçage avec Spring Security dans les vues d'une application.
- ACL : gestion des listes de contrôle d'accès (Access Control List), pour la sécurisation des objets de domaines.

La configuration de Spring Security commence par la déclaration d'un filtre de servlet dans le fichier **web.xml** d'une application Web :

```
<filter>
   <filter-name>springSecurityFilterChain</filter-name>
   <filter-class>
      org.springframework.web.filter.DelegatingFilterProxy
   </filter-class>
</filter>

( ... )

<filter-mapping>
   <filter-name>springSecurityFilterChain</filter-name>
   <url-pattern>/*</url-pattern>
</filter-mapping>
```

Cette configuration redirige l'ensemble des requêtes HTTP vers Spring Security. En interne, ce filtre délègue les requêtes à un Bean nommé `springSecurityFilterChain` défini dans le contexte Spring. Ce Bean est automatiquement créé par Spring Security dès que le schéma XML de Spring Security est utilisé. Il est donc essentiel de ne pas explicitement déclarer un Bean portant ce nom.

Pour que Spring Security soit opérationnel, il faut bien sûr qu'un contexte Spring soit déclaré dans le fichier **web.xml** (chargé généralement par un `ContextLoaderListener`).

Configuration de base

Afin de rendre la sécurité la plus transversale possible, mais aussi de ne pas surcharger les fichiers de contexte Spring, il est recommandé de centraliser la configuration de Spring Security dans un fichier dédié. Dans Tudu Lists, nous avons opté pour cette solution (le fichier s'appelle **applicationContext-security.xml** et se trouve dans le répertoire **WEB-INF**).

Pour utiliser Spring Security, il faut d'abord déclarer son schéma XML :

```
<beans:beans xmlns="http://www.springframework.org/schema/security"
  xmlns:xsi="http://www.w3.org/2001/XMLSchema-instance"
  xmlns:beans="http://www.springframework.org/schema/beans"
  xsi:schemaLocation="
  http://www.springframework.org/schema/beans
  http://www.springframework.org/schema/beans/spring-beans.xsd
  http://www.springframework.org/schema/security
  http://www.springframework.org/schema/security/spring-
    security.xsd">

(...)

</beans:beans>
```

Cette déclaration permet d'utiliser directement (sans préfixe) les balises de Spring Security. Le fichier de configuration étant dédié à la sécurité, utiliser ce type de déclaration permet d'avoir une syntaxe plus concise.

Une configuration très élémentaire pour une application Web serait la suivante :

```
<http auto-config="true">←❶
  <intercept-url pattern="/**" access="ROLE_USER" />←❷
</http>

<authentication-provider>←❸
  <user-service>←❹
    <user name="admin" password="mdp4admin"
      authorities="ROLE_ADMIN,ROLE_USER" />
    <user name="tudu" password="mdp4tudu"
      authorities="ROLE_USER" />
  </user-service>
</authentication-provider>
```

La configuration de la sécurité pour une application Web passe par la déclaration d'un élément http. L'attribut auto-config implique que Spring Security déclare une configuration par défaut (❶), qui positionne notamment une authentification *via* un formulaire généré dynamiquement ; un filtre gère la déconnexion et un service pour se connecter automatiquement grâce à un cookie.

Au repère ❷, une règle d'accès est précisée : tout utilisateur doit posséder le rôle ROLE_USER pour pouvoir consulter n'importe quelle URL. La syntaxe utilisée, /**, est dite « syntaxe Ant ».

Les balises suivantes servent à définir un annuaire d'utilisateurs. Cet annuaire est très simplement défini dans le fichier de contexte Spring. La balise authentication-provider (❸) précise que le user-service contenu (❹) peut servir de source d'authentification. Dans la balise user-service sont définis deux utilisateurs. Le premier d'entre eux a pour identifiant admin, pour mot de passe mdp4admin et a deux rôles, ROLE_USER et ROLE_ADMIN.

Même si ce genre d'annuaire d'utilisateurs n'est pas vraiment viable pour une application d'entreprise, il a le mérite de pouvoir faire démarrer rapidement l'apprentissage de Spring Security. Il peut aussi être utilisé en environnement de développement ou à des fins de test.

Les éléments définis dans cette première configuration font partie intégrante du framework Spring Security, dont nous verrons plus précisément l'architecture globale par la suite.

Les utilisateurs d'Acegi Security peuvent constater immédiatement la différence. La balise http positionne un ensemble de filtres de servlet qu'il fallait avec Acegi déclarer un à un et dans un ordre donné.

Cette configuration peut convenir à une application simple, nécessitant une authentification pour l'ensemble de ses écrans (puisque toutes les URL sont interceptées). Si l'application dispose d'un back-office réservé aux administrateurs et que l'ensemble des URL de ce back-office commence par /admin/, il est possible de restreindre son accès en ajoutant une restriction :

```
<http auto-config="true">
  <intercept-url pattern="/**" access="ROLE_USER" />
  <intercept-url pattern="/admin/**" access="ROLE_ADMIN" />
</http>
```

Nous allons améliorer la sécurité de notre application en exploitant les possibilités de Spring Security, en commençant par le mécanisme d'authentification.

Gestion de l'authentification

Principes d'authentification de Spring Security

Quand Spring Security est utilisé dans une application Web, il positionne un filtre de servlet interceptant les requêtes HTTP afin de vérifier si l'utilisateur est habilité à consulter les différentes URL. Spring Security utilise un contexte de sécurité qui est positionné lors de l'authentification de l'utilisateur. Ce contexte de sécurité contient notamment l'utilisateur et les rôles (*authorities*) qui lui sont attribués.

Le composant effectuant l'authentification dans Spring Security est un `AuthenticationManager`. L'interface `AuthenticationManager` est très simple :

```
package org.springframework.security;

public interface AuthenticationManager {

    Authentication authenticate(Authentication authentication)
        throws AuthenticationException;
}
```

La méthode `authenticate` prend en paramètre un objet `Authentication` qui contient les informations d'authentification (le plus souvent un identifiant et un mot de passe). L'objet `Authentication` retourné par la méthode `authenticate` contient des informations supplémentaires une fois l'authentification effectuée, notamment les rôles de l'utilisateur, auxquels on peut accéder *via* la méthode `Authentication.getAuthorities`. Il existe différentes implémentations d'`Authentication`, mais il s'agit plutôt de classes manipulées en interne par Spring Security.

Spring Security positionne par défaut un `ProviderManager` qui est une implémentation composite d'`AuthenticationManager`. Le `ProviderManager` utilise en effet une liste de composants `AuthenticationProvider`, auxquels il délègue l'authentification. Spring Security fournit un ensemble de composants `AuthenticationProvider`, pour les différentes technologies d'authentification qu'il supporte.

Le diagramme UML illustré à la figure 14-1 résume cette modélisation et présente quelques composants `AuthenticationProvider` fournis par Spring Security.

Voici une liste non exhaustive des composants `AuthenticationProvider` fournis dans Spring Security :

• `LdapAuthenticationProvider` : effectue une authentification en utilisant un annuaire implémentant le protocole LDAP. Les moyens de s'authentifier avec LDAP étant nombreux, ce fournisseur délègue son travail à d'autres classes et est donc fortement paramétrable.

• `JaasAuthenticationProvider` : effectue une authentification au moyen d'un fichier de configuration JAAS.

• `CasAuthenticationProvider` : implémente une authentification fondée sur la solution de Single Sign On JA-SIG CAS (Central Authentication Server).

• `DaoAuthenticationProvider` : délègue la récupération des informations sur l'utilisateur à un `UserDetailsService` puis effectue la vérification du mot de passe à partir de ces informations.

La plupart des composants `AuthenticationProvider` effectuent l'authentification, c'est-à-dire qu'ils gèrent la vérification de l'identité de l'utilisateur. Ils délèguent généralement la récupération des informations de l'utilisateur à un `UserDetailsService`, notamment pour connaître les rôles de l'utilisateur.

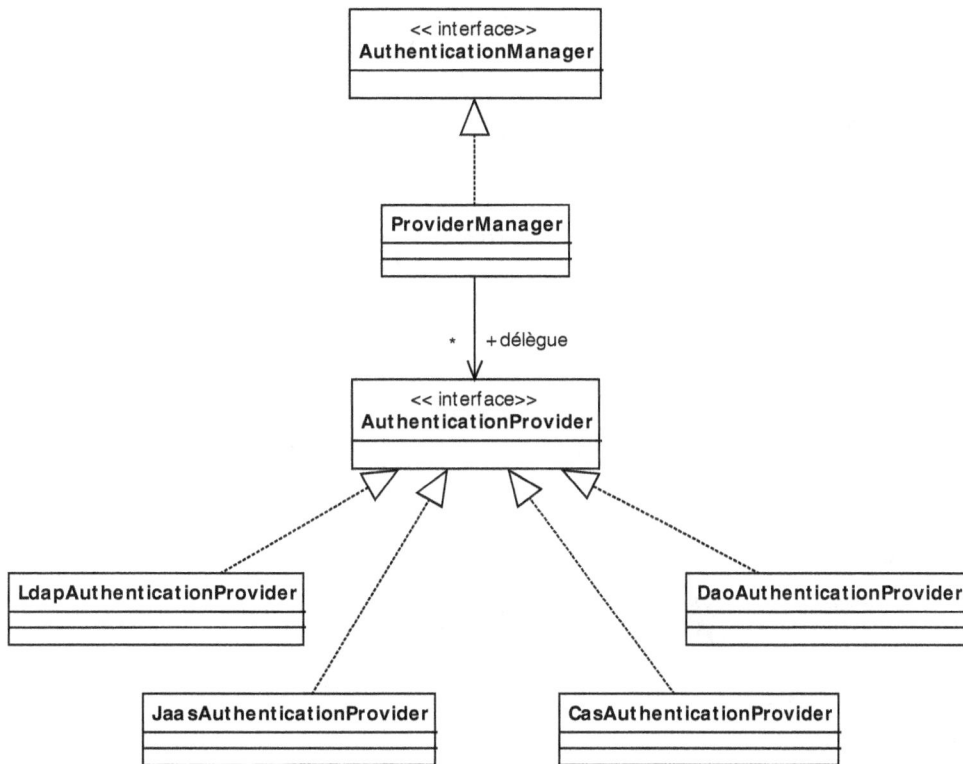

Figure 14-1

L'authentification avec Spring Security

Les supports d'authentification de Spring Security viennent donc directement des implémentations de UserDetailsService. Spring Security propose les implémentations suivantes :

- InMemoryDaoImpl : récupère les informations à partir d'une structure de données en mémoire. Il s'agit de l'implémentation utilisée dans notre configuration de départ, où les utilisateurs sont définis dans le contexte Spring.

- JdbcDaoImpl : récupère les informations à partir d'une base de données. Cette classe est paramétrable afin de s'adapter aux différentes structures des tables utilisateur.

- LdapUserDetailsService : récupère les informations utilisateur en interrogeant un annuaire LDAP. Cela suppose que l'annuaire dispose de suffisamment d'informations, notamment les rôles de l'utilisateur.

Positionnement des fournisseurs

Comme Spring Security positionne par défaut un ProviderManager, il est possible, avec la balise authentication-provider, d'ajouter des composants AuthenticationProvider, qui feront automatiquement partie de la chaîne d'authentification.

Il faut ensuite préciser le UserDetailsService utilisé, soit de manière explicite, comme dans notre exemple de configuration par défaut (définition à l'aide de balises internes), soit en faisant référence à un Bean implémentant l'interface UserDetailsService, avec l'attribut user-service-ref :

```
<authentication-provider user-service-ref ="myUserDetailsService" />

<beans:bean id="jdbcUserDetailsService"
 class="org.springframework.security.userdetails.jdbc.JdbcDaoImpl">
    (...)
</beans:bean>
```

Si nous souhaitons utiliser une implémentation bien spécifique d'AuthenticationProvider, il est nécessaire de passer par la création d'un Bean ordinaire de Spring (avec la balise bean). Or, de cette manière, l'AuthenticationProvider déclaré n'est pas automatiquement ajouté à la pile du ProviderManager par défaut.

Pour remédier à ce problème, il faut ajouter la balise custom-authentication-provider dans la déclaration du Bean :

```
<beans:bean id="myAuthProvider" class="custom.AuthProvider">
    <custom-authentication-provider />
    (...)
</beans:bean>
```

Authentification *via* une base de données

Si l'application que nous développons n'est pas connectée à un système de sécurité fourni par l'entreprise, le plus simple est de stocker les données d'authentification au sein de la base de données.

Spring Security propose une implémentation de UserDetailsService effectuant des requêtes SQL pour récupérer les données de l'utilisateur. Afin d'être le plus adaptable possible, il est possible de paramétrer les requêtes à effectuer. Ces requêtes sont au nombre de deux : une pour récupérer les données utilisateur, l'autre pour récupérer les rôles de l'utilisateur.

Voici comment utiliser cette implémentation :

```
<authentication-provider>
    <jdbc-user-service data-source-ref="dataSource"
    users-by-username-query="SELECT login,password,enabled FROM tuser WHERE login = ?"
    authorities-by-username-query="SELECT tuser_login,roles_role FROM tuser_role
    WHERE tuser_login = ?"
    />
</authentication-provider>
```

Dans cet exemple, nous utilisons la balise jdbc-user-service imbriquée avec authentication-provider. Le UserDetailsService JDBC nécessite pour fonctionner une DataSource, que nous pouvons assigner avec l'attribut data-source-ref.

La première requête SQL (attribut `users-by-name-query`) doit retourner trois valeurs : le login, le mot de passe et si l'utilisateur est activé ou non. La seconde requête (attribut `authorities-by-username-query`) a pour but de retrouver des couples login-rôle, un utilisateur pouvant avoir plusieurs rôles. Du fait de l'utilisation de la balise `authentication-provider`, le fournisseur sera automatiquement intégré à la chaîne d'authentification du `ProviderManager`.

Le `UserDetailsService` JDBC permet de répondre à la plupart des besoins. Dans le cas d'une base de données utilisateur plus complexe, il est plus avantageux de construire sa propre implémentation de `UserDetailsService`.

Authentification *via* LDAP

Les annuaires LDAP sont aujourd'hui très répandus en entreprise. Ils permettent de disposer d'un dépôt central des utilisateurs au lieu que chaque application dispose de son propre référentiel. Il n'est cependant pas rare qu'un service d'entreprise (service de Single Sign On, par exemple) constitue le point d'entrée pour l'authentification. Dans ce cas, LDAP n'est pas directement utilisé par les applications.

Le support pour LDAP de Spring Security permet de s'authentifier et de récupérer des informations sur l'utilisateur. De façon générale, l'authentification avec un annuaire peut se faire suivant deux approches :

• Binding : équivalent d'une connexion dans le monde LDAP, avec les paramètres d'authentification de l'utilisateur (nom d'utilisateur et mot de passe). Si le binding réussit, l'utilisateur est considéré comme authentifié. Avec cette approche, l'authentification est finalement déléguée à l'annuaire.

• Comparaison du mot de passe : consiste à récupérer les informations utilisateur depuis l'annuaire LDAP et à comparer le mot de passe fourni par l'utilisateur. L'applicatif a donc ici une place plus importante qu'avec le binding, puisqu'il effectue lui-même la comparaison.

Aucune des deux approches n'a plus d'avantages que l'autre. L'approche par binding étant la plus courante, c'est celle-ci que nous allons étudier en premier. Spring Security supporte bien sûr les deux approches.

Authentification LDAP par binding

Afin d'illustrer notre propos, voici un fichier LDIF (format d'échange de données des annuaires LDAP) contenant les entrées de notre annuaire :

```
dn: ou=people,o=tudu
objectClass: organizationalUnit
ou: people

dn: cn=acogoluegnes,ou=people,o=tudu
objectClass: organizationalPerson
objectClass: person
objectClass: inetOrgPerson
objectClass: top
cn: acogoluegnes
```

```
sn: arnaud
userPassword:: bWRwNGFybm8=
```

Sa connaissance permettra au lecteur de comprendre plus facilement les requêtes effectuées par la suite.

Spring Security propose un type d'`AuthenticationProvider` spécifique pour accéder à un serveur LDAP. Il est utilisable avec la balise `ldap-authentication-provider`. Cet `AuthenticationProvider` LDAP nécessite une connexion vers un serveur (on parle aussi de contexte LDAP).

Voyons donc en premier lieu comment définir ce contexte LDAP avec Spring Security. La définition la plus courante est la suivante :

```
<ldap-server url="ldap://localhost:389/" />
```

En interne, cette balise crée une `ContextSource`, interface du projet Spring LDAP permettant de créer des contextes LDAP. Cette définition amène Spring Security à accéder de façon anonyme au serveur LDAP. Il est possible de configurer un annuaire LDAP pour qu'il refuse les connexions anonymes. Il faut dans ce cas préciser un DN (Distinguished Name) administrateur et le mot de passe associé :

```
<ldap-server url="ldap://localhost:389/"
  manager-dn="uid=admin,ou=system" manager-password="secret" />
```

Spring Security permet aussi de lancer un serveur LDAP embarqué, à des fins de test ou de démonstration. L'annuaire LDAP utilisé étant Apache DS, il faut que les fichiers JAR correspondants soient dans le classpath. Dès lors que l'attribut `url` n'est pas précisé, Spring Security utilise un serveur LDAP embarqué.

Il est possible de préciser la racine à utiliser ainsi que le chemin d'un fichier LDIF, afin que le serveur embarqué contienne des données :

```
<ldap-server
  root="o=tudu" ldif="classpath:/tudu/security/tudu.ldif" />
```

Le cas le plus fréquent reste cependant la connexion directe à un serveur LDAP, dont il faut préciser l'URL.

Une fois la `ContextSource` créée *via* la balise `ldap-server`, il est possible de définir l'`AuthenticationProvider` LDAP qui va effectuer l'authentification et le chargement des rôles. Il faut pour cela utiliser soit la balise `ldap-authentication-provider` directement, soit une balise `authentication-provider` dans laquelle s'imbrique la balise `ldap-user-service`. Ces deux syntaxes sont équivalentes, et nous allons utiliser la première.

Spring Security permet d'effectuer le binding de deux façons. La première consiste à préciser un motif de recherche avec l'attribut `user-dn-pattern` :

```
<ldap-authentication-provider
  user-dn-pattern="cn={0},ou=people,o=tudu" />
```

Le paramètre `{0}` indique le nom de l'utilisateur. Cette méthode est simple mais a pour limitation que l'ensemble des utilisateurs doit se trouver dans le même nœud. On peut remédier à cet inconvénient avec la deuxième façon, qui consiste à donner un filtre de recherche et un nœud de base pour effectuer cette recherche :

```
<ldap-authentication-provider
    user-search-filter="(cn={0})"
    user-search-base="ou=people,o=tudu" />
```

La recherche est alors récursive, ce qui permet de stocker les utilisateurs dans une structure arborescente.

La récupération des rôles de l'utilisateur se fait en paramétrant la balise ldap-authentication-provider afin qu'elle puisse effectuer les requêtes LDAP appropriées.

Voici un complément du fichier LDIF de notre annuaire, définissant des nœuds pour les rôles :

```
dn: ou=groups,o=tudu
objectClass: organizationalUnit
objectClass: top
ou: groups
description: Tudu Lists User Groups

dn: cn=admin,ou=groups,o=tudu
objectClass: groupOfNames
objectClass: top
cn: admin
description: Tudu Admin Groups
member: cn=acogoluegnes,ou=people,o=tudu
ou: admin

dn: cn=user,ou=groups,o=tudu
objectClass: groupOfNames
objectClass: top
cn: user
description: Tudu Admin Groups
member: cn=acogoluegnes,ou=people,o=tudu
member: cn=templth,ou=people,o=tudu
ou: user
```

Deux groupes sont définis, « admin » et « user ». Voici comment paramétrer l'AuthenticationProvider LDAP pour récupérer convenablement les rôles des utilisateurs à partir des nœuds précédemment définis :

```
<ldap-authentication-provider
    user-dn-pattern="cn={0},ou=people,o=tudu"
    group-search-base="ou=groups,o=tudu"
    group-role-attribute="cn"
    group-search-filter="(member={0})"
/>
```

L'attribut group-search-base indique le nœud de base des groupes. L'attribut group-role-attribute indique l'attribut LDAP qui va être utilisé par Spring Security pour définir le rôle dans l'application, sous forme de chaîne de caractères. Enfin, l'attribut group-search-filter permet d'indiquer un filtre de recherche permettant de retrouver l'utilisateur. Le paramètre {0} indique ici le DN (Distinguished Name) de l'utilisateur, et pas seulement son identifiant tel qu'il est passé à Spring Security. La translation est de toute façon prise en charge par Spring Security.

En prenant les données de notre fichier LDIF, après authentification de l'utilisateur « acogoluegnes », on trouve les rôles ROLE_ADMIN et ROLE_USER. Cela ne concorde pas avec les groupes définis dans l'annuaire, qui sont nommés respectivement « admin » et « user ». Spring Security opère une transformation sur les rôles : il les passe en majuscules et leur ajoute un préfixe. Si la transformation en majuscules ne peut être facilement supprimée, il est possible de modifier le préfixe, qui est par défaut ROLE_, avec l'attribut role-prefix :

```
<ldap-authentication-provider
    user-dn-pattern="cn={0},ou=people,o=tudu"
    group-search-base="ou=groups,o=tudu"
    group-role-attribute="cn"
    group-search-filter="(member={0})"
    role-prefix="PROFIL_" />
```

Authentification LDAP par comparaison de mot de passe

Avec Spring Security, le passage de l'authentification LDAP par binding à l'authentification par comparaison de mot de passe se fait très simplement en ajoutant la balise password-compare dans ldap-authentication-provider :

```
<ldap-authentication-provider
    user-dn-pattern="cn={0},ou=people,o=tudu"
    group-search-base="ou=groups,o=tudu"
    group-role-attribute="cn"
    group-search-filter="(member={0})"
    >
    <password-compare hash="plaintext"
        password-attribute="userpassword" />
</ldap-authentication-provider>
```

Il est possible de préciser la comparaison de mot de passe avec l'attribut hash. Notre fichier LDIF ne comportant pas de hachage pour les mots de passe, nous utilisons la valeur plaintext. Spring Security supporte les principaux algorithmes de hachage (MD5 et famille SHA). Nous indiquons aussi l'attribut dans lequel se trouve le mot de passe avec password-attribute.

Le support de Spring Security pour l'authentification LDAP permet de répondre à la plupart des besoins. Cependant, pour des cas plus complexes, il est possible de configurer directement des Beans Spring Security sans passer par le schéma XML dédié. L'extension des possibilités du support LDAP se fait alors au détriment de la facilité de configuration.

Nous allons revoir une authentification par comparaison de mot de passe et le chargement des rôles avec ce mode de configuration. Dans les exemples suivants, le schéma beans est le schéma par défaut tandis que le schéma de Spring Security est préfixé par sec.

Il faut maintenant définir explicitement un `AuthenticationProvider` LDAP, avec la déclaration d'un Bean de type `LdapAuthenticationProvider` :

```
<bean id="ldapAuthProvider" class="
org.springframework.security.providers.ldap.LdapAuthenticationProvider">
    <constructor-arg ref="authenticator" />
    <constructor-arg ref="populator" />
    <sec:custom-authentication-provider />
</bean>
```

Un `LdapAuthenticationProvider` délègue son travail à deux autres Beans. Le premier est une dépendance obligatoire, il s'agit d'un `LdapAuthenticator`, qui, comme son nom l'indique, effectue l'authentification. Le deuxième est un `LdapAuthoritiesPopulator` qui permet de récupérer les informations sur l'utilisateur dans l'annuaire (notamment les rôles). Afin que l'`AuthenticationProvider` LDAP soit rajouté à la pile du `ProviderManager` par défaut, nous ajoutons la balise `sec:custom-authentication-provider` dans la déclaration.

Spring Security fournit deux implémentations de `LdapAuthenticator` : le `BindAuthenticator` qui gère l'authentification avec un binding et le `PasswordComparisonAuthenticator`.

Nous utilisons pour notre exemple un `PasswordComparisonAuthenticator` :

```
<sec:ldap-server url="ldap://localhost:10389/"
    id="contextSource" />←❶
<bean id="authenticator" class="
org.springframework.security.providers.ldap.authenticator.PasswordComparisonAuthe
ticator">
    <constructor-arg ref="contextSource" />←❷
    <property name="userDnPatterns">
    <list>
       <value>cn={0},ou=people,o=tudu</value>←❸
    </list>
    </property>
    <property name="passwordAttributeName" value="userPassword" />←❹
    <property name="passwordEncoder" ref="passwordEncoder" />←❺
</bean>

<bean id="passwordEncoder" class="
org.springframework.security.providers.encoding.PlaintextPasswordEncoder" />←❻
```

Avec une déclaration explicite du `PasswordComparisonAuthenticator`, il faut nommer la `ContextSource` (❶) et la passer au constructeur (❷). Pour récupérer l'utilisateur, nous utilisons la méthode par motif de recherche (❸). Il est possible de préciser le nom de l'attribut correspondant au mot de passe. Conformément à notre fichier LDIF, nous utilisons l'attribut `userPassword` (❹). Nous paramétrons la comparaison de mot de passe avec la propriété `passwordEncoder` (❺). C'est cet objet qui fait la comparaison et qui prend en compte un hachage potentiel du mot de passe dans l'annuaire LDAP. Par défaut, un `LdapShaPasswordEncoder` est utilisé. Notre fichier LDIF ne comportant pas de hachage pour les mots de passe, nous utilisons un `PlaintextPasswordEncoder` (❻).

Nous constatons que l'utilisation d'un `PasswordComparisonAuthenticator` permet de configurer très finement l'authentification, mais que cette configuration s'avère beaucoup plus technique qu'avec le schéma XML.

Afin de récupérer les rôles de l'utilisateur, il faut compléter la configuration avec un `LdapAuthoritiesPopulator` :

```
<bean id="populator" class="
org.springframework.security.ldap.populator.DefaultLdapAuthoritiesPopulator">
    <constructor-arg ref="contextSource" />
    <constructor-arg value="ou=groups,o=tudu" />
    <property name="groupRoleAttribute" value="cn" />
    <property name="groupSearchFilter" value="(member={0})" />
</bean>
```

Il faut passer au constructeur du `LdapAuthoritiesPopulator` la `ContextSource` et le nœud de base des groupes (équivalent de l'attribut `group-search-base` de la balise `ldap-authentication-provider`). Les deux propriétés `groupRoleAttribute` et `groupSearchFilter` sont les équivalents des attributs de `ldap-authentication-provider`.

S'il est plus difficile de configurer explicitement un `LdapAuthoritiesPopulator` qu'avec le schéma XML de Spring Security, il est possible de le paramétrer plus finement :

```
<bean id="populator" class="
org.springframework.security.ldap.populator.DefaultLdapAuthoritiesPopulator">
    (...)
    <property name="convertToUpperCase" value="false" />
    <property name="rolePrefix" value="profil_" />
    <property name="defaultRole" value="profil_default" />
</bean>
```

Les propriétés ajoutées permettent respectivement de laisser les rôles en minuscules, régler le préfixe et attribuer un profil à tous les utilisateurs.

Authentification *via* une implémentation spécifique

Afin d'intégrer le référentiel utilisateur d'une application avec Spring Security, il est possible d'implémenter l'interface `UserDetailsService`. Nous allons prendre comme exemple l'implémentation de Tudu Lists.

Voici l'ossature de cette implémentation :

```
package tudu.security;

import org.springframework.dao.DataAccessException;
import org.springframework.security.userdetails.UserDetails;
import org.springframework.security.userdetails.UserDetailsService;
import org.springframework.security.userdetails.UsernameNotFoundException;
import tudu.service.UserManager;

public class UserDetailsServiceImpl implements UserDetailsService {
```

```
        private UserManager userManager = null;

        public void setUserManager(UserManager userManager) {
            this.userManager = userManager;
        }

        public UserDetails loadUserByUsername(String login)
                throws UsernameNotFoundException, DataAccessException {
            (...)
        }
    }
```

Dans Tudu Lists, l'interface `UserManager` définit les services d'accès au référentiel utilisateur, il est donc naturel de l'utiliser dans `UserDetailsServiceImpl`.

Voici l'implémentation de la méthode `loadUserByUserName` :

```
public UserDetails loadUserByUsername(String login)
        throws UsernameNotFoundException, DataAccessException {
    login = login.toLowerCase();
    User user = null;
    try {
        user = userManager.findUser(login);←❶
    } catch (ObjectRetrievalFailureException orfe) {
        throw new UsernameNotFoundException(
            "User '" + login + "' could not be found."
        );←❷
    }
    user.setLastAccessDate(Calendar.getInstance().getTime());
    userManager.updateUser(user);←❸

    Set<Role> roles = user.getRoles();
    GrantedAuthority[] arrayAuths = new GrantedAuthority[roles.size()];
    int index = 0;
    for (Role role : roles) {
        arrayAuths[index++] = new GrantedAuthorityImpl(
            role.getRole()
        );←❹
    }

    return new org.springframework.security.userdetails.User(
        login,user.getPassword(),user.isEnabled(),
        true, true, true,
        arrayAuths);←❺
}
```

La méthode `loadUserByUsername` accepte en paramètre l'identifiant (`login`) de l'utilisateur. Nous passons cet identifiant à la méthode `findUser` du `UserManager` de Tudu Lists (❶) afin de récupérer un objet de domaine `User` de Tudu Lists. Afin d'honorer le contrat de `loadUserByUserName`, nous relançons une `UsernameNotFoundException` si aucun utilisateur ne correspond à cet identifiant (❷).

Si un utilisateur correspond à cet identifiant, nous en profitons pour mettre à jour sa date de dernière connexion (❸). Il faut ensuite récupérer les rôles de l'utilisateur et les mettre sous la forme de `GrantedAuthority`, une interface propre à Spring Security. C'est ce qui est fait au repère ❹, où l'on crée des `GrantedAuthorityImpl` à partir des objets `Role` (de Tudu Lists).

Enfin, au repère ❺, un `User` (classe Spring Security) est créé. Les premiers paramètres sont l'identifiant, le mot de passe et un drapeau pour savoir si l'utilisateur est bien activé. Les trois drapeaux suivants (tous mis à vrai, parce que Tudu Lists ne les exploitent pas) informent Spring Security respectivement sur la non-expiration du compte utilisateur, la non-expiration de son système d'authentification (par exemple pour un certificat numérique) et le non-verrouillage du compte.

La configuration du contexte Spring se fait alors de la façon suivante :

```
<authentication-provider user-service-ref="userDetailsService" />

<beans:bean id="userDetailsService"
     class="tudu.security.UserDetailsServiceImpl">
  <beans:property name="userManager" ref="userManager" />
</beans:bean>
```

La balise `authentication-provider` peut se « brancher » sur un Bean implémentant `UserDetailsService` avec l'attribut `user-service-ref`. Notre implémentation est déclarée comme un Bean standard et se voit injecter le `UserManager` de Tudu Lists (sa déclaration ne figure pas ici).

Il est important de comprendre que notre implémentation de `UserDetailsService` n'a d'autre fonction que de récupérer les informations nécessaires à Spring Security pour prendre ces décisions sur l'authentification et les autorisations. Il est possible de configurer l'`AuthenticationProvider` pour qu'il exploite, par exemple, un `PasswordEncoder` car les mots de passe en base de données sont hachés.

Cette séparation stricte des responsabilités garantit un interfaçage simple avec le référentiel utilisateur de Tudu Lists et permet de gérer de façon complètement déclarative la sécurité.

Hachage des mots de passe

Le hachage est une transformation effectuée sur des données qui débouche sur une chaîne de caractères de taille fixe. Le hachage est utilisé pour des calculs d'intégrité (on parle aussi de calcul d'empreinte) ainsi que pour les signatures numériques. Dans notre cas (stockage des mots de passe), le hachage a deux propriétés intéressantes :

• La non-réversibilité : il est impossible de revenir aux données d'origine à partir de l'empreinte.

• Le faible taux de collision : il est (en théorie) impossible que des données différentes aient la même empreinte. Cette propriété est directement dépendante de l'algorithme de hachage utilisé, certains ayant des taux de collision plus faibles que d'autres.

En considérant un mot de passe comme une donnée confidentielle, que seul l'utilisateur concerné doit connaître, il est essentiel de le stocker sous forme hachée. Il est alors impossible, même pour les administrateurs du système, de retrouver le mot de passe. C'est d'ailleurs pour cela qu'il est nécessaire de générer un nouveau mot de passe si on l'oublie, puisque personne n'est capable de le retrouver. Par abus de langage, on dit souvent que les mots de passe sont cryptés, mais le terme exact est haché.

Quand un utilisateur soumet un mot de passe pour s'authentifier, ce mot de passe est haché puis comparé directement avec l'empreinte stockée. Si les deux sont identiques, le mot de passe entré est correct.

Spring Security permet de gérer le hachage des mots de passe au niveau des composants `AuthenticationProvider`. Comme expliqué précédemment, un `AuthenticationProvider` délègue la récupération des informations à un `UserDetailsService`. Ce dernier ramène les données telles qu'elles sont dans le dépôt et l'`AuthenticationProvider` gère alors la vérification.

Le paramétrage de l'algorithme de hachage se fait avec la balise `password-encoder` au sein de la balise `authentication-provider` :

```
<authentication-provider>
    <password-encoder hash="sha" />

      <user-service>
         <user name="acogoluegnes"
   password="bd19c801b24f23ff73f2e2aeac0577a8131b92b2"
   authorities="ROLE_ADMIN"/>
      </user-service>
</authentication-provider>
```

Dans notre exemple, nous émulons un référentiel utilisateur avec la balise `user-service`. Le mot de passe de l'unique utilisateur est une empreinte obtenue avec l'algorithme SHA-1 (le mot de passe est « mdp4arno »). Nous indiquons cela à l'`AuthenticationProvider` avec l'attribut `hash` de `password-encoder`, afin qu'il puisse exploiter correctement l'information obtenue par son `UserDetailsService`.

Spring Security supporte la plupart des algorithmes de hachage (MD5, famille SHA). Nous recommandons l'utilisation des algorithmes de la famille SHA (SHA-1, SHA-256 et SH-512), qui seront vraisemblablement les plus sûrs pour les années à venir.

Hacher simplement les mots de passe dans le référentiel utilisateur n'est cependant pas toujours suffisant, car cela ne protège pas des attaques par dictionnaire. Ces attaques consistent à tester des dictionnaires de mots de passe déjà hachés avec les mots de passe hachés du référentiel d'une application. Cette attaque compte sur la faiblesse des mots de passe utilisés, par exemple des noms communs ou des noms propres. Il n'est pas possible de contrecarrer complètement ces attaques potentielles, mais il est cependant possible de les rendre beaucoup plus longues à s'exécuter.

Une première parade passe par l'utilisation d'un grain de sel. Cela consiste à ajouter une chaîne de caractères au mot de passe avant qu'il ne soit haché. Spring Security peut être paramétré pour prendre en compte le grain de sel :

```
<password-encoder hash="sha">
  <salt-source system-wide="grain de sel"/>
</password-encoder>
```

Pour Spring Security, cela signifie que le mot de passe « mdp4arno » est en fait devenu « mdp4arno{grain de sel} » avant d'être haché. Nous avons ici un grain de sel fixe. La valeur du grain de sel doit normalement être plus complexe et surtout éviter les noms communs (privilégier des lettres et des chiffres sans signification). Si le grain de sel est connu par un attaquant potentiel, celui-ci devra hacher à nouveau tout son dictionnaire, ce qui lui prendra plus de temps que sans grain de sel.

Le grain de sel fixe est une première étape, mais il est plus sûr d'utiliser un grain de sel variable, c'est-à-dire propre à chaque mot de passe. Avec un grain de sel fixe, deux mots de passe identiques auront la même empreinte, ce qui constitue une vulnérabilité pour les attaques fondées sur le paradoxe des anniversaires.

Avec Spring Security, il est très simple d'utiliser un grain de sel variable, qui peut être récupéré d'une des propriétés du compte utilisateur, par exemple son identifiant :

```
<password-encoder hash="sha">
  <salt-source user-property="username" />
</password-encoder>
```

Le mot de passe « mdp4arno » du compte « acogoluegnes » devient dès lors « mdp4arno{acogoluegnes} ». Avec un grain de sel variable, les attaques par dictionnaires deviennent encore plus longues qu'avec un grain de sel fixe.

Spring Security permet un paramétrage plus fin de l'objet effectuant la vérification du mot de passe, avec la configuration explicite d'un Bean implémentant l'interface PasswordEncoder.

Si nous voulons, par exemple, utiliser l'algorithme de hachage SHA-512, ce qui n'est pas directement possible avec le schéma de Spring Security, il faut passer par la déclaration et la configuration du ShaPasswordEncoder fourni dans Spring Security :

```
<authentication-provider>
  <password-encoder ref="passwordEncoder">
    <salt-source user-property="username" />
  </password-encoder>
  (...)
</authentication-provider>

<beans:bean id="passwordEncoder" class="
org.springframework.security.providers.encoding.ShaPasswordEncoder">
  <beans:constructor-arg value="512" />
</beans:bean>
```

Il existe d'autres techniques pour rendre les attaques par dictionnaire beaucoup plus difficiles et longues, dont l'une consiste à effectuer plusieurs itérations de hachage (jusqu'à plusieurs milliers). Le framework Jasypt (*http://www.jasypt.org/*) propose un excellent support pour le hachage des mots de passe et s'interface avec Spring Security avec des implémentations de PasswordEncoder.

Sécurité d'une application Web

Spring Security positionne un ensemble de filtres de servlet permettant de gérer très finement la sécurité d'une application Web. Nous avons vu précédemment les différents moyens d'authentifier un utilisateur. Nous allons voir maintenant comment exploiter les systèmes d'authentification avec la configuration des différents filtres de Spring Security.

Configuration automatique

La configuration automatique de Spring Security permet de configurer très rapidement une politique de sécurité pour une application :

```
<http auto-config="true">
  <intercept-url pattern="/**" access="ROLE_USER" />
</http>

<authentication-provider>
   (...)
</authentication-provider>
```

La configuration précédente est équivalente à la configuration suivante :

```
<http>
  <intercept-url pattern="/**" access="ROLE_USER" />
  <form-login />
  <anonymous />
  <http-basic />
  <logout />
  <remember-me />
</http>

<authentication-provider>
   (...)
</authentication-provider>
```

La configuration automatique positionne un ensemble de filtres fréquemment utilisés dans une application Web. Nous allons étudier chacun de ces filtres.

Interception des URL

Dans la configuration HTTP, la balise intercept-url permet de définir les règles d'interception à appliquer sur un ensemble d'URL. La syntaxe de définition des URL est celle popularisée par Ant pour la désignation des fichiers. Voici quelques exemples de cette syntaxe pour la désignation d'URL :

- /** : l'ensemble des URL ;
- /admin/** : l'ensemble des URL se trouvant sous le chemin « admin » ainsi que ses sous-chemins ;
- /*delete* : toutes les URL contenant le mot « delete ».

Pour que la sécurisation par URL fonctionne, il faut décider de conventions de nommage, par exemple par module fonctionnel. Les URL sont alors de type /frontoffice/accueil.htm, /backoffice/gestionCommandes.htm, /admin/gestionUtilisateurs.htm, etc.

L'attribut access permet de définir les attributs d'accès à l'ensemble des URL interceptées. Par défaut, les attributs d'accès correspondent à un ou plusieurs rôles que doit posséder l'utilisateur :

```
<intercept-url
  pattern="/editPost.html
  access="ROLE_ADMIN,ROLE_MODERATEUR" />
```

Afin d'assurer la confidentialité des données qui passent sur le réseau, Spring Security propose un mécanisme permettant d'imposer le passage sur HTTPS d'un ensemble d'URL :

```
<intercept-url pattern="/login.htm" requires-channel="https" />
```

Avec cette configuration, l'URL /login.htm passera obligatoirement sur HTTPS, même si un utilisateur l'interroge en HTTP (Spring Security imposera le canal utilisé). Pour que le routage se fasse correctement, Spring Security doit connaître le port HTTPS correspondant au port HTTP. Par défaut, les correspondances sont les couples 80/443 (ports standards HTTP et HTTPS) et 8080/8443.

Il est possible de configurer ces correspondances avec la balise port-mappings :

```
<port-mappings>
  <port-mapping http="81" https="444"/>
</port-mappings>
```

Avec le réglage précédent, si une URL nécessitant HTTPS est consultée en HTTP sur le port 81, Spring Security saura qu'il faut utiliser le port 444 du serveur pour obtenir HTTPS.

La sécurisation est une chose, mais il peut être intéressant d'imposer le protocole HTTP pour des données peu sensibles, car le cryptage imposé par HTTPS est coûteux en ressources processeur.

Voici un exemple de configuration imposant HTTPS pour la page de login et pour le back-office d'une application, mais obligeant à passer par HTTP pour le front-office :

```
<intercept-url pattern="/login.htm" requires-channel="https"/>
<intercept-url pattern="/back/**" requires-channel="https" access="ROLE_ADMIN" />
<intercept-url pattern="/front/**" requires-channel="http" access="ROLE_USER" />
```

Récupération du contexte de sécurité

Les filtres positionnés par Spring Security savent comment interagir avec le contexte de sécurité. Il peut aussi être utile à une application de pouvoir accéder à ce contexte, ne serait-ce que pour savoir qui est l'utilisateur connecté.

S'il est possible d'accéder au contexte de sécurité *via* la session HTTP, il est préférable d'y accéder en utilisant un appel statique sur la classe `SecurityContextHolder` :

```
Authentication auth = SecurityContextHolder.getContext().getAuthentication();
```

Avec l'objet `Authentication`, il est possible d'accéder à diverses informations sur l'utilisateur (identifiant, mot de passe) et à ses rôles. Cet appel statique masque la mécanique sous-jacente de récupération du contexte. Par défaut, le contexte de sécurité est stocké dans une variable propre au *thread* courant (*thread local*). Spring Security propose d'autres moyens de stockage et de récupération du contexte *via* le motif de conception stratégie, qui est utilisé par `SecurityContextHolder`.

Authentification HTTP basique

Le protocole HTTP inclut la notion d'authentification basique, qui permet à un client HTTP de s'authentifier auprès d'un serveur Web. Spring Security implémente ce type d'authentification en renvoyant le code de statut correspondant à une authentification HTTP basique (401), provoquant ainsi l'affichage d'une invite coté client.

L'authentification HTTP basique se configure de la manière suivante :

```
<http>
  (...)
  <http-basic />
</http>
```

L'authentification basique a l'avantage de faire partie du protocole HTTP, elle n'est cependant pas très sécurisée et doit être écartée pour des applications sensibles.

Authentification avec formulaire

L'authentification avec formulaire affiche un formulaire demandant l'identifiant et le mot de passe d'un utilisateur. Sa forme de configuration la plus simple est la suivante :

```
<http>
  (...)
  <form-login />
</http>
```

Avec la configuration précédente, Spring Security redirige toute URL protégée vers un formulaire créé automatiquement. La balise `form-login` dispose de paramètres permettant de l'adapter à toute application :

```
<http>
  (...)
  <form-login
    login-page="/login.htm"
    authentication-failure-url="/authenticationFailure.htm"
    default-target-url="/welcome.htm"
    login-processing-url="/j_todo_authentication_check"
  />
</http>
```

Voici la description de chacun de ces paramètres :

- `login-page` : précise une URL affichant le formulaire de connexion. Ce formulaire doit contenir les champs `j_username` pour l'identifiant et `j_password` pour le mot de passe de l'utilisateur. Quand le formulaire est soumis il doit appeler (paramètre `action` de la balise HTML `form`) l'URL effectuant l'authentification. Par défaut, cette URL est `j_spring_security_check`. Généralement, les applications affichent un lien dans les pages publiques vers cette URL, afin d'afficher le formulaire d'authentification.

- `authentication-failure-url` : précise l'URL vers laquelle Spring Security redirige en cas d'échec de l'authentification. Il s'agit généralement de la même URL que `login-page`, avec un paramètre HTTP supplémentaire indiquant qu'un message d'erreur doit être affiché.

- `default-target-url` : précise l'URL vers laquelle l'utilisateur est redirigé si l'authentification a réussi. Cette URL est appelée si la page de login était la première page visitée par l'utilisateur. Si l'utilisateur a été redirigé vers le formulaire de login suite à une tentative d'accès à une page protégée, c'est cette page protégée qui est affichée après une authentification réussie.

- `login-processing-url` : précise l'URL sur laquelle Spring Security attend les paramètres d'authentification. Par défaut, cette URL est `j_spring_security_check`.

Déconnexion

Spring Security peut positionner un filtre de servlet qui va déconnecter l'utilisateur (lire « vider le contexte de sécurité ») quand son URL va être appelée. Ce filtre est positionné de la manière suivante :

```
<http>
  (...)
  <logout />
</http>
```

Par défaut, l'URL de déconnexion est `j_spring_security_logout`. Les pages de l'application peuvent donc contenir un lien vers cette URL afin que l'utilisateur puisse se déconnecter. La balise `logout` dispose d'un ensemble de paramètres de configuration :

```
<http>
  (...)
  <logout
    invalidate-session="true"
    logout-success-url="/logoutSuccessful.htm"
    logout-url="/j_tudu_logout"   />
</http>
```

Voici la description de ces paramètres :

- `invalidate-session` : la session HTTP est invalidée lors de la déconnexion de l'utilisateur. La valeur par défaut est true, ce qui est généralement le comportement attendu.

- `logout-success-url` : URL vers laquelle l'utilisateur est redirigé après la déconnexion.

- `logout-url` : URL de déconnexion (par défaut `j_spring_security_logout`).

Authentification automatique

Un besoin couramment exprimé est l'authentification automatique pour une période de temps donnée. L'absence de cette fonctionnalité frustre souvent les utilisateurs, qui tendent à ne pas revenir sur un site.

Spring Security fournit en standard deux mécanismes stockant les données d'identification de l'utilisateur (cookie ou base de données), ce qui permet de réauthentifier automatiquement ce dernier à chaque nouvelle visite.

La présence d'un UserDetailsService dans la configuration Spring Security est une condition *sine qua none* pour que l'authentification automatique fonctionne.

Le support de l'authentification automatique se paramètre de la manière suivante :

```
<http>
  (...)
  <remember-me />
</http>
```

Par défaut, l'authentification automatique utilise un cookie crypté envoyé au navigateur de l'utilisateur. Pour que cela fonctionne, il faut envoyer un paramètre HTTP supplémentaire à l'URL d'authentification : _spring_security_remember_me. Ce paramètre est automatiquement ajouté sous forme d'une case à cocher dans le formulaire généré par form-login.

L'authentification par cookie crypté n'est cependant pas totalement fiable, car une personne malveillante peut intercepter le cookie et le réutiliser par la suite.

Spring Security propose un autre mécanisme d'authentification automatique fondé sur la persistance en base de données du jeton d'authentification. Ce système est globalement plus fiable car le cookie change à chaque connexion.

Pour activer le système de cookie avec jeton persistant, il faut ajouter une référence à une DataSource à la balise remember-me :

```
<http>
  (...)
  <remember-me data-source-ref="dataSource" />
</http>
```

L'utilisation de cette solution nécessite la création d'une table dans la base de données :

```
create table persistent_logins
(username varchar(64) not null, series varchar(64) primary key,
token varchar(64) not null, last_used timestamp not null);
```

Le service d'authentification automatique peut être finement paramétré afin d'obtenir une solution très sécurisée. Nous vous invitons à consulter la documentation de référence de Spring Security pour plus d'informations.

Connexion anonyme

Spring Security permet de positionner un contexte de sécurité par défaut. Ainsi, tout utilisateur, authentifié ou non, pourra disposer d'un identifiant et d'un rôle. Cette fonctionnalité permet de gérer de façon homogène la sécurité d'une application, en supposant que tous les utilisateurs connectés disposent au moins d'une identité (même anonyme) et d'un rôle.

Le service de connexion anonyme se positionne de la manière suivante :

```
<http>
  (...)
  <anonymous />
</http>
```

En positionnant ce service, le contexte de sécurité ne sera donc jamais nul et pourra être consulté à des fins d'autorisation ou de journalisation. La balise anonymous dispose notamment de deux paramètres :

```
<http>
  (...)
  <anonymous username="guest" granted-authority="ROLE_GUEST" />
</http>
```

Voici la description de ces deux paramètres :

• username : nom de l'utilisateur à positionner pour la connexion anonyme. Par défaut, Spring Security utilise anonymousUser.

• granted-authority : rôle positionné. Par défaut, Spring Security utilise ROLE_ANONYMOUS.

Limitation des connexions simultanées

Spring Security permet de limiter le nombre de connexions simultanées avec un même identifiant. Pour cela, il faut commencer par ajouter un élément dans le fichier **web.xml** :

```
<listener>
  <listener-class>
  org.springframework.security.ui.session.HttpSessionEventPublisher
  </listener-class>
</listener>
```

Cela permet à Spring Security de suivre l'évolution des sessions HTTP de l'application. Il faut ensuite positionner le service dans la configuration de Spring Security :

```
<http>
  (...)
  <concurrent-session-control max-sessions="1" />
</http>
```

La valeur de l'attribut max-sessions indique le nombre maximal de connexions simultanées pour un même identifiant. Dans notre exemple, la deuxième connexion avec un même identifiant provoque l'invalidation de la première session. Si cela n'est pas le comportement désiré, il est possible d'empêcher la seconde connexion en utilisant le paramètre `exception-if-maximum-exceeded` :

```
<http>
  (...)
  <concurrent-session-control
    max-sessions="1" exception-if-maximum-exceeded="true" />
</http>
```

Lors de la tentative d'une deuxième connexion avec un identifiant déjà connecté, l'utilisateur sera redirigé vers la page d'authentification.

Sécurisation de l'invocation des méthodes

Il existe des besoins trop complexes pour être gérés *via* une sécurisation d'URL. Imaginons, par exemple, une application de vente de produits sur Internet. Les utilisateurs finals de l'application n'ont aucun droit en écriture sur le catalogue produit.

Nous voudrions être certains qu'un utilisateur ne puisse jamais accéder à une méthode de mise à jour d'un produit. Or, de manière classique, il n'est pas possible de répondre à ce besoin. Spring Security permet, grâce à la programmation orientée aspect, d'intercepter les appels sur des Beans Spring.

La sécurisation de l'invocation des méthodes peut être configurée de différentes manières avec Spring Security :

- en apposant des annotations sur les classes ou les méthodes à protéger ;
- globalement, en définissant des coupes (*pointcuts*) avec la syntaxe AspectJ ;
- localement, dans la déclaration d'un Bean.

Nous allons voir comment sécuriser les appels des méthodes `createUser` et `findUser` de la classe `UserManagerImpl` dans Tudu Lists avec chacune des configurations supportées par Spring Security. La méthode `createUser` sera accessible seulement au rôle `ROLE_ADMIN` et la méthode `findUser` sera accessible aux rôles `ROLE_USER` et `ROLE_ADMIN`.

La sécurisation des méthodes s'appuyant sur le framework de programmation orientée aspect de Spring, elle n'a d'effet que sur des Beans gérés par Spring (c'est-à-dire déclarés dans le contexte Spring).

Sécuriser avec des annotations

Il est possible avec Spring Security de sécuriser l'appel de méthodes en posant des annotations soit au niveau de la classe soit au niveau de la méthode. Les annotations supportées sont celles concernant la sécurité dans la JSR-250 (*Commons Annotations for the Java Platform*) et une annotation spécifique Spring Security, `@Secured`.

Voici comment sécuriser la classe `UserManagerImpl` avec l'annotation `@RolesAllowed` de la JSR-250 :

```
(...)

import javax.annotation.security.RolesAllowed;
```

```
(...)

public class UserManagerImpl implements UserManager {


  @RolesAllowed("ROLE_ADMIN")
    public void createUser(User user)
        throws UserAlreadyExistsException {
      (...)
    }


  @RolesAllowed({"ROLE_ADMIN","ROLE_USER"})
    public User findUser(String login) {
      (...)
    }
    (...)
}
```

Pour activer la détection de cette annotation par Spring Security, il faut utiliser la balise `global-method-security` avec l'attribut `jsr250-annotations` :

```
<global-method-security jsr250-annotations="enabled" />
```

Grâce à cette configuration, Spring Security détecte la présence de l'annotation `@RolesAllowed` sur des Beans et se fonde sur le contexte de sécurité pour valider ou non l'accès.

Il est aussi possible d'utiliser l'annotation `@Secured`, qui est propre à Spring Security et qui fonctionne d'une manière similaire :

```
(...)

import org.springframework.security.annotation.Secured;

(...)

public class UserManagerImpl implements UserManager {

  @Secured("ROLE_ADMIN")
    public void createUser(User user)
        throws UserAlreadyExistsException {
      (...)
    }

  @Secured({"ROLE_ADMIN","ROLE_USER"})
    public User findUser(String login) {
      (...)
    }
    (...)
}
```

L'activation de la détection de l'annotation @Secured se fait de la manière suivante :

```
<global-method-security secured-annotations="enabled" />
```

Les deux types d'annotations peuvent être utilisés conjointement, en positionnant les deux attributs dans la configuration (secured-annotations et jsr250-annotations). Même si c'est possible techniquement, il est préférable d'utiliser, pour des raisons d'homogénéité, un seul type d'annotation pour une même application.

Le choix du type d'annotation (JSR-250 ou @Secured) est affaire de goût. Si l'on mise plutôt sur les standards et que l'on utilise d'autres annotations de la JSR-250 (notamment celles liées au cycle de vie des Beans), il est préférable d'utiliser @RolesAllowed. Si l'on veut éviter une dépendance supplémentaire et privilégier la simplicité, le choix se porte alors plutôt sur @Secured.

Sécuriser un ensemble de Beans

Spring Security permet de sécuriser les méthodes sur un ensemble de Beans *via* la définition de coupes utilisant la syntaxe AspectJ. La sécurisation des méthodes devient dès lors fortement similaire à la déclaration des transactions utilisant le schéma XML correspondant.

La sécurisation passe par l'utilisation de la balise global-method-security avec des balises protect-pointcut pour chacune des sécurisations. Voici comment sécuriser le UserManager de Tudu Lists :

```
<global-method-security>
  <protect-pointcut
   expression="execution(* tudu.service.impl. UserManagerImpl.createUser(..))"
   access="ROLE_ADMIN" />
  <protect-pointcut
   expression="execution(*tudu.service.impl. UserManagerImpl.findUser(..))"
   access="ROLE_ADMIN,ROLE_USER" />
</global-method-security>
```

L'attribut expression contient la définition de la coupe au format AspectJ et l'attribut access les attributs d'accès (généralement une liste de rôles).

L'utilisation de la balise protect-poincut permet une sécurisation non intrusive et particulièrement souple, grâce à la puissance de la syntaxe AspectJ.

Sécuriser un Bean

La déclaration d'un Bean Spring peut être complétée par l'ajout de balises Spring Security définissant la sécurisation des méthodes de ce Bean. Il faut alors utiliser, au sein de la balise de déclaration bean, la balise intercept-methods, avec des balises protect imbriquées :

```
<beans:bean id="userManager"
     class="tudu.service.impl.UserManagerImpl">
  <intercept-methods>
    <protect method="createUser" access="ROLE_ADMIN" />
    <protect method="findUser" access="ROLE_ADMIN,ROLE_USER" />
  </intercept-methods>
</beans:bean>
```

L'attribut method de protect permet d'indiquer une ou plusieurs méthodes (avec l'utilisation du caractère *). Elle n'utilise pas la syntaxe AspectJ. L'attribut access définit les attributs d'accès, généralement des rôles.

Préconisations

Dans Spring Security, il existe trois manières différentes de sécuriser l'appel de méthodes :

- Méthode par annotations. Son mérite est d'être très simple et de permettre ainsi de se concentrer sur les méthodes d'une classe. Elle est en revanche intrusive et décentralisée.

- Méthode globale XML. Très simple elle aussi, c'est certainement la plus puissante, grâce à la syntaxe AspectJ. Elle est non intrusive, car totalement déclarative, permettant ainsi de rendre transverse la problématique de sécurisation des méthodes. Elle nécessite cependant la connaissance de la syntaxe AspectJ.

- Méthode de sécurisation locale à un Bean. Plus discutable, elle mêle les schémas XML et s'avère intrusive dans la configuration. Elle n'est donc à utiliser que pour des applications de petite taille aux problématiques de sécurité locales.

Le système de décision d'autorisation

Quand un utilisateur authentifié tente d'accéder à une ressource protégée (une URL ou une méthode de Bean), Spring Security effectue des vérifications pour autoriser ou non l'accès. L'objet effectuant ces vérifications est l'AccessDecisionManager.

Spring Security propose trois implémentations d'AccessDecisionManager, fondées sur un système de votants (*voters*). Un AccessDecisionManager se voit attribuer un ensemble de votants, qui donnent chacun leur avis pour autoriser un accès ou pas. L'AccessDecisionManager prend ensuite une décision en fonction de l'avis de chacun des votants.

Les implémentations de AccessDecisionManager sont les suivantes :

- AffirmativeBased : autorise l'accès si au moins un votant donne un avis positif.

- ConsensusBased : autorise l'accès si la majorité des votants donne un avis positif (Spring Security n'utilise pas là la définition *stricto sensu* d'un consensus).

- UnanimousBased : autorise l'accès si l'unanimité des votants donne un avis positif.

Il est possible de positionner une liste de votants pour chacun de ces AccessDecisionManagers. Un votant doit implémenter l'interface AccessDecisionVoter. Les résultats possibles d'un vote sont représentés par des constantes de l'interface AccessDecisionVoter : ACCESS_GRANTED, ACCESS_DENIED et ACCESS_ABSTAIN.

Nous verrons par la suite qu'un votant peut choisir de voter ou non, selon le contexte de sécurité et les attributs d'accès. En effet, un votant n'est pas toujours « compétent » dans une décision d'accès.

Par défaut, Spring Security positionne un gestionnaire d'accès AffirmativeBased avec deux votants :

- RoleVoter : vote pour les décisions fondées sur les rôles de l'utilisateur. Il ne vote donc que pour les décisions d'accès commençant par ROLE_. C'est notamment pour cela que Spring

Security préfixe systématiquement les rôles d'un utilisateur. Le `RoleVoter` donnera un vote positif si l'utilisateur a au moins un rôle parmi les rôles requis.

- `AuthenticatedVoter` : vote pour un accès fondé sur le niveau d'authentification de l'utilisateur. Ce votant votera pour les attributs d'accès `IS_AUTHENTICATED_FULLY`, `IS_AUTHENTICATED_REMEMBERED` et `IS_AUTHENTICATED_ANONYMOUSLY`. Il donnera un vote positif si le niveau d'authentification de l'utilisateur est supérieur à celui indiqué par l'attribut d'accès. Les niveaux sont, du plus élevé au plus bas, *fully*, *remembered* et *anonymously*.

L'`AccessDecisionManager` positionné par Spring Security est suffisant dans la plupart des cas, mais il peut s'avérer nécessaire de paramétrer plus finement les décisions d'autorisation. Nous allons voir comment positionner notre propre `AccessDecisionManager`, avec notamment un votant que nous allons implémenter. Ce votant se fondera sur le nom de l'utilisateur pour donner son aval quant à la décision d'accès.

Voici une implémentation possible de ce votant :

```
package tudu.security.voters;

import org.springframework.security.Authentication;
import org.springframework.security.ConfigAttribute;
import org.springframework.security.ConfigAttributeDefinition;
import org.springframework.security.vote.AccessDecisionVoter;

public class UserVoter implements AccessDecisionVoter {

  private static final String USER_PREFIX = "USER_";←❶

  public boolean supports(ConfigAttribute attribute) {
    return attribute.getAttribute() != null
      && attribute.getAttribute().startsWith(USER_PREFIX);←❷
  }

  public boolean supports(Class clazz) {
    return true;←❸
  }

  public int vote(Authentication authentication, Object object,
      ConfigAttributeDefinition config) {
    String username = authentication.getName();
    int result = ACCESS_ABSTAIN;
    for(Object element : config.getConfigAttributes()) {
      ConfigAttribute attribute = (ConfigAttribute) element;
      if(this.supports(attribute)) {←❹
        result = ACCESS_DENIED;
        if(attribute.getAttribute().substring(
            USER_PREFIX.length(),
```

```
                    attribute.getAttribute().length())
                .equalsIgnoreCase(username)) {←❺
              return ACCESS_GRANTED;
          }
        }
      }
    return result;
  }
}
```

Il s'agit là d'une implémentation simpliste, mais suffisante pour illustrer le principe de développement d'un votant. Nous déclarons en premier lieu le type d'attributs d'accès que le votant va accepter, sous la forme d'une constante (❶). La première méthode supports est appelée par le gestionnaire d'accès pour savoir si le votant peut être consulté. Notre votant s'implique dans le vote seulement si l'attribut d'accès commence par USER_ (❷).

La deuxième méthode supports n'est pas utile dans notre cas. Elle sert pour les votants travaillant sur l'autorisation d'un objet, notamment pour les listes de contrôle d'accès. Notre votant retourne donc systématiquement true (❸). Dans la méthode vote, le votant parcourt les attributs d'accès de la ressource et interroge sa méthode supports pour savoir s'il peut l'évaluer (❹). Enfin, le votant vérifie si l'attribut d'accès se termine par le nom de l'utilisateur (❺). La vérification n'est pas sensible à la casse.

Une fois le votant défini, il faut le positionner dans la liste des votants. Il faut donc définir explicitement l'AccessDecisionManager en positionnant ces votants :

```xml
<beans:bean id="accessDecisionManager"
    class="org.springframework.security.vote.AffirmativeBased">
  <beans:property name="decisionVoters">
    <beans:list>
      <beans:bean
  class="org.springframework.security.vote.RoleVoter" />
      <beans:bean
  class="org.springframework.security.vote.AuthenticatedVoter" />
        <beans:bean class="tudu.security.voters.UserVoter" />
    </beans:list>
  </beans:property>
</beans:bean>
```

Nous reprenons ici la configuration par défaut en lui ajoutant notre votant. Il faut ensuite indiquer à Spring Security d'utiliser ce gestionnaire d'accès. Pour une configuration d'application Web :

```xml
<http access-decision-manager-ref="accessDecisionManager">
    <intercept-url pattern="/admin/**" access="USER_ACOGOLUEGNES" />

  (...)
</http>
```

ou pour la sécurisation d'appel de méthodes :

```
<global-method-security
    access-decision-manager-ref="accessDecisionManager">
  <protect-pointcut expression="execution(
    * tudu.service.impl.UserServiceImpl.createUser(..))"
   access="USER_ACOGOLUEGNES" />
</global-method-security>
```

Si le système de décision d'accès de Spring Security est totalement transparent (dans sa configuration par défaut), il est cependant possible de le paramétrer. Les implémentations d'`AccessDecisionManager` et d'`AccessDecisionVoter` permettent d'obtenir des configurations très sophistiquées tout en laissant la possibilité d'implémenter sa propre logique de vote.

Sécurisation des vues

Nous avons vu jusqu'ici comment effectuer une sécurisation en aval, c'est-à-dire, pour une application Web, une fois qu'une URL a été demandée. Si cette solution permet d'éviter que des utilisateurs malicieux tentent d'accéder directement à des URL protégées, il s'agit d'une pratique frustrante pour un utilisateur cliquant sur un lien et se voyant refuser l'accès. Pour éviter ce genre d'expériences malheureuses, il est de coutume d'effectuer des vérifications en amont, c'est-à-dire de ne pas générer des liens qui ne sont pas permis à l'utilisateur. Il est aussi fréquent que certaines informations nécessitent d'être cachées. Le code HTML correspondant n'est alors pas généré non plus.

Spring Security propose un ensemble de balises JSP permettant d'accéder au contexte de sécurité. Il est alors possible d'effectuer des tests portant sur les rôles de l'utilisateur ou de récupérer des informations sur l'utilisateur.

Voici un exemple d'utilisation des balises JSP les plus courantes de Spring Security :

```
<%@ taglib prefix="c" uri="http://java.sun.com/jsp/jstl/core" %>
<%@ taglib prefix="security" uri="http://www.springframework.org/security/tags" %>←❶

<h2>Bienvenue <security:authentication property="principal.username" /></h2>←❷

<security:authentication property="authorities" var="authorities" />←❸

<ul>
<c:forEach items="${authorities}" var="authority">←❹
   <li>${authority}</li>
</c:forEach>
</ul>

<security:authorize ifAllGranted="ROLE_ADMIN,ROLE_USER">←❺
à la fois admin ET utilisateur.
</security:authorize>

<security:authorize ifAnyGranted="ROLE_ADMIN,ROLE_USER">←❻
pour les admins OU les utilisateurs.
```

```
</security:authorize>

<security:authorize ifNotGranted="ROLE_ADMIN,ROLE_USER">←❼
ni pour les admins, ni pour les utilisateurs.
</security:authorize>
```

Il faut dans un premier temps inclure la bibliothèque de balises JSP de Spring Security (❶).
La balise `authentication` permet d'accéder à des propriétés de l'objet `Authentication`. Il est,
par exemple, possible d'afficher l'identifiant de l'utilisateur (❷) ou de récupérer l'ensemble
de ces rôles dans une variable (❸) puis d'afficher chacun d'entre eux (❹).

La balise `authorize` permet d'afficher de façon conditionnelle son contenu. La vérification se
fait sur les rôles de l'utilisateur. Il existe trois attributs qui acceptent chacun une liste de rôles
séparés par des virgules. Avec l'attribut `ifAllGranted`, l'utilisateur doit posséder l'ensemble
des rôles pour que le contenu soit évalué (❺). Avec l'attribut `ifAnyGranted`, il suffit que l'utilisateur possède au moins un des rôles de la liste (❻). Avec l'attribut `ifNotGranted`, le contenu
ne sera évalué que si l'utilisateur n'a aucun des rôles de la liste (❼).

Mise en cache des données utilisateur

Les implémentations JDBC et LDAP de `UserDetailsService` de Spring Security peuvent
s'interfacer avec une solution de cache afin d'optimiser les accès au dépôt de données. Spring
Security propose un support natif pour la solution de cache Ehcache.

Voici comment positionner un cache sur un `UserDetailsService` JDBC :

```
<authentication-provider>
 <jdbc-user-service cache-ref="userCache" (...) />←❶
</authentication-provider>

<beans:bean id="userCache"
class="org.springframework.security.providers.dao.cache.EhCacheBasedUserCache">←❷
  <beans:property name="cache" ref="userEhCache" />←❸
</beans:bean>

<beans:bean id="userEhCache"
    class="org.springframework.cache.ehcache.EhCacheFactoryBean">
  <beans:property name="cacheManager" ref="cacheManager" />←❹
  <beans:property name="cacheName" value="UserCache" />←❺
</beans:bean>

<beans:bean id="cacheManager" class="
    org.springframework.cache.ehcache.EhCacheManagerFactoryBean">
  <beans:property name="configLocation"
    value="classpath:tudu/security/ehcache.xml" />←❻
</beans:bean>
```

Le positionnement du cache se fait avec l'attribut `cache-ref` de la balise `jdbc-user-service`
(❶) — il existe le même attribut pour `ldap-user-service`. Cet attribut fait référence au Bean
`userCache` que nous définissons au repère ❷. Ce Bean représente le pont entre Spring Security

et l'implémentation de cache. Pour Ehcache, il faut utiliser la classe `EhCacheBasedUserCache` et lui injecter un Bean représentant une région du cache (❸).

Spring supportant Ehcache, il dispose d'une fabrique pour les régions de cache. Il faut passer à cette fabrique le gestionnaire de cache (❹) et indiquer le nom de la région (❺). Le gestionnaire de cache gère un ensemble de régions de cache et se configure à partir d'un fichier XML (❻). Là encore, Spring propose un support pour la création du gestionnaire de cache.

Le fichier de configuration de Ehcache a l'apparence suivante :

```
<ehcache>

    <diskStore path="java.io.tmpdir" />

    <defaultCache
        maxElementsInMemory="1000"
        eternal="false"
        timeToIdleSeconds="120"
        timeToLiveSeconds="120"
        overflowToDisk="false"
    />

    <cache name="UserCache"
        maxElementsInMemory="1000"
        eternal="false"
        overflowToDisk="true"
        timeToIdleSeconds="300"
        timeToLiveSeconds="1800"
    />

</ehcache>
```

La région de cache que nous utilisons pour les informations utilisateur récupérées par Spring Security est définie à la deuxième balise `cache` (elle porte le nom `UserCache` que nous avons précisé dans le fichier Spring). Ainsi, le cache contient-il au maximum mille objets `UserDetails` en mémoire, l'excédant étant stocké en mémoire. Si un objet du cache n'est pas utilisé pendant cinq minutes (300 secondes), il est supprimé du cache. Dans tous les cas, tout objet `UserDetails` est supprimé au bout de trente minutes (1 800 secondes).

La configuration d'un cache pour un `UserDetailsService` est donc relativement simple. Elle permettra d'économiser des requêtes vers le dépôt de données. Elle s'avérera utile dans les cas où les données utilisateur changent très peu (lecture seule) et où les utilisateurs ont des sessions très courtes et s'authentifient souvent.

L'utilisation d'un cache a cependant moins d'intérêt pour les cas suivants :

• Les sessions utilisateur sont longues (les utilisateurs s'authentifient une seule fois pour une période relativement longue). En effet, Spring Security stocke alors les informations utilisateur dans la session HTTP et n'effectue qu'une requête vers le dépôt de données.

• Implémentation spécifique de `UserDetailsService` dans laquelle un système externe (Hibernate, JPA, etc.) s'occupe de la récupération des informations et gère son propre cache.

Sécurisation des objets de domaine

Spring Security propose une sécurité au niveau des instances des objets de domaine. Nous avons justifié ce besoin en début de chapitre. Si nous prenons l'exemple de Tudu Lists, nous avons jusqu'à présent sécurisé des URL ou des méthodes, mais nous n'avons pas sécurisé les todos eux-mêmes. Nous pouvons donc restreindre la suppression d'un todo, mais n'avons pas vérifié si une personne supprimant un todo est bien le possesseur de ce todo. Or seul le possesseur d'un todo devrait avoir le droit de l'effacer.

Il est possible d'implémenter ce genre de vérifications avec des instructions spécifiques dans le code :

```
public Todo findTodo(final String todoId) {
  Todo todo = todoDAO.getTodo(todoId);
  TodoList todoList = todo.getTodoList();
  User user = userManager.getCurrentUser();
  if (!user.getTodoLists().contains(todoList)) {
    throw new PermissionDeniedException(
      "Permission denied to access this Todo.");
  }
  return todo;
}
```

Cette solution est tout à fait légitime, car la sécurité des objets de domaine est souvent une problématique spécifique à une application, et une solution générique, même souple, n'est pas toujours adaptée.

Cependant, pour des cas relativement classiques, Spring Security propose un mécanisme puissant de liste de contrôle d'accès, ou ACL (Access Control List). Chaque objet de domaine dispose ainsi d'informations concernant les différents droits qui lui sont associés (droit d'effacer, de mettre à jour, etc.).

Ces informations sont stockées en base de données, et Spring Security fournit des classes pour les mettre à jour et les consulter. Des systèmes de sécurisation fondés sur le système de vote de Spring Security sont aussi disponibles. Les listes de contrôle d'accès de Spring Security s'intègrent donc très bien avec le reste du framework, formant un système homogène et cohérent.

Nous allons détailler le fonctionnement des listes de contrôles d'accès de Spring Security. Il s'agit d'un sujet avancé, nécessitant une bonne compréhension des autres composantes du framework, notamment la sécurisation des méthodes et le système de gestion d'accès (AccessDecisionManager). Il est important de signaler qu'à l'heure où sont écrites ces lignes, le support des listes de contrôle d'accès de Spring Security n'est pas encore portable sur toutes les bases de données. Nous illustrerons notre propos avec la base de données Java HSQLDB.

Le système de liste de contrôle d'accès de Spring associe à l'identité d'un objet de domaine un ensemble d'entrées de contrôle d'accès, ou ACE (Access Control Entries).

Une entrée de contrôle d'accès est composée de deux parties :

- Un ensemble de *permissions* : il s'agit des actions possibles sur l'objet (lecture, modification, suppression, etc.). Dans Spring Security, les permissions sont représentées sous la forme de masques de bit (un nombre pour faire simple). La classe `BasePermission` définit cinq permissions sous forme de constantes (`READ`, `WRITE`, `CREATE`, `DELETE` et `ADMINISTRATION`). Il est possible d'étendre ces permissions avec tout le panel de valeurs disponibles.

* L'*identité de sécurité* : représentée par l'interface `Sid`. Il s'agit de l'identité sur laquelle portent les permissions. Spring Security propose une implémentation fondée sur un utilisateur (`PrincipalSid`) et sur un rôle (`GrantedAuthoritySid`).

Définition du service de gestion des ACL

Spring Security fournit un support pour le stockage des listes de contrôle d'accès dans une base de données. Ce stockage nécessite la création de plusieurs tables.

Voici le script de création de ces tables pour la base de données HSQLDB (ce script peut être trouvé dans les applications exemples de Spring Security) :

```
CREATE TABLE ACL_SID(
  ID BIGINT GENERATED BY DEFAULT AS IDENTITY NOT NULL PRIMARY KEY,
  PRINCIPAL BOOLEAN NOT NULL,
  SID VARCHAR_IGNORECASE(100) NOT NULL,
  CONSTRAINT UNIQUE_UK_1 UNIQUE(SID,PRINCIPAL)
);
CREATE TABLE ACL_CLASS(
  ID BIGINT GENERATED BY DEFAULT AS IDENTITY NOT NULL PRIMARY KEY,
  CLASS VARCHAR_IGNORECASE(100) NOT NULL,
  CONSTRAINT UNIQUE_UK_2 UNIQUE(CLASS)
);
CREATE TABLE ACL_OBJECT_IDENTITY(
  ID BIGINT GENERATED BY DEFAULT AS IDENTITY NOT NULL PRIMARY KEY,
  OBJECT_ID_CLASS BIGINT NOT NULL,
  OBJECT_ID_IDENTITY BIGINT NOT NULL,
  PARENT_OBJECT BIGINT,
  OWNER_SID BIGINT,
  ENTRIES_INHERITING BOOLEAN NOT NULL,
  CONSTRAINT UNIQUE_UK_3
    UNIQUE(OBJECT_ID_CLASS,OBJECT_ID_IDENTITY),
  CONSTRAINT FOREIGN_FK_1 FOREIGN KEY(PARENT_OBJECT)
    REFERENCES ACL_OBJECT_IDENTITY(ID),
  CONSTRAINT FOREIGN_FK_2 FOREIGN KEY(OBJECT_ID_CLASS)
    REFERENCES ACL_CLASS(ID),
  CONSTRAINT FOREIGN_FK_3 FOREIGN KEY(OWNER_SID)
    REFERENCES ACL_SID(ID)
);
CREATE TABLE ACL_ENTRY(
  ID BIGINT GENERATED BY DEFAULT AS IDENTITY NOT NULL PRIMARY KEY,
  ACL_OBJECT_IDENTITY BIGINT NOT NULL,
  ACE_ORDER INT NOT NULL,
  SID BIGINT NOT NULL,
  MASK INTEGER NOT NULL,
```

```
GRANTING BOOLEAN NOT NULL,
AUDIT_SUCCESS BOOLEAN NOT NULL,
AUDIT_FAILURE BOOLEAN NOT NULL,
CONSTRAINT UNIQUE_UK_4 UNIQUE(ACL_OBJECT_IDENTITY,ACE_ORDER),
CONSTRAINT FOREIGN_FK_4 FOREIGN KEY(ACL_OBJECT_IDENTITY)
  REFERENCES ACL_OBJECT_IDENTITY(ID),
CONSTRAINT FOREIGN_FK_5 FOREIGN KEY(SID) REFERENCES ACL_SID(ID)
);
```

L'interface pour la gestion des listes de contrôle d'accès est `MutableAclService`. Elle permet à la fois de consulter des listes et de les modifier. C'est un objet implémentant cette interface qui est manipulé par le code applicatif pour travailler les listes de contrôles d'accès.

Spring Security fournit une implémentation, `JdbcMutableAclService`, utilisant un `JdbcTemplate` en interne. Le schéma XML de Spring Security ne proposant pas de support pour la définition d'un `JdbcMutableAclService`, nous allons utiliser le schéma de base de création de Beans de base (beans). Il est judicieux d'effectuer la configuration des services de listes de contrôle d'accès dans un fichier dédié, par exemple **security-acl.xml**.

Voici la définition d'un `JdbcMutableAclService` :

```
<bean id="lookupStrategy"←❶
class="org.springframework.security.acls.jdbc.BasicLookupStrategy">
  <constructor-arg ref="dataSource" />
  <constructor-arg ref="aclCache" />
  <constructor-arg>
    <bean
class="org.springframework.security.acls.domain.AclAuthorizationStrategyImpl">←❷
      <constructor-arg>
        <list>
          <ref local="roleAdmin" />
          <ref local="roleAdmin" />
          <ref local="roleAdmin" />
        </list>
      </constructor-arg>
    </bean>
  </constructor-arg>
  <constructor-arg>
    <bean
class="org.springframework.security.acls.domain.ConsoleAuditLogger"
    />
  </constructor-arg>
</bean>

<bean id="roleAdmin"←❸
    class="org.springframework.security.GrantedAuthorityImpl">
  <constructor-arg value="ROLE_ADMIN" />
</bean>

<bean id="aclService"←❹
class="org.springframework.security.acls.jdbc.JdbcMutableAclService">
  <constructor-arg ref="dataSource" />
  <constructor-arg ref="lookupStrategy" />
```

```
      <constructor-arg ref="aclCache" />
   </bean>

   <bean id="aclCache"←❺
class="org.springframework.security.acls.jdbc.EhCacheBasedAclCache">
     <constructor-arg>
       <bean
         class="org.springframework.cache.ehcache.EhCacheFactoryBean">
         <property name="cacheManager">
         <bean
class="org.springframework.cache.ehcache.EhCacheManagerFactoryBean"
       />
          </property>
          <property name="cacheName" value="aclCache" />
        </bean>
     </constructor-arg>
   </bean>
```

L'objet final est aclService (❹), qui est de la classe JdbcMutableAclService. Il nécessite une DataSource pour fonctionner ainsi qu'un cache. Le cache est défini au repère ❺ (nous reviendrons sur sa configuration par la suite). Le Bean aclService nécessite une LookupStrategy pour fonctionner. C'est cette dépendance qui va effectuer une grande partie des requêtes vers la base de données. La LookupStrategy est définie au repère ❶.

Nous utilisons l'implémentation BasicLookupStrategy, qui tente de trouver un compromis entre performances et portabilité. Si les performances des listes de contrôle d'accès ne sont pas satisfaisantes pour votre application, il est possible d'écrire votre propre implémentation de LookupStrategy, adaptée à vos besoins et tirant au mieux parti de la base de données sous-jacente. Une BasicLookupStrategy nécessite aussi une DataSource et un cache pour fonctionner.

La troisième dépendance détermine la stratégie d'autorisation de modification des listes de contrôle d'accès (❷). Nous utilisons une implémentation fondée sur la notion de rôles, à laquelle nous passons une référence au rôle ROLE_ADMIN (Bean défini au repère ❸).

La définition du cache (❺) suit le même principe que la mise en cache des informations utilisateur que nous avons étudiée précédemment. La région de cache que nous utilisons ici est aclCache.

Utilisation du service de gestion des ACL

Une fois le service de gestion des listes de contrôle d'accès défini, il est possible de l'injecter dans d'autres Beans (typiquement des DAO) afin de maintenir les listes.

En voici un exemple d'utilisation dans un DAO :

```
@Autowired
private MutableAclService mutableAclService;←❶

public void save(Todo todo) {
  em.persist(todo);
```

```
    ObjectIdentity oid = new ObjectIdentityImpl(
      Todo.class,todo.getId()
    );←❷
    MutableAcl acl = mutableAclService.createAcl(oid);←❸
    acl.insertAce(
      0,BasePermission.ADMINISTRATION,
      new PrincipalSid(getUsername()),
      true
    );←❹
    acl.insertAce(
      1,BasePermission.DELETE,
      new GrantedAuthoritySid("ROLE_ADMIN"),
      true
    );←❺
    mutableAclService.updateAcl(acl);←❻
}

public void delete(AclTodo todo) {
    em.remove(em.find(AclTodo.class,todo.getId()));

    ObjectIdentity oid = new ObjectIdentityImpl(
      Todo.class,todo.getId()
    );
    mutableAclService.deleteAcl(oid,false);←❼
}

public String getUsername() {
  return SecurityContextHolder.getContext()
          .getAuthentication().getName();←❽
}
```

Le service de gestion est injecté dans le DAO avec de l'autowiring (❶). Suite à l'insertion d'un todo, une nouvelle liste de contrôle d'accès est créée. L'identité de l'objet, constituée pour Spring Security de sa classe et de son identifiant base de données, est créée au repère ❷. Le service permet de créer l'objet pointant vers la liste (❸).

La première entrée de contrôle d'accès est crée au repère ❹. Elle donne les droits d'administration à l'utilisateur connecté. Son identité est récupérée grâce au contexte de sécurité (❽). Une deuxième entrée est créée au repère ❺. Elle donne le droit de supprimer le todo à tout utilisateur ayant le rôle ROLE_ADMIN. La liste de contrôle d'accès est ensuite persistée (❻). Si le todo est supprimé, il faut également supprimer la liste correspondante. C'est ce qui est fait au repère ❼.

Les méthodes de la classe JdbcMutableAclService doivent être appelées dans un contexte transactionnel, pour des raisons évidentes de cohérence de données. JdbcMutableAclService s'intègre naturellement avec la gestion des transactions de Spring.

Nous avons montré un exemple où les listes de contrôle d'accès sont maintenues explicitement. Il est aussi possible de rendre cette problématique complètement transversale, en utilisant de la programmation orientée aspect pour les méthodes des DAO.

Effectuer des contrôles d'accès

Il est possible d'utiliser le service de gestion des listes pour vérifier les droits d'un utilisateur sur un objet. Il faut alors manipuler directement l'API de `MutableAclService`.

Spring Security permet d'effectuer ce genre de vérification avec une sécurisation des méthodes et un votant vérifiant les paramètres des méthodes appelées. Toute opération sur un objet de domaine peut alors être vérifiée de façon transverse. Ce modèle permet de centraliser la logique d'accès lors de la création de l'objet, le reste des vérifications se faisant de façon déclarative.

Nous allons configurer un contrôle d'accès sur une méthode destinée à supprimer un todo :

```
<bean id="aclMessageUpdateVoter"
    class="org.springframework.security.vote.AclEntryVoter">←❶
  <constructor-arg ref="aclService" />←❷
  <constructor-arg value="ACL_TODO_DELETE" />←❸
  <constructor-arg>
    <list>
      <ref local="PERMISSION_ADMINISTRATION" />←❹
      <ref local="PERMISSION_DELETE" />
    </list>
  </constructor-arg>
  <property name="processDomainObjectClass"
    value="tudu.domain.model.Todo" />←❺
</bean>

<util:constant id="PERMISSION_ADMINISTRATION"
  static-field="org.springframework.security.acls.domain.
    BasePermission.ADMINISTRATION" />←❻

<util:constant id="PERMISSION_DELETE"
  static-field="org.springframework.security.acls.domain.
    BasePermission.DELETE" />

<bean id="aclAccessDecisionManager"
    class="org.springframework.security.vote.AffirmativeBased">←❼
  <property name="decisionVoters">
    <list>
      <bean class="org.springframework.security.vote.RoleVoter" />
      <ref local="aclMessageUpdateVoter" />
    </list>
  </property>
</bean>

<security:global-method-security
  access-decision-manager-ref="aclAccessDecisionManager"
  secured-annotations="enabled" />←❽
```

Le votant est un `AclEntryVoter` (❶). Il a besoin du service de gestion des listes de contrôle d'accès pour fonctionner (❷). Le votant ne va participer aux votes que si l'attribut d'accès `ACL_TODO_DELETE` est positionné sur la ressource, en l'occurrence une méthode (❸). D'autres attributs d'accès, par exemple des rôles, peuvent être présents. Il n'y a pas de limite à la cohabitation, et le gestionnaire d'accès effectuera l'arbitrage entre les différents votants.

Les permissions d'accès sont positionnées au repère ❹. Elles correspondent aux droits d'administration et de suppression. Cela signifie que la personne tentant d'accéder aux méthodes protégées devra disposer des droits correspondants sur l'objet passé en paramètre. La configuration des permissions fait référence à des Beans correspondant à des constantes (définis au repère ❻).

Il faut indiquer au votant sur quel type d'objet travailler. C'est ce qui est fait au repère ❺. Le votant analysera donc les objets de la classe correspondante qui sont passés en paramètres aux méthodes protégées.

Nous paramétrons au repère ❼ le gestionnaire d'accès, avec un votant utilisant les rôles et le votant que nous venons de définir. Enfin, nous activons la sécurisation des méthodes au repère ❽, en référençant bien notre gestionnaire d'accès. Les méthodes sont ici sécurisées par annotations, mais il serait aussi possible de les sécuriser au moyen d'une coupe définie par une expression AspectJ.

Nous pouvons protéger la méthode effaçant un todo à l'aide de l'annotation @Secured, agrémentée de l'attribut d'accès activant notre votant :

```
@Secured("ACL_TODO_DELETE")
public void delete(Todo todo) {
  em.remove(em.find(Todo.class,todo.getId()));
  ObjectIdentity oid = new ObjectIdentityImpl(
    Todo.class,todo.getId()
  );
  mutableAclService.deleteAcl(oid,false);
}
```

La suppression d'un todo est dès lors protégée. Le votant ne fait pas de contrôle sur le nom de la méthode, mais sur l'objet todo qui est passé en paramètre. Il vérifie que l'utilisateur dispose bien des permissions d'administration et de suppression sur l'objet en vérifiant sa liste de contrôle d'accès.

Comment le votant récupère-t-il l'identité de sécurité de notre todo ? Lors de la création de la liste de contrôle d'accès, nous avons explicitement créé un objet ObjectIdentity à partir de la classe et de l'identifiant du todo. Si le votant connaît la classe, il ne peut connaître l'identifiant de l'objet et donc retrouver sa liste de contrôle d'accès. Le votant utilise par défaut la méthode getId sur l'objet, ce comportement étant défini par la SidRetrievalStrategy du votant. Cette stratégie convient à la plupart des cas.

Vérifier les objets renvoyés

Nous avons vu comment protéger les traitements sur certains objets de façon transparente. Spring Security permet aussi de sécuriser les objets de domaines renvoyés par les méthodes des Beans. Cette sécurisation peut consister à interdire l'accès à un seul objet de domaine ou à filtrer une collection d'objets de domaine afin que l'utilisateur n'obtienne que les objets auxquels il a droit.

Voici comment positionner les deux types d'intercepteurs effectuant les filtrages :

```
<bean id="afterAclRead"
class="org.springframework.security.afterinvocation.AclEntryAfterInvocationProvider">←❶
  <sec:custom-after-invocation-provider />←❷
  <constructor-arg ref="aclService" />
  <constructor-arg>
    <list>
      <ref local="PERMISSION_ADMINISTRATION" />←❸
    </list>
  </constructor-arg>
</bean>


<bean id="afterAclCollectionRead"
class="org.springframework.security.afterinvocation.AclEntryAfterInvocationCollec
tionFilteringProvider">←❹
  <sec:custom-after-invocation-provider />
  <constructor-arg ref="aclService" />
  <constructor-arg>
    <list>
      <ref local="PERMISSION_ADMINISTRATION" />
    </list>
  </constructor-arg>
</bean>


<util:constant id="PERMISSION_ADMINISTRATION"
  static-field="org.springframework.security.acls.domain.
    BasePermission.ADMINISTRATION"/>←❺
```

L'intercepteur effectuant les vérifications sur un seul objet de domaine est un `AclEntryAfterInvocationProvider` (❶). Pour que cet intercepteur soit activé, il faut que sa déclaration contienne la balise `custom-after-invocation-provider` du schéma XML de Spring Security (❷). Les permissions nécessaires pour que l'intercepteur laisse l'accès à l'objet métier retourné par la méthode sont passées au constructeur. Nous ne passons ici que la permission d'administration (❸), en faisant référence à un Bean défini au repère ❺. Cet intercepteur va générer une exception si une méthode retourne un objet pour lequel l'utilisateur n'a pas la permission d'administration.

L'intercepteur retravaillant les collections d'objets de domaine retournées est défini au repère ❹. Sa configuration suit le même principe que celle du premier intercepteur. Il va supprimer quant à lui des collections les objets de domaine pour lesquels l'utilisateur n'a pas la permission d'administration.

Les deux intercepteurs suivent le même principe que l'`EntryAclVoter` pour récupérer l'identité de sécurité d'un objet (utilisation de la classe et de la méthode `getId`, possibilité de paramétrage de la `SidRetrievalStrategy`).

Comme pour l'EntryAclVoter, les deux intercepteurs sont activés si un certain attribut d'accès est positionné sur la ressource, c'est-à-dire une méthode. Cet attribut est `AFTER_ACL_READ` pour l'`EntryAclVoter` et `AFTER_ACL_COLLECTION_READ` pour l'`AclEntryAfterInvocationProvider`.

Voici comment activer ces deux intercepteurs via des annotations @Secured :

```
@Secured({"ROLE_USER","ROLE_ADMIN","AFTER_ACL_READ"})
public Todo get(Long id) {
  return em.find(Todo.class,id);
}

@Secured({"ROLE_USER","ROLE_ADMIN","AFTER_ACL_COLLECTION_READ"})
public Collection<Todo> selectAll() {
  return (Collection<Todo>) em.createQuery(
    "from "+Todo.class.getName()).getResultList();
}
```

Pour la méthode get, une exception sera lancée si l'utilisateur n'a pas la permission d'administration sur le todo retourné. Pour la méthode selectAll, les todos pour lesquels l'utilisateur n'a pas les droits d'administration seront supprimés de la collection retournée.

En résumé

Spring Security propose un support puissant pour les listes de contrôle d'accès des objets de domaine. L'utilisation de ce support nécessite cependant une bonne compréhension de la plupart des concepts du framework. Pour l'instant, le support natif ne propose pas une portabilité optimale, mais il est possible de brancher ses propres implémentations sur les différents points d'extension.

La possibilité d'utiliser un cache permet de remédier à des problèmes de performances dus à la forte sollicitation de la base de données. Cependant, l'utilisation de ce cache doit tenir compte de l'utilisation d'un autre cache dans l'application, par exemple par un outil comme Hibernate.

Pour cet ensemble de raisons, l'outil puissant que constitue le support pour les listes de contrôle d'accès de Spring Security est réservé aux utilisateurs les plus avertis.

Conclusion

Spring Security propose un modèle de sécurité éprouvé, stable et performant, à même de répondre à l'ensemble des attentes : sécurisation des URL, des méthodes et des instances d'objets, fourniture de nombreux filtres, par exemple, permettant l'authentification par formulaire, l'authentification automatique par cookie, etc.

Pour des besoins de sécurité basiques, Spring Security propose des fonctionnalités faciles à mettre en œuvre, grâce notamment à son schéma XML dédié. Pour des besoins plus avancés, il est nécessaire d'appréhender des mécanismes plus avancés du framework.

Spring Security étant très peu intrusif, sa configuration est indépendante de celle des autres Beans Spring. C'est là son principal atout. La sécurité est en effet une notion transversale, qui ne doit pas avoir d'impact sur l'application en elle-même.

15

Spring Batch

Un besoin récurrent pour les applications d'entreprises est le traitement automatique de grande quantité de données, ce qu'on appelle le traitement par lots. Par traitement on attend par exemple la lecture de données depuis une source (fichier plat, base de données, etc.), la validation ou la modification de ces données puis leur écriture sous une autre forme.

D'un point de vue fonctionnel, il peut s'agir de la nécessité d'analyser des données à des moments clés, comme des bilans mensuels ou annuels. L'analyse pouvant impliquer des millions d'enregistrements en base de données, avec, de plus, des algorithmes métier complexes et des requêtes très coûteuses, il n'est souvent pas envisageable d'effectuer les traitements en temps réel, sur le système de production. Les exports de données sont alors reportés à des moments où le système est moins sollicité, et leur exploitation peut se faire sur un système dédié, coupé de la production. On parle généralement de *batch* pour qualifier ce genre de traitement.

Les batch, en plus de manipuler énormément de données et d'effectuer des traitements complexes, s'exécutent de façon automatique, sans intervention humaine. Ils doivent donc faire preuve d'une robustesse à toute épreuve, mais des erreurs pouvant toujours survenir, ils doivent aussi proposer des moyens de monitoring et de reprise.

Ces dernières années, le Web et les architectures orientées services ont bénéficié de nombreuses solutions techniques Open Source, mais aucune solution de traitement de batch Open Source ne s'est particulièrement distinguée. Le projet Spring Batch a été créé pour remédier à cette situation, afin de proposer des briques techniques pour faciliter les développements batch en Java.

Les sociétés Accenture et SpringSource sont à l'origine de ce projet, afin de faire bénéficier la communauté Java de leur expertise à la fois technique et sur les batch dans le monde des applications d'entreprise.

Spring Batch adopte le modèle de programmation de Spring, en s'appuyant sur toutes ses briques (conteneur léger, persistance des données, transactions, etc.). Surtout, il propose une infrastructure parfaitement adaptée aux batch. Cela comprend notamment des briques pour faciliter le traitement par lot de fichiers plats ou XML et des mécanismes optimisés pour les accès aux bases de données.

Grâce au conteneur léger de Spring, Spring Batch laisse la possibilité au code applicatif de se brancher très facilement sur son infrastructure. Le développeur de batch peut dès lors se concentrer sur les aspects spécifiques de son application et n'a plus à se soucier de problématiques bas niveau, tels que les entrées-sorties.

Nous détaillons dans ce chapitre les concepts propres à Spring Batch et aux batch de façon générale. Nous écrirons ensuite notre premier batch afin de démystifier le framework. Les traitements batch tournant généralement autour de la lecture et de l'écriture de données, nous verrons le support que propose Spring Batch pour les sources de données les plus courantes (fichiers plats et XML, base de données).

Nous aborderons aussi le lancement des batch en ligne de commande et finirons par des notions plus avancées de Spring Batch, qui mettent en jeu notamment l'historisation et la gestion des erreurs.

Concepts de Spring Batch

Nous abordons dans cette section les concepts et le vocabulaire associés aux développements batch. Nous verrons ainsi comment Spring Batch s'intègre dans de tels développements et quelles problématiques il est capable d'adresser.

La figure 15-1 liste les différents composants qui constituent l'écosystème de Spring Batch, afin notamment de distinguer leur origine (interne à Spring Batch, éléments techniques externes et code ou configuration applicatifs). Les différents tiers de l'écosystème sont aussi présentés dans le haut de la figure (lancement, job, application et données).

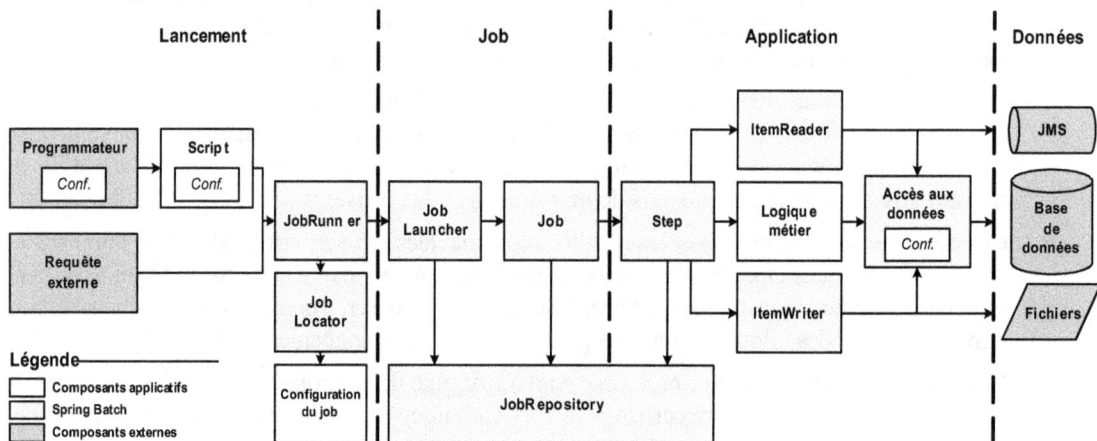

Figure 15-1

L'écosystème de Spring Batch

Composants externes

Les composants externes font référence à des systèmes complètement extérieurs au batch en lui-même.

On peut distinguer deux types de composants externes :

- Le lancement du batch, ou plus exactement ce qui provoquera l'impulsion qui déclenchera le batch. Un batch peut être lancé périodiquement *via* un programmateur (*scheduler* en anglais). Quartz est un exemple de programmateur développé en Java, qui peut être embarqué dans une application Web (Spring propose un support pour Quartz). Il existe aussi des programmateurs natifs aux systèmes d'exploitation, cron en est un exemple pour le monde Unix, Windows dispose quant à lui des tâches planifiées. Spring Batch n'est en aucun cas un programmateur, il laisse cette responsabilité à des projets dédiés. Le lancement d'un batch peut aussi être provoqué par une impulsion externe, comme la réception d'une requête (requête HTTP ou message sur une pile JMS). Dans les deux cas (programmateur ou requête externe), un script lancera le batch. Ce script gérera le lancement de la machine virtuelle Java, en positionnant correctement le classpath et en précisant les paramètres nécessaires à Spring Batch. Nous étudions plus en détail par la suite les mécanismes de lancement de batch.

- Le deuxième type de composants externes comprend les systèmes destinés au stockage physique des données. Les batch communiqueront avec ces systèmes pour lire et écrire des données. Des exemples de tels composants sont les piles JMS pour récupérer des messages accumulés, les bases de données et les fichiers (généralement plats ou XML).

Notions de job et d'étape

Un job correspond à un traitement qui est effectué lors de l'exécution d'un batch (batch et job pourraient d'ailleurs être utilisés de manière équivalente). Dans Spring Batch, un job est représenté par un Bean implémentant l'interface Job. Un job est composé d'un ensemble d'étapes (*step*). Les étapes d'un job sont séquentielles, c'est-à-dire qu'elles doivent être exécutées les unes à la suite des autres.

Un job peut, par exemple, être constitué de trois étapes : l'une chargeant des données à partir de fichiers pour les mettre en base de données, une autre transformant ces données pour les insérer dans une autre table et la troisième exportant les données traitées dans un fichier.

La notion de job est cependant insuffisante pour définir complètement le cycle de vie d'un batch. Si l'on prend l'exemple d'un batch nommé bilanQuotidien, car lancé une fois par jour, on parlera du batch pour un jour donné afin de suivre l'historique de ces lancements.

Spring Batch introduit la notion de JobInstance pour faire référence à l'exécution d'un batch. Dans l'exemple précédent, on parlerait de l'instance de job du 4 décembre 2008, de celle du 5 décembre, et ainsi de suite. Une instance de job implique donc la définition de l'identité d'un job, qui passe dans Spring Batch par la classe JobParameters.

Les paramètres passés à un job lors de son lancement permettent de définir complètement son identité, c'est-à-dire l'objet JobInstance qui le représentera. Toujours dans le même exemple, l'identité d'une instance du job pourrait donc passer par un `JobParameter` contenant la date du jour, passé aux `JobParameters`.

Une instance de job peut ainsi être résumée par l'équation suivante :

$$JobInstance = Job + JobParameters$$

Dans le meilleur des mondes, le batch `bilanQuotidien` ne serait exécuté qu'une fois par jour, car aucun problème ne surviendrait lors de l'exécution. Malheureusement, des erreurs peuvent survenir, et une instance de job peut être amenée à s'exécuter plusieurs fois, jusqu'à ce que ses traitements puissent être considérés comme complétés. Ainsi, l'instance du 4 décembre 2008 du batch `bilanQuotidien` peut n'arriver à son terme qu'au bout de la cinquième exécution, les quatre premières ayant échoué. Dans Spring Batch, on parle de `JobExecution` pour marquer cette distinction. Une instance de job peut avoir une seule `JobExecution` (si tout se passe correctement la première fois) ou plusieurs (si quelque chose se passe mal).

La figure 15-2 représente les cardinalités entre `Job`, `JobInstance` et `JobExecution`.

Figure 15-2

Cardinalités entre job, instance et exécution

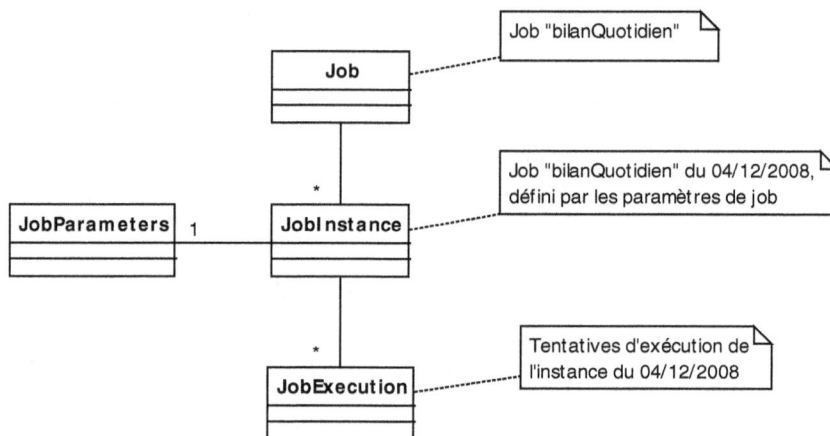

La distinction entre `Job`, `JobInstance` et `JobExecution` permet un suivi très précis des batch. En effet, Spring Batch est capable de persister en base de données l'historique de tous les batch exécutés, et ce de façon très fiable. Utile en lui-même, ce suivi permet aussi la reprise sur erreur des batch.

Le contexte d'une exécution de batch est en outre persisté. Il est dès lors possible de l'utiliser pour reprendre une exécution de batch exactement là où elle a échoué. La tâche de reprise doit être prise en charge par du code applicatif dans le batch, en se fondant sur le contexte restitué par Spring Batch.

Contenu d'une étape de job

Nous avons vu qu'un job était composé d'étapes qui s'exécutent séquentiellement. Dans Spring Batch, une étape est représentée par l'interface `Step`. Un développeur sera rarement amené à développer ses propres classes de Step, car Spring Batch propose des implémentations prenant en charge les problématiques d'infrastructure et laissant la possibilité à du code applicatif d'être exécuté pour les besoins propres de l'application.

Le type d'étape le plus simple proposé par Spring Batch est représenté par la classe TaskletStep, qui permet de brancher du code applicatif *via* l'interface Tasklet. Quand un job contient une TaskletStep, celle-ci prend en charge notamment la gestion de la transaction « autour » de la Tasklet, qui contient, quant à elle, le code applicatif (traitements de fichiers, vérifications ou traitements métier).

Un autre type d'étape fourni par Spring Batch peut être obtenu avec la classe SimpleStepFactoryBean, qui propose un schéma d'exécution lecture-transformation-écriture. En effet, il est possible de paramétrer sur ce type d'étape un ItemReader (chargé de récupérer des données depuis une source), un ItemProcessor (chargé de transformer les données lues) et un ItemWriter (chargé d'exporter les données vers un support de stockage).

La gestion des transactions est également prise en charge par l'implémentation de Step, par enregistrement ou par lot d'enregistrements (*chunk*).

Lecture et écriture de données

La lecture et l'écriture de données sont des problématiques récurrentes, voire même centrales, dans un batch. Nous venons de voir que Spring Batch propose une implémentation de Step utilisant un ItemReader et ItemWriter pour respectivement lire et écrire des données.

Un framework tel que Spring Batch présente un double intérêt pour ces problématiques en ce qu'il propose à la fois un cadre d'exécution fiable et robuste pour effectuer les lectures/écritures et des implémentations d'ItemReaders et d'ItemWriters prêtes à être utilisées, ou plutôt configurées. La lecture d'un fichier plat ou XML peut donc se résumer à de la configuration, sans avoir à écrire une ligne de code Java.

Spring Batch propose un support de lecture/écriture pour de nombreux types de ressources : fichiers plats, fichiers XML, base de données (SQL ou mapping objet/relationnel). Dans tous les cas, Spring Batch se charge des détails dits de bas niveau (ouverture/fermeture des flux, création des fichiers, etc.), afin d'éviter du code pénible, mais aussi de fiabiliser les applications.

Nous détaillons le support de lecture/écriture de Spring Batch plus loin dans ce chapitre.

Gestion des batch

Par gestion des batch, nous entendons tous les composants de Spring Batch offrant les services nécessaires à la bonne exécution d'un batch. Le JobRunner permet de lancer un batch grâce à un JobLocator, qui lui fournit le Job. JobRunner et JobLocator sont des notions internes à Spring Batch, peu utiles au développeur de batch, au moins pour les utilisations de base.

Le JobLauncher gère l'exécution du batch, notamment si celui-ci doit être lancé de manière synchrone (dans le même thread que le code appelant) ou asynchrone (dans un fil d'exécution différent). Le JobLauncher est étroitement lié au JobRepository, qui gère pour sa part la persistance de l'état du job.

De manière plus générale, le JobRepository gère le cycle de vie de tout lancement de job, c'est-à-dire les instances de jobs, mais aussi leurs exécutions associées, ainsi que leur contexte. Cette fonctionnalité est très utile pour le monitoring des batch comme pour la reprise sur erreur. Le JobRepository persiste ses données dans une base de données, mais il est possible de ne rien persister en utilisant une implémentation de JobRepository travaillant en mémoire.

En résumé

Spring Batch propose un véritable cadre de travail pour les applications utilisant des batch. Fidèle aux principes de Spring, Spring Batch propose une infrastructure gérant la plupart des problématiques techniques (transaction, répétition, reprise) afin de laisser le développeur se concentrer sur le code applicatif.

Les exécutions de batch peuvent être tracées grâce au système de persistance, qui facilite aussi la reprise sur erreur d'une instance de batch. Spring Batch propose aussi un support pour la lecture et l'écriture de données pour les principaux types de ressources (fichiers, base de données).

Premiers pas avec Spring Batch

Spring Batch fournissant de nombreux éléments pour créer et exécuter des batch, une grande part de son utilisation consiste en de la configuration.

Nous allons voir comment configurer et exécuter un batch très simple se contentant d'afficher un message dans la console. Nous aborderons cependant tous les éléments essentiels de configuration, au moins pour les besoins les plus fréquents. La version de Spring Batch utilisée dans ce chapitre est la 2.0.0.

Notre batch est composé d'une seule étape et utilise le type d'étape le plus simple, la TaskletStep. Le point d'extension sur lequel vient se brancher le code applicatif dans une TaskletStep est la Tasklet.

Voici notre implémentation de Tasklet :

```java
package tudu.batch.tasklet;

import org.springframework.batch.core.ExitStatus;
import org.springframework.batch.core.StepContribution;
import org.springframework.batch.core.scope.context.ChunkContext;
import org.springframework.batch.core.step.tasklet.Tasklet;
import org.springframework.batch.repeat.RepeatStatus;

public class HelloTasklet implements Tasklet {

  public RepeatStatus execute(StepContribution stepContribution,
```

```
        ChunkContext chunkContext) throws Exception {
      System.out.println("Hello world!");←❶
      stepContribution.setExitStatus(ExitStatus.COMPLETED);←❷
      return RepeatStatus.FINISHED;←❸
    }

  }
```

Tasklet définit une seule méthode, execute, qui doit retourner un RepeatStatus. Ce statut indique à Spring Batch si la tâche doit être répétée ou pas. Les paramètres de execute correspondent à une partie du contexte de l'étape (d'où son nom, StepContribution) et à un conteneur, ChunkContext, qui représente le contexte d'exécution pour un ensemble d'éléments traités.

Dans notre exemple, nous nous contentons d'afficher un message dans la console (❶). Nous indiquons au repère ❷ que l'étape est terminée et au repère ❸ que la tâche n'a pas à être répétée au sein de cette étape. Le statut de sortie et le statut de répétition peuvent sembler redondants, mais il s'agit bien de deux choses distinctes. Le statut de sortie pourrait indiquer aussi que la tâche a échoué ou qu'elle a du être interrompue, ce qui est compatible avec un statut de répétition « terminé ». Nous entrerons dans les détails des notions de répétition et de reprise par la suite.

Nous en avons fini avec l'écriture du code Java de notre batch, le reste consistant en de la configuration au travers d'un fichier XML.

Depuis sa version 2, Spring Batch propose un schéma XML destiné à la configuration des différents éléments composant un batch.

Voici la déclaration de ce schéma :

```
<beans xmlns="http://www.springframework.org/schema/beans"
 xmlns:xsi="http://www.w3.org/2001/XMLSchema-instance"
 xmlns:batch="http://www.springframework.org/schema/batch"
 xmlns:p="http://www.springframework.org/schema/p"
 xsi:schemaLocation="http://www.springframework.org/schema/beans
 http://www.springframework.org/schema/beans/spring-beans.xsd
 http://www.springframework.org/schema/batch
 http://www.springframework.org/schema/batch/spring-batch-2.0.xsd">

   ...
</bean>
```

La configuration consiste dans un premier temps en la déclaration de l'infrastructure nécessaire à tout job de Spring Batch :

```
<bean id="transactionManager"
      class="org.springframework.batch.support.transaction.➡
      ResourcelessTransactionManager" />←❶

<bean id="jobRepository"
      class="org.springframework.batch.core.repository.support.➡
      MapJobRepositoryFactoryBean"←❷
  p:transactionManager-ref="transactionManager" />←❸
```

```
<bean id="jobLauncher"
      class="org.springframework.batch.core.launch.support.⇒
      SimpleJobLauncher"←❹
    p:jobRepository-ref="jobRepository" />←❺
```

Notre configuration correspond à une infrastructure utilisée pour le développement ou les tests. Nous définissons un gestionnaire de transactions vide, ResourcelessTransactionManager (❶). Spring Batch étant fortement transactionnel, le gestionnaire de transactions est une dépendance essentielle.

Nous passons ensuite à la déclaration du dépôt de job (❷), où nous optons pour une implémentation adaptée aux tests, car effectuant le stockage des informations en mémoire. Cette implémentation nécessite le gestionnaire de transactions, que nous lui injectons avec l'espace de nommage p pour plus de concision (❸). Nous passons ensuite au lanceur de job, pour lequel nous utilisons l'implémentation par défaut fournie par Spring Batch (❹). Le lanceur de job nécessite une référence au dépôt de job (❺), car c'est ce dernier qui crée l'instance de job.

Nous venons de configurer les éléments essentiels de Spring Batch, que nous retrouvons dans tout batch. Nous avons opté pour une configuration commode, utilisant les implémentations adaptées aux tests, mais les véritables implémentations ne sont guère plus complexes à configurer.

Nous pouvons passer maintenant à la configuration du job :

```
<batch:job id="helloJob" job-repository="jobRepository">←❶
  <batch:step id="helloStep">←❷
    <batch:tasklet ref="helloTasklet"←❸
      transaction-manager="transactionManager"/>
  </batch:step>
</batch:job>

<bean id="helloTasklet"
  class="tudu.batch.tasklet.HelloTasklet" />←❹
```

À travers l'élément job, nous utilisons une implémentation par défaut de job (❶) qui nécessite le dépôt de job pour tracer le déroulement de l'exécution et une liste d'étapes. Notre job n'est composé que d'une étape, définie avec la balise step et dont l'identifiant est helloStep ❷). La Tasklet définie précédemment est déclarée au repère ❹. Elle est référencée auprès de l'étape avec l'attribut ref de la balise tasklet (❸).

Si le dépôt de job et le gestionnaire de transactions sont des dépendances obligatoires pour certains éléments, il est possible de les omettre. En ce cas, Spring Batch effectuera une résolution par défaut. Cette résolution s'appuie sur les noms des Beans, qui doivent être jobRepository et transactionManager. Ce comportement permet d'alléger la configuration tant que la convention de nommage est respectée. Ce raccourci est utilisé dans les exemples de ce chapitre afin d'améliorer leur lisibilité.

La définition de notre job étant terminée, nous pouvons l'exécuter, par exemple, *via* un programme main afin d'afficher notre message :

```
import org.springframework.batch.core.Job;
import org.springframework.batch.core.JobExecution;
import org.springframework.batch.core.JobParameters;
import org.springframework.batch.core.launch.JobLauncher;
import org.springframework.context.ApplicationContext;
import org.springframework.context.support.
                        ClassPathXmlApplicationContext;
(...)
public static void main(String [] args) {
  ApplicationContext context = new ClassPathXmlApplicationContext(
    "hellojob-context.xml"
  );

  Job job = (Job) context.getBean("helloJob");
  JobLauncher jobLauncher = (JobLauncher)context.
                        getBean("jobLauncher");

  JobExecution exec = jobLauncher.run(job, new JobParameters());←❶
}
```

Nous utilisons au repère ❶ une nouvelle instance de JobParameters pour lancer notre job. C'est à partir de cette instance que l'identité de notre instance de job est constituée et que le dépôt de job peut suivre l'évolution des exécutions, d'un lancement à l'autre (dans le cas où les exécutions sont véritablement persistées). Les paramètres de job ne sont généralement pas passés de façon programmatique, mais plutôt par les programmateurs, *via* des paramètres dans la ligne de commande. Ces paramètres correspondent souvent à des informations temporelles, comme pour notre job de bilan quotidien du 4 décembre 2008.

La configuration de ce job très simple nous a permis d'aborder la plupart des points essentiels à tout lancement de job. Nous allons maintenant pouvoir aborder chacun de ces points de façon plus détaillée et surtout voir la richesse des fonctionnalités apportées par Spring Batch.

Lecture, transformation et écriture de données

Un cas d'utilisation courant dans un batch consiste en l'importation (lecture) de données depuis une source (fichiers, base de données), la transformation de ces données puis en leur exportation (écriture) sous cette nouvelle forme vers une autre source.

Pour répondre à ce besoin récurrent, Spring Batch propose un type d'étape spécifique, qui fonctionne selon le schéma lecture-transformation-écriture. Il est important de noter que l'étape de transformation est optionnelle, ce qui peut correspondre à une lecture de données depuis un fichier plat et à leur restitution à l'identique dans une base de données. Son intérêt peut résider dans la possibilité d'utiliser la base de données pour effectuer des requêtes complexes, comme des fonctions d'agrégation (groupement, somme, etc.).

Nous allons voir dans cette partie quelles sont les classes et interfaces impliquées dans le mécanisme de lecture-transformation-écriture, puis nous aborderons différentes implémentations proposées par Spring Batch.

Principes et composants impliqués

L'interface correspondant à la lecture de données est ItemReader, dont voici la définition :

```
package org.springframework.batch.item;

public interface ItemReader<T> {

  T read() throws Exception, UnexpectedInputException,
                  ParseException;

}
```

La méthode read d'un ItemReader est appelée successivement au sein d'une étape et retourne des objets du type pour lequel il est défini (paramètre T de l'interface). Une fois la ressource de lecture épuisée, la méthode read doit retourner null, mettant ainsi fin à la lecture. Spring Batch fournit un ensemble d'implémentation d'ItemReader, destinées aux sources de données les plus courantes.

L'interface correspondant à la transformation est ItemProcessor, dont voici la définition :

```
package org.springframework.batch.item;

public interface ItemProcessor<I, O> {

  O process(I item) throws Exception;

}
```

L'interface dispose de deux paramètres de types, qui correspondent respectivement au paramètre d'entrée de sa méthode process (paramètre d'entrée issu de la lecture) et à l'objet retourné par process (objet destiné ensuite à l'écriture). Contrairement à ItemReader, les implémentations d'ItemProcessor sont plutôt écrites par le développeur de batch, car elles correspondent à des besoins fonctionnels.

Enfin, l'interface correspondant à l'écriture est ItemWriter :

```
package org.springframework.batch.item;

import java.util.List;

public interface ItemWriter<T> {

  void write(List<? extends T> items) throws Exception;

}
```

Un ItemWriter écrit les objets qui lui arrivent d'un ItemProcessor ou alors directement depuis un ItemReader s'il n'y a pas de transformation dans l'étape. Contrairement aux deux autres interfaces, un ItemWriter travaille avec une liste d'objets, permettant ainsi un travail par lot. Ce besoin est dicté par de potentielles problématiques de performances, car il est généralement plus rapide d'effectuer des écritures par lot qu'unitaires, notamment au sein de transactions avec une base de données.

L'orchestration des trois éléments que nous venons de présenter est effectuée *via* la balise tasklet.

Voici la configuration typique d'une étape de job correspondant au schéma lecture-transformation-écriture :

```
<batch:job id="job">
  <batch:step id="step"><←❶
    <batch:tasklet>
      <batch:chunk
        reader="itemReader"<←❷
        processor="itemProcessor"<←❸
        writer="itemWriter"<←❹
        commit-interval="10" /><←❺
      </batch:chunk>
    </batch:tasklet>
  </batch:step>
</batch:job>
```

L'étape est créée avec la balise step (❶). La balise chunk imbriquée dispose d'attributs correspondant aux phases de lecture, transformation et écriture (❷, ❸, ❹). Le Bean correspondant à la transformation est optionnel, s'il n'est pas présent, les objets à lire et à écrire sont donc les mêmes. L'attribut commit-interval (❺) permet de régler le nombre d'éléments lus avant que leur écriture soit validée *via* le gestionnaire de transactions (il s'agit de la taille d'un lot). Nous revenons sur ce paramètre plus loin dans ce chapitre.

La déclaration d'une étape fondée sur le schéma lecture-transformation-écriture est donc générique. Nous allons voir ce que propose Spring Batch pour différents supports de données, à travers des implémentations d'ItemReader et d'ItemWriter.

Support pour les fichiers plats

Les fichiers plats, de par leur simplicité, sont un support privilégié pour l'échange de données. Il y a deux grandes catégories de fichiers, ceux utilisant un délimiteur entre chaque champ et ceux utilisant des longueurs de champ fixes. Les fichiers plats avec délimiteur étant les plus courants, nous allons privilégier leur étude, sachant que le support de Spring Batch pour les deux types est très proche et suit les mêmes principes.

Prenons l'exemple de l'import et de l'export de TodoLists. Voici le format du fichier plat correspondant (les propriétés sont dans l'ordre l'identifiant, le nom, le fait qu'un flux RSS est autorisé et la date de mise à jour) :

```
1,Spring par la pratique,true,2008-11-29
2,Tudu Lists (a Spring application),false,2008-11-25
3,Spring 3.0,true,2008-11-20
```

L'import de ce type de fichier consiste en la configuration d'un ItemReader fourni par Spring Batch. Nous allons voir que l'utilisation d'un tel ItemReader implique principalement de la configuration et le développement d'une seule classe applicative dédiée.

La figure 15-3 illustre les différentes classes et interfaces mises en jeu pour la lecture du fichier plat de `TodoLists`.

Figure 15-3

Principe de lecture d'un fichier plat

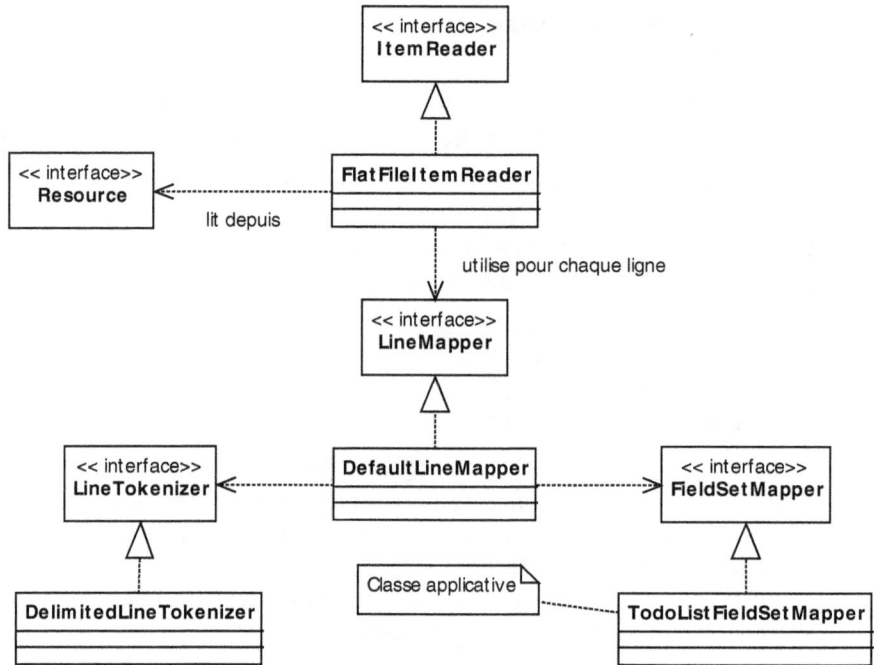

Le premier constat est qu'un grand nombre de classes sont impliquées : c'est le prix à payer pour l'extensibilité et la réutilisabilité. Voici le code XML correspondant à la configuration de notre fichier plat :

```
<bean id="todoListFileItemReader"
 class="org.springframework.batch.item.file.FlatFileItemReader">←❶
  <property name="resource" value="file:./todolists.csv" />←❷
    <property name="lineMapper">
      <bean class="org.springframework.batch.item.file.mapping.
                  DefaultLineMapper">←❸
        <property name="lineTokenizer">
          <bean
            class="org.springframework.batch.item.file.transform.
                  DelimitedLineTokenizer">←❹
            <property name="names"
                     value="id,name,rssAllowed,lastUpdate" />←❺
          </bean>
        </property>
        <property name="fieldSetMapper">
```

```
              <bean class="tudu.batch.item.TodoListFieldSetMapper" />←❻
            </property>
        </bean>
    </property>
</bean>
```

La configuration commence par la déclaration du FlatFileItemReader (❶), qui se charge des entrées/sorties (ouverture et fermeture du fichier, itération sur les lignes, etc.). Ce genre d'opération peut être en effet particulièrement pénible en Java et propice à des erreurs.

Le fichier à lire est précisé *via* une Resource (❷), notion venant de Spring (et non pas de Spring Batch). Le travail du FlatFileItemReader est de fournir, pour chaque ligne du fichier d'entrée, une représentation objet correspondante. Il va pour cela déléguer le travail à un LineMapper. Nous utilisons ici la classe DefaultLineMapper (❸), qui délègue aussi une partie de son travail. Elle utilise DelimitedLineTokenizer (❹) pour décomposer chaque ligne sous forme d'un FieldSet. Un FieldSet est l'équivalent pour un fichier d'un ResultSet pour une base de données. Le FieldSet stocke les données de la ligne sous un ensemble de paires clé/valeur. Les clés sont indiquées au repère ❺.

Le DelimitedLineTokenizer doit connaître le séparateur des champs pour alimenter correctement le FieldSet. Il utilise par défaut la virgule comme séparateur, ce qui convient parfaitement à notre fichier d'entrée. Enfin, une fois le FieldSet généré (pour chaque ligne) par le DelimitedLineTokenizer, il est passé à un FieldSetMapper, chargé de créer l'objet applicatif attendu. Il s'agit là de la seule classe applicative, qui doit être écrite par le développeur de batch.

Voici notre implémentation de FieldSetMapper, permettant de passer du FieldSet à une TodoList :

```java
package tudu.batch.item;

import org.springframework.batch.item.file.mapping.FieldSetMapper;
import org.springframework.batch.item.file.transform.FieldSet;

import tudu.domain.model.TodoList;

public class TodoListFieldSetMapper
                implements FieldSetMapper<TodoList> {

  public TodoList mapFieldSet(FieldSet fs) {
    TodoList todoList = new TodoList();
    todoList.setListId(fs.readString("id"));
    todoList.setName(fs.readString("name"));
    todoList.setRssAllowed(fs.readBoolean("rssAllowed"));
    todoList.setLastUpdate(fs.readDate("lastUpdate"));
    return todoList;
  }

}
```

Le FieldSetMapper de Spring Batch se rapproche beaucoup du RowMapper de Spring, car il a finalement le même rôle, si ce n'est que le FieldSet vient d'un fichier et non d'une base de données. Nous voyons tout l'intérêt du FieldSet, qui affranchit le développeur des conversions de chaînes de caractères vers d'autres types, grâce à ses méthodes readBoolean, readDate, etc. La TodoList retournée par le FieldSetMapper correspond à l'objet retourné par l'ItemReader. Nous avons ici un exemple d'inversion de contrôle au sens framework du terme, car le code applicatif est bien appelé par le code de Spring Batch.

Nous allons voir maintenant l'opération inverse, qui consiste à écrire des TodoLists dans un fichier plat. Ces TodoLists peuvent être le résultat d'une requête en base de données, mais cela importe finalement peu, car nous nous concentrons sur leur exportation.

Voici un exemple de configuration XML correspondant à l'exportation de TodoLists :

```
<bean id="todoListItemWriter"
 class="org.springframework.batch.item.file.FlatFileItemWriter">←❶
  <property name="resource" value="file:./todolists.csv" />←❷
  <property name="lineAggregator">←❸
    <bean class="tudu.batch.item.TodoListLineAggregator" />←❹
  </property>
</bean>
```

Le type d'ItemWriter utilisé est un FlatFileItemWriter (❶). On doit lui indiquer le chemin du fichier d'export (❷) sous la forme d'une Resource, ce qui permet d'utiliser la syntaxe correspondante. Il nécessite aussi un LineAggregator (❸), qui permet, à partir d'un objet Java, d'obtenir sa représentation sous forme d'une chaîne de caractères, correspondant à une ligne dans le fichier d'export. Les implémentations de LineAggregator correspondent la plupart du temps à du code applicatif (❹).

Voici l'implémentation de TodoListsLineAggregator, permettant, à partir d'une TodoList, d'obtenir une ligne au format correct pour notre fichier d'export :

```
package tudu.batch.item;

import java.text.SimpleDateFormat;
import org.springframework.batch.item.file.transform.➡
  LineAggregator;
import tudu.domain.model.TodoList;

public class TodoListLineAggregator
  implements LineAggregator<TodoList> {

  private String separator = ",";

  public String aggregate(TodoList item) {
    StringBuilder builder = new StringBuilder();
    builder.append(item.getListId());
    builder.append(separator);
    builder.append(item.getName());
    builder.append(separator);
    builder.append(item.isRssAllowed());
```

```
builder.append(separator);
SimpleDateFormat dateFormat = new SimpleDateFormat(
  "yyyy-MM-dd");
builder.append(dateFormat.format(item.getLastUpdate()));
return builder.toString();
  }
}
```

Cette implémentation de LineAggregator plutôt simple ne correspond qu'à l'écriture des propriétés de la TodoList séparées par des virgules. Là encore, le code applicatif se retrouve complètement intégré au flot d'exécution, mené par Spring Batch, qui se charge des tâches les plus répétitives (ouverture/fermeture du flux vers le fichier de sortie, ajout du séparateur de fin de ligne, etc.).

Nous venons de voir les bases du support de Spring Batch pour la gestion des fichiers plats. Il s'agit bien là des bases, car les composants fournis disposent d'un grand nombre d'options, qu'il serait trop long d'aborder ici. Nous enjoignons le lecteur à consulter la documentation de référence de Spring Batch pour avoir le détail de ces options.

Voici néanmoins quelques points importants facilement paramétrables :

- Gestion des délimiteurs de séparation

- Pour la lecture, gestion de l'encodage, de lignes correspondant à des commentaires, de lignes d'en-tête, etc.

- Possibilité de lire des fichiers où un même enregistrement se divise sur plusieurs lignes.

- Pour l'écriture, gestion de l'encodage, de l'en-tête et du pied du fichier *via* des méthodes de rappels.

Support pour les fichiers XML

Spring Batch propose un support pour la lecture et l'écriture de fichiers XMLfondé sur l'API d'analyse StAX et le principe de mapping objet/XML.

L'usage de StAX se justifie par la non-adéquation des autres standards d'analyse XML (DOM et SAX) avec les besoins des traitements batch. DOM charge en effet les fichiers XML en mémoire, ce qui n'est pas envisageable pour les fichiers de grande taille. Quant à SAX, son modèle événementiel ne propose que des méthodes de rappel lors de l'analyse du fichier. Globalement, l'avantage de StAX réside dans la possibilité de diriger un curseur au sein du document : l'analyse reste ainsi commode, tout en ne consommant que peu de mémoire.

Spring Batch considère qu'un fichier XML est composé de fragments, chacun représentant un enregistrement. Un fragment XML est l'équivalent de la ligne d'un fichier plat.

Voici un exemple de fichier XML contenant trois fragments, un pour chaque TodoList :

```
<todolists>
  <todolist id="1" name="Spring par la pratique"
    rssAllowed="true" lastUpdate="2008-11-29" />
  <todolist id="2" name="Tudu Lists (a Spring application)"
    rssAllowed="false" lastUpdate="2008-11-25" />
```

```
   <todolist id="3" name="Spring 3.0"
     rssAllowed="true" lastUpdate="2008-11-20" />
</todolists>
```

Dans cet exemple, la balise todolists est la racine et doit être indiquée en tant que telle à Spring Batch pour l'analyse, de même que l'on doit lui indiquer que la balise todolist correspond à un fragment. Spring Batch effectue ensuite un mapping objet/XML. Pour ce mapping, Spring Batch n'est lié à aucune technologie, mais propose un support natif pour Spring OXM, qui constitue une abstraction vers les solutions de mapping objet/XML les plus populaires (JaxB2, Castor, etc.). Pour nos exemples, nous utiliserons Spring OXM et son support pour XStream.

Voici la configuration d'un ItemReader permettant de créer des TodoLists à partir du fichier XML vu précédemment :

```
<bean id="todoListFileItemReader"
 class="org.springframework.batch.item.xml.StaxEventItemReader">←❶
  <property name="resource" value="file:./todolists.xml" />←❷
  <property name="fragmentRootElementName" value="todolist" />←❸
  <property name="unmarshaller" ref="tuduListMarshaller" />←❹
</bean>

<bean id="tuduListMarshaller"
 class="org.springframework.oxm.xstream.XStreamMarshaller">←❺
  <property name="aliases" ref="aliases" />
</bean>

<util:map id="aliases">←❻
  <entry key="todolist" value="tudu.domain.model.TodoList" />
  <entry key="listId" value="java.lang.String" />
  <entry key="name" value="java.lang.String" />
  <entry key="rssAllowed" value="boolean" />
  <entry key="lastUpdate" value="java.util.Date" />
</util:map>
```

Spring Batch propose une implémentation d'ItemReader effectuant l'analyse d'un fichier XML *via* StAX, StaxEventItemReader (❶). Le paramétrage du fichier d'entrée se fait avec un objet de type Resource (❷), ce qui permet d'utiliser la syntaxe correspondante. Nous devons préciser à Spring Batch quelle balise correspond à un fragment (❸), ce qui permet de lancer pour chaque occurrence la phase de mapping *via* un Unmarshaller (❹), interface venant de Spring OXM (le terme « marshalling » correspond à la sérialisation d'un objet Java sous une forme XML).

Nous utilisons une implémentation utilisant XStream (❺), qui nécessite une simple Map pour préciser le mapping (❻). XStream est particulièrement adapté aux cas simples, car il nécessite peu de configuration. Pour des besoins plus avancés, une bibliothèque telle que Castor peut s'avérer nécessaire.

Contrairement aux fichiers plats, aucune classe applicative n'est ici nécessaire. La lecture des TodoLists depuis un fichier XML est réalisée complètement à partir d'éléments de configuration.

Spring Batch prend encore en charge les problématiques techniques de lecture et d'analyse du fichier XML, laissant la possibilité de se brancher sur n'importe quel type d'outil de mapping objet/XML grâce à Spring OXM.

L'export de TodoLists vers un fichier XML demande une configuration un peu plus complexe, dépendant principalement de l'outil d'OXM (toujours XStream dans l'exemple suivant) :

```
<bean id="todoListItemWriter"
 class="org.springframework.batch.item.xml.StaxEventItemWriter">←❶
  <property name="resource" value="file:./todolists.xml" />←❷
  <property name="rootTagName" value="todolists" />←❸
  <property name="marshaller" ref="tuduListMarshaller" />
</bean>

<bean id="tuduListMarshaller"
 class="org.springframework.oxm.xstream.XStreamMarshaller">←❹
  <property name="aliases" ref="aliases" />←❺
  <property name="useAttributeForTypes">←❻
    <list>
      <value>java.lang.String</value>
      <value>boolean</value>
      <value>java.util.Date</value>
    </list>
  </property>
  <property name="omittedFields">←❼
    <map>
     <entry key="tudu.domain.model.TodoList" value="users,todos"/>
    </map>
  </property>
  <property name="converters" ref="dateConverter" />←❽
</bean>

<bean id="dateConverter"
class="com.thoughtworks.xstream.converters.basic.DateConverter">←❾
  <constructor-arg value="yyyy-MM-dd" />
  <constructor-arg value="yyyy-MM-dd" />
</bean>

<util:map id="aliases">←❿
  <entry key="todolist" value="tudu.domain.model.TodoList" />
  <entry key="listId" value="java.lang.String" />
  <entry key="name" value="java.lang.String" />
  <entry key="rssAllowed" value="boolean" />
  <entry key="lastUpdate" value="java.util.Date" />
</util:map>
```

Nous utilisons pour l'écriture du fichier XML un StaxEventItemWriter (❶) et indiquons le fichier destination avec la propriété resource (❷), ainsi que la balise racine à utiliser (❸).

Pour chaque TodoList, Spring Batch va utiliser un Marshaller chargé de la sérialisation objet-XML. Sa définition (❹) passe une Map (❺, ❿) définissant des correspondances entre des classes et des noms de balises (ou d'attributs XML). Nous précisons (❻) que nous désirons utiliser des attributs pour certains types de données. Comme nous ne voulons sérialiser que les informations de base d'une `TodoList`, nous précisons les noms de propriétés que nous excluons de la sérialisation (❼). Enfin, pour suivre parfaitement la syntaxe du fichier XML, nous précisons le format de date (❽, ❾). Là encore, nous n'effectuons que de la configuration, et aucune classe applicative n'est nécessaire.

Le support XML offert par Spring Batch se charge donc des mécaniques de lecture et d'écriture, et ce de manière optimale grâce à l'API StAX. Les principales difficultés tiennent au choix d'un outil de mapping objet/XML et à sa configuration. Grâce à sa parfaite intégration avec Spring OXM (issue du projet Spring Web Services), Spring Batch peut s'interfacer avec les outils de mapping XML les plus courants.

Support pour les bases de données

Les bases de données relationnelles restent le principal moyen de stockage de toute application d'entreprise. Pour une application Web, les données manipulées restent limitées, car filtrées selon des critères, principalement parce qu'elles sont destinées à un utilisateur humain qui ne peut exploiter d'énormes volumes. En revanche, dans des batch, les volumes peuvent être très importants, car ils correspondent souvent au contenu complet de tables.

Illustrons la problématique d'optimisation pour une lecture de données. Aussi bien dans une application Web que dans un batch, nous voulons une représentation objet des données. Spring propose pour cela la notion de `RowMapper`, qui permet de créer un objet Java à partir d'un `ResultSet` JDBC :

```
public class TodoListSqlMapper
      implements ParameterizedRowMapper<TodoList> {

  public TodoList mapRow(ResultSet rs, int rowNum)
      throws SQLException {
    TodoList tl = new TodoList();
    tl.setListId(rs.getString("id"));
    tl.setName(rs.getString("name"));
    tl.setRssAllowed(rs.getBoolean("rssAllowed"));
    tl.setLastUpdate(rs.getDate("lastUpdate"));
    return tl;
  }

}
```

Si une requête effectuée avec un `JdbcTemplate` retourne un million d'enregistrements, la méthode `mapRow` du `RowMapper` sera exécutée un million de fois, et, surtout, le million d'instances créées sera stocké en mémoire. Cette solution n'est évidemment pas envisageable. Spring Batch propose des moyens d'optimiser les accès à une base de données lorsque de grands volumes sont retournés.

Ces optimisations se traduisent par deux approches distinctes, pour lesquelles Spring Batch propose un support natif :

- L'approche par *curseur*, qui correspond à la récupération des enregistrements en « streaming », c'est-à-dire que les résultats ne sont pas récupérés en une seule fois, mais en continu.

- L'approche par *pagination*, qui consiste à paginer les résultats, c'est-à-dire à effectuer plusieurs requêtes pour récupérer les résultats en lots.

Nous allons voir la configuration de ces deux approches dans Spring Batch, chacune correspondant à une classe d'ItemReader et à un ensemble d'options.

Voici la configuration de l'approche par curseur, récupérant l'ensemble des TodoLists dans une base de données :

```
<bean id="todoListCursorItemReader"
    class="org.springframework.batch.item.database.
        JdbcCursorItemReader">←❶
  <property name="dataSource" ref="dataSource" />←❷
  <property name="rowMapper">
    <bean class="tudu.batch.item.TodoListSqlMapper" />←❸
  </property>
  <property name="sql"><value>
    select id,name,rssAllowed,lastUpdate from todo_list←❹
  </value></property>
</bean>
```

Nous utilisons un JdbcCursorItemReader (❶), qui nécessite une référence à une DataSource (❷). Nous lui assignons aussi un RowMapper (❸), dont la définition a été présentée précédemment. Ce sont les objets créés par ce RowMapper qui seront retournés par la méthode read de l'ItemReader. Enfin, nous précisons la requête SQL à effectuer (❹).

L'intérêt du JdbcCursorItemReader réside dans sa gestion « paresseuse » des enregistrements, qui ne sont pas récupérés en une seule fois, comme on pourrait le faire avec un JdbcTemplate. Il prend aussi en charge des problématiques assez techniques, car si l'ItemWriter qui reçoit les enregistrements par paquet est lui aussi transactionnel, le ResultSet maintenu pour la lecture doit fonctionner sur plusieurs transactions, qui sont validées au fur et à mesure. La simplicité apparente de la configuration du JdbcCursorItemReader cache des mécanismes relativement complexes, et nous enjoignons le lecteur à consulter la documentation de référence pour avoir le détail de toutes les options.

La seconde approche fournie par Spring Batch pour optimiser les accès base de données retournant beaucoup de données est la pagination. Voici la configuration correspondant à la récupération de toutes les TodoLists :

```
<bean id="todoListPagingItemReader"
    class="org.springframework.batch.item.database.
        JdbcPagingItemReader">←❶
  <property name="dataSource" ref="dataSource"/>←❷
  <property name="queryProvider">
    <bean class="org.springframework.batch.item.database.support.
        HsqlPagingQueryProvider">←❸
      <property name="selectClause"
```

```
            value="select id,name,rssAllowed,lastUpdate" />←④
        <property name="fromClause" value="from todo_list"/>←⑤
        <property name="sortKey" value="id"/>←⑥
      </bean>
    </property>
    <property name="pageSize" value="50"/>←⑦
    <property name="rowMapper">←⑧
      <bean class="tudu.batch.item.TodoListSqlMapper" />
    </property>
  </bean>
```

Nous utilisons un `JdbcPagingItemReader` (❶), qui nécessite pour fonctionner une `DataSource` ❷). Il délègue la génération des instructions SQL à un `PagingQueryProvider` (❸), dont Spring Batch fournit des implémentations adaptées aux différentes bases de données du marché (nous utilisons ici une implémentation pour HSQLDB). Nous définissons aux repères ❹ et ❺ l'ossature de la requête et précisons surtout une instruction pour le tri (❻). La taille de chacune des pages est précisée à l'`ItemReader` avec la propriété `pageSize` (❼). Nous précisons enfin le `RowMapper` à utiliser (❽).

Le `JdbcPagingItemReader` permet ainsi de diviser les enregistrements manipulés en blocs de petites tailles, ce qui garantit une utilisation mémoire plus optimisée. Son interaction avec l'`ItemWriter` travaillant de concert avec lui est exactement la même que pour les autres `ItemReaders`.

Batch et mapping objet/relationnel

Les outils de mapping objet/relationnel n'ont généralement pas bonne réputation pour les programmes batch. En effet, un outil tel qu'Hibernate dispose de deux caractéristiques de fonctionnement qui le rendent particulièrement inadapté à des traitements batch. Pour une même session de travail, il garde en mémoire tous les objets qu'on lui a demandé de charger, ce qui peut provoquer rapidement une saturation de la mémoire. À cela se rajoute le fait qu'Hibernate effectue des vérifications sur les objets qu'il garde en session afin de savoir s'ils ont été modifiés et donc de synchroniser leur état avec la base de données (on parle de *dirty checking*). Sur un grand nombre d'objets, ces vérifications peuvent se révéler catastrophiques pour les performances. C'est exactement le cas de figure rencontré dans un batch : de nombreux objets sont chargés ; Hibernate vérifie leur modification ; et l'on observe une baisse progressive des performances du traitement. Hibernate est à la base un outil pour les applications Web, rôle qu'il remplit parfaitement, notamment grâce aux deux caractéristiques que nous venons de décrire. Il est cependant possible d'utiliser Hibernate dans le monde des batch, car il propose un fonctionnement dégradé sous la forme de la `StatelessSession`, qui ne garde pas les objets chargés en mémoire. On peut alors utiliser Hibernate sans crainte dans des traitements batch et profiter de la puissance de ses aspects structurels (mapping objet/relationnel, système de requêtage). Spring Batch propose un support pour de la lecture par curseur *via* Hibernate, ainsi que de la pagination avec JPA.

Nous venons de voir le support que Spring Batch propose pour la lecture à base de requêtes SQL. Concernant l'écriture, Spring Batch ne fournit aucun mécanisme, car les insertions d'enregistrements en base de données ne peuvent être généralisées facilement. La méthode conseillée consiste donc à utiliser ses propres DAO, en leur faisant implémenter l'interface `ItemWriter`.

Lancement des batch

Le framework ne propose pas de support avancé de lancement des batch. Nous allons cependant voir quelques éléments clés pour lancer des batch.

Les batch sont la plupart du temps lancés automatiquement, à heure fixe. Ce travail est effectué par un programmateur, comme cron ou Quartz. Le lancement à proprement parler se fait le plus souvent grâce à un script shell. Les batch peuvent être aussi lancés *via* des impulsions, comme une requête HTTP. Nous verrons ce qu'implique un tel lancement.

Spring Batch propose une classe Java contenant une fonction `main`, destinée à lancer un batch en invoquant la machine virtuelle Java.

Voici un exemple d'utilisation de cette classe (sous Windows) :

```
java -cp "./lib/main/*"←❶
org.springframework.batch.core.launch.support. ↪
  CommandLineJobRunner←❷
classpath:/tudu/batch/tasklet/HelloTaskletTest-context.xml←❸
helloJob←❹
```

La commande commence par l'invocation de la machine virtuelle Java et le réglage du chemin des classes (❶). La classe de lancement fournie par Spring batch est indiquée au repère ❷. Les deux paramètres suivants de la ligne de commande correspondent aux paramètres passés à la classe `CommandLineJobRunner` (le fameux tableau de chaînes de caractères fournis à toute méthode `main`). Le premier correspond au chemin du fichier de contexte Spring contenant l'ensemble des paramètres du batch (❸).

Il est possible d'utiliser la syntaxe correspondant à la notion de `Resource` de Spring. Le fichier indiqué doit être autonome, mais il peut bien sûr importer d'autres fichiers Spring. Il doit contenir la définition du job à lancer, mais aussi l'infrastructure de Spring Batch (dépôt de job, lanceur et leurs dépendances). Le deuxième paramètre correspond au nom du job à lancer ❹), c'est-à-dire au nom du Bean définissant le `Job`.

Nous avons parlé en début de chapitre de l'importance de l'identité d'une instance de job, qui passe par la définition de paramètres de job. Le `CommandeLineJobRunner` accepte des paramètres supplémentaires, après le nom du job, qui sont utilisés pour préciser les `JobParameters` qui définiront complètement l'instance de job :

```
java -cp "./lib/main/*"
org.springframework.batch.core.launch.support. ↪
  CommandLineJobRunner
classpath:/tudu/batch/tasklet/HelloTaskletTest-context.xml
helloJob
date.lancement=20081204←❶
```

Les paramètres de job sont donc à passer après le nom du job, séparés par des espaces, sous la forme `nomParametre=valeurParametre`. Nous passons dans notre exemple le paramètre `date.lancement` avec la valeur `20081204` (❶).

Lors de nos premiers pas avec Spring Batch, nous avons lancé notre batch de façon programmatique, avec une instance de `JobParameters` vide. Le paramètre passé dans la ligne de commande précédente se traduirait en Java de la manière suivante :

```
Map<String, JobParameter> map =
        new HashMap<String, JobParameter>();
map.put("date.lancement",new JobParameter("20081204"));
JobParameters params = new JobParameters(map);
JobExecution jobExecution = launcher.run(job, params);
```

Les paramètres du job sont extrêmement importants pour définir avec précision l'instance de job, dans le cas où toutes les exécutions sont persistées par le `JobRepository`. Cela permet d'effectuer de façon fiable la reprise sur erreur. Nous verrons plus en détail la persistance des exécutions et la reprise sur erreur par la suite.

Nous venons de voir le lancement d'un batch en ligne de commande, qui fonctionne de manière synchrone, c'est-à-dire que le processus lancé par le système d'exploitation attend la fin de l'exécution du batch. Cela est dû au fait que le batch est exécuté dans le même fil d'exécution que le programme `main`. En d'autres termes, la fin de la méthode `main` ne survient qu'après la fin du batch. Cela ne pose aucun problème pour ce type de lancement, mais certains autres modes de lancement par impulsion ne sont pas compatibles avec ce fonctionnement synchrone.

Dans le cas où un batch est lancé avec une requête HTTP (car l'environnement de batch est contenu dans une application Web), le fonctionnement synchrone implique qu'aucune réponse ne sera renvoyée avant la fin du batch, ce qui peut être très long. Le fil d'exécution de la requête HTTP est donc mobilisé par le batch.

Certains conteneurs Web surveillent les fils d'exécution qu'ils allouent aux requêtes HTTP et tentent de les arrêter s'ils sont mobilisés depuis trop longtemps. Il est donc préférable de ne pas utiliser le mode synchrone et de demander à Spring Batch de lancer ses jobs dans des fils d'exécution différents de celui du code appelant.

Cela se paramètre avec la propriété `taskExecutor` du `SimpleJobLauncher` :

```
<bean id="jobLauncher"
    class="org.springframework.batch.core.launch.support.
      SimpleJobLauncher">
  <property name="jobRepository" ref="jobRepository" />
  <property name="taskExecutor">
    <bean
  class="org.springframework.core.task.SimpleAsyncTaskExecutor" />
  </property>
</bean>
```

Spring propose la notion de `TaskExecutor`, identique à celle introduite dans Java 5, qui permet de découpler une tâche et son mode de lancement. Par défaut, le `SimpleJobLauncher` utilise un gestionnaire d'exécution synchrone, mais nous paramétrons explicitement dans notre exemple un gestionnaire d'exécution asynchrone, qui fait que le job est appelé dans un fil d'exécution dédié.

Ce mode de fonctionnement est particulièrement adapté pour les batch lancés *via* une requête HTTP afin d'éviter de mobiliser des fils d'exécution destinés aux requêtes HTTP.

Notions avancées

Cette section aborde des concepts qui, bien qu'avancés, constituent une réelle plus-value de Spring Batch.

Nous verrons notamment l'historisation, qui permet de persister l'exécution des batch, les possibilités de réagir au cycle de vie d'un batch, ainsi que la possibilité de gérer la cinématique d'un batch. Nous finirons par la gestion des transactions et la gestion des erreurs, qui permettent d'implémenter des batch robustes et fiables.

Historisation des batch

Spring Batch permet l'historisation des batch grâce à sa notion de `JobRepository`. L'historisation a deux utilités principales. Elle permet, d'une part, le monitoring des batch, particulièrement important pour les équipes de production, et, d'autre part, la reprise des batch, principalement quand une erreur est survenue.

L'historisation ne gère pas seulement les dates de lancement d'un job, mais aussi le contexte complet d'une exécution. Ce contexte peut être reconstitué pour l'exécution suivante du job, dans le cas où il aurait échoué précédemment. Il est dès lors possible de reprendre le batch exactement là où une erreur est survenue.

Nous verrons plus en détail la reprise sur erreur par la suite et nous concentrons dans cette section sur la configuration de l'historisation des batch en base de données.

Configuration de l'historisation

Spring Batch propose une unique implémentation de `JobRepository` qui délègue la persistance des différentes entités d'une exécution de batch à des DAO.

Dans notre premier exemple de batch, nous avons utilisé le mécanisme de persistance, où les DAO stockent les données en mémoire. Ce mécanisme est utile pour le développement, pour les tests ou encore quand l'historisation des batch n'est pas nécessaire. Nous allons maintenant voir la configuration du mécanisme de persistance en base de données, qui permet de stocker de façon permanente l'historique des batch.

Voici un exemple de configuration :

```
<bean id="dataSource"
    class="org.springframework.jdbc.datasource.
        SingleConnectionDataSource">←❶
  <property name="driverClassName" value="org.hsqldb.jdbcDriver" />
```

```
        <property name="url" value="jdbc:hsqldb:hsql://localhost/tudu" />
        <property name="username" value="sa" />
        <property name="password" value="" />
        <property name="suppressClose" value="true" />
    </bean>

    <bean id="transactionManager"
        class="org.springframework.jdbc.datasource.➡
          DataSourceTransactionManager"
      p:dataSource-ref="dataSource" />←❷

    <batch:job-repository←❸
        id="jobRepository"
        data-source="dataSource"←❹
        transaction-manager="transactionManager" />←❺
```

Puisque nous allons persisté l'historique des batch en base de données, nous définissons la connexion à la base de données *via* une DataSource (❶). Cette source de données peut aussi être utilisée par les composants du job (IteamReader, IteamWriter et objets d'accès aux données de l'application) s'ils travaillent sur la même base de données. De plus, si les batch sont lancés en ligne de commande, l'exécution de leurs étapes est séquentielle et ne survient que dans un fil d'exécution. Il n'y a donc pas d'intérêt à utiliser un pool de connexions, qui peut créer des connexions inutilement (selon sa nature et sa configuration), et c'est pourquoi nous utilisons l'implémentation SingleConnectionDataSource, qui ne crée qu'une connexion, ce qui est parfaitement adapté pour ce genre de batch.

Nous définissons ensuite le gestionnaire de transactions (❷) issu de Spring, qui nécessite une référence à la source de données. La définition du JobRepository vient en dernier, en utilisant la balise job-repository du schéma batch (❸). Cette balise nécessite une référence à la source de données et au gestionnaire de transactions pour fonctionner (❹, ❺).

Le script SQL pour générer les différentes tables utilisées par Spring Batch est disponible à la racine de l'archive Java de Spring Batch Core. Il existe une version du script pour chacune des bases de données supportées par Spring Batch.

Contenu de l'historisation

L'historisation de Spring Batch consiste en la sauvegarde des éléments suivants :

- instances de job
- paramètres des instances de job
- exécutions des instances de job
- contexte de chacune des exécutions
- étapes des exécutions
- contexte de chacune des étapes

La figure 15-4 illustre les cardinalités entre les différents éléments de l'historisation.

Figure 15-4

*Cardinalités dans
l'historisation des batch*

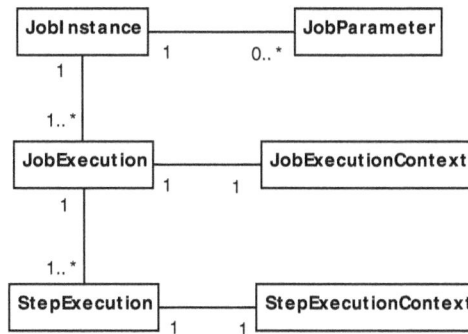

Pour chaque exécution d'un job, Spring Batch persiste l'ensemble de ces éléments, et ce de façon transparente. Nous avons déjà vu que les paramètres d'un job définissent l'identité de l'instance de ce job et avons pris pour exemple un batch lancé quotidiennement, dont l'identité est définie par la date du jour. En lançant un batch en ligne de commande, les paramètres de l'instance peuvent être précisés à la fin de la ligne. Le programmateur chargé de lancer les batch gère généralement l'aspect dynamique de ces paramètres.

De façon programmatique, les paramètres peuvent être précisés de la manière suivante :

```
Map<String, JobParameter> map =
            new HashMap<String, JobParameter>();
map.put("date.lancement",new JobParameter("20081204"));
JobParameters params = new JobParameters(map);
JobExecution jobExecution = launcher.run(job, params);
```

S'il s'agit du premier lancement du job du 4 décembre 2008, cette séquence provoquera l'insertion des éléments suivants : l'instance de job, le paramètre correspondant, l'exécution de l'instance, le contexte correspondant. Le contenu du contexte de l'exécution, des exécutions des étapes et de leur contexte correspondant est complètement dépendant du déroulement de l'exécution.

Interactions avec l'historisation

Il est possible d'interagir avec les données d'historisation d'un batch afin de lire et d'écrire des données.

Dans l'implémentation d'une Tasklet, un objet StepContribution est mis à disposition : il propose un ensemble de méthodes permettant de tracer le déroulement de la Tasklet.

En voici un exemple d'utilisation d'une de ces méthodes :

```
public RepeatStatus execute(StepContribution stepContribution,
    ChunkContext chunkContext) throws Exception {
  for(...) { // boucle d'exécution
    (...)
    stepContribution.incrementReadCount();
  }
  return RepeatStatus.FINISHED;
}
```

Toutes ces informations (nombre de lectures, d'écritures, etc.) sont ensuite disponibles dans les colonnes de la table contenant les exécutions des étapes. Elles sont particulièrement utiles pour savoir en un coup d'œil combien d'éléments ont pu être traités. Dans le cadre de l'utilisation classique de Spring Batch, c'est-à-dire le schéma lecture-transformation-écriture régi par une étape fournie par les balises step et tasklet, la gestion de ces informations est effectuée automatiquement.

La figure 15-5 illustre des informations disponibles suite à l'exécution d'un job comportant trois étapes.

select STEP_EXECUTION_ID,STEP_NAME,COMMIT_COUNT,READ_COUNT,WRITE_COUNT,EXIT_CODE from batch_step_execution

Résultats | Méta-données | Info

STEP_EXECUTION_ID	STEP_NAME	COMMIT_COUNT	READ_COUNT	WRITE_COUNT	EXIT_CODE
0	playerload	11	20	20	COMPLETED
1	gameLoad	3	5	5	COMPLETED
2	playerSummarization	1	1	1	COMPLETED

Figure 15-5

Informations de l'exécution d'une étape

La contribution à une étape (StepContribution) permet d'interagir avec un ensemble de données fini, mais il est parfois nécessaire de stocker ses propres données. Pour adresser ce besoin, chaque étape dispose d'un contexte d'exécution qui lui est propre, dans lequel il est possible de stocker des paires clé/valeur.

Pour accéder à ce contexte, une Tasklet doit implémenter l'interface StepExecutionListener :

```java
public class StoreInContextTasklet implements
    Tasklet,StepExecutionListener {

  private StepExecution stepExecution;

  public RepeatStatus execute(StepContribution stepContribution,
    ChunkContext chunkContext) throws Exception {

    // exécution
    (...)
    stepExecution.getExecutionContext().putString(
      "last.item.handled",lastItem
    );
    return RepeatStatus.COMPLETED;
  }

    public ExitStatus afterStep(StepExecution stepExecution) {
      return stepExecution.getExitStatus();
  }

    public void beforeStep(StepExecution stepExecution) {
      this.stepExecution = stepExecution;
  }
}
```

Cette interface définit deux méthodes permettant de réagir à l'exécution de l'étape. La méthode correspondant au début de l'étape permet de stocker une référence à l'instance de StepExecution et donc d'accéder au contexte de l'exécution, à des fins de récupération ou de stockage de données.

Dans le cadre d'une étape utilisant le schéma lecture-transformation-écriture, l'ItemReader et l'ItemWriter peuvent aussi bénéficier d'un accès au contexte d'exécution de l'étape, en implémentant l'interface ItemStream.

En voici un exemple pour un ItemReader (le principe est exactement le même pour un ItemWriter) :

```
public class JobRepoItemReader
    implements ItemReader<Todo>, ItemStream {

  private Todo lastTodo;

  public Todo read()
      throws Exception, UnexpectedInputException,ParseException {
    Todo currentTodo = ... ;
    if(currentTodo != null) {
      lastTodo = currentTodo;
    }
    return currentTodo;
  }

  public void update(ExecutionContext executionContext)
      throws ItemStreamException {
    if(lastTodo != null) {
      executionContext.putString(
        "last.todo.read", lastTodo.toString()
      );
    }
  }

  public void close()
      throws ItemStreamException { }

  public void open(ExecutionContext ec)
      throws ItemStreamException { }

}
```

L'interface ItemStream définit un ensemble de méthodes de rappel permettant de gérer très efficacement la reprise sur erreur. Nous ne l'utilisons ici que pour stocker des informations sur le dernier enregistrement lu par notre ItemReader au moment de l'appel update, juste avant la persistance du contexte d'exécution de l'étape.

En résumé

L'historisation de l'exécution des batch fournie par Spring Batch est particulièrement intéressante pour les équipes de production, amenées à surveiller le bon déroulement des batch. Cette historisation est très précise, car elle permet de gérer des données jusque dans l'exécution des différentes étapes d'un job. Les mécanismes d'interaction avec elle sont très utiles pour comprendre la reprise sur erreur proposée par Spring Batch.

Interception de l'exécution d'une étape

Spring Batch propose d'enregistrer au niveau d'une étape différents types d'écouteurs qui réagissent aux événements de son cycle de vie.

La configuration correspondante s'effectue avec la balise `listeners` au sein de la balise `step` :

```
<batch:step id="importTodoLists">
  <batch:tasklet>
    <batch:chunk reader="reader" writer="writer"
        commit-interval="10" />
    <batch:listeners>
      <batch:listener ref="myStepListener"/>
    </batch:listeners>
  </batch:tasklet>
</batch:step>

<bean id="myStepListener" class="tudu.batch.MyStepListener" />
```

Ces écouteurs permettent d'effectuer des opérations diverses, comme de la journalisation ou même de changer le statut de sorti d'une étape. L'écriture d'un intercepteur peut se faire en implémentant une interface ou en apposant des annotations sur les méthodes d'une classe.

Le type d'écouteur le plus simple est le `StepExecutionListener`, dont voici un exemple d'implémentation de l'interface :

```
package tudu.batch.interceptor;

import org.springframework.batch.core.ExitStatus;
import org.springframework.batch.core.StepExecution;
import org.springframework.batch.core.StepExecutionListener;

public class SimpleStepExecutionListener
    implements StepExecutionListener {

  public void beforeStep(StepExecution stepExecution) {
      // action avant l'exécution de l'étape
  }

  public ExitStatus afterStep(StepExecution stepExecution) {
    // action après l'exécution de l'étape
    if(someSpecificCondition) {
```

```
            return new ExitStatus("SPECIFIC EXIT STATUS");
        } else {
            return stepExecution.getExitStatus();
        }
    }
}
```

Dans cet exemple, suite à l'exécution de l'étape, le statut de sortie est modifié si une certaine condition est remplie. Ce changement de statut peut permettre de router l'exécution du job vers une étape spécifique *(voir plus loin pour le contrôle du flot d'un job)*.

Un `StepExecutionListener` peut aussi être implémenté avec les annotations `@BeforeStep` et `@AfterStep` :

```
package tudu.batch.interceptor;

import org.springframework.batch.core.annotation.AfterStep;
import org.springframework.batch.core.annotation.BeforeStep;

public class AnnotationStepExecutionListener {

  @BeforeStep
  public void before() {
    // action avant l'exécution de l'étape
  }

  @AfterStep
  public void after() {
    // action après l'exécution de l'étape
  }
}
```

Il est important de remarquer que les deux méthodes annotées n'ont pas à respecter la signature de l'interface `StepExecutionListener`.

Le `StepExecutionListener` n'est pas le seul écouteur disponible dans Spring Batch. Le tableau 15-1 recense les différents types d'écouteurs, dont le principe de configuration est toujours le même (déclaration avec la balise `listener` et écriture par implémentation d'interface ou apposition d'annotations).

Les interfaces sont issues du package `org.springframework.batch.core` et les annotations de `org.springframework.batch.core.annotation`.

Tableau 15-1. Types d'écouteurs d'étape

Type	Interface	Annotations
Étape	StepExecutionListener	BeforeStep AfterStep
Lot	ChunkListener	BeforeChunk AfterChunk

Tableau 15-1. Types d'écouteurs d'étape *(suite)*

Type	Interface	Annotations

Lecture	`ItemReadListener`	`BeforeRead`
		`AfterRead`
		`OnReadError`

Transformation	`ItemProcessListener`	`BeforeProcess`
		`AfterProcess`
		`OnProcessError`

Écriture	`ItemWriteListener`	`BeforeWrite`
		`AfterWrite`
		`OnWriteError`

Saut	`SkipListener`	`OnSkipInRead`
		`OnSkipInProcess`
		`OnSkipInWrite`

Flot d'un job

Dans Spring Batch, un job est décomposé en étapes, dont il est possible de contrôler l'enchaînement.

Le scénario le plus simple est l'exécution séquentielle, dans laquelle les étapes s'exécutent les unes à la suite des autres :

```
<batch:job id="sequentialFlow">
  <batch:step id="stepA" next="stepB" />
  <batch:step id="stepB" next="stepC" />
  <batch:step id="stepC" />
</batch:job>
```

L'attribut next de la balise step permet de préciser l'étape suivante. Dans l'exemple ci-dessus, l'étape stepA s'exécutera en premier, puis viendra l'étape stepB et enfin l'étape stepC. En revanche, si une erreur survient dans l'étape stepA, le job complet échouera et l'étape stepB ne sera pas exécutée.

Spring Batch propose aussi une exécution conditionnelle, afin de choisir l'étape suivante selon le statut de sortie de l'étape courante. Cette fonctionnalité permet de composer des enchaînements complexes d'étapes, pour, par exemple, remédier au problème d'arrêt brutal du job en cas d'erreur dans une étape. Elle se combine particulièrement bien avec l'utilisation d'écouteurs d'étape, capable de changer le statut de sortie selon certaines conditions.

L'exécution conditionnelle se paramètre avec la balise next dans step :

```
<batch:job id="conditionalFlow1">
  <batch:step id="stepA" >
    <batch:next on="FAILED" to="stepB" />
    <batch:next on="*" to="stepC" />
  </batch:step>
```

```
    <batch:step id="stepB" />
    <batch:step id="stepC" />
</batch:job>
```

Dans l'exemple ci-dessus, si l'étape stepA s'achève avec un statut de sortie FAILED, l'étape stepB sera exécutée. Cette étape peut, par exemple, correspondre à une notification de l'erreur par e-mail, un nettoyage des données ou toute autre action de reprise suite à l'erreur. Pour tout autre statut de sortie, c'est l'étape stepC qui est exécutée.

Le caractère spécial * est utilisé pour représenter n'importe quel caractère, répété zéro, une ou plusieurs fois. Spring Batch reconnaît aussi le caractère spécial ?, représentant une unique occurrence de n'importe quel caractère. Ainsi, m*t correspond aussi bien à « mot » qu'à « matelot » tandis que m?t ne correspond qu'à « mot ».

Gestion des transactions

Il est possible avec Spring Batch d'obtenir des réglages transactionnels très précis afin de fiabiliser les batch et d'optimiser leurs performances.

Transaction au sein d'une étape

Spring Batch gère les transactions au niveau d'une étape. Pour une étape fondée sur le schéma lecture-transformation-écriture, les réglages transactionnels se font sur la balise tasklet :

```
<batch:step id="importTodoLists">
  <batch:tasklet>
    <batch:chunk reader="todoListItemReader"
                 writer="todoListItemWriter"
                 commit-interval="10" />←❶
    <batch:transaction-attributes
       isolation="REPEATABLE_READ"
       propagation="REQUIRED" timeout="30" />←❷
  </batch:tasklet>
</batch:step>
```

La balise XML transaction-attributes (❷) permet de régler les attributs transactionnels (propagation, isolation et time-out) des transactions qui vont être ouvertes pendant l'étape. L'attribut commit-interval de chunk (❶) permet de régler le nombre d'éléments écrits pour chaque transaction.

Nous avons vu que la lecture et la potentielle transformation se font élément par élément, mais l'écriture peut se faire par lot. En effet, l'unique méthode d'ItemWriter accepte une liste d'éléments. La création d'une transaction étant une opération coûteuse, ce mécanisme permet de diminuer leur nombre.

Transaction et historisation

L'historisation des exécutions des batch peut se faire au sein d'une base de données. Il est important en ce cas que les données d'historisation soient cohérentes avec les données manipulées dans les batch. En d'autres termes, au sein d'un batch, la portée des transactions s'étend jusqu'aux données d'historisation.

Dans le cas le plus simple, les tables d'historisation des batch se trouvent dans la même base de données que les tables applicatives. Il suffit dès lors d'utiliser un seul gestionnaire de transactions sur la même source de données. Dans le cas où les tables d'historisation se trouvent dans une base de données différente, les transactions doivent être étendues aux deux sources de données (base d'historisation et base applicative). Nous nous trouvons alors dans le cas de transactions distribuées, qui mettent en jeu JTA et le protocole XA. S'il s'agit d'une solution qui fonctionne, elle implique des réglages importants (la configuration d'un gestionnaire de transactions JTA, ainsi que des sources de données compatibles XA) et entraîne invariablement des baisses de performances (les transactions XA garantissent une excellente cohérence des données, mais ces garanties ont un prix).

Pour des batch, qui manipulent généralement de grands volumes de données, la lenteur impliquée par les transactions XA peut s'avérer problématique. Des mécanismes internes aux bases de données permettent généralement de s'affranchir des transactions distribuées au profit des transactions natives. Pour Oracle, le mécanisme de *synonyme* permet, par exemple, d'appeler des objets d'une base de données à partir d'une autre base de données. Concrètement, les requêtes SQL sur ces objets sont exactement les mêmes que si l'objet se trouvait dans la base de données. Il est aussi possible de nommer complètement un objet, c'est-à-dire de le préfixer du nom de sa base (pour Oracle, on parle aussi de *user*).

Spring Batch utilise un préfixe pour effectuer les requêtes sur les bases d'historisation (par défaut, ce préfixe est `batch_`). Si les tables d'historisation se trouvent dans un autre schéma, un autre *user* ou une autre base de données (les termes varient selon le type de base de données), ce préfixe peut très bien contenir le lieu de localisation des tables.

Le préfixe est précisé lors de la déclaration du dépôt de job :

```
<batch:job-repository
  id="jobRepository" data-source="dataSource"
  transaction-manager="transactionManager"
  table-prefix="BATCH.BATCH_"
/>
```

L'attribut `table-prefix` de la balise `job-repository` permet donc, selon les types de base de données, d'utiliser des transactions natives, plus rapides que les transactions distribuées, même si les tables d'historisation et les tables applicatives ne se trouvent pas dans la même base de données.

En résumé

Nous venons de voir les principes de base pour la gestion des transactions dans Spring Batch. Ces principes suffisent dans le cas de batch simples, qui échouent rarement, voire jamais, et ne nécessitent pas de reprise suite à un échec.

Nous allons voir quel support propose Spring Batch pour les batch ne pouvant se passer d'une gestion des erreurs fiable, robuste et parfois complexe.

Gestion des erreurs

Il arrive fréquemment que le déroulement d'un batch ne se passe pas comme prévu. Les causes d'erreur peuvent être nombreuses : une entrée dans un fichier ne respecte pas le bon formatage ; les données récupérées d'un fichier ne peuvent être insérées en base de données, car elles violent des contraintes d'intégrité, etc.

Spring Batch dispose de mécanismes très perfectionnés permettant aux batch de réagir au mieux lorsqu'une erreur survient. Les cas d'erreur étant sans limite et les démarches à adopter propres au contexte d'une application, nous allons présenter seulement quelques cas parmi les plus courants.

Le support que Spring Batch propose pour la gestion des erreurs se situe au niveau de l'étape et dans le cas d'étape de type lecture-transformation-écriture.

Redémarrage sur erreur

Le comportement le plus drastique en cas d'erreur est l'arrêt complet du batch. On suppose que le batch ne peut prendre aucune initiative et doit donc s'arrêter. On peut diagnostiquer l'erreur, faire le nécessaire (*via* une opération manuelle, par exemple), puis relancer le batch. Cependant la première exécution du batch a pu réaliser une partie du travail, et il serait intéressant que la deuxième tentative reprenne exactement là où l'erreur est survenue.

Spring Batch permet de faire cela grâce à l'historisation et aux composants de lecture/écriture qu'il propose.

Considérons le fichier CSV suivant, qui permet d'importer des TodoLists en base de données :

```
1,Spring par la pratique,true,2008-11-29
2,Tudu Lists (a Spring application),false,2008-11-25
3,Spring 3.0,2008-11-20
4,Etudes de cas,true,2008-12-09
5,Piano,false,2008-12-09
```

Il comporte une erreur à la troisième ligne : il manque un champ de type booléen. Il va néanmoins être utilisé par un FlatFileIteamReader qui va tenter de le lire et passer les TodoLists à l'ItemWriter correspondant.

Nous pouvons tenter de lancer notre job :

```
Map<String, JobParameter> map =
        new HashMap<String, JobParameter>();
map.put("date.lancement",new JobParameter("20081204"));
JobParameters params = new JobParameters(map);
JobExecution je = launcher.run(job, params);     Assert.assertEquals(
  ExitStatus.FAILED.getExitCode(),je.getExitStatus().getExitCode()
);
```

Nous constatons que le batch, lancé au sein d'un test unitaire JUnit, a retourné un code d'erreur d'échec. Cependant, comme nous avons pu le voir précédemment, Spring Batch a persisté l'ensemble des données concernant cette exécution dans son historique. Le job ayant échoué, il est possible d'essayer de le relancer (une instance de job complétée ne peut être relancée !).

La possibilité de relancer un job est paramétrée avec l'attribut restartable de la balise job :

```
<batch:job id="todoListsReadRetryJob" restartable="true">
  <batch:step id="todoListsReadRetryStep">
  (...)
  </batch:step>
</batch:job>
```

Par défaut, la valeur de restartable est true, c'est-à-dire que tout job peut être relancé tant qu'il n'a pas été complété. Il est donc possible de relancer notre job du 4 décembre 2008 (instance totalement déterminée par le paramètre date.lancement et sa valeur 20081204), une fois que le fichier CSV d'entrée a été corrigé. Spring Batch peut alors reconstituer le contexte de sa dernière exécution.

Puisque nous utilisons un FlatFileItemReader, qui est capable de persister son avancement, la lecture reprend exactement là où elle s'était arrêtée. Tous les ItemReaders que nous avons vus dans ce chapitre sont capables d'un tel redémarrage sur erreur.

Saut sur erreur

Une autre façon de réagir à une erreur peut consister à sauter (*skip*) l'élément posant problème.

Si nous reprenons notre fichier CSV comportant une erreur de formatage à la troisième ligne, nous pouvons considérer que cette erreur n'est pas dramatique et que le batch peut tout de même continuer. Cela permet de ne pas pénaliser un grand nombre d'éléments lorsqu'un seul pose problème.

Le saut d'éléments se configure au niveau de la balise tasklet :

```
<batch:tasklet>
  <batch:chunk reader="todoListFileItemReader"
      writer="todoListItemWriter" commit-interval="10"
      skip-limit="10">←❶
    <batch:skippable-exception-classes> org.springframework.batch.item.
    ParseException←❷
    </batch:skippable-exception-classes>
  </batch:chunk>
</batch:tasklet>
```

Il est possible de préciser une limite pour le nombre d'éléments à sauter, avec l'attribut skip-limit (❶). Passée cette limite, l'étape est considérée en échec, ce qui garantit un certain niveau de qualité au job. La balise skippable-exception-classes permet de paramétrer les exceptions qui sont tolérées pour provoquer un saut (❷). Dans le cas du fichier CSV, une exception de la famille de ParseException est lancée quand une ligne est incorrecte. C'est donc bien pour ce cas que nous voulons sauter l'élément.

Avec ce paramétrage, le premier lancement de notre job n'échoue pas. En revanche, seules quatre TodoLists seront insérées en base de données. Si l'historisation nous permettra de savoir qu'un problème est survenu (en regardant la colonne correspondant au nombre d'éléments qui ont été sautés en phase de lecture), il n'est pas directement possible de savoir exactement l'origine du problème, si ce n'est en baissant le niveau de journalisation de Spring Batch.

Le saut d'élément nous fournit une bonne occasion d'illustrer le principe d'écouteur dans une étape, à travers l'interface SkipListener.

Voici un exemple d'implémentation effectuant de la journalisation :

```
public class LogSkipListener
    implements SkipListener<TodoList, TodoList> {

  private static final Log LOG = LogFactory.getLog(
    LogSkipListener.class);

  public void onSkipInProcess(TodoList tl, Throwable ex) {
    LOG.error("impossible de transformer la todolist #"+
      tl.getListId()+" : "+ex.getMessage());
  }

  public void onSkipInRead(Throwable ex) {
    LOG.error("impossible de lire une ligne : "+ex.getMessage());        }

  public void onSkipInWrite(TodoList tl, Throwable ex) {
    LOG.error("impossible d'écrire la todolist #"+
      tl.getListId()+" : "+ex.getMessage());
  }
}
```

Nous remarquons qu'une méthode de rappel est disponible pour les trois phases du classique schéma lecture-transformation-écriture.

Un SkipListener est positionné de la façon suivante (au niveau d'une étape) :

```
<batch:step id="ReadTodoLists">
  <batch:tasklet (...) >
    (...)
    <batch:listeners>
      <batch:listener class="tudu.batch.retry.LogSkipListener" />
    </batch:listeners>
  </batch:tasklet>
</batch:step>
```

Un SkipListener peut être très précis quant à la raison du saut d'un élément et s'avère donc très utile pour diagnostiquer des erreurs.

Nouvelle tentative sur erreur

Nous avons vu deux réactions possibles lorsqu'une erreur survient dans une étape : l'échec complet du job ou le saut de l'élément posant problème. Ces comportements sont adaptés pour des exceptions dites déterministes, c'est-à-dire qui surviennent systématiquement. L'exception survenant lorsqu'une ligne du fichier CSV des TodoLists n'est pas formatée correctement est déterministe : elle sera lancée si nous répétons la lecture encore et encore. Certaines exceptions ne sont pas déterministes, à l'image des exceptions dues à des problèmes de concurrence d'accès.

Reprenons notre exemple de lecture de TodoLists à partir d'un fichier CSV. Si la phase d'écriture correspondait à la mise à jour des TodoLists et pas à une simple insertion, il serait tout à fait possible qu'il y ait des problèmes de verrou dans une application fortement concurrentielle : la TodoList à mettre à jour pourrait être verrouillée par un autre fil d'exécution qui effectuerait des opérations dessus. Cependant, ce genre de verrou est transitoire et peut être levé après quelques millisecondes. C'est exactement dans ce genre de situation qu'il peut être intéressant d'effectuer une, voire plusieurs, nouvelles tentatives (*retry*). Dans notre exemple, cela revient à resoumettre à la mise à jour la TodoList verrouillée en base de données.

Spring Batch propose un mécanisme permettant d'effectuer plusieurs essais quand certaines exceptions sont lancées. Voici comment configurer ce mécanisme :

```
<batch:step id="TodoListsRetryStep">
  <batch:tasklet>
    <batch:chunk
        reader="todoListFileItemReader" writer="todoListItemWriter"
        commit-interval="10"
        retry-limit="3"←❶
        skip-limit="1">←❷
      <batch:retryable-exception-classes>
        org.springframework.dao.DeadlockLoserDataAccessException←❸
      </batch:retryable-exception-classes>
      <batch:skippable-exception-classes>
        org.springframework.dao.DeadlockLoserDataAccessException←❹
      </batch:skippable-exception-classes>
    </batch:chunk>
  </batch:tasklet>
</batch:step>
```

L'attribut retry-limit (❶) permet d'indiquer à Spring Batch combien de fois réessayer avant d'abandonner. La balise retryable-exception-classes permet de spécifier à Spring Batch la ou les exceptions pour lesquelles il doit effectuer de nouvelles tentatives (❸). L'abandon se traduisant par le saut de l'élément, il est nécessaire de paramétrer l'attribut skip-limit pour autoriser les sauts (❷), ainsi que de préciser la ou les exceptions provoquant le saut (❹).

Dans notre exemple, nous spécifions une DeadlockLoserDataAccessException, qui correspond au fait que notre transaction a provoqué un verrou mortel et qu'elle a été perdante dans sa résolution.

En résumé

Spring Batch propose un support puissant et paramétrable pour la gestion d'erreurs survenant dans des batch. Grâce à l'historisation, un batch en erreur peut être relancé et reprendre son traitement là où il s'était interrompu.

Il est aussi possible de paramétrer le saut d'éléments susceptibles de provoquer systématiquement des erreurs, afin de ne pas pénaliser un batch complet pour seulement quelques éléments incorrects.

Dans le cas d'erreurs transitoires, fréquentes pour les applications concurrentes, Spring Batch peut effectuer de nouvelles tentatives au sein d'une même exécution d'un batch.

Conclusion

Nous avons abordé dans ce chapitre les concepts essentiels de Spring Batch. Ce projet adopte la philosophie de Spring grâce à son côté déclaratif et sa gestion des problématiques techniques, afin de laisser le développeur se concentrer sur les composants propres à son application. Spring Batch propose un cadre de travail grâce aux différents concepts qu'il propose (job, étape, phases lecture-transformation-écriture), qui permet au développeur de structurer de manière uniforme et cohérente ses batch.

Avec Spring Batch et ses classes de lecture et d'écriture pour les supports de données les plus courants, un batch complet peut être réalisé *via* de la configuration, sans écrire une ligne de code Java.

Spring Batch permet d'écrire des batch très robustes, car il propose des mécanismes à la fois puissants et souples pour la gestion des erreurs. Ces mécanismes sont fondés sur l'historisation des exécutions des batch, la gestion des transactions et la possibilité d'effectuer de nouvelles tentatives ou de sauter certains éléments dans un batch. Cette souplesse permet d'implémenter un large éventail de comportements, afin de s'adapter aux besoins de qualité inhérents aux traitements batch.

Nous ne prétendons pas avoir rendu compte dans ce chapitre de l'ensemble des fonctionnalités proposées par Spring Batch, qui sont très étendues. Nous conseillons donc vivement au lecteur intéressé de consulter l'excellente documentation de référence de Spring Batch, ainsi que les nombreux exemples présents dans la distribution, afin de connaître l'exhaustivité des possibilités de ce framework.

Partie V

Spring en production

Cette partie décrit la manière dont le framework Spring utilise des technologies facilitant l'exécution des applications. Ces technologies reposent essentiellement sur OSGi, pour la modularisation des applications, et JMX, pour leur supervision.

Le chapitre 16 détaille les apports de la technologie OSGi dans la mise en œuvre des applications d'entreprise. Cette technologie permet leur découpage en composants isolés au niveau des chargeurs de classes et leur administration à chaud. Spring intègre OSGi par le biais du sous-projet Spring Dynamic Modules. Ce dernier utilise Spring au sein de composants OSGi et interagit avec les différents éléments de la technologie.

Le chapitre 17 se penche sur l'outil dm Server, le serveur d'applications de nouvelle génération fondé sur OSGi, Tomcat et Spring développé par SpringSource. L'outil dm Server améliore et facilite l'utilisation d'OSGi dans les applications Java EE au niveau du serveur. Il est en outre particulièrement léger en termes d'exécution et simplifie les développements de ce type.

Le chapitre 18 décrit la technologie JMX, qui offre un cadre générique pour superviser les applications. Nous détaillons le support de cette technologie par Spring et montrons comment il facilite sa mise en œuvre en impactant au minimum le code des applications Java/Java EE.

16

Spring Dynamic Modules

Nous avons vu que le framework Spring offre une manière intéressante de structurer et d'organiser les applications Java EE. Malgré cela, plus les applications sont constituées d'un grand nombre de classes, plus leur maintenance et leur évolutivité deviennent problématiques. Une solution intéressante à ce problème consiste à coupler le framework Spring, pour développer et structurer les applications, avec une technologie de gestion des composants et de leurs dépendances. C'est l'objectif d'OSGi.

Légère et mature, cette technologie peut être utilisée dans un processus Java. Ciblant tout d'abord des applications embarquées, elle a été popularisée par l'environnement de développement Eclipse, qui a fait le choix de l'intégrer dans son socle, par l'intermédiaire du conteneur Equinox, afin de gérer les greffons. Elle est désormais de plus en plus répandue dans la communauté Java, notamment pour les applications exécutées dans les serveurs d'applications Java EE.

Nous allons tout d'abord expliquer les différents concepts et mécanismes de la technologie, puis nous détaillerons le positionnement et l'intégration de Spring dans cette architecture. Nous mettrons également l'accent sur la mise en œuvre concrète d'OSGi dans les applications d'entreprise ainsi que sur les difficultés générées par le cloisonnement des chargeurs de classes de la technologie.

La technologie OSGi

Avant d'aborder Spring Dynamic Modules, nous allons passer en revue les concepts relatifs à la technologie OSGi, sur laquelle se fonde et dont tire parti le framework. Rappelons que ce dernier permet de structurer les applications Spring en composants, tout en favorisant la programmation orientée services, chaque composant intégrant un conteneur Spring.

Concepts

OSGi permet de mettre en œuvre, d'une manière légère et au sein d'une même machine virtuelle Java, les concepts de programmation par composant et orientée services. Il contribue ainsi à la structuration, à la modularisation et à la gestion des dépendances des applications et permet d'exposer leurs traitements publics par l'intermédiaire de services.

La programmation orientée composant adresse les limitations de la programmation orientée objet. Bien que cette dernière offre d'intéressants mécanismes afin de modulariser les traitements et les rendre réutilisables, elle n'offre que peu de support à la mise en relation des classes entre elles avec un couplage faible tout en gérant leurs dépendances. Plus les traitements de l'application augmentent et se complexifient, plus ces limitations sont visibles et pénalisantes en termes de maintenabilité et d'évolutivité de l'application.

Cet aspect peut devenir très vite problématique lors de la mise en œuvre de réseaux complexes d'objets, qui se traduit souvent par des couplages forts entre objets, qui nuisent énormément à la réutilisabilité des traitements.

Spring et la modularisation

Le framework Spring offre d'intéressants mécanismes pour combler les limitations de la programmation orientée objet. Le patron de conception « injection de dépendances », utilisé conjointement avec la programmation par interface, permet, par exemple, un couplage faible entre les différentes entités de l'application. Cela n'est toutefois pas suffisant pour les très grosses applications, dans lesquelles les fichiers de configuration de Spring tendent à gonfler démesurément. Le découpage en sous-applications, ou modules, devient dès lors indispensable.

Une bonne approche consiste à regrouper les traitements dans des modules intégrant un contexte applicatif Spring dédié, tout en permettant une interaction entre ces modules afin de construire l'application finale.

La programmation orientée composant offre une solution à ces problèmes en regroupant, de façon cohérente, les traitements dans des entités propres — les composants —, tout en permettant de gérer leurs dépendances à l'exécution.

De leur côté, les composants rendent utilisables certains de leurs traitements par l'intermédiaire de services afin de les rendre utilisables par d'autres composants tout en masquant la manière dont ils sont implémentés. Seuls les contrats des services sont importants pour les utilisateurs des services. Un composant qui utilise un service est appelé consommateur de services et un composant qui met ce service à disposition, un fournisseur de services. L'architecture de l'application est dès lors orientée services puisque le service correspond au point central de communication entre les composants.

Les principaux avantages apportés par ces concepts sont la spécialisation des développements et la possibilité de faire interagir des briques hétérogènes. La productivité en est grandement améliorée puisque le composant peut facilement être réutilisé par plusieurs autres. La mise à jour et l'administration de ce type d'application s'en trouvent d'autant plus facilitées qu'il est possible de travailler sur une de ses parties sans avoir à modifier le reste.

Leur principal inconvénient vient des efforts supplémentaires qu'il faut fournir pour structurer et concevoir l'application.

Architecture d'OSGi

Comme OSGi ciblait initialement les systèmes et applications embarqués, l'architecture est particulièrement légère puisque ces derniers comportent d'importantes contraintes, notamment en termes de puissance et de mémoire disponible. De plus, comme un des objectifs de cette technologie est de pouvoir fonctionner sur des plates-formes hétérogènes, OSGi a fait le choix de Java comme environnement d'exécution, ce dernier étant portable.

La technologie OSGi fournit la spécification d'un conteneur dont les mécanismes de fonctionnement sont structurés suivant l'architecture décrite à la figure 16-1. Nous pouvons constater la simplicité de cette dernière en comparaison de celles des conteneurs Java EE.

Figure 16-1

Architecture de la technologie OSGi

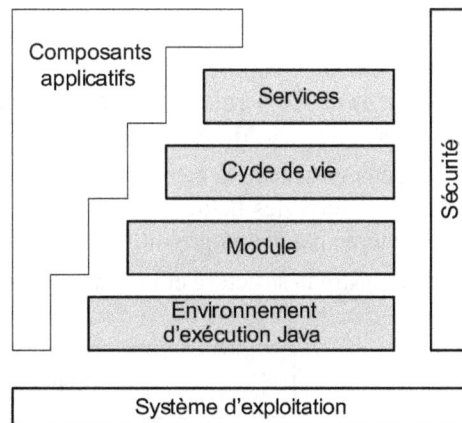

La première couche, dite *Module*, correspond aux fondations de la technologie. C'est cette dernière qui permet de gérer les composants et leurs dépendances, au niveau aussi bien du chargement des classes que de la gestion de leurs visibilités et de leurs versions. Cette couche est fondamentale, car elle met en œuvre le cloisonnement des chargeurs de classes et offre une isolation des composants.

Dans ce contexte, chaque composant a la possibilité de maîtriser finement les packages Java qu'il utilise et qu'il met à disposition, rien n'étant visible par défaut. C'est particulièrement intéressant en cas de versions de bibliothèques Java non compatibles dans un même processus.

La deuxième couche, dite *Cycle de vie*, prend en charge les états des composants supportés par le conteneur tout en se fondant sur les mécanismes de la première couche. Ces états permettent de gérer de manière optimale les dépendances des composants ainsi que la mise à disposition de leurs traitements dans le conteneur.

Cette couche standardise également les différentes interfaces de programmation d'OSGi à des fins d'introspection du conteneur et d'interaction avec les composants contenus.

La dernière couche, dite *Services*, offre la possibilité aux composants de mettre à disposition des traitements par l'intermédiaire de services au sein d'une même machine virtuelle Java. Ce mécanisme se fonde sur de simples classes Java tout en préconisant la programmation par interface pour définir les contrats des services. Cela permet aux autres composants d'utiliser ces services sans avoir connaissance de leurs implémentations.

Les composants OSGi

L'entité principale de la technologie OSGi est le composant. Ce dernier permet de regrouper aussi bien les traitements que les éléments de configuration associés, ces derniers servant à le configurer au sein du conteneur qui l'exécute.

Caractéristiques et structure des composants

La particularité d'OSGi est de se fonder entièrement sur les entités et concepts de la technologie Java. De ce fait, un composant OSGi n'est autre qu'un fichier jar, fichier dont la structure est spécifiée par Java. Ce dernier contient donc un ensemble de classes, ainsi que le fichier descripteur de déploiement **MANIFEST.MF**.

Ce fichier peut être enrichi de fichiers de ressources, tels que les classiques fichiers de propriétés et XML, et contenir des fichiers jar relatifs à des bibliothèques Java, ces dernières étant utilisables en interne par le composant.

La figure 16-2 illustre la structure et le contenu possible d'un composant OSGi.

Figure 16-2

Structure et contenu d'un composant OSGi

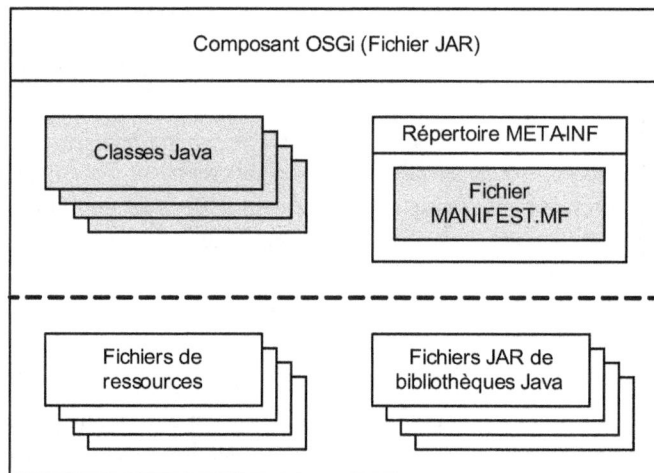

À l'instar de la plupart des entités Java EE, un composant OSGi ne peut être exécuté de manière autonome. Il nécessite l'utilisation d'un conteneur, ce dernier ayant la responsabilité de les gérer et de les configurer.

Afin de paramétrer le comportement du composant, le fichier **MANIFEST.MF** est utilisé en tant que descripteur de déploiement lors de l'installation du composant dans le conteneur. À cet effet, la spécification OSGi a enrichi la liste des en-têtes utilisables en son sein pour ses besoins au niveau de la description des composants et de la gestion de leurs dépendances.

Le tableau 16-1 liste les principaux en-têtes d'OSGi et utilisables dans le fichier **MANI-FEST.MF**.

Tableau 16-1. Principaux en-têtes OSGi utilisables dans le fichier MANIFEST.MF

État	Description
Bundle-ManifestVersion	Correspond à la version de fichier MANIFEST du composant.
Bundle-SymbolicName	Spécifie l'identifiant symbolique du composant.
Bundle-Name	Spécifie le nom du composant.
Bundle-Version	Spécifie la version du composant.
Bundle-DocURL	Permet de préciser l'adresse de la documentation du composant.
Bundle-Category	Spécifie la catégorie du composant.
Import-Package	Spécifie les noms et les versions des packages utilisés par le composant.
Export-Package	Spécifie les noms et les versions des packages mis à disposition par le composant.
DynamicImport-Package	Spécifie les noms et les versions des packages utilisés par le composant. Cet en-tête se différencie de Import-Package par le fait qu'il n'est pas nécessaire que les dépendances soient présentes au démarrage du composant. Il suffit juste qu'elles le soient au moment de l'exécution.
Bundle-NativeCode	Spécifie la liste des bibliothèques natives présentes dans le composant.
Require-Bundle	Spécifie les identifiants symboliques des composants nécessaires au bon fonctionnement du composant.
Bundle-Activator	Spécifie le nom de la classe dont les traitements sont exécutés lors du démarrage et de l'arrêt du composant. Cette classe doit être présente dans le composant et implémenter l'interface BundleActivator.
Bundle-Classpath	Spécifie le classpath du composant. Par défaut, la valeur implicite correspond à « . » pour les classes du composant. Il convient de ne pas l'oublier lorsque des bibliothèques sont spécifiées explicitement.

Nous allons maintenant détailler les relations entre les composants et les conteneurs OSGi, ainsi que la manière de configurer un composant par l'intermédiaire de ces différents en-têtes.

Conteneurs OSGi et cycle de vie

Afin de pouvoir utiliser les composants, la technologie OSGi spécifie un conteneur ayant la responsabilité de les gérer. Ce dernier met en œuvre différents états en se fondant sur les principes d'un automate à états finis décrivant les transitions possibles à partir de chaque état.

Le tableau 16-2 décrit les différents états par lesquels peut passer un composant.

Tableau 16-2. États possibles des composants OSGi

État	Description
Installé	État dans lequel se trouve un composant juste après avoir été installé, la résolution des dépendances n'ayant pas encore été réalisée.
Résolu	État dans lequel se trouve un composant après que la résolution des dépendances a été réalisée avec succès.
En cours de démarrage	État dans lequel se trouve un composant lorsqu'il est en train d'être démarré. Il correspond à un état transitoire entre les états résolu et actif.
Actif	Le composant a été démarré avec succès. Il est alors visible et disponible pour être utilisé par les autres composants.
En cours d'arrêt	État dans lequel se trouve un composant lorsqu'il est en train d'être arrêté. Il correspond à un état transitoire entre les états actif et résolu.
Désinstallé	État dans lequel se trouve un composant après avoir été désinstallé.

Détermination des erreurs

L'utilisation des états offre d'intéressantes informations permettant de détecter et résoudre les erreurs de dépendances entre composants. En effet, un composant sans erreur et utilisable est nécessairement dans un état actif, à l'exception des composants de type fragment restant dans un état résolu.

Les composants comportant des erreurs de résolution des dépendances ne peuvent accéder à l'état résolu et restent donc dans l'état installé. Cela se produit en cascade lorsqu'un composant en utilise un autre. En effet, lorsqu'un composant reste en état installé, il ne met pas à disposition ses packages exportés dans le conteneur.

Une fois ces composants détectés, toutes les facilités du conteneur peuvent être utilisées afin de déterminer pourquoi la dépendance ne peut être résolue.

La figure 16-3 illustre les différents états du cycle de vie des composants OSGi ainsi que les différentes transitions possibles entre eux.

Divers conteneurs OSGi sont disponibles dans le monde de l'Open Source, le plus connu étant Equinox, associé à l'environnement de développement Eclipse. Felix, du consortium Apache, et Knopflerfish en sont deux autres intéressants. Tous trois offrent des outils d'administration du conteneur, en mode console ou Web, et peuvent être utilisés de manière autonome aussi bien qu'embarquée dans des applications Java classiques.

Le tableau 16-3 récapitule les principales informations relatives à ces trois conteneurs.

Tableau 16-3. Principaux conteneurs OSGi Open Source

Conteneur	Mainteneur	Adresse Web du projet
Equinox	Consortium Eclipse	*http://www.eclipse.org/equinox/*
Knopflerfish	Makewave	*http://www.knopflerfish.org/*
Felix	Consortium Apache	*http://felix.apache.org/*

Figure 16-3

États et transitions possibles du cycle de vie d'un composant OSGi

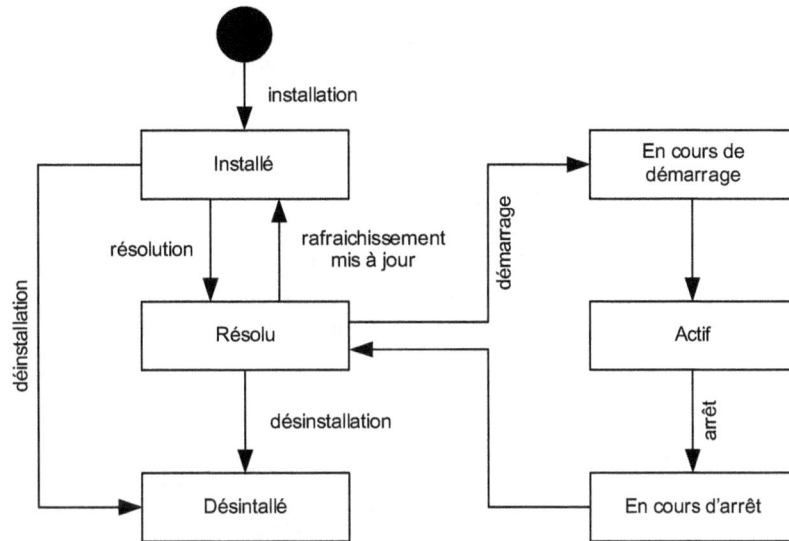

Le déploiement de composants OSGi dans ces conteneurs est très simple : il suffit de spécifier le fichier jar correspondant. Par la suite, le conteneur permet de voir les composants déployés, ainsi que leurs états, et éventuellement de les changer.

La figure 16-4 illustre la manière de lister les composants déployés dans le conteneur Equinox tout en affichant leurs états respectifs en se fondant sur la commande ss (short status).

Figure 16-4

Affichage de la liste des composants présents dans un conteneur Equinox

```
osgi> ss

Framework is launched.

id      State       Bundle
0       ACTIVE      system.bundle_3.2.2.R32x_v20070118
1       ACTIVE      org.springframework.bundle.spring.beans_2.5.5
2       ACTIVE      org.springframework.bundle.osgi.extensions.annotations_1.1.1
3       ACTIVE      com.springsource.net.sf.cglib_2.1.3
4       ACTIVE      tudu_datasource_osgi_1.0.0
5       ACTIVE      com.springsource.org.apache.commons.collections_3.2.0
6       ACTIVE      org.springframework.bundle.spring.web_2.5.5
7       ACTIVE      org.springframework.bundle.spring.webmvc_2.5.5
8       ACTIVE      com.springsource.org.apache.commons.digester_1.8.0
9       ACTIVE      tudu.war_1.0.0
10      ACTIVE      org.springframework.osgi.catalina.start.osgi_1.0.0.SNAPSHOT
11      ACTIVE      jta_0.0.0
12      ACTIVE      com.springsource.org.aopalliance_1.0.0
13      ACTIVE      com.springsource.com.mchange.v2.c3p0_0.9.1.2
                    Fragments=34
14      ACTIVE      org.springframework.bundle.spring.core_2.5.5
15      ACTIVE      com.springsource.slf4j.log4j_1.5.0
16      ACTIVE      org.springframework.osgi.catalina.osgi_5.5.23.SNAPSHOT
17      ACTIVE      tudu_core_osgi_1.0.0
18      ACTIVE      com.springsource.org.aspectj.runtime_1.6.1
```

Voyons maintenant comment OSGi permet la gestion des dépendances entre composants au sein d'un conteneur de ce type.

Gestion des dépendances entre les composants

La gestion des dépendances entre composants se réalise tout d'abord au niveau des packages. En effet, chaque composant doit spécifier les différents packages des composants tiers contenant les classes utilisées pour les traitements. Par défaut, un composant ne peut voir et utiliser que ses classes propres. Nous reviendrons plus loin sur le cloisonnement des composants imposé par la technologie OSGi.

Abordons tout d'abord la manière de configurer les relations de dépendances entre composants par l'intermédiaire du fichier **MANIFEST.MF**. Ce dernier permet de spécifier les packages mis à disposition et ceux utilisés par l'intermédiaire principalement des directives Import-Package et Export-Package, ainsi que l'illustre la figure 16-5.

Figure 16-5

Configuration de la mise à disposition et de l'utilisation des packages

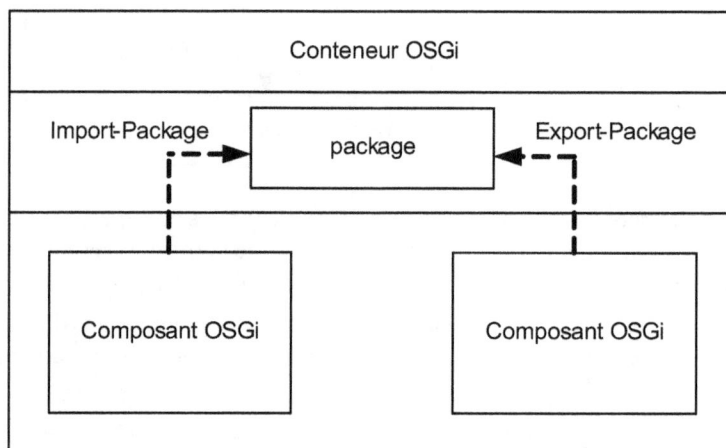

Configuration

Afin d'autoriser l'utilisation de classes de composants tiers, la directive Import-Package doit être utilisée afin de préciser les packages les contenant. La valeur de l'en-tête correspond à une liste dont les valeurs sont séparées par des virgules, comme dans le code ci-dessous :

```
Import-Package: nom-package1,nom-package2,nom-package3...
```

Nous pouvons remarquer que la liaison entre composants est implicite et se fonde sur les packages mis à disposition.

> **Relation directe avec un composant**
>
> Avec l'en-tête Import-Package, il n'est pas nécessaire de savoir quel est le composant mettant à disposition un package. Une spécification explicite d'un composant par un autre est néanmoins possible par l'intermédiaire de l'en-tête Require-Bundle. Dans ce cas, le composant ne peut fonctionner que si l'autre composant est présent.
>
> Notons que l'utilisation de l'en-tête Import-Package reste néanmoins préférable dans la plupart des cas.

Pour chaque élément spécifié, différents attributs et directives optionnels, récapitulés au tableau 16-4, peuvent être utilisés. Ils offrent la possibilité de spécifier finement les contraintes de mise à disposition du package.

Tableau 16-4. Attributs et directives optionnels de l'en-tête *Import-Package*

Directive optionnelle	Description
resolution	Spécifie le type de résolution du package. La valeur par défaut est mandatory, spécifiant que la présence de la dépendance est nécessaire. La valeur optional spécifie que la dépendance n'est nécessaire que si elle est utilisée.
version	Spécifie la version du package à utiliser. Une plage de versions peut éventuellement être spécifiée. Dans le cas où le paramètre n'est pas spécifié, la dernière version est utilisée.

Au niveau de la syntaxe, les attributs et directives peuvent éventuellement suffixer le nom du package par l'intermédiaire de points-virgules. Chaque attribut est composé d'un nom et d'une valeur, ces derniers étant séparés par l'opérateur =. Chaque directive est composée des mêmes éléments que précédemment, mais séparés par l'opérateur :=. Un attribut prend part dans la détermination de la correspondance entre les éléments importés et exportés, tandis qu'une directive permet d'adapter le traitement d'un en-tête. Les attributs version et bundle-version sont normalisés par OSGi et permettent de spécifier l'information relative à une version.

Le code suivant illustre la manière d'ajouter des directives pour un package nommé nom-package1 :

```
Import-Package:
        nom-package1;directive1:=valeur1;directive2:=valeur2,...
        directive2:=valeur2; attribut1=valeur3,...
```

Un exemple concret d'utilisation de la directive Import-Package tiré du fichier **spring-beans.jar** de Spring est partiellement retranscrit ci-dessous :

```
Import-Package:
 javax.xml.parsers;resolution:=optional,net.sf.cglib.proxy;
 resolution:=optional,org.apache.commons.logging,org.springframewo
 rk.beans;resolution:=optional;version=2.5.0,org.springframewo
 rk.beans.annotation;resolution:=optional;version=2.5.0,...
```

Un en-tête supplémentaire, appelé DynamicImport-Package, est disponible. Il diffère du précédent par le moment de la résolution des dépendances. Dans ce cas, cette résolution est réalisée au niveau du chargement des classes, alors que précédemment cette résolution se faisait juste après l'installation du composant et avant sa mise à disposition dans le conteneur. Le cycle de vie d'un composant OSGi est détaillé à la section « Composant OSGi » de ce chapitre.

De la même manière, un composant doit spécifier les packages qu'il désire rendre visibles pour les autres afin qu'ils puissent être utilisés. L'en-tête Export-Package permet de spécifier la liste complète de ces packages, la syntaxe étant identique à celle de l'en-tête Import-Package, comme dans le code suivant :

```
Export-Package: nom-package1,nom-package2,nom-package3...
```

Pour chaque élément spécifié, différentes attributs et directives optionnels, récapitulés au tableau 16-5, peuvent être utilisés. Ils offrent la possibilité de spécifier finement les contraintes de mise à disposition du package.

Tableau 16-5. Attributs et directives optionnels de l'en-tête *Export-Package*

Directive optionnelle	Description
uses	Spécifie la liste des packages utilisés par le package exporté.
mandatory	Spécifie une liste de paramètres obligatoires à spécifier lors de l'importation du package exporté.
include	Spécifie une liste de packages devant être visibles par le composant important le package.
exclude	Spécifie une liste de packages devant être invisibles par le composant important le package.
version	Spécifie la version avec laquelle est mis à disposition le package.

Comme précédemment, ces attributs et directives peuvent éventuellement suffixer le nom du package par l'intermédiaire d'un point-virgule. Le code suivant illustre la manière d'ajouter des paramètres pour le package nommé nom-package1 :

```
Export-Package:
        nom-package1;directive1=valeur1;
```

Un exemple concret d'utilisation de l'en-tête Export-Package tiré du fichier **spring-beans.jar** de Spring est partiellement retranscrit ci-dessous :

```
Export-Package:
org.springframework.beans.factory.serviceloader;uses:=
"org.springframework.util,org.springframework.beans.factory.conf
ig,org.springframework.beans.factory";version=2.5.5,org.springfr
amework.beans.annotation;uses:="org.springframework.util,org.spr
ingframework.beans";version=2.5.5,...
```

Mécanismes de chargement des classes

Une des particularités d'OSGi tient à sa manière de gérer le chargement des classes Java grâce à un mécanisme permettant de cloisonner les classes présentes dans les composants. Ce mécanisme est si strict que ces classes ne sont même pas visibles par introspection.

Un des grands avantages de cette fonctionnalité vient de la possibilité d'utiliser, dans différents composants de versions différentes, voire incompatibles, de frameworks et de bibliothèques Java, les composants possédant leur classpath propre enrichi de celui de leurs dépendances pour des versions données.

En pratique, ce mécanisme est l'aspect le plus déroutant d'OSGi, par rapport aux applications Java classiques. En revanche, les développeurs de greffons pour l'outil Eclipse ne seront pas dépaysés puisque le cloisonnement y est présent du fait de l'utilisation d'OSGi.

Un des aspects clés de cette technologie consiste en la compréhension de la résolution des classes. Son principe général réside dans la délégation de chargeurs de classes. Derrière cette désignation obscure, OSGi met en œuvre un chargeur de classes par composant, le chargeur étant en relation avec les chargeurs de classes des composants dépendants. Ainsi, lorsque le composant tente de résoudre un nom de classe, le chargeur de classes du composant regarde tout d'abord si elle fait partie du composant courant. Si tel n'est pas le cas, il recherche si le package de la classe est présent dans les dépendances configurées. Si tel est le cas, il passe la main au chargeur de la dépendance correspondant afin de charger la classe. Dans le cas contraire, une exception de type ClassNotFoundException est levée pour signifier que la classe ne peut être résolue.

La figure 16-6 illustre la résolution d'une classe présente dans une dépendance d'un composant.

Figure 16-6

Résolution des classes de dépendances avec OSGi

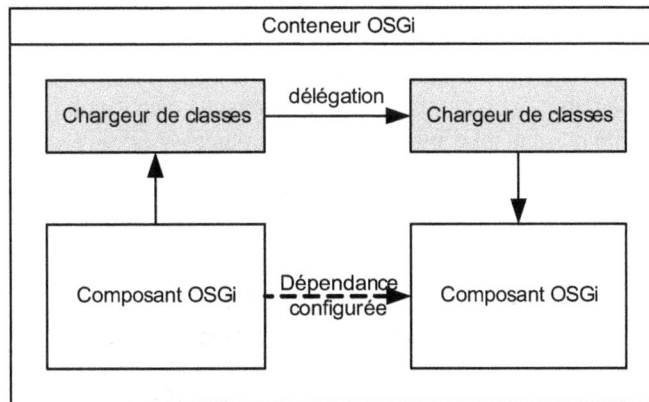

Le principal effet de bord de ce mécanisme de chargement de classes est consécutif à l'utilisation du chargement dynamique de classes avec l'instruction Class.forName. D'une manière générale, il est recommandé d'utiliser dans le contexte d'OSGi la méthode loadClass du chargeur de classes souhaité. Bien que cela puisse paraître anecdotique, c'est une des principales raisons pour lesquelles un framework ou une bibliothèque Java ne peuvent être utilisés dans un conteneur OSGi. C'est notamment le cas des bibliothèques utilisant la classe DriverManager de JDBC et du framework Commons Logging hébergé par Apache. Ce dernier correspond à un méta-framework servant d'aiguillage vers un framework de traces applicatives cible dont les traitements d'initialisation se fondent sur la clause Class.forName en utilisant les informations contenues dans un fichier de propriétés.

Pour cette bibliothèque, il est recommandé d'utiliser un framework de traces applicatives tel que SLF4J, lequel ne contient pas tous les problèmes de chargement de classes de Commons Logging et est de plus utilisé en interne par Spring Dynamic Modules.

Interaction avec le conteneur

Comme nous l'avons évoqué précédemment, les composants OSGi doivent fonctionner dans un conteneur afin de bénéficier de tous les principes décrits dans ce chapitre. Bien que la majorité des traitements des composants n'ait pas connaissance du conteneur, la spécification OSGi propose un ensemble d'interfaces de programmation afin d'interagir avec lui et de manipuler les entités qu'il contient.

Cette section décrit les principales entités de la spécification OSGi.

Activation

La technologie OSGi offre la possibilité de spécifier une entité d'activation pour un composant par l'intermédiaire de l'en-tête `Bundle-Activator` du fichier **MANIFEST.MF**. La valeur spécifiée doit correspondre au nom de la classe implémentant l'interface `BundleActivator` pour le composant.

Cette fonctionnalité offre la possibilité de spécifier des traitements aussi bien au démarrage qu'à l'arrêt des composants tout en mettant à disposition l'entité relative au contexte d'exécution, entité permettant d'interagir avec le conteneur OSGi *(voir la section suivante)*.

De ce fait, l'interface possède deux méthodes, `start` et `stop`, qui permettent de gérer ces deux événements, comme l'illustre le code suivant :

```
public interface BundleActivator {
    //Appel lors du démarrage du composant
    void start(BundleContext context);

    //Appel lors de l'arrêt du composant
    void stop(BundleContext context);

}
```

La mise en œuvre d'une entité d'activation permettant de tracer le démarrage (❶) et l'arrêt (❷) d'un composant se réalise par l'intermédiaire d'une implémentation de la classe précédente de la manière suivante :

```
public class SimpleTraceBundleActivator
                    implements BundleActivator {

    public void start(BundleContext context) {←❶
        System.out.println("Démarrage du composant");
    }

    public void stop(BundleContext context) {←❷
        System.out.println("Arrêt du composant");
    }

}
```

Afin que cette classe soit appelée par le conteneur au niveau des phases de démarrage et d'arrêt du composant, la valeur suivante doit être spécifiée dans le fichier **MANIFEST.MF** en tant que valeur de l'en-tête `Bundle-Activator` :

```
Bundle-Activator: SimpleTraceBundleActivator
```

Nous allons voir comment exploiter l'instance relative au contexte d'exécution, entité passée par le conteneur en paramètre des méthodes `start` et `stop` précédemment décrites.

Contexte d'exécution

Nous avons vu que l'interface correspondant au contexte d'exécution peut être récupérée au niveau de l'entité d'activation d'un composant OSGi, cette interface étant fournie lors du démarrage et de l'arrêt du composant.

Ce contexte constitue le point d'accès vers les autres entités de la spécification afin d'interagir avec le conteneur. Le tableau 16-6 récapitule les différentes fonctionnalités offertes.

Tableau 16-6. Fonctionnalités offertes par le contexte d'exécution OSGi

Fonctionnalité	Description
Observation des événements du conteneur	Offre la possibilité de gérer des observateurs relatifs aux événements publiés par le conteneur. Cela permet de mettre en œuvre des patrons de conception tels que extender (voir la section « Concepts avancés »).
Enregistrement de services	Permet d'enregistrer des implémentations de services *(voir la section « Services »)*.
Récupération et utilisation d'instances de services	Permet d'accéder à des instances de services afin d'exécuter leurs méthodes *(voir la section « Services »)*.
Manipulation de composants et récupération d'instances de composants	Offre la possibilité de gérer des composants dans le conteneur et d'avoir accès à leurs instances. Cela peut s'utiliser aussi bien pour installer des composants, récupérer la liste complète des composants présents dans le conteneur ou gérer leur cycle de vie.
Interaction avec la zone persistante de stockage	Permet de créer des fichiers dans la zone de stockage persistante mise à disposition par le conteneur OSGi.

Une fonctionnalité importante d'OSGi est la mise en œuvre et l'utilisation des services *(voir la section suivante)*. Nous nous concentrons ici sur les autres fonctionnalités importantes décrites au tableau 16-6.

Le contexte d'exécution permet d'introspecter le contenu du conteneur afin d'avoir accès à des informations concernant les composants déployés dans le conteneur. À cet effet, les méthodes `getBundles` (❶) et `getBundle` (❷) peuvent être utilisées avec l'interface `Bundle`, comme le montre le code suivant :

```
BundleContext contexte = (...)

//Récupération des composants présents dans le conteneur
Bundle[] composants = contexte.getBundles();←❶
//Récupération du composant d'identifiant 14
Bundle composant = contexte.getBundle(14);←❷
```

Il est également possible d'installer un composant par l'intermédiaire des méthodes installBundle, comme dans le code suivant :

```
//Installation du composant correspondant à un fichier jar
Bundle composant = contexte.installBundle(
    "file:///developpement/osgi/mon-composant.jar");
```

L'interface Bundle est particulièrement intéressante. Comme le montre le code suivant, elle offre la possibilité de récupérer des informations et les métadonnées associées (❶), de gérer le cycle de vie d'un composant (❷), d'interagir avec lui afin de charger des classes (❸) et d'avoir accès à des ressources (❹) :

```
Bundle bundle = (...)

//Récupération de l'identifiant et du nom symbolique du composant
long identifiant = bundle.getBundleId();←❶
String nomSymbolique = bundle.getSymbolicName();←❶
//Récupération des en-têtes présents dans le fichier
//MANIFEST.MF
Dictionnary entetesManifest = bundle.getHeaders();←❶
//Démarrage du composant s'il est dans l'état résolu
int etat = bundle.getState();←❷
if (etat==Bundle.RESOLVED) {
    bundle.start();←❷
}

//Chargement d'une classe
Class classe = bundle.loadClass("monpackage.MaClasse");←❸
//Récupération d'une ressource
URL urlRessource = bundle.gètResource("monFichier.txt");←❹
```

Une autre fonctionnalité intéressante fournie par le contexte d'exécution consiste en la mise en œuvre d'observateurs d'événements publiés par le conteneur. Le tableau 16-7 récapitule ces différents types d'événements.

Tableau 16-7. Types d'événements publiés par le conteneur OSGi

Type d'événement	Description
Au niveau des composants	Correspond aux changements d'états des composants.
Au niveau du conteneur	Correspond à des événements relatifs au démarrage du conteneur, à des messages d'information, d'avertissement ou d'erreur et à l'exécution de la méthode refreshPackage de la classe PackageAdmin.
Au niveau des services	Correspond aux enregistrements, désenregistrements et modifications des services.

Nous ne détaillons ici que l'utilisation des événements au niveau des composants, l'utilisation des autres types étant similaire. Ce type d'événement est particulièrement intéressant pour suivre les changements d'états des composants dans le conteneur. Nous verrons plus loin dans ce chapitre qu'il sert de fondation à la mise en œuvre du patron de conception extender.

Afin d'être à l'écoute des événements, un observateur doit être utilisé. Dans notre cas, ce dernier doit implémenter l'interface BundleListener, laquelle nécessite la définition de la méthode bundleChanged afin de recevoir d'une manière asynchrone l'événement publié par l'intermédiaire de la classe BundleEvent.

Le code suivant illustre la mise en œuvre d'un observateur (❶) afin de détecter le démarrage (❷) des composants présents dans le conteneur :

```
BundleContext contexte = (...)

contexte.addBundleListener(new BundleListener() {←❶
  public void bundleChanged(BundleEvent event) {

        if (event.getType()==BundleEvent.STARTED) {←❷
            System.out.println("Composant " +
                event.getBundle().getSymbolicName() + " démarré.");
        }
    }
});
```

La présence de l'interface SynchronousBundleListener permet de réaliser la même fonctionnalité, mais de manière synchrone.

Services

La notion de service est une autre brique essentielle d'OSGi. Les services permettent de mutualiser ressources et traitements entre composants. Ils offrent également la possibilité de mettre en œuvre une approche orientée services simple, fondée sur les POJO et la programmation par interface.

Dans cette section, nous allons voir comment créer et enregistrer des services créés avec cette technologie puis comment les utiliser.

Manipulation

La technologie de base ne supporte pas la configuration des services par l'intermédiaire d'un fichier de propriétés ou XML, mais une brique additionnelle, appelée « Declarative Services », y remédie.

La seule manière de manipuler les services consiste à utiliser le contexte d'exécution par l'intermédiaire des méthodes registerService. Ces dernières prennent en paramètres le ou les noms d'enregistrement, l'instance du service ainsi qu'éventuellement des propriétés.

Nom d'enregistrement

Comme la mise en œuvre des services utilise de préférence la programmation par interface, il est recommandé de spécifier le nom de l'interface correspondant au contrat du service en tant que nom d'enregistrement.

Une instance de type ServiceRegistration est retournée, qui permet de désenregistrer le service. Une bonne pratique consiste à spécifier des traitements d'enregistrement et de désenregistrement des services dans l'entité d'activation d'un composant. Cette approche offre la possibilité de désenregistrer correctement les services d'un composant lors de son arrêt, comme dans le code suivant :

```
public class GestionServiceBundleActivator
                       implements BundleActivator {
    private ServiceRegistration enregistrementService;

    public void start(BundleContext context) {
        ContratMonService service = new MonService();
        this.enregistrementService = context.registerService(
                        "ContratMonService", service, null);
    }

    public void stop(BundleContext context) {
        if (this.enregistrementService!=null) {
            this.enregistrementService.unregister();
        }
    }
}
```

Une fois un service enregistré, il peut être utilisé par n'importe quelle entité d'un composant en se fondant sur son instance, laquelle est récupérée par l'intermédiaire du contexte d'exécution.

Utilisation

Pour utiliser un service OSGi, il est nécessaire d'avoir accès à l'instance spécifiée lors de l'enregistrement de ce dernier. Cette récupération se réalise en deux étapes :

- Accès à l'objet de type ServiceReference correspondant au service ;
- Accès à l'instance du service à partir de l'objet précédent.

Comme l'illustre le code suivant, la première étape est mise en œuvre par l'intermédiaire des méthodes getServiceReference (❶) et getServiceReferences, ces deux méthodes se fondant sur le nom du service en paramètre :

```
BundleContext contexte = (...)

String nomService = "ContratMonService";
ServiceReference serviceReference
            = contexte.getServiceReference(nomService); ←❶
```

L'instance serviceReference peut être gardée en mémoire et utilisée par la suite afin de récupérer une instance du service chaque fois que ce dernier doit être utilisé.

Le code suivant montre la manière de récupérer et d'utiliser un service par l'intermédiaire de la méthode getService (❶) du contexte (cette méthode se fonde sur l'instance de type ServiceReference) :

```
BundleContext contexte = (...)
ServiceReference serviceReference = (...)

//Récupération de l'instance du service
ContratMonService service
        = contexte.getService(serviceReference);←❶
//Utilisation des méthodes du service
(...)

//Libération de l'instance du service
contexte.ungetService(serviceReference);←❷
```

Le contrat du service utilisé doit être visible au moyen d'une importation dans la configuration du composant.

Comme vous avez pu le constater, la récupération d'une instance d'un service OSGi se réalise en deux étapes. Cela provient du caractère dynamique de la technologie. En effet, un service peut être désenregistré alors que son utilisateur est toujours actif. De ce fait, il est possible de relâcher l'instance du service utilisée ponctuellement par l'intermédiaire de la méthode ungetService (❷), l'instance serviceReference restant elle-même toujours active et utilisable lorsque le service doit être à nouveau utilisé.

Concepts avancés

Maintenant que nous avons vu les différents concepts relatifs à la technologie OSGi, nous allons aborder quelques bonnes pratiques et patrons de conception permettant d'améliorer la qualité des développements de ce type.

Ces techniques sont elles-mêmes utilisées dans les frameworks afin d'améliorer leurs traitements.

Patron de conception extender

L'objectif de ce patron de conception est de limiter l'usage des entités d'activation et services afin d'initialiser des traitements pour les composants tout en gardant une cohérence globale. Il se fonde sur l'usage des observateurs d'événements des composants, observateurs dont la mise en œuvre est décrite à la section « Contexte d'exécution ».

Un composant est dédié pour l'écoute des changements d'état des composants. Le nom de ce composant contient habituellement le mot-clé extender. Lorsqu'un composant est en cours d'activation ou devient activé, le composant d'observation scrute le contenu du composant afin de détecter diverses métadonnées. Si ces dernières sont présentes, il réalise des traitements d'initialisation en chargeant différentes classes par l'intermédiaire de son chargeur de classes.

Les métadonnées sont principalement localisées dans les répertoires **META-INF**, **OSGI-INF** ou **WEB-INF** du composant.

Ce principe présente l'avantage d'être non intrusif pour les composants et de modulariser les mécanismes de chargement dans une entité unique. De plus, en utilisant ce patron, les composants n'ont plus la nécessité de spécifier une entité d'activation par l'intermédiaire de la directive Bundle-Activator.

Nous verrons à la section relative à la mise en œuvre de Spring Dynamic Modules que ce patron est utilisé afin d'initialiser les contextes applicatifs de Spring dans les composants incluant un ou plusieurs fichiers de configuration utilisables par ce framework ou possédant un répertoire **WEB-INF**.

Fragments

Au travers d'applications OSGi, il est parfois nécessaire d'étendre certains composants existants fournis par des tiers afin notamment de les paramétrer. Les exemples classiques correspondent à la configuration des traces applicatives et des pilotes JDBC.

Support des fragments dans les conteneurs OSGi

À l'instar des conteneurs Equinox d'Eclipse et Knopflerfish, la plupart des conteneurs OSGi supportent cette fonctionnalité de la spécification. Bien qu'étant un conteneur robuste et mature, le conteneur Felix ne met en œuvre que partiellement cette fonctionnalité dans ses dernières versions.

La spécification fournit à cet effet le concept de *fragment*, composant particulier correspond à un composant OSGi classique, à deux exceptions près :

- Il doit posséder l'en-tête `Fragment-Host` dans son fichier **MANIFEST.MF** afin de spécifier le composant auquel il est rattaché.

- Il possède un cycle de vie différent des composants classiques et ne peut être démarré. Il reste dans l'état résolu si aucune erreur ne s'est produite lors de la résolution de ses dépendances.

Comme un fragment est un composant particulier, tous les éléments présents dans un composant classique peuvent être utilisés. Le déploiement de ce type de composant se réalise également de la même manière que les composants classiques.

Soit un fragment nommé `org.springframework.osgi.log4j.config` permettant de paramétrer le composant `org.springframework.osgi.log4j.osgi` correspondant à la bibliothèque de traces applicatives Log4J d'Apache. Pour spécifier à Log4J un fichier **log4j.properties** permettant de configurer cet outil, il suffit de créer un fragment le contenant à sa racine.

Pour préciser le composant auquel fait référence le fragment (**❷**) ainsi que les informations relatives au fragment (**❶**), la configuration de ce composant dans le fichier **MANIFEST.MF** est la suivante :

```
Manifest-Version: 1.0
Bundle-ManifestVersion: 2
Bundle-Name: Configuration Log4J←❶
Bundle-SymbolicName: org.springframework.osgi.log4j.config←❶
Bundle-Version: 1.0.0
Fragment-Host: org.springframework.osgi.log4j.osgi
                        bundle-version="1.2.13"←❷
```

Le fichier **MANIFEST.MF** aurait pu contenir un en-tête `Import-Package` si nécessaire.

En résumé

En détaillant les différentes couches de l'architecture OSGi, nous avons vu comment sont structurés les composants et détaillé leurs interactions ainsi que la manière dont les conteneurs de ce type les gèrent.

En se fondant sur des éléments de Java, OSGi propose une manière simple et légère de mettre en œuvre la programmation orientée composant et des architectures orientées services.

En complément, différents services normalisés sont spécifiés par OSGi afin de répondre plus précisément à une problématique technique particulière. Il existe de nombreux services de ce type, mais nous ne les décrirons pas ici, car ils ne sont pas essentiels pour la compréhension du fonctionnement de Spring Dynamic Modules.

Spring Dynamic Modules

Lors de la mise en œuvre de composants OSGi, le développeur a la possibilité de structurer les traitements en se fondant sur différents outils. Une bonne approche est cependant d'intégrer Spring dans les composants afin de bénéficier de tous les apports décrits aux chapitres précédents et dont les principaux sont l'injection de dépendances et la programmation orientée aspect.

C'est le principal atout de Spring Dynamic Modules que de se fonder sur les bonnes pratiques d'utilisation de la technologie OSGi. Dans le même esprit que le framework Spring, l'outil offre la possibilité de réaliser des traitements tels que l'enregistrement et le référencement par déclaration tout en gérant de manière optimale l'aspect dynamique d'OSGi.

Spring Dynamic Modules permet de réaliser des composants OSGi, mais sans se lier explicitement aux API de cette technologie et tout en gardant un cadre ouvert. Il reste néanmoins possible d'y avoir accès pour les utiliser si nécessaire.

L'outil propose en outre un support Web afin de déployer très facilement, dans des serveurs applicatifs tels que Jetty et Tomcat, des applications Web packagées sous forme de composants OSGi.

Afin de permettre de mettre en œuvre un maximum d'applications d'entreprise dans un environnement OSGi, un grand nombre de frameworks et bibliothèques Java EE sont fournis sous forme de composants OSGi.

Frameworks et OSGi

Lors de la mise en œuvre d'applications d'entreprise avec Java EE, de nombreuses briques applicatives sont utilisées afin d'implémenter les différentes fonctionnalités de ces applications. Le développement d'applications de ce type dans un conteneur OSGi ne déroge pas à cette règle. Par contre, si les fichiers de la distribution de Spring (à partir de la version 2.5) sont en eux-mêmes des composants OSGi, ce n'est pas le cas pour la plupart des bibliothèques ou frameworks Java EE.

Afin de contourner cette difficulté, plusieurs approches sont envisageables. La première consiste à utiliser des *dépôts* mettant à disposition des versions des fichiers jar de bibliothèques et de frameworks Java EE compatibles avec OSGi.

Le tableau 16-8 dresse la liste des dépôts de composants OSGi présents sur Internet.

Tableau 16-8. Dépôts de composants OSGi

Dépôt	Description
SpringSource Repository	Dépôt mis à disposition par la société SpringSource et contenant la plupart des bibliothèques et frameworks utilisés dans le développement d'applications Java EE. Un outil de recherche est proposé en complément à l'adresse *http://www.springsource.com/repository/app/*.
OSGi Bundle Repository (ORB)	Dépôt hébergé par l'OSGi Alliance. Un outil de recherche est proposé à l'adresse *http://www.osgi.org/Repository/HomePage*.
Eclipse Orbit	Dépôt de composants OSGi d'Eclipse. Comme il est essentiellement utilisé pour les développements Eclipse, des en-têtes spécifiques peuvent être présents dans le fichier **MANIFEST.MF**. Le dépôt est accessible à l'adresse *http://www.eclipse.org/orbit/*.
Apache Felix Commons	Dépôt de composants rattaché au projet Felix. Il contient un ensemble de composants utilisables pour les développements Java EE et est disponible à l'adresse *http://felix.apache.org/site/apache-felix-commons.html*.
Apache Commons OSGi	Page résumant la liste des projets Commons d'Apache et proposant des distributions compatibles OSGi. La page récapitulative est disponible à l'adresse *http://wiki.apache.org/commons/CommonsOsgi*.

Si un outil que l'on souhaite utiliser n'est pas présent dans ces dépôts, une seconde approche consiste à créer une version OSGi des fichiers jar de la bibliothèque ou du framework considéré. Cette opération peut être réalisée manuellement, mais elle est fastidieuse. Il est préférable de recourir à un outil tel que Bnd afin de créer un fichier compatible. Cet outil est disponible à l'adresse *http://www.aqute.biz/Code/Bnd*.

L'outil Bnd correspond à un fichier jar qu'il est possible d'exécuter par l'intermédiaire de la commande `java -jar`. Différentes options sont alors proposées, dont les principales sont les suivantes :

- `print` pour afficher les valeurs des en-têtes OSGi standards pour le fichier jar en paramètre ;
- `wrap` pour construire automatiquement un fichier jar compatible OSGi à partir d'un fichier qui ne l'est pas.

Nous allons utiliser la seconde option afin de créer un fichier jar compatible OSGi pour le fichier `jta-1.0.1.jar`, fichier contenant les interfaces Java EE relatives aux transactions distribuées.

Le code suivant décrit la commande à utiliser afin de créer un fichier jar compatible OSGi :

```
java -jar bnd-0.0.249.jar wrap jta-1.0.1.jar
```

Il est possible de paramétrer cette création en se fondant sur un fichier dans lequel sont spécifiées différentes propriétés, telles que la version ou des valeurs d'en-têtes.

Le code suivant fournit un exemple de fichier de ce type :

```
version=1.0.1
Export-Package: javax.transaction*;version=${version}
Bundle-Version: ${version}
Bundle-Description: Jta
Bundle-Name: jta
```

L'utilisation du fichier ci-dessus se réalise par le biais de l'option -properties de Bnd suivie de son nom, comme dans l'exemple suivant :

```
java -jar bnd-0.0.249.jar wrap -properties jta.bnd jta.jar
```

Mise en œuvre

Pour utiliser Spring Dynamic Modules, un conteneur OSGi est nécessaire. Pour notre exposé, nous allons nous fonder sur Equinox, ce dernier étant intégré à l'outil de développement Eclipse. Aucun élément n'est toutefois spécifique à ce conteneur.

> **Développement OSGi dans Eclipse**
>
> Afin de réaliser ce type de développement dans Eclipse, une plate-forme cible doit être créée afin de spécifier les composants que le conteneur Equinox peut potentiellement utiliser lors de son démarrage. Les composants présents dans l'espace de travail peuvent également l'être dans le conteneur. L'annexe B disponible sur le site Web dédié à l'ouvrage décrit le développement OSGi avec cet outil.

Le tableau 16-9 récapitule la liste minimale des composants OSGi à déployer dans le conteneur afin de pouvoir utiliser les fonctionnalités de base de Spring Dynamic Modules. Nous verrons avec l'étude de cas Tudu Lists que cette liste peut s'enrichir lors de la mise en œuvre de traitements plus complexes. Dans ce tableau, les composants sont regroupés par application ou domaine pour plus de lisibilité.

Tableau 16-9. Composants de base de Spring Dynamic Modules

Application	Description
Traces applicatives (slf4j, commons-logging et log4j)	com.springsource.slf4j.api (1.5.0) com.springsource.slf4j.log4j (1.5.0) com.springsource.slf4j.org.apache.commons.logging (1.5.0) org.springframework.osgi.log4j.osgi (1.2.15.SNAPSHOT)
Framework Spring 2.5.5	org.springframework.bundle.spring.beans (2.5.5) org.springframework.bundle.spring.context (2.5.5) org.springframework.bundle.spring.aop (2.5.5)
Framework Spring Dynamic Modules	org.springframework.bundle.osgi.core (1.1.1) org.springframework.bundle.osgi.io (1.1.1) org.springframework.bundle.osgi.extender (1.1.1)
Dépendances	com.springsource.net.sf.cglib-2.1.3 com.springsource.org.aopalliance-1.0.0

Remarquons le choix de l'outil SLF4J pour gérer les traces applicatives. L'environnement OSGi offre un cadre restrictif, notamment pour le chargement dynamique des classes. Dans un tel contexte, l'outil Commons Logging d'Apache révèle des faiblesses, et il est recommandé d'utiliser SLF4J. Beaucoup plus robuste, ce dernier possède la caractéristique d'offrir différentes distributions en fonction des outils de traces applicatives complémentaires utilisés.

Composants compatibles

Spring Dynamic Modules donne la possibilité de charger et gérer un contexte applicatif Spring dans un composant OSGi. Cette gestion est réalisée par une entité dédiée, qui met en œuvre le patron de conception extender correspondant au composant `spring-osgi-extender`. Nous avons détaillé ce patron à la section « Concepts avancés ».

Le patron extender a la responsabilité de charger et décharger les contextes applicatifs Spring dans les composants compatibles, à l'instar de l'entité `ContextLoaderListener` pour les applications Web, en se fondant sur les ressources présentes dans les composants.

Le composant `extender` utilise l'un des critères suivants afin de déduire si un composant est compatible avec l'outil Spring Dynamic Modules :

- présence d'un répertoire **META-INF/spring** contenant des fichiers XML Spring ;
- présence d'un en-tête `Spring-Context` dans le fichier **MANIFEST.MF**, en-tête permettant de spécifier les fichiers XML à utiliser afin de créer un contexte applicatif Spring.

Avec le second critère, la valeur spécifiée pour l'en-tête doit correspondre à une liste de fichiers, comme dans le code suivant :

```
Spring-Context: config/applicationContext-dao.xml,
        config/applicationContext-services.xml
```

Lorsque la valeur * est spécifiée, c'est la première stratégie qui est utilisée. Cette valeur est particulièrement utile, car l'en-tête permet l'utilisation des directives spécifiques récapitulées au tableau 16-10 afin de configurer le comportement du composant `extender`.

Tableau 16-10. Directives utilisables avec l'en-tête _Spring-Context_

Directive	Description
create-asynchronously	Spécifie si le contexte applicatif doit être créé de manière asynchrone ou synchrone, avec respectivement les valeurs `true` (par défaut) et `false`.
wait-for-dependencies	Spécifie si le mécanisme de création du contexte applicatif doit attendre que les dépendances obligatoires des services soient résolues, avec respectivement les valeurs `true` (par défaut) et `false`.
timeout	Spécifie le temps maximal d'attente pour la résolution des dépendances obligatoires. La valeur par défaut est 300 secondes.
publish-context	Spécifie si le contexte applicatif créé doit être enregistré en tant que service OSGi, avec respectivement les valeurs `true` (par défaut) et `false`.

Ces directives s'utilisent de la même manière que les directives OSGi standards, comme dans l'en-tête `Import-Package` décrit précédemment.

Le code suivant illustre la manière de spécifier une création synchrone de contexte applicatif pour un composant :

```
Spring-Context: *;create-asynchronously:=false
```

Le code suivant décrit quant à lui comment ne pas publier le contexte applicatif créé en tant que service :

```
Spring-Context: config/applicationContext-dao.xml;publish-context:=false
```

Paramétrage du composant *extender* de Spring Dynamic Modules

Spring Dynamic Modules offre la possibilité de paramétrer le composant extender en se fondant sur les fragments OSGi afin notamment de surcharger les options par défaut et d'enregistrer des observateurs sur des événements associés à ces traitements.

Dans ce contexte, il convient de spécifier la valeur org.springframework.bundle.osgi.extender pour l'en-tête Fragment-Host du fichier **MANIFEST.MF** du composant correspondant au fragment de paramétrage.

Dans le cadre du support Web de Spring Dynamic Modules, un autre extender est proposé afin de déployer dans un serveur applications Web des applications Web packagées sous forme de composants OSGi.

Dans ce cas, l'un des critères suivants est utilisé :

- présence de l'extension war pour le composant ;
- présence d'un répertoire **WEB-INF** à la racine du composant et éventuellement d'un en-tête Web-ContextPath dans le fichier **MANIFEST.MF**. Ce dernier permet de spécifier le nom du contexte à utiliser lors du déploiement dans le conteneur Web.

Nous abordons plus en détail la structure d'un composant OSGi contenant une application Web à la section relative à la mise en œuvre de l'étude de cas dans un environnement de ce type.

Paramétrage du composant *extender* Web de Spring Dynamic Modules

À l'instar du composant extender classique, celui dédié aux composants contenant des applications Web peut être paramétré par l'intermédiaire de fragments OSGi. Cette mise en œuvre permet de surcharger la stratégie de détermination du nom du contexte de l'application ainsi que l'entité de déploiement par défaut.

Dans ce contexte, il convient de spécifier la valeur org.springframework.bundle.osgi.web.extender pour l'en-tête Fragment-Host du fichier **MANIFEST.MF** du composant correspondant au fragment de paramétrage.

Espace de nommage OSGi

Comme expliqué en introduction, l'un des principaux objectifs de Spring Dynamic Modules est de permettre l'injection de dépendances conjointement et de manière transparente avec les mécanismes de la technologie OSGi.

À cet effet, l'outil met à disposition un espace de nommage Spring 2, dont la structure est décrite dans le schéma XML `spring-osgi.xsd`, afin de faciliter l'exportation et le référencement de services OSGi dans un fichier de configuration de Spring.

Cet espace de nommage se configure d'une manière classique à l'aide de schémas XML au niveau de la balise `beans` (❶), comme dans le code suivant :

```
<?xml version="1.0" encoding="UTF-8"?>

<beans xmlns="http://www.springframework.org/schema/beans"
  xmlns:xsi="http://www.w3.org/2001/XMLSchema-instance"
  xmlns:osgi="http://www.springframework.org/schema/osgi"←❶
  xsi:schemaLocation="http://www.springframework.org/schema/beans
      http://www.springframework.org/schema/beans/spring-beans.xsd
        http://www.springframework.org/schema/osgi←❶
      http://www.springframework.org/schema/osgi/spring-osgi.xsd">

  (...)

</beans>
```

Nous allons détailler la manière d'utiliser cet espace de nommage dans les fichiers de configuration de Spring. Il est à noter que cet espace est uniquement utilisable dans un environnement d'exécution OSGi puisqu'il se fonde implicitement sur le contexte relatif, à savoir l'interface `BundleContext`.

Référencement de composants

Une première fonctionnalité supportée par l'espace de nommage permet de référencer des composants présents dans le conteneur ou de les ajouter s'ils ne sont pas présents.

La balise `bundle`, qui en a la charge, correspond à un élément de type `Bundle`, interface de la spécification OSGi. Elle propose l'attribut `symbolic-name` afin de spécifier l'identifiant du composant relatif, comme dans le code suivant :

```
<osgi:bundle id="composantSpringCore"
        symbolic-name="org.springframework.bundle.spring.core" />
```

Dans le cas où le composant n'est pas présent dans le conteneur, les attributs `location`, `action` et `destroy-action` peuvent être utilisés en complément afin de spécifier respectivement l'emplacement du fichier du composant à installer et les états dans lesquels ce composant doit se trouver après l'initialisation et la finalisation du Bean correspondant.

L'exemple de code suivant permet d'installer le composant contenu dans le fichier **tudu-web.jar** puis de le passer dans l'état actif (lors de la finalisation du Bean, le composant est arrêté pour revenir en état résolu) :

```
<osgi:bundle id="composantTuduWeb"
        symbolic-name="tudu.web"
        location="http://depot/composants/tudu-web.jar"
        action="start"
        destroy-action="stop"
/>
```

Exportation de services

Spring Dynamic Modules donne la possibilité d'exporter par déclaration tout POJO configuré dans le contexte de Spring en tant que service OSGi. Pour ce faire, la balise `service` de l'espace de nommage `osgi` doit être utilisée.

La balise `service` comporte les attributs récapitulés au tableau 16-11.

Tableau 16-11. Attributs de la balise *service*

Attribut	Description
interface	Spécifie le nom d'interface à utiliser en tant que nom de service. En cas d'utilisation de plusieurs noms d'interfaces, la sous-balise `interfaces` doit être utilisée.
ref	Référence l'instance du Bean à utiliser lors de l'exportation du service.
depends-on	Permet de référencer une dépendance vers un Bean devant être initialisé avant l'exportation du service.
context-class-loader	Permet de positionner le chargeur de classes du composant courant en tant que chargeur de classes pour le thread. Les valeurs possibles sont `unmanaged` (par défaut), si aucun support n'est activé, et `service-provider`, si Spring Dynamic Modules prend en charge la gestion du chargeur de classes pour ce thread.
auto-export	Spécifie la stratégie à utiliser afin de déduire automatiquement les noms des interfaces à utiliser. Les valeurs possibles sont `disabled` (par défaut), si aucune stratégie n'est activée, `interfaces`, pour utiliser la liste des interfaces implémentées, `class-hierarchy`, pour utiliser la hiérarchie des classes mères, et `all-classes`, correspondant à une combinaison des deux dernières valeurs.
ranking	Spécifie le rang du service. Lors de résultats multiples dans la recherche d'un service, le service avec le rang le plus élevé est retourné. La valeur par défaut est 0.

Les deux attributs les plus courants sont `ref` (❶) et `interface` (❷), attributs permettant respectivement de référencer le Bean à exposer en tant que service OSGi et de spécifier le nom de classe utilisé en tant qu'identifiant.

Le code suivant décrit la manière d'utiliser les deux attributs précédents afin d'exporter le Bean `todoListsManager` (❸) :

```
<osgi:service ref="todoListsManager"←❶
            interface="tudu.service.TodoListsManager" />←❷

<bean id="todoListsManager"←❸
      class="tudu.service.impl.TodoListsManagerImpl"
      lazy-init="false">
    (...)
</bean>
```

L'utilisation de la sous-balise `interfaces` (❶) est envisageable en cas de spécification de plusieurs interfaces, comme dans le code suivant :

```
<osgi:service ref="todoListsManager">
    <osgi:interfaces>←❶
        <value>tudu.service.TodoListsManager</value>
```

```
        (...)
    </osgi:interfaces>
</osgi:service>

(...)
```

L'attribut context-class-loader est particulièrement intéressant en ce qu'il permet de contrôler les entités visibles par le chargeur de classes pour le thread courant. Si la valeur service-provider est spécifiée pour l'attribut (❷), Spring Dynamic Modules positionne le chargeur de classes du composant courant en tant que chargeur de classes pour le thread avant l'appel du service tout en mémorisant l'ancien. Une fois, l'appel réalisé, l'ancien est repositionné. Ce mécanisme permet de rendre visible les classes de ce composant lors de l'appel de traitements d'autres composants.

Le code suivant illustre la configuration de cet aspect :

```
<osgi:service ref="todoListsManager"
              interface="tudu.service.TodoListsManager"
              context-class-loader="service-provider" />←❷

(...)
```

Utilisation du chargeur de classes pour le thread

Ce chargeur de classes est couramment utilisé par différents frameworks et bibliothèques Java EE afin de charger des classes. C'est le cas notamment des frameworks Spring et Hibernate.

Avec ce dernier, le chargeur de classes du composant courant doit nécessairement être positionné pour le thread, car le composant Hibernate ne peut pas connaître à l'avance les classes gérées. Cet aspect permet à l'outil d'aller chercher ces dernières dans le composant qui l'utilise, ces classes étant invisibles dans le cas contraire.

Par exemple, dans le contexte de l'étude de cas Tudu Lists, le composant relatif à l'accès aux données utilise des classes présentes dans le composant Hibernate. Avec cette approche, le composant Hibernate peut charger des classes du composant de Tudu Lists.

Chaque service exporté avec Spring Dynamic Modules possède la propriété org.springframework.osgi.bean.name, dont la valeur correspond au nom du Bean exporté. L'outil offre la possibilité de spécifier des propriétés additionnelles pour le service en se fondant sur l'élément XML service-properties.

Cet élément comprend un ensemble de clés/valeurs (❶) afin de les définir ainsi que l'illustre le code suivant avec la propriété maPropriete :

```
<osgi:service id="todoListsManagerService"
              ref="todoListsManager"
              interface="tudu.service.TodoListsManager">
    <osgi:service-properties>
        <entry key="maPropriete" value="ma valeur"/>←❶
    </osgi:service-properties>
</osgi:service>
```

Spring Dynamic Modules permet de spécifier des observateurs pour les événements d'enregistrement et de désenregistrement de services grâce à la balise registration-listener. Cette dernière permet de référencer un Bean d'observation (❶) tout en spécifiant les méthodes utilisées à cet effet (❷), comme dans le code suivant :

```
<osgi:service id="todoListsManagerService"
              ref="todoListsManager"
              interface="tudu.service.TodoListsManager">
    <osgi:registration-listener ref="monObservateur">←❶
        <registration-method="maPropriete"←❷
        <unregistration-method="maPropriete"←❷
    </osgi:registration-listener>
</osgi:service>

<bean id="monObservateur" class="tudu.service.MonObservateur"/>

(...)
```

Dans le code ci-dessus, la classe MonObservateur est un Bean simple, sans aucune adhérence avec une quelconque API OSGi.

Pour finir, Spring Dynamic Modules définit un nouveau type de portée, nommée bundle, qui peut être utilisée de manière classique sur n'importe quel élément bean par l'intermédiaire de l'attribut scope.

Ce dernier ne doit être utilisé que pour un Bean exposé en tant que service OSGi. Dans ce cas, une instance du Bean est créée par composant utilisant le service par l'intermédiaire des API OSGi. Une fois qu'un composant correspondant est arrêté, l'instance correspondante du Bean est libérée.

Le code suivant décrit la mise en œuvre de ce mécanisme à l'aide de l'attribut scope (❶) dans un fichier de configuration de Spring :

```
<osgi:service id="todoListsManagerService"
              ref="todoListsManager"
              interface="tudu.service.TodoListsManager">

<bean id="todoListsManager"
      class="tudu.service.impl.TodoListsManagerImpl"
      scope="bundle">←❶
    (...)
</bean>
```

Référencement de services

Une autre fonctionnalité importante de l'espace de nommage réside dans la possibilité de référencer, *via* la balise reference, un service OSGi afin de l'utiliser dans la configuration de Beans avec l'injection de dépendances. L'élément relatif au service correspond à un Bean classique et peut donc être utilisé dans la configuration de l'injection de dépendances.

Comme plusieurs services OSGi peuvent être enregistrés sous le même nom, Spring Dynamic Modules supporte aussi bien un référencement simple que multiple, ce dernier par l'intermédiaire d'une collection.

Le référencement simple d'un service OSGi se réalise par le biais de la balise `reference`, dont les attributs sont récapitulés au tableau 16-12.

Tableau 16-12. Attributs de la balise *reference*

Attribut	Description
`interface`	Spécifie le nom d'interface que le service doit implémenter. En cas d'utilisation de plusieurs noms d'interfaces, la sous-balise `interfaces` doit être utilisée.
`filter`	Permet de spécifier une expression de filtrage OSGi afin de récupérer le service correspondant à la restriction spécifiée.
`bean-name`	Raccourci permettant de réaliser un filtrage sur la propriété `org.springframework.osgi.bean.name` pour les services implémentle ou les interfaces spécifiées.
`context-class-loader`	Offre la possibilité de contrôler le chargeur de classes pour le thread courant. Les valeurs possibles sont `client` et `service-provider`, pour lesquelles le chargeur de classes spécifié correspond respectivement à celui du composant appelant du service et à celui du composant ayant enregistré le service. La valeur `unmanaged` (par défaut) est utilisée dans le cas où ce chargeur n'est pas géré par nos soins.
`cardinality`	Permet de spécifier si le service référencé doit être disponible ou non à tout moment. La valeur `1..1` (par défaut) spécifie qu'il doit l'être, et la valeur `0..1` que ce n'est pas le cas.
`timeout`	Spécifie le temps d'attente pour qu'un service soit disponible lors de son invocation. S'il n'est pas spécifié, la valeur de l'attribut `default-timeout` est utilisée.

Abordons maintenant les principaux attributs de la balise `reference` permettant de référencer un service OSGi.

L'attribut `interface` permet de spécifier le nom de l'interface que doit implémenter le service. Cet attribut s'utilise de la manière suivante :

```
<osgi:reference
        interface="tudu.service.TodoListsManager" />
```

En complément, la sous-balise `interfaces` (❶) permet de spécifier les interfaces devant être implémentées :

```
<osgi:reference>
    <osgi:interfaces>←❶
        <value>tudu.service.TodoListsManager</value>
        (...)
    </osgi:terfaces>
</osgi:service>
```

L'attribut `context-class-loader` offre la possibilité de spécifier un chargeur de classes en tant que chargeur pour le thread courant. Les frameworks et bibliothèques Java EE l'utilisent couramment pour charger des classes dynamiquement et rendre visible des classes sans pour autant ajouter leurs packages dans le fichier **MANIFEST.MF**.

> **Chargeur de classes du thread courant**
>
> Le thread courant est celui qui met en œuvre les traitements dans lesquels se trouve une instruction. La technologie Java permet de lui associer différents éléments. Dans un environnement Java EE Web, ce fil correspond au thread de la requête.
>
> Il est possible de lui associer des valeurs spécifiques, par l'intermédiaire de la classe `ThreadLocal`, et un chargeur de classes spécifique, par l'intermédiaire de la méthode `setContextClassLoader` de la classe `Thread`.

La valeur `client` spécifie le chargeur de classes de l'appelant en tant que chargeur pour le thread courant. Les classes du composant correspondant sont dès lors visibles des autres composants dans le cadre d'appels de services. La valeur `service-provider` permet de positionner le chargeur du composant ayant exporté le service. Les classes de ce dernier sont en ce cas visibles dans la suite des traitements.

Le code suivant illustre la mise en œuvre de l'attribut `context-class-loader` (❶) avec la valeur `client` :

```
<osgi:reference interface="tudu.service.TodoListsManager"
                context-class-loader="client" />←❶
```

L'attribut `cardinality` offre la possibilité de spécifier si le service doit être présent lors du démarrage du contexte applicatif. Avec la valeur `1..1`, la référence doit nécessairement être résolue à ce moment ; dans le cas contraire, la construction du contexte est suspendue tant que cette condition n'est pas résolue. Ce comportement par défaut est modifiable en spécifiant la valeur `1..0` (❶), comme dans le code suivant :

```
<osgi: reference interface="tudu.service.TodoListsManager"
                 cardinality="1..0" />←❶
```

Pour permettre à des applications de référencer simultanément une liste des services correspondant à un même nom, les balises `set` et `list` peuvent être utilisées. La première balise correspond à la notion d'ensemble et la seconde à une liste, comme défini dans le framework de collections de Java. La première n'autorise pas les doublons tandis que la seconde permet la présence d'éléments identiques. Ces deux balises correspondent respectivement aux types `java.util.Set` et `java.util.List`.

Similaires à ceux de la balise `reference`, les attributs de ces balises sont récapitulés au tableau 16-13.

Tableau 16-13. Attributs des balises *set* et *list*

Attribut	Description
`interface`	Même sémantique que pour la balise `reference` précédente.
`filter`	Même sémantique que pour la balise `reference` précédente.
`bean-name`	Même sémantique que pour la balise `reference` précédente.
`context-class-loader`	Même sémantique que pour la balise `reference` précédente.

Tableau 16-13. Attributs des balises *set* et *list (suite)*

Attribut	Description
cardinality	S'apparente à l'attribut cardinality de la balise reference, mais prend les valeurs 1..n (par défaut) et 0..n. Ces valeurs signifient qu'au moins un service doit être présent dans le premier ou que ce n'est pas nécessaire dans le second.
comparator-ref	Spécifie le comparateur à utiliser afin de trier l'ensemble ou la liste.
greedy-proxying	Permet de rendre visible et utilisable toutes les classes correspondant au service en dehors des interfaces déclarées. Les valeurs possibles sont true et false (par défaut), respectivement pour activer et désactiver ce mécanisme.

La mise en œuvre de l'attribut interface se réalise de la même manière que pour la balise reference, comme le montre le code suivant :

```
<osgi:set interface="tudu.service.TodoListsManager" />
```

Les différences principales entre ces balises résident dans l'utilisation des attributs comparator-ref et greedy-proxying.

Le premier donne la possibilité de spécifier une instance de l'interface Java java.util.Comparator afin de trier automatiquement les collections correspondantes. Cette instance doit être configurée dans Spring (❷) et est référencée (❶) de la manière suivante :

```
<osgi:set interface="tudu.service.TodoListsManager"
        comparator-ref="serviceComparator" />←❶

<bean id="serviceComparator"←❷
    class="tudu.util.CustomServiceComparator" />
```

L'attribut greedy-proxying permet de créer un proxy pour le service afin d'utiliser toutes les classes correspondant au service en dehors des interfaces déclarées. Ces classes doivent toutefois être visibles du composant au sens d'OSGi. Sa configuration s'effectue de la manière suivante :

```
<osgi:set interface="tudu.service.TodoListsManager"
        greedy-proxying="true" />
```

Cela rend possible le transtypage des instances du service (❶), comme dans le code suivant :

```
String todoListId = (...)

for (Iterator i = services.iterator(); i.hasNext();) {
    TodoListsManager service
            = (TodoListsManager) i.next();
    service. findTodoList(todoListId);

    if (service instanceof MessageDispatcher) {←❶
        ((MessageDispatcher)service).notify();
    }
}
```

Spring Dynamic Modules possède un support permettant de gérer les éléments dynamiques de la technologie OSGi, notamment pour les collections de services. Les références relatives à ces derniers sont ajoutées et supprimées en fonction de leur présence dans le conteneur.

En résumé

Spring Dynamic Modules propose un cadre intéressant pour faciliter la mise en œuvre de contextes applicatifs Spring au sein des composants OSGi en se fondant sur des patrons de conception tels que extender.

Ce patron, qui est au cœur du fonctionnement de l'outil, a la responsabilité de parcourir les composants possédant des fichiers de configuration de Spring. Si tel est le cas, il crée un contexte applicatif Spring pour le composant de manière transparente en se fondant sur ses informations. Une version Web de cette entité permet de configurer et d'enregistrer automatiquement auprès d'un conteneur Web des composants contenant une application Web Java EE.

En parallèle, Spring Dynamic Modules fournit un espace de nommage osgi facilitant la configuration des éléments relatifs à OSGi et permettant la configuration de traitements de ce type par déclaration. Grâce à cet espace, il est notamment possible d'enregistrer des POJO en tant que services OSGi et de les référencer afin de les faire participer à l'injection de dépendances.

Spring Dynamic Modules implémente les bonnes pratiques d'utilisation d'OSGi afin d'adresser certains problèmes classiques relatifs aux chargeurs de classes. Parmi ces bonnes pratiques citons au premier chef le positionnement à bon escient du chargeur courant pour le thread lors de l'appel d'un service OSGi, qui se révèle particulièrement intéressant lors de l'utilisation d'outils tels qu'Hibernate.

Mise en œuvre de Spring Dynamic Modules dans Tudu Lists

Dans le cadre de l'étude de cas, une version allégée de l'application Tudu Lists est réalisée avec une structuration en trois modules distincts, structuration en adéquation avec les différents mécanismes et couches applicatives. Ces dernières correspondent globalement à des traitements permettant d'accéder aux données et de les afficher dans une interface Web. Les technologies Spring MVC et Hibernate ont été choisies pour cette version de l'application.

Nous avons choisi les trois composants OSGi suivants afin de mettre en œuvre l'application Tudu Lists dans cette technologie :

- Composant mettant à disposition un service relatif à la source de données afin d'accéder à la base de données utilisée.

- Composant d'accès aux données permettant de gérer l'interaction et l'utilisation de la base de données en se fondant sur le service de source de données précédent.

- Composant de présentation des données au travers d'une interface graphique Web. L'interaction avec la base de données se réalise par l'intermédiaire des services mis à disposition par le composant précédent.

En complément, deux fragments doivent être réalisés afin de configurer les traces applicatives et de spécifier au pool de connexions le pilote JDBC utilisé.

La figure 16-7 illustre ces différents composants ainsi que leurs relations réciproques.

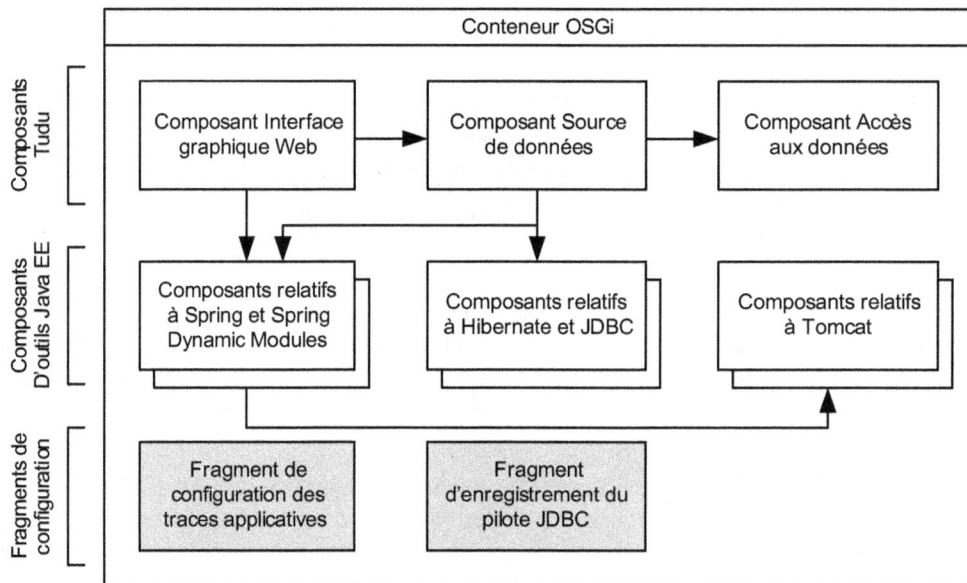

Figure 16-7

Relations entre les composants OSGi de l'application Todo Lists

Composants relatifs aux bibliothèques utilisées

Lors de la mise en œuvre d'une application sous forme de composants, le rassemblement des composants tiers utilisés se révèle une opération délicate puisque ces composants doivent être reliés de manière adéquate les uns avec les autres et que toutes leurs dépendances doivent être résolues.

Avant de commencer le développement, il faut identifier les composants OSGi à utiliser ainsi que leurs dépendances. Cette récupération peut être automatisée par l'intermédiaire d'outils tels que Maven.

Pour notre application, trois groupes de composants peuvent être distingués :

- composants et dépendances relatifs à Spring et Spring Dynamic Modules (voir le tableau 16-14) ;
- composants relatifs à Hibernate *(voir le tableau 16-15)* ;

Tableau 16-14. Composants relatifs à Spring et Spring Dynamic Modules

Application	Composants
Spring 2.5.5	`org.springframework.bundle.spring.core` (2.5.5)
	`org.springframework.bundle.spring.beans` (2.5.5)
	`org.springframework.bundle.spring.context` (2.5.5)
	`org.springframework.bundle.spring.context.support` (2.5.5)
	`org.springframework.bundle.spring.aop` (2.5.5)
	`org.springframework.bundle.spring.jdbc` (2.5.5)
	`org.springframework.bundle.spring.orm` (2.5.5)
	`org.springframework.bundle.spring.tx` (2.5.5)
	`org.springframework.bundle.spring.web` (2.5.5)
	`org.springframework.bundle.spring.webmvc` (2.5.5)
Spring Dynamic Modules 1.1.1	`org.springframework.bundle.osgi.core` (1.1.1)
	`org.springframework.bundle.osgi.io` (1.1.1)
	`org.springframework.bundle.osgi.extensions.annotations` (1.1.1)
	`org.springframework.bundle.osgi.extender` (1.1.1)
	`org.springframework.bundle.osgi.web` (1.1.1)
	`org.springframework.bundle.osgi.web.extender` (1.1.1)
Traces applicatives	`com.springsource.slf4j.api` (1.5.0)
	`com.springsource.slf4j.log4j` (1.5.0)
	`com.springsource.slf4j.org.apache.commons.logging` (1.5.0)
	`org.springframework.osgi.log4j.osgi` (1.2.15.SNAPSHOT)
Dépendances	`com.springsource.org.aopalliance` (1.0.0)
	`com.springsource.net.sf.cglib` (2.1.3)

Tableau 16-15. Composants relatifs à Hibernate

Dépendance	Description
Hibernate 3.2.6 GA	`com.springsource.org.hibernate` (3.2.6.ga)
Dépendances	`com.springsource.antlr` (2.7.7)
	`com.springsource.org.apache.commons.beanutils` (1.7.0)
	`com.springsource.javax.xml.stream` (1.0.1)
	`com.springsource.org.apache.commons.collections` (3.2.0)
	`com.springsource.javassist` (3.3.0.ga)
	`com.springsource.org.dom4j` (1.6.1)
	`com.springsource.org.objectweb.asm` (1.5.3)
	`com.springsource.org.objectweb.asm.tree.attrs` (1.5.3)
	`jta` (1.0.1)
Pilote JDBC	`com.springsource.org.hsqldb` (1.8.0.9)

- composants relatifs à Tomcat et aux outils Web utilisés (*voir le tableau 16-16*).

Tableau 16-16. Composants relatifs à Tomcat et aux outils Web

Dépendance	Description
Tomcat 5.5.23	org.springframework.osgi.catalina.osgi (5.5.23.SNAPSHOT) org.springframework.osgi.jasper.osgi (5.5.23.SNAPSHOT) org.springframework.osgi.catalina.start.osgi (1.0.0.SNAPSHOT) com.springsource.org.apache.commons.digester (1.8.0)
Servlets et JSP	com.springsource.javax.servlet.jsp (2.1.0) com.springsource.javax.servlet (2.5.0)
JSTL	com.springsource.javax.servlet.jsp.jstl (1.1.2) com.springsource.javax.el (2.1.0) com.springsource.org.apache.taglibs.standard (1.1.2) org.springframework.osgi.commons-el.osgi (1.0.0.SNAPSHOT)

Notons que le composant relatif à Tomcat doit être démarré avant le composant correspondant à l'extender Web de Spring Dynamic Modules. En effet, ce dernier se fonde sur le service de Tomcat afin d'enregistrer les applications Web contenues dans des composants.

Paramétrage des composants existants

Pour mettre en œuvre Tudu Lists dans un environnement OSGi, il convient de paramétrer certains composants relatifs à des bibliothèques Java afin d'avoir accès aux traces applicatives et de permettre l'utilisation du pilote JDBC.

Ce paramétrage peut s'effectuer par le biais des composants OSGi de type fragment suivants :

- org.springframework.osgi.log4j.osgi, pour spécifier un fichier de configuration **log4j.properties** permettant de paramétrer les traces applicatives produites par Log4j.

- com.springsource.com.mchange.v2.c3p0, pour ajouter une dépendance vers le composant contenant le pilote JDBC à utiliser afin qu'il puisse utiliser la classe correspondante.

Le premier de ces composants OSGi contient uniquement un fichier nommé **log4j.properties** contenant la configuration souhaitée de Log4j.

Le code suivant montre comment afficher globalement tous les messages d'information, d'avertissement, d'erreur et de débogage produits (sauf pour Spring Dynamic Modules) :

```
log4j.rootLogger=INFO, console

log4j.appender.console=org.apache.log4j.ConsoleAppender
log4j.appender.console.layout=org.apache.log4j.PatternLayout
log4j.appender.console.layout.ConversionPattern=%-4r [%t] %-5p %c %x - %m%n

log4j.category.org.springframework.osgi=DEBUG, console
```

Pour appliquer cette configuration à Log4j, il suffit de préciser dans le fichier **MANIFEST.MF** de notre composant que ce dernier est un fragment pour le composant de cet outil (❶) :

```
Manifest-Version: 1.0
Bundle-ManifestVersion: 2
```

```
Bundle-Name: Log4J Configuration
Bundle-SymbolicName: tudu.osgi.log4j.config
Bundle-Version: 1.0.0
Fragment-Host: org.springframework.osgi.log4j.osgi;
                         bundle-version="1.2.15"←❷
```

Le second composant est encore plus simple puisqu'il ne nécessite qu'une configuration dans le fichier **MANIFEST.MF** pour spécifier qu'il est un fragment pour le composant de l'outil C3P0 (❶) et l'ajout d'une entrée dans l'en-tête Import-Package (❷) :

```
Manifest-Version: 1.0
Bundle-ManifestVersion: 2
Bundle-Name: C3P0 Configuration
Bundle-SymbolicName: tudu.osgi.c3p0.config
Bundle-Version: 1.0.0
Fragment-Host: com.springsource.com.mchange.v2.c3p0;
                         bundle-version="0.9.1"←❶

Import-Package: org.hsqldb;version="1.8.0.9"←❷
```

Composant source de données

Avec la technologie OSGi, une bonne pratique consiste à dédier un composant à la mise à disposition d'une fabrique de connexions JDBC par l'intermédiaire d'un service, cette dernière se fondant sur l'interface DataSource de la technologie JDBC.

OSGi et la classe *DriverManager*

En raison des mécanismes de chargement de classes utilisés par OSGi, l'usage de la classe Driver-Manager n'est pas recommandé pour mettre en œuvre la technologie JDBC. Cette classe préconise en effet l'utilisation de Class.forName pour charger les pilotes JDBC avant leur utilisation et comporte des limitations et des faiblesses en termes de manipulation des chargeurs de classes.

Cette pratique est donc déconseillée, et il est préférable d'utiliser des approches fondées sur l'entité DataSource, la fabrique de connexions JDBC et la méthode loadClass des chargeurs de classes.

Pour mettre en œuvre cette source de données, l'outil C3P0 est utilisé dans le composant. C3P0 donne la possibilité de configurer un objet de type DataSource en se fondant sur le nom de la classe du pilote, l'adresse de la base de données et les identifiant et mot de passe d'accès. Cette entité correspondant à un pool de connexions, elle peut être utilisée dans un environnement multithreadé.

Comme le montre le code suivant, cette mise en œuvre s'appuie sur la classe ComboPooledDataSource (❷) de l'outil et se réalise dans le fichier de configuration de Spring du composant. La source de données est exposée (❸) en tant que service dans OSGi afin de pouvoir être utilisée par les autres composants :

```
<beans xmlns="http://www.springframework.org/schema/beans"
       xmlns:xsi="http://www.w3.org/2001/XMLSchema-instance"
```

```
        xmlns:osgi="http://www.springframework.org/schema/osgi"
        xsi:schemaLocation="
                http://www.springframework.org/schema/beans
    http://www.springframework.org/schema/beans/spring-beans.xsd
                http://www.springframework.org/schema/osgi
    http://www.springframework.org/schema/osgi/spring-osgi.xsd">

    <bean id="propertyConfigurer"
        class="org.springframework.beans.factory.config. ➡
                        PropertyPlaceholderConfigurer">←❶
        <property name="location" value="jdbc.properties"/>
    </bean>

    <!-- Source de données -->
    <bean id="dataSource"
        class="com.mchange.v2.c3p0.ComboPooledDataSource"←❷
        lazy-init="false">
        <property name="driverClass"
                value="${jdbc.driverClassName}"/>
        <property name="jdbcUrl" value="${jdbc.url}"/>
        <property name="user" value="${jdbc.username}"/>
        <property name="password" value="${jdbc.password}"/>
    </bean>

    <!-- Enregistrement de la source en tant que service OSGi -->
    <osgi:service ref="dataSource">←❷
        <osgi:interfaces>
            <value>javax.sql.DataSource</value>
        </osgi:interfaces>
    </osgi:service>
</beans>
```

Organisation des fichiers XML de configuration de Spring

Dans le contexte de Spring Dynamic Modules, une bonne pratique consiste à séparer la configuration des Beans Spring classiques et de l'utilisation de l'espace de nommage osgi afin de les exporter en tant que services OSGi. Le nommage de ces fichiers peut suivre la règle suivante : **module-context.xml** pour les Beans classiques et **osgi-context.xml** pour l'utilisation de l'espace de nommage osgi.

Dans l'exemple précédent, la configuration de la source de données aurait pu être externalisée dans un fichier dédié. Pour plus de lisibilité, nous l'avons laissée au même niveau que les autres Beans Spring.

Dans le code précédent, remarquons l'utilisation de la classe PropertyPlaceHolderConfigurer (❶) afin d'externaliser les propriétés JDBC dans un fichier de propriétés **jdbc.properties**. Ce dernier doit être présent à la racine du classpath du composant.

Le composant relatif à la source de données possède les dépendances récapitulées au tableau 16-17.

Tableau 16-17. Dépendances du composant de la source de données

Dépendance	Description
Pilote de base de données (HSQLDB)	`org.hsqldb` (1.8.0.9)
Pool de connexion	`com.mchange.v2.c3p0` (0.9.1.2)
Spring 2.5.5	`org.springframework.beans.factory.config` (2.5.5) `org.springframework.context` (2.5.5)

Au vu des éléments du tableau 16-16, le contenu du fichier **MANIFEST.MF** est le suivant :

```
Manifest-Version: 1.0
Bundle-ManifestVersion: 2
Bundle-Name: tudu-datasource-osgi
Bundle-SymbolicName: tudu_datasource_osgi
Bundle-Version: 1.0.0
Import-Package: org.springframework.beans.factory.config;version="2.5.5",
  org.hsqldb;version="1.8.0.9",
  org.springframework.context;version="2.5.5",
  com.mchange.v2.c3p0;version="0.9.1.2"
```

Composant d'accès aux données

Une fois le composant relatif à la source de données mis en œuvre, le composant d'accès aux données peut se fonder sur la source de données exportée afin d'interagir avec la base de données.

Ce composant utilise la bibliothèque Java Hibernate afin de réaliser les traitements d'interaction avec la base de données en se fondant sur JDBC. Des packages relatifs à l'outil, ainsi que les packages de base de Spring et ceux relatifs au support d'Hibernate dans Spring, sont à importer dans le composant. Comme le composant intègre des traitements de gestion des transactions, les packages relatifs de Spring doivent être importés.

Le composant relatif à l'accès aux données possède les dépendances récapitulées au tableau 16-18.

Tableau 16-18. Dépendances du composant de la source de données

Dépendance	Description
CGLib 2.1.3	`net.sf.cglib.proxy` (2.1.3)
AOP Alliance 1.0	`org.aopalliance.aop` (1.0.0)
Commons Logging	`org.apache.commons.logging` (1.1.1)
AspectJ 1.6.1	`org.aspectj.lang` (1.6.1)

Tableau 16-18. Dépendances du composant de la source de données *(suite)*

Dépendance	Description
Hibernate 3.2.6 GA	`org.hibernate` (3.2.6.ga)
	`org.hibernate.classic` (3.2.6.ga)
	`org.hibernate.hql` (3.2.6.ga)
	`org.hibernate.hql.antlr` (3.2.6.ga)
	`org.hibernate.hql.ast` (3.2.6.ga)
	`org.hibernate.hql.ast.exec` (3.2.6.ga)
	`org.hibernate.hql.ast.tree` (3.2.6.ga)
	`org.hibernate.hql.ast.util` (3.2.6.ga)
	`org.hibernate.hql.classic` (3.2.6.ga)
	`org.hibernate.jdbc` (3.2.6.ga)
	`org.hibernate.proxy` (3.2.6.ga)
	`org.hibernate.proxy.pojo` (3.2.6.ga)
	`org.hibernate.proxy.pojo.cglib` (3.2.6.ga)
Framework Spring 2.5.5	`org.springframework.aop` (2.5.5)
	`org.springframework.aop.aspectj` (2.5.5)
	`org.springframework.aop.aspectj.autoproxy` (2.5.5)
	`org.springframework.aop.framework` (2.5.5)
	`org.springframework.beans.factory` (2.5.5)
	`org.springframework.context` (2.5.5)
	`org.springframework.context.event` (2.5.5)
	`org.springframework.core` (2.5.5)
	`org.springframework.dao` (2.5.5)
	`org.springframework.dao.support` (2.5.5)
	`org.springframework.jdbc` (2.5.5)
	`org.springframework.jdbc.core` (2.5.5)
	`org.springframework.jdbc.core.support` (2.5.5)
	`org.springframework.orm` (2.5.5)
	`org.springframework.orm.hibernate3` (2.5.5)
	`org.springframework.orm.hibernate3.support` (2.5.5)
	`org.springframework.transaction` (2.5.5)
	`org.springframework.transaction.annotation` (2.5.5)
	`org.springframework.transaction.config` (2.5.5)
	`org.springframework.transaction.interceptor` (2.5.5)
	`org.springframework.transaction.support` (2.5.5)

Le composant relatif à l'accès aux données contient les traitements relatifs aux éléments d'accès aux données, aux objets métier ainsi qu'aux services métier.

Le code suivant illustre la configuration de ces différentes entités dans le fichier **application-Context.xml** localisé dans le répertoire **META-INF/spring** du composant :

```
<beans xmlns="http://www.springframework.org/schema/beans"
       xmlns:xsi="http://www.w3.org/2001/XMLSchema-instance"
       xmlns:aop="http://www.springframework.org/schema/aop"
       xmlns:tx="http://www.springframework.org/schema/tx"
       xmlns:osgi="http://www.springframework.org/schema/osgi"
```

```
    xsi:schemaLocation="
            http://www.springframework.org/schema/beans
  http://www.springframework.org/schema/beans/spring-beans.xsd
            http://www.springframework.org/schema/aop
  http://www.springframework.org/schema/aop/spring-aop.xsd
            http://www.springframework.org/schema/tx
  http://www.springframework.org/schema/tx/spring-tx.xsd
            http://www.springframework.org/schema/osgi
  http://www.springframework.org/schema/osgi/spring-osgi.xsd">

<!-- Services -->

<bean id="todoListsManager"
      class="tudu.service.impl.TodoListsManagerImpl"
      lazy-init="false">
    <property name="todoListDAO" ref="todoListDAO"/>
    <property name="todoDAO" ref="todoDAO"/>
    <property name="userManager" ref="userManager"/>
</bean>

(...)

<!-- DAO -->

<bean id="todoListDAO"
      class="tudu.domain.dao.hibernate.TodoListDAOImpl"
      lazy-init="false">
    <property name="sessionFactory" ref="sessionFactory"/>
</bean>

(...)

<!-- Hibernate -->

<bean id="sessionFactory"
      class="org.springframework.orm.hibernate3. ➡
                        LocalSessionFactoryBean"←❶
      lazy-init="false">
    <property name="mappingResources">
        <list>
            <value>/tudu/domain/model/User.hbm.xml</value>
            <value>/tudu/domain/model/Todo.hbm.xml</value>
            <value>/tudu/domain/model/TodoList.hbm.xml</value>
        </list>
    </property>
    <property name="hibernateProperties">
        <props>
            <prop key="hibernate.dialect">
                org.hibernate.dialect.HSQLDialect</prop>
```

```
                        <prop key="hibernate.show_sql">true</prop>
                        <prop key="hibernate.hbm2ddl.auto">update</prop>
                    </props>
            </property>
            <property name="dataSource">
                <osgi:reference interface="javax.sql.DataSource"←②
                                timeout="5000"/>
            </property>
        </bean>

        <!-- Services OSGi -->

        <osgi:service ref="todoListsManager"←③
                    context-class-loader="service-provider">←④
            <osgi:interfaces>
                <value>tudu.service.TodoListsManager</value>
            </osgi:interfaces>
        </osgi:service>

        (...)

        <!-- Transactions -->

        <bean id="hibernateTransactionManager"
            class="org.springframework.orm.hibernate3. ➥
                HibernateTransactionManager" lazy-init="false">
            <property name="sessionFactory" ref="sessionFactory"/>
        </bean>

        <tx:advice id="txAdvice"
                    transaction-manager="hibernateTransactionManager">
            <tx:attributes>
                <tx:method name="create*"/>
                <tx:method name="update*"/>
                <tx:method name="delete*"/>
                <tx:method name="*" read-only="true"/>
            </tx:attributes>
        </tx:advice>

        <aop:config>
            <aop:advisor pointcut="execution(* *..*ManagerImpl.*(..))"
                        advice-ref="txAdvice" />
        </aop:config>

    </beans>
```

Les services métier sont exposés en tant que services OSGi (③) afin de pouvoir être utilisés depuis le composant correspondant à l'interface Web. Les packages relatifs aux objets métier ainsi que ceux correspondant aux interfaces des services métier doivent être en parallèle spécifiés dans l'en-tête Export-Package du fichier **MANIFEST.MF**.

Les composants d'accès aux données mettent en œuvre la technologie Hibernate, laquelle nécessite l'utilisation d'une fabrique de session de type SessionFactory. Cette dernière est mise en œuvre dans notre contexte en se fondant sur la classe LocalSessionFactoryBean (❶) de Spring tout en utilisant le service OSGi javax.sql.DataSource (❷) mis à disposition par le composant relatif à la source de données.

Remarquons l'utilisation de l'attribut context-class-loader (❹) au niveau de l'enregistrement des services métier en tant que services OSGi. Cet attribut permet d'utiliser le chargeur de classes associé au thread courant, qui est indispensable pour qu'Hibernate soit en mesure d'utiliser les objets métier.

Au vu de ces éléments et du tableau 16-17, le contenu du fichier **MANIFEST.MF** est le suivant :

```
Manifest-Version: 1.0
Bundle-ManifestVersion: 2
Bundle-Name: tudu-core-osgi
Bundle-SymbolicName: tudu_core_osgi
Bundle-Version: 1.0.0
Import-Package: org.apache.commons.logging;version="1.1.1",
 org.hibernate.hql;version="3.2.6.ga",
 org.hibernate.hql.antlr;version="3.2.6.ga",
 org.hibernate.hql.ast;version="3.2.6.ga",
 org.hibernate.hql.ast.exec;version="3.2.6.ga",
 org.hibernate.hql.ast.tree;version="3.2.6.ga",
 org.hibernate.hql.ast.util;version="3.2.6.ga",
 org.hibernate.hql.classic;version="3.2.6.ga",
 org.hsqldb;version="1.8.0.9",
 org.springframework.beans.factory;version="2.5.5",
 org.springframework.core;version="2.5.5",
 org.springframework.dao;version="2.5.5",
 org.springframework.dao.support;version="2.5.5",
 org.springframework.jdbc;version="2.5.5",
 org.springframework.jdbc.core;version="2.5.5",
 org.springframework.jdbc.core.support;version="2.5.5",
 org.springframework.orm;version="2.5.5",
 org.springframework.orm.hibernate3;version="2.5.5",
 org.springframework.orm.hibernate3.support;version="2.5.5",
 org.springframework.transaction.annotation;version="2.5.5"
Export-Package: fr.argia.osgi.domain.model,
 tudu.service
```

Composant d'interface Web

Spring Dynamic Modules offre la possibilité de déployer des composants OSGi en tant qu'applications Web par l'intermédiaire d'un composant extender Web dédié, nommé org.springframework.bundle.osgi.web.extender.

Le composant utilise pour ses traitements des entités relatives au support Web de Java EE, Spring et Hibernate. Il se fonde sur les services exportés en tant que services par le composant d'accès aux données.

Le composant relatif à l'interface Web possède les dépendances récapitulées au tableau 16-19.

Tableau 16-19. Dépendances du composant de la source de données

Dépendance	Description
Framework Spring 2.5.5	`org.springframework.beans.factory` (2.5.5) `org.springframework.context` (2.5.5) `org.springframework.core.io.support;version` (2.5.5) `org.springframework.orm.hibernate3.support` (2.5.5) `org.springframework.web.bind` (2.5.5) `org.springframework.web.context` (2.5.5) `org.springframework.web.context.support` (2.5.5) `org.springframework.web.servlet` (2.5.5) `org.springframework.web.servlet.handler` (2.5.5) `org.springframework.web.servlet.mvc` (2.5.5) `org.springframework.web.servlet.view` (2.5.5)
Spring Dynamic Modules 1.1.1	`org.springframework.osgi.web.context.support` (1.1.1)
Hibernate 3.2.6 GA	`org.hibernate` (3.2.6.ga)
Servlets et JSP	`javax.servlet;version` (2.5.0) `javax.servlet.http;version` (2.5.0) `javax.servlet.jsp` (2.0.0)
Composants relatifs aux JSP	`com.springsource.javax.servlet.jsp.jstl` `com.springsource.org.apache.taglibs.standard`
Composant d'accès aux données de Tudu	`tudu.domain.model` (1.0.0) `tudu.service` (1.0.0)

Le composant relatif à l'interface Web de l'application Tudu Lists met en œuvre Spring MVC et suit la structure classique des composants de ce type dans le cadre de Spring Dynamic Modules :

- Un répertoire **META-INF** contenant un fichier **MANIFEST.MF** de configuration du composant est présent à la racine de ce dernier.
- Un répertoire **WEB-INF** possédant la structure définie par Java EE est présent à la racine du composant.
- Les classes du composant se trouvent dans le répertoire **WEB-INF/classes**, la configuration de l'emplacement des classes à utiliser étant réalisée par l'intermédiaire de l'en-tête `Bundle-ClassPath` dans le fichier **MANIFEST.MF**.
- Un en-tête `Web-ContextPath` spécifie le nom à utiliser pour le contexte de l'application Web correspondante, le nom tudu dans notre cas.

De plus, puisque le composant Web est mis en œuvre dans un environnement OSGi, l'implémentation de contexte applicatif relative nommée `OsgiBundleXmlWebApplicationContext` doit être utilisée. Comme le montre le code suivant, qui correspond au fichier **web.xml,** celle-ci doit être configurée au niveau non seulement de l'observateur Web de Spring `ContextLoaderListener` (❶) mais aussi de la servlet de Spring MVC `DispatcherServlet` (❷) :

```
<web-app id="WebApp_ID" version="2.4"
        xmlns="http://java.sun.com/xml/ns/j2ee"
        xmlns:xsi="http://www.w3.org/2001/XMLSchema-instance"
        xsi:schemaLocation="http://java.sun.com/xml/ns/j2ee">
                http://java.sun.com/xml/ns/j2ee/web-app_2_4.xsd">
    <display-name>tudu-web-osgi</display-name>

    <context-param>←❶
        <param-name>contextClass</param-name>
        <param-value>
            org.springframework.osgi.web.context.support. ⇒
                    OsgiBundleXmlWebApplicationContext
        </param-value>
    </context-param>

    <listener>
        <listener-class>
            org.springframework.web.context.ContextLoaderListener ⇒
        </listener-class>
    </listener>

    <servlet>
        <servlet-name>tudu</servlet-name>
        <servlet-class>
            org.springframework.web.servlet.DispatcherServlet
        </servlet-class>
        <load-on-startup>2</load-on-startup>
        <init-param>←❷
            <param-name>contextClass</param-name>
            <param-value>
                org.springframework.osgi.web.context.support. ⇒
                        OsgiBundleXmlWebApplicationContext
            </param-value>
        </init-param>
    </servlet>

    <servlet-mapping>
        <servlet-name>tudu</servlet-name>
        <url-pattern>*.do</url-pattern>
    </servlet-mapping>
</web-app>
```

Le code suivant illustre la configuration de Spring MVC dans le fichier **tudu-servlet.xml** localisé dans le répertoire **WEB-INF.** Les différents contrôleurs sont mis en œuvre de manière traditionnelle. Ils utilisent les différents services exportés dans OSGi (❶) par le composant d'accès aux données. Le composant Web doit spécifier les packages relatifs aux objets métier ainsi qu'aux interfaces des services métier dans l'en-tête Import-Package du fichier **MANIFEST.MF** :

```xml
<?xml version="1.0" encoding="UTF-8"?>
<beans xmlns="http://www.springframework.org/schema/beans"
       xmlns:xsi="http://www.w3.org/2001/XMLSchema-instance"
       xmlns:osgi="http://www.springframework.org/schema/osgi"
       xsi:schemaLocation="
            http://www.springframework.org/schema/beans
        http://www.springframework.org/schema/beans/spring-beans.xsd
            http://www.springframework.org/schema/osgi
        http://www.springframework.org/schema/osgi/spring-osgi.xsd">

    <bean id="urlMapping"
        class="org.springframework.web.servlet.handler. ➠
                                      SimpleUrlHandlerMapping">
        <property name="mappings">
            <props>
                <prop key="/todolist.do">todolistController</prop>
                (...)
            </props>
        </property>
    </bean>

    <!-- Contrôleurs -->

    <bean id="todolistController"
        class="tudu.web.TodolistController"
        lazy-init="false">
        <property name="todoListsManager">←❶
            <osgi:reference
                    interface="tudu.service.TodoListsManager"
                    timeout="5000"/>
        </property>
        <property name="userManager">←❶
            <osgi:reference
                    interface="tudu.service.UserManager"
                    timeout="5000"/>
        </property>
    </bean>

    (...)

    <bean id="viewResolver"
        class="org.springframework.web.servlet.view. ➠
                                InternalResourceViewResolver">
        <property name="viewClass"
            value="org.springframework.web.servlet.view.JstlView"/>
```

```
        <property name="prefix" value="/WEB-INF/jsp/"/>
        <property name="suffix" value=".jsp"/>
    </bean>

</beans>
```

En se fondant sur les éléments décrits dans cette section ainsi que sur le tableau 16-17, le contenu du fichier **MANIFEST.MF** du composant est le suivant :

```
Manifest-Version: 1.0
Bundle-ManifestVersion: 2
Bundle-Name: tudu-web-osgi
Bundle-SymbolicName: tudu.war
Bundle-Version: 1.0.0
Web-ContextPath: tudu
Bundle-ClassPath: WEB-INF/classes
Import-Package: javax.servlet;version="2.5.0",
 javax.servlet.http;version="2.5.0",
 javax.servlet.jsp;version="2.0.0",
 org.hibernate;version="3.2.6.ga",
 org.springframework.beans.factory;version="2.5.5",
 org.springframework.context;version="2.5.5",
 org.springframework.core.io.support;version="2.5.5",
 org.springframework.orm.hibernate3.support;version="2.5.5",
 org.springframework.osgi.web.context.support,
 org.springframework.web.bind;version="2.5.5",
 org.springframework.web.context;version="2.5.5",
 org.springframework.web.context.support;version="2.5.5",
 org.springframework.web.servlet;version="2.5.5",
 org.springframework.web.servlet.handler;version="2.5.5",
 org.springframework.web.servlet.mvc;version="2.5.5",
 org.springframework.web.servlet.view;version="2.5.5",
 tudu.domain.model,
 tudu.service
Require-Bundle: com.springsource.javax.servlet.jsp.jstl,←❶
 com.springsource.org.apache.taglibs.standard
```

Les composants relatifs à JSTL doivent être spécifiés (❶) en tant que composants dépendants du fait du grand nombre de packages à importer.

En résumé

Malgré les mécanismes relativement simples fournis par OSGi, la mise en œuvre d'applications d'entreprise avec cette technologie comporte de nombreux écueils, notamment au niveau de la création d'un ensemble cohérent de composants pour les frameworks et bibliothèques Java EE utilisés en amont du développement. Heureusement, des dépôts mettent désormais à disposition des ensembles complets de composants dans ce contexte.

Le cloisonnement de chargeurs de classes entraîne des comportements peu habituels des applications Java EE classiques, lesquels peuvent perturber dans un premier temps.

Les éléments de résolution des erreurs sont notamment accessibles grâce aux outils offerts par les conteneurs OSGi pour visualiser les informations relatives aux composants.

Une utilisation du chargeur de classes pour le thread courant peut parfois permettre de rendre visible des classes sans avoir à les spécifier dans le fichier de configuration du composant. C'est le cas notamment lors de l'utilisation de frameworks tels qu'Hibernate.

Spring Dynamic Modules contribue grandement à rendre plus accessible la mise en œuvre d'applications d'entreprise dans ce contexte en masquant l'utilisation des API OSGi et en prenant à sa charge certains traitements relatifs notamment à l'aspect dynamique de la technologie. Il reste toutefois indispensable de maîtriser les concepts de cette technologie.

Conclusion

Afin de résoudre les problématiques liées à la maintenabilité et à l'évolutivité des applications, la technologie OSGi apporte un réel bénéfice. Cette dernière offre la possibilité de mettre en œuvre la programmation par composant ainsi que des architectures orientées services afin de structurer les applications en modules. Cette technologie est particulièrement légère et peut fonctionner au sein d'une même machine virtuelle Java.

Utilisée dans les fondations de l'outil de développement Eclipse pour la gestion de ces greffons, la technologie OSGi nécessite la mise en œuvre d'un conteneur afin de gérer les composants, leurs dépendances et leur cycle de vie associés. Différents conteneurs robustes de ce type sont disponibles en Open Source, tels Equinox pour Eclipse, Felix pour Apache et Knopflerfish.

OSGi, dont le principal apport est de mettre en œuvre des composants applicatifs, se caractérise par son isolation stricte de chargeurs de classes, sa gestion de leurs dépendances à l'exécution et la possibilité d'interagir à chaud avec le conteneur.

Spring Dynamic Modules permet d'utiliser simplement le framework Spring dans un environnement OSGi afin de bénéficier de tous les avantages de ce dernier, que ce soit pour l'injection de dépendances et la programmation orientée aspect ou la mise en œuvre des problématiques des applications d'entreprise. Cela se traduit par la fourniture d'entités `extender` permettant de charger automatiquement les contextes applicatifs Spring des composants dans différents contextes. Un espace de nommage dédié est également mis à disposition afin, principalement, d'enregistrer et de référencer des services OSGi.

Afin de favoriser le développement d'applications d'entreprise avec OSGi, SpringSource propose un dépôt de composants compatibles OSGi relatifs aux principaux frameworks et bibliothèques Java EE. Ces composants peuvent être utilisés librement lors de la mise en œuvre d'applications d'entreprise utilisables dans un conteneur OSGi.

Bien que cette technologie soit très prometteuse, elle souffre de limitations liées au cloisonnement des chargeurs de classes, limitations adressées par l'outil dm Server. Ce dernier, que nous décrivons en détail au chapitre suivant, fournit une plate-forme packagée combinant les outils et technologies Spring, Tomcat et OSGi. Cette plate-forme, qui offre une flexibilité d'administration à chaud, est particulièrement adaptée et optimisée pour la mise en œuvre d'applications d'entreprise.

17

L'outil dm Server

Nous avons vu au chapitre précédent les avantages de la technologie OSGi pour structurer les applications tout en gérant les dépendances entre composants de manière efficace. L'outil Spring Dynamic Modules offre un intéressant support pour faciliter l'utilisation du framework Spring dans un environnement de ce type.

Néanmoins, différents problèmes et difficultés se posent afin d'obtenir des versions des bibliothèques et des frameworks Java EE sous forme de composants OSGi et de constituer un dépôt de composants cohérents dans le cadre de la mise en œuvre d'applications d'entreprise.

La mise en œuvre des applications d'entreprise dans des composants OSGi fait apparaître des lourdeurs dues au nombre important des importations de packages, importations nécessaires afin de référencer des bibliothèques et frameworks Java EE.

L'outil dm Server permet de dépasser ces limitations et de faciliter la mise en œuvre d'applications d'entreprise dans un environnement OSGi. Cet outil fournit en outre différentes briques permettant d'administrer, de déployer et de superviser les applications contenues dans un serveur d'applications. De par sa légèreté et sa flexibilité ainsi que de son support de la technologie OSGi, on peut parler véritablement d'un serveur d'applications de nouvelle génération.

Ce chapitre aborde les concepts et l'architecture de dm Server ainsi que les enrichissements de la spécification OSGi qu'il propose. Nous verrons également les possibilités qu'il offre pour structurer les applications et les organiser en composants et finirons par ses particularités de configuration et de déploiement.

Concepts généraux

Développer des applications d'entreprise dans un environnement OSGi n'est pas toujours une tâche facile. Cela tient à la complexité des mécanismes utilisés dans ce type d'application ainsi qu'aux dépendances induites par les frameworks et bibliothèques Java EE.

Convaincu néanmoins que la technologie OSGi constitue une avancée dans l'amélioration de la structuration et de la modularisation des applications d'entreprise, SpringSource propose une brique supplémentaire afin de rendre plus simples les développements de ce type dans un environnement OSGi.

SpringSource

SpringSource, anciennement appelée Interface 21, est la société qui soutient le développement de Spring ainsi que les différents projets et outils créés autour du framework. Cette société emploie les principaux acteurs de la communauté Spring.

Avant d'entrer dans le détail des caractéristiques de dm Server, revenons sur les principaux facteurs contribuant à complexifier la mise en œuvre d'applications d'entreprise dans un environnement OSGi.

Complexité

Avant de mettre en œuvre les préoccupations des applications, il convient de fournir au conteneur OSGi les frameworks et bibliothèques Java EE nécessaires sous forme de composants OSGi. Un framework Java EE s'appuyant la plupart du temps sur d'autres outils, frameworks ou bibliothèques, la cohérence de ces divers composants peut vite s'avérer problématique et induire des erreurs parfois difficiles à résoudre.

Comme nous l'avons vu au chapitre précédent, OSGi garantit un cloisonnement strict des chargeurs de classes. Cela impose de spécifier le package contenant les classes à utiliser lorsque ces dernières se trouvent dans des dépendances, cette opération se fondant sur l'en-tête Import-Package du fichier **MANIFEST.MF**. Pour des traitements complexes, le nombre de packages à spécifier peut vite devenir important et impacter les temps de développement. L'idéal serait de pouvoir importer d'un coup tous les packages pour un framework ou une bibliothèque donnée.

Une autre difficulté d'utilisation de la technologie OSGi tient à l'absence de la notion d'application, laquelle correspond à un ensemble de composants OSGi. En conséquence, aucune possibilité n'est offerte afin de fournir une isolation entre les composants dédiés à une application. Même si OSGi met en œuvre un cloisonnement strict entre composants, tous les composants présents dans le conteneur sont potentiellement visibles et utilisables. Aucun compartimentage des applications n'est envisageable à ce niveau.

Cette lacune impose de travailler sur les composants unitairement, même si ces derniers correspondent à une unique application, ce qui peut vite rendre complexe l'administration d'une application.

Solutions apportées par dm Server

Afin de faciliter la mise en œuvre d'applications d'entreprise dans un environnement OSGi, SpringSource propose l'outil Open Source dm Server intégrant les technologies et outils récapitulés au tableau 17-1.

Tableau 17-1. Technologies et outils intégrés par dm Server

Outil	Description
Spring	Conteneur léger pour l'injection de dépendances et la programmation orientée aspect offrant divers supports afin de faciliter la mise en œuvre d'applications Java EE.
Tomcat	Conteneur Web Open Source de la fondation Apache disponible à l'adresse *http://tomcat.apache.org/*.
OSGI R4	Spécification pour la mise en œuvre de la programmation orientée composant ainsi que pour des architectures orientées services légères au sein d'une même machine virtuelle Java.
Equinox	Implémentation de la spécification OSGi de la plate-forme Eclipse. Cette implémentation correspond au socle de l'outil de développement. Elle propose un mécanisme de points d'extension non normalisé pour le moment.
Spring Dynamic Modules	Outil permettant la mise en œuvre d'applications fondées sur le framework Spring dans un environnement OSGi.
Spring Application Management Suite	Brique applicative adressant la supervision de dm Server et des applications déployées en son sein.

L'outil dm Server se positionne en tant que serveur d'applications de nouvelle génération offrant une approche légère et flexible permettant d'envisager la mise en œuvre et la gestion d'applications d'entreprise Java EE. À cet effet, l'outil a fait le choix des technologies Spring et OSGi tout en intégrant un conteneur Web Tomcat. Il est à noter que le serveur d'applications ne contient pas de conteneur d'EJB3.

La figure 17-1 illustre l'architecture des différentes briques énoncées précédemment, ces dernières étant combinées et étendues afin de tirer parti au maximum les unes des autres.

Figure 17-1

Briques internes de dm Server

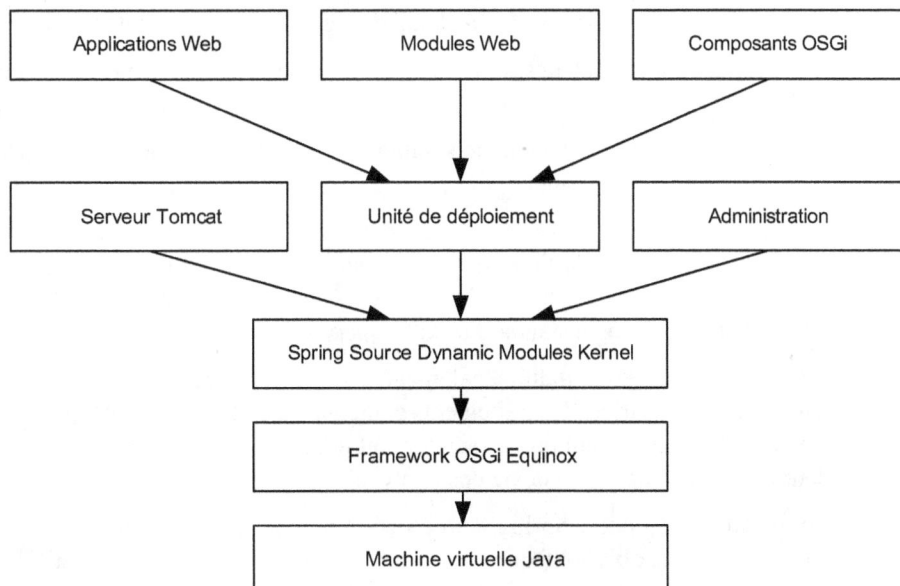

Nous pouvons constater que la brique centrale de l'outil correspond à Dynamic Modules Kernel. Cette dernière met en œuvre tous les concepts de la technologie OSGi. Fondée sur Equinox tout en l'enrichissant, elle offre un support relatif à la gestion et à l'approvisionnement des bibliothèques.

Une autre caractéristique intéressante de dm Server réside dans l'adaptation dynamique des ressources nécessaires aux composants afin de minimiser la consommation mémoire globale du serveur d'applications.

En complément, l'outil permet de diagnostiquer rapidement les erreurs aussi bien en développement qu'en production. Ces erreurs peuvent être notamment induites par des problèmes au niveau des dépendances. Cette fonctionnalité se fonde sur l'isolation et la mise à disposition de l'exception étant à l'origine de l'erreur.

Sur cette brique centrale s'appuient différentes briques applicatives permettant d'enrichir le conteneur OSGi lui-même en fonction de profils, ces derniers offrant la possibilité de bénéficier notamment de services relatifs à l'administration et au déploiement.

Ces différentes briques permettent à dm Server d'offrir les différents avantages suivants :

- bénéficier des fonctionnalités du framework Spring afin de rendre plus simple la mise en œuvre des traitements des applications d'entreprise ;

- permettre une structuration en composants des différents traitements d'une application en se fondant sur OSGi ;

- permettre la mise à disposition ainsi que la consommation de services afin de rendre possible des architectures orientées services au sein d'une même machine virtuelle Java ;

- permettre une administration à chaud des différents composants applicatifs ;

- offrir des fonctionnalités simplifiant la configuration des dépendances entre composants OSGi ;

- mettre à disposition des facilités afin de détecter l'origine des erreurs relatives aux dépendances entre composants.

Comme dm Server est fondé sur la technologie OSGi, il bénéficie de toute sa flexibilité, notamment au niveau de l'administration puisque toutes les opérations peuvent être réalisées à chaud. Il est à noter que l'outil rend accessibles ses différents constituants par l'intermédiaire de la technologie standardisée de supervision JMX.

La technologie OSGi induit également une gestion des dépendances à l'exécution ainsi qu'une isolation stricte des traitements contenus dans les composants par le biais de chargeurs de classes dédiés. L'outil dm Server enrichit ces fonctionnalités afin de faciliter et de simplifier leur utilisation dans le contexte des applications d'entreprise.

En parallèle de l'outil, SpringSource offre un dépôt contenant un ensemble de composants OSGi relatifs aux bibliothèques et frameworks Java EE courants. L'outil donne la possibilité de provisionner son dépôt local de composants et de bibliothèques directement à partir de celui de SpringSource.

Gestion des dépendances

Comme indiqué précédemment, l'utilisation de l'en-tête `Import-Package` de la technologie OSGi afin de référencer des packages comporte des limitations dans le cadre des applications d'entreprise. En effet, un nombre important de packages doit être couramment spécifié, avec la possibilité d'erreurs à l'exécution en cas d'oublis.

Dans ce contexte, dm Server introduit une notion plus globale que les packages afin de référencer et d'utiliser des dépendances. Cette notion correspond au concept de bibliothèque, ce dernier représentant un ensemble cohérent de composants OSGi liés à une bibliothèque ou un framework Java. Il est à noter que le concept de bibliothèque est introduit afin de combler son manque actuel dans la spécification OSGi. Cela apporte une fonctionnalité intéressante lors de l'utilisation de frameworks ou bibliothèques Java, un grand nombre de packages devant être alors importés.

Ce concept est particulièrement intéressant pour le développement puisque l'ensemble des packages relatifs n'est pas forcément connu à l'avance et doit être complété progressivement au cours du développement. De plus, une omission de packages nécessaires à l'exécution se traduit couramment par une erreur dont le diagnostic est loin d'être trivial.

Utilisation de dépendances

Afin de minimiser le nombre de lignes contenu dans la valeur de l'en-tête `Import-Package`, dm Server dispose de deux nouveaux en-têtes. Ces derniers, `Import-Bundle` et `Import-Library`, correspondent uniquement à des alias pour un ensemble de packages définis dans OSGi. Ils possèdent donc la même sémantique que l'en-tête `Import-Package` et correspondent simplement à des alias. Ils sont automatiquement convertis en une liste des `Import-Package` correspondants, offrant ainsi la possibilité de réduire de manière significative le nombre de lignes relatives à la spécification des dépendances dans le fichier **MANIFEST.MF**.

L'en-tête `Import-Bundle` permet de référencer d'un coup tous les packages exportés par un composant. La valeur de ce dernier suit les mêmes règles qu'un en-tête OSGi classique, à savoir une liste d'éléments séparés par des virgules, avec la possibilité de spécifier des directives.

Par défaut, la spécification d'un composant par ce biais impose sa présence. Cela peut toutefois se modifier par le biais de la directive `resolution`. Cette dernière se comporte de la même manière que dans l'en-tête `Import-Package`. L'en-tête `Import-Bundle` offre également la possibilité d'utiliser la directive `version` afin de spécifier la version ou une plage de versions lors du référencement de la dépendance.

La figure 17-2 illustre le principe d'une configuration de dépendances fondée sur l'en-tête `Import-Bundle`.

Le code suivant illustre l'utilisation de l'en-tête `Import-Bundle` afin de référencer les packages exportés par l'outil DBCP :

```
Import-Bundle: com.springsource.org.apache.commons.dbcp;
  version="[1.2.2.osgi, 1.2.2.osgi]"
```

L'en-tête `Import-Library` permet de référencer d'un coup tous les packages exportés par un ensemble de composants. La valeur de cette dernière suit les mêmes règles qu'un en-tête

OSGi classique, à savoir une liste d'éléments séparés par des virgules, avec la possibilité de spécifier des directives. À l'instar de l'en-tête Import-Bundle, les directives resolution et version sont utilisables avec les mêmes mécanismes que précédemment.

Figure 17-2

Mécanismes d'importation de composants avec l'entête Import-Bundle

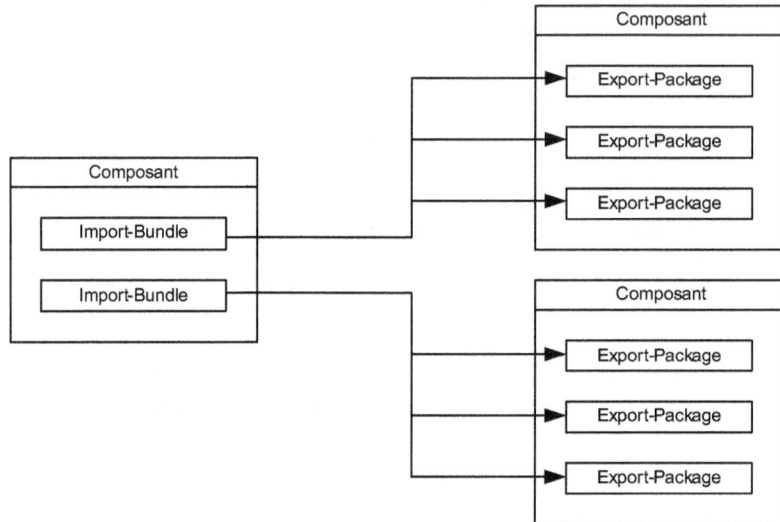

La figure 17-3 illustre le principe d'une configuration de dépendances fondée sur l'en-tête Import-Library.

Figure 17-3

Mécanismes d'importation de bibliothèques avec l'en-tête Import-Library

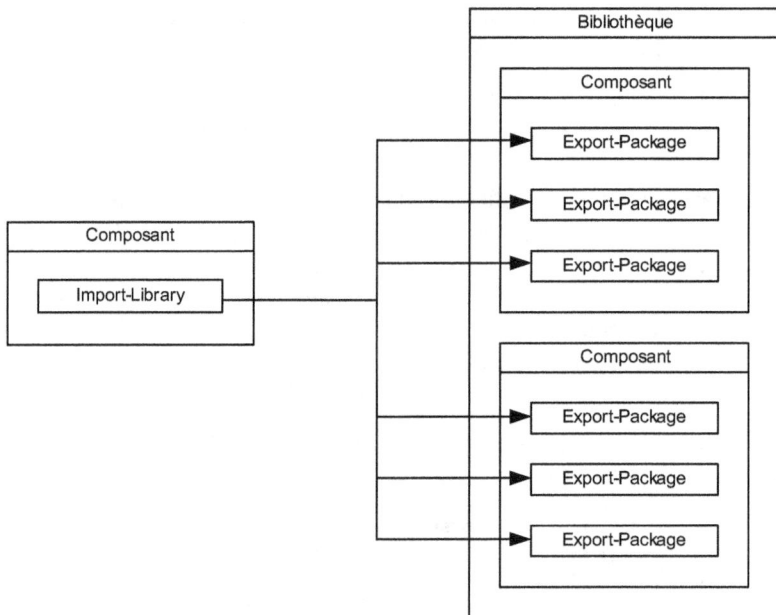

Le code suivant illustre l'utilisation de l'en-tête `Import-Library` afin de référencer les packages exportés par les outils Spring et AspectJ :

```
Import-Library: org.springframework.spring;version="[2.5.4, 3.0)",
  org.aspectj;version="[1.6.0,1.6.0]";resolution:="optional"
```

Définition d'une bibliothèque

La fonctionnalité relative aux bibliothèques est extensible puisque dm Server offre la possibilité de définir ses propres bibliothèques. Cela se configure par le biais d'un fichier possédant l'extension `libd` et offrant la possibilité de définir les propriétés de la bibliothèque ainsi que les composants qui la constituent.

Le tableau 17-2 récapitule les en-têtes utilisables dans ce type de fichier, ce dernier suivant le style de configuration des fichiers **MANIFEST.MF**.

Tableau 17-2. En-têtes utilisables dans la définition des propriétés d'une bibliothèque

En-tête	Description
Library-SymbolicName	Définit le nom symbolique ou identifiant de la bibliothèque.
Library-Version	Spécifie la version de la bibliothèque.
Import-Bundle	Définit la liste des composants contenus dans la bibliothèque. La directive `version` peut être utilisée au niveau de chaque composant spécifié.
Library-Name	Définit le nom de la bibliothèque.
Library-Description	Permet de spécifier une description de la bibliothèque. Ce paramètre est optionnel.

L'exemple suivant illustre la mise en œuvre d'un fichier `libd` correspondant à la bibliothèque Spring d'identifiant `org.springframework.spring` en se fondant sur les en-têtes `Library-SymbolicName` (**1**), `Library-Version` (**2**), `Library-Name` (**3**) et `Import-Bundle` (**4**) :

```
Library-SymbolicName: org.springframework.spring←1
Library-Version: 2.5.4←2
Library-Name: Spring Framework←3
Import-Bundle: org.springframework.core;version="[2.5.4,2.5.5)",←4
  org.springframework.beans;version="[2.5.4,2.5.5)",
  org.springframework.context;version="[2.5.4,2.5.5)",
  org.springframework.aop;version="[2.5.4,2.5.5)",
  org.springframework.web;version="[2.5.4,2.5.5)",
  org.springframework.web.servlet;version="[2.5.4,2.5.5)",
  org.springframework.jdbc;version="[2.5.4,2.5.5)",
  org.springframework.orm;version="[2.5.4,2.5.5)",
  org.springframework.transaction;version="[2.5.4,2.5.5)",
  org.springframework.context.support;version="[2.5.4,2.5.5)",
  org.springframework.aspects;version="[2.5.4,2.5.5)",
  com.springsource.org.aopalliance;version="1.0"
```

Ce code utilise la directive version au niveau de chaque élément de la balise Import-Bundle afin de spécifier les versions utilisées.

Nous verrons à la section « Gestion du dépôt de bibliothèques » comment configurer des bibliothèques dans dm Server.

En résumé

Après avoir constaté que la mise en œuvre des applications d'entreprise dans un environnement OSGi souffrait de quelques lourdeurs, nous avons décrit les concepts proposés par dm Server afin de pallier ces limitations.

L'outil dm Server correspond véritablement à un serveur d'applications de nouvelle génération visant à offrir une plate-forme légère, facilement administrable et adaptant les ressources utilisées en fonction des besoins. Cette plate-forme intègre Tomcat, Spring et OSGi, technologies et outils utilisés conjointement afin de tirer parti au maximum les unes des autres.

Cet outil possède donc toute la flexibilité et la modularisation induites par OSGi, tout en offrant la possibilité d'utiliser les mécanismes de Spring simplifiant l'utilisation des frameworks Java EE.

L'outil dm Server enrichit également la technologie OSGi afin d'introduire le concept de bibliothèque dans le but de simplifier la gestion des dépendances entre composants OSGi. Cette dernière permet en effet de spécifier en une seule instruction les composants ainsi que les packages nécessaires à l'utilisation d'une bibliothèque ou d'un framework Java en tant que dépendance. De nouveaux en-têtes sont mis à disposition afin d'utiliser ce concept directement dans le fichier **MANIFEST.MF**.

Structuration des applications

Une fonctionnalité importante de dm Server est le support des applications Web classiques de Java EE. Ces applications sont en effet supportées en tant que telles et déployables directement dans l'outil. Cela permet d'utiliser au sein même de l'outil des applications existantes fonctionnant, par exemple, dans Tomcat.

En complément, et puisque dm Server repose sur la technologie OSGi, il supporte les composants de ce type tout en offrant des enrichissements pour différents domaines. Ces types de composants peuvent être déployés directement ou par l'intermédiaire d'une application les contenant.

Le tableau 17-3 récapitule les différentes unités de déploiement supportées par dm Server.

Les composants OSGi classiques et la technologie sous-jacente ont été abordés au chapitre précédent. Ces derniers peuvent tirer parti des mécanismes de Spring Dynamic Modules afin d'utiliser en leur sein le framework Spring ainsi que toutes les fonctionnalités correspondantes.

Tableau 17-3. Unités de déploiement supportées par dm Server

Unité	Description
WAR (web archive)	Artefact correspondant aux applications Web Java EE, dont la structure est décrite par la spécification correspondante.
Composants OSGi classiques	Artefact correspondant aux composants normalisés par la spécification OSGi et utilisables dans un conteneur de ce type.
Modules Web	Artefact correspondant à des composants OSGi spécialisés dans la mise en œuvre d'applications Web.
PAR	Artefact correspondant à la mise en œuvre du concept d'application dans un environnement OSGi.

La section suivante aborde les autres types d'unités de déploiement supportés par dm Server.

Fichiers WAR

L'outil dm Server supporte en natif les fichiers WAR (web archive) contenant des applications Web et dont la structure est définie dans la spécification Servlet de Java EE. L'outil propose différentes approches en fonction du degré d'utilisation de la technologie OSGi souhaitée. Nous allons passer en revue cette technologie, selon un niveau croissant d'utilisation.

Dans la mise en œuvre d'archives Web, il est possible d'utiliser l'en-tête `Web-ContextPath` afin de spécifier le contexte de l'application Web correspondante. Si ce dernier n'est pas utilisé, le nom du fichier de l'archive est utilisé. Comme cet en-tête peut également être utilisé dans les modules Web, nous l'aborderons plus en détail à la section correspondante.

Fichiers WAR classiques

Le premier type d'archive relative aux applications Web supporté correspond aux archives classiques, au sens de la spécification Servlet de Java EE. Cela permet d'utiliser au sein de dm Server des applications Web développées pour un serveur d'applications classique, tel que Tomcat.

Dans ce contexte, l'archive de l'application Web contient les différents éléments suivants :

- classes et ressources relatives au tiers de présentation permettant de mettre en œuvre l'interface graphique Web ;
- fichiers de configuration de l'application tels que le fichier **web.xml** ;
- classes et ressources relatives au tiers métier ou classes permettant d'accéder à ce tiers de manière distante ;
- fichiers jar correspondant aux bibliothèques et frameworks utilisés afin de mettre en œuvre les traitements de l'application Web. Ces fichiers sont localisés dans le sous-répertoire **lib** du répertoire **WEB-INF**.

Fichiers WAR utilisant des bibliothèques partagées

Dans le second type d'archive, les bibliothèques et frameworks utilisés sont externalisés de l'archive et référencés en se fondant sur les mécanismes de gestion des dépendances de la technologie OSGi ainsi que sur les fonctionnalités supplémentaires apportées par dm Server.

Ce type de fichier correspond à un fichier WAR classique intégrant le support OSGi afin de résoudre les dépendances. En conséquence, les fichiers jar de ces dernières ne sont plus présents dans l'archive.

Les dépendances doivent être installées dans l'outil en tant que composants OSGi référencés dans le fichier **MANIFEST.MF** de l'application Web en se fondant sur les en-têtes OSGi et de dm Server, tels que Import-Package, Import-Bundle et Import-Library *(voir figure 17-4)*.

Figure 17-4

Structure d'un fichier WAR utilisant des bibliothèques partagées dans dm Server

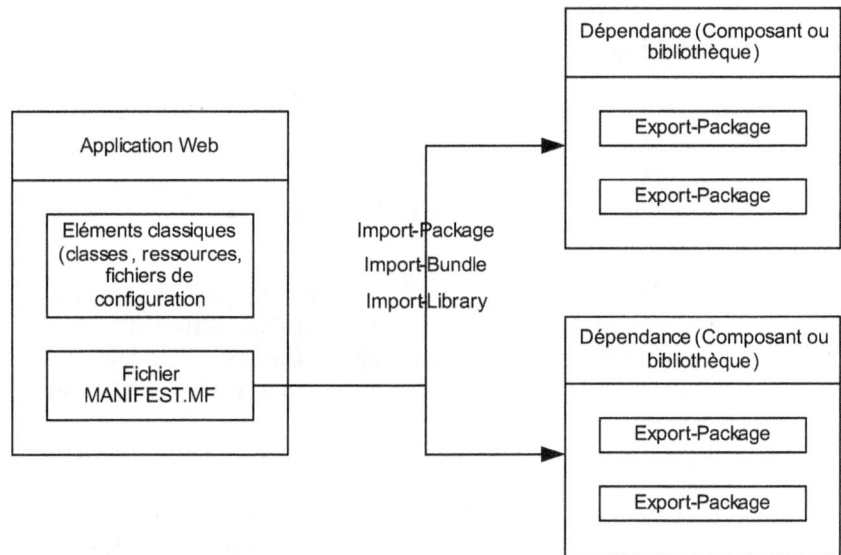

Fichiers WAR utilisant des services partagés

Ce dernier type d'archives Web permet, en plus de l'utilisation de bibliothèques partagées, mécanisme décrit à la section précédente, d'avoir accès et d'utiliser les services OSGi présents dans le conteneur en se fondant sur l'espace de nommage osgi de Spring Dynamic Modules.

Cela permet d'externaliser de l'application Web les traitements qui ne sont pas relatifs au tiers de présentation, tout en restant dans la même machine virtuelle Java. Ces traitements sont désormais présents dans le conteneur OSGi sous forme de services et sont utilisables depuis l'application en se fondant sur les mécanismes standards de la technologie OSGi. Ainsi, seuls les traitements spécifiques à l'interface graphique Web restent désormais présents dans l'application.

La figure 17-5 illustre les interactions possibles entre une application Web de ce type et ses dépendances présentes dans le conteneur OSGi.

Figure 17-5

Structure d'un fichier WAR utilisant des services partagés dans dm Server

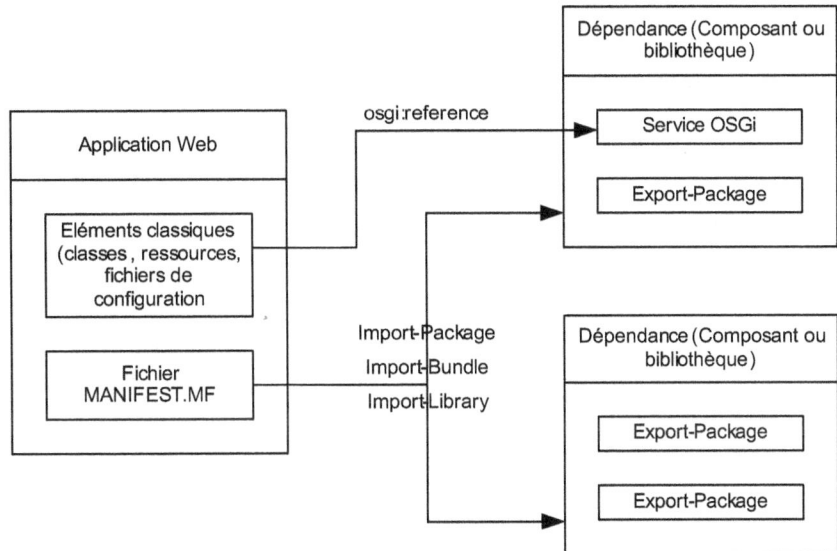

À l'instar des composants Web supportés par Spring Dynamic Modules, les artefacts WAR utilisant des services partagés nécessitent une configuration spécifique afin d'utiliser un contexte applicatif de Spring sachant interagir avec un environnement OSGi au sein de dm Server. Ce contexte applicatif est proposé par le biais de la classe ServerOsgi-BundleXmlWebApplication.

Pour une mise en œuvre de ce type de contexte dans le contexte applicatif général de l'application Web, cette dernière classe doit être spécifiée au niveau de l'observateur Web de Spring dans le fichier **web.xml** en se fondant sur sa propriété contextClass (repères ❶), comme dans le code suivant :

```
<context-param>
   <param-name>contextClass</param-name>←❶
   <param-value>
      com.springsource.server.web.dm. ⇒
            ServerOsgiBundleXmlWebApplicationContext←❶
   </param-value>
</context-param>

<listener>
   <listener-class>
      org.springframework.web.context.ContextLoaderListener
   </listener-class>
</listener>
```

Il est recommandé de référencer exclusivement les services OSGi au niveau de ce contexte. Leur utilisation reste néanmoins possible au niveau du contexte applicatif associé à une servlet DispatcherServlet de Spring MVC.

Cette même classe doit être spécifiée au niveau de la configuration de la servlet DispatcherServlet dans le fichier **web.xml** par le biais de la propriété contextClass (repères ❶), comme dans le code suivant :

```
<servlet>
    <servlet-name>springmvc-servlet</servlet-name>
    <servlet-class>
        org.springframework.web.servlet.DispatcherServlet
     </servlet-class>
    <init-param>
        <param-name>contextClass</param-name>←❶
        <param-value>
            com.springsource.server.web.dm. ➥
                ServerOsgiBundleXmlWebApplicationContext←❶
        </param-value>
    </init-param>
</servlet>
```

Une fois ces aspects configurés, il est possible d'utiliser la balise reference de l'espace de nommage osgi de Spring Dynamic Modules ainsi que toutes les autres fonctionnalités de l'espace au sein de l'application Web.

Le code suivant décrit l'usage de cette balise afin de référencer un service exposant un service métier par l'intermédiaire de l'interface TodoListsManager :

```
<osgi:reference id="dataSource"
                interface="tudu.service.TodoListsManager"/>
```

Modules Web

Bien que dm Server supporte directement les composants OSGi, l'outil apporte en complément la notion de module, ce dernier correspondant à la spécialisation d'un composant OSGi pour un domaine spécifique. À l'heure actuelle, l'outil ne propose que des composants de type Web.

Tout en intégrant les mécanismes des WAR décrits précédemment, les modules Web vont plus loin en offrant des fonctionnalités relatives à cette préoccupation.

- configuration d'éléments du fichier **web.xml** directement dans le fichier **MANIFEST.MF** d'une manière plus simple ;

- configuration automatique de la servlet DispatcherServlet de Spring MVC ;

- mécanisme de chargement du contexte applicatif de Spring fondé sur l'« extender » classique de Spring Dynamic Modules.

Afin de définir un composant OSGi en tant que module Web, il suffit d'utiliser l'en-tête `Module-Type` dans le fichier **MANIFEST.MF**. L'en-tête prend dans ce cas la valeur `Web`. Le code suivant illustre la configuration correspondante (❶) au sein de ce fichier :

```
Module-Type: Web←❶
Bundle-Version: 1.0.0
Bundle-Name: tudu-web
(...)
```

Puisqu'un module est avant tout un composant OSGi, tous les mécanismes de cette technologie sont utilisables pour la gestion des dépendances. Les fonctionnalités offertes par dm Server, telles que le support des bibliothèques en tant que dépendances afin de faciliter l'utilisation d'OSGi, le sont également.

Entrons maintenant dans le détail des spécificités de ce type de composants de dm Server.

Fonctionnement

Dans le contexte de dm Server, un module Web correspond à un composant OSGi classique intégrant Spring et configuré par l'intermédiaire de l'entité « extender » simple de Spring Dynamic Modules. À la différence de ce dernier outil, ce composant n'a pas besoin d'une entité « extender » Web dédiée pour sa configuration.

Pour ce type de composant, la gestion du contexte applicatif est évoluée puisqu'un ensemble de traitements sont réalisés automatiquement et implicitement. Le contexte est automatiquement créé en se fondant sur les mécanismes de l'« extender » de Spring Dynamic Modules. En parallèle, une servlet `DispatcherServlet` de Spring MVC est créée et configurée en utilisant le contexte applicatif précédent. Les éléments relatifs au MVC doivent donc être configurés dans ce contexte.

Les différentes ressources de l'application Web doivent se trouver dans le répertoire **MODULE-INF**, lequel doit éventuellement être présent directement à la racine du module. Ce répertoire correspond à la racine du contexte de l'application.

À l'instar du fonctionnement des applications Web classiques, les ressources présentes sous le répertoire précédent sont visibles directement depuis l'extérieur de l'application. De plus, le répertoire **MODULE-INF** peut éventuellement contenir un sous-répertoire **WEB-INF**. Ce répertoire ainsi que toutes les entités qu'il contient sont invisibles depuis l'extérieur de l'application. Une bonne pratique consiste à placer les fichiers de configuration ainsi que les ressources internes à cet endroit.

La figure 17-6 illustre la structure d'un module Web, type d'entité mis à disposition par dm Server.

Figure 17-6

Structure d'un module Web

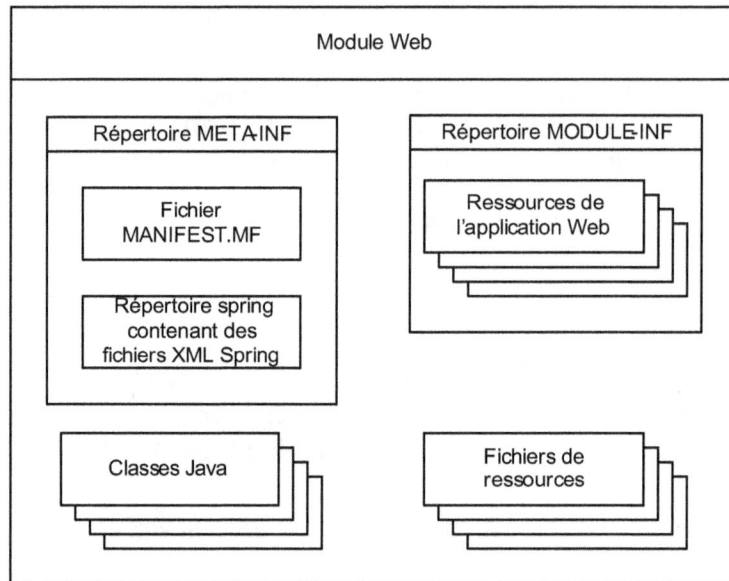

En-têtes spécifiques

La mise en œuvre d'un module Web permet l'utilisation d'en-têtes dédiés afin de configurer des éléments relatifs à des éléments Web et de Spring MVC. Ces différents en-têtes sont récapitulés au tableau 17-4.

Tableau 17-4. En-têtes spécifiques des modules Web

En-tête	Description
`Web-ContextPath`	Permet de spécifier le contexte de l'application Web.
`Web-FilterMappings`	Permet de configurer un ou plusieurs filtres servlet par l'intermédiaire d'une chaîne de caractères séparée par des virgules. Les directives `targetFilterLifecycle`, `url-patterns` et `dispatcher` permettent de spécifier respectivement l'activation de la délégation des événements au filtre, le mappage ainsi que le type d'application.
`Web-DispatcherServletUrlPatterns`	Permet de spécifier le mappage de la servlet `DispatcherServlet` créée implicitement.

Le premier en-tête permet de préciser le contexte de l'application Web, c'est-à-dire le nom virtuel à partir duquel cette dernière peut être accédée. Le code suivant illustre l'utilisation de cet en-tête dans le fichier **MANIFEST.MF** du module :

```
Module-Type: Web
Web-ContextPath: tudu←❶
```

Comme indiqué à la section précédente, une servlet `DispatcherServlet` est implicitement configurée lors de la mise en œuvre de ce type de module. L'en-tête `Web-DispatcherServletUrlPatterns` offre la possibilité de spécifier un mappage spécifique pour cette servlet, la valeur par défaut étant `*.htm`.

Le code suivant décrit la manière de configurer cet aspect (❶) dans le fichier **MANI-FEST.MF** du module :

```
Module-Type: Web
Web-ContextPath: tudu
Web-DispatcherServletUrlPatterns: *.do←❶
```

La configuration de filtres servlet par l'intermédiaire de l'en-tête `Web-FilterMappings` est un peu plus évoluée puisqu'elle nécessite l'utilisation d'une ou plusieurs directives en complément. La valeur spécifiée pour le filtre correspond au nom du Bean relatif dans le contexte applicatif du module. Un paramétrage peut être ajouté afin de préciser, par exemple, les mappages relatifs à l'application du filtre par l'intermédiaire de la directive `url-patterns`.

Le code suivant décrit la configuration de deux filtres `securityFilter` (❶) et `imageFilter` ❷) mappés avec les patterns `*.do` et `*.jsp` pour le premier et `/image/*` pour le second :

```
Module-Type: Web
Web-ContextPath: tudu
Web-DispatcherServletUrlPatterns: *.do
Web-FilterMappings: securityFilter;url-patterns:="*.do,*.jsp",←❶
 imageFilter;url-patterns:="/image/*"←❷
```

Nous allons voir quels mécanismes dm Server propose afin de réaliser une configuration plus avancée de l'application Web.

Configuration Web avancée

Pour ce type d'entité, dm Server offre la possibilité de spécifier des éléments de configuration Web dans un fichier **web.xml** classique optionnel. Les paramétrages sont utilisés en plus des éléments spécifiés dans le fichier **MANIFEST.MF** par l'intermédiaire des en-têtes décrits à la section précédente.

Le fichier **web.xml** doit suivre la structure décrite dans la spécification Servlet et se trouver directement sous le répertoire **WEB-INF** localisé dans le répertoire **MODULE-INF** du composant. Il offre la possibilité de spécifier une configuration plus avancée que celle supportée par les en-têtes du fichier **MANIFEST.MF**.

Fichiers PAR

La dernière entité supportée par dm Server est le PAR (platform archive), qui correspond physiquement à un fichier jar avec l'extension PAR. Elle permet de mettre en œuvre la notion d'application dans l'outil au sein même de la technologie OSGi.

Ce concept permet de regrouper dans une même entité différents composants et modules relatifs à une application afin de les isoler du reste des entités présentes dans le conteneur OSGi.

Une analogie peut être faite entre l'entité ear (enterprise archive) contenant une application Java EE et l'entité PAR mettant en œuvre un concept similaire dans le cadre de la technologie

OSGi. La principale différence consiste en la possibilité de rafraîchir indépendamment et dynamiquement ses différents constituants à l'exécution.

Un PAR possède la particularité d'être visible au sein des outils d'administration de dm Server et peut être manipulé à ce niveau afin de réaliser facilement des opérations de déploiement et d'administration.

Concrètement, un fichier PAR comprend l'ensemble des composants et modules constituant l'application ainsi qu'un paramétrage par l'intermédiaire du fichier **MANIFEST.MF** présent dans le répertoire **META-INF**. Afin de configurer l'entité, différents en-têtes spécifiques sont disponibles, comme le récapitule le tableau 17-5.

Tableau 17-5. En-têtes utilisables dans le fichier MANIFEST.MF d'un fichier PAR

En-tête	Description
Application-SymbolicName	Permet de spécifier le nom symbolique de l'application contenue dans le PAR.
Application-Name	Permet de spécifier le nom de l'application contenue dans le PAR.
Application-Version	Permet de spécifier la version de l'application contenue dans le PAR.
Application-Description	Permet de spécifier la description de l'application contenue dans le PAR.

Le code suivant fournit un exemple de configuration d'un fichier PAR issue de l'étude de cas Tudu Lists :

```
Manifest-Version: 1.0
Application-Name: tudu-application
Application-Version: 1.0.0
Application-SymbolicName: tudu_application
Application-Description: Application Todo Lists
```

Avec le concept de PAR, dm Server offre une intéressante fonctionnalité pour utiliser la technologie OSGi. Au sein des entités regroupées dans un PAR, il est possible de charger n'importe quelle classe contenue dans des packages exposés par l'intermédiaire du traitement Class.forName ou d'un équivalent. Comme nous l'avons vu au chapitre précédent, cette possibilité est toutefois source de problèmes de chargement de classes avec la technologie OSGi seule.

En résumé

L'outil dm Server propose différentes possibilités pour structurer des applications en son sein en se fondant sur différentes unités de déploiement, pour lesquelles il offre une grande flexibilité quant à leur utilisation.

L'outil supporte les applications Web classiques, tout en offrant différents degrés d'utilisation de la technologie OSGi. Il est possible de ne pas l'utiliser du tout, de la mettre en œuvre afin de gérer les dépendances de l'application ou de se fonder sur les services OSGi exposés par des composants afin de réaliser des traitements.

Puisque dm Server intègre un conteneur OSGi, il supporte bien évidemment les composants OSGi classiques, mais apporte en parallèle un type de composant orienté Web. Ce dernier fournit des fonctionnalités pour réaliser des traitements permettant notamment de configurer implicitement Spring et Spring MVC au moment de son chargement.

L'outil permet enfin de mettre en œuvre des applications au sein d'un conteneur OSGi par l'intermédiaire du support des par. Ces derniers permettent de regrouper des composants, tout en les isolant des autres composants présents dans le conteneur.

Plate-forme

L'outil dm Server correspond véritablement à un serveur d'applications de nouvelle génération. Il offre une véritable plate-forme intégrant des conteneurs Web et OSGi ainsi que différents outils permettant d'administrer ces conteneurs ainsi que les entités contenues.

Installation et mise en œuvre

L'outil dm Server est proposé sous licence GPL version 3. Il est téléchargeable sur le site de la société SpringSource à la rubrique « Produits », à l'adresse *http://www.springsource.com/products/suite/dmserver.* Sont accessibles à ce niveau des versions pour les systèmes d'exploitation Windows et Linux.

Sur les deux systèmes, l'installation de l'outil consiste simplement en l'extraction du contenu de l'archive dans le répertoire de notre choix. Une fois cette opération réalisée, il est conseillé de créer une variable d'environnement référençant le répertoire d'installation, mais ce n'est pas obligatoire.

L'utilisation du nom SERVER_HOME pour cette variable est suggérée. Sous Linux, cela se réalise en utilisant la commande export dans le fichier **.profile** de l'utilisateur courant. Sous Windows, la configuration se réalise par l'intermédiaire des « propriétés système » en sélectionnant le bouton « variables d'environnement » dans l'onglet « Avancée ». Il convient alors de créer une nouvelle variable avec le nom précédent.

Le démarrage et l'arrêt du serveur se fondent respectivement sur les scripts **startup.sh** et **shutdown.sh** sous Linux et **startup.bat** et **shutdown.bat** sous Windows. Ces scripts sont présents dans le sous-répertoire **bin** de la distribution.

Le message (❶) décrit dans le code suivant s'affiche dans la console de lancement afin de signaler un démarrage avec succès de l'outil :

```
$ bin/startup.sh
[2008-10-25 10:26:42.176] main        <SPKB0001I> Server starting.
[2008-10-25 10:26:46.413] main        <SPOF0001I> OSGi telnet console available on
port 2401.
[2008-10-25 10:26:53.595] main        <SPKE0000I> Boot subsystems installed.
[2008-10-25 10:26:54.330] main        <SPKE0001I> Base subsystems installed.
[2008-10-25 10:26:56.526] server-dm-14 <SPPM0000I> Installing profile 'web'.
[2008-10-25 10:26:58.821] server-dm-8 <SPSC0001I> Creating HTTP/1.1 connector with
scheme http on port 8080.
[2008-10-25 10:26:58.835] server-dm-14 <SPPM0001I> Installed profile 'web'.
[2008-10-25 10:26:58.976] server-dm-8 <SPSC0001I> Creating HTTP/1.1 connector with
```

```
scheme https on port 8443.
[2008-10-25 10:26:58.999] server-dm-8   <SPSC0001I> Creating AJP/1.3 connector with
scheme http on port 8009.
[2008-10-25 10:26:59.056] server-dm-8   <SPSC0000I> Starting ServletContainer.
[2008-10-25 10:27:00.586] server-dm-13  <SPPM0002I> Server open for business with
profile 'web'.←❶
```

Une fois le serveur démarré, ce dernier déploie les différents composants, modules et applications présents. L'application d'administration de l'outil est chargée à ce moment.

Le tableau 17-6 récapitule les différents arguments utilisables lors du lancement du serveur.

Tableau 17-6. Arguments utilisables lors du lancement du serveur

Argument	Description
-clean	Active un nettoyage du serveur au démarrage en supprimant le répertoire work ainsi que les fichiers de trace, de log et de dump.
-debug <-suspend>	Active le débogage du serveur en démarrant un agent de débogage. Un port peut être spécifié après l'argument afin de définir le port d'écoute de l'agent. Par défaut, ce port est 8000. L'utilisation conjointe de l'argument -suspend permet de suspendre l'exécution de la machine virtuelle tant qu'un débogueur ne s'y est pas attaché.
-jmxremote	Active un service JMX pour le serveur. Un port peut être précisé après l'argument afin d'autoriser les connexions distantes, tout en définissant le port d'écoute du service. Si aucun port n'est spécifié, seules les accroches locales sont autorisées.

Concernant l'arrêt du serveur, le message (❶) décrit dans le code suivant s'affiche dans la console de lancement en cas de succès :

```
[2008-10-25 10:37:53.802] eduled-executor-thread-1 <SPOF0004I> Shutdown initiated.
[2008-10-25 10:37:53.871] server-dm-10  <SPSC0002I> Shutting down
ServletContainer.←❶
```

L'option -immediate est utilisable dans ce contexte afin d'arrêter immédiatement le serveur en outrepassant le cycle normal d'arrêt.

Gestion du dépôt

Le dépôt local de dm Server regroupe tous les composants et bibliothèques potentiellement utilisables par le serveur aussi bien que par les composants applicatifs et les applications qu'il contient.

Par défaut, le dépôt est localisé dans le sous-répertoire **repository** de la distribution et est structuré en deux répertoires, **bundles** pour les composants et **libraries** pour les bibliothèques. Pour chacun de ces répertoires, sont présents les deux sous-répertoires suivants :

- **ext**, contenant des entités externes fournies directement dans la distribution de l'outil ;
- **usr**, contenant des entités externes ajoutées par l'utilisateur ou le développeur pour les besoins de ses composants ou applications.

Dans le cas des composants, la présence d'un sous-répertoire **subsystems** contenant les composants utilisés en interne par l'outil est nécessaire.

Pour installer un composant, il suffit de copier son fichier jar dans le répertoire **bundles/usr**. Pour une bibliothèque, la même opération se réalise avec le descripteur correspondant dans le répertoire **libraries/usr**.

Afin d'approvisionner ce dépôt local, il est recommandé d'utiliser le dépôt de SpringSource proposé à l'adresse *http://www.springsource.com/repository*. Ce dépôt contient un ensemble de bibliothèques et frameworks Java et Java EE adaptés à une utilisation dans un environnement OSGi, et donc dans dm Server. Ce dépôt présente l'avantage d'intégrer le concept de bibliothèques introduit par l'outil.

En complément, une interface Web offre la possibilité de parcourir le dépôt et de réaliser des recherches aussi bien au niveau des composants que des bibliothèques. Pour chaque page de description, les informations ainsi que les dépendances des entités sont détaillées.

Administration et déploiement

L'outil dm Server propose deux approches distinctes pour le déploiement d'un composant ou d'une application.

L'outil supporte le déploiement à chaud d'entités en se fondant sur la présence de fichiers dans le répertoire **pickup** de la distribution. Une fois une entité de ce type copiée dans ce répertoire, l'outil tente de la déployer. En cas de succès, le message suivant apparaît dans les traces :

```
[2008-11-04 14:50:35.686] fs-watcher  <SPDE0010I> Deployment of tudu' version '1.0.0' completed.
```

Dans le cas contraire, le message d'erreur correspondant est écrit dans les traces.

Une autre approche consiste à utiliser l'application Web d'administration de dm Server. Cette dernière est accessible à l'adresse *http://<machine>:<port>/admin*, où machine correspond au nom de la machine sur laquelle est installé l'outil, et port au port d'écoute correspondant.

Une section de l'interface Web est dédiée au déploiement d'entités. Il suffit pour cela de spécifier une archive supportée par l'outil et de lancer le déploiement.

La figure 17-7 illustre le déploiement de l'application Tudo Lists par l'intermédiaire du fichier **tudu.par**.

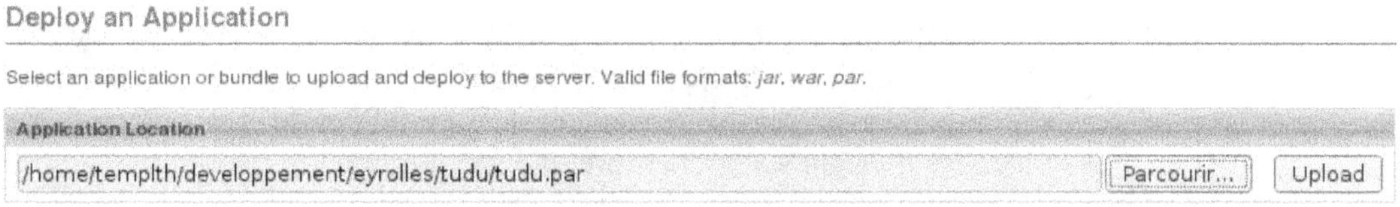

Deploy an Application

Select an application or bundle to upload and deploy to the server. Valid file formats: *jar, war, par.*

Application Location

| /home/templth/developpement/eyrolles/tudu/tudu.par | Parcourir... | Upload |

Figure 17-7

Déploiement de l'application Tudo Lists par l'intermédiaire de l'interface graphique

Une fois l'opération terminée, l'application déployée (ici Tudo Lists) apparaît dans la liste des applications contenues dans l'instance du serveur, comme l'illustre la figure 17-8.

Deployed Applications

Name	Version	Origin		Date	Undeploy
com.springsource.server.servlet.splash	0	Hot Deployed		4 nov. 2008 15:01:41 CET	undeploy
Associated Modules: com.springsource.server.servlet.splash	(type: WAR)	/			
com.springsource.server.servlet.admin	1.0.0.RELEASE	Hot Deployed		4 nov. 2008 15:01:42 CET	undeploy
Associated Modules: com.springsource.server.servlet.admin	(type: Web)	/admin			
tudu_application	1	file:/home/templth/developpement/applications/springsource-dm-server-1.0.0.RELEASE/stage/tudu-application.par/		4 nov. 2008 15:01:45 CET	undeploy
Associated Modules: tudu_web	(type: Web)	/tudu			
tudu_application-synthetic.context	(type: Bundle)	No personality identifer			
tudu_core	(type: Bundle)	No personality identifer			
tudu_datasource	(type: Bundle)	No personality identifer			

Figure 17-8

Liste des applications déployées dans dm Server

Traces applicatives

L'outil dm Server est conçu pour fournir des traces applicatives pertinentes dans le but de diagnostiquer facilement d'éventuels problèmes et de gérer un volume important de traces.

L'outil supporte deux types de sorties pour les traces :

- Une sortie globale contenant toutes les traces relatives aux événements et fonctionnements internes de l'outil. Il offre ainsi la possibilité de diagnostiquer les erreurs d'exécution.

- Une sortie par application contenant toutes les informations de traces écrites par cette dernière en se fondant sur les frameworks populaires de traces ainsi que sur les sorties standard et d'erreur.

Dans les deux cas, les implémentations de SLF4J relatives à Commons-Logging et Log4j sont utilisées afin de permettre l'écriture de ces traces applicatives.

Dans le premier cas, les traces applicatives sont écrites dans le fichier de traces globales `trace.log`, localisé directement sous le répertoire des traces. Dans le second, ces dernières sont écrites dans le fichier précédent, mais également dans un fichier de traces nommé également `trace.log` et localisé dans un sous-répertoire du répertoire de traces dont le nom est de la forme `<nom-application>-<version-application>`.

La figure 17-9 illustre les différents fichiers de traces présents dans une instance de dm Server dans laquelle est déployée l'application Tudu.

D'une manière générale, le format des traces applicatives est de la forme : `<estampille temporelle> <nom du thread courant > <source> <niveau> <message>`.

Serviceability Destinations

Name	Destination
logging	/home/templth/developpement/applications/springsource-dm-server-1.0.0.RELEASE/serviceability/logs/logging.log
trace	/home/templth/developpement/applications/springsource-dm-server-1.0.0.RELEASE/serviceability/trace/trace.log
trace-com.springsource.server.servlet.admin-1.0.0.RELEASE	/home/templth/developpement/applications/springsource-dm-server-1.0.0.RELEASE/serviceability/trace/com.springsource.server.servlet.admin-1.0.0.RELEASE/trace.log
trace-com.springsource.server.servlet.splash-0	/home/templth/developpement/applications/springsource-dm-server-1.0.0.RELEASE/serviceability/trace/com.springsource.server.servlet.splash-0/trace.log
trace-tudu_application-1	/home/templth/developpement/applications/springsource-dm-server-1.0.0.RELEASE/serviceability/trace/tudu_application-1/trace.log

Figure 17-9

Fichiers de traces présents dans une instance de dm Server

Le code suivant décrit un exemple de fichier de trace avec des lignes provenant d'un outil de traces applicatives (❶), de la sortie standard (❷) et de la sortie d'erreur (❸) :

```
[2008-10-25 10:26:58.999] server-dm-8 <SPSC0001I> Creating AJP/1.3 connector with
scheme http on port 8009.Æ ❶
(...)
[2008-05-16 09:28:45.874] server-tomcat-thread-1 System.out I Ecriture sur la sortie
standard ❷
(...)
[2008-05-16 09:28:45.874] server-tomcat-thread-1 System.err E Ecriture sur la sortie
d'erreur ❸
```

L'outil dm Server supporte un mécanisme de rotation des fichiers de traces qui garantit une taille de fichiers inférieure à 100 Mo.

Configuration avancée

Les configurations avancées du serveur d'applications et de ces différentes briques se réalisent par l'intermédiaire du fichier **server.config** localisé dans le sous-répertoire **config** de la distribution.

Dans ce fichier, tous les chemins sont relatifs par rapport à la racine de la distribution du serveur, et le contenu du fichier suit le format JSON. Ce format correspond à une représentation littérale d'objets utilisée notamment par JavaScript.

Nous allons à présent détailler les différentes sections de configuration présentes dans ce fichier.

Traces et logs

Comme le montre le code suivant, dm Server offre la possibilité de spécifier les répertoires relatifs aux traces (❶), aux logs (❷) ainsi qu'aux fichiers de dump (❸) :

```
"trace": { ❶
    "directory": "serviceability/trace"
```

```
    }

    "logs": {←❷
        "directory": "serviceability/logs"
    }

    "dump": {←❷
        "directory": "serviceability/dump"
    }
```

Tomcat

L'outil dm Server permet de configurer finement les propriétés du conteneur Web Tomcat utilisé en interne. Comme précédemment, cette configuration est au format JSON. Elle permet de configurer des propriétés telles que les connecteurs et des informations relatives aux traces.

Une fonctionnalité intéressante de cette approche consiste en la possibilité d'activer ou de désactiver des blocs de configuration tout en les laissant présents dans le fichier.

Le tableau 17-7 récapitule les propriétés de configuration utilisables à ce niveau.

Tableau 17-7. Propriétés de configuration de Tomcat

Propriété	Description
version	Version du schéma de configuration.
configDir	Répertoire de configuration du conteneur de servlets.
hostName	Spécifie le nom de l'hôte à utiliser par défaut.
jvmRoute	Spécifie un nom unique pour le conteneur dans le cadre de la configuration du load balancing.
listeners	Spécifie une liste d'observateurs sur le cycle de vie du conteneur.
connectors	Spécifie une liste de connecteurs pour le conteneur.
logs - accessLogDir	Spécifie le chemin du répertoire contenant les traces relatives aux accès au conteneur.
logs - accessLogFormat	Spécifie le format des traces à utiliser.
threadPool - minSize	Spécifie le minimum de fils d'exécution à garder dans le pool du conteneur.
threadPool - maxSize	Spécifie le maximum de fils d'exécution à garder dans le pool du conteneur.
threadPool - keepAlivePeriod	Correspond au temps pendant lequel un thread inactif reste éveillé dans le pool du conteneur.

Le code suivant illustre un extrait d'une configuration typique du moteur Tomcat dans dm Server en se fondant notamment sur les propriétés listeners (❶), connectors (❷), logs (❸) et threadPool (❹) décrites au tableau 17-7 :

```
{
    "servletContainer": {
        "version": 1.0,
        "configDir": "config/servlet",
```

```
"hostName": "localhost",
"jvmRoute": "jvm1",
"listeners": [←❶
  {
    // Chargeur de la bibliothèque APR.
    "enabled": true,
    "className": "org.apache.catalina.core←❷
                        .AprLifecycleListener",
    "SSLEngine": "on"
  }, {
    // Initialisation de Jasper.
    "enabled": true,
    "className": "org.apache.catalina.core.JasperListener"
  }
],
"connectors": [←❷
  {
    // Connecteur HTTP.
    "enabled": true,
    "port": 8080,
    "protocol": "HTTP/1.1",
    "connectionTimeout": 20000,
    "maxThreads": 150,
    "emptySessionPath": false,
    "redirectPort": 8443
  }, {
    // Connecteur HTTPS.
    "enabled": true,
    "port": 8443,
    "protocol": "HTTP/1.1",
    "scheme": "https",
    "connectionTimeout": 20000,
    "maxThreads": 150,
    "emptySessionPath": false,
    "clientAuth": false,
    "keystoreFile": "keystore",
    "keystorePass": "changeit",
    "secure": true,
    "SSLEnabled": true,
    "sslProtocol": "TLS"
  }, {
    // Connecteur AJP.
    "enabled": true,
    "port": 8009,
    "protocol": "AJP/1.3",
    "connectionTimeout": 20000,
    "redirectPort": 8443
  }
],
```

```
    "logs": {←❸
      "perApplicationLogging": true,
      "accessLogDir": "access",
      "accessLogFormat": "long"
    },
    "threadPool": {←❹
      "minSize": 25,
      "maxSize": 200,
      "keepAlivePeriod": 60000
    } }
}
```

Le moteur Tomcat de dm Server peut être paramétré en se fondant sur la configuration au format JSON afin de mettre en œuvre le load balancing ainsi que la « clusterisation ».

Equinox

Le code suivant montre comment configurer la console OSGi associée au conteneur Equinox. Les paramétrages correspondants sont son activation ou sa désactivation (❶) ainsi que la spécification du port d'accès (❷) :

```
"osgiConsole" : {
    "enabled" : true,←❶
    "port" : 2401←❷
}
```

Dépôt

La configuration de la localisation du dépôt de composants et de bibliothèques se réalise au niveau de l'entrée provisionning. Cette dernière permet de spécifier les chemins de recherche utilisables afin de résoudre les composants et les bibliothèques.

Le code suivant montre la configuration par défaut qui se réfère aux répertoires décrits précédemment à la section « Gestion du dépôt » :

```
"provisioning" : {
    "searchPaths": [
        "repository/bundles/subsystems/{name}/{bundle}.jar",
        "repository/bundles/ext/{bundle}",
        "repository/bundles/usr/{bundle}",
        "repository/libraries/ext/{library}",
        "repository/libraries/usr/{library}"
    ]
}
```

Ce type de configuration permet d'utiliser directement des variables système ainsi que des expressions de chemins en suivant le style de celles de l'outil Ant. Pour ces dernières, les symboles * et ** sont supportés afin de représenter respectivement un répertoire ou une suite de répertoires.

En se fondant sur ces éléments de configuration, il est possible d'utiliser des dépôts locaux de Ivy ou Maven lors de la recherche des composants et des bibliothèques utilisés.

Le code suivant illustre la configuration du dépôt de dm Server pour l'utilisation d'un dépôt local Ivy :

```
"provisioning" : {
  "searchPaths": [
    "repository/bundles/subsystems/{name}/{bundle}.jar",
    "repository/bundles/ext/{bundle}",
    "${user.home}/.ivy2/cache/{org}/{name}/{version}/{bundle}.jar",
    "repository/libraries/ext/{library}",
    "repository/libraries/usr/{library}"
  ]
}
```

Le code suivant illustre la configuration du dépôt de dm Server afin d'utiliser un dépôt local Maven :

```
"provisioning" : {
  "searchPaths": [
    "repository/bundles/subsystems/{name}/{bundle}.jar",
    "repository/bundles/ext/{bundle}",
    "${user.home}/.maven/repository/**/{bundle}.jar",
    "repository/libraries/ext/{library}",
    "repository/libraries/usr/{library}"
  ]
}
```

Mise en œuvre de dm Server dans Tudu Lists

Dans le cadre de notre étude de cas, une version allégée de l'application Tudu Lists est mise en œuvre, comme au chapitre précédent, avec une structuration en trois modules distincts, en adéquation avec les différents mécanismes et couches applicatives. Ces dernières correspondent globalement à des traitements permettant respectivement d'accéder aux données et de les afficher dans une interface Web. Les technologies Spring MVC et Hibernate ont été choisies pour cette version de l'application.

Les quatre composants suivants permettent de mettre en œuvre l'application Tudo Lists avec dm Server :

• Composant OSGi mettant à disposition un service relatif à la source de données afin d'accéder à la base de données utilisée.

• Composant OSGi d'accès aux données permettant de gérer l'interaction et l'utilisation de la base de données en se fondant sur le service de source de données précédent.

• Composant OSGi de présentation des données au travers d'une interface graphique Web. L'interaction avec la base de données se réalise par l'intermédiaire des services mis à disposition par le composant précédent.

- Composant par permettant de regrouper les composants précédents en une application, cette dernière étant accessible par l'intermédiaire des entités du composant OSGi Web.

Les traces applicatives sont prises en compte directement par dm Server.

La figure 17-10 illustre les relations de ces différents composants.

Figure 17-10

Relations entre les composants OSGi de l'application Tudu Lists

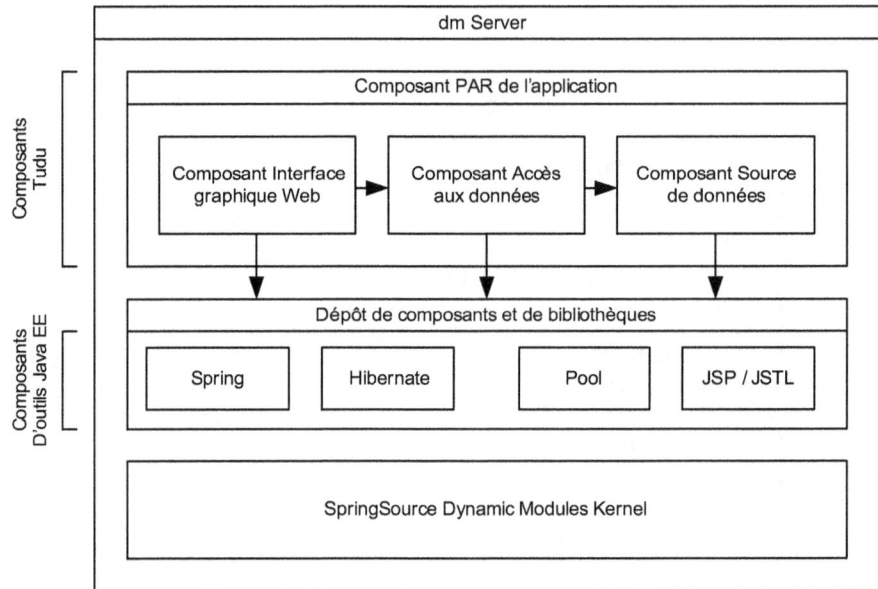

Configuration du dépôt

Pour nos besoins, il est nécessaire d'ajouter différentes entités dans le dépôt local associé au serveur dm Server afin de pouvoir utiliser Hibernate, le pool de connexions DBCP d'Apache ainsi que la base de données HSQLDB.

Le tableau 17-8 récapitule les entités à ajouter dans le dépôt du serveur dm Server pour nos besoins.

Tableau 17-8. Dépendances des entités à ajouter dans le dépôt de dm Server

Dépendance	Type	Description
Pilote de base de données (HSQLDB)	Composant	`com.springsource.org.hsqldb` (1.8.0.9)
Pool de connexions	Composant	`com.springsource.org.apache.commons.dbcp` (1.2.2)
Hibernate 3.3.2	Bibliothèque	`org.hibernate.ejb` (3.3.2.GA)

Ces éléments doivent être copiés respectivement dans les répertoires **repository/bundles/usr** et **repository/libraries/usr** pour les composants et les bibliothèques. La bibliothèque Spring étant déjà présente dans l'outil, elle n'a pas à être ajoutée.

Composant source de données

À l'instar de ce qui se fait avec OSGi, il est recommandé de dédier un composant OSGi afin de mettre à disposition la source de données JDBC en se fondant sur un service exposant l'interface DataSource.

Nous allons à cet effet utiliser l'outil DBCP, qui permet de créer un pool de connexions implémentant l'interface DataSource en se fondant sur les paramètres classiques JDBC, à savoir le nom de la classe du pilote, l'adresse de la base de données ainsi que les identifiant et mot de passe d'accès.

Utilisation de pools dans dm Server

Dans sa version 1.0 GA, dm Server ne supporte pas les fragments OSGi. Cela pose un problème, notamment afin de spécifier un pilote JDBC pour un composant relatif à un pool, ainsi que nous l'avons vu au chapitre précédent avec l'outil C3P0.

Afin de contourner ce problème, SpringSource a adapté le composant relatif au pool DBCP afin que ce dernier recherche également la classe du pilote dans le chargeur de classe du thread courant. Ainsi, l'utilisation de ce pool devient possible sans avoir recours aux fragments puisque le pilote est visible pour ce chargeur.

Pour définir le pool de connexions, nous allons utiliser la classe BasicDataSource de DBCP, cette dernière devant être configurée en tant que Bean dans le fichier de configuration Spring du composant. Puisque cette classe possède des méthodes d'initialisation et de finalisation, les attributs init-method et destroy-method doivent être respectivement utilisés lors de sa configuration.

Le code suivant illustre la configuration (❷) de cette entité ainsi que son enregistrement (❸) en tant que service OSGi :

```
<beans xmlns="http://www.springframework.org/schema/beans"
       xmlns:xsi="http://www.w3.org/2001/XMLSchema-instance"
       xmlns:osgi="http://www.springframework.org/schema/osgi"
       xsi:schemaLocation="
              http://www.springframework.org/schema/beans
    http://www.springframework.org/schema/beans/spring-beans.xsd
              http://www.springframework.org/schema/osgi
    http://www.springframework.org/schema/osgi/spring-osgi.xsd">

    <bean id="propertyConfigurer"
        class="org.springframework.beans.factory.config. ➥
                        PropertyPlaceholderConfigurer">←❶
        <property name="location" value="jdbc.properties"/>
    </bean>

    <!-- Source de données -->
    <bean id="dataSource"
```

```
          class="org.apache.commons.dbcp.BasicDataSource"←❷
          init-method="createDataSource" destroy-method="close">
      <property name="driverClassName"
                value="${jdbc.driverClassName}"/>
      <property name="url" value="${jdbc.url}"/>
      <property name="username" value="${jdbc.username}"/>
      <property name="password" value="${jdbc.password}"/>
  </bean>

  <!-- Enregistrement de la source en tant que service OSGi -->
  <osgi:service ref="dataSource">←❸
      <osgi:interfaces>
          <value>javax.sql.DataSource</value>
      </osgi:interfaces>
  </osgi:service>
</beans>
```

Remarquons dans ce code l'utilisation de la classe `PropertyPlaceHolderConfigurer` (❶) qui permet d'externaliser les propriétés JDBC dans un fichier de propriétés **jdbc.properties**. Ce dernier doit être présent à la racine du classpath du composant.

Le composant relatif à la source de données possède les dépendances récapitulées au tableau 17-9.

Tableau 17-9. Dépendances du composant de la source de données

Dépendance	Type	Description
Pilote de base de données (HSQLDB)	Composant	`com.springsource.org.hsqldb` (1.8.0.9)
Pool de connexions 1.2.2	Composant	`com.springsource.org.apache.commons.dbcp` (1.2.2)
Spring 2.5.5	Bibliothèque	`org.springframework.spring` (2.5.5.A)

En complément de ces éléments, le package `javax.sql` doit être également importé afin de pouvoir utiliser l'interface `DataSource` de JDBC.

Au vu des éléments du tableau 17-9, le contenu du fichier **MANIFEST.MF** est le suivant :

```
Manifest-Version: 1.0
Bundle-Version: 1.0.0
Bundle-Name: tudu-datasource
Bundle-ManifestVersion: 2
Bundle-SymbolicName: tudu_datasource
Import-Library: org.springframework.spring;version="2.5.5.A"
Import-Bundle: com.springsource.org.hsqldb;version="1.8.0.9",
 com.springsource.org.apache.commons.dbcp;version="1.2.2"
Import-Package: javax.sql
```

Composant d'accès aux données

Une fois le composant relatif à la source de données mis en œuvre, le composant d'accès aux données peut se fonder sur la source de données exportée afin d'interagir avec la base de données.

Ce composant utilise comme précédemment les frameworks Hibernate et Spring afin de réaliser respectivement les traitements d'interaction avec la base de données et d'avoir accès à des facilités d'utilisation dans les traitements.

Avec dm Server, les packages utilisés n'ont plus à être spécifiés un à un. La fonctionnalité relative aux bibliothèques permet de les spécifier d'un coup, les bibliothèques ayant directement connaissance des packages nécessaires.

Le composant relatif à l'accès aux données possède désormais les dépendances récapitulées au tableau 17-10.

Tableau 17-10. Dépendances du composant d'accès aux données

Dépendance	Type	Description
CGLib 2.1.3	Composant	`com.springsource.net.sf.cglib (2.1.3)`
Spring 2.5.5	Bibliothèque	`org.springframework.spring (2.5.5.A)`
Hibernate 3.3.2	Bibliothèque	`org.hibernate.ejb (3.3.2.GA)`
AspectJ 1.6.1	Bibliothèque	`org.aspectj (1.6.1)`

Comme pour le composant précédent, le package `javax.sql` doit être importé en complément afin de pouvoir utiliser l'interface `DataSource` de JDBC, interface utilisée par le service OSGi relatif à la source de données.

Le code des classes ainsi que la configuration XML de ces entités reste identique à celle du composant OSGi relatif à l'accès aux données décrit au chapitre précédent *(voir la section « Composant d'accès aux données »)*.

Seul le contenu du fichier **MANIFEST.MF** change puisque dm Server propose de nouveaux en-têtes afin de configurer plus simplement les dépendances dans un environnement OSGi.

Au vu de ces éléments et du tableau 17-10, le contenu de ce fichier est le suivant :

```
Manifest-Version: 1.0
Bundle-Version: 1.0.0
Bundle-Name: tudu-core
Bundle-ManifestVersion: 2
Bundle-SymbolicName: tudu_core
Import-Library: org.springframework.spring;version="2.5.5.A",
 org.hibernate.ejb;version="3.3.2.GA",
 org.aspectj;version="1.6.1"
Export-Package: tudu.domain.model,
 tudu.service
Import-Package: javax.sql
Import-Bundle: com.springsource.net.sf.cglib;version="2.1.3"
```

Composant d'interface Web

La mise en œuvre du composant relatif à l'interface Web diffère du composant similaire dans un environnement OSGi simple. Avec dm Server, le type de module Web doit être spécifié par l'intermédiaire de l'en-tête `Module-Type`. En parallèle, les en-têtes de l'outil peuvent toujours être utilisés quant à la configuration des composants et des bibliothèques.

Le composant relatif à l'interface Web possède les dépendances récapitulées au tableau 17-11.

Tableau 17-11. Dépendances du composant Web

Dépendance	Type	Description
Spring 2.5.5	Bibliothèque	`org.springframework.spring (2.5.5.A)`
JSTL 1.1.2	Composant	`com.springsource.javax.servlet.jsp.jstl (1.1.2)`
Apache Standard Taglibs 1.1.2	Composant	`com.springsource.org.apache.taglibs.standard (1.1.2)`

Dans le cadre d'un composant de type Web, au sens de dm Server, un répertoire **MODULE-INF** contenant les éléments relatifs à l'application Web ainsi que le répertoire **WEB-INF** doit être créé à la racine du composant. Dans notre contexte, les différents fichiers JSP sont localisés dans un sous-répertoire du répertoire **WEB-INF**.

Avec dm Server, il n'est pas nécessaire de définir un fichier **web.xml** avec les différentes servlets de l'application. La servlet `DispatcherServlet` de Spring MVC est automatiquement ajoutée, son mappage étant par défaut `*.htm`. Cela peut toutefois être modifié par l'intermédiaire de l'en-tête `Web-DispatcherServletUrlPatterns`. Dans notre cas, ce dernier est utilisé afin de spécifier le mappage `*.do`.

Le code suivant illustre les éléments contenus dans le fichier **MANIFEST.MF** afin de configurer respectivement le type (❶) et le context (❷) du composant ainsi que le mappage (❸) de la servlet de Spring MVC :

```
(...)
Module-Type: Web←❶
(...)
Web-ContextPath: /tudu←❷
Web-DispatcherServletUrlPatterns: *.do←❸
```

À l'instar du composant d'accès aux données, le reste des traitements reste similaire à ceux mis en œuvre avec OSGi simple. La seule différence consiste en la localisation du ou des fichiers de configuration de Spring. Ces derniers sont désormais à placer dans le répertoire **spring** situé directement sous le répertoire **META-INF**. Leur chargement n'est plus désormais réalisé en se fondant sur les mécanismes standards des applications Web Spring, mais directement par dm Server.

En se fondant sur les différents éléments décrits dans cette section ainsi que sur le tableau 17-11, le contenu du fichier **MANIFEST.MF** du composant Web est le suivant :

```
Manifest-Version: 1.0
Module-Type: Web
Bundle-Version: 1.0.0
```

```
Bundle-Name: tudu-web
Bundle-ManifestVersion: 2
Web-ContextPath: /tudu
Web-DispatcherServletUrlPatterns: *.do
Bundle-SymbolicName: tudu_web
Import-Library: org.springframework.spring;version="2.5.5.A"
Import-Package: javax.servlet.http;version="2.5.0",
 tudu.domain.model,
 tudu.service
Import-Bundle: com.springsource.javax.servlet.jsp.jstl;version="1.1.2",
 com.springsource.org.apache.taglibs.standard;version="1.1.2"
```

Les composants relatifs à JSTL doivent toujours être inclus afin de pouvoir utiliser cette technologie dans les pages JSP.

Composant par de l'application

Avec dm Server, il est possible de regrouper un ensemble de composants dans une même application, celle-ci pouvant être déployée en une seule passe dans l'outil. Un fichier par est alors nécessaire. Comme nous l'avons vu précédemment, ce fichier correspond à un composant OSGi spécial contenant les différents composants relatifs à l'application.

Le fichier **MANIFEST.MF** de ce composant permet de préciser des informations relatives à l'application, comme dans le code suivant :

```
Manifest-Version: 1.0
Application-Name: tudu-application
Application-Version: 1.0.0
Application-SymbolicName: tudu_application
```

En résumé

Nous avons vu comment mettre en œuvre une application en se fondant sur des composants OSGi classiques ainsi qu'un module Web. Une application a également été créée par l'intermédiaire d'un fichier par afin de regrouper ces différents éléments.

Les mécanismes mis à disposition par dm Server ont permis d'apporter une réelle simplification de la configuration et de l'utilisation de la technologie OSGi. La gestion des dépendances est simplifiée avec le concept de bibliothèque et la mise à disposition des nouveaux en-têtes `Import-Bundle` et `Import-Library`.

Les modules Web permettent d'alléger la mise en œuvre de Spring au sein d'un composant OSGi implémentant des préoccupations Web. Le contexte applicatif est désormais chargé implicitement, tout comme la création de la servlet `DispatcherServlet` de Spring MVC.

En comparaison des applications fondées simplement sur Spring Dynamic Modules et décrites au chapitre précédent, l'outil offre concrètement un apport pour mettre en œuvre plus simplement des applications d'entreprise dans le contexte d'OSGi.

Conclusion

L'outil dm Server offre de réelles facilités de mise en œuvre d'applications d'entreprise très modulaires en se fondant sur la technologie OSGi. L'outil enrichit cette dernière grâce aux concepts de bibliothèques et d'applications.

Les bibliothèques offrent une fonctionnalité permettant de mettre en œuvre et d'utiliser des frameworks Java dans des composants OSGi. La complexité au niveau des dépendances entraînait des erreurs difficiles à diagnostiquer ainsi que des difficultés à constituer un dépôt cohérent de composants. La spécification des packages nécessaires est considérablement simplifiée puisque cette opération peut désormais être réalisée globalement, et non plus unitairement.

L'outil dm Server offre également le support de différents artefacts permettant de structurer les applications d'entreprise et d'offrir des fonctionnalités relatives à différentes préoccupations, notamment Web. Tous les mécanismes de Spring et Spring Dynamic Modules restent toujours utilisables dans ce contexte.

En parallèle, dm Server met à disposition un véritable serveur d'applications de nouvelle génération offrant une plate-forme légère et performante, adaptant les ressources utilisées en fonction des besoins. Un support est également proposé afin de diagnostiquer rapidement les erreurs dm bien en développement qu'en production.

L'outil DM Server s'inscrit dans l'effort de Spring consistant à positionner la technologie OSGi au sein des applications d'entreprise afin de bénéficier de tous les avantages de cette dernière, que ce soit au niveau de la structuration des applications ou de leur administration à chaud à l'exécution.

18

Supervision avec JMX

La supervision offre un cadre normalisé et homogène pour visualiser des informations relatives à une application et interagir avec son paramétrage lors de son exécution. Ces informations peuvent être visualisées à la demande de la console de supervision ou être dispatchées par l'application elle-même.

Les enjeux de la supervision sont aussi bien l'augmentation de la disponibilité des applications et de la réactivité face aux problèmes d'exécution que la facilitation du contrôle des systèmes d'information.

Java s'est très vite orienté vers la supervision par le biais de la technologie JMX (Java Management eXtensions). L'objectif de JMX est de définir une architecture ainsi qu'un ensemble d'interfaces de programmation standards afin de superviser grâce à ce langage des réseaux, des services et des équipements dont les composants peuvent être écrits dans divers langages.

Nous entendons par supervision le fait d'accéder à des informations sur l'état de composants à un moment donné de l'exécution d'une application, ce qui est particulièrement intéressant pour déterminer les causes des dysfonctionnements d'une application.

Le succès de JMX est tel dans le monde Java/Java EE que cette technologie est désormais intégrée aux serveurs d'applications Java EE ainsi qu'à certains frameworks. Cette mise en œuvre donne accès à des informations concernant les ressources utilisées et permet d'effectuer des opérations d'administration durant l'exécution des applications.

Les spécifications JMX

Cette section présente l'ensemble des spécifications relatives à JMX et donne un aperçu de son architecture générale ainsi que des concepts mis en œuvre.

La fin de la section traite des différentes implémentations de JMX ainsi que des consoles JMX disponibles.

La technologie JMX comporte plusieurs spécifications différentes, notamment les deux suivantes, qui en décrivent les fondations :

- JSR 3, en version 1.2 actuellement, qui concerne les concepts et l'architecture de JMX.

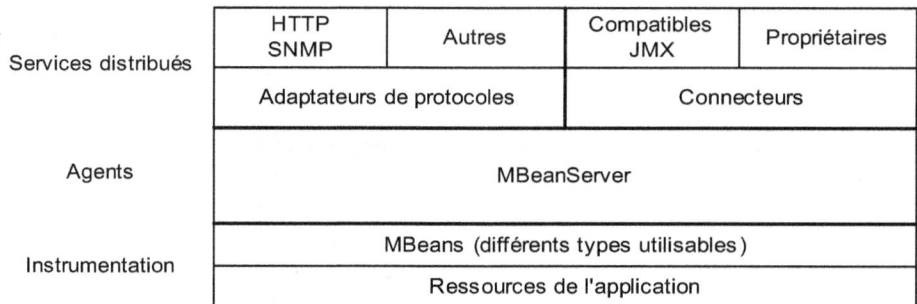

- JSR 160, qui étend la précédente et standardise la manière d'accéder aux agents JMX depuis les applications de supervision compatibles JMX, englobant les aspects d'interopérabilité, de transparence et de sécurité des accès.

Une autre spécification, la JSR 255, prend le relais des précédentes afin de décrire la version 2.0 de JMX, intégrée dans la version 6.0 de Java. Nous ne traitons pas de cette spécification dans cet ouvrage.

L'objectif des spécifications JMX est de décrire la manière de récupérer des informations concernant des ressources applicatives, d'interagir avec ces dernières et de déclencher certaines opérations. Ces ressources peuvent correspondre à des composants techniques, tels que des pools de connexions, mais également des composants d'une application ou d'un framework.

JMX fournit un cadre robuste, qui permet de spécifier finement les propriétés et actions accessibles des composants. La technologie propose également un mécanisme pour notifier les applications de supervision suite à des événements.

Architecture de JMX

JMX a pour objet de standardiser la structuration des composants supervisables tout en les rendant accessibles aux outils de supervision.

La spécification met en œuvre une architecture à trois niveaux, comme illustré à la figure 18-1.

Figure 18-1

Architecture de JMX

Services distribués	HTTP SNMP	Autres	Compatibles JMX	Propriétaires
	Adaptateurs de protocoles		Connecteurs	
Agents	MBeanServer			
Instrumentation	MBeans (différents types utilisables)			
	Ressources de l'application			

Le niveau le plus proche des ressources correspond à l'*instrumentation*, dont l'objectif est de fournir une ressource supervisable. La spécification JMX offre divers cadres techniques à cet effet, dont certains ont un impact sur les ressources.

La couche intermédiaire entre ces ressources et les outils de supervision gère les différentes ressources supervisables et est nommée *agents*. Les entités de cette couche permettent notamment d'associer un nom à une ressource supervisable, ainsi que des observateurs.

Le niveau *services distribués* spécifie l'accès aux ressources par les outils ou applications de supervision par le biais de différents protocoles ou connecteurs.

Afin de décrire les différents MBeans JMX, nous allons commencer par introduire un exemple issu de Tudu Lists. L'objectif est de superviser le composant applicatif d'identifiant datasource afin de visualiser et éventuellement de modifier ses propriétés.

Ce composant est configuré dans le fichier **datasource-context.xml** localisé dans le répertoire **WEB-INF** :

```
<bean id="dataSource" class="org.springframework
                        .jdbc.datasource.DriverManagerDataSource">
    <property name="driverClassName"
              value="${jdbc.driverClassName}"/>
    <property name="url" value="${jdbc.url}"/>
    <property name="username" value="${jdbc.username}"/>
    <property name="password" value="${jdbc.password}"/>
</bean>
```

Comme le montre le code ci-dessus, le composant possède les propriétés suivantes :

• driverClassName, qui spécifie la classe du pilote JDBC utilisé.

• url, qui définit l'adresse JDBC de la base de données utilisée.

• username et password, qui spécifient respectivement l'identifiant et le mot de passe de l'utilisateur.

Les valeurs de ces propriétés sont définies dans le fichier **hibernate.properties** localisé dans le répertoire **WEB-INF** :

```
(...)
jdbc.driverClassName=com.mysql.jdbc.Driver
jdbc.url=jdbc:mysql://localhost:3306/tudu
jdbc.username=root
jdbc.password=
(...)
```

Le niveau instrumentation

Le MBean (Managed Bean) est l'entité de base de JMX. Il définit un cadre de conception afin qu'un serveur de supervision compatible JMX puisse déterminer ou positionner la valeur d'une propriété ainsi qu'appeler une méthode d'un composant applicatif.

JMX décrit quatre types de MBeans, qui répondent à des règles de mise en œuvre variées, adaptées aux divers besoins des applications en termes de fonctionnalités et de complexité. Ces différentes règles doivent être strictement suivies afin que les MBeans soient compatibles JMX. Remarquons que, dans le cas contraire, ils sont considérés comme incompatibles. Dans ce cas, une exception de type NotCompliantMBeanException est levée lors de leur enregistrement.

La validité de ces règles est vérifiée par le serveur de MBeans au moment de l'enregistrement en utilisant les mécanismes d'introspection de Java.

Le tableau 18-1 récapitule les différents types de MBeans spécifiés par JMX. Nous les décrivons plus en détail à la section suivante.

Tableau 18-1. MBeans spécifiés par JMX

Type	Description
StandardMBean	Type de MBean le plus simple, il s'appuie sur une interface utilisateur afin de déterminer les métadonnées à exposer dans JMX.
DynamicMBean	Étend le type de MBean précédent afin de rendre dynamique la détermination des métadonnées. Il s'appuie sur une interface définie par la spécification JMX.
ModelMBean	Permet de spécifier les métadonnées à exposer dans JMX par l'intermédiaire d'interfaces et de classes de JMX sans impacter le composant.
OpenMBean	Étend le type de MBean précédent afin d'adresser des utilisations avancées de JMX.

Les différents types de MBeans

JMX propose divers types de MBeans aux caractéristiques différentes et ayant plus ou moins d'impact sur l'architecture et les composants eux-mêmes.

Le premier type de MBean, StandardMBean, se distingue par sa simplicité. Seule la mise en œuvre d'une interface spécifique est nécessaire pour décrire les propriétés et méthodes accessibles par JMX. Le Bean à superviser doit impérativement implémenter cette interface. De ce fait, il se trouve lié explicitement à la spécification, sauf à recourir à la POA, qui permet d'ajouter cette interface à la classe de manière transparente.

L'interface doit respecter certaines conventions décrites par la spécification JMX. De ce fait, elle doit être codée pour un composant spécifique, et son nom doit être suffixé par MBean. Au travers de cette interface, ce dernier définit les propriétés et méthodes exposées dans JMX. Remarquons que ces propriétés sont mises en œuvre grâce à des accesseurs et des modificateurs. Si l'accesseur est omis, la propriété est en lecture seule. Inversement, si le modificateur est omis, la propriété est uniquement disponible en écriture.

Comme la classe DriverManagerDataSource est non pas une classe de l'application, mais une classe du support JDBC de Spring, nous ne pouvons pas la modifier. Nous devons donc créer une sous-classe afin de lui ajouter des méthodes et implémenter l'interface JMX.

Nous nommons cette sous-classe JmxDriverManagerDataSource et la configurons dans le fichier de configuration **datasource-context.xml** de la manière suivante :

```
<bean id="dataSource" class="tudu.jmx.JmxDriverManagerDataSource">
    <property name="driverClassName"
              value="${jdbc.driverClassName}"/>
    <property name="url" value="${jdbc.url}"/>
    <property name="username" value="${jdbc.username}"/>
    <property name="password" value="${jdbc.password}"/>
</bean>
```

Le code suivant décrit l'interface que le composant doit implémenter pour définir les propriétés et méthodes exposées dans JMX :

```
public interface JmxDriverManagerDataSourceMBean
    String getDriverClassName();
    String getUrl();

    String getUsername();
    void setUsername(String username);

    String getPassword();
    void setPassword(String password);

    void reset();
}
```

Comme le montre le code suivant, le composant doit implémenter cette interface (**❶**) pour être utilisable par JMX :

```
public class JmxDriverManagerDataSource
              extends DriverManagerDataSource
              implements JmxDriverManagerDataSourceMBean {←──❶

    public void reset() { (...) }
}
```

Notons que la propriété `username` est en lecture-écriture, tandis que la propriété `driverClassName` est en lecture seule.

Ce type de MBean est contraignant, puisqu'il impose de se lier aux conventions JMX, et n'est donc pas transparent pour l'application.

Le MBean `DynamicMBean` utilise le même principe, mais permet en outre de décrire de manière dynamique les propriétés et méthodes exposées dans JMX par le biais de l'interface `DynamicMBean`. Celle-ci est localisée dans le package `javax.management` et décrite de la façon suivante :

```
public interface DynamicMBean {
    public Object getAttribute(String attribute)
                    throws AttributeNotFoundException,
                    MBeanException, ReflectionException;
    public void setAttribute(Attribute attribute)
                    throws AttributeNotFoundException,
                    InvalidAttributeValueException,
                    MBeanException, ReflectionException;
    public AttributeList getAttributes(String[] attributes);
    public AttributeList setAttributes(AttributeList attributes);
    public Object invoke(String actionName,
                    Object params[], String signature[])
                    throws MBeanException, ReflectionException;
    public MBeanInfo getMBeanInfo();
}
```

Cette interface utilise la classe `MBeanInfo` du package `javax.management`, qui permet de décrire les métadonnées d'un MBean. Notons également dans le code ci-dessus l'utilisation de la classe `AttributeList` du même package afin d'étendre la classe `ArrayList` et d'empêcher l'ajout d'instances autres que de type `Attribute`. Cette dernière permet de stocker une clé ainsi que sa valeur associée.

Le composant doit implémenter cette interface pour renvoyer les valeurs pour des noms de propriétés ainsi que les métadonnées du MBean.

Le code suivant illustre la mise en œuvre des méthodes `getAttribute` (❶) et `invoke` (❷) dans le composant précédent afin de le convertir en `DynamicMBean` :

```
public class JmxDriverManagerDataSource
                    extends DriverManagerDataSource
                    implements DynamicMBean {

    public void reset() { (...) }

    public Object getAttribute(String attribute)←❶
                    throws AttributeNotFoundException,
                    MBeanException, ReflectionException {
        if ("driverClassName".equals(attribute)) {
            return getDriverClassName();
        } else if ("url".equals(attribute)) {
            return getUrl();
        } else if ("username".equals(attribute)) {
            return getUsername();
        } else if ("password".equals(attribute)) {
            return getPassword();
        } else {
            throw new AttributeNotFoundException(
                "L'attribut avec le nom "+attribute+
                " n'existe pas pour le MBean");
        }
    }

    public Object invoke(String actionName,←❷
                    Object params[], String signature[])
                    throws MBeanException, ReflectionException;
        if ("reset".equals(actionName)) {
            reset();
            return null;
        } else {
            throw OperationsException(
                "L'action avec le nom "+actionName+
                "n'existe pas pour le MBean");
        }
    }
}
```

Comme pour le premier type, l'utilisation de DynamicMBean est contraignante. Elle impose en effet de se lier aux API JMX, ce qui n'est pas transparent pour l'application (à moins d'utiliser la POA).

Le type ModelMBean ouvre une perspective intéressante pour créer un MBean sans impact sur le composant lui-même en jouant un rôle de proxy. Il permet de décrire les informations concernant les propriétés et méthodes supervisées par l'intermédiaire de l'interface ModelMBean de JMX, localisée dans le package javax.management, dont le code est le suivant :

```
public interface ModelMBean extends DynamicMBean,
            PersistentMBean, ModelMBeanNotificationBroadcaster {
    public void setModelMBeanInfo(ModelMBeanInfo inModelMBeanInfo)
            throws MBeanException, RuntimeOperationsException;
    public void setManagedResource(Object mr, String mr_type)
            throws MBeanException, RuntimeOperationsException,
                InstanceNotFoundException,
                InvalidTargetObjectTypeException;
}
```

Le développement de ce MBean comporte les trois étapes suivantes :

1. Instanciation du MBean par le biais de l'unique implémentation RequiredModelMBean du package javax.management.modelmbean, fournie par la spécification JMX.

2. Définition des métadonnées du MBean par le biais de la classe ModelMBeanInfo du package javax.management, comme dans le code suivant :

```
//Création de la description des attributs, des opérations,
//des constructeurs et des notifications du MBean
ModelMBeanAttributeInfo[] attributes
            = new ModelMBeanAttributeInfo[1];

Descriptor champ1Desc = new DescriptorSupport();
champ1Desc.setField("name","username");
champ1Desc.setField("descriptorType","attribute");
champ1Desc.setField("displayName","Username");
champ1Desc.setField("getMethod","getUsername");
champ1Desc.setField("setMethod","setUsername");
champ1Desc.setField("currencyTimeLimit","20");

attributes[0] = new ModelMBeanAttributeInfo(
                "username","java.lang.String",
                "Description de Username.",true,
                true,false,champ1Desc);

(...)

ModelMBeanOperationInfo[] operations
                = new ModelMBeanOperationInfo[0];
ModelMBeanConstructorInfo[] contructors
                = new ModelMBeanConstructorInfo[0];
```

```
ModelMBeanNotificationInfo[] notifications
                     = new ModelMBeanNotificationInfo [0];

//Création de la description globale du MBean
Descriptor descriptor = new DescriptorSupport(new String[] {
    "name=JmxDriverManagerDataSource","descriptorType=mbean",
    "displayName=JmxDriverManagerDataSource","log=T",
    "logfile=jmx.log","currencyTimeLimit=5"});

//Création du ModelMBeanInfo pour l'ensemble du MBean
String className = "JmxDriverManagerDataSource";
String description = "Description du MBean sur MonComposant.";

ModelMBeanInfo info = new ModelMBeanInfoSupport(
                     className,description,attributes,
                     constructors,operations,notifications);

dMBeanInfo.setMBeanDescriptor(mmbDesc);
```

3. Positionnement des métadonnées et rattachement du Bean au MBean lui-même, comme dans le code suivant :

```
JmxDriverManagerDataSource jmxDataSource = createDataSource();

ModelMBean mbean = new RequiredModelMBean();
mbean.setModelMBeanInfo(mbeanInfo);
mbean.setManagedResource(jmxDataSource, "ObjectReference");
```

Notons qu'un autre type de MBean, OpenMBean, est réservé aux usages avancés de JMX et n'est pas détaillé dans ce chapitre.

Le niveau agent

Ce niveau spécifie les différents composants de l'infrastructure de JMX qui permettent de gérer les MBeans. Appelés agents ou serveurs JMX, ces composants offrent la possibilité d'enregistrer ou de désenregistrer les MBeans.

Un MBean est identifié de manière unique par un identifiant spécifié au moment de son enregistrement dans le serveur de MBeans. Désigné par le terme ObjectName, cet identifiant se présente sous la forme suivante :

```
domain-name:key1=value1[,key2=value2,...,keyN=valueN]
```

L'élément domain-name symbolise le domaine du MBean. Il est suivi d'une liste de clés-valeurs, qui permet de l'identifier, avec, par exemple, une clé ayant pour valeur name.

JMX fournit la classe ObjectName pour spécifier cet identifiant.

Récupération du serveur de MBeans

Un serveur de MBeans peut être embarqué dans l'application ou fourni par l'infrastructure dans laquelle fonctionne l'application, par exemple un serveur d'applications.

Dans le premier cas, il est explicitement créé au moyen de la classe JMX `MBeanServerFactory` et de sa méthode `createMBeanServer`. Le code suivant en donne un exemple d'utilisation :

```
MBeanServer server = MbeanServerFactory.createMBeanServer();
```

Dans le cas d'un serveur JMX fourni par l'infrastructure, une recherche du serveur s'impose. La classe `MBeanServerFactory` offre pour cela la méthode `findMBeanServer`, qui prend en paramètre l'identifiant de l'agent, c'est-à-dire du serveur. Ce paramètre peut prendre la valeur `null`. Dans ce cas, tous les serveurs présents sont détectés.

Le code ci-dessous en donne un exemple d'utilisation :

```
List servers = MBeanServerFactory.findMBeanServer(agentId);
```

Enregistrement de MBeans

À partir des notions que nous venons de voir, nous pouvons déduire la facilité avec laquelle il est possible d'enregistrer un MBean. Cela s'effectue en utilisant le nom de la classe à enregistrer ou une instance de celle-ci. L'interface `MBeanServer`, matérialisant le contrat du serveur JMX, fournit pour cela les méthodes `createMBean` et `registerMBean`.

Le code suivant illustre la manière d'enregistrer un MBean avec la méthode `registerMBean` :

```
MbeanServer server = getMBeanServer();
ObjectName objName = new ObjectName("MonDomain:Name=Test");
Test test = new Test();
server.registerMBean(test, objName);
```

Même chose avec à la méthode `createMBean` :

```
MbeanServer server = getMBeanServer();
ObjectName objName = new ObjectName("MonDomain:Name=Test");
server.createMBean("package.Test", objName);
```

La méthode `unregisterMBean` permet de désenregistrer un MBean :

```
MbeanServer server = getMBeanServer();
ObjectName objName = new ObjectName("MonDomain:Name=Test");
server.unregisterMBean(objName);
```

Le niveau services distribués

Ce niveau spécifie la façon dont les applications clientes de supervision peuvent se connecter au serveur JMX depuis l'extérieur.

La spécification décrit les deux approches suivantes pour cela :

- Approche par adaptateur de protocole. Réduit l'impact de JMX sur les applications clientes en donnant accès aux composants JMX du serveur par le biais d'un protocole donné. Cette approche a l'avantage de s'appuyer sur des protocoles existants. La communauté Java EE possède notamment des projets d'adaptateurs pour les protocoles SNMP, HTTP et CORBA.

- Approche par connecteur. Contrairement aux adaptateurs, les connecteurs ont un impact sur l'application cliente puisqu'ils sont composés d'une partie cliente et d'une partie serveur, ces entités étant standardisées par le biais de la JSR 160.

Le code suivant illustre l'utilisation d'un connecteur avec les API JMX au niveau du serveur JMX afin d'autoriser son accès :

```
//Récupération du serveur JMX
MbeanServer server = getMBeanServer();

//Création de l'URL d'accès au connecteur
JMXServiceURL url = new JMXServiceURL(serviceUrl);

//Création de l'environnement
Map environment = createEnvironment();

//Création du connecteur serveur
JMXConnectorServer connectorServer =
    JMXConnectorServerFactory.newJMXConnectorServer(
                                url, environment, server);

//Démarrage du connecteur
connectorServer.start();

(...)

//Arrêt du connecteur
connectorServer.stop();
```

Une fois la partie serveur du connecteur réalisée, l'application cliente met en œuvre un connecteur client, comme dans le code suivant :

```
//Création de l'URL du connecteur à accéder
JMXServiceURL url = new JMXServiceURL(serviceUrl);

//Création de l'environnement
Map environment = createEnvironment();

//Création du connecteur client
JMXConnector connector = JMXConnectorFactory.connect(
                                url, this.environment);

//Récupération d'un connecteur au serveur JMX
MbeanServerConnection connection =
                    connector.getMBeanServerConnection();
```

Les notifications JMX

La spécification JMX standardise un mécanisme robuste et complet permettant aux composants enregistrés ou aux agents JMX d'émettre des notifications vers les applications de supervision.

Les mécanismes de notification s'appuient sur les deux interfaces JMX décrivant l'observation ainsi que la façon de les associer ou les dissocier d'un MBean.

L'interface `NotificationListener` du package `javax.management` représente un observateur JMX qui peut être notifié par divers événements. Les observateurs JMX doivent implémenter cette interface, décrite dans le code suivant :

```
public interface NotificationListener {
    void handleNotification(
                Notification notification, Object handback);
}
```

Elle définit ensuite une fonction de rappel, qui est invoquée lorsqu'un de ces MBeans observés émet une notification. Le second paramètre de la méthode `handleNotification` correspond à des informations globales, spécifiées au moment de l'enregistrement des observateurs.

En complément de cette interface, l'interface `NotificationFilter` est mise à disposition afin de permettre un filtrage des notifications reçues et traitées. Cette interface possède le code suivant :

```
public interface NotificationFilter {
    boolean isNotificationEnabled(Notification notification);
}
```

Pour finir, l'interface `NotificationBroadcaster` du package `javax.management` permet aux MBeans d'associer et de désassocier des observateurs par le biais de méthodes de cette interface appelées par le serveur de MBeans.

Le code suivant décrit cette interface :

```
public interface NotificationBroadcaster {
    void addNotificationListener(NotificationListener listener,
                    NotificationFilter filter, Object handback);
    MBeanNotificationInfo[] getNotificationInfo();
    void removeNotificationListener(
                    NotificationListener listener) ;
}
```

La figure 18-2 illustre l'association et la désassociation des observateurs sur un MBean ainsi que leur notification.

Figure 18-2

Mécanismes de notification

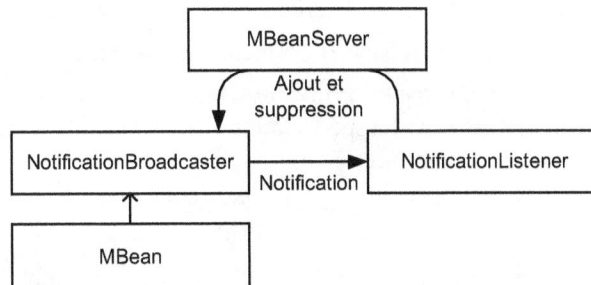

Les MBeans de types simple et dynamique doivent nécessairement implémenter l'interface `NotificationBroadcaster` pour utiliser les mécanismes de notification. La spécification JMX fournit pour cela l'implémentation `NotificationBroadcasterSupport` de cette interface dans le package `javax.management`, que ces types de MBeans peuvent étendre pour bénéficier directement de ces mécanismes.

Les MBeans de type modèle fonctionnent différemment pour les notifications. L'implémentation `RequiredModelMBean` de l'interface `ModelMBean` étend indirectement `NotificationBroadcaster` par le biais de l'interface `ModelMBeanNotificationBroadcaster`. Cela permet à ce type de MBeans de bénéficier automatiquement des mécanismes de notification.

Enregistrement

Une fois les MBeans prêts à utiliser les mécanismes de notification et les observateurs implémentés, l'application doit les associer les uns aux autres par l'intermédiaire du serveur de MBeans.

Le serveur fournit les méthodes `addNotificationListener` et `removeNotificationListener` dans son interface `MBeanServer` dans le but d'associer ou désassocier un observateur, dont les signatures sont décrites dans le code ci-dessous :

```
public interface MBeanServer extends MBeanServerConnection {
    (...)
    void addNotificationListener(ObjectName name,
                    NotificationListener listener,
                    NotificationFilter filter, Object handback);
    void addNotificationListener(
                    ObjectName name, ObjectName listener,
                    NotificationFilter filter, Object handback);
    void removeNotificationListener(
                    ObjectName name,ObjectName listener);
    void removeNotificationListener(
                    ObjectName name, ObjectName listener,
                    NotificationFilter filter, Object handback);
    (...)
}
```

L'association et la désassociation peuvent être réalisées en utilisant l'instance ou le nom JMX de l'observateur. Dans le premier cas, l'observateur est ajouté automatiquement dans JMX.

Les méthodes précédentes permettent de spécifier également les paramètres suivants :

- Un filtre de type `NotificationFilter` offrant la possibilité de filtrer les notifications envoyées à l'observateur. La spécification JMX fournit l'implémentation `NotificationFilterSupport` pour cette interface.
- Un objet `handback` permettant de spécifier des informations générales envoyées à l'observateur en même temps que les notifications.

Le code suivant illustre la façon d'utiliser le serveur de MBeans afin d'associer ou désassocier un observateur de notifications à un MBean :

```
//Récupération du serveur utilisé
MBeanServer server = getMBeanServer();

//Création du MBean
ModelMBean modelMBean = createModelMBean();
ObjectName objectName = getObjectName();

//Enregistrement du MBean dans le serveur
server.registerMBean(modelMBean,objectName);

//Création de l'observateur
NotificationListener listener = createNotificationListener();

//Association de l'observateur pour le MBean
server.addNotificationListener(objectName,listener,null,null);

(...)

//Désenregistrement du MBean dans le serveur
server.unregisterMBean(objectName);

//Désassociation de l'observateur pour le MBean
server.removeNotificationListener(objectName,listener);
```

Implémentations de JMX

Cette section décrit les implémentations JMX les plus courantes ainsi que les consoles de supervision compatibles JMX.

Implémentations serveur

Depuis la version 5.0 de Java, la machine virtuelle inclut en natif un serveur JMX, qui permet de superviser aussi bien ses constituants que les composants des applications.

Pour l'activer, le paramètre com.sun.management.jmxremote doit être spécifié dans la ligne de commande de lancement de la machine virtuelle, comme dans le code suivant :

```
> java -Dcom.sun.management.jmxremote -classpath (...) (...)
```

Le projet MX4J, accessible à l'adresse *http://mx4j.sourceforge.net/,* propose une implémentation Open Source robuste de JMX. La spécification du paramètre javax.management.builder.initial dans la ligne de commande de lancement de la machine virtuelle permet de l'utiliser, comme dans le code suivant :

```
> java -Djavax.management.builder.initial
        =mx4j.server.MX4JMBeanServerBuilder -classpath (...) (...)
```

Les serveurs d'applications Java EE intègrent généralement leur propre implémentation de JMX, tels WebSphere et son implémentation développée par Tivoli.

Clients JMX

L'objectif de ces clients JMX est d'offrir une console de supervision afin d'interagir avec les MBeans aussi bien par le biais de leurs propriétés que par l'invocation d'actions.

JConsole

Depuis sa version 5.0, Java fournit en natif une console de supervision JMX, qui peut être démarrée par l'intermédiaire du binaire **jconsole.exe** sous Windows. Elle permet de se connecter à des processus Java locaux ou distants.

Cette console donne accès à des informations concernant le fonctionnement de la machine virtuelle aussi bien que des MBeans de l'application, comme l'illustrent les figures 18-3 et 18-4.

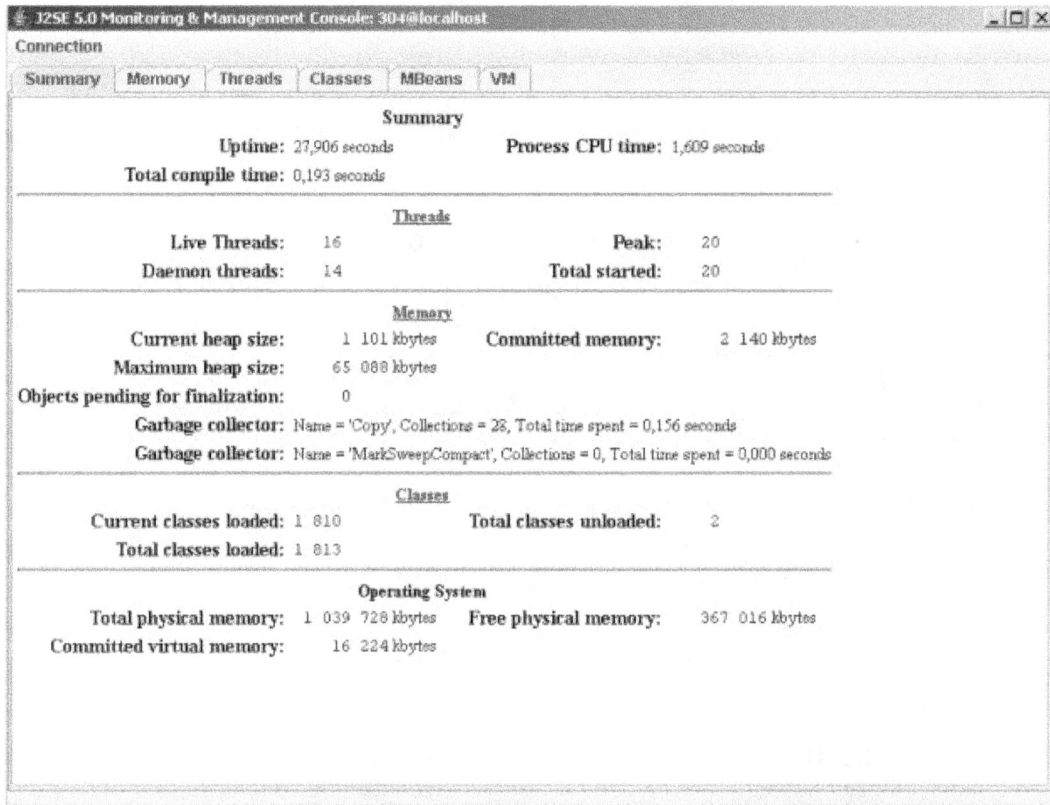

Figure 18-3

Informations concernant le processus Java

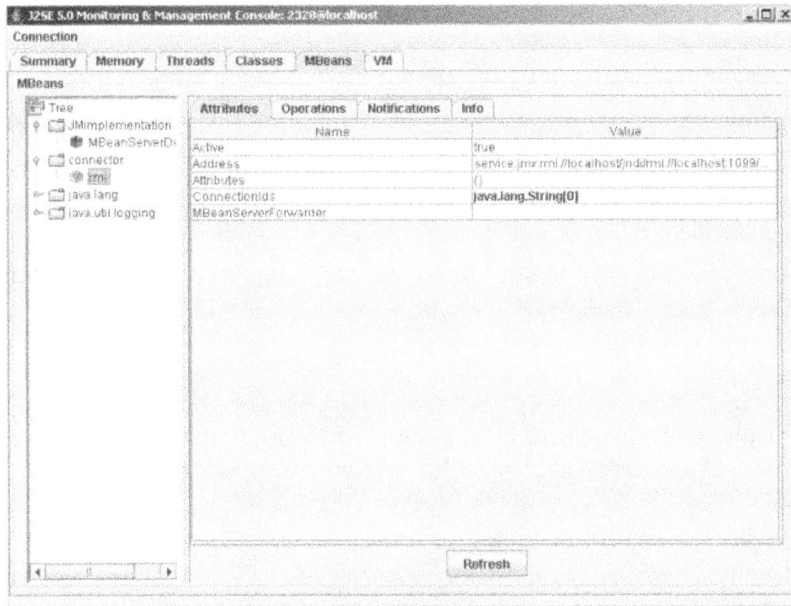

Figure 18-4

Informations concernant les MBeans enregistrés dans le serveur JMX

MC4J

Le projet MC4J, accessible à l'adresse *http://mc4j.sourceforge.net/,* fournit une implémentation d'une console de supervision compatible JMX. Elle permet de se connecter à différents serveurs JMX par le biais de connecteurs dédiés.

La figure 18-5 illustre le fonctionnement de cet outil.

Figure 18-5

Console de supervision MC4J

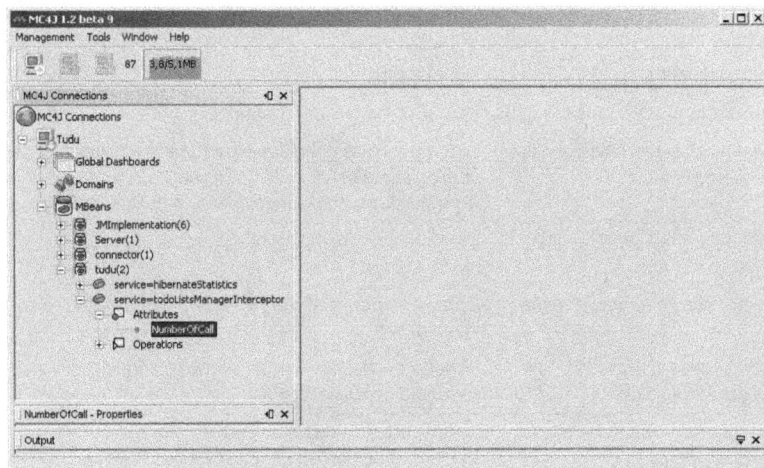

En résumé

La spécification JMX fournit un cadre normalisé, robuste et éprouvé afin de rendre des applications Java/Java EE supervisables. Elle décrit les différentes ressources supervisables, les entités qui les gèrent et la façon de les accéder depuis des applications externes.

De nombreux projets Open Source fournissent aussi bien des implémentations de serveur JMX que des consoles de supervision compatibles avec cette technologie. L'enjeu consiste à adresser de manière optimale l'intégration de cette technologie au sein de ces applications.

La section suivante détaille le support de JMX par Spring visant à intégrer cette technologie dans les applications par déclaration.

JMX avec Spring

Spring facilite l'enregistrement et la gestion de Beans simples dans un serveur JMX. Le framework construit automatiquement les MBeans correspondant en spécifiant les propriétés et méthodes accessibles par les applications de supervision.

L'objectif du support JMX de Spring est d'intégrer par déclaration cette technologie au sein d'applications Java/Java EE utilisant ce framework. Avec Spring, l'instrumentation des composants pour la supervision ne se fait plus au sein du code, mais au moment de l'assemblage de ces composants par déclaration.

Spring offre également la possibilité de spécifier des métadonnées par le biais notamment des annotations, qui permettent d'exporter aisément des informations dans JMX.

Fonctionnalités du support JMX par Spring

Grâce à de nombreuses fonctionnalités dédiées, le support JMX de Spring est très complet.

Avant de détailler ces fonctionnalités dans les sections suivantes, le tableau 18-2 en donne un bref récapitulatif.

Tableau 18-2. Support JMX de Spring

Fonctionnalité	Description
Exportation des MBeans	Permet d'enregistrer un composant ou un MBean dans un serveur JMX par déclaration.
Détermination des informations exposées dans JMX	La fonctionnalité précédente doit déterminer les informations qui seront utilisées et rendues visibles par le serveur JMX. Plusieurs stratégies sont fournies afin de déterminer les métadonnées du composant pour JMX (réflexion, annotations, interface, etc.).
Détermination du serveur JMX utilisé	L'exportation offre plusieurs stratégies (implicites ou explicites) afin de déterminer le serveur JMX à utiliser.
Gestion des noms des MBeans	Lors de l'exportation des MBeans, un nom doit être déterminé afin de les identifier dans le serveur JMX.
Configuration et utilisation des connecteurs JSR 160	Le support offre des facilités afin de mettre en œuvre des connecteurs JSR 160 permettant de rendre accessible un serveur JMX ou d'y accéder.
Configuration et utilisation des notifications	Le support offre des mécanismes afin d'associer par déclaration des observateurs à des MBeans et de déclencher des événements.

Exportation de MBeans

Spring fournit de nombreuses fonctionnalités permettant d'enregistrer des Beans en tant que MBeans dans un serveur JMX.

Le framework offre également diverses approches dans le but de contrôler les propriétés et méthodes exposées qui seront visibles et utilisables par les applications de supervision.

MBeanExporter

La classe centrale du support JMX, MBeanExporter, localisée dans le package org.springframework.jmx.export, permet de convertir un composant en un MBean suivant des critères spécifiés par déclaration et de l'enregistrer automatiquement dans le serveur JMX.

Le code suivant donne un exemple simple d'exportation d'un Bean dans JMX avec l'identifiant bean:name=testBean1 :

```
<beans>

  <bean id="exporter"
      class="org.springframework.jmx.export.MBeanExporter">
    <property name="beans">
      <map>
        <entry key="bean:name=testBean1" value-ref="testBean"/>
      </map>
    </property>
  </bean>

  <bean id="testBean" class="tudu.jmx.JmxTestBean">
    <property name="name" value="TEST"/>
    <property name="age" value="100"/>
  </bean>

</beans>
```

Des observateurs peuvent être configurés sur cette classe afin d'être avertis de l'enregistrement ou du désenregistrement d'un MBean. Remarquons que ce mécanisme est propre à Spring, et non à JMX.

Ce type d'observateur doit implémenter l'interface MBeanExporterListener suivante :

```
public interface MBeanExporterListener {
    void mbeanRegistered(ObjectName objectName);
    void mbeanUnregistered(ObjectName objectName);
}
```

L'enregistrement des observateurs de ce type s'effectue grâce à la propriété listeners de la classe MBeanExporter, cette dernière correspondant à un tableau d'écouteurs de type MBeanExporterListener.

Le code ci-dessous donne un exemple de configuration simple spécifiant des écouteurs :

```
<beans>
  <bean id="exporter"
```

```
            class="org.springframework.jmx.export.MBeanExporter">
      <property name="listeners">
        <list>
          <bean class="MonListener1"/>
          <bean class="MonListener2"/>
        </list>
      </property>
    </bean>
  </beans>
```

La classe `MBeanExporter` offre également la possibilité de spécifier le comportement à avoir lors de l'enregistrement d'un MBean lorsqu'un élément de ce type est déjà enregistré avec le même nom. Par défaut, cette classe lève une exception de type `InstanceAlreadyExistsException`, mais cet aspect peut être configuré en se fondant sur la propriété `registrationBehaviorName`.

Le tableau 18-3 récapitule les différentes valeurs possibles pour cette propriété en fonction du comportement souhaité.

Tableau 18-3. Valeurs possibles pour la propriété *registrationBehaviorName*

Valeur	Comportement correspondant
`REGISTRATION_FAIL_ON_EXISTING`	Correspond à la stratégie par défaut de l'exportateur. Si un MBean est présent dans le serveur sous le même nom, une exception de type `InstanceAlrea-dyExistsException` est levée. Dans ce cas, aucune modification n'est apportée au MBean existant.
`REGISTRATION_IGNORE_EXISTING`	Permet d'ignorer l'enregistrement d'un MBean si un MBean est présent dans le serveur sous le mememême nom. Comme précédemment, aucune modification n'est apportée au MBean présent.
`REGISTRATION_REPLACE_EXISTING`	Permet de remplacer l'ancien MBean par le nouveau pour un nom donné.

Le code suivant illustre la configuration de la deuxième stratégie par l'intermédiaire de la propriété `registrationBehaviorName` (❶) afin de ne pas enregistrer un MBean lorsqu'une entité similaire est présente dans JMX sous le même nom :

```
<beans>

  <bean id="exporter"
        class="org.springframework.jmx.export.MBeanExporter">
    <property name="beans">
      <map>
        <entry key="bean:name=testBean" value-ref="testBean"/>
      </map>
    </property>
    <property name="registrationBehaviorName"←❶
              value="REGISTRATION_IGNORE_EXISTING"/>
  </bean>

  <bean id="testBean" class="...">
```

```
    ...
  </bean>

</beans>
```

Sélection et détection du serveur JMX

Il est possible de laisser Spring détecter automatiquement le serveur JMX présent. Cette approche est idéale dans le cas où un serveur JMX est fourni par l'infrastructure technique (Java 5+ ou serveurs d'applications, par exemple). Il est parfois préférable de spécifier le serveur JMX souhaité, notamment lorsque l'application utilise sa propre instance de serveur JMX.

L'approche par détection automatique s'appuie implicitement sur les API de JMX, en particulier la méthode findMBeanServer de l'interface MBeanServerFactory et la méthode getPlatformMBeanServer de la classe ManagementFactory. Pour sa part, l'approche par sélection de serveur consiste, comme le montre le code suivant, à configurer le serveur en tant que Bean (❶) puis à l'injecter explicitement dans le Bean d'exportation (❷) :

```
<beans>

  <bean id="mbeanServer"←❶
   class="org.springframework.jmx.support.MBeanServerFactoryBean"/>

  <bean id="exporter"
        class="org.springframework.jmx.export.MBeanExporter">
    <property name="beans">
      <map>
        <entry key="bean:name=testBean" value-ref="testBean"/>
      </map>
    </property>
    <property name="server" ref="mbeanServer"/>←❷
  </bean>

  <bean id="testBean" class="...">
    ...
  </bean>

</beans>
```

Contrôle des informations exportées

Nous allons maintenant détailler les diverses approches permettant de contrôler les informations exportées et accessibles par JMX.

La fonctionnalité de contrôle des informations exportées permet de paramétrer la construction des MBeans par rapport aux Beans de l'application. Sa configuration a l'avantage de pouvoir être spécifiée au moment de l'assemblage des composants de l'application et n'a donc aucun impact sur l'application existante.

L'interface *MBeanInfoAssembler*

L'interface MBeanInfoAssembler permet de définir l'interface de supervision spécifiant les informations à exposer pour chaque composant. La classe MBeanExporter délègue ces traitements à une implémentation de cette interface.

La classe SimpleReflectiveMBeanInfoAssembler est utilisée par défaut, mais il est possible d'en spécifier une autre configurée en tant que Bean (❷) et injectée par le biais de la propriété assembler (❶), comme dans le code suivant :

```
<beans>

  <bean id="exporter"
      class="org.springframework.jmx.export.MBeanExporter">
    <property name="beans">
      <map>
        <entry key="bean:name=testBean1">
          <ref local="testBean"/>
        </entry>
      </map>
    </property>
    <property name="assembler" ref="assembler"/><←❶
  </bean>

  <bean id="assembler" class="..."><←❷
    ...
  </bean>

</beans>
```

Les implémentations de cette interface ont la responsabilité de créer les informations concernant un MBean de type modèle à partir d'une instance quelconque de Bean, comme dans l'exemple suivant :

```
public interface MBeanInfoAssembler {
    ModelMBeanInfo getMBeanInfo(Object managedBean,
                        String beanKey) throws JMException;
}
```

Les implémentations du contrôle de ces informations par le support JMX de Spring selon la stratégie désirée sont récapitulées au tableau 18-4.

Tableau 18-4. Implémentations du contrôle des informations

Implémentation	Description
SimpleReflectiveMBeanInfoAssembler	Permet de déterminer par introspection les informations à rendre visibles dans JMX.
MetadataMBeanInfoAssembler	Permet de configurer les stratégies de récupération des métadonnées des composants relatives à JMX.
MethodNameBasedMBeanInfoAssembler	Permet de spécifier les noms des méthodes utilisables afin de déterminer les informations à rendre visibles dans JMX.

Tableau 18-4. Implémentations du contrôle des informations *(suite)*

Implémentation	Description
MethodExclusionMBeanInfoAssembler	Permet de configurer les noms des méthodes à ne pas utiliser dans le but de déterminer les informations à rendre visibles dans JMX.
InterfaceBasedMBeanInfoAssembler	Permet de spécifier les noms des méthodes par le biais d'interfaces afin de déterminer les informations à rendre visibles dans JMX.

Les sections qui suivent détaillent la façon d'utiliser ces différentes implémentations.

L'approche par annotations

Cette approche s'appuie sur les annotations afin de spécifier les divers attributs et méthodes accessibles par JMX et ne peut donc être utilisée qu'avec Java 5+. Le support utilise les informations contenues dans ces annotations afin de créer le MBean associé.

Le tableau 18-5 récapitule les différentes annotations fournies par le support JMX de Spring.

Tableau 18-5. Annotations fournies par le support JMX de Spring

Annotation	Description
ManagedResource	Permet d'exposer une classe ou interface avec JMX et de spécifier ses propriétés associées.
ManagedOperation	Permet d'exposer une opération avec JMX et de spécifier ses propriétés associées.
ManagedAttribute	Permet d'exposer un attribut avec JMX et de spécifier ses propriétés associées.
ManagedOperationParameter	Permet de définir les propriétés concernant les paramètres des opérations avec JMX.

Le tableau 18-6 fournit les propriétés de ces annotations.

Tableau 18-6. Propriétés des annotations

Propriété	Annotation impactée	Description
objectName	ManagedResource	Définit l'ObjectName de la ressource.
description	ManagedResource, ManagedOperation, ManagedAttribute, ManagedOperationParameter	Fournit une description de la ressource.
currencyTimeLimit	ManagedResource, ManagedAttribute	Définit la valeur de la propriété currencyTimeLimit.
defaultValue	ManagedAttribute	Définit la valeur de la propriété defaultValue.
log	ManagedResource	Définit la valeur de la propriété log.
logFile	ManagedResource	Définit la valeur de la propriété logFile.
persistPolicy	ManagedResource	Définit la valeur de la propriété persistPolicy.
persistPeriod	ManagedResource	Définit la valeur de la propriété persistPeriod.
persistLocation	ManagedResource	Définit la valeur de la propriété persistLocation.
persistName	ManagedResource	Définit la valeur de la propriété persistName.
name	ManagedOperationParameter	Spécifie le nom d'affichage d'un paramètre d'une opération.
index	ManagedOperationParameter	Spécifie l'index d'un paramètre d'une opération.

La configuration de cette approche se réalise en spécifiant l'implémentation `MetadataMBeanInfoAssembler` pour l'interface `MBeanInfoExporter`. Cette implémentation s'appuie sur les métadonnées définies dans la classe du Bean. Puisque plusieurs types de métadonnées peuvent être utilisés avec cette approche, une instance de la classe `AnnotationsAttributeSource` doit être spécifiée pour l'implémentation `MetadataMBeanInfoAssembler` en se fondant sur sa propriété `assembler`.

L'approche par annotations peut être configurée finement afin de spécifier les attributs et méthodes à rendre visibles dans JMX ainsi que leurs propriétés. Elle offre également la possibilité d'alléger la configuration JMX dans Spring puisque les Beans utilisant les annotations JMX de Spring peuvent être détectés et enregistrés automatiquement dans le serveur.

Le code ci-dessous décrit la manière de mettre en œuvre cette stratégie avec les classes `AnnotationsAttributeSource` (❷) et `MetadataMBeanInfoAssembler` (❸), une instance de cette dernière étant ensuite injectée dans l'exportateur (❶) :

```
<beans>

  <bean id="exporter"
       class="org.springframework.jmx.export.MBeanExporter">
    <property name="beans">
      <map>
        <entry key="bean:name=testBean1" value-ref="testBean"/>
      </map>
    </property>
    <property name="assembler" ref="assembler"/>←❶
  </bean>

  <bean id="testBean" class="tudu.jmx.JmxTestBean">
    <property name="name" value="TEST"/>
    <property name="age" value="100"/>
  </bean>

  <bean id="attributeSource" class="org.springframework.jmx←❷
                  .export.metadata.AnnotationsAttributeSource"/>

  <bean id="assembler" class="org.springframework.jmx←❸
                       .assembler.MetadataMBeanInfoAssembler">
    <property name="attributeSource" ref="attributeSource"/>
  </bean>

</beans>
```

L'approche par autodétection

Dans cette approche, le support JMX de Spring recherche automatiquement les Beans qui possèdent des informations utilisables pour construire des MBeans JMX. Elle nécessite l'utilisation d'une entité d'assemblage implémentant l'interface `AutodetectCapableMBeanInfo`. La seule implémentation de `MBeanInfoAssembler` respectant ce critère est la classe

MetadataMBeanInfoAssembler décrite précédemment, qui permet d'utiliser notamment des annotations en tant que métadonnées.

Avec cette approche, Spring prend comme objectName l'identifiant du Bean lors de son enregistrement en tant que MBean.

Afin d'activer cette approche, la valeur de la propriété autodetect de la classe MBeanExporter doit être positionnée à true (❶), comme dans le code suivant :

```
<beans>
  <bean id="exporter"
        class="org.springframework.jmx.export.MBeanExporter">
    <property name="assembler" ref="assembler"/>
    <property name="autodetect" value="true"/>←❶
  </bean>

  <bean id="bean:name=testBean1"
        class="tudu.jmx.JmxTestBean">
    <property name="name" value="TEST"/>
    <property name="age" value="100"/>
  </bean>

  <bean id="attributeSource" class="org.springframework.jmx
                .export.metadata.AnnotationsAttributeSource"/>

  <bean id="assembler" class="org.springframework.jmx
                .export.assembler.MetadataMBeanInfoAssembler">
    <property name="attributeSource" ref="attributeSource"/>
  </bean>
</beans>
```

Remarquons que la configuration de la classe MBeanExporter est beaucoup plus concise et qu'il n'est plus nécessaire de spécifier les MBeans à enregistrer au niveau de la classe précédente.

Il est à noter que Spring offre dans ce contexte une intéressante sous-classe de la classe MBeanExporter, la classe AnnotationMBeanExporter, afin de configurer automatiquement une approche fondée sur les annotations Java 5. Cette approche peut être configurée très simplement en se fondant sur l'espace de nommage context de Spring, comme dans le code suivant :

```
<beans xmlns="http://www.springframework.org/schema/beans"
    xmlns:context="http://www.springframework.org/schema/context"
    (...)>

  <context:mbean-export/>

</beans>
```

Une instance de serveur JMX peut être également spécifiée à l'aide de l'attribut server de la balise mbean-export.

L'approche par interfaces

Les informations à exposer dans JMX peuvent être spécifiées par l'intermédiaire d'interfaces. Comme dans le code suivant, cette méthode s'appuie sur l'implémentation `InterfaceBasedMBeanInfoAssembler` (❶) de l'interface `MBeanInfoAssembler`, qui permet de configurer les interfaces prises en compte par l'intermédiaire de la propriété `managedInterfaces` (❷) :

```
<beans>
  <bean id="exporter"
        class="org.springframework.jmx.export.MBeanExporter">
    <property name="beans">
      <map>
        <entry key="bean:name=testBean5">
          <ref local="testBean"/>
        </entry>
      </map>
    </property>
    <property name="assembler">
      <bean class="org.springframework←❶
            .jmx.export.assembler.InterfaceBasedMBeanInfoAssembler">
        <property name="managedInterfaces">←❷
          <value>tudu.jmx.IJmxTestBean</value>
        </property>
      </bean>
    </property>
  </bean>

  <bean id="testBean" class="tudu.jmx.JmxTestBean">
    <property name="name" value="TEST"/>
    <property name="age" value="100"/>
  </bean>
</beans>
```

L'approche par noms de méthodes

Les méthodes et attributs à exposer dans JMX peuvent être sélectionnés en se fondant sur leur nom ainsi que sur ceux de leurs accesseurs et mutateurs, informations utilisées lors de la création des MBeans associés.

Dans l'exemple ci-dessous, une instance de l'implémentation `MethodNameBasedMBeanInfoAssembler` est spécifiée (❶) pour la propriété `assembler` de la classe `MBeanExporter` ; la propriété `managedMethods` de cette implémentation permet de spécifier les noms de méthodes (❷) :

```
<bean id="exporter"
      class="org.springframework.jmx.export.MBeanExporter">
  <property name="beans">
    <map>
      <entry key="bean:name=testBean5" ref="testBean"/>
```

```
          </entry>
        </map>
      </property>
      <property name="assembler">
        <bean class="org.springframework.jmx.export←❶
                      .assembler.MethodNameBasedMBeanInfoAssembler">
          <property name="managedMethods">←❷
            <value>add,myOperation,getName,setName,getAge</value>
          </property>
        </bean>
      </property>
    </bean>
```

Gestion des noms des MBeans

Le support de Spring permet de spécifier les noms des MBeans de trois manières différentes. Les deux premières consistent à les déclarer explicitement lors de la configuration de la classe MBeanExporter de Spring tandis que la troisième s'appuie sur des informations contenues dans les métadonnées des composants à exposer dans JMX.

La première approche permet de définir les noms des MBeans au moment de la configuration de la classe MBeanExporter. Cette approche n'a aucun impact sur les Beans et ne nécessite donc aucune modification de leur code source. Les Beans ne sont pas donc dans l'obligation de suivre les conventions de codage imposées par certains types de MBeans.

Les Beans à exporter sont spécifiés par l'intermédiaire de la propriété beans de l'exportateur, propriété de type Map. Les clés de cette table de hachage correspondent aux noms JMX, et les valeurs font référence aux instances des Beans à exporter.

Le code suivant donne un exemple de mise en œuvre de cette fonctionnalité par l'intermédiaire de la propriété beans (❶) :

```
<beans>
  <bean id="exporter"
        class="org.springframework.jmx.export.MBeanExporter">
    <property name="beans">←❶
      <map>
        <entry key="bean:name=testBean1" value-ref="testBean"/>
      </map>
    </property>
  </bean>

  <bean id="testBean" class="tudu.jmx.JmxTestBean">
    <property name="name" value="TEST"/>
    <property name="age" value="100"/>
  </bean>
</beans>
```

La deuxième approche consiste à externaliser de l'exportateur la définition des noms des MBeans JMX. Dans ce cas, la clé de la table de hachage de la propriété beans de la classe

MBeanExporter correspond non plus à un ObjectName, mais à une référence qui est résolue par le biais d'une instance de l'interface ObjectNamingStrategy. L'implémentation KeyNaming-Strategy de cette interface met alors en œuvre une résolution en utilisant un fichier de propriétés ou une table de hachage.

Le code suivant donne un exemple d'utilisation de la classe KeyNamingStrategy (❷), l'instance de cette dernière étant injectée par l'intermédiaire de la propriété namingStrategy (❶) de la classe MBeanExporter :

```
<beans>
  <bean id="exporter"
        class="org.springframework.jmx.export.MBeanExporter">
    <property name="beans">
      <map>
        <entry key="testBean" value-ref="testBean"/>
      </map>
    </property>
    <property name="namingStrategy" ref="namingStrategy"/>←❶
  </bean>

  <bean id="testBean" class="org.springframework.jmx.JmxTestBean">
    <property name="name" value="TEST"/>
    <property name="age" value="100"/>
  </bean>

  <bean id="namingStrategy" class="org.springframework←❷
                        .jmx.export.naming.KeyNamingStrategy">
    <property name="mappings">
      <props>
        <prop key="testBean">bean:name=testBean</prop>
      </props>
    </property>
    <property name="mappingLocations">
      <value>names.properties </value>
    </property>
  </bean>
</beans>
```

Par exemple, le code du fichier de propriétés **names.properties** est de la forme :

```
testBean1=bean:name=testBean1
```

Dans la troisième approche, le nom du MBean est spécifié dans la propriété objectName de l'annotation ManagedResource (❶) :

```
@ManagedResource(objectName="bean:name=testBean1")←❶
public class JmxTestBean {
    (...)
}
```

La section précédente relative aux annotations fournit de plus amples détails sur leur utilisation.

Les connecteurs JSR 160

Les connecteurs adressent le niveau services distribués afin de permettre l'accès à un serveur JMX distant.

La spécification JMX distingue deux types de connecteurs. Le premier est mis en œuvre conjointement avec le serveur JMX de manière à le rendre accessible. Le second doit pour sa part être utilisé dans l'application désirant se connecter au serveur distant.

Les connecteurs serveur

Dans la plupart des cas, ces connecteurs sont déjà présents dans l'infrastructure JMX fournie. Concernant les serveurs d'applications, ces connecteurs sont automatiquement associés et démarrés pour les composants du niveau agent de JMX. L'utilisation d'un serveur JMX dédié favorise la mise en pratique de connecteurs serveur dans certaines applications.

Spring supporte cette fonctionnalité par l'intermédiaire de la classe `ConnectorServer-FactoryBean`, localisée dans le package `org.springframework.jmx.support`. Cette entité offre la propriété `objectName` afin de s'enregistrer automatiquement dans le serveur JMX. Le connecteur peut également être exécuté dans un nouveau thread grâce à la propriété `threaded`.

Le code suivant donne un exemple de configuration d'un connecteur fondé sur le protocole RMI (❶), ce qui nécessite la mise en œuvre d'un serveur RMI dans Spring (❷) :

```
(...)

<bean id="registry" class="org.springframework.←❶
                        remoting.rmi.RmiRegistryFactoryBean">
    <property name="port" value="1099"/>
</bean>

<bean id="serverConnector" class="org.springframework.←❷
                        jmx.support.ConnectorServerFactoryBean">
    <property name="server" ref="mbeanServer" />
    <property name="objectName" value="connector:name=rmi"/>
    <property name="serviceUrl"
            value="service:jmx:rmi://localhost/jndi/
                            rmi://localhost:1099/myconnector"/>
    <property name="threaded" value="true"/>
</bean>
```

Les connecteurs client

Ce type de connecteur permet l'accès à un serveur JMX distant associé à un connecteur serveur depuis une application cliente. Spring fournit alors la classe `MBeanServer-ConnectionFactoryBean` dans le même package que précédemment avec une unique propriété obligatoire `serviceUrl`, qui permet de définir l'adresse d'accès au connecteur, tout en indiquant le protocole utilisé.

Le code suivant en donne un exemple de mise en œuvre permettant d'utiliser le connecteur
serveur décrit à la section précédente :

```
<bean id="clientConnector" class="org.springframework. ➥
                jmx.support.MBeanServerConnectionFactoryBean">
    <property name="serviceUrl"
            value="service:jmx:rmi://localhost/jndi/ ➥
                        rmi://localhost:1099/myconnector"/>
</bean>
```

Les notifications

Spring offre un support des notifications de JMX afin de pouvoir aussi bien enregistrer des
observateurs sur des notifications existantes que de publier des notifications, ce support
s'appuyant sur la classe MBeanExporter du package org.springframework.jmx.export.

Observateurs de notifications

Comme le montre le code suivant, la classe MBeanExporter fournit une propriété
notificationListenerMappings de type Map (❶) afin de configurer différents observateurs de
ce type tout en les associant à un ou plusieurs MBeans :

```
<bean id="exporter"
    class="org.springframework.jmx.export.MBeanExporter">
    <property name="beans">
        <map>
            <entry key="testBean" value-ref="testBean"/>
        </map>
    </property>
    <property name="notificationListenerMappings">←❶
        <map>
            <entry key="*" value-ref="jmxNotificationListener"/>
        </map>
    </property>
</bean>

<bean id="jmxNotificationListener"
    class="tudu.jmx.MyJmxNotificationListener"/>
```

Les valeurs utilisées pour les clés des éléments de la table de hachage peuvent correspondre
aux différents types de valeurs récapitulées au tableau 18-7.

Tableau 18-7. Types de valeurs utilisables pour les clés de la table de hachage

Type de valeur	Description
Nom de MBean (ObjectName)	Permet de spécifier que l'observateur enregistré porte sur le MBean associé au nom JMX spécifié.
Identifiant de bean Spring	Permet de spécifier que l'observateur enregistré porte sur le MBean configuré dans Spring avec l'identifiant et exporté dans JMX.
Valeur « * »	Permet de spécifier que l'observateur enregistré porte sur tous les MBeans contenus dans JMX.

La classe `MBeanExporter` peut être mise en œuvre exclusivement pour définir des observateurs sur des MBeans précédemment enregistrés.

Une utilisation courante de cette propriété correspond à la configuration d'observateurs pour la classe `MBeanServerDelegate`, qui permet de recevoir notamment les événements correspondant aux enregistrements ou désenregistrements de MBeans, comme dans l'exemple suivant :

```
<bean id="exporter"
      class="org.springframework.jmx.export.MBeanExporter">
    <property name="notificationListenerMappings">
        <map>
            <entry key="JMImplementation:type=MbeanServerDelegate"
                    value-ref="jmxNotificationListener"/>
        </map>
    </property>
</bean>

<bean id="jmxNotificationListener"
      class="tudu.jmx.MyJmxNotificationListener"/>
```

Le support JMX offre une autre approche de configuration des observateurs de notification. Cette approche se fonde sur la propriété `notificationListeners` de type `List` et la classe `NotificationListenerBean` de Spring, présente dans le package `org.springframework.jmx.export`.

Le nom des MBeans impactés par l'observateur est désormais spécifié au niveau des instances des classes `NotificationListenerBean` configurées (**❶**) par l'intermédiaire de la propriété `mappedObjectNames` (**❷**) :

```
<bean id="exporter"
      class="org.springframework.jmx.export.MBeanExporter">
    <property name="beans">
        <map>
            <entry key="bean:name=testBean" value-ref="testBean"/>
        </map>
    </property>
    <property name="notificationListener">
        <list>
            <bean class="org.springframework←❶
                    .jmx.export.NotificationListenerBean">
                <constructor-arg ref="jmxNotificationListener"/>
                <property name="mappedObjectNames">←❷
                    <list>
                        <value>bean:name=testBean</value>
                    </list>
                </property>
            </bean>
        </list>
    </property>
</bean>

<bean id="jmxNotificationListener"
      class="MyJmxNotificationListener"/>
```

Publication de notifications

Il est possible de publier les notifications JMX grâce à l'interface `NotificationPublisher` dans le package `org.springframework.jmx.export.notification`, comme dans le code suivant :

```
public interface NotificationPublisher {
    void  sendNotification(Notification notification);
}
```

En complément de cette dernière, l'interface `NotificationPublisherAware` permet l'injection automatique d'une instance de type `NotificationPublisher` par le conteneur Spring dans un Bean exporté en tant que MBean par Spring. Cette instance peut ensuite être directement utilisée par le Bean afin de publier une notification JMX.

Le code suivant illustre la mise en œuvre dans un Bean de l'interface `Notification-PublisherAware` (❶) et l'utilisation de la classe `NotificationPublisher` (❷) afin d'envoyer une notification :

```
public class TestBean implements NotificationPublisherAware {←❶

    private NotificationPublisher notificationPublisher;

    (...)

    public void unTraitement() {
        this.notificationPublisher.sendNotification(←❷
                    new Notification("Un message", this, 0));
    }

    public void setNotificationPublisher(←❶
                NotificationPublisher notificationPublisher) {
        this.notificationPublisher = notificationPublisher;
    }
}
```

Cette interface ne peut pas être utilisée dans un Bean Spring quelconque. Dans ce cas, les API JMX classiques peuvent néanmoins être mises en œuvre afin de publier des notifications.

En résumé

Le support JMX de Spring offre un cadre flexible pour utiliser et configurer les éléments des différents niveaux de cette technologie. Au moment de l'assemblage des composants, le développeur choisit la façon dont sont enregistrés les Beans dans le serveur JMX. Le support peut utiliser aussi bien un serveur dédié à l'application qu'un serveur fourni par l'environnement d'exécution, tel qu'un serveur d'applications. La façon d'accéder au serveur JMX peut également être configurée lors de l'assemblage de l'application.

Les atouts de ce support consistent en la simplification de l'utilisation de JMX et dans le fait que le support JMX Spring peut être utilisé simplement et de manière similaire, aussi bien dans des applications Java EE que dans des applications Java autonomes.

Mise en œuvre du support JMX de Spring dans Tudu Lists

L'application Tudu Lists illustre de quelle façon mettre en œuvre le support JMX de Spring afin d'utiliser les outils JMX d'Hibernate et ainsi de récupérer des informations concernant les appels aux services de l'application.

Nous séparerons la configuration des éléments relatifs à JMX dans le fichier de Spring **jmx-context.xml,** localisé dans le répertoire **WEB-INF** et utilisé par le contexte de l'application Web.

Pour la configuration du serveur JMX, nous choisissons d'embarquer dans notre application notre propre serveur JMX, de façon à démontrer la facilité de mise en œuvre d'un serveur JMX, et ce quel que soit le type d'application Java/Java EE fondé sur Spring concerné. Nous utilisons l'implémentation MX4J de JMX.

Pour déterminer l'implémentation JMX utilisée, la propriété `javax.management.builder.initial` précédemment décrite doit être spécifiée dans la ligne de commande du serveur avec la valeur `mx4j.server.MX4JMBeanServerBuilder`. Les bibliothèques JMX et MX4J suivantes doivent en outre être ajoutées dans le classpath : `jmxremote_optional.jar`, `jmxremote.jar`, `jmxri.jar` et `mx4j.jar`.

Le code suivant illustre la configuration du serveur JMX dans le fichier **jmx-context.xml** du répertoire **WEB-INF** :

```
<bean id="mbeanServer"
    class="org.springframework.jmx.support.MBeanServerFactoryBean"/>
```

Pour rendre ce serveur accessible depuis des consoles de supervision telles que MC4J, notre choix se porte sur la configuration d'un connecteur JMX fondé sur le protocole RMI. Ce choix impose la mise en œuvre d'un serveur RMI au cœur de notre application en s'appuyant sur Spring, comme dans le code suivant :

```
<bean id="registry"
    class="org.springframework.remoting.rmi.RmiRegistryFactoryBean">
    <property name="port" value="1099"/>
</bean>

<bean id="serverConnector" class="org.springframework.jmx
                          .support.ConnectorServerFactoryBean">
    <property name="server" ref="mbeanServer" />
    <property name="objectName" value="connector:name=rmi"/>
    <property name="serviceUrl"
            value="service:jmx:rmi://localhost➥
                        /jndi/rmi://localhost:1099/tudu"/>
    <property name="threaded" value="true"/>
</bean>
```

Dans le code ci-dessus, le serveur JMX est disponible et accessible depuis un client JMX par le biais du protocole RMI, à l'adresse `service:jmx:rmi://localhost/jndi/rmi://localhost:1099/tudu`. Le connecteur JMX est exécuté dans un thread dédié.

Nous configurons désormais l'accès au serveur dans la console MC4J. Nous commençons par créer une nouvelle connexion à un serveur, puis sélectionnons un type de connexion fondé sur JSR 160. L'utilisation de la classe `RegistryContextFactory` du package `com.sun.jndi.rmi.registry` pour cette connexion est nécessaire, avec en paramètre l'adresse RMI précédemment configurée.

La figure 18-6 illustre la fenêtre de configuration de MC4J.

Figure 18-6

Fenêtre de configuration
des paramètres d'accès au
serveur JMX

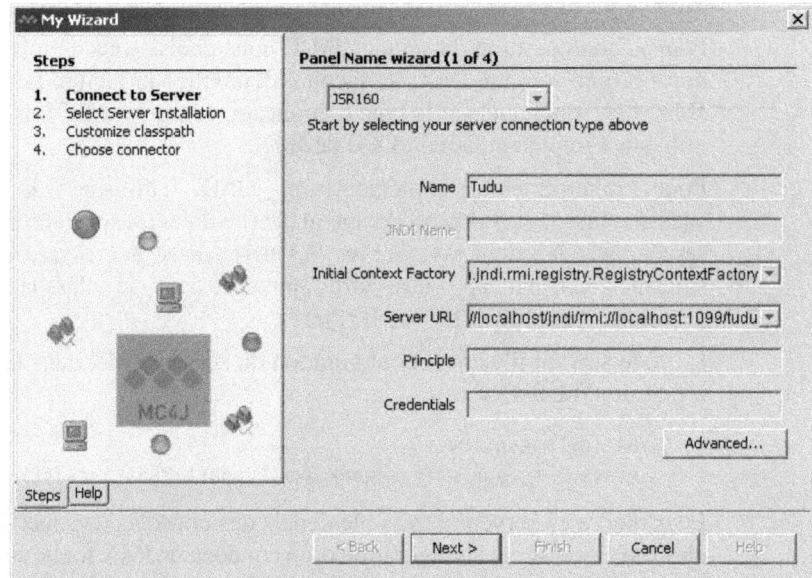

Nous pouvons maintenant mettre en œuvre l'adaptateur fourni par MX4J pour le protocole HTTP grâce à la classe `HttpAdapter` localisée dans le package `mx4j.tools.adaptor.http`. Cette dernière se paramètre en tant que Bean dans le contexte de Spring. Comme la classe précédente correspond à un MBean, elle doit être enregistrée dans un serveur JMX pour fonctionner correctement.

Le code suivant montre que le support de Spring peut être utilisé afin de configurer l'adaptateur en tant que Bean (❶) et l'exporter dans JMX (❷) :

```
<bean id="httpAdaptor"
      class="mx4j.tools.adaptor.http.HttpAdaptor">←❶
    <property name="host" value="localhost"/>
    <property name="port" value="7777"/>
</bean>

<bean id="exporter"
            class="org.springframework.jmx.export.MBeanExporter">
    <property name="beans">
        <map>
            <entry key="tudu:service=httpAdaptor"←❷
```

```
                        value-ref="httpAdaptor" />
        </map>
    </property>
    <property name="server" ref="mbeanServer" />
</bean>
```

Le serveur Web associé à l'adaptateur n'est pas démarré lors de son enregistrement. Pour le lancer et l'arrêter, il convient d'exécuter les opérations start et stop par l'intermédiaire de JMX .

Nous pouvons maintenant configurer et implémenter les divers éléments relatifs à la supervision. Dans notre application, les noms des différents MBeans exposés dans JMX sont préfixés par convention par tudu:service-.

Utilisation d'Hibernate

Dans un premier temps, nous utilisons le MBean JMX fourni par le framework Hibernate pour la supervision. Ce MBean permet d'obtenir des informations sur l'utilisation des ressources JDBC, la gestion des entités, l'exécution des requêtes ainsi que les caches. Les statistiques Hibernate sont obtenues à partir de la SessionFactory.

Tudu Lists utilisant Hibernate *via* JPA, il faut paramétrer les propriétés Hibernate pour exposer la SessionFactory dans l'arbre JNDI et effectuer un lookup dans le contexte Spring.

Comme le montre le code suivant, nous mettons en œuvre ce MBean par le biais de la classe StatisticsService du package org.hibernate.jmx en tant que Bean dans Spring (❶) et l'enregistrons dans JMX (❷) :

```
<bean name="hibernateStatistics"←❶
                    class="org.hibernate.jmx.StatisticsService">
    <property name="sessionFactory" ref="sessionFactory"/>
</bean>

<bean id="exporter"
            class="org.springframework.jmx.export.MBeanExporter">
    <property name="beans">
        <map>
            <entry key="tudu:service=hibernateStatistics"←❷
                            value-ref="hibernateStatistics" />
        </map>
    </property>
    <property name="server" ref="mbeanServer" />
</bean>
```

Tudu Lists utilise le support de la classe MBeanExporter de Spring décrite précédemment afin de rendre le MBean d'identifiant hibernateStatistics disponible dans JMX avec le nom tudu:service:hibernateStatistics.

Le service *todoListsManager*

Nous cherchons maintenant à instaurer un mécanisme fondé sur JMX afin d'identifier les appels au service todoListsManager dans Spring.

Dans cette optique, nous implémentons un intercepteur AOP qui incrémente un compteur à chaque appel des méthodes du service. Nous exposons ensuite cette entité dans JMX afin d'accéder aux valeurs du compteur et éventuellement de le réinitialiser.

L'intercepteur est implémenté à l'aide du support d'AspectJ de Spring par le biais de la classe TodoListsManagerInterceptor localisée dans le package tudu.service.impl :

```
public class TodoListsManagerInterceptor {
    private volatile long numberOfCall=0;

    public Object invoke(
            ProceedingJoinPoint invocation) throws Throwable {
        numberOfCall++;
        return invocation.proceed();
    }

    public long getNumberOfCall() {
        return numberOfCall;
    }

    public void reset() {
        numberOfCall=0;
    }
}
```

Le code suivant montre comment la configuration de l'intercepteur (❶) ainsi que son application au moyen de l'espace de nommage aop de Spring (❷) :

```
<bean id="todoListsManagerInterceptor"←❶
        class="tudu.service.impl.TodoListsManagerInterceptor"/>

<aop:config>
  <aop:aspect id="jmxAspect"
            ref="todoListsManagerInterceptor">←❷
    <aop:pointcut id="coupe" expression="execution(*
                    tudu.service.TodoListsManager.*(..))"/>
    <aop:around pointcut-ref="coupe" method="invoke"/>
  </aop:aspect>
</aop:config>
```

Pour enregistrer cet intercepteur dans JMX, nous utilisons les fonctionnalités du framework Spring par l'intermédiaire de la classe MBeanExporter (❷) :

```
<bean id="exporter"
            class="org.springframework.jmx.export.MBeanExporter">
    <property name="beans">
        <map>
```

```
            <entry
                key="tudu:service-todoListsManagerInterceptor"←❷
                value-ref="todoListsManagerInterceptor" />
        </map>
    </property>
    <property name="server" ref="mbeanServer" />
</bean>
```

La supervision

Une fois notre infrastructure JMX en place et nos différents MBeans enregistrés dans le serveur JMX, nous pouvons observer l'évolution de leurs multiples propriétés grâce à la console MC4J et ses outils graphiques.

Nous démarrons Tomcat dans un premier temps puis nous connectons depuis la console MC4J sur le serveur JMX embarqué. Nous constatons l'apparition des différents MBeans du serveur, incluant ceux concernant Hibernate et les services de Tudu Lists.

La figure 18-7 illustre l'arborescence des MBeans dans la console MC4J.

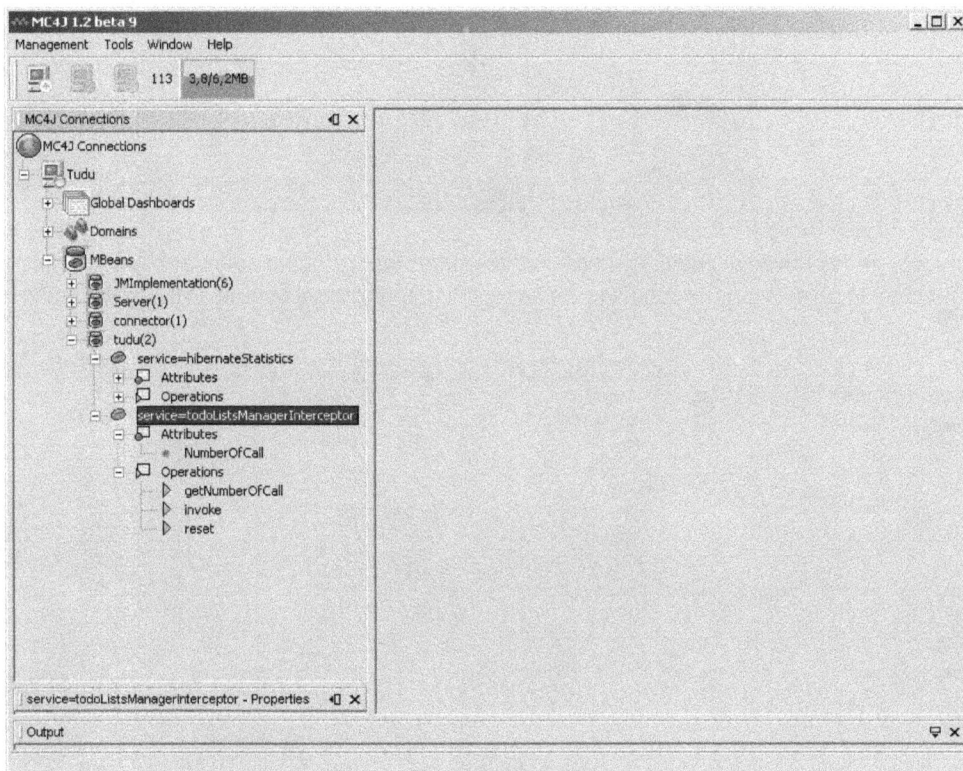

Figure 18-7
Hiérarchie des MBeans dans la console MC4J

La console permet également de visualiser en temps réel et de manière graphique la valeur de la propriété `numberOfCall` de l'intercepteur du service `todoListsManagerInterceptor`, comme l'illustre la figure 18-8.

Figure 18-8

Courbe d'évolution des valeurs de la propriété numberOfCall

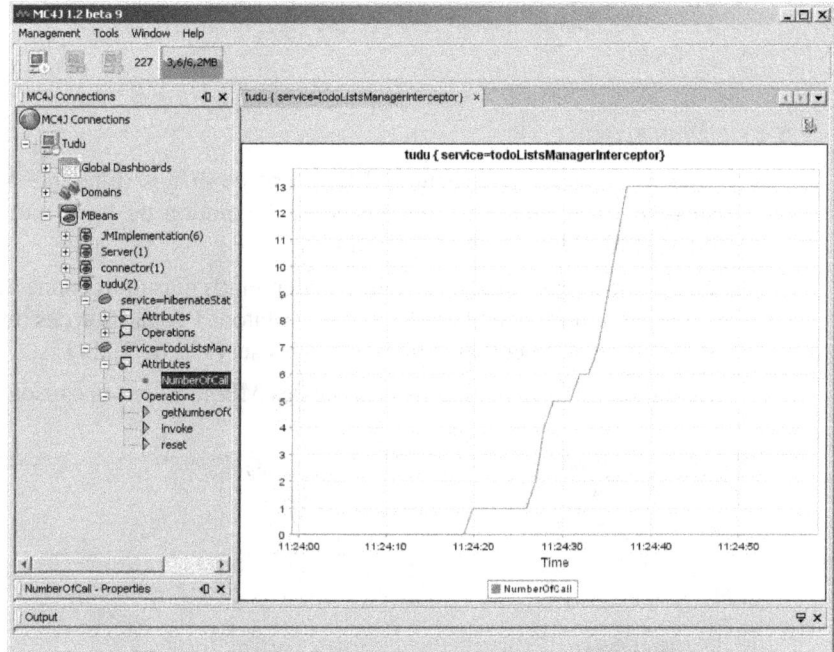

La console permet également de consulter des statistiques d'utilisation d'Hibernate, telles que le nombre d'entités chargées depuis le démarrage de l'application, comme l'illustre la figure 18-9.

Figure 18-9

Statistiques d'utilisation d'Hibernate

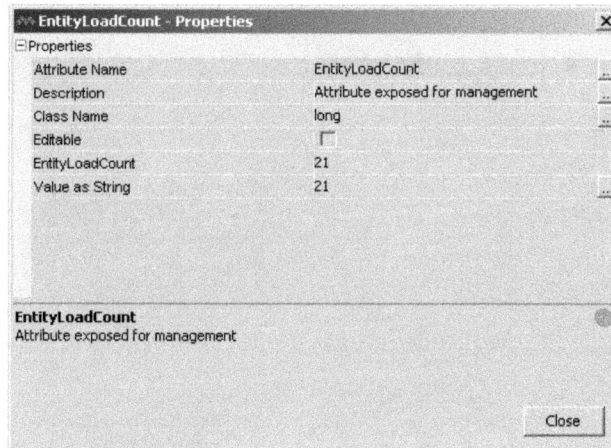

Grâce à un adaptateur pour le protocole HTTP, nous pouvons en outre visualiser les différents MBeans dans un navigateur Web au format XML, le format par défaut de MX4J *(voir figure 18-10)*.

```
- <Server>
    <MBean classname="mx4j.server.interceptor.ContextClassLoaderMBeanServerInterceptor" description="MBeanServer interceptor"
    objectname="JMImplementation:interceptor=contextclassloader"/>
    <MBean classname="mx4j.server.interceptor.InvokerMBeanServerInterceptor" description="The interceptor that invokes on the MBean instance"
    objectname="JMImplementation:interceptor=invoker"/>
    <MBean classname="mx4j.server.interceptor.NotificationListenerMBeanServerInterceptor" description="MBeanServer interceptor"
    objectname="JMImplementation:interceptor=notificationwrapper"/>
    <MBean classname="mx4j.server.interceptor.SecurityMBeanServerInterceptor" description="The interceptor that performs security checks for MBeanServer to
    MBean calls" objectname="JMImplementation:interceptor=security"/>
    <MBean classname="mx4j.server.MX4JMBeanServerDelegate" description="Manageable Bean"
    objectname="JMImplementation:type=MBeanServerDelegate"/>
    <MBean classname="mx4j.server.interceptor.MBeanServerInterceptorConfigurator" description="Configurator for MBeanServer to MBean interceptors"
    objectname="JMImplementation:type=MBeanServerInterceptorConfigurator"/>
    <MBean classname="mx4j.tools.adaptor.http.HttpAdaptor" description="HttpAdaptor MBean" objectname="Server:name=HttpAdaptor"/>
    <MBean classname="javax.management.remote.rmi.RMIConnectorServer" description="Manageable Bean" objectname="connector:name=rmi"/>
    <MBean classname="org.hibernate.jmx.StatisticsService" description="Manageable Bean" objectname="tudu:service=hibernateStatistics"/>
    <MBean classname="tudu.service.impl.TodoListsManagerInterceptor" description="tudu.service.impl.TodoListsManagerInterceptor"
    objectname="tudu:service=todoListsManagerInterceptor"/>
  </Server>
```

Figure 18-10
Affichage des MBeans dans un navigateur Web

Conclusion

Le support JMX de Spring offre une grande flexibilité d'utilisation, ainsi que de nombreuses fonctionnalités qui facilitent sa mise en œuvre au sein des applications d'entreprise. Les divers composants en jeu se configurent directement et simplement dans le contexte de Spring.

Différentes stratégies sont fournies pour permettre de déterminer précisément les propriétés et méthodes à rendre accessibles dans JMX. Il est également possible d'exposer de manière transparente de simples Beans. Ainsi, des composants peuvent être exposés dans JMX au moment de l'assemblage de l'application sans aucun développement supplémentaire.

Le support fournit enfin un ensemble de classes qui rendent possible d'embarquer son propre serveur JMX, ainsi que de se connecter et d'interagir avec diverses entités de JMX, comme les connecteurs et les observateurs de notifications de MBeans.

Index

www.ingramcontent.com/pod-product-compliance
Lightning Source LLC
Chambersburg PA
CBHW080344220326
41598CB00030B/4605